AF546245

Dieter Untergasser · Krankheiten der Zierfische

Dieter Untergasser

Krankheiten der Zierfische

Vorbeugung – Diagnose – Behandlung

Dähne Verlag

Fotonachweis: Alle Fotos – außer den gekennzeichneten – sind vom Autor

Bibliografische Information der Deutschen Nationalbibliothek
Die Deutsche Nationalbibliothek verzeichnet diese Publikation in der Deutschen Nationalbibliografie; detaillierte bibliografische Daten sind im Internet über http://dnb.dnb.de abrufbar.

ISBN 978-3-911226-07-3

Korrigierter Nachdruck 2025

Alle Angaben in diesem Buch sind sorgfältig geprüft und geben den neuesten Wissensstand wieder. Eine Garantie kann dennoch nicht übernommen werden. Eine Haftung des Verfassers oder des Verlages für Personen-, Sach- oder Vermögensschäden ist ausgeschlossen (siehe Hinweise zum Gebrauch, Seite 10 bis 11).

Lektorat: Ulrike Wesollek-Rottmann
Layout: Nadine Greiner
Druck: Grafisches Centrum Cuno GmbH & Co. KG

Printed in Germany

Inhaltsverzeichnis

Kleinblättrige Pflanzen geben viele Stoffe an das Wasser ab, die einen positiven Einfluss auf die Mikrobiologie des Aquariums haben und die Fische vor Krankheitserregern schützen. In dicht bepflanzten Aquarien leben die Fische gesünder

Einleitung/Vorwort

Die Einstellung des Menschen gegenüber den Fischen hat sich in den letzten Jahrzehnten stark gewandelt. So hat sich die Erkenntnis durchgesetzt, dass es sich bei Fischen nicht um einfache niedere Organismen, sondern um hochentwickelte Wirbeltiere mit einem breiten Spektrum an Verhaltensweisen handelt. Zierfische sind keine einfache Dekoration der Wohnzimmer oder Gartenteiche mehr, sondern geliebte Heimtiere, denen man Aufmerksamkeit und beste Pflege angedeihen lässt. Dazu gehört natürlich auch die gesundheitliche Fürsorge. Sie wird inzwischen auch vom Gesetzgeber in vielen Ländern der Welt gefordert, und es wurde eine Tierschutzgesetzgebung etabliert.

Um das Verständnis der Fischhalter bezüglich der Bedürfnisse ihrer Pfleglinge zu verbessern, wurde in dieser Neuauflage auch das Kapitel über die Anatomie und Physiologie erweitert.

Falsche Wasserwerte und giftige Stoffe, die sich im Wasser anreichern, wirken sich negativ auf die Gesundheit der Fische aus. Hinzu kommt die Belastung durch Umweltverschmutzung und damit durch vom Menschen erzeugte organische Fremdstoffe. Das ist in den Jahren nach der Jahrtausendwende ein zunehmendes Problem für Aquarien- und Teichfische geworden. Daher wurde ein Kapitel über die Zusammensetzung des Wassers, seine Chemie und daraus resultierende Probleme sowie deren Lösungen neu aufgenommen.

Ein neu hinzugefügtes Kapitel über die Ernährung der Zierfische erlaubt dem Leser die Zusammensetzung und Qualität der Futtermittel zu beurteilen.

Danksagung

Ich danke meiner Frau Helga für ihr Verständnis und ihre Unterstützung während der Entstehung und der Überarbeitung des Buches. Herrn Dr. Bauer, ehemals Universität Hohenheim, danke ich für die systematische Einordnung der Kiemenwürmer Dactylogyridea und der Nematoden Oxyurida. Frau Dr. Lechleiter, Frau Petra Jericke, Herrn Peter Maletschek, Herrn Bernd Degen und Herrn Roland Lorenzen und für zu Verfügung gestellte Bilder.

Auch den vielen Aquarianern und Züchtern, die oft lange Wege in Kauf nahmen, um mir kranke Fische zu bringen, möchte ich herzlich danken. Mein besonderer Dank gilt der Firma sera. Die QR-Codes für die Videofilme wurden von der Fa. sera generiert und die digitale Plattform dafür zu Verfügung gestellt.

Mein besonderer Dank gilt dem Dähne Verlag, der uneingeschränkt auf meine Wünsche zur Verwirklichung des Buches eingegangen ist. Er war bereit, die Anzahl der Bilder im Buch mehr als zu verdoppeln. So können noch bessere Diagnosen gestellt werden.

Dieter Untergasser

Zum Gebrauch dieses Buches

Das Buch besteht aus drei thematischen Bereichen. Die separat beiliegenden 60-seitigen Diagnosetafeln dienen der Übersicht der Fischkrankheiten. Mittels Ja oder Nein können Sie sich in den Tafeln vorarbeiten, bis Sie zu einer vorläufigen Diagnose kommen. Von da werden Sie in das zugehörige Kapitel im Buch verwiesen. Durch Lesen des entsprechenden Kapitels können Sie ihre Diagnose bestätigen oder widerlegen. Dabei helfen die in den Kapiteln über QR-Code aufrufbaren Videofilme eine sicherere Diagnose zu stellen. Wird die vorläufige Diagnose nicht durch die Texte und Videos bestätigt, gehen Sie zurück zu den Diagnosetafeln und forschen weiter. Bestätigt der Text Ihre Diagnose, finden Sie am Ende des Kapitels den Verweis zu den Behandlungsmethoden. Dort sind neben den freiverkäuflichen auch viele verschreibungspflichtige Medikamente und Wirkstoffe angegeben. Diese müssen von einem Tierarzt verschrieben werden. In vielen Ländern der Welt unterliegen Chemotherapeutika und Antibiotika nicht der Verschreibungspflicht und können in Drogerien erworben werden.

Das Buch soll dem Tierarzt, Zoofachhändler, Fischzüchter und dem interessierten Aquarianer und Teichbesitzer helfen, sich in das Fachgebiet der Ichthyopathologie einzuarbeiten. Die im Buch enthaltenen Fotos sind immer nur eine Momentaufnahme eines Parasiten. Ich habe darauf geachtet, dass die Fotos charakteristische, häufig vorkommende Zustände der Erreger zeigen, so dass ein hoher Wiedererkennungswert mit dem lebenden Erreger im mikroskopischen Bild gegeben ist.

Sensible Inhalte: Dieses Buch enthält Bilder und Videoszenen, die kranke Fische, die Tötung von schwer erkrankten Fischen und von Speisefischen zeigen sowie Aufnahmen von sezierten Fischen. Diese Aufnahmen könnten für Leser und Zuschauer belastend sein.

Die gezeigten Aufnahmen stammen ausschließlich von Tieren die erkrankt waren oder für den Verzehr geschlachtet wurden. Die dargestellten Eingriffe und Verfahren basieren auf aktuellen tierschutzrechtlichen Bestimmungen und wurden nur dann durchgeführt, wenn es medizinisch notwendig war.

Leider zeigt die Realität, dass sich die Erreger stark verformen können und häufig ein ganz anderes Erscheinungsbild haben, als sie die Bilder des Buches darstellen. Das war der Grund in der vorliegenden Neuauflage in jedem Kapitel Videofilme einzubringen, welche die Erreger in den unterschiedlichsten Bewegungszuständen und Entwicklungsstadien zeigen, so dass sicherere Diagnosen gestellt werden können.

Die Bewegungsmuster bei den verschiedenen Organismen zu erkennen ist wichtig für die Diagnose. Das ist nur mittels visueller Darstellung in Videofilmen zu vermitteln. In jedem Kapitel befinden sich QR-Codes, über die das zugehörige Video aufgerufen werden kann. Ich habe über Jahrzehnte Szenen zuerst mit Super-8-Schmalfilm aufgenommen, und als es die Möglichkeit gab, mit Video aufzunehmen habe ich das sofort genutzt. Das erklärt, warum viele Aufnahmen nicht die Bildauflösung und das Format der heutigen Systeme haben.

Der große Vorteil des Systems ist, dass während der mikroskopischen Beobachtung die Videofilme immer wieder aufgerufen und das Bild im Mikroskop mit den Videofilmen verglichen werden kann. Dadurch ist eine hohe Diagnosesicherheit gegeben.

Aufgrund der unterschiedlichen Bildschirmgrößen von Smartphone, Tablet oder Computermonitor werden in den Bildunterschriften und Videos die bei der Aufnahme verwendeten Mikroskopvergrößerungen angegeben.

Haftungsausschluss

Die in diesem Buch enthaltenen Ratschläge und Behandlungsvorschläge sind vom Autor sorgfältig ausgewählt und überprüft worden. Trotzdem können sie, aufgrund der unterschiedlichen chemischen Verhältnisse in Aquarien und Gartenteichen, nicht übernommen werden, ohne vom Anwender auf ihre Verwertbarkeit (Verträglichkeit) in seinem Aquarienwasser geprüft worden zu sein. Der Autor und der Verlag können nicht gewährleisten, dass die angeführten Medikamente und Chemikalien im Aquarienwasser mit Kunststoffen oder kunststoffähnlichen Materialien, Lösungsvermittlern sowie mit den immer häufiger im Trinkwasser enthaltenen Chemikalien und Giftstoffen, keine kontraindikatorische Wirkung haben. Jegliche Haftung und Gewähr, für die in diesem Buch befindlichen Angaben, Vorschläge oder Rezepturen ist seitens des Autors und dem Verleger, dem Dähne Verlag sowie der Fa. sera, für Personen-, Sach- oder Vermögensschäden sowie den Verlust von Fischen ausgeschlossen.

Achtung

Die in diesem Buch genannten Methoden, Behandlungsvorschläge, Medikamenten- und Chemikalienanwendungen erfolgen grundsätzlich auf Gefahr des Anwenders und dessen Fische. Die Anwendung darf nur nach genauer Diagnose durch einen auf Fische ausgebildeten Tierarzt erfolgen. Viele der Medikamente und Wirkstoffe sind in Deutschland und anderen Ländern verschreibungspflichtig. Sie dürfen nur nach genauer Diagnose der Krankheit und Prüfung der Verträglichkeit für Fische im Aquarium oder Gartenteich vom Tierarzt verordnet werden. Medikamente, wie Antibiotika und Chemotherapeutika dürfen nicht in Gartenteichen angewendet werden, da das damit belastete Wasser zu Schäden in Kläranlagen und der Umwelt führen. Eine Entsorgung des damit belasteten Wassers darf somit nicht in die Kanalisation erfolgen. Die Medikamente müssen über Aktivkohle ausgefiltert werden. Diese ist im Sondermüll zu entsorgen.

Viele der genannten Medikamente und Wirkstoffe aus der Human- und Veterinärmedizin enthalten Lösungsvermittler in Form von Alkohol, Propylenglycol oder Kohlehydraten, wie z. B. Milchzucker oder Lösungsmittelkomplexe, wie die Professional Medikamente der Firma sera. Sie können im Aquarien- oder Teichwasser innerhalb weniger Stunden zu einer Vermehrung von kohlenstoffheterotropher Bakterien führen. Diese sind für die Fische meist nicht pathogen, verbrauchen aber bei der meist erfolgenden Massenvermehrung extreme Mengen von Sauerstoff, so dass es zu einem Sauerstoffmangel mit Erstickungstod der Fische kommen kann. Bei der Anwendung von Medikamenten mit Lösungsvermittlern und Lösungsmittelkomplexen kann es immer passieren, dass im Aquarien- oder Teichwasser enthaltene toxische Stoffe, die normalerweise von Fischen nicht aufgenommen werden, in den Fisch transportiert werden und sie vergiften. Grundsätzlich sind Aquarien und Teiche während der Anwendung solcher Stoffe stark zu belüften. Treten Atemnot oder andere verdächtige Verhaltensweisen bei den behandelten Fischen auf, ist die Behandlung sofort zu unterbrechen und ein Wasserwechsel von 80 Prozent durchzuführen. Die Medikamentenreste sind durch eine Aktivkohlefilterung sofort danach zu entfernen.

Ein gesundes Diskus-Paar aus
der Anlage des Autors

1. Das Erkennen von Krankheiten

1.1. Fische im Stress

Nicht nur Menschen, auch Fische leiden unter Stress. Besonders Aquarienfische können vielen Arten davon ausgesetzt sein. Die Ursachen sind meist umweltbedingt. Es sind als Stressfaktoren für Fische im Aquarium definiert: häufige Temperaturschwankungen, nicht den Bedürfnissen der Art entsprechende chemische Wasserwerte, chemische Mittel (falsche Düngung, Medikamente), unsauberes Wasser, überbesetzte Becken, durch Ausscheidungen belastetes Wasser, falsche Ernährung, Umsetzen, Transport, zu starke Wasserbewegung, Quarantäne in nicht eingerichteten Glasbecken.

Da Fische wechselwarme Tiere sind, ist die richtige und gleichmäßige Temperatur für ihre Homöostase (Aufrechterhaltung des inneren Körpergleichgewichtes) wichtig. Von vielen Aquarienfischen ist die optimale Haltungstemperatur nicht bekannt. Bei den meisten Fischen geht man von Messungen in ihren Heimatgewässern aus. Es ist aber nicht immer sicher, dass diese Messungen zum Zeitpunkt optimaler Temperatur gemacht wurden.

Die klimabedingten Temperaturschwankungen in Mittel- Nord- und Osteuropa sind bei Teichfischen das ganze Jahr hindurch gravierende Stressfaktoren. Während im Herbst die Temperatur einigermaßen gleichmäßig abfällt und im Winter relativ konstant niedrig bleibt, sind die Fische im Frühjahr monatelang mitunter starken Temperaturschwankungen ausgesetzt. Im Sommer haben sie mit hohen Wassertemperaturen zu kämpfen.

Koi sind Farbvarianten des normalen Karpfens. Ihre arttypischen Lebensbedürfnisse sind gut bekannt. Das Temperaturoptimum liegt bei 24° C, bei dieser Temperatur ist ihre Verdauung und ihr Immunsystem am aktivsten. Der Koi ist demnach kein Kaltwasserfisch, sondern ein an Kälteperioden angepasster Warmwasserfisch. Die in Mittel- und Nordeuropa langen Monate, in denen die Wassertemperatur unter 14° C liegt, schwächen die Koi sehr. Es ist daher wichtig, sie schon im Spätsommer mit Futtermitteln, die viele ungesättigte Fettsäuren enthalten, zu konditionieren.

Auch die Angst der Fische ist ein nicht zu unterschätzender Stressfaktor. So können bei Wildfängen häufig Angstzustände durch Hantieren im Becken, Fangen der Fische mit dem Kescher oder durch schnelle Bewegung vor dem Aquarium

Bild 67: Stark besetzte Aufzuchtbecken mit 24-stündigem Wasserdurchfluss vom Zentralfilter und automatischem Wasserwechsel

ausgelöst werden. Aus Nachzuchten stammende Fische sind weniger empfindlich, da sie an das Fangen von klein auf gewöhnt sind. Die Rangkämpfe mancher Arten bedeuten starken Stress für die unterlegenen Tiere, wenn das Becken zu klein ist und zu wenig Verstecke bietet. Extremer Stress kann zur Schockwirkung und dem Tod des Fisches führen. Oft sind die Tiere einem geringen, aber steten Stress durch das Wasser belastende Stoffe ausgesetzt. Eine Zeitlang kann der Fisch seine Homöostase durch Anpassung an die veränderten Faktoren wieder herstellen. Ist dies nicht mehr möglich, tritt ein Erschöpfungszustand ein, der mit dem Tode endet. Wedemeyer (1970, 1974) und Peters (1988) konnten nachweisen, dass Stress direkt die Abwehrkraft gegen Infektionen schwächt. Der Ausbruch von Krankheiten durch latente Stadien von Parasiten oder durch im Aquarium befindliche Erreger ist häufig die Folge (s. Kap. 5.4.).

Gleich mehrfachen Stress bedeutet die Überbesetzung des Aquariums für seine Bewohner. Selbst bei guter Filterung steigt hier die Wasserbelastung aufgrund der Ausscheidungen der Fische und deren biologischem Abbau durch die vielen Arten von Mikroorganismen und Bakterien. Unter den vielen abbauenden Bakterien gibt es auch sogenannte fakultative Krankheitserreger. Sie erhöhen den Infektionsdruck und können Krankheiten verursachen.

Zu viele oder unverträgliche Fischarten stören sich gegenseitig. Auch ist auf genügend Verstecke im Becken zu achten. Für Fischarten, die das benötigen, muss für jeden Fisch eine Versteckmöglichkeit zu Verfügung stehen. Als Richtwert für die optimale Besetzung eines Beckens wird oft fünf Liter Wasser pro Fisch angegeben. Ein Aquarium mit 100 Litern Inhalt darf demnach zwanzig Fische beherbergen. Große oder kleine Fische? Die Rechnung geht nicht auf. Beste Erfahrungen wurden

Bild 68: Bei einer hohen Besatzdichte muss der Teichfilter entsprechend groß ausgelegt sein. Ammonium und Nitrit dürfen nicht nachweisbar sein

mit folgendem Schema gemacht, bei dem man den Besatz nach Wassermenge pro Fischlänge berechnet.

Errechnen der Besatzdichte

Fischgröße	Wassermenge
unter 2 cm	1 Liter je cm Fischlänge
2 cm bis 5 cm	1,5 Liter je cm Fischlänge
5 cm bis 10 cm	2 Liter je cm Fischlänge
10 cm bis 15 cm	3 Liter je cm Fischlänge
15 cm und größer	4 Liter je cm Fischlänge

Beim Besetzen des Beckens mit Jungfischen muss natürlich die zu erwartende Länge der ausgewachsenen Fische als Maß angenommen werden. Mit diesem Besetzungsschema, einer guten Filterung und einem regelmäßigen Wasserwechsel von einem Viertel der Gesamtwassermenge wöchentlich wird es zu keiner hohen Belastung des Wassers durch Abbauprodukte kommen.

Die meisten Teichfische, wie Goldfische und Koi, erreichen Größen, die einen entsprechend großen Lebensraum, mit passendem Wasservolumen erfordern. Für die großen Teichfische kann die Tabelle nicht verwendet werden, da Koi und größere Goldfische eine höhere Masse im Verhältnis zur Körperlänge haben. Als Überschlagswert gilt hier das Verhältnis Fischmasse zur Wassermenge von etwa 1:1000, also pro einem Kilogramm Fischmasse muss mindestens die Wassermenge von einem Kubikmeter bereitgestellt werden.

Länge und Gewicht von Koi für einen hohen Korpulenzfaktor von 1,9

Länge	Gewicht
15 cm	65 g
20 cm	152 g
30 cm	513 g
40 cm	1216 g
50 cm	2375 g
60 cm	4104 g

Koi reagieren sehr empfindlich auf Stress. Länger anhaltende Stresssituationen führen nach kurzer Zeit zur Schwächung des Immunsystems und zum Ausbruch von Krankheiten. Bei Koi mit weißen Körperteilen ist starker Stress erkennbar. Feine Äderchen in der Haut, sogenannte Stressadern, schwellen an und werden sichtbar. Durch die verstärkte Durchblutung werden Abwehrzellen in die Haut transportiert. Sie wandern durch die Haut an die Oberfläche und bekämpfen dort anhaftende Erreger.

Mitunter färbt sich die weiße Haut leicht rosa. Bei extremem Stress können die Äderchen platzen. Oft steht der Fisch dann schon kurz von dem Tod durch Schock.

Die häufigsten Ursachen sind plötzliche Veränderungen der Wasserchemie oder Gifteinwirkung. Aber auch nach mehrmaligem Fangen zum Umsetzen, Messen oder Wiegen zeigen die Koi schon deutliche Stresssymptome.

Bild 69: Bei gestressten Koi schwellen die Kapillaren in der Haut an

Bild 70: Die Stressadern sind in den roten Bereichen schwer zu erkennen.

Bild 71: Bei übermäßigem Stress und Schock bluten die Koi aus der Haut

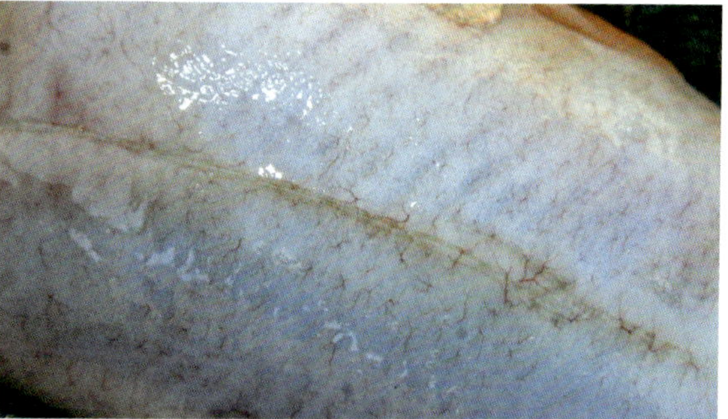

Bild 72: Deutlich hervortretende Stressadern bei einem Koi durch Stress beim Fangen

1.2. Das Verhüten von Krankheiten

Um seine Fische im Aquarium gesund zu erhalten und ihnen eine hohe Lebenserwartung zu bieten, ist es notwendig, durch Beherzigen der hier genannten Ratschläge den Ausbruch einer Krankheit zu verhindern und mit entsprechenden Maßnahmen das Einschleppen von Krankheiten zu vermeiden. Idealerweise sollten Neuzugänge erst nach einer Quarantänezeit in das Aquarium eingebürgert werden (s. Kap. 1.4.). Es sind mehrere Kescher anzuschaffen, am besten für jedes Aquarium einen. Ein Eimer mit konzentrierter Desinfektionslösung dient der Sterilisation von gebrauchten Keschern und anderen Teilen, die mit Aquarienwasser in Berührung kommen (s. Kap. 9, D-04 und D-05). Die Gegenstände sollen nur zum Gebrauch aus der Lösung entnommen und kurz in sauberem Wasser gespült werden. Weder Geräte noch Hände dürfen von einem Aquarium in das andere getaucht werden, damit keine Erreger verschleppt werden. Auch Wasser darf zwischen den Becken nicht ausgetauscht werden. Außer den täglichen visuellen Kontrollen sollen bei der Aufzucht von Jungfischen monatliche Gesundheitskontrollen durchgeführt werden. Dabei sind in erster Linie frisch abgesetzte Kotstücke bei 50- und 200-facher Vergrößerung zu mikroskopieren.

Auch mit Pflanzen können Parasiten eingeschleppt werden, wenn sie nicht in Behältern gezogen wurden, die frei von Fischen waren. Aus Wasserpflanzengärtnereien stammende Pflanzen sind in der Regel erregerfrei. Pflanzen, die mit Fischen in Berührung kamen, können in Alaunlösung desinfiziert werden (s. Kap. 9, D-01). Man kann die neuen Pflanzen auch in einen beleuchteten Behälter geben und mit einem Breitbandmedikament sieben Tage lang behandeln. Die meisten Ektoparasiten sterben in dieser Zeit ab. An frisch aus der Gärtnerei kommenden Wasserpflanzen können noch Düngemittel oder Pestizide anhaften, empfindliche Fische oder Garnelen können daran sterben. Die Pflanzen sollten über mehrere Tage mit oft gewechseltem Wasser gebadet werden. Zusammenfassend ist zu bemerken, dass das erfolgreiche Verhüten von Krankheiten zum großen Teil davon abhängt, wie konsequent die Pflege- und Wartungsarbeiten ausgeführt und die Vorsichtsregeln eingehalten werden.

Ein regelmäßiger Wasserwechsel ist im Aquarium auch beim heutigen Stand der Filtertechnik obligatorisch. Er soll lieber oft mit wenig Wasser als selten mit viel Wasser durchgeführt werden. Bei optimalem Besatz, effektiver biologischer Filterung und gutem Pflanzenbestand reicht es, wenn in zweiwöchigem Abstand etwa 25 Prozent des Wassers ausgetauscht wird. Die biologischen Selbstreinigungsprozesse des Wassers sind durch aktive biologische Filter zu unterstützen. Alle bakteriellen und parasitären Infektionen kann der Fisch besser abwehren, wenn er in gesunden Verhältnissen lebt. Da jedoch das Aquarium ein eng begrenzter Lebensraum ist, haben die Parasiten sowie deren Schwärmer und Larven eine viel bessere Chance, einen Fisch zu finden, als in freier Natur.

Ein üppiger Pflanzenbestand mit gutem Zuwachs ist die optimale Ergänzung zum biologischen Filter. Wasserpflanzen verwerten Nitrate und Phosphate und wirken somit der Anreicherung dieser Stoffe entgegen. Sie können Giftstoffe und chelatisierte Schwermetallionen aufnehmen und entgiften dadurch das Wasser. Zudem beeinflussen schnell wachsende, kleinblättrige Stängelpflanzen die Bakterienflora des Wassers positiv und reduzieren pathogene Keime im Wasser (Horst, K. 1992). Fische leben in einem Aquarium mit üppigem Pflanzenwuchs gesünder und sind weniger durch Infektionen gefährdet.

Auch im Gartenteich beeinflussen Pflanzen das Milieu positiv. Wer keine Unterwasserpflanzen möchte, damit er seine Fische besser sehen kann, dem sei ein Bachlauf mit schnell wachsenden Pflanzen als Hydrokultur empfohlen. Sie entfernen Nitrate und Phosphate, decken aber ihren CO_2 Bedarf aus der Luft und nicht aus dem Wasser. Dadurch entziehen sie dem Wasser keine Karbonathärte durch biogene Entkalkung, und der pH-Wert ist stabiler.

Aufgrund des hohen Stoffumsatzes der Teichfische ist eine effektive mechanische und biologische Filterung des Wassers obligatorisch. In vielen Teichfiltern ist die mechanische Stufe zwar ausreichend, aber die biologische Filterstufe ungenügend. Die biologische Filterleistung kann durch Austausch der oft ver-

Bild 73: Aquarium mit schnell wachsenden kleinblättrigen Pflanzen

wendeten Kunststoffmedien, Granulate oder Tonkörper gegen 25-mm-Sinterglasringe (z. B. sera siporax pond) drastisch gesteigert werden. Die Sinterglasringe bieten durch ihre auf die Bakteriengröße abgestimmte optimale Porengröße die größtmögliche besiedelbare Oberfläche für die notwendigen Biofilme und die darin lebenden nitrifizierenden Bakterien.

Ein Teichfilter hat zusätzliche Belastungen abzufangen, da stets Blätter, Pollen, Staub und Schmutz in den Teich hineinfallen. Die Zersetzung dieser Biomasse zehrt Sauerstoff. Je mehr solche Feststoffe, Kot und Mulm vom Vorfilter abgefangen werden, umso weniger muss vom biologischen Filter verarbeitet werden. Eine zu klein ausgelegte Biofilterstufe kann Spitzenbelastungen schlecht auffangen und Gifte wie Ammoniak oder Nitrit reichern sich an (s. Kap. 8.5.3.).

Nicht nur die Fische sondern auch der Filter hat ein jahreszeitlich bedingtes Temperaturproblem. Im Winter werden die Fische nicht gefüttert, die Wasserbelastung und die abbauenden Biofilme mit den nitrifizierenden Bakterien reduzieren sich in der Folge. Auch der Stoffwechsel der Bakterien ist bei niedriger Temperatur langsamer. Wenn bei steigender Temperatur über 8 °C die Fütterung wieder beginnt, werden die Ausscheidungen nicht vollständig abgebaut, da die Bakterien sich noch nicht in genügendem Maße gebildet haben. Wasserbelastung ist die Folge. Gerade wenn der Filter nach dem Winter wieder in Betrieb genommen wird, sind einige Tage nach Beginn der Fütterung, unbedingt die Ammonium- und Nitritwerte zu kontrollieren.

1.3. Vergiftung und Krankheit

Die Ursache einer Fischkrankheit zu erkennen ist die Voraussetzung für die erfolgreiche Behandlung. Grundsätzlich muss zwischen Erregerbedingten Krankheiten und solchen unterschieden werden, deren Ursache im Fisch selbst oder dessen Umwelt liegt. Unter letzteres fallen Erbkrankheiten, Missbildungen, Vergiftungen, Verletzungen und falsche Ernährung. Das Erkennen und Beheben dieser Ursachen wird, sofern möglich, in Kap. 8 beschrieben. Häufiger treten Krankheiten auf, die durch Erreger verursacht werden. Unter Erregern sind alle Lebewesen zu verstehen, die Krankheiten hervorrufen können.

Zeigen die Fische ein abnormales Verhalten, muss zunächst ergründet werden, ob es bei allen Fischen, nur bei einer Art oder bei einzelnen Tieren auftritt. Treten die Symptome in kurzer Zeit bei allen Fischen auf oder zeigen zumindest die empfindlicheren Arten das gleiche abweichende Verhalten, liegt mit hoher Wahrscheinlichkeit eine Vergiftung vor. Sie äußert sich auf unterschiedliche Art und Weise. So können während und nach der Gifteinwirkung folgende Veränderungen beobachtet werden: Gleichgewichtsstörungen, Lähmungen, Zuckungen, Krämpfe, Herumschießen im Becken auf geringe Reize hin, Anstoßen aufgrund beschränkter Wahrnehmungsfähigkeit, schnelle Atmung und nach Luft schnappen unter der Wasseroberfläche (Notatmung), Verblassen der Farben, Verfärben der Kiemen und Flossen, rötliche Stellen am Körper, weißliche Hauttrübung oder starke Schleimabsonderung. Diese Anzeichen können vereinzelt oder zu mehreren gleichzeitig auftreten. Je nach Art des Giftes kann nach Beseitigen der Ursache eine Besserung eintreten. Hat ein starkes Gift auf die Fische eingewirkt, so können die Tiere auch später noch in giftfreiem Wasser an den Folgen der Vergiftung sterben.

Unbemerkt kommt es zu Vergiftungen durch Ammoniak und Nitrit, wenn biologische Filtermedien mit kaltem oder heißem Leitungswasser totgewaschen werden. Die nitrifizierenden Bakterien sind danach ausgewaschen oder abgestorben. Ammonium und Nitrit werden nicht abgebaut und reichern sich im Wasser an. Wurde dann noch ein Wasserwechsel durchgeführt und dabei der pH-Wert verändert, kann sich die Giftwirkung verstärken. Zwei Tage nach starken Wasserwechseln oder Filterreinigung sollten die Werte von Ammoniak und Nitrit überprüft werden (s. Kap. 8.5.3.).

Sehr schwer ist eine Vergiftung zu erkennen, wenn sich nur geringe Mengen eines Giftes im Wasser befinden. Die Schäden treten dann erst im Laufe der Zeit auf. So wurde beobachtet, dass Fische erst in einem bestimmten Alter an Organschäden starben, während Jungfische nicht betroffen waren. Mitunter äußert sich die Vergiftung nur durch die starke Vermehrung verschiedener Ektoparasiten.

Krankheiten, die primär von Erregern verursacht werden, breiten sich in gepflegten Aquarien selten in kurzer Zeit über den ganzen Bestand aus. Es sind immer erst einige Fische befallen, wenn nicht gerade das Becken mit schon kranken Fischen neu besetzt wurde. Dem aufmerksamen Pfleger fällt das andere Verhalten einzelner Fische sicher nach kurzer Zeit auf, so dass noch genügend Zeit besteht, Gegenmaßnahmen zu ergreifen.

Verhaltensänderungen

QR-Code 21

Um ein verändertes Verhalten der Fische als Krankheit zu erkennen, muss die Voraussetzung gegeben sein, dass der Aquarianer die Lebensgewohnheiten seiner Pfleglinge in gesundem Zustand genau kennt. Diese Erfahrung kann natürlich nur durch häufigeres Beobachten erlangt werden. Verhaltensänderungen, die auf eine Krankheit schließen lassen, müssen sich nicht bei allen Fischarten auf gleiche Art und Weise äußern. Es ist kaum möglich, aufgrund einer Änderung des Verhaltens auf eine bestimmte Krankheit zu schließen, da viele Ursachen eine identische Verhaltensänderung bewirken können. So sind taumelnde Schwimmweise, blasse Farben oder Dunkelwerden, Flossenklemmen ein Zeichen für Schwäche und extremes Unwohlsein, das möglicherweise auf einen inneren Schaden hinweist. Ebenso können ein extrem hoher oder niedriger pH Wert, Hitze, Kälte und Sauerstoffmangel die Ursache sein. Seitenlage, Gleichgewichtsstörungen, Kopfstehen und Überschlagen zeigen schon schwere Schäden an, die auf eine Infektion des Gehirns, der Schwimmblase, des Gleichgewichtsorgans zurückzuführen sind oder das Endstadium einer Krankheit anzeigen. Futterverweigerung, verbunden mit Absondern von anderen Fischen, Schreckhaftigkeit, Dunkelfärben, Löcher in den Flossen oder Einschmelzungen der Flossenränder, lassen den Schluss auf Endoparasiten im Darm zu. Zeigt ein Fisch keine Reaktion und ist extrem träge kann er unter Blutflagellaten leiden.

Bakterielle Infektionen der verschiedenen inneren Organe führen zu Trägheit, Verblassen der Farben, Absondern vom Schwarm, Dunkelfärben, Futterverweigerung, entzündetem After, schleimigem Kot und manchmal zu schneller Atmung und zu blassen Kiemen. Scheuern sich die Fische an Dekoration und Pflanzen, zucken heftig mit den Flossen oder klemmen sie, so sind sie von Ektoparasiten befallen. Abspreizen der Kiemendeckel, verbunden mit Scheuern und oftmaligen schnellen Vorstülpen des Maules, ist häufig auf einen Befall von Kiemenwürmern zurückzuführen. Schnelles Atmen ist dagegen kein sicheres Zeichen für Kiemenwürmer. Die Ursache kann auch ein Giftstoff im Wasser, Sauerstoffmangel, falscher pH Wert oder ein anderer Stress auslösender Faktor sein (siehe Diagnosetafeln).

1.4. Quarantäne und Desinfektion

Ein Quarantänebecken sollte zum festen Inventar eines jeden engagierten Aquarianers gehören. Es muss nicht sehr groß, aber der Größe und Menge der zu beobachtenden Fische angepasst sein. Die Einrichtung und die Wasserwerte soll man nach Möglichkeit auf das Aquarium abstimmen, das die spätere Heimat der Aquarienfische wird. Dabei ist jedoch darauf zu achten, dass die gesamte Dekoration kurzfristig heraus genommen werden kann, wenn Fische behandelt oder gefangen werden müssen.

Grundsätzlich sind alle Neuzugänge zuerst drei bis sechs Wochen in Quarantäne zu halten, dabei ist täglich ihr Befinden zu kontrollieren. Drei Wochen ist die Mindestzeit für in Aquarien nachgezogene Fische, da die Entwicklung mancher Parasiten bis zu einem Stadium, bei dem sich die Anzeichen einer Krankheit äußerlich bemerkbar machen, schon zwei Wochen dauern kann.

Bei Wildfängen und Nachzuchten aus den Teichen Südostasiens, die manchmal unbekannte Parasiten beherbergen, sind fünf bis sechs Wochen angebracht. Während dieser Zeit ist mehrmals etwas Wasser vom Aquarium in das Quarantänebecken zu übertragen, damit sich die Fische auch an die Mikroflora und -fauna (Mikrobiom) anpassen können.

Auch zum gepflegten Gartenteich gehört ein Quarantänebecken für Neuzugänge oder zur Beobachtung und Behandlung kranker Fische. Hier kann man sich mit Folienbecken aus dem Fachhandel behelfen, sie nehmen zusammengelegt wenig Raum ein, wenn sie nicht gebraucht werden. Ein leistungsfähiger Filter ist notwendig. Wenn das Becken nicht aufgestellt ist, muss der Filter schon am Teich betrieben werden, damit er im Bedarfsfall eingefahren ist. Ein Quarantänebecken für Teichfische sollte 2 x 2 m messen und mindesten 60 cm hoch sein. Es muss mit einem Netz abgedeckt sein, da Koi und Goldfische gerne aus dem Becken springen. Das Becken muss auch mit einer Heizung versehen sein, denn einige Krankheiten sind bei Temperaturen über 20°C besser zu behandeln. Wenn im Frühjahr Fische bei 24°C gesund gepflegt werden, müssen sie in dem Becken bleiben bis die Temperatur im Teich über 18°C gestiegen ist. Erst dann dürfen sie über mehrere Tage an die Teichtemperatur angepasst werden. Größere Temperaturabsenkungen oder das Zurücksetzen in einen kalten Teich sind extrem schädlich und führen meist zum erneuten Ausbruch der Krankheit.

Die zweite Funktion des Quarantänebeckens ist die eine Krankenstation für Fische, die krankheitsverdächtig sind. Sie können darin über längere Zeit beobachtet werden, ohne ihre Artgenossen im Aquarium oder Teich zu gefährden. Zu spät erkannte Krankheiten können nur sehr schwer behandelt werden. Ist der gesamte Fischbestand bei seuchenhaftem Auftreten einer Krankheit zu Grunde gegangen, ist es ratsam, Aquarium und die Becken gründlich zu desinfizieren. Die Pflanzen sind in diesem Fall zu vernichten. Bei systematisch über Bakterien und Viren stehenden Erregern kann eine Desinfektion der Pflanzen mit Alaun in Erwägung gezogen werden (s. Kap. 9, D-01). Dekoration, Wurzeln, Steine, Kies und Filterinhalt sind eine Stunde lang zu kochen, die Anwärmzeit nicht mitgerechnet. Das leere Aquarium und die nicht kochbaren Gegenstände (z. B. Schaumstofffilter) werden mit einer starken Kaliumpermanganatlösung (s. Kap. 9, D-04), Kochsalz (s. Kap. 9, D-05) oder hoher Temperatur (s. Kap. 9, D-07) sterilisiert. Den Filter lässt man ohne Substrat laufen, so werden auch Topf, Pumpe und Schläuche desinfiziert. Nach gründlichem Spülen aller Teile und des Aquariums wird das Becken wieder eingerichtet. Der Filter wird mit neuem oder dem alten, ausgekochten Substrat gefüllt. Nach Inbetriebnahme benötigt der Filter wieder eine Einlaufzeit von drei bis sechs Wochen, bis sich genügend Bakterien gebildet haben.

Quarantäne

QR-Code 22

Bild 74: Ein Folienbecken zur Quarantäne muss durch ein Abdecknetz gesichert sein

1.5. Die Untersuchung lebender Fische

Wenn ein Fisch krank ist und eine Vergiftung des Wassers ausgeschlossen werden kann, so ist dieser sofort in das Quarantänebecken umzusetzen. Die Untersuchung beginnt mit der Beobachtung (Diagnosetafel 1 bis 4), wozu mehrmals am Tag eine gewisse Zeit geopfert werden muss. Die dem Beobachter auffallenden Unregelmäßigkeiten sind schriftlich festzuhalten, damit später der Krankheitsverlauf nachvollzogen werden kann. Protokollbögen nach dem unten aufgeführten Muster vereinfachen die Arbeit und sparen Zeit. Man kann nach dieser Vorlage ähnliche Protokolle mit dem PC erstellen. Die Protokolle werden gesammelt und für spätere Vergleiche aufgehoben. Ebenso sind Vorgeschichte (Anamnese), Verhalten, letzter Wasserwechsel, chemische Wasserwerte, letztes Futter usw. auf dem Bogen zu vermerken. Ein Protokollbogen kann die aufgeführten Stichpunkte enthalten und nach eigenen Bedürfnissen abgewandelt werden.

Vorsicht

Giftige Fische (z. B. Rotfeuerfische, Stachelrochen) dürfen auf keinen Fall von Laien untersucht werden! Bitte beachten Sie die Anleitungen in Kapitel 2.

Meistens treten Verhaltensänderungen erst in einem schon fortgeschrittenen Stadium der Erkrankung auf, so dass eine sofortige Behandlung der Fische angebracht ist. Dazu werden die Fische in einer Fangglocke oder einem größeren Glas dicht an die Scheibe herangeführt und ihre Hautoberfläche mit einer Lupe genau abgesucht (Diagnosetafel 5 bis 6). Größere Parasiten wie die Karpfenlaus oder die Erreger der Weißpünktchenkrankheit (Ichthyophthirius) sind dabei leicht zu erkennen. Zu weiteren Untersuchungen muss der Fisch kurz aus dem Wasser genommen werden.

Beim Herausnehmen des Fisches kann auch gleich der Augendrehreflex geprüft werden. Wie im Bild gezeigt, versucht der Fisch bei Drehung um die Längsachse, die Blickrichtung waagrecht zu halten und verdreht so die Augen entgegengesetzt zur eingenommenen Seitenlage. Bleiben die Augen in Normallage zum Körper, dann liegt eine Erkrankung des Gehirns, des Labyrinths oder dem Gleichgewichtsorgan vor. Aber auch im Endstadium vieler Krankheiten, bei extremer Schwächung und wenn der Tod in absehbarer Zeit eintritt, bleibt der Augendrehreflex aus.

Bild 75: Augendrehreflex

Untersuchungsprotokoll

Protokollnummer:

Datum:

Herkunft:

Adresse des Besitzers und Telefonnummer:

Wie lange ist das Aquarium/der Teich in Betrieb?

Um welche Art von Aquarium handelt es sich: Süß-, Brack- oder Meerwasser, kalt oder warm?

Bei Meerwasser: Werden niedere Tiere und Wirbellose gepflegt?

Besatzdichte:

Fischbestand:

Wie lange in Pflege:

Wann wurden zum letzten Mal Fische oder Pflanzen eingesetzt, welche Arten?

Wurden neue Dekomaterialien eingebracht?

Fütterungen mit welchen Futtersorten:

Maße und Wasservolumen des Aquariums:

Länge, Breite, Tiefe und Volumen des Teiches:

Werden Wasserpflanzen gepflegt?

Wird das Wasser belüftet?

Filtertyp und welches Filtermaterial:

Wann wurde der Filter das letzte Mal gereinigt? Auf welche Art und Weise?

Wasserwerte des Leitungs- oder Grundwassers:
Leitwert, pH, Gesamthärte, Karbonathärte, Ammonium, Nitrit, Nitrat, Phosphat

Wasserwerte des Aquarien- oder Teichwassers:
Leitwert, pH, Gesamthärte, Karbonathärte, Ammonium, Nitrit, Nitrat, Phosphat

Wie oft wird Wasser gewechselt? Mit welchem Wasser? Wieviel %?

Wann wurde der letzte Wasserwechsel durchgeführt?

Werden Wasseraufbereiter beim Wasserwechsel verwendet?

Vorgeschichte (Anamnese):

Wie viele Fische sind betroffen, welche Arten?

Geschlecht:

Wann wurde das Problem bemerkt und in welchem Zeitraum trat es auf?

Verhalten der erkrankten Fische:

Beschreibung der Krankheitssymptome:

Todesfälle:

In welchen Zeitabständen:

Bei welchen Arten:

Vorbeugend erfolgte Maßnahmen:

Eventuell erfolgte Behandlung/en:

Wurden eventuell Insektizide oder Dünger im Garten ausgebracht?
Wurde Fliegenspray im Raum verwendet?

Untersuchungsprotokoll

Untersuchung am lebenden Fisch:

Äußeres Erscheinungsbild:

Farbe:

Abstriche Haut:

Abstriche Flossen:

Abstriche Kiemen:

Kotuntersuchung:

Untersuchung am toten Fisch:

1) Hautabstriche:

2) Flossenteile:

3) Schuppen:

4) Blut:

5) Kiemen:

6) Leibeshöhle:

7) Leber:

8) Gallenblase

9) Magen:

10) Darm:

11) Milz:

12) Herz:

13) Geschlechtsorgane:

14) Schwimmblase:

15) Niere:

16) Gehirn:

17) Muskulatur:

Diagnose:

Therapie:

Erfolg der Therapie:

Bild 76: Gesunde Fische halten die Augen waagrecht, wenn der Körper um die Längsachse gedreht wird

Bei großen Fischen kann noch der Schwanzreflex geprüft werden. Dazu wird der Fisch an der vorderen Hälfte des Körpers in normaler Schwimmlage kurze Zeit außerhalb des Wassers gehalten. Ein noch kräftiger Fisch hält den Schwanz waagrecht, schwache Tiere lassen ihn herunterhängen.

Wer ein Stereomikroskop besitzt, kann die Haut bei 10- bis 20- und 30-facher Vergrößerung durchmustern. Es ist jedoch zu beachten, dass die Fische dabei nicht allzu lange außerhalb des Wassers bleiben. Nach Möglichkeit sind drei Minuten nicht zu überschreiten. Um bei weiteren Untersuchungen starke Bewegungen, bei denen die Schleimhaut verletzt wird, zu verhindern, schlägt man den Fisch in ein nasses weiches Tuch ein. Eine glatte Kunststofffolie auf einem weichen Untergrund oder eine Wickelunterlage für Babys ist ebenfalls geeignet. Der Fisch muss dann bei der Untersuchung oder Behandlung gut festgehalten werden. Aber auch dann soll die Untersuchung nicht länger als drei Minuten dauern. Einzelne Körperpartien können zur Begutachtung und der Entnahme von Abstrichen aufgedeckt werden. Dazu führt man einen Spatel unter leichtem Druck von vorn nach hinten über die entsprechenden Hautpartien. Wer ausreichend Übung besitzt, kann die Abstriche auch mit einem Deckglas vornehmen, ohne dass es zerbricht und den Fisch verletzt. Abstriche werden an der Rumpfseite, der Schwanzflosse, in den Winkeln zwischen den Ansätzen der Seitenflossen und an den Kiemendeckeln genommen.

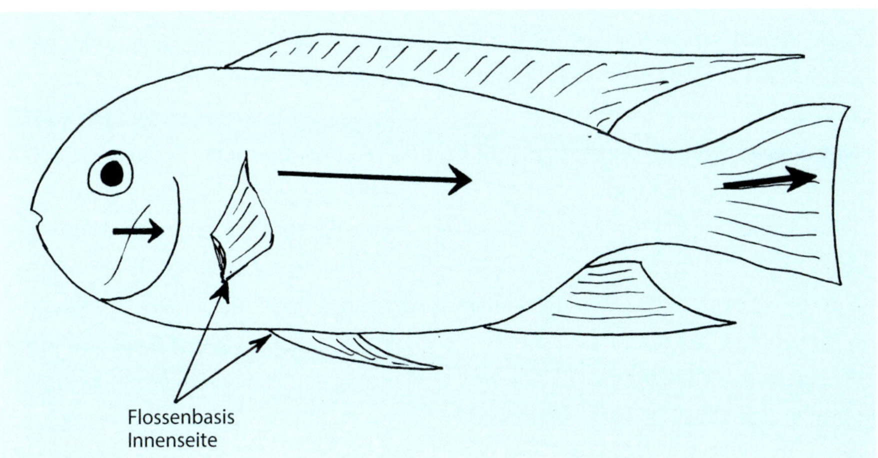

Abstriche nehmen

QR-Code 23

Bild 77: Abstriche nimmt man an den Seiten, den Kiemendeckeln und den Winkeln zwischen Brustflossen und Körper

Der abgestreifte Schleim eines jeden Abstrichs wird auf einem separaten Objektträger mit einem Tropfen Wasser vermischt und ein Deckglas aufgelegt (s. Kap. 12.4.). Vor jedem Abstrich muss der Spatel wieder sauber gewischt werden. Nun mustert man die Präparate bei 25- bis 50-facher Vergrößerung durch. Größere Parasiten sind dabei gut zu sehen. Werden höhere Vergrößerungen benötigt, kann das Deckglas mit einer Nadel leicht angedrückt und das seitlich hervortretende Wasser mit Fließpapier abgesaugt werden. Das ist notwendig, weil zu dicke Präparate bei hoher Vergrößerung nicht bis zur Oberfläche des Objektträgers scharf gestellt werden können (s. Kap. 12.4.).

Die weiteren Untersuchungen führt man besser am narkotisierten Fisch durch (s. Kap. 9.2.; C-04, C-24, C-28). Besonders beim Anheben der Kiemendeckel für einen Kiemenabstrich beginnen die Fische sich so kräftig zu bewegen, dass man leicht die Kiemen verletzt. An Kiemenblutungen kann der Fisch sterben und außerdem sollten den Tieren unnötige Qualen erspart werden. Kiemenabstriche sind grundsätzlich bei jeder Untersuchung durchzuführen, da sich viele Parasiten an diesem geschützten Ort verbergen können.

Hat sich der Fisch nun in dem nassen Tuch beruhigt, kann man die Kiemenpartie abdecken. Mit dem Ballen der linken Hand hält man den Kopf des Tieres fest, mit Daumen und kleinem Finger den Rumpf und mit dem rechten Handballen den Schwanz. Der Fingernagel des Mittel- oder Zeigefingers der linken Hand hebt nun den Kiemendeckel an, während mit dem Daumen und Zeigefinger der rechten Hand eine kleine Lupe, Pinzette oder Pipette gehalten werden kann. Diese Vorgehensweise ist natürlich nur bei Fischen mit einer mittleren Länge von zehn bis zwanzig Zentimetern möglich. Bei der Untersuchung größerer Fische sollte eine zweite Person helfen und den Fisch festhalten.

Zunächst prüft man die Kiemenblätter mit einer Lupe auf ihre Farbe und ob sich größere Parasiten daran befinden (Diagnosetafel 7). Diese können mit einer feinen Pinzette abgenommen und zur mikroskopischen Untersuchung vorbereitet werden (s. Kap. 12.6.). Dann versucht man, einen Abstrich von den Kiemen zu nehmen. Dabei ist wegen der Verletzungsgefahr noch vorsichtiger vorzugehen als bei Hautabstrichen. Eine weitere Möglichkeit, an Kiemenparasiten heranzukommen, ist, mit einer vorn stumpfen Glaspipette (Pipette für Augentropfen) Wasser auf die Kiemenbögen zu geben und gleich wieder einzusaugen. Nicht allzu fest verankerte Parasiten lösen sich dabei und können, auf Objektträger übertragen, beim Mikroskopieren mit 100-facher Vergrößerung gefunden werden.

Im Gartenteich ist das Einbringen verschiedener Parasiten durch Wasservögel und Insekten langfristig kaum zu vermeiden. So sind bei Hautabstrichen meist mehrere verschiedene Ektoparasiten zu finden. Sie vermehren sich besonders stark, wenn die Teichfische aus anderen Gründen geschwächt sind. Koi und Goldfische verdicken bei erhöhtem Parasitenbefall die Schleimschicht ihrer Haut, um sich zu schützen und versuchen, sich durch vermehrtes Scheuern an Boden und Wänden von den Erregern zu befreien. Bei starkem Befall stehen sie bevorzugt im Wasserstrom des Filterrücklaufs und werden apathisch.

Auch wenn man bei den bisherigen Methoden fündig geworden ist, sollte noch der Kot untersucht werden (Diagnosetafel 8). Durch mehrmaligen kurzen und leichten Druck auf den Bauch wird versucht, ein Stückchen Kot zu erhalten. Dieses überträgt man auf einen Objektträger, verrührt es mit einem Tropfen Wasser und mikroskopiert dann bei 40- bis 100-facher Vergrößerung. Protoopalina und Würmer können nun gut erkannt werden. Um kleinere Objekte wie Wurmeier und Geißeltierchen zu finden, muss man auf 200- bis 400-fache Vergrößerung umschalten. Der Abstand zwischen Objektträger und Deckglas, also die Dicke des Objektes, ist sehr gering zu halten, damit sich die Objekte und Kotteilchen nicht überlagern und undurchsichtig werden (s. Kap. 12.4. und 12.6.).

Parasiten, die bei den eben beschriebenen Untersuchungen nicht gefunden wurden, sind, wenn vorhanden, in ihrer Menge für den Fisch ungefährlich. Das kann sich jedoch in kurzer Zeit durch veränderte Umweltbedingungen und Stress ändern. Es ist empfehlenswert, den Kot der Fische im Aquarium, auch wenn kein Verdacht auf Krankheit vorliegt, zeitweise zu untersuchen. Dazu wartet man, bis ein Fisch Kot absetzt und saugt diesen mit einer langen Pipette an, bevor er den Boden erreicht. Bleibt der Kotfaden länger als zehn Minuten am After des Fisches hängen, ist er nur bedingt zur Untersuchung geeignet, da viele lebende Parasiten ihn schon verlassen haben.

Außerdem finden sich nach kurzer Zeit abbauende Organismen ein, die vom Laien leicht für Parasiten gehalten werden (s. Kap. 12.4. und 5.4.5.). Manchmal können Fische ihren Kot nicht richtig absetzen. Sie ziehen dann stundenlang einen immer länger werdenden Faden, oft weißlich verfärbt und schleimig, hinter sich her. In diesem Fall liegt eine ernsthafte Erkrankung des Darmes vor. Oft ist eine Flagellateninfektion oder eine Darmentzündung durch Veränderung der Darmflora die Ursache (s. Kap. 4.1.4. und 7.3.). Der Fisch versucht, durch verstärkte Produktion von viskosem Schleim, die Erreger einzuschließen und aus dem Darm zu entfernen.

Bild 78: Schleimiger Kot aufgrund einer Infektion des Darms

1.6. Das Töten von Fischen

Mitunter sind Fische so schwer erkrankt, dass auf Heilung keine Aussicht besteht. Dann ist es humaner, den Fisch schnell und schmerzlos zu töten, als ihn langsam verenden zu lassen.

Achtung!

Keinesfalls darf man lebende Fische in die Toilette oder in kochendes Wasser werfen. In beiden Fällen steht ihnen ein qualvoller Tod bevor, den ein echter Tierfreund nicht gutheißen kann und der nach dem Tierschutzgesetz verboten ist. Auch das Eingefrieren von Fischen ist verboten. Es geht sehr langsam vonstatten und es bilden sich Eiskristalle in der Haut, was Schmerzen bereitet, denn das Gehirn stirbt erst später ab.

Das Tierschutzgesetz schreibt vor, dass Tiere artgemäß gehalten, gepflegt und ernährt werden müssen. Niemand darf einem Tier ohne vernünftigen Grund Schmerz, Leiden oder Schäden zufügen. Unter Schäden sind körperliche und seelische Zustandsverschlechterungen sowie Abmagerung und Überfütterung zu verstehen. Eine artgerechte Ernährung und Haltung ist zwingend vorgeschrieben. Als Leiden sind alle Beeinträchtigungen des Wohlbefindens definiert, z. B.: Aufregung, Bewegungsmangel, Hunger, zu hohe und zu niedrige Temperaturen, Überbelastung bestimmter Organe, Vergesellschaftung unverträglicher Tiere.

Das Töten von Wirbeltieren ist verboten. Ausgenommen sind Tiere, die Speisezwecken dienen und solche, die nicht behebbare Schmerzen oder Leiden ertragen müssen, diese müssen getötet werden. Ein Wirbeltier darf nur dann vom Menschen getötet werden, wenn er die dazu notwendigen Kenntnisse und Fähigkeiten besitzt. Es darf nur unter Vermeidung von Schmerzen, gegebenenfalls unter Betäubung, getötet werden.

Grundsätzlich darf man gesunde Tiere nicht töten. Laut Tierschutzgesetz muss auch ein vernünftiger Grund vorliegen, ein Wirbeltier zu töten. Ein kranker Fisch im Endstadium, der abgemagert dahinsiecht und auf keine Behandlung anspricht, muss getötet werden, um ihm weitere Leiden und Schmerzen zu ersparen. Eine weitere Ausnahme bilden Tiere, die nicht behebbare Leiden haben, z. B. Jungfische, die wegen Verkrüppelung und Degenerationserscheinungen ausgesondert werden. Sie sind unverzüglich nach Erkennen des Schadens zu töten. Solche Exemplare können im Rahmen von Bestandskontrollen seziert werden.

Durch Bestandskontrollen hat man eine Kontrolle über die Gesundheit der Fische und wird von keiner Seuche überrascht. Denn gerade bei Aufzuchtfischen, die ja oft in großen Schwärmen zusammen leben, ist die Gefahr der Massenvermehrung von Parasiten und Ausbreitung von Infektionskrankheiten besonders hoch.

Das Töten kleinerer Fische geschieht am schnellsten durch einen Kopf oder Genickschnitt. Dazu setzt man eine starke Schere oder ein spitzes Skalpell hinter den Augen an und schneidet dann schnell und tief bis zum oberen Ende des Kiemendeckels ein. Das Gehirn wird auf diese Weise sofort zerstört. Wird es noch zu Untersuchungen benötigt, schneidet man etwas weiter hinten und durchtrennt die Wirbelsäule. Bei diesem Genickschnitt sollte der Fisch betäubt sein. Dann ist eine Wartezeit von einigen Minuten angebracht, bis das Gehirn abgestorben ist und auch am Kopfteil keine Wahrnehmungen mehr möglich sind.

Bild 79: Genickschnitt

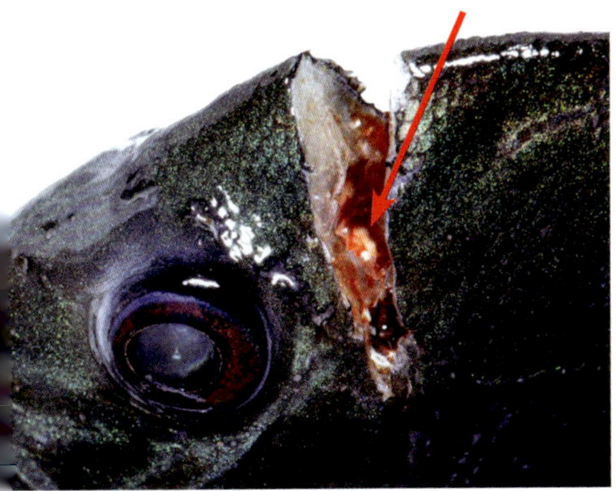

Bild 80: Genickschnitt durch den hinteren Teil des Gehirns

Für einen fachgerechten Genickschnitt legt man gedanklich eine Tangente an die Rückenlinie des Fisches und schneidet dann darauf senkrecht bis zum Ende des Kiemendeckels schnell durch.

Wer noch ungeübt ist oder sich einen schnellen Schnitt nicht zutraut, muss den Fisch vorher stark narkotisieren. Wenn keine Atembewegungen mehr zu sehen sind, der Augendrehreflex ausbleibt, und der Fisch mit dem Bauch nach oben schwimmt, ist die Betäubung so tief, dass er den Schnitt nicht mehr spürt. Grundsätzlich sollte man aus humanitären Gründen das Töten des Fisches mit der Überdosis eines Narkosemittels vornehmen und danach trotzdem noch zur Sicherheit den Genickschnitt durchführen.

Große Fische betäubt man durch einen kräftigen Schlag mit einem harten Gegenstand auf den Kopf. Danach tötet man sie durch einen Stich ins Herz oder einen Kiemenschnitt. Diese Vorgehensweise ist durch das Tierschutzgesetz vorgeschrieben. Gerade in solchen Fällen ist eine vorhergehende Betäubung angebracht. Leicht beschaffbare Betäubungsmittel für Fische sind Nelkenöl, Eugenol und Benzocain (s. Kap. 9.2. und 9.6., C-04 oder C-28). Man erhält sie in der Apotheke.

Genickschnitt Aquarienfische

QR-Code 24

Eine Sektion ist auch dann angebracht, wenn ein Fisch sichtbar krank ist, die Abstriche und Kotuntersuchung keine Ergebnisse brachten und keine Chance der Heilung besteht. Tiere, die von selbst gestorben sind, eignen sich nur dann zur Sektion, wenn sie nicht länger als eine Stunde im Aquarien- oder Teichwasser gelegen haben, da sonst viele Parasiten nicht mehr nachweisbar sind. Besonders

Betäubungsschlag bei großen Fischen, Herzstich, Kiemenschnitt.

QR-Code 25

Bild 81: Schema Genickschnitt

Bild 82: Ausgeführter Genickschnitt

Bild 83: Genickschnitt bei Diskusfischen

Bild 84: Schnitt bei Skalaren

Bild 85: Genickschnitt bei Salmlern

Bild 86: Genickschnitt bei Barben

Hautflagellaten und Kiemenwürmer verlassen den toten Fisch nach kurzer Zeit. Frisch gestorbene Fische können ohne Wasser in einem Plastikbeutel im Kühlschrank noch einige Stunden aufbewahrt werden, wenn keine Zeit zur sofortigen Sektion ist. In diesem Fall ist auch das wenige Wasser, das sich im Beutel gesammelt hat, auf Parasiten zu untersuchen.

Die toten Fische müssen möglichst schnell zur Untersuchung gelangen. Schon innerhalb einer Stunde beginnt die Autolyse, die Selbstzersetzung des Gewebes. Besonders wenn Fische tot im Wasser liegen, vermehren sich sofort Mikroorganismen und die unterschiedlichsten Einzeller an Haut und Kiemen sowie Bakterien in den inneren Organen und verfälschen das Krankheitsbild.

Das Eingefrieren selbst frischer toter Fische schränkt die Diagnosemöglichkeiten stark ein. Während des Eingefrierens und Auftauens vermehren sich Bakterien, die das Krankheitsbild verfälschen. Einzeller platzen mitunter und sind dann am aufgetauten Fisch nicht mehr zu finden. Pilze, mehrzellige höhere Parasiten sowie Würmer und Krebse können an aufgetauten Fischen noch nachgewiesen werden. Toxische Stoffe können von speziellen Labors in den Organen gefunden werden. Mit den modernen molekularbiologischen Nachweismethoden, wie PCR und ELISA, können viele Krankheiten und die Art der Erreger festgestellt werden. So sind Viren von KHV und CEV noch an Fischen zu finden, die schon in Verwesung übergehen.

1.7. Der Versand von kranken Fischen

Vielen Aquarianern wird der Aufwand, der zur Untersuchung von Fischen notwendig ist, zu groß sein. Für sie gibt es die Möglichkeit, sich an ein Institut oder den Arbeitskreis Fischkrankheiten des VDA zu wenden. Die erkrankten, aber noch lebenden Fische werden einzeln in Plastikbeuteln, die zu einem Drittel mit Wasser und zu zwei Dritteln mit Sauerstoff oder Luft gefüllt sind, in einem gut isolierten Karton verpackt und per Express verschickt. Dafür sucht man eine Spedition, die lebende Tiere transportiert. Der Versand erfolgt über Nacht, am nächsten Morgen erreichen die Fische den Empfänger. Dies gilt innerhalb der Bundesrepublik Deutschland. Der Empfänger muss vorher telefonisch benachrichtigt werden. Es sind die gesetzlichen Vorschriften der Tierschutztransportverordnung zu befolgen.

Bild 87: Vorschriftsmäßig verpackter Koi, 1/3 Wasser, 2/3 Luft oder Sauerstoff

Der Versand ganzer in Formalin oder Alkohol eingelegter Fische hat keinen Sinn, da die inneren Organe oft schon in Zersetzung übergegangen sind, bis das Fixiermittel eingedrungen ist. Es ist daher sinnvoller, dem toten Fisch Kiemenbögen, Milz, Galle und Stücke von den Flossen, der Niere, der Leber, des Darmes und des Muskelfleisches zu entnehmen und, jedes separat in einem dicht schließenden Probenglas, in die Fixierlösung (s. Kap. 12.8., E 1) einzulegen. Die Gläser werden dann, bruchsicher verpackt, zum Versand gebracht. Bei Alkoholkonservierung sind viele einzellige Parasiten kaum noch nachweisbar. Bei einer Konservierung in 5prozentigem Formalin bleiben alle einzelligen und mehrzelligen Parasiten vollständig erhalten. Dem Paket ist ein Schreiben beizulegen, in dem die gesamte Vorgeschichte aufgeführt ist. Verhaltensänderungen, Farbveränderungen, die Schwimmweise, die letzte Futtergabe, Futteraufnahme oder Verweigerung sind darin zu beschreiben (s. Protokoll Seite 25-26). Ebenso ist anzugeben, ob Fische in letzter Zeit gestorben sind und wie viele in welchen Zeitabständen.

Eine Wasserprobe von ein bis zwei Litern ist bei Verdacht auf Vergiftung der Sendung beizufügen. Die Wasserproben werden in dicht verschließbaren Flaschen genommen, die vorher gründlich gereinigt und mit dem Aquarien- oder Teichwasser mehrmals gespült wurden. Man lässt die Flasche unter Wasser volllaufen und verschließt sie unter Wasser ohne Luft mit einzuschließen. Selbst kleine Luftblasen sind zu vermeiden. Zum Vergleich sollte mindestens eine Flasche mit dem zum Wasser wechseln verwendeten Wasser (Leitungs- oder Brunnenwasser) mit eingeschickt werden. Die Probenflaschen werden mit Etiketten versehen, auf denen der Entnahmeort, das Datum, die Uhrzeit und die Adresse des Absenders vermerkt sind.

Leider gibt es noch nicht so viele auf Fische spezialisierte Tierärzte (siehe Fischuntersuchungsstellen ab S. 451). Staatliche Untersuchungsstellen für Fische stehen jedoch flächendeckend in ganz Deutschland zur Verfügung. So besteht in jedem Bundesland zumindest eine Untersuchungsstelle des staatlichen Fischgesundheitsdienstes. Hier kann man seine Fische untersuchen lassen. Die Adressen und Telefonnummern von Tierärzten und Untersuchngsstellen, die auf Fische spezialisiert sind, finden Sie ab Seite 451.

2. Anatomie, Physiologie und Sektion

2.1. Allgemeine Informationen

Die Landmasse der Erde ist zu etwa 3% von Wasser bedeckt, davon sind Seen durchschnittlich 0,1%. Trotzdem leben etwa 41% der bekannten Fischarten im Süßwasser. 58% der marinen Arten leben immer im Meer, und nur etwa 1% wechselt regelmäßig vom Meer in Süßgewässer und zurück [KLINKHARDT].

Schon vor über 2000 Jahren wurden sehr detaillierte Berichte über Fische geschrieben, mit sehr genauen Erkenntnissen über die inneren Organe und ihre Funktionen sowie über die Auswirkungen von Belüftung und Ernährung auf die Laichbereitschaft. Der griechische Dichter Oppian schrieb viel über seine Erkenntnisse bezüglich der Lebensweise, Vermehrung, Ernährung sowie über den Gehör- und Geruchsinn von Fischen.

Fische sind die einzigen Wirbeltiere, die alle aquatischen Systeme der Welt als ihren Lebensraum für sich eingenommen haben. Erstaunliche Anpassungen an extreme Verhältnisse der Biotope sind ihnen im Laufe ihrer Evolution gelungen. So leben sie in mineralstoffarmen Süßwasserflüssen, extrem salzhaltigen Gewässern mit sehr hohem pH-Wert und in den Meeren mit ihrem hohen Salzgehalt. Die Teleostei (Echte Knochenfische) spalteten sich vor 60 Mill. Jahren zu den Perciformes (Barschartigen) auf. Von diesen sind etwa 8.000 Arten bekannt. Die Teleostei prägen das Bild vom Fisch unserer Vorstellung und umfassen etwa 25.000 Arten.

Fische leben bis in über zehn Kilometern Tiefe, bei einem Druck von 1.000 Bar und mehr. Sicher werden selbst noch größere Tiefen von ihnen besiedelt. Man muss sich vorstellen, dass in dieser Tiefe ein Druck von einer Tonne auf jedem Quadratzentimeter Oberfläche des Fisches lastet. Eine Schwimmblase kann da nicht mehr funktionieren. Daher lagern solche Fische viel Fett in der Leber und den Geweben ein und erhalten damit ihre Fähigkeit im Wasser zu schweben. Selbst an Lebensräume mit Wassertemperaturen von unter 0°C und bis 40°C haben sich manche Arten angepasst. Und dabei müssen sie ihre Homöostase, ihr Körpergleichgewicht, unter teilweise großem Energieaufwand aufrechterhalten [KLINKHARDT].

Bei den Fischen unterscheidet man vier Gruppen, die Inger, Neunaugen, Knorpelfische und Knochenfische. Die meisten in Aquarien gepflegten Fische sind Knochenfische. Daher behandelt das Buch auch überwiegend die Krankheiten dieser Gruppe. Während Inger und Neunaugen in der Aquaristik keine Rolle spielen, werden Knorpelfische, zu denen Haie und Rochen zählen, in Meerwasseraquarien gepflegt. Auch die Süßwasserstechrochen werden immer beliebter.

Trotz ihres mitunter völlig voneinander abweichenden Körperbaus und extremer Biotopanpassung haben alle Fische eine Wirbelsäule und gehören somit zu den Wirbeltieren. Sie weisen alle charakteristischen Merkmale dieser Tiergruppe auf: Ein hochentwickeltes Nervensystem mit differenziertem Schädel und Gehirn, alle Sinnesorgane zum Sehen, Riechen, Schmecken, Hören, Fühlen, Tasten und mit der Seitenline ein sehr sensibles Fernortungssystem. Ihre Haut ist mehrschichtig aufgebaut. Die inneren Organe entsprechen in Art und Funktion all denen der anderen Wirbeltiere.

Die Körperzellen kleiner Fische haben ungefähr die gleiche Größe wie die von großen. Das bedeutet, dass jedem Organ, ebenso dem Zentralnervensystem weniger Zellen zur Verfügung stehen. Der Verkleinerung von Fischen sind Grenzen gesetzt, um ihre Lebensfähigkeit zu erhalten. Die kleinsten Fische sind Grundeln der Art Pandaka pygmaea, deren Weibchen 15 und Männchen 11 Millimeter Länge erreichen. Auch ihre Eier liegen mit 0,4 mm an der Untergrenze, die eine Entwicklung ermöglicht [Klinkhardt].

Der hauptsächliche Unterschied zu Landwirbeltieren ist die Atmung über Kiemen. Das viel dichtere Wasser erlaubt keine Lungenatmung, wodurch eine Anpassung der Atmung notwendig wurde. Dazu haben Fische, die in speziellen sauerstoffarmen Biotopen leben, weitere Möglichkeiten zur Sauerstoffaufnahme durch akzessorische Atmungsorgane entwickelt.

Auch die Haut der Fische ist sehr spezialisiert. Sie ist von der Schleimhaut überzogen, die auch die Schuppen überdeckt. Sie produziert einen viskosen Schleim, durch den keine Bakterien und Viren eindringen können. Die Haut der Fische kann vollständig oder teilweise von Schuppen bedeckt sein, es gibt aber auch völlig schuppenlose Fische. Das ist nicht auf eine Art bezogen, sondern oft ein Rassemerkmal, wie bei dem beliebten Koi festzustellen ist. Die Schuppen wachsen aus der Lederhaut und sind dachziegelartig angelegt. Sie geben den Fischen Schutz und behindern sie trotzdem nicht in der Bewegung.

Ein weiteres besonderes Organ ist die mit Gas gefüllte Schwimmblase. Sie ermöglicht dem Fisch im Wasser zu schweben. Aufgrund der Möglichkeit, die Füllung zu regulieren, kann er sich in verschiedenen Wasserschichten ohne Bewegung der Flossen aufhalten. Die Schwimmblase wirkt auch als Resonanzorgan und verstärkt das Hörvermögen der Fische, ebenso dient sie auch der Lauterzeugung und damit der innerartlichen Kommunikation.

Gleichzeitig reagiert die Schwimmblase auch auf Druckwellen durch Schläge auf die Scheibe und der Wasseroberflä-

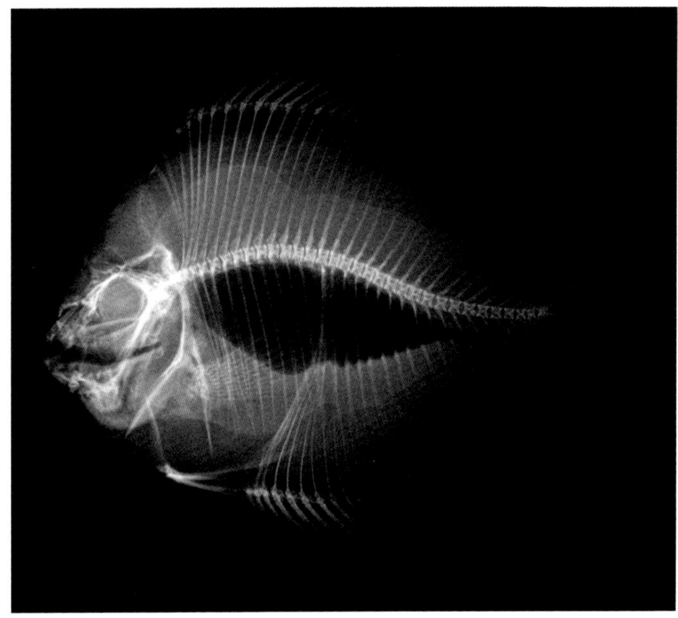

Bild 88: Die Schwimmblase eines Diskusfisches hebt sich im Röntgenbild dunkel unter der Wirbelsäule ab

che. Die Fische erschrecken und können sich bei den Reaktionen verletzten. In einem Koiteich, an dem in einiger Entfernung Straßenarbeiten durchgeführt wurden, waren die Fische wochenlang schreckhaft und erkrankt. Das wurde auf die ständigen Druckwellen der Baggerarbeiten zurückgeführt. Nach Ende der Bauarbeiten erholten sich die Koi innerhalb kurzer Zeit wieder und waren fortan kerngesund.

Im Gegensatz zu den Landwirbeltieren benötigen Fische, da sie im Waser schweben können, keine Stütze der Flossen durch eine Verbindung zur Wirbelsäule. Die paarigen Flossen entsprechen als Brustflossen den Vorderbeinen und die Bauchflossen den Hinterbeinen der Landwirbeltiere.

Fische sind wechselwarme Tiere. Das hat Vor- und Nachteile. Sie sparen die Energie, die Warmblüter für die Aufrechterhaltung ihrer Körpertemperatur benötigen. Andererseits schränkt sie das in ihrem Stoffwechsel und ihrer Leistungsfähigkeit ein, wenn die Wassertemperatur von ihrem artspezifischen Temperaturoptimum abweicht. Manche Arten können durch eine teilweise rote Muskulatur eine erhöhte Körpertemperatur erzeugen, was die Bewegungsfähigkeit verbessert.

Schnelle Temperaturwechsel schaden den Fischen sehr. Der Unterschied der Temperatur beim Umsetzen von Fischen sollte nicht mehr als 2°C betragen. Die Fische müssen langsam über eine Stunde lang an die neue Temperatur angepasst werden (s. Kap. 8.6.). Wer sich tiefer in die Anatomie und Physiologie einarbeiten möchte, dem kann ich die Schulungsordner des VDA und das umfassende und hochaktuelle Werk von Manfred Klinkhardt empfehlen.

2.2. Sektion der Fische

2.2.1. Die Instrumente

Um Fische fachgerecht sezieren und untersuchen zu können, benötigt man eine Grundausstattung an Arbeitsmitteln, die unter dem Sammelbegriff „Instrumente“ zusammengefasst werden.

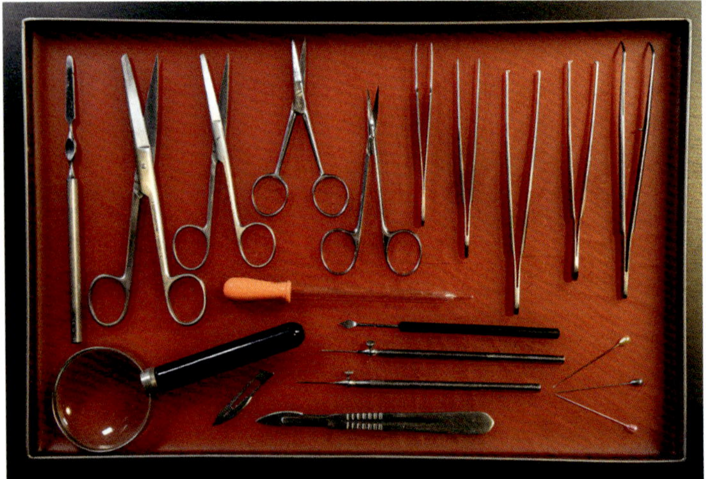

Bild 89: Die benötigten Instrumente im Wachsbett

Eine kräftige Schere mit einem spitzen und einem stumpfen Schenkel braucht man zum Töten mittelgroßer Fische und zur Sektion großer Fische, sowie eine kleine gerade und eine kleine gebogene Schere mit spitzen Enden zum Sezieren von kleineren Fischen und den inneren Organen. Zwei bis drei Präpariernadeln, davon eine mit Lanzettspitze, dienen zum Zerrupfen von Organteilen und dem Übertragen kleinerer Objekte beim Präparieren. Drei Pinzetten werden zum Halten bei der Sektion benötigt. Eine soll gerade und vorn spitz, die andere vorn abgewinkelt sein und die dritte Haken an den Enden haben. Des Weiteren sind ein Skalpell mit auswechselbaren Klingen, ein bis zwei Spatel in verschiedenen Größen und eine starke Lupe notwendig. Ein Präparierbecken ist eine 2 cm hohe, mit Wachs gefüllte Zink- oder Stahlwanne (mindestens 20 x 15 cm) mit einigen Stecknadeln zum Festhalten der Fische bei der Sektion. Zum Herstellen der Wachsfüllung schmilzt man alte Kerzen und mischt 50% Bienenwachs zu. Nach dem Ausgießen der Wanne und Wiedererkalten des Wachses entsteht eine sehr glatte Oberfläche, auf der die Fische mit den Nadeln festgesteckt werden können. Zerstochene und verunreinigte Oberflächen werden mit Alkohol gereinigt. Dann stellt man die Wanne bei 70 bis 80°C (nicht mehr!) in den Backofen, bis das Wachs vollständig geschmolzen ist. Nach dem Abkühlen ist die Oberfläche wieder glatt und das Präparierbecken kann wieder verwendet werden. Alle benötigten Arbeitsmittel sind im Laborhandel erhältlich (s. Kap. 13).

Achtung Gefahrenhinweis!

Wachswannen dürfen auf keinen Fall von unten auf Herdplatten oder mit Bunsenbrennern erhitzt werden. Das heiße, flüssige Wachs spritzt unter Druck aus der Wanne und kann zu Verbrennungen führen.

2.2.2. Die Sektion

Vor der Sektion muss der Fisch zuerst betäubt und dann fachgerecht getötet werden (s. Kap. 1.6., Kap. 9.2., Kap. 9.6., C-28). Der Fang von Fischen und ihre Sektion ist bei vielen Arten nicht ungefährlich. So kann man sich leicht an den Hartstrahlen der Flossen verletzen. Die Basis der Hartstrahlen einiger Arten enthalten Giftdrüsen, deren Sekret in einer Rinne an dem stachelförmigen Hartstrahl in die Wunde geleitet wird. Die Wirkung des Giftsekrets kann sehr schmerzhaft sein. Bei Rotfeuerfischen befindet sich das Gift erzeugende Gewebe in den beidseitigen Längsfurchen der langen Hartstrahlen der Rücken-, Bauch- und Afterflossen. Bei Schmerlen sind die abspreitzbaren Stachel unter den Augen gefährlich, Doktorfische haben an der Schwanzwurzel ein ausklappbares Stilett. Es ist dringend darauf zu achten, sich beim Fang, dem Töten und der Sektion der Fische nicht zu verletzen. Bei der Sektion von Kugelfischen ist zu beachten, dass sie in Stresssituationen (z. B. beim Fangen) einen starken gasförmigen Giftstoff über die Haut abgeben, ihre Galle ist ebenso giftig. Es sollten immer Handschuhe und FFP2 Masken bei der Sektion getragen werden. Bitte unterschätzen Sie das nicht, es haben sich schon einige Aquarianer durch ihre Unvorsichtigkeit eine Vergiftung zugezogen, die im Krankenhaus behandelt werden musste. Welse (Loricaidae), Stichlinge und Störe sind auch durch Knochenschilde geschützt, die selbst von einem Skalpell schwer durchgeschnitten werden können. Hier besteht Verletzungsgefahr, wenn man beim Schneiden abrutscht. Es sind etwa 1000 giftige Fischarten bekannt, wobei einige der Gifte auf den Menschen innerhalb von Stunden tödlich wirken. Bei Stichverletzungen mit Giften ist sofort die betroffene Stelle mit möglichst heißem Wasser zu erhitzen und ein Arzt aufzusuchen. Die Hitze denaturiert die Gifte, die aus Eiweiß bestehen. Oft ist es aber nicht möglich, die betroffene Stelle auf die erforderliche Temperatur zu bringen.

Zur Sektion wird der tote Fisch in die wachsgefüllte Schale, das Präparierbecken, gelegt und mit je einer Nadel durch die Schwanzwurzel und die Rückenmuskulatur im Wachs festgesteckt.

Bild 90: Toter Fisch festgesteckt auf dem Wachsbett

Für Fische unter 10 cm Gesamtlänge wird eine kleine Schere mit spitzen Enden benutzt. Nun sticht man den einen Schenkel der Schere kurz vor dem After ein und schneidet zwischen den Bauchflossen hindurch die Bauchdecke bis zum Kopf hin auf (Bild 91). Dabei ist zu beachten, dass der Schenkel der Schere im Innern der Leibeshöhle die Berührung mit der Bauchdecke nicht verliert und dadurch Organe verletzt oder den Darm zerschneidet. Dieser Schnitt wird bis unter die Kiemen geführt. Er heißt Bauchschnitt oder Ventralschnitt. Der zweite Schnitt beginnt an der gleichen Stelle und führt im Bogen um die Leibeshöhle bis zum oberen Ende des Kiemendeckels.

Sektion eines Aquarienfisches

QR-Code 26

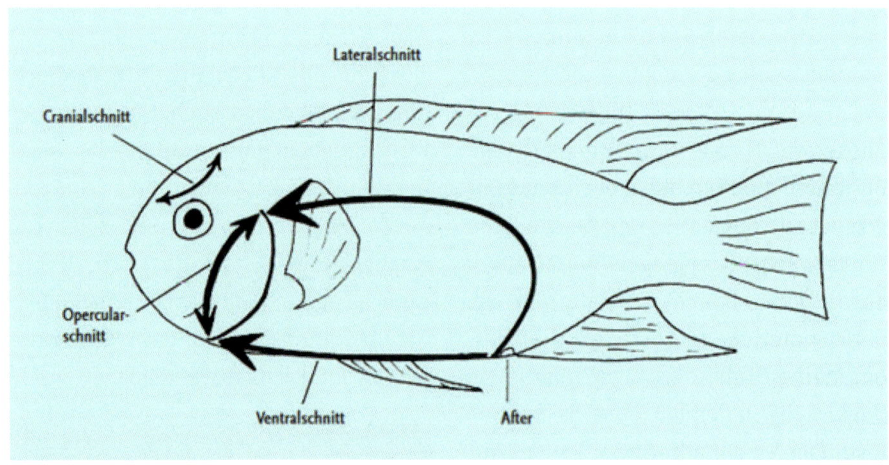

Bild 91: Schnitte zur Sektion

Auch hier muss der eine Schenkel der Schere dicht an der Innenseite der Körperwand geführt werden, da sonst die Schwimmblase aus Versehen angestochen werden kann. Bei karpfenartigen Fischen, wie Koi und Goldfischen, kann dabei die Rumpfniere zerschnitten werden. Der Schnitt wird als Seitenschnitt oder Lateralschnitt bezeichnet. Die Körperwand kann nun nach vorn geklappt werden und gibt die Sicht auf die inneren Organe frei.

Zuerst wird nun der Leibeshöhle die Aufmerksamkeit geschenkt und darauf geachtet, ob sich Flüssigkeit angesammelt hat. Die sichtbaren Organe werden auf Aussehen und Beschaffenheit geprüft. Besonders ist nach Blutungen an den Organen zu schauen. Befindet sich Flüssigkeit in der Leibeshöhle, so ist eine geringe Menge auf einen Objektträger zu bringen, mit einem Deckglas abzudecken und bei 200-, 400- und 600- bis 1.000-facher Vergrößerung zu betrachten (Dia-

Sektion eines Koi, Dr. Lechleiter

QR-Code 27

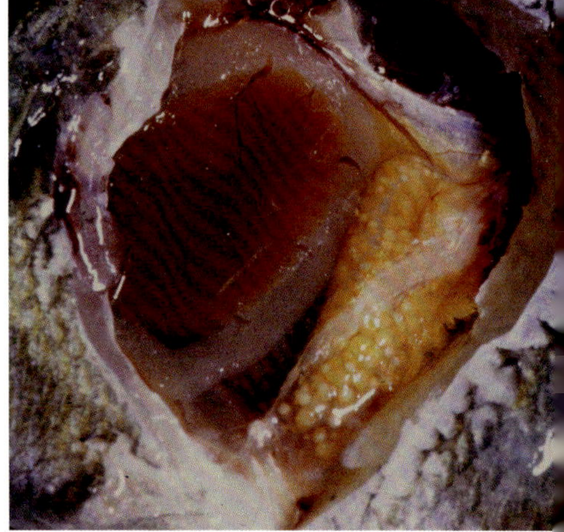

Bild 92: Nach dem Entfernen der linken Körperwand liegt bei vielen Fischarten die Leber frei, rechts sieht man das Ovar mit entwickelten Eiern

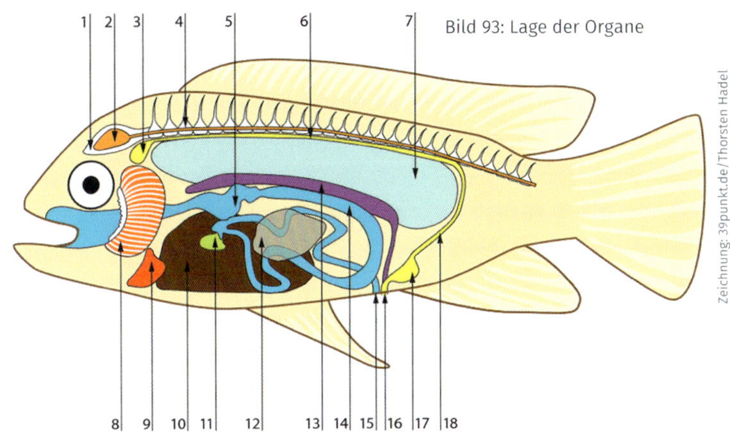

Bild 93: Lage der Organe

1. Schädel
2. Gehirn
3. Kopfniere
4. Wirbelsäule
5. Magen
6. Rumpfniere
7. Schwimmblase
8. Kiemen
9. Herz
10. Leber
11. Gallenblase
12. Milz
13. Geschlechtsorgan
14. Darm
15. After
16. Urogenitalpapille
17. Harnblase
18. Harnleiter

gnosetafel 11, Bild 41). Flagellaten und Blutzellen sind bei diesen Vergrößerungen gut zu erkennen.

Verwachsungen, die das Heben der Körperwand verhindern, können mit einem Spatel vorsichtig gelöst oder mit der kleinen Schere abgeschnitten werden. Ist die Bauchdecke des Fisches so fest, dass es nicht gelingt, vor dem After einzustechen, kann der Schenkel der Schere auch in den After eingeführt und von dort mit den Schnitten begonnen werden. Dabei ist jedoch zu bedenken, dass der Enddarm zerschnitten wird und Darmbakterien in die Leibeshöhle gelangen. Bei diesen Schnitten treten normalerweise keine größeren Blutungen auf. Die beiden Schnitte werden miteinander durch einen dritten verbunden und die Körperwand ganz abgetrennt. Nun wendet man sich den inneren Organen zu und prüft diese auf ihre Farbe und Beschaffenheit (Diagnosetafel 11).

Bei der ungefähren Lage der Organe in den Bildern 91 bis 94 muss man beachten, dass sich Lage, Form und Größe der Organe bei den verschiedenen Fischarten sehr stark unterscheiden können.

Während der Sektion von Fischen ist Sauberkeit die oberste Regel. Es versteht sich von selbst, dass die Instrumente nicht mit Lebensmitteln in Berührung kommen. Weiterhin muss darauf geachtet werden, dass man sich mit den verschmutzten Instrumenten keine Wunden zufügt. Die Untersuchungen von LAUER (1976) haben gezeigt, dass die Bakterien der Fischtuberkulose auch beim

Bild 94: Leibeshöhle mit Organen: Magen, Darm und Milz. Die Schwimmblase und Leber wurden entfernt

Menschen zu Hautgeschwüren führen können. Die Hände sind nach der Arbeit gründlich mit Seife zu waschen und mit einer Nagelbürste die Fingernägel zu reinigen. Wer möchte, kann sich die Hände noch desinfizieren. Die Lösungen dazu können in der Apotheke gekauft oder selbst hergestellt werden (s. Kap. 9.2., D-03). Enganliegende Latexhandschuhe verhindern Infektionen der Hände und die Übertragung von Bakterien auf den Fisch.

Die makro- und mikroskopischen Aufnahmen sowie die weiteren Beschreibungen zur Beurteilung der Organe und zur Diagnose finden sie in den folgenden Kapiteln.

2.3. Die Anatomie der Fische

2.3.1. Kopf, Augen, Gehör

Der Kopf der Fische enthält das Gehirn, die wichtigen Sinnesorgane und die Gleichgewichtsorgane. Der Fisch ist zu keiner Mimik fähig, uns erscheint der Ausdruck gefühllos. Trotzdem können Fische mittels ihrer Kopfmuskulatur durch Gesten, wie Maulaufreißen oder Abstellen der Kiemendeckel miteinander kommunizieren.

Die Kopfmuskulatur dient fast ausschließlich der Bewegung des Mauls und der Kiemendeckel. Die Kopfgröße wird von der Ernährung, vielmehr der dazu erforderlichen Größe des Mauls für die Nahrungsaufnahme bestimmt. Die starke Anpassung ist bei Aufwuchsfressern, wie den Loricaiden (Harnischwelsen) oder an den verlängerten Unterkiefern der Halbschnabelhechte (Hemirhamphidae) zu sehen.

Im Gegensatz zu den Säugetieren ist der Geschmackssinn der Fische nicht auf den Mundraum beschränkt. Sie schmecken süß, sauer, salzig und bitter, wobei ihre Geschmackswahrnehmung mehrhundertfach empfindlicher ist als unser Geschmackssinn. Geschmacksknospen sind auch in hoher Zahl auf dem ganzen äußeren Körper verteilt. Die inneren Geschmacksknospen finden sich im gesamten Mundraum, auf den Kie-

Bild 95: Fadenfische können mit den ersten Brustflossenstrahlen tasten und schmecken

menbögen und den Kiemenblättchen. Auf dem gesamten Kopf befinden sich Geschmacksknospen, insbesondere auf den Lippen und den Barteln. Bei vielen Arten sind die Geschmacksknospen auch auf den Flossen vorhanden. Typisches Beispiel sind die Fadenfische, die mit den ersten Brustflossenstrahlen nicht nur Objekte abtasten, sondern auch deren Geschmack wahrnehmen.

Auch Fische haben eine Schilddrüse. Sie liegt am Boden der Mundhöhle und ist bei vielen Arten kein von Bindegewebe umschlossenes Organ, sondern die Follikelzellen sind in Gruppen oder einzeln in dem Mundhöhlengewebe bis in Augenhöhe und zur Kopfniere verteilt. Das ist auch der Fall, wenn eine richtig mit Bindegewebe umhüllte Schilddrüse vorhanden ist. Die Zellgruppen sind jedoch immer von dichten Kapillaren umgeben, damit die Hormone abgeführt werden können. Bei Jodmangel kommt es zu deutlich sichtbaren Wucherungen der Schilddrüse. Teilweise wachsen die Geschwülste unter dem Kiemendeckel hervor (Diagnosetafel 4A, Bild 12, Kap. 8.2.). Gutartige Geschwulste (Kropf) können durch Zugabe von Jodjodkalium zum Aquarienwasser geheilt werden (s. Kap. 9, C-14).

Deformationen des Kopfes treten früh in der Entwicklung der Fische auf. Sie behindern die Nahrungsaufnahme und beeinträchtigen die Entwicklung des Gehirns. Meist ist eine frühe Mortalität damit verbunden. Eine Verkürzung des Schädels ist als Mopskopf bekannt, die genaue Ursache dafür ist nicht bekannt. Das Erscheinungsbild tritt oft in Nutzfischzuchtanlagen auf. Bei Forellen häufig in Verbindung mit der durch Sporozoen (einzellige Parasiten) verursachten Drehkrankheit. Auch von Aquarienfischen sind solche Erscheinungsbilder bekannt. Die Fische überleben, da sie gefüttert und gepflegt werden, in der Natur hätten sie

Bild 96: Deformierte Flossen aufgrund von Mineralstoffmangel

keine Überlebenschance. Als weitere Ursache werden Wasserbelastung durch Schwermetalle und Schwankungen des Sauerstoffgehalts vermutet [Klinkhardt].

Ich halte auch einen Mangel an wichtigen Mineralstoffen im frühen Entwicklungsstadium der Fische für möglich. Das konnte ich an Diskusfischen mit Körper-, Flossen- und Kiemendeformationen nachweisen, in deren Aquarien die Wasserwechsel mit reinem Wasser aus Umkehrosmoseanlagen durchgeführt wurden, ohne Mineralien zuzugeben.

Deformierte Fische

QR-Code 28

2.3.2. Die Augen

Die Licht- und Sichtverhältnisse sind unter Wasser in den verschiedenen Biotopen völlig unterschiedlich. Die Fische müssen sich in klarem, trübem oder völlig undurchsichtigem Wasser orientieren können. Das können sie aufgrund ihrer hochwertigen und empfindlichen Linsenaugen. Sie gehen sogar über das Wahrnehmungsvermögen von Landwirbeltieren hinaus und können sich auf extrem veränderte Situationen einstellen, wie z. B. einem schnellen Wechsel von Klarwasser in das völlig undurchsichtige, sedimentbeladene Wasser des Amazonas. Das geschieht zunächst in Zusammenarbeit mit dem Seitenlinienorgan. Zum langfristigen Anpassen an trübe Verhältnisse können die Fische sogar ihre Sehstäbchen und Zapfen verschieben, um andere Spektralanteile des Lichtes zu nutzen. Das dauert aber ein bis zwei Tage.

Bild 97: Unverhältnismäßig große Augen bei klein gebliebenem Körper

Die Augen wachsen ein Leben lang gleichmäßig mit dem Fisch. Bei Aquarienfischen kann man beobachten, dass, bei falsch zusammengesetzter Nahrung mit hohem Anteil an Warmblüterfleisch, der Körper übermäßig wächst und das Auge relativ klein bleibt. Das gilt bei Züchtern von Diskusfischen irrtümlich als Qualitätsmerkmal für gutes Wachstum und Gesundheit.

Bei Mangelernährung wächst das Auge unverhältnismäßig groß und der Körper bleibt zurück. Das deutet auf eine sehr schlechte Ernährung oder anhaltende Krankheit mit Abmagerung hin (s. Kap. 10).

Fische können aufgrund der seitlich liegenden Augen nur in einem engen Winkel von 30° vor ihrem Kopf begrenzt räumlich sehen. Durch Drehen der Augen nach vorn kann der Sehwinkel für dreidimensionales Sehen auf etwa 45° erweitert werden, das ist vorteilhaft für die Jagd von Beute.

Auffällig ist der Augendrehreflex. Der Fisch hält die Augen waagerecht, wenn man ihn um die Längsachse dreht. Knorpelfische besitzen obere und untere Lider und Nickhäute zum Schutz der Augen. Knochenfische haben keine Augenlider, die Augen sind immer dem vollen Licht ausgesetzt. Amphibisch lebende Fische, wie Schlammspringer, haben das Problem des Austrocknens der Augen gelöst, indem sie die vorstehenden Glubschaugen von Zeit zu Zeit in grubenartige Vertiefungen versenken und befeuchten. Dabei wird auch ein keimhemmender Schleim aufgetragen.

Die Augen der Fische haben keine Lider und auch keine Iris. Sie können also die einfallende Lichtmenge nicht steuern oder reduzieren. Aquarienfische reagieren sehr schreckhaft, wenn im Zoofachhandel bei der Anlieferung die Transportboxen zur Sichtkontrolle zu schnell geöffnet werden. Der plötzliche Lichteinfall in die Box, in der viele Stunden Dunkelheit herrschte, führt zu gehörigem Stress und extremem Erschrecken der Fische. Sie schießen mitunter wie wild in den Beuteln herum. Das sollte auf jeden Fall vermieden werden. Deshalb öffnet man die Deckel der Boxen zuerst einen kleinen Spalt, damit sich die Fische an den Lichteinfall gewöhnen können. Fische haben zwar im Auge einige Möglichkeiten, helles Licht zu regulieren, diese reagieren aber recht langsam auf Veränderungen der Intensität. Diese Methoden sind mehr auf schwache Lichtverhältnisse und Restlichtverstärkung ausgerichtet als auf die Abwehr von intensivem Licht.

Bild 98: Wegen der an den Seiten liegenden Augen kann der Fisch nur vor dem Kopf räumlich sehen

Bild 99: Die Augen von Knochenfischen sind nicht durch Lider geschützt

2.3.3. Die Nase

Auch die Wahrnehmung von Gerüchen ist den Fischen durch sehr sensible Riechknospen in den Nasenöffnungen möglich. Die Nasenöffnungen befinden sich vor den Augen auf der Oberseite des Kopfes. Sie haben keine Verbindung zum Rachenraum. Informationen über wahrgenommene Gerüche werden direkt über den Riechnerv zum Riechzentrum im Gehirn geleitet. Wie sensibel der Geruchssinn ist, zeigt die Reise von Fischen über Tausende von Kilometern zurück zu ihren Ursprungsgewässern, deren Geruch ihnen in Erinnerung geblieben ist.

Die meisten Fischarten haben zwei u-förmige Nasenorgane, was sich in je zwei Nasenöffnungen pro Kopfseite zeigt. Das Wasser strömt durch diese Nasen-

gänge und bringt die Geruchsmoleküle an die Rezeptoren. So können Fische sogar die Richtung, aus der ein Geruch kommt, wahrnehmen. Cichliden haben nur ein Nasenloch auf jeder Kopfseite. Sie können das Wasser gesteuert ein- und ausfließen lassen, wodurch ständig neue Geruchsstoffe an die Rezeptoren gelangen.

Bild 100: u-förmige Nasenorgane bei *Serrasalmus notatus*

2.3.4 Das Gehirn

Das Gehirn steuert den Organismus in allen Lebensabläufen, Verhaltensweise, Nahrungsaufnahme, Sensorik, Sexualität, Flucht und Angriff. Fische haben ein hochentwickeltes und wie bei anderen Wirbeltieren aufgebautes Gehirn. Das anschließende Rückenmark reicht durch die ganze Wirbelsäule bis zur Schwanzwurzel. Der Rückenmarkkanal liegt oberhalb der Wirbelsäule. Ebenso haben Fische ein ausgeprägtes peripheres Nervensystem und ein vegetatives Nervensystem, das als autonomes Nervensystem bezeichnet wird. Es steuert die inneren Organe und den Magen-Darm-Trakt. Es ist im Darmbereich stark ausgebreitet und verzweigt. Das Nervensystem des Magen-Darm-Traktes steht über den Vagus Nerv mit dem Gehirn in ständigem gegenseitigem Informationsaustausch. Das autonome Nervensystem steuert die Lebensfunktionen unabhängig vom Gehirn.

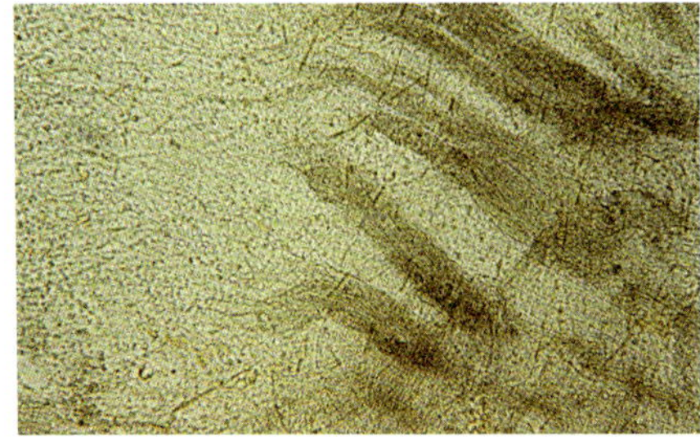

Bild 101: Gehirnmasse im Quetschpräparat (Vergr. 90x)

Das autonome Nervensystem erhält das Körpergleichgewicht, die Homöostase, aufrecht. Minimalste Abweichungen vom optimalen Zustand werden wahrgenommen und gegengesteuert. Spezialisierte Nervenzellen arbeiten zusammen mit Hormonen und regulieren den Normalzustand wieder ein. So steigt z. B. bei verringertem Sauerstoffgehalt und erhöhtem CO_2-Gehalt im Blut die Atemfrequenz.

Das Gehirn erkrankt selten, aber manchmal sind darin Tuberkulose-, Sporozoen- und Ichthyophonus-Zysten zu finden. Es wird mit dem Schädel- oder Cranialschnitt freigelegt (Diagnosetafel 18). Man entnimmt eine kleine Probe der weißen Masse und zerrupft diese auf bekannte Weise auf einem Objektträger. Im mikroskopischen Bild erscheint das Präparat als gleichförmige weiße Masse, in der unregelmäßig kleine Blutgefäße liegen.

2.3.5. Das Gehör

Fische haben keine äußeren Ohren. Ihr Innenohr ist jedoch genau so hoch entwickelt wie bei anderen Wirbeltieren. Das Gleichgewichtsorgan befindet sich im Innenohr und ermöglicht dem Fisch die aufrecht stehende Haltung. Im Labyrinth des Innenohrs befinden sich ein bis drei Otolithe (Gehörsteine) aus kristallinem Kalk. Sie liegen auf feinen Sinneshärchen und vermitteln dem Fisch seine aufrechte Position. Auch der Augendrehreflex wird vom Innenohr gesteuert. Durch seitlichen Lichteinfall wird die Körperlage des Fisches beeinflusst, er stellt sich abweichend zur Senkrechten mitunter stark schräg. Das ist besonders bei hochrückigen Fischen wie Diskus und Skalaren zu beobachten. Das Verhalten wird auch durch das Pinealorgan, die Zirbeldrüse beeinflusst. Die Otolithe der Fische sind auf Röntgenaufnahmen sehr gut zu erkennen.

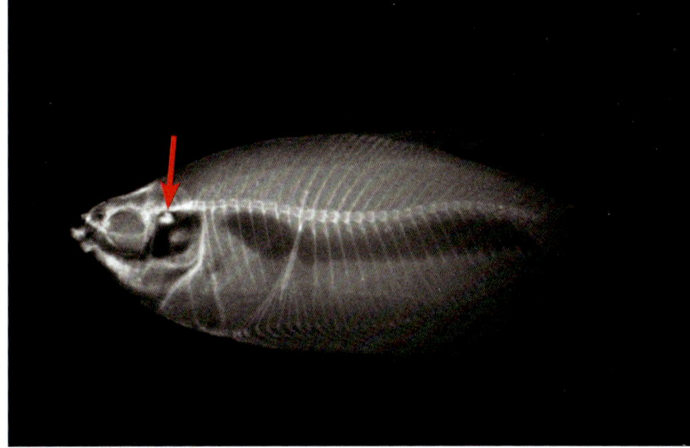

Bild 102: Der Otolith (Gehörstein) ist auf der Röntgenaufnahme deutlich zu erkennen

Schallwellen breiten sich in Wasser etwa viermal so schnell aus wie in der Luft und eignen sich daher hervorragend zur Schallübertragung. Obwohl schon Anfang des 19. Jahrhunderts Untersuchungen von Ernst Heinrich Weber gezeigt haben, dass Fische ein Hörorgan haben, wurde das noch bis in das 20. Jahrhundert von vielen Wissenschaftlern geleugnet. Der Grund war, dass Fische nicht über die säugetiertypischen Mittel- und Innenohrknochen verfügen. Weber hat eine Reihe kleiner beweglicher, kettenartig angeordneter, miteinander verbundener Knöchelchen beschrieben, die beidseitig der Wirbelsäule die Schwimmblase mit dem Labyrinth des Innenohrs verbinden. Die Schwimmblase dient als Resonanzkörper und die Knochen übertragen die Schallwellen zum Ohr. Die Knochenreihe erhielt den Namen „Weberscher Apparat". Er besteht aus drei ähnlich funktionierenden Knochenverbindungen wie bei Säugetieren, sodass Weber die Begriffe Hammer, Amboss und Steigbügel dafür übernahm. Fisch- und Tetrapodengehör sind zwar ähnlich aber auf völlig verschiedenem evolutionärem Verlauf entstanden.

Das Hörvermögen der Fischarten ist jedoch sehr unterschiedlich. Manche Arten hören nur im niederfrequenten Bereich unter 1.000 Hertz, bei anderen reicht das Hörvermögen bis weit über 10.000 Hertz. Über einen Weberschen Apparat verfügen überwiegend die Süßwasserfische, die Salmlerartigen (Characiformes), die Karpfenartigen (Cypriniformes), die Sandfischartigen (Gonorynchiformes) und Neuwelt-Messerfische (Gymnotiformes) sowie Welse (Siluriformes) und Barschartige (Perciformes).

Fische können auf verschiedene Arten leise oder sehr laute Geräusche erzeugen. Sie erzeugen sie durch Aneinanderreiben von Zähnen, Schlundzähnen und Zahnplatten, den Schädelknochen, des Schultergürtels, durch Reiben von Stacheln der Brustflossen oder Vibrationen des Schultergürtels.

2.3.6. Die Haut

Die Haut der Fische besteht aus drei Schichten: der Oberhaut (Epidermis), der Grenzlamelle und der Unterhaut (Lederhaut, Hypodermis). Die Zellen der Oberhaut sind dicht übereinandergeschichtet und stark miteinander verzahnt, so dass es keine Zwischenräume gibt. Die Dicke beträgt zwischen 0,03 und 0,05 Millimeter. Die Schichten sind fest miteinander verbunden, so dass sich die Fischhaut nicht so leicht abziehen lässt, wie bei den Säugetieren. Die Schuppen und Farbzellen sind vollständig von der Epidermis überdeckt (Bild 112). Sie besteht aus zwei bis mehreren Zellschichten, in denen sich viele schleimabsondernde Drüsenzellen befinden.

Die Schuppen werden unter der Lederhaut von speziellen Bildungszellen erzeugt und wachsen ein Leben lang mit dem Fisch. Die Schuppen sitzen in Schuppentaschen mehr oder weniger fest in der Haut. Farbstoffzellen (Chromatophoren) sind in der Lederhaut in großen Mengen vorhanden. In der Unterhaut befinden sich die feinen Kapillaren, welche die Haut mit Sauerstoff und Nährstoffen versorgen.

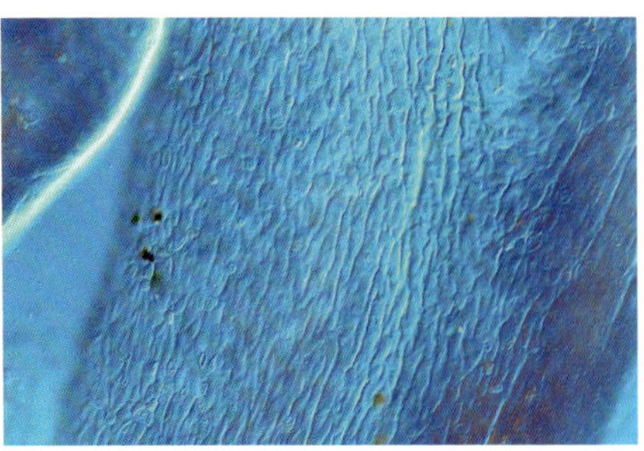

Bild 103: Zellgewebe der Oberhaut

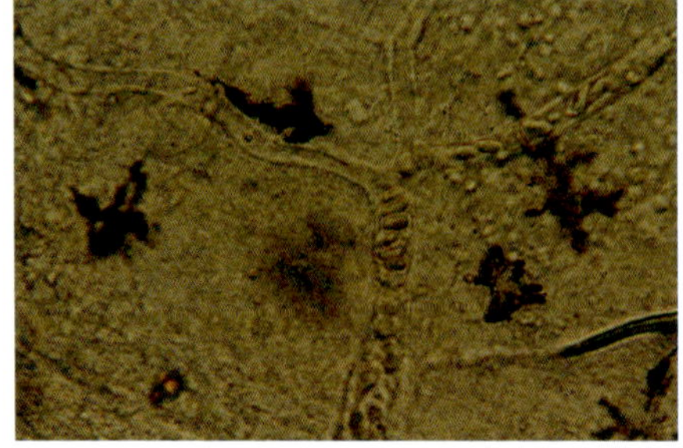

Bild 104: Kapillaren in der Unterhaut mit roten Blutkörperchen

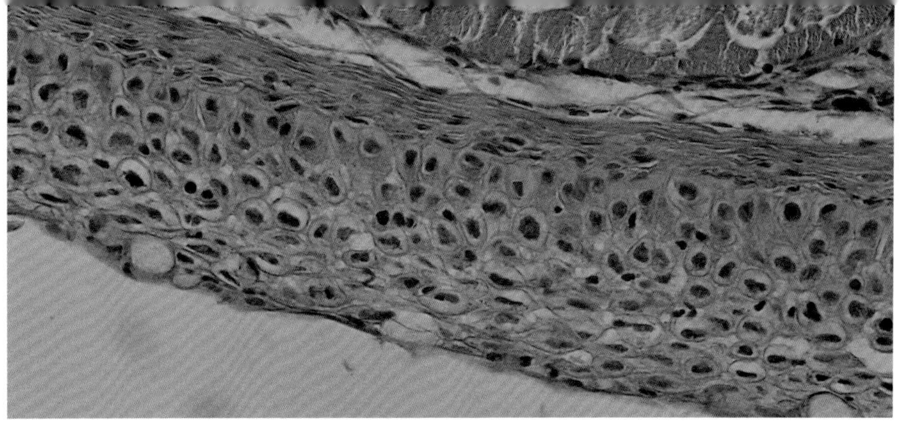

Bild 105: Histologischer Schnitt durch die Haut einer jungen Forelle (Vergr. 400x)

Die Farben entstehen durch die im Plasma enthaltenen winzigen Pigmentkörner. Unterschiedliche Farben werden durch verschiedene Pigmentzellen dargestellt. In der Epidermis befinden sich viele winzige, nur 0,003 Millimeter große einzellige Drüsen, die den viskosen Hautschleim absondern, der die Haut überzieht. Die Schleimstoffe bestehen aus Polysacchariden und langkettigen Glykoproteinen, die im Wasser aufquellen. Sie verbinden sich mechanisch durch Verschlingen der Moleküle sowie chemisch und bilden eine dreidimensionale Matrix. Der Hautschleim ist ein hervorragendes Gleitmittel, das den Reibungswiderstand verringert. Je nach Häufigkeit der Vernetzung kann der Schleim schwach- oder hochviskos sein. Er überzieht den Fisch lückenlos und schützt ihn vor Viren, Bakterien und Pilzinfektionen. Er enthält so gut wie keine verwertbaren Nährstoffe, was eine Besiedlung von Bakterien verringert. Eine geschlossene Schleimhülle kann von Keimen nicht durchdrungen werden. Zudem enthält der Schleim Antikörper und Enzyme, welche die Proteine der Erreger angreifen und zersetzen. Die Schleimhaut überzieht den Fisch außen vollkommen und auch die gesamte Mundhöhlen- und Darmoberfläche. Da sie ständig erneuert wird, befinden sich keine Blutgefäße und Nerven darin.

Etwa ein Viertel aller Fischarten ist fähig Schreckstoffe von großen zylindrischen Zellen der Oberhaut abzugeben. Damit warnen verletzte Fische blitzschnell ihre Artgenossen, die dann die Flucht ergreifen. Der evolutionäre Sinn ist noch nicht endgültig geklärt, denn dem betroffenen Fisch nützt das ja nicht zum Überleben. Es dient wohl dem Überleben der Artgenossen und damit der genetischen Linie.

Es können drei Arten von Schuppen unterschieden werden: Die Placoidschuppen, die Ganoidschuppen und die Elasmoidschuppen. Letztere unterscheiden sich noch in Cycloidschuppen (Rundschuppen) und Ctenoidschuppen (Kammschuppen). Placoidschuppen treten bei Knorpelfischen auf. Sie tragen kleine hakenförmige Zähnchen, die nach hinten gerichtet sind und nicht von der Epidermis überdeckt werden. Sie bestehen aus Dentin, aus dem die Zähne der Wirbeltiere gebildet werden und einem sehr harten Zahnschmelz. Streicht man mit dem Finger nach hinten über die Haut, fühlt sie sich glatt an, streicht man nach vorn, ist sie sehr rau.

Bild 106: Cycloidschuppe, Rundschuppe eines Karpfenfisches im Dunkelfeld

Bild 107: Cycloidschuppe, im Reliefkontrast

Bild 108: Ctenoidschuppe, Kammschuppe eines jungen Diskus

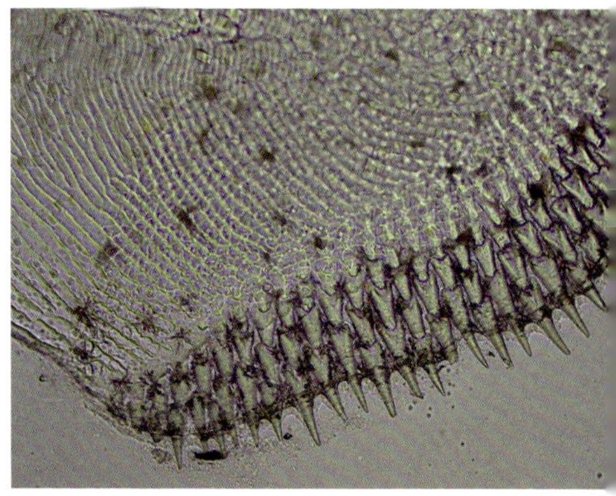

Bild 109: Kamm einer Ctenoidschuppe

Ganoidschuppen treten bei Knochenhechten, Flösselhechten und Stören auf. Bei Stören sind sie gut sichtbar in fünf Längsreihen locker über den Körper verteilt. Die Schuppen haben einen perlmuttartigen Glanz und sind sehr hart.

Die Knochenfische haben Elasmoidschuppen, die den Körper dachziegelartig überdecken. Sie werden von der Unterhaut gebildet und liegen in Schuppentaschen, die sie vollständig ummanteln. Sie bieten Schutz und die Anordnung erlaubt eine große Bewegungsfähigkeit. Da die Schuppen mitwachsen, ist an den Zuwachsringen das Alter der Fische abzuschätzen. Das betrifft hauptsächlich Fische, die jahreszeitlichen Wachstumsschwankungen unterliegen. Bei Fischen, die immer bei gleicher Temperatur gehalten werden oder solchen aus tropischen Gewässern, haben die Ringe einen gleichmäßigen Abstand. Beim Verlust von Schuppen geht auch immer die zugehörige Oberhaut verloren, was das Eindringen von Erregern und Infektionen ermöglicht. Verlorene Schuppen können unter optimalen Haltungsbedingungen innerhalb von wenigen Wochen zur

Bild 110: Das Seitenlinienorgan

normalen Größe nachwachsen. Nachgewachsene Schuppen erkennt man daran, dass sie, aufgrund des schnellen Wachstums, keine Ringe aufweisen.

Das Seitenlinienorgan beginnt hinter den Kiemendeckeln und verläuft auf beiden Seiten bis zum Schwanz. Es kann in einer Linie körpermittig sein oder in Bögen und Wellen verlaufen. Meistens verläuft es leicht geschwungen.

Das Seitenlinienorgan wird als Ferntastsinn bezeichnet, es besitzen nahezu alle Fischarten. Es ist hochsensibel und interagiert ultraschnell mit den anderen Sinnen. Bei erblindeten Fischen kann es in kurzer Zeit die Wahrnehmung der Augen ersetzten. Es ist ein Kanal, in dem eine Abzweigung des Vagusnervs verläuft. Davon zweigen die Nerven zu den Sinneshügeln ab, die unter der Epidermis liegen. Sie verlaufen in Poren durch die Schuppen hindurch. Entlang der Seitenlinie weisen die Schuppen schräg in die Haut führende poren- oder röhrenartige Kanäle auf, damit die Zellen des Seitenlinienorgans die Druck- und Schallwellen ungehindert aufnehmen können. Der Kanal ist mit zähem Schleim gefüllt, damit kein Wasser durch die Poren eindringen kann. Er dient zusätzlich als Übertragungsmedium für die Schall- und Druckwellen. Das Organ kann feinste Druckunterschiede, minimalste Wasserbewegungen und Echos der eigenen Bewegungen erfassen. Der Fisch orientiert sich damit in der Strömung und erkennt seine Geschwindigkeit. Selbst die von kleinen Insekten an der Wasseroberfläche erzeugten Bewegungen kann der Fisch mit dem Seitenlinienorgan erkennen und die genaue Richtung feststellen, um die Beute zu fassen. Auch die Bewegungen anderer Fische kann er in Millisekunden wahrnehmen und blitzschnell seine Position und Bewegung in einem Schwarm koordinieren.

Bild 111: Schuppe mit Porenkanälen

Höher entwickelte Fische können sich entsprechend ihrer Stimmung hell und dunkel färben. Das geschieht durch die schwarzen Pigmentzellen (Melanophoren) in denen, auf einen Nervenreiz hin oder durch Hormone, die schwarzen Pigmentkörner (Melaninkörner) im Plasma bewegt werden. Die kugelförmigen Melaninkörner von etwa einem Mikrometer Größe erzeugen die Melanophoren selbst aus der Aminosäure Tyrosin. Als Folge der Reizimpulse konzentrieren sie sich in der Mitte der Zelle, die natürliche Farbe des Fisches tritt hervor. Bleiben die Steuerimpulse aus, breiten sich die schwarzen Pigmentkörner gleichmäßig in Plasmakanälen aus und verdecken die natürlichen Farben (Bild 113). Der Fisch färbt sich dunkel. Auf welche Art diese Verteilung funktioniert ist noch nicht endgültig geklärt. Wird der farbsteuernde Nerv eines Körperteils gequetscht oder abgeklemmt, dann tritt an dem betreffenden Körperteil die schwarze Farbe sehr intensiv hervor (Diagnosetafel 4A, Bild 12). Im Hautabstrich treten die Melaninkörner oft aus den verletzten Farbzellen aus. Sie sind nicht mit Kokken zu verwechseln, da diese bei Hellfeldbeleuchtung farblos sind.

Die Farbveränderungen bezüglich der Umgebungshelligkeit werden überwiegend durch die Augenwahrnehmung gesteuert. Die Fische haben aber noch ein zusätzliches Lichtwahrnehmungsorgan. Mit dem Pinealorgan, auch Zirbeldrüse genannt, können Fische durch ein „Auge“ am Schädeldach zwischen den Augen Licht wahrnehmen, das durch das Pinealfenster einfällt. Selbst blinde Fische können dadurch noch Einfluss auf ihre Farben nehmen.

Guanin ist ein stickstoffhaltiges Stoffwechselendprodukt, das nur zum Teil ausgeschieden wird und im Fischkörper in verschiedenen Funktionen verwendet wird, beispielsweise zur Farbgebung oder zur Abdichtung der Schwimmblase. Guanophoren oder Iridophoren enthalten in mehreren Schichten übereinander gelagerte Guaninkristalle, die das Licht streuen oder nur bestimmte Spektralanteile reflektieren. Damit kann der Fisch weiße, silberne, blaue oder grüne Farben erzeugen.

Bild 112: Schleimhaut über der Schuppe und schwarze Pigmentzellen (Melanophoren)

Bild 113: Ausgebreitete und zusammengezogene Melanophore (Vergr. 385x)

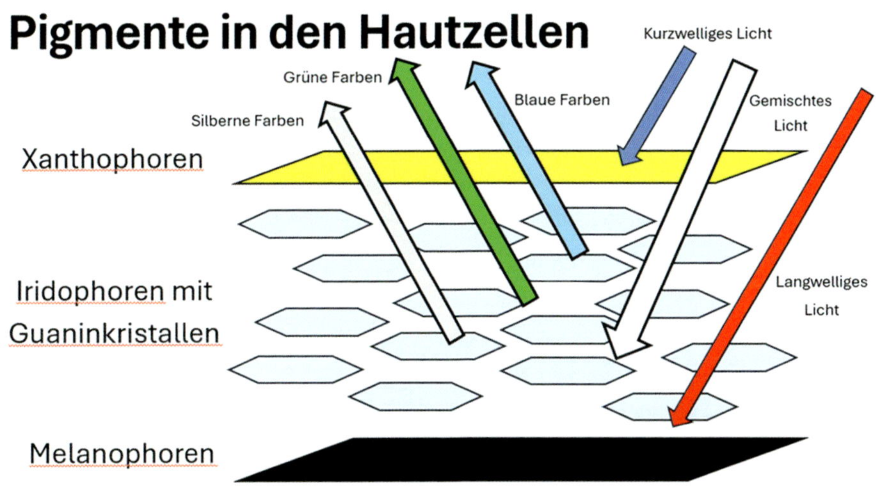

Bild 114: Grüne, blaue und silberne Farben werden durch Absorption der anderen Farben in den Guaninkristallen erzeugt. Kurzwelliges Licht wird von den Xanthophoren absorbiert, das langwellige Licht von den Melanophoren

Auch die Erzeugung von polarisiertem Licht ist den Fischen damit möglich. Durch die Menge, Verteilung und Mischung der winzigen Farbzellen können die Fische ein umfangreiches Spektrum an Farben herstellen. So gibt es Farben für das Schlafen, die Schreckvermittlung und die Kommunikation. Das blaue und rote Leuchten der Neonsalmler ist eine Fluoreszenz, die von stark reflektierenden Guanophoren erzeugt wird. Bei Einbruch der Dunkelheit verstellen sie die Reflektoren und werden blass und farblos. In der Nacht wird so die Reflexion von Mondlicht verhindert.

Viele Fische sind fähig, ihre Farben recht schnell zu verändern. Die Farben der Fische dienen der Tarnung, der Kommunikation, der Warnung der Artgenossen oder zur Balz. Die Farbzellen sitzen in der Unterhaut. Meist fallen im Hautabstrich die schwarzen, roten und gelben Pigmentzellen auf. Die gelben Farben werden durch Einlagerung von dem Xanthaxanthin Peteritin in die Xanthophoren erzeugt. Die roten Farben bilden Karotinoide in den Erythrophoren. Beide Pigmente werden aus der Nahrung gewonnen. Bekannt ist, dass Astaxanthin in der Nahrung die roten Farben verstärkt.

Die Haut der Fische kann von vielen Parasiten und bakteriellen Infektionskrankheiten befallen werden. Darum nimmt man vor der Sektion des Fisches noch einmal Abstriche von der

Bild 115: Rote Pigmentzellen (Erythrophoren) in der Schleimhaut

Haut (Diagnosetafel 5). Am toten Fisch kann schonungsloser vorgegangen werden. Man schabt mit der senkrecht gestellten Schneide des Skalpells über die Schleimhaut, streift das Material auf einem trockenen, sauberen Objektträger ab und gibt erst dann einen Tropfen Wasser dazu. Man kann auch mit der Kante des Deckglases den Hautabstrich nehmen. Dann gibt man einen kleinen Tropfen Wasser auf den Objektträger und legt das Deckglas mit dem anhaftenden Schleim auf (Video 023). Ebenso können große Flossenstücke abgeschnitten und Schuppen ausgezupft werden. Gesunde Schleimhaut lässt sich mitunter schlecht abstreifen, man erhält nur wenig Material.

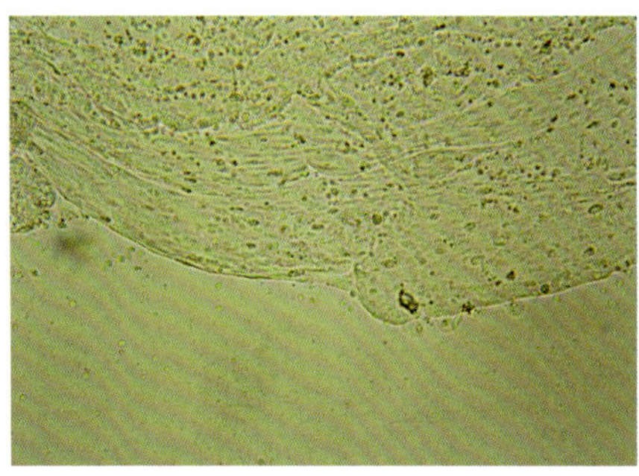

Bild 116: Schleimhautabstrich eines jungen Diskus. Der klar abgesetzte Rand der gesunden Schleimhaut ist zu erkennen (Vergr. 140x)

Ein solches Schleimhautstück hat beim Betrachten mit dem Mikroskop bei geringer Vergrößerung klar erkennbare Ränder und löst sich erst nach mehr als zehn Minuten auf

Ist die Schleimhaut erkrankt, dann lösen sich schon beim Präparieren große Mengen von Zellen aus dem Hautstück (Diagnosetafel 10, Bild 40).

Hautabstriche, Mikroskopaufnahmen

QR-Code 29

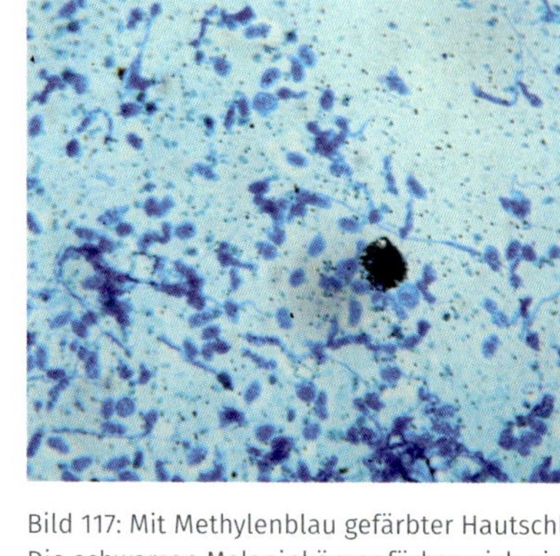

Bild 117: Mit Methylenblau gefärbter Hautschleim. Die schwarzen Melaninkörner färben sich nicht und sind daher von Kokken zu unterscheiden

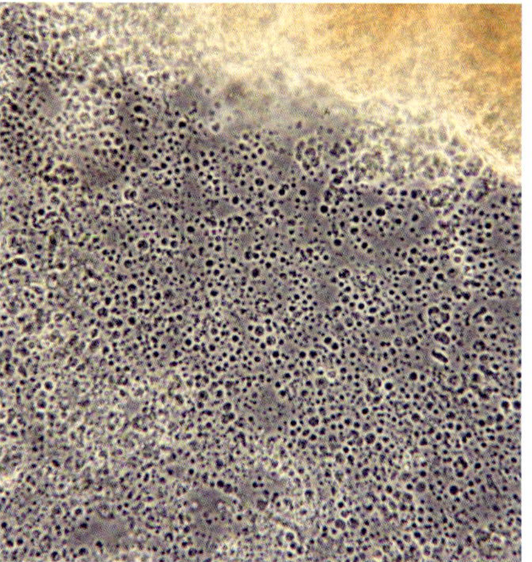

Bild 118: Hautabstrich, Abgelöste Hautzellen einer infizierten Schleimhaut

Ein sogenannter Laichausschlag tritt bei vielen Fischordnungen vor und während der Laichzeit überwiegend an der Kopfoberseite auf. Es sind pustelartig auftretende verhornte Stellen der Oberhaut und bestehen aus dem Eiweiß Keratin, das auch die Bausubstanz von Federn und Haaren darstellt. Die Pusteln sind fest in der Haut verankert und lassen sich nicht mit dem Finger abstreifen. Daher sind sie gut von einer Infektion durch Ichthyophthirius zu unterscheiden.

Bild 119: Laichausschlag an Maul und Kopf eines Bitterlings (*Rhodeus sericeus amarus*)

Bei Verletzungen der Schleimhaut können Bakterien und Parasiten in die Poren des Seitenlinienorgans eindringen und über die Porenkanäle die Unterhaut erreichen. Das führt häufig zu Aufbrüchen und die Schuppen stehen ab. Die Infektionen breiten sich flächig auf oder unter der Haut aus und führen ohne Behandlung meist zum Tod des betroffenen Fisches. Man kann die Haut von der infizierten Fläche problemlos abstreifen (s. Kap. 2.2.10.). Bei Koi entfernt man die infizierten Schuppen meist, die oft noch von Algen bewachsen sind. Sie wachsen nach, wenn der Fisch wieder gesund ist.

Die Hikui Krankheit ist eine Krankheit, die bei Koi auftritt, sie befällt die Pigmentzellen der roten Hautflächen. Die Haut verfärbt sich stellenweise orange und verblasst dann vollständig. Dabei ist eine leichte Verdickung zu beobachten. Die Ursache ist unbekannt. Möglicherweise handelt es sich um einen Virusbefall. Ein Organschaden oder Störungen von Stoffwechselvorgängen können ebenfalls die Ursache sein. Eine gesunde Ernährung und die regelmäßige Versorgung mit einem hochwertigen Vitaminpräparat zur Vorbeugung kann die neue Bildung der roten Flächen fördern.

Bild 120: Infektion der Haut und Schuppen bei einem geschwächten Koi

2.3.7. Die Flossen

Die Flossen der Fische werden in „paarige“ und „unpaarige“ unterschieden. Die paarigen Flossen sind die beidseitig angelegten Brust- und Seitenflossen. Die unpaarigen Flossen sind die Rücken-, After- und Schwanzflosse. Die Brustflossen entsprechen dem Schultergürtel und den Vorderbeinen, die Bauchflossen dem Beckengürtel und Hinterbeinen der Amphibien und Landwirbeltiere. Die Flossen sind meist sehr beweglich und können angelegt oder aufgerichtet werden.

Bild 121: Gespreizte Flossen und kräftige Farben sind Anzeichen für einen gesunden Fisch

Die Brustflossen (Pectorale) dienen beim Schwimmen der Steuerung und der Änderung der Körperposition. Doktor- und Lippfische verwenden sie überwiegend als alleinigen Antrieb beim Schwimmen. Manchen Arten dienen sie zur Fortbewegung an Land. Bei den Flossensaugern sind sie zu Saugscheiben verschmolzen, mit denen sie sich in schnell fließenden Gewässern an Steinen ansaugen können.

Bild 122: Die Brustflossen sind zu Saugscheiben umgebildet

Die gelenkigen Bauchflossen (Ventrale) sind in einer Vertiefung des bei den meisten Fischen stark reduzierten Beckengürtels aufgehängt. Sie dienen der Steuerung und dem Bremsen sowie der Stabilisierung der Lage. Die Bauchflossen sind bei vielen Arten sehr spezialisiert und an bestimmte Funktionen angepasst. Fadenfische können damit tasten, riechen und schmecken (Bild 95). Corydoras (Callichthydae) bilden mit den Bauchflossen eine Tasche und halten die Eier damit fest.

Die Afterflosse hat bei vielen Fischen eine Funktion bei der Paarung. So ist bei den männlichen Lebendgebärenden Zahnkarpfen der dritte bis fünfte Flossenstrahl zu einer verlängerten Rinne verwachsen, durch die bei der Begattung die Spermienpakete geleitet werden. Bei maulbrütenden Cichliden ist die Afterflosse von Eiflecken gezeichnet und dient der Befruchtung der Eier.

Die Rückenflosse (Dorsale) kann eine zusammenhängende oder geteilte Flosse sein. Der vordere Teil besteht aus Hartstrahlen, der hintere aus Weichstrahlen. Hier ist Vorsicht bei der Handhabung der Fische geboten, die ersten Hartstrahlen sind sehr spitz und können zu Stichverletzungen führen.

Die Strahlen der Schwanzflosse (Caudale) sind mit der Wirbelsäule verbunden. Sie ist das wichtigste Antriebsorgan.

Flossen können der Verteidigung oder Abschreckung dienen. Bei vielen Welsen sind die harten Flossenstrahlen der Brustflossen giftig. Bei anderen Arten sind die ersten Strahlen der Rückenflosse giftig. Giftdrüsen befinden sich entweder an der Basis der Flossenstrahlen oder an diesen selbst. Das Gift wird in Rinnen zur Spitze geleitet. Stichverletzungen sind zumindest sehr schmerzhaft. Starke Vergiftungen sind bei manchen Arten von Meerwasserfischen möglich.

Bild 123: Giftige Flossenstrahlen bei einem Rotfeuerfisch

Der körpernahe Bereich der Flossen ist durchblutet, der weiter außen liegende nicht. Bei schneller Reduzierung des Salzgehaltes des Wassers beim Umsetzen eines Fisches kann es zum osmotischen Schock kommen, in dessen Folge die äußeren Bereiche der Flossen abfallen (s. Kap. 8.5.3., Bilder 466, 467).

Die dünnen Häute der äußeren Flossenbereiche sind bei belastetem Wasser und hohem Infektionsdruck häufig Angriffsfläche für Bakterien. Die Ursache kann ein stark überbesetztes Verkaufsbecken im Zoofachhandel oder ein Aufzuchtbecken für Jungfische sein, in dem die Keimzahl des Wassers ansteigt. Viele der Keime sind fakultative Krankheitserreger, welche die Haut der Fische infizieren. Die Flossen faulen vom äußern Rand her ab. Zuerst sieht man nur einen dünnen weißen Saum, dann schmelzen die Flossen ein. Den äußeren, infizierten Bereich der Flosse kann man mit einer scharfen Schere abschneiden und ein Präparat anfertigen. Bei einer 200-fachen Vergrößerung sind große Mengen beweglicher und unbeweglicher Bakterien zu erkennen. Gegenmaßnahmen sind die Anzahl der Fische zu reduzieren und einen großen Wasserwechsel durchzuführen. Eine Behandlung kann nach Methode C-01 und mit Medikamenten des Zoofachhandels erfolgen.

Flossenfäule

QR-Code 30

Bild 124: Flossenfäule an der Schwanzflosse

2.3.8. Skelett und Wirbelsäule

Das Skelett der Fische stützt und stabilisiert den Körper. Es dient den Muskeln als Halterung und schützt die inneren Organe. Aufgrund der nicht notwendigen Stützfunktion im Wasser ist es gegenüber dem Skelett der Landlebewesen reduziert. Die Knochensubstanz des Skeletts, Stacheln, Dornen und Schuppen der Knochenfische bestehen aus Knochenzellen. Das Knochengewebe wird von Blutkapillaren mit Nährstoffen und Sauerstoff versorgt. Die Zellen scheiden Mineralien, wie Kalziumphosphat aus, welche die Knochen härten. Knorpel und Kollagenfasern verleihen dem Knochengerüst eine hohe Elastizität. Das Skelett der Fische kann etwa 300 bis 400 Knochen enthalten.

Die Wirbelsäule durchzieht den Fisch von Kopf bis zum Schwanz. Sie besteht aus einzelnen Wirbeln, die elastisch miteinander verbunden sind. Das ermöglicht der Wirbelsäule eine hohe Gelenkigkeit und Biegsamkeit. Das hängt jedoch von der Anzahl der Wirbel ab. Fische mit wenig Wirbeln können die Wirbelsäule kaum krümmen, viele Wirbel ermöglichen eine starke Biegsamkeit. Die Wirbelsäulen der Fische können zwischen 14 und 200 Wirbel enthalten [Klinkhardt].

Erkrankungen des Skeletts werden selten von Parasiten verursacht. Deformationen treten durch falsche Ernährung oder mangelhafter Vitamin- und Mineralienversorgung auf. Infektionen der Muskulatur können zu Körperverkrümmungen führen (Bilder 7, 318). Deformationen des Kopfes sind meist durch einen verkürzten Oberkiefer verursacht und werden Mopskopf genannt. Die Fische sind in der Atmung und Nahrungsaufnahme behindert. Die Ursache kann eine Infektion durch Sporentierchen sein, aber auch Sauerstoffmangel, Wasserbelastung, Schwermetallvergiftungen und Degeneration stehen in der Diskussion [Klinkhardt]. Auch bei Schleierschwanz-Goldfischen treten die Symptome auf.

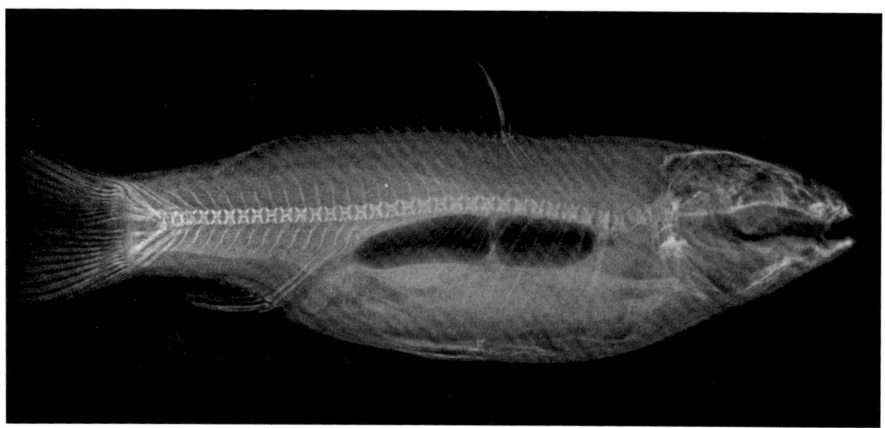

Bild 125: Skelett eines Koi

2.3.9. Die Schwimmblase

Die Schwimmblase ist ein durchgehender oder in Kammern gegliederter, elastischer und gleichzeitig stabiler sackförmiger Hohlkörper. Sie liegt unter der Wirbelsäule und reicht vom Kopfbereich bis zum Ende der Leibeshöhle. Sie füllt den Raum zwischen der Leibeshöhle und der Niere aus, die sich direkt unter der Wirbelsäule befindet. Bei den meisten Fischen hat die Schwimmblase eine weißliche Farbe und ist sehr elastisch.

Es handelt sich um ein hydrostatisches Organ, das mit Gas gefüllt ist und den Auftrieb der Fische ermöglicht, so dass sie ohne Bewegung schweben können. Etwa zwei Drittel aller Fischarten besitzen eine Schwimmblase. Bei vielen Arten von Meerwasserfischen fehlt sie jedoch, da diese aufgrund ihres geringen Gewichtes allein durch den höheren Auftrieb des viel dichteren Salzwassers schweben können. Meerwasserfische haben daher eine etwa um ein Viertel bis zur Hälfte kleinere Schwimmblase als Süßwasserfische.

Fische der Tiefseen und solche, die täglich in große Tiefe wechseln, haben meist keine oder eine stark zurückgebildete Schwimmblase. Manche Arten gleichen den fehlenden Auftrieb durch lang ausgezogene fadenartige Flossenanhänge aus und können so schweben. Bei Fischen, die in große Tiefen vordringen, kann eine Schwimmblase den Druck nicht ausgleichen. Sie haben extrem vergrößerte Lebern oder Gonaden, in denen massive Fettablagerungen als Auftriebmittel dienen, da Fett leichter ist als Wasser. Bodenständige Fische sind oft schwer gebaut und benötigen energieaufwendige Flossenbewegungen, um sich vom Boden abheben zu können. Sie schwimmen nur kurze Strecken oder nutzen die Bewegung zum Beute ergreifen. Dann sinken sie wieder zu Boden.

Die ursprünglicheren Fischarten, die Physostomen, zu denen auch die Salmler und Karpfenfische gehören, verfügen über einen Verbindungsgang, den Ductus pneumaticus, der den Darm mit der Schwimmblase verbindet. Beim Koi mündet der Zugang in die Verbindung am vorderen unteren Rand der hinteren Schwimmblasenkammer, zwischen den beiden Schwimmblasenkammern.

Bei Entzündungen des Verbindungsganges sowie Verstopfung sind die Schwimmblase und damit der Leibesumfang vergrößert. Schwimmstörungen durch erhöhten Auftrieb sind die Folge.

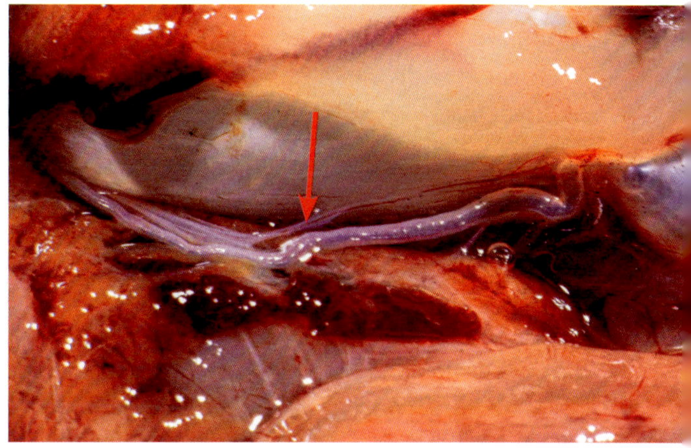

Bild 126: Schwimmblase im Fisch und *Duktus pneumaticus*

Bei der Gruppe der Physoklisten, der höher entwickelten Fische, wie den Barschen und Buntbarschen, ist der Verbindungsgang nur in der Embryonalentwicklung angelegt. Er dient zum Füllen der Schwimmblase an der Oberfläche und wird dann zurückgebildet. Dafür mussten sie ein effektives System zum Regulieren des Druckes entwickeln, damit sie beim Ab- oder Aufschwimmen den Druck unterschiedlicher Wassertiefen kompensieren können.

Der silbrige, weißliche Glanz der Schwimmblase entsteht durch mehrere Lagen von sehr kleinen Guaninkristallen, die in der inneren Epithelschicht, der Lamina Propbria, eingelagert sind. Sie dienen der Abdichtung der Schwimmblase, weil sie den Weg des Gases durch die Wand drastisch verlängern. Der Druckverlust wird dadurch um das Hundertfache reduziert. Die Wand besteht aus vier Schichten von Gewebe. Die zweite, die Lamina muscularis mucosa, ist von Muskulatur durchzogen. Die dritte besteht aus einem Netz von Bindegewebsfasern, der Submucosa. Als vierte Schicht wird die Schwimmblase von einer dicken und zähen, aber elastischen Außenwand umgeben, der Serosa.

Bild 127: Die gesunde Schwimmblasenwand hat eine weißlich-graue Farbe

Die Physoklisten, zu denen die meisten Arten unserer Aquarienfische gehören, mussten ein effektives Regulierungssystem entwickeln, um ihren Druck in der Schwimmblase steuern zu können. Dazu gibt es eine Verbindung von der Schwimmblase zu einem Netz von feinen Blutadern und einen regulierbaren Ausgang, das Oval. Die Abgabe der Gase in die Schwimmblase geschieht durch ein sehr feines Kapillarnetz, das Wundernetz ‚Rete mirabele'. Eine Fläche von 25 mm^2 enthält mehr als 100.000 Blutkapillaren. Bei großen Fischen kann es eine Oberfläche von 200 m^2 und eine Länge von 900 Metern erreichen. Es ist eine Gasdrüse im Gegenstromprinzip, die druckregulierend Gas abgeben oder aufnehmen kann. Der Partialdruck, den die Drüse erzeugt, kann an die 1.000-mal höher sein als im normalen Gewebe des Fisches. Das entspräche einer Wassertiefe von 40 Kilometern.

Die Gasdrüse haben sowohl Physoklisten als auch Fische mit Verbindungsgang (Physostomen) zum Darm, um die Schwimmblase zu füllen. Eine Füllung über den Ductus pneumaticus würde zu Infektionen der Schwimmblase führen, weil Darmbakterien hineingelangen können. Fische mit dem Ductus pneumaticus haben den Vorteil, dass sie schnell aus großer Tiefe auftauchen können, sie geben die Luft in den Darm ab und scheiden sie über Maul oder After aus. Die

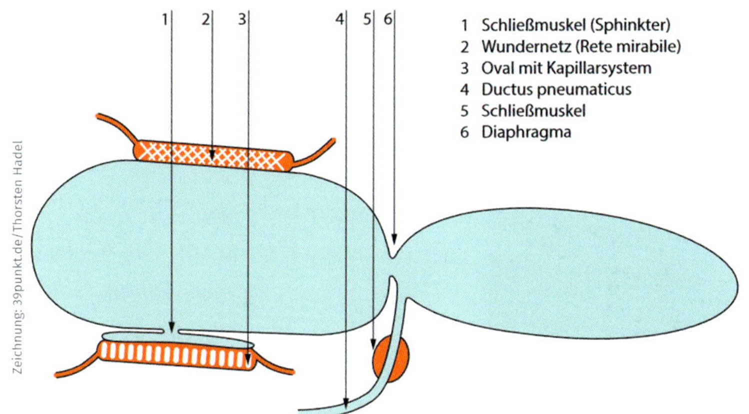

Bild 128: Schwimmblase und anhängende Organe.

Luftabgabe kann durch einen Schließmuskel gesteuert werden.

Die Physoklisten haben zum Ablassen der Schwimmblase das Oval, es enthält eine weitere Gasdrüse, die das Gas in ein feines Kapillarnetz abführt. Das Oval ist eine flache Hauttasche, die durch einen Schließmuskel von der Schwimmblase getrennt ist. Die Gasabgabe an den Blutkreislauf durch das Oval wird mittels eines Ringmuskels (Sphinkter) gesteuert. Das Oval reagiert jedoch sehr langsam, so dass die Fische nicht schnell aufsteigen können, sondern Dekompressionszeiten in verschiedenen Wasserschichten einhalten müssen. Man sieht oft Bilder von Fischen, die aus der Tiefe geangelt werden und denen die Eingeweide von der expandierenden Schwimmblase aus dem Maul gedrückt werden. Bezeichnend für ihre Stabilität ist, dass dabei die Schwimmblase nicht platzt. Bei Cichliden liegt das Rete mirabile oben auf der Schwimmblase und das Oval an deren Unterseite. Die beiden Organe können bei anderen Fischgruppen auch anders angeordnet sein.

Bei der Sektion ist zu prüfen, ob die Wand kleine Blutungen sowie verdickte Stellen aufweist (Diagnosetafel 16). Rundliche, kleine Einschlüsse in der Schwimmblasenwand lassen auf Eimeria (s. Kap. 5.4.1.) schließen. Aber auch Geißeltiere und Würmer können darin parasitieren. Bei einer starken Schwimmblasenentzündung kann flüssiger, blutiger Eiter im Innern gefunden werden. Verursacht wird diese Krankheit manchmal durch Umsetzen der Fische in kälteres Wasser. Ein abrupter Temperaturabfall um 3 bis 5 C° ist unter Umständen schon ausreichend. Das Bauchrutschen zu kalt gehaltener Fische hat oft seine Ursache in einer Entzündung der Schwimmblase.

Eine infektiöse Schwimmblasenentzündung tritt bei jungen Karpfen und Koi manchmal im Frühsommer auf. Es handelt sich dabei überwiegend um eine Sporozoeninfektion durch Myxosporidien (s. Kap. 5.6.1.). Befallene Fische können sich nicht senkrecht im Wasser halten, sinken ab und zeigen eine unnatürliche Schwimmhaltung. Bei Karpfen konnte zusätzlich das Rhabdovirus car-

Bild 129: Kopfsteher durch Entzündung des Ovals der Schwimmblase

Bild 130: Flach am Boden liegender Diskusfische aufgrund einer Entzündung des Ovals der Schwimmblase

pio nachgewiesen werden. Es ist noch unklar, ob es sich dabei um eine sekundäre Infektion handelt.

Schwimmblasenentzündung

QR-Code 31

Bei Diskusfischen tritt eine spezielle Erkrankung der Schwimmblase auf. Die Tiere verlieren einen Teil des Gases der Schwimmblase und können sich aus diesem Grund nicht mehr im Wasser schwebend halten, sie sinken ab und bleiben flach am Boden liegen. Die Ursache ist eine Entzündung des Ovals im vorderen, ventralen Bereich der Schwimmblase (Bild 132). Der Ringmuskel (Sphinkter) des Ovals kann bei dieser Krankheit nicht geschlossen werden, so dass sich die Schwimmblase entleert. Im umgekehrten Fall kann der Sphinkter des Ovals nicht geöffnet werden. Die Fische hängen mit dem Kopf nach unten unter der Wasseroberfläche und müssen ständig mit den Flossen rudern, damit sie nicht umkippen (Diagnosetafel 2A, Bild 3). Das Wundernetz (Rete mirabile) ist bei dieser Krankheit nicht betroffen. Gute Erfolge bei der Behandlung im Anfangsstadium der Krankheit wurden mit verschiedenen Methoden (s. Kap.9 A-14, A-15, C-40, bei fortgeschrittener Erkrankung mit A-08) erzielt.

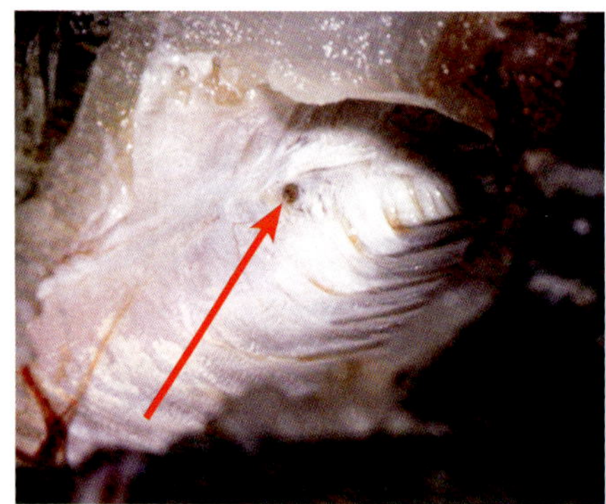

Bild 131: Gesunder Schließmuskel mit Oval von innen

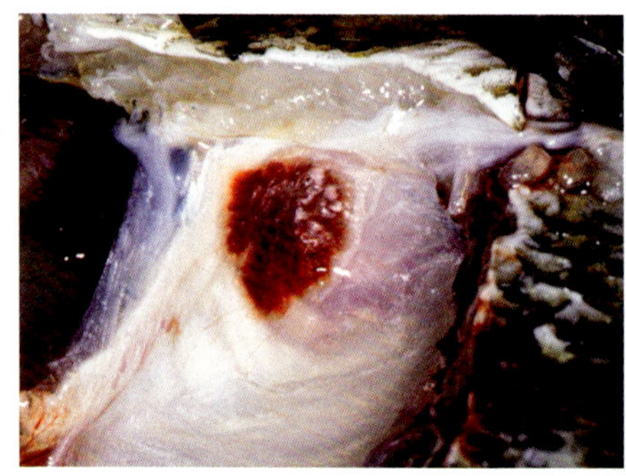

Bild 132: Entzündung des Ovals der Schwimmblase von innen

2.3.10. Die Kiemen und die Atmung

2.3.10.1 Die Kiemen

Die meisten Fische atmen über die in den Kiemenhöhlen liegenden Kiemen. Sie sind vorn zur Mundhöhle offen und enden mit den nach hinten gehenden Kiemenspalten. Diese sind bei Knorpelfischen (Haie, Rochen) offen und bei Knochenfischen durch die Kiemendeckel verdeckt. Durch Pumpbewegungen der Mundhöhle und den Kiemendeckeln wird ein ständiger Strom von Frischwasser durch die Kiemen erzeugt.

Bild 133: Kiemenspalten mit Kiemendeckeln

Die Kiemen liegen frei in der Kiemenhöhle und werden durch die Kiemendeckel abgedeckt. Sie haben im Verhältnis zum Körper eine extrem große Oberfläche, im Schnitt sind es 4 cm^2 pro einem Gramm Körpergewicht. Je nach Größe des Fisches beträgt die Oberfläche der Kiemen das 10- bis 60-fachen der Körperoberfläche. Bei einem 1,5 Kg schweren Koi beträgt die Kiemenoberfläche mehr als 6.000 cm^2. Das entspricht einer Fläche von 75 x 80 cm.

Die Kiemen sind gründlich zu untersuchen. Dazu schneidet man den Kiemendeckel ab, so dass die Kiemenbögen frei liegen. Dieser Schnitt heißt Opercularschnitt oder Kiemendeckelschnitt. Die knöchernen Kiemenbögen (Holobranchien), aus denen die Kiemenblätter abzweigen, liegen nun frei.

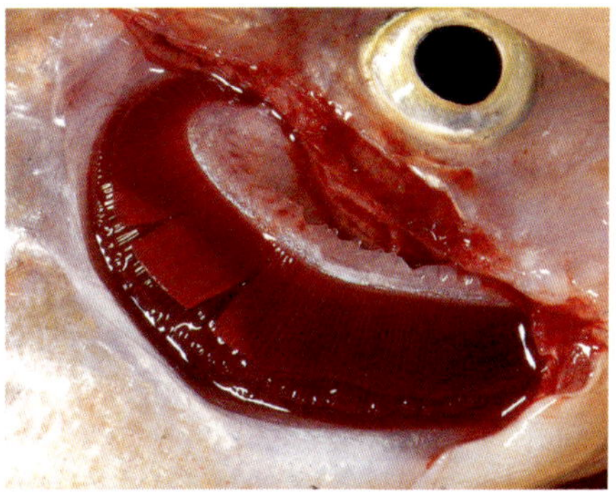

Bild 134: Gesunde Kiemen haben eine kräftig rote Farbe und die Kiemenblättchen kleben nicht zusammen.

Die Fische haben fünf knöcherne Kiemenbögen, von denen vier mit Kiemenblättern besetzt sind. Pro Kiemenbogen zweigen etwa 250 Kiemenblätter ab. Der fünfte Bogen ist bei den meisten Arten nur rudimentär vorhanden oder für andere Funktionen umgebildet. Bei Karpfenartigen bilden sie die Schlundknochen aus denen die Schlundzähne wachsen (Bilder 146, 147).

Zunächst prüft man Farbe und Beschaffenheit der Kiemen und sucht nach parasitischen Krebsen. Kleine, einen Millimeter lange, weiße, längliche Gebilde, die sich leicht lösen lassen, können Exemplare von Ergasilus sieboldi (s. Kap. 7.1.1.) sein. Sie kommen bei Aquarienfischen nur sehr selten vor. Gelblich-weiße Knötchen an den Kiemenblättern werden durch Sporozoenbefall verursacht (Diagnosetafel 7B, Bild 31; Kap. 5.4.).

Nun werden zwei Kiemenbögen herausgetrennt. Den ersten legt man in Wasser auf einen Objektträger, von dem zweiten trennt man möglichst viele Kiemenblätter ab und fertigt ein zweites Präparat an (Diagnosetafel 10). Das erste Präparat ist dicker und undurchsichtig, weil der Kiemenbogen sich nicht pressen lässt. Man untersucht den knöchernen Kiemenbogen und die äußere Oberfläche der Kiemenblätter. Da hier die Kiemenblätter übereinander liegen, sind Parasiten an den verdeckten Blättern nicht zu sehen. Deshalb ist es sinnvoll ein zweites, dünnes Präparat mit den abgetrennten Kiemenblättern anzufertigen.

In dem zweiten Präparat sind Kiemenwürmer, die sich nur an der Basis der Kiemenblätter anheften, nicht zu finden. Es kann bei stärkerer Vergrößerung betrachtet werden und wird genau nach Kiemenwürmern, Oodinium, Ichthyophthirius und Pilzhyphen durchsucht. Zysten in den Kiemenblättern mit pigmentierter Hülle enthalten oft Metacercarien, das sind Larven digener Saugwürmer (Diagnosetafel 20, Bild 57; Kap. 6.3.). Zysten mit unstrukturiertem Inhalt können von Chlamydien hervorgerufen werden (s. Kap. 3.2.9.).

Bild 136: Blutungen in den Kiemenblättern, verursacht durch zu starken Druck beim Genickschnitt, wenn er mit stumpfen Skalpell oder Schere durchgeführt wurde

Bild 137: Gesunde Kiemenblätter sind nicht verschleimt und kleben nicht zusammen

Bild 135: Herausgetrennter Kiemenbogen mit Kiemenblättern, die durch übermäßige Schleimbildung verklebt sind

Kiemenbogen heraustrennen, Kiemenblätter abtrennen und Präparat anfertigen

QR-Code 32

Die Kiemenblätter bestehen aus Haut und werden durch innen liegende Knorpelstränge verstärkt. Von ihnen zweigen Lamellen ab, die von feinen Kapillaren durchzogen sind. Die Oberfläche besteht aus abgeplatteten Epithelzellen, so dass nur ein bis zwei µm Abstand zwischen Blut und Atemwasser liegt. Aufgrund dieser dünnen Membran sind die Kiemen sehr empfindlich bezüglich Chemikalien im Wasser und Parasitenbefall (Bild 141).

Die Oberfläche der Kiemenblätter ist durch sichelförmige Kiemenfältchen, die Kiemenlamellen vergrößert, in denen der Gasaustausch stattfindet.

Die Fältchen stehen parallel zu den Kiemenbögen und sind nach Größe und Art des Fisches unterschiedlich stark ausgebildet. Reizungen durch chemische Wasserbelastung, Parasitenbefall und hohe Keimzahl führen zu erhöhter Schleimproduktion, dann zur Kiemenschwellung. Der Schleim verklebt die Kiemenblättchen, behindert den Gasaustausch und es siedeln sich viele Erreger an. Im Endstadium löst sich das Gewebe auf und führt zur Kiemennekrose. Abgestorbene Kiemenbereiche wachsen nicht mehr nach. Der Fisch ist für den Rest seins Lebens in der Atmung behindert.

Bild 138: Kiemenbogen mit Befall von Kiemenwürmern

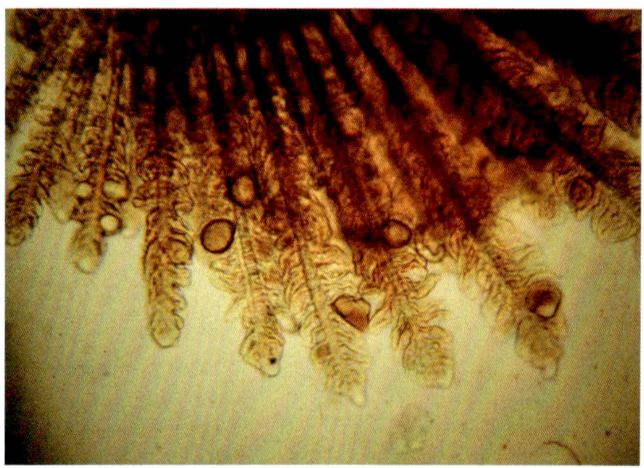

Bild 139: Zysten von Chlamydien in den Kiemenblättern (Epitheliocystis)

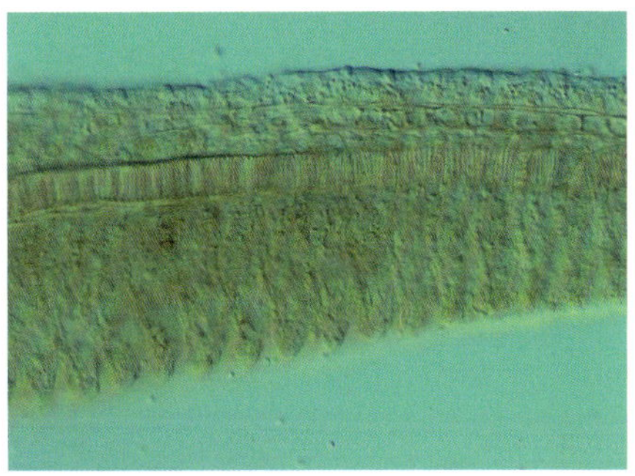

Bild 140: Kiemenblatt mit Knorpelstrang und Lamellen

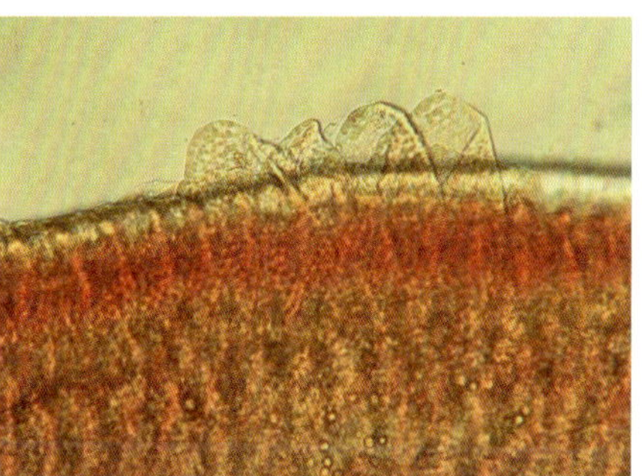

Bild 141: Sekundärlamellen eines Kiemenblatts mit roten Blutkörperchen im Inneren (Vergr. 1000x)

Parasiten an den Kiemen

QR-Code 33

In den Kiemenblättchen strömt das Blut über Kapillaren in die Lamellen. Sie bestehen aus zweischichtigen Epithelien, die durch Pfeilerzellen auf Abstand gehalten werden. Zwischen ihnen können die Blutzellen Erythrozyten in einer dünnen Schicht quasi einlagig hindurchströmen. Der Freiraum ist nicht größer als die Erythrozyten selbst. Das Blut strömt in den Lamellen entgegen dem äußeren Wasserstrom. Durch dieses Gegenstromprinzip kann der Stoffaustausch besonders effektiv erfolgen und über 90 % des Kohlendioxids im Blut können gegen Sauerstoff ausgetauscht werden.

Kiemenblätter mit Lamellen und Blutbewegung

QR-Code 34

Die Oberfläche der Kiemenblätter ist mit einer sehr dünnen Schleimhaut überzogen. Ihre Dicke beträgt bei den meisten Arten nur einen Mikrometer. Selbst bei großen Fischen mit stark ausgeprägten Kiemen ist deren Schleimhaut nicht dicker als drei bis vier Mikrometer.

Die Kiemenlamellen sind sehr empfindlich für Verletzungen. Zu deren Schutz befinden sich auf der Gegenseite der Kiemenblätter mehr oder weniger lange Dornen. Bei Plankton fressenden Arten sind sie zu reusenähnlichen Strukturen verlängert. Die Dornen bestehen aus Bindegewebe, Knorpeln oder Knochen.

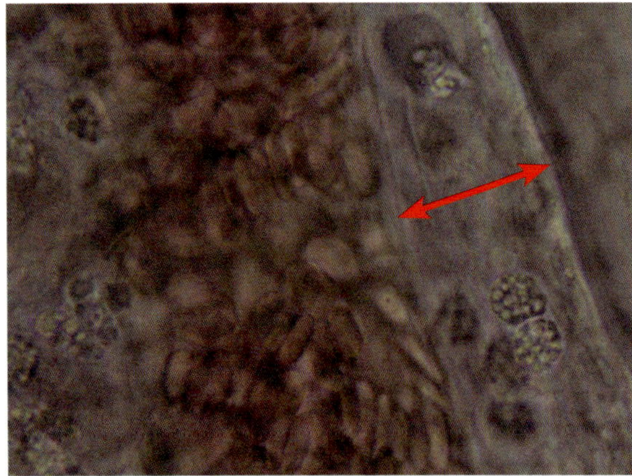

Bild 142: Bei starker Vergrößerung sieht man, dass das Blut in den Kiemenlamellen nur wenige Mikrometer vom Wasser getrennt ist

Die Kiemen dienen nicht nur der Atmung. Sie sind auch Ausscheidungsorgane und nehmen über spezialisierte Zellen Ionen für die osmotische Regulation aus dem Wasser auf. Das im Blut enthaltenen Ammoniak wird passiv durch Diffusion über die Kiemen an das Wasser abgegeben. Das überwiegend im Blut enthaltene Ammonium kann nur unter Energieaufwand über die Kiemen ausgeschieden werden. Das ist aber nicht notwendig, da sich das Ammonium, pH-Wert abhängig, anteilig wieder in Ammoniak umwandelt. So bleibt das Verhältnis von Ammonium zu Ammoniak von 97 zu 3% im Blut immer gleich.

Da bei der Atmung auch permanent Kohlendioxid abgeben wird, bildet sich auf der Außenhaut der Kiemen ein dünner Film aus Kohlensäure. Beim Hindurchdiffundieren wird das Ammoniak sofort in das harmlose Ammoniumion umgewandelt. Dieses kann als Ion nicht mehr passiv über die Kiemen aufgenommen werden und in den Blutkreislauf gelangen. Im Wasser verteilt sich das Ammonium schnell. Gefährlich wird es, wenn der pH-Wert des Wassers steigt und viel Ammonium im Wasser vorliegt. Das wandelt sich dann anteilig in Ammoniak um, das wieder über die Kiemen in die Fische eindringen kann. Bis etwa pH 9 bleibt der Kohlesäurefilm erhalten, bei höherem pH-Wert wird er neutralisiert.

Dann dringt Ammoniak in den Fisch ein und kann zu Kiemenverätzungen und innerer Vergiftung führen (Diagnosetafel 7, Bild 28). Das zeigt sich durch Blutungen an den Flossenansätzen und den inneren Organen.

Fische, die in einem stark alkalischen Wasser leben, haben das Verhältnis umgekehrt. Sie scheiden die Endprodukte des Stickstoffabbaus daher nur zu 10% als Ammoniak über die Kiemen aus und zu 90% als Harnstoff über den Urin. Meeresfische scheiden das Ammoniak über die Kiemen aber auch über die ganze Körperoberfläche aus.

Die Ausscheidung des Ammoniaks ist bei den Fischen nicht gleichmäßig über den ganzen Tag verteilt, sondern schwankt mit der Nahrungsaufnahme. Wenn man den Fisch in einem Aquarium ohne biologische Filterung isoliert, steigt etwa eine Stunde nach der Nahrungsaufnahme die Ausscheidung von Ammoniak. Das kann man mit handelsüblichen Ammoniak-Tests verfolgen.

Die Vitalität der Fische hängt in hohem Maße von der Atmung ab. Die Effektivität der Atmung ist wiederum abhängig von der Qualität des Wassers, der Wasserbelastung und dem Sauerstoffgehalt. Es ist zu bedenken, dass Wasser viel weniger Sauerstoff aufnehmen kann, als in der Luft enthalten ist. Wasser hat eine 800-mal höhere Dichte und ist etwa 60-mal viskoser als Luft, dabei kann es nur 20- bis 40-mal weniger Sauerstoff lösen. Deshalb können Lungen unter Wasser nicht funktionieren und die Fische mussten eine spezielle Form der Atmung entwickeln. Luft strömt leicht mit geringem Energieaufwand in die Lungen und wieder heraus, mit Wasser ist das nicht möglich. Der für die notwendige Atemfrequenz erforderliche Kraftaufwand ist energetisch nicht leistbar.

Die Luft enthält 78% Stickstoff, 1% Argon und nahezu 21% Sauerstoff. Das entspricht 250 mg O_2 pro Liter. Die Menge des im Wasser gelösten Sauerstoffs hängt von Luftdruck und der Temperatur des Wassers ab. So können bei 0°C fast 15 Milligramm Sauerstoff pro Liter gelöst werden, bei 25°C sind es nur noch etwa 8 mg/L. Der bei steigender Temperatur sinkende Sauerstoffgehalt des Wassers belastet die Fische enorm, da der Sauerstoffbedarf der Fische stark zunimmt. Das hat mitunter schwere Folgen für die Gesundheit der Fische.

Oft werden in Teichen Muscheln gehalten, da sie das Wasser reinigen und man ihnen nachsagt, sie würden die Larvenstadien von Parasiten aus dem Wasser filtern und verzehren. Flussmuscheln der Familie Unionidae und Teichmuscheln der Gattung Anodonta setzen ihre Larven frei, wenn sie die Wasserbewegung von Fischen spüren. Die Larven werden Glochidien genannt und klammern sich zuerst mit einem Haftfaden, dann mit den Hakenzähnen ihrer Schalen an der Haut und den Kiemen der Fische fest. Sie nutzen diese als Transportwirte. Die Glochidien werden von Gewebe überwuchert und entwickeln sich in diesen Zysten zu fertigen Jungmuscheln. Eine geringe Menge schadet nicht, größere Mengen führen zu Atem-

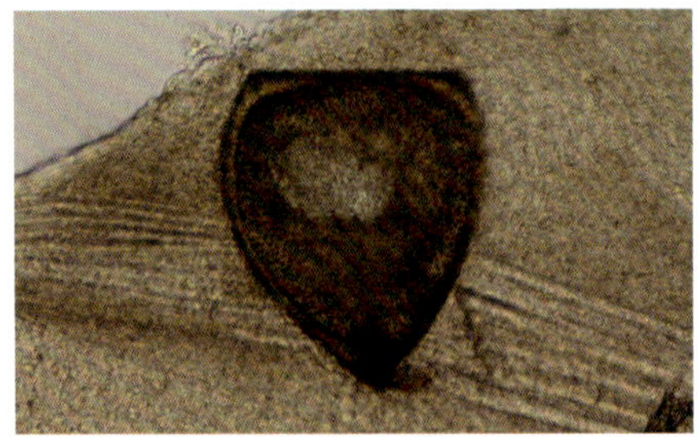

Bild 143: Glochidie im Hautabstrich

Bild 144: Fünf Glochidien am Flossenrand

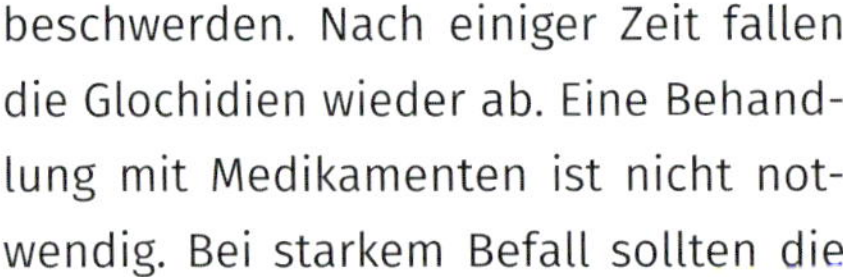

beschwerden. Nach einiger Zeit fallen die Glochidien wieder ab. Eine Behandlung mit Medikamenten ist nicht notwendig. Bei starkem Befall sollten die Muscheln reduziert werden. In Verkaufsanlagen dürfen Fluss- und Teichmuscheln nicht mit Fischen zusammen im gleichen Becken gehalten werden.

2.3.10.2. Akzessorische oder zusätzliche Atmung

Da der Sauerstoffgehalt des Wassers mit steigender Temperatur geringer wird, waren Fische, die in sauerstoffarme Regionen schwimmen oder Biotope mit hoher Temperatur besiedeln wollten, darauf angewiesen, zusätzliche Möglichkeiten der Sauerstoffgewinnung zu erschließen. Sie haben vielfältige akzessorische Atmungsorgane zur Luftatmung entwickelt. Zeitweilige Luftatmer nutzen überwiegend ihre Kiemen und ergänzen bei Bedarf die Sauerstoffgewinnung durch akzessorische Atmung. Bei obligatorischen Luftatmern sind die Kiemen meistens zu klein ausgelegt, so dass sie regelmäßig Luft atmen müssen, z. B. Labyrinthfische. Der Vorteil dieser Atmung liegt im hohen Sauerstoffgehalt der Luft. Der Nachteil ist, dass die Fische regelmäßig die Wasseroberfläche aufsuchen müssen und leicht die Beute von Räubern werden. Es sind 370 Luft atmende Fischarten bekannt [Klinkhardt].

Die wohl bekannteste Art der akzessorischen Atmung dürfte die der Labyrinthfische sein. Das Labyrinthorgan ist eine Erweiterung der Kiemenhöhle und mit stark gefalteten Knochenlamellen gefüllt. Sie sind mit intensiv durchbluteter Schleimhaut überzogen und ihre Gefäße stehen mit dem ersten Kiemenbogen in Verbindung. Im histologischen Schnitt ähneln sie einem Labyrinth. Der Fisch presst die Luft hinein und über die stark durchbluteten Häute wird der Sauerstoff aufgenommen. Wenn Labyrinthfische keinen Zugang zur Wasseroberfläche haben, können sie ihren Sauerstoffbedarf kurzzeitig mit einer stark erhöhten Atemfrequenz über die Kiemen decken. Bleibt die Oberfläche unzugänglich, sterben sie. Das Labyrinthorgan ermöglicht den Fischen auch eine Erweiterung ihres Hörbereichs.

Weiterhin gibt es Luftatmung über die Haut, den Darm, die Schwimmblase, die Mundhöhle und vergrößerte Lippen. Die Hautatmung nutzen viele Fischarten in ihrer frühen Entwicklungsphase nach dem Schlupf aus dem Ei. Fische die über Land gehen, wie der Aal (*Anguilla anguilla*), nutzen die Hautatmung auch noch im erwachsenen Stadium. Kiemensackwelse, z. B. Gattung Clarias, haben hinter dem Kiemenraum paarige sackartige Ausstülpungen deren Wände stark durchblutet sind. Sie können schlauchartig nach hinten durch den Körper gehen. Die Blutgefäße der Säcke sind mit den Gefäßen der Kiemen verbunden. Die Fische schwimmen zur Oberfläche und pressen die Luft in die Kiemensäcke. Der Atmungsvorgang dauert nur etwa eine halbe Sekunde. Die akzessorischen Organe dienen bei Fischen meistens nur der Sauerstoffaufnahme und nicht der Abgabe von Kohlendioxid.

Für die Darmatmung müssen die Fische die Luft verschlucken. Der Darm wäre aufgrund der großen Oberfläche und der vielen Kapillaren ideal als zusätzliches Atmungsorgan geeignet, wenn dadurch nicht die Verdauung behindert würde. Fische haben das Problem gelöst, indem sie den Magen oder Teile des Darms blasenartig erweitert haben in denen der Gasaustausch stattfindet. Eine andere Lösung ist, die Nahrung portionsweise und abwechselnd mit Luft durch den Darm zu schicken. Das ist aber noch ungenügend erforscht [Klinkhardt].

2.3.10.3. Lungenatmung

Fische haben schon von fast 400 Millionen Jahren eine Art Lunge entwickelt. Wir kennen heute die Gruppe der Lungenfische, die von einigen Liebhabern in Aquarien gehalten werden. Sie haben funktionsfähige Lungensäcke mit einem eigenen Blutkreislauf und Gänge, die Nase und Rachen verbinden. Die Lungen gelten auch bei ihnen als akzessorische Atmungsorgane, weil die Kiemen noch einen geringen Beitrag zur Sauerstoffversorgung leisten.

Bild 145: Lungenfisch *Neoceratodus forsteri*

2.3.10.4. Fettatmung

Das Fehlen von Sauerstoff führt in der Regel nach kurzer Zeit zum Tod, weil sich der Organismus selbst vergiftet. Die Energieerzeugung führt unter Sauerstoffmangel nicht zur Bildung von Kohlendioxid, sondern produziert Milchsäure, die sich im Gewebe anreichert und giftig wirkt. Hier haben die verwandten Arten Karausche (Carassius carassius) Giebel (Carassius gibelo) und Goldfisch (Carassius auratus) eine spezielle Überlebensmethode entwickelt, um in sauerstoffarmen Gewässern zu überleben. Sie können unter Sauerstoffmangel auf einen anderen Stoffwechsel umstellen, um sich am Leben zu erhalten. Sie können die anaerobe Gärung zur Energiegewinnung nutzen. Dazu verwenden sie die im Stoffwechsel anfallende Brenztraubensäure und bauen sie nicht zu Milchsäure, sondern zu Ethylalkohol ab, den sie über die Kiemen ausscheiden. Die Überlebenszeit in sauerstofffreiem Wasser hängt von den Glycogenvorräten der Leber ab und kann bis fünf Tage anhalten. Sie können sogar im Eis eingefrieren, da der Alkohol, den sie ständig ausscheiden, eine Wasserblase um sie bildet, die nicht gefriert. Vor dem Einfrieren des Körpers bei den Temperaturen un ter 0°C schützt sie der Alkoholgehalt im Blut, der bei 0,5 Promille liegt und die Bildung der tödlichen Eiskristalle verhindert [HERFURTH]. Karpfen (*Cyprinus carpio*) können das nicht, sie sterben schon bei Temperaturen unter 2°C.

Ansonsten haben nur Band und Spulwürmer ebenfalls diese Methode entwickelt, um im sauerstofffreien Darm zu überleben [KLINKHARDT].

2.4. Der Verdauungstrakt

2.4.1. Der Mund und die Mundhöhle

2.4.1.1. Zunge, Kiefer, Schlund

Die Mundhöhle der Fische enthält keine Speicheldrüsen, da sie ja keine trockene Nahrung zu sich nehmen. Sie enthält jedoch viele Schleimdrüsen, damit die Nahrung gut gleitet. Die auf den Kiefern befindlichen Zähne dienen nicht dem Zerkleinern der Nahrung, sondern zum Festhalten der Beute oder um aus einem großen Tier Stücke herauszureißen. Die Nahrungsbrocken können bei manchen Arten dann mit den Schlundzähnen weiter zerkleinert oder ganz geschluckt werden. Fischarten mit überwiegend piscivorer Ernährung haben spitz auslaufende, hakenförmige Schlundzähne

Die Karpfenfische haben keine Kieferzähne. Sie zerkleinern ihre Nahrung sehr effektiv mit den Schlundzähnen.

Diese zermahlen die Nahrung gegen eine hornige Reibeplatte, die unten an der Schädelbasis sitzt. Die Schlundzähne wachsen ein Leben lang nach und werden mehrmals im Leben erneuert. Abgestoßene Zähne verschluckt der Koi oft, so dass sie im Kot oder am Boden zu finden sind.

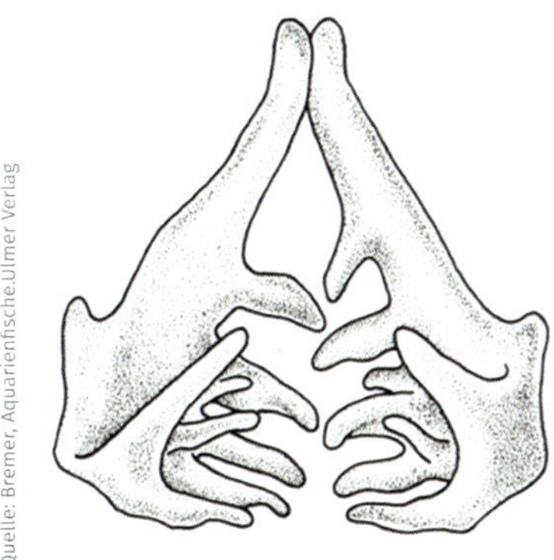

Quelle: Bremer, Aquarienfische.Ulmer Verlag

Bild 146: Beispiel von Schlundknochen mit spitzen Schlundzähnen bei piscivorer Ernährung

Manchmal verkeilt sich ein Zahn zwischen benachbarten Schlundzähnen und der Fisch kann nur noch schwer oder gar nicht mehr seine Nahrung zerkleinern. Auch das Schlucken wird behindert oder ist nicht mehr möglich. Wenn die Zähne nicht in kurzer Zeit von selbst ausfallen, müssen sie entfernt werden.

Wenn ein Koi die Nahrung verweigert und wieder ausspuckt, kann es daran liegen, dass ein oder mehrere Schlundzähne vergrößert sind. Nach dem Abstoßen frisst der Koi wieder. Manchmal steckt einem Koi auch ein größerer Gegenstand (Stein) im Schlund, der unter Betäubung mit einer Pinzette entfernt werden muss. Der Fisch erstickt dabei nicht, da er ja über die Kiemen atmet.

Die Barben, die auch zu den Karpfenartigen zählen, besitzen mehr als 100 kleine Schlundzähne mit denen sie ihre Nahrung zerkleinern.

Am Mundboden befindet sich die Zunge. Bei den meisten Arten ist sie so klein, dass sie nicht sichtbar ist. Andere Arten haben deutlich ausgeprägte Zungen.

Bild 147: Schlundknochen mit Schlundzähnen eines Koi

Manche Arten, die sich Räuberisch ernähren, haben große Zungen die mit Zähnen besetzt sind. Schützenfische haben die Zunge zum Abschießen und Formen des Wasserstrahls umgebildet, mit dem sie ihre Beute von Blättern schießen.

Der Schlund (Oesophagus) ist bei den meisten Fischen sehr kurz und wie ein Trichter geformt. Er mündet in den Magen. Nach dem Magen beginnt der Mitteldarm, gefolgt vom Enddarm, der im After (Rectum) endet. Das Längenverhältnis von Mitteldarm zu Enddarm kann selbst bei einer Art in den verschiedenen Altersstufen sehr unterschiedlich sein. Bei Koi ist die Länge beider Darmabschnitte in den ersten 20 Lebenswochen ziemlich gleich. Mit zunehmendem

Alter der Koi wird der Mitteldarm länger als der Enddarm.

Der Oesophagus ist mit vielen Schleimzellen ausgestattet, die einen pH-neutralen bis leicht sauren, schmierigen Schleim erzeugen. So können die Fische auch größere Brocken problemlos verschlucken.

2.4.2. Magen und Darm

Der Verdauungstrakt der Fische ist ähnlich aufgebaut wie der von anderen Wirbeltieren aber nicht identisch. Schon bei den Säugetieren weist er große Unterschiede auf, man denke an die Verdauung von reinen Pflanzenfressern, wie Kühen, im Vergleich zu dem von Hunden oder Katzen. Bei Fischen kann er selbst innerhalb einer systematischen Ordnung, wie z. B. den Salmlern, sehr unterschiedlich gestaltet sein. Sehr stark unterscheidet sich der Verdauungstrakt der Karpfenfische von dem der anderen Fischordnungen, da sie keinen Magen haben.

Bei einigen Arten ist der Magen mit einem Schließmuskel versehen. Manchmal ist der Magen nur eine Erweiterung des Darmes, in anderen Fällen ist er stark muskulös und S-förmig gekrümmt. Die Magenwände bestehen aus Bindegewebs-, Ring-, und Längsmuskelschichten. Die innere Schleimhaut ist stark durchblutet und enthält viele Drüsenzellen. Fische nehmen oft Sand auf, um die Zerkleinerung der Nahrung zu unterstützen. Dieser ist dann bei der mikroskopischen Untersuchung im gesamten Darmtrakt zu finden.

Fische mit einem richtig ausgebildeten Magen sondern Salzsäure und Pepsinogen ab. Eine starke Säure weicht harte Flossenstrahlen, Stacheln und Borsten der Futtertiere auf. Allerdings wird selbst bei Fischen mit stark ausgeprägtem Magen nur ein pH-Wert der Magensäure von 5 erreicht, selten weniger. Anderenfalls würden sich nicht in den Darm eingestochene Borsten von Futtertieren, wie Copepoden oder Gammarus, finden lassen, die in der Darmwand verkapselt sind. Das Proenzym Pepsinogen wird durch die Säure in das eiweißabbauende Enzym Pepsin umgewandelt. Anders als bei Warmblütern bleibt das Pepsin der Fische auch bei Temperaturen bis zu Gefrierpunkt noch fähig, Eiweiße aufzuspalten. Besondere Zellen in der Magenschleimhaut sondern einen hochviskosen Schleim ab, um die Selbstverdauung durch das aggressive Pepsin zu verhindern.

Die Vertreter der Karpfenfische haben keinen Magen. Bei ihnen geht der Schlund direkt in den Mitteldarm über. Der vordere Teil des Darmes, der sogenannte Pseudogaster, ist hinter dem Schlund erweitert und übernimmt die Funktion des Magens. Dazu enthält er auch zahlreiche Drüsen, die Verdauungssekrete absondern. Aufgrund der nicht erfolgenden Salzsäureproduktion wird dieser Teil als Pseudomagen oder Pseudogaster bezeichnet. Er ist etwas dicker, aber nicht zur Speicherung der Nahrung und Vorverdauung geeignet.

schwer zu finden. Wer ein deutlich abgesetztes Pankreas finden möchte, sollte sich von einem Angler die Eingeweide eines einheimischen Kaulbarschs oder

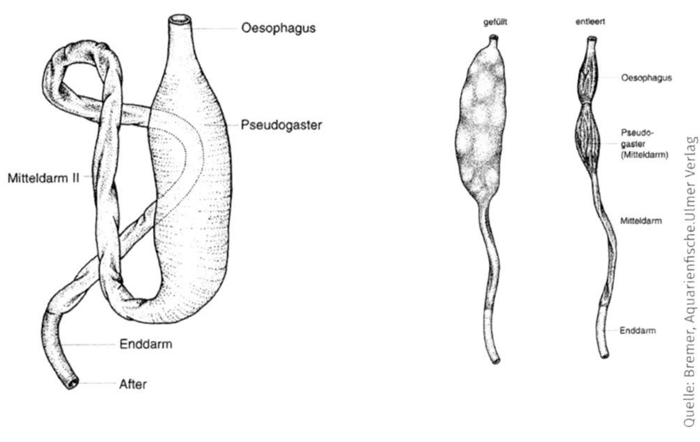

Bild links 148: Verdauungstrakt Pseudomagen bei *Danio malabaricus* und Bild rechts 149: *Aplocheilus lineatus*

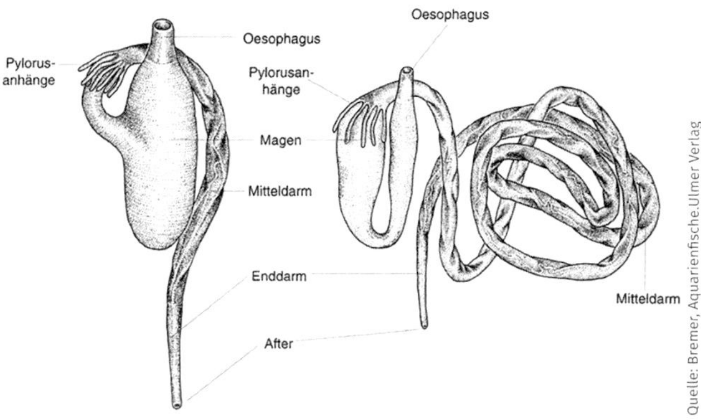

Bild 150: Darmtrakt von Eierlegenden Zahnkarpfen

Hinter dem Magen, im Bereich der Pylorusanhänge, befindet sich die Bauchspeicheldrüse, das Pankreas. Die Exkrete des Pankreas puffern die Säure ab und sorgen für ein alkalisches Milieu im Mitteldarm. Bei manchen Arten, wie Koi und Goldfisch, ist das Pankreas in die Leber eingebettet und so kaum erkennbar. Bei Salmoniden befindet sich das Pankreas zwischen den Pylorusanhängen und ist

Hechtes geben lassen. Über Pankreas, Pylorusanhänge, Leber und Galle werden verschiedene Verdauungssekrete in den Darm abgegeben, so auch die Vorstufe des eiweißabbauenden Trypsins, das Trypsinogen. Es wird im alkalischen Milieu in Trypsin umgewandelt. Durch die Absonderung des wirkungslosen Trypsinogen wird verhindert, dass sich das Pankreas selbst verdaut.

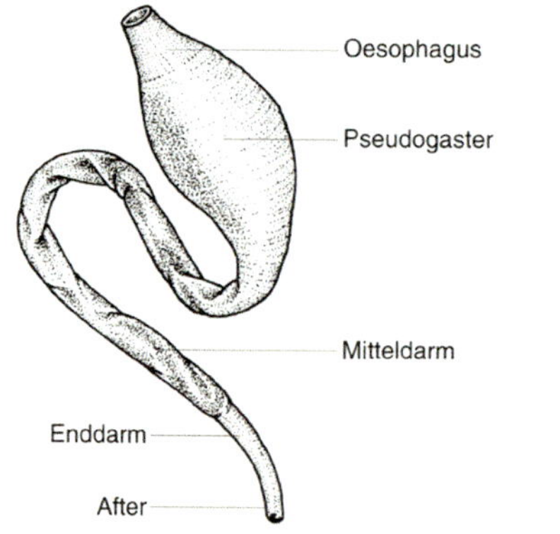

Bild 151: Darm *Hererandria formosa*

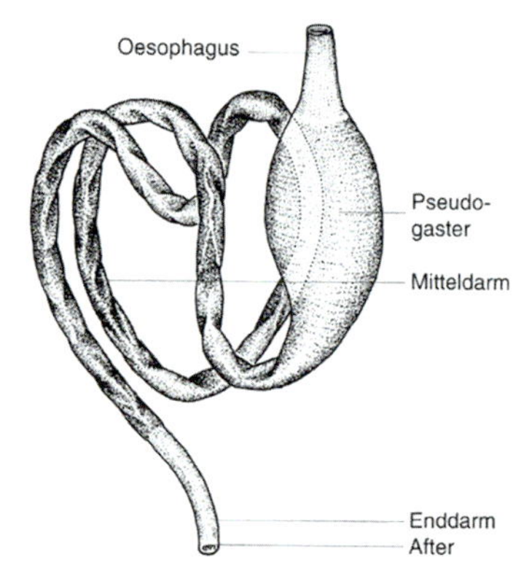

Bild 152: Darm Guppy

Hinter dem Magen beginnt der Mitteldarm. Er ist der Hauptort für die Resorption der Nährstoffe. Die Verweilzeit der Nahrung hängt von der Temperatur ab, da die Enzyme temperaturabhängig arbeiten. So dauert die vollständige Verdauung beim Koi bei 26°C nur vier Stunden, während sie bei 10°C etwa 60 Stunden dauert [Schäperclaus]. Trotzdem ist die Verdauung unvollständig, da Kohlenhydrate bei den niedrigen Temperaturen schlecht verdaut werden können. Unter 8°C ist die Nahrungsaufnahme bei Karpfen derart reduziert, dass eine Fütterung nicht mehr sinnvoll ist. Zooplankton. Insektenlarven und Würmer frisst der Karpfen jedoch auch bei niedrigsten Temperaturen. Diese Futtertiere enthalten einen hohen Anteil an ungesättigten Fettsäuren. Auch ein hochwertiges Winterfutter wird noch bis 6°C akzeptiert. Es muss jedoch einen hohen Anteil unge-

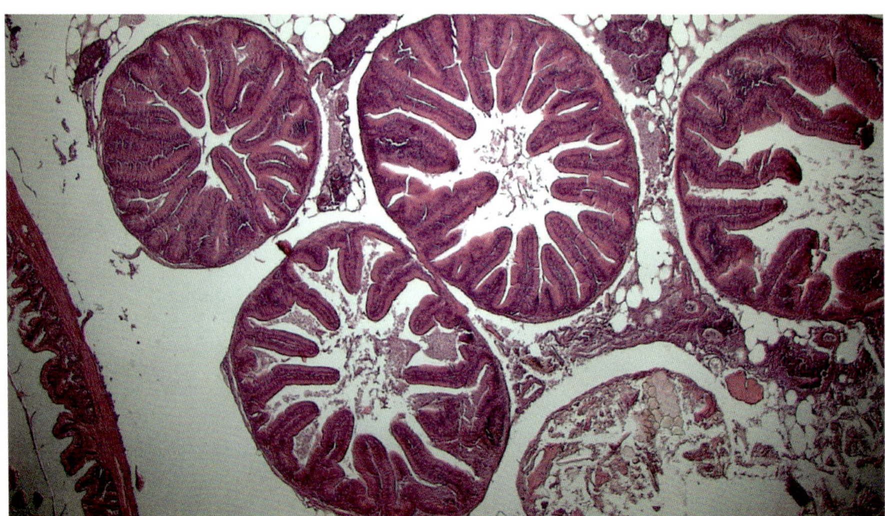

Bild 153: Die Pylorusanhänge von einem Kongosalmler im histologischen Schnitt. Sie sind ähnlich aufgebaut wie der Mitteldarm

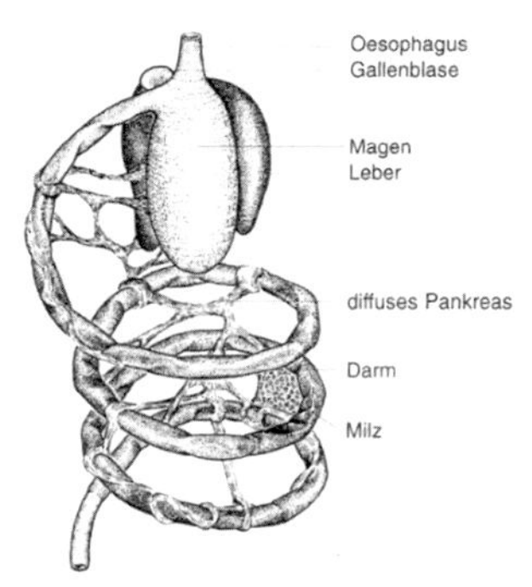

Bild 154: Verdauungstrakt eines Diskusfisches

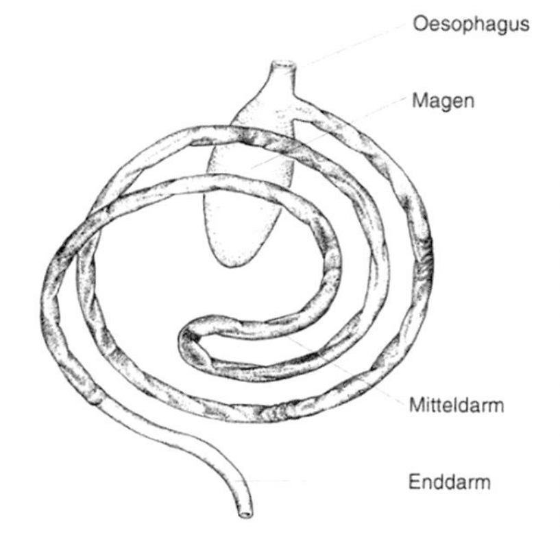

Bild 155: Verdauungstrakt eines Skalares

sättigter Fettsäuren und Protein enthalten. Der Anteil an Kohlenhydraten muss unter 25% liegen.

Am Anfang des Mitteldarms, hinter den Zuführgängen von Galle und Pankreas befinden sich, je nach Art, wenige bis viele und unterschiedlich lange Pylorusanhänge. Sie können artspezifisch in wenigen Exemplaren bis zu mehreren Hundert vorkommen. Ihre genaue Funktion ist noch nicht geklärt, sie sind aber ähnlich aufgebaut wie der Mitteldarm. Vermutlich geben sie Verdauungssekrete an den Darm ab oder dienen als Bakterienreservoir für die Darmflora.

Die Buntbarsche und Karpfenfische haben keine Pylorusanhänge, oder sie sind sehr klein und schwer erkennbar. Der Mitteldarm geht in den Enddarm über, der bei den meisten Fischen wesentlich kürzer, bis sehr kurz ist. Dieser mündet in den After, der durch einen Schließmuskel verschlossen ist. Der After mündet bei Knochenfischen nicht in eine

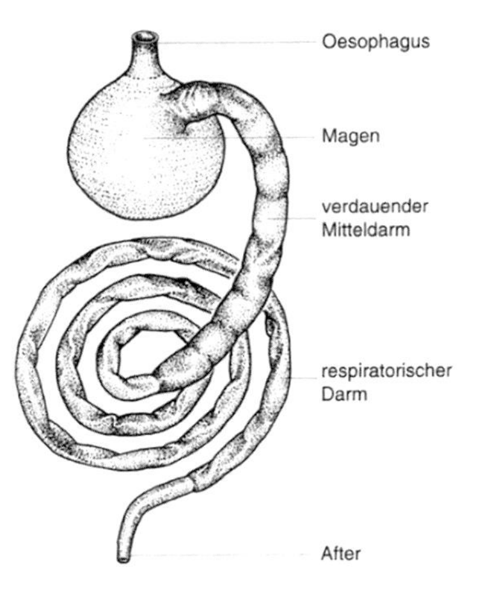

Bild 156: Verdauungstrakt eines *Corydoras*

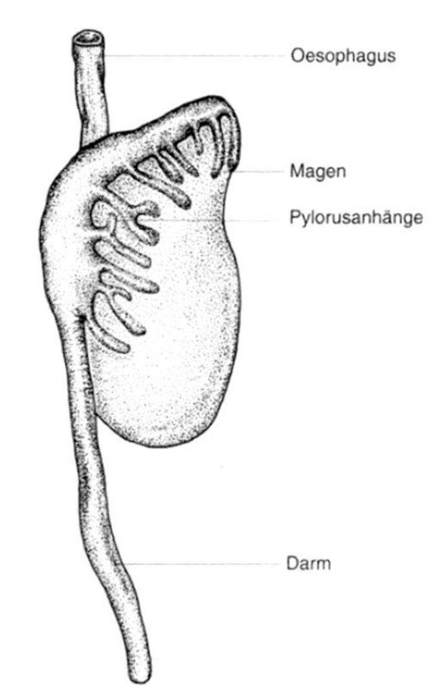

Bild 157: Magen eines Pyranha

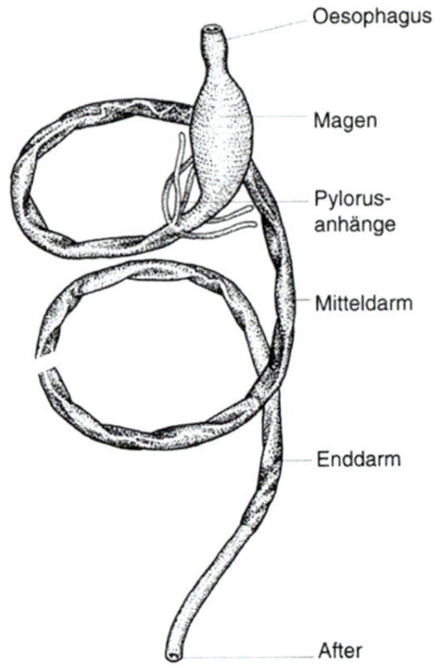

Bild 158: Darmtrakt vom Labyrinthfisch
Trichogaster trichopterus

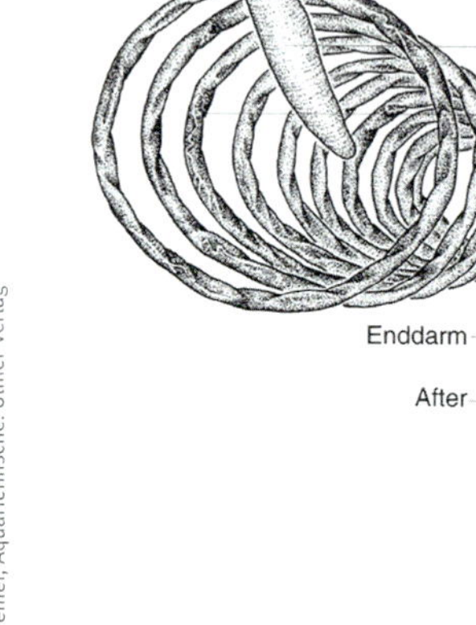

Bild 159: Darmtrakt eines herbivoren Cichliden
Mosambik- oder Weißkehl-Buntbarschs
Oreochromis mossambicus

Kloake, wie häufig behauptet wird. Die Ausgänge des Darms, der Harnblase und den Geschlechtsorganen haben in dieser Reihenfolge separate Auslassöffnungen.

Die Darmlängen sind sehr unterschiedlich. Bei karnivoren Fischen ist der Darm kurz, bei omnivoren mittellang und bei herbivoren Fischen mitunter extrem lang. So können Aufwuchs fressende Loricariden einen mehr als 10-mal so langen Darm wie Körperlänge haben. Die Darmlänge eines dreijährigen Karpfens beträgt die 2,5-bis 3-fache Länge des Körpers [SCHÄPERCLAUS]. Bei abwechslungsreich ernährten adulten Diskusfischen und Wildfängen ist der Darm etwa 2,5- bis 3-mal so lang wie der Körper. Bei Diskusfischen, die überwiegend mit Warmblüterfleisch ernährt wurden, kann der Darm wesentlich kürzer sein. Der Fisch probiert sich an die falsche Ernährung anzupassen. Das hat zur Folge, dass der Darm kürzer wird. So konnte bei einem Diskusfisch, der überwiegend mit reinem Rinderherz ernährt wurde, ein unnatürlich verkürzter Darm von der halben Körperlänge festgestellt werden. Der Magen war vollständig zurückgebildet (s. Bild 160). Der Darm war extrem dick und mit einer festen gestockten Substanz gefüllt. Der Fisch starb, weil eine Verdauung nicht mehr möglich war.

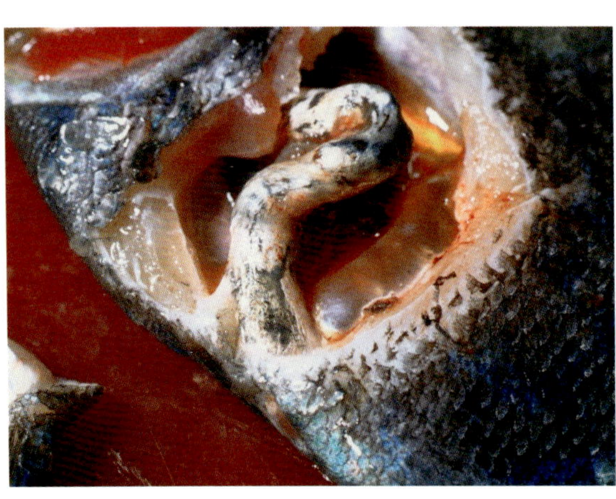

Bild 160: Verdickter und stark verkürzter Darm eines Diskusfisches

Der Darm ist die größte Kontaktfläche zur Außenwelt. Ständig kommen fremde Bakterien und Krankheitserreger mit der aufgenommenen Nahrung in den Darm. Hier findet die hauptsächliche Immunabwehr statt. Etwa 80% aller Immunzellen befinden sich im Darm. Dabei müssen Immunzellen die nützlichen von den gefährlichen Bakterien unterscheiden können. Große Mengen dieser adaptierten Abwehrzellen werden über Blut und Lymphe in den ganzen Körper verteilt. Die ständige Abwehr von gefährlichen Erregern und aufgenommenen Giftstoffen regelt der Darm mit seinen Millionen sensibler Nervenzellen selbständig. Dieses sehr verzweigte Nervensystem des Darms ist über den Vagus Nerv mit dem Gehirn verbunden und sendet ihm ständig Informationen [BRATER]. Es findet ein reger Informationsaustausch statt. Der Darm trainiert somit das gesamte Abwehrsystem des Körpers. Das funktioniert aber nur bei einer gesunden Ernährung, von der wiederum die gesunde Darmflora abhängt. Eine ungenügende oder schlechte Ernährung führt zu einer massiven Reduzierung der Immunabwehr.

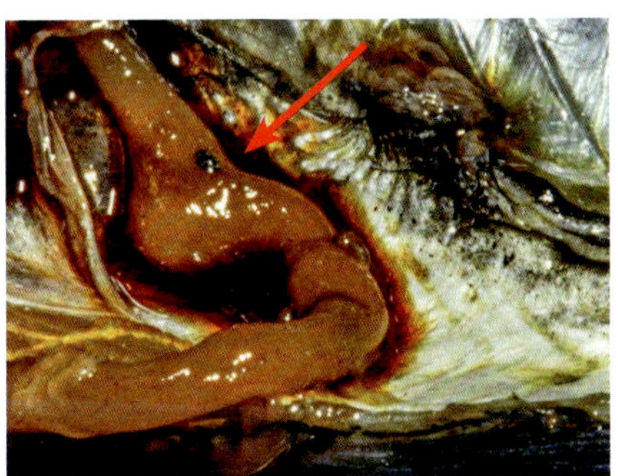

Bild 161: Der Magen eines *Tropheus duboisi* ist schwach ausgeprägt

Besondere Aufmerksamkeit ist bei jeder Sektion dem Darm zu widmen (s. Kap. Ernährung). Der Magen ist bei vielen Arten nur etwas dicker als der übrige Darm und befindet sich vorn, hinter einer kurzen Speiseröhre (Ösophagus).

Zur Untersuchung trennt man je ein Darmstück von ein bis zwei Zentimetern Länge vorn, aus der Mitte und hinten ab. Aus den Stücken presst man auf je einen Objektträger in einen Tropfen 0,9-prozentige physiologische Kochsalzlösung den Inhalt heraus. Die Darmstücke werden der Länge nach aufgeschnitten und auf einem gesonderten Objektträger in physiologische Kochsalzlösung gelegt. Es ist auf Geschwüre und Zysten in der Darmwand zu achten (Diagnosetafel 14B). Rote blutige Stellen sind Entzündungen, deren Ursache auf falscher Ernährung beruhen kann (Diagnosetafel 14 C, Bild 51). Sie können jedoch auch bei bakteriellen Infektionen auftreten.

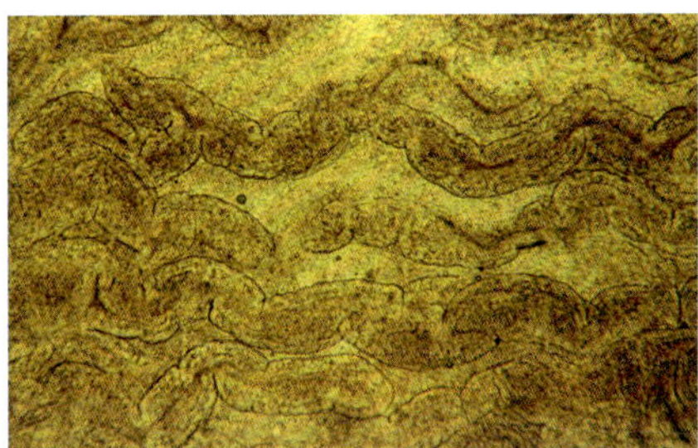

Bild 162: Gesunder Mitteldarm, die Falten der Darmwand sind sichtbar

Dünne, durchsichtige Därme kleinerer Fische werden ganz auf den Objektträger gebracht und stellenweise mit zwei Nadeln zerrupft, so dass der Inhalt austreten kann. Das Präparat ist bei un-

Bakterien im Darm und Blutungen

QR-Code 35

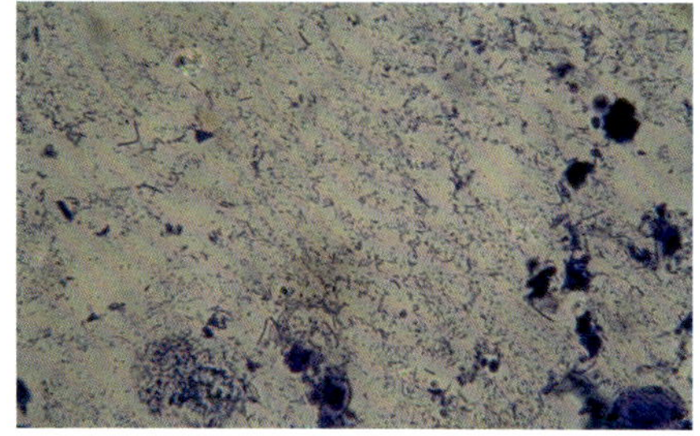

Bild 163: Bakterien der Darmflora gefärbt mit Methylenblau

terschiedlichen Vergrößerungen auf Würmer, Wurmeier, Geißeltiere und Zysten zu untersuchen. Bakterien gehören zur normalen Darmflora. Die meisten davon weisen keine Eigenbewegung auf. Auch bewegliche Bakterien sind unbedenklich, wenn sie nicht in großen Mengen vorkommen.

2.4.3. Die Leber

Die Farbe einer gesunden Leber ist in der Regel rotbraun. Sie besteht meist aus zwei bis drei Lappen, kann aber auch, wie bei Karpfenfischen, in mehreren Lappen zwischen dem Darm gelagert sein. Bei Pflanzenfressern, die auch überwiegend pflanzlich ernährt wurden, kann die Leber von hellbrauner Farbe sein.

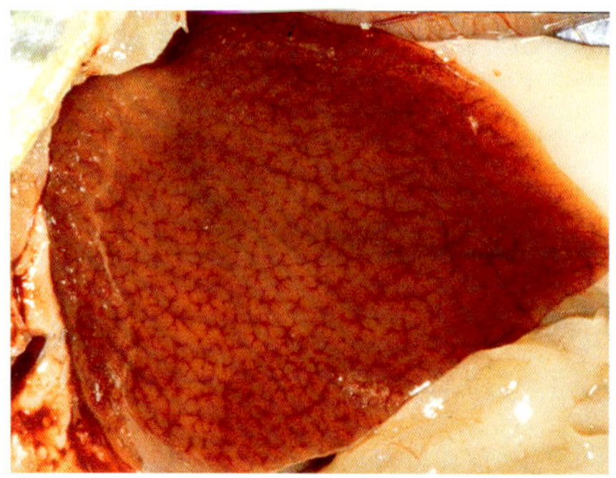

Bild 164: Die Farbe einer gesunden Leber ist kräftig dunkelrot bis rotbraun

Bild 165: Die Leber von Pflanzenfressern kann eine hellbraune Farbe haben

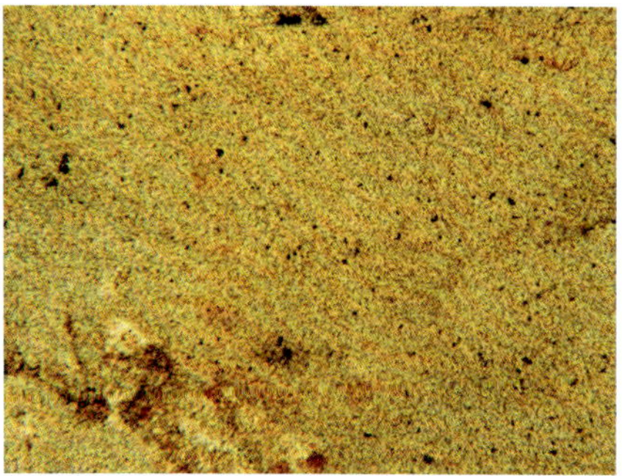

Bild 166: Gesunde Leber eines jungen Diskusfisches im Quetschpräparat

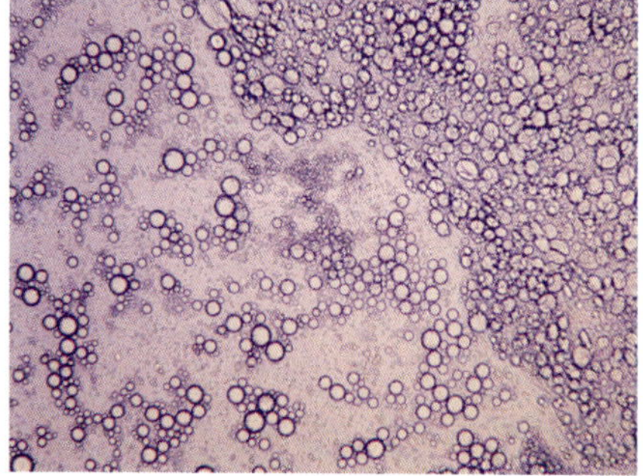

Bild 167: Quetschpräparat einer total verfetteten Leber mit ausgetretenen Fetttröpfchen

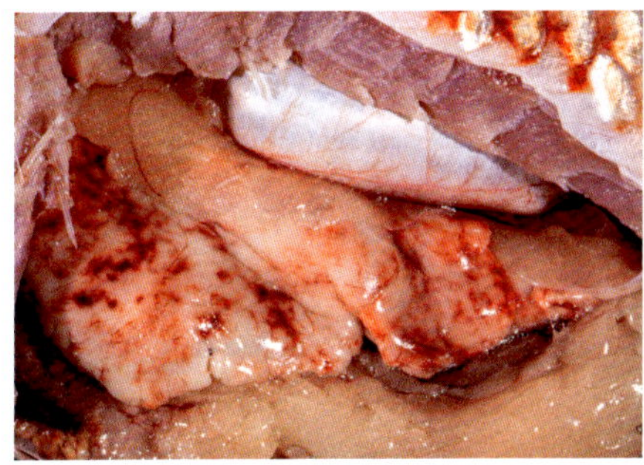

Bild 168: Verfettete und degenerierte Leber eines schlecht konditionierten Koi, der im Frühjahr am Energiemangelsyndrom starb. Die roten Stellen sind Blutungen

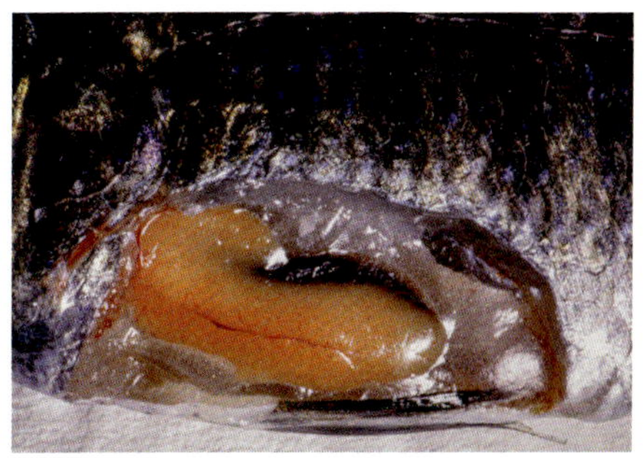

Bild 169: Verfettete Leber und Fettansammlung in der Leibeshöhle

Bei Nutzfischen bestimmt man den Hepatosomatischen Index - das Verhältnis zwischen Leber- und Körpergewicht (Lebergewicht x 100/Körpergewicht). Besonders während der Laichentwicklung kann die Leber sehr viel Fett enthalten. Die Leber wandelt Kohlenhydrate in Glycogen um und speichert es. Zudem ist sie ein Speicherorgan für Fette sowie die Vitamine A und D. Das gespeicherte Fett, als Lebertran bekannt, kann zwei Drittel des Lebergewichtes ausmachen. Die Leber baut auch die überalterten roten Blutkörperchen ab und wandelt das Hämoglobin in Bilirubin um, das über die verzweigten Gallengänge gesammelt und über den Hauptgallengang mit anderen Verdauungsenzymen zur Gallenblase abgeführt wird.

Die Leber hat zeitlebens eine sehr hohe Regenerierungsfähigkeit. Das ist notwendig, da sie als entgiftendes Organ durch Gifte häufig selbst geschädigt wird und Leberzellen absterben. Selbst eine verfettete Leber kann sich regenerieren, wenn nicht mehr als die Hälfte der Zellen abgestorben sind. Das ist jedoch nur dann möglich, wenn die Ernährung entsprechend umgestellt wird. Nur wenn eine Hepatitis vorliegt, kann sich die Leber nicht mehr regenerieren und der Fisch stirbt [Brater 3]. Meistens ist bei diesem Krankheitsbild die Leber auch sehr verfettet.

Das Zupfpräparat einer gesunden Leber erscheint als gleichmäßige gelbe Masse, in der sich oft Blutgefäße befinden (Bild 166). Sieht das Präparat weißlich oder milchig aus, so liegt eine krankhafte Verfettung vor. Fett erscheint im mikroskopischen Bild als kleine flüssige Kugeln mit dunklem Rand (Bild 167). Das Präparat ist auf Geißeltiere, Tuberkulose, Ichthyophonus- und Sporozoenzysten zu untersuchen (Diagnosetafel 12). Eine weißlich (Bild 168) oder gelb gefärbte Leber (Bild 169) ist nicht mehr lange fähig, ihre Funktion auszuüben. Die Zellen sterben langsam ab, was in absehbarer Zeit zum Tode des Fisches führt.

2.4.4. Die Galle

Die Gallenblase ist durchsichtig und mit grüner bis brauner Flüssigkeit gefüllt. Sie speichert die Gallenflüssigkeit, die ein Sekret der Leber ist und entleert sich bei Bedarf in den Darm. Die Gallenflüssigkeit dient als Emulgator, was die Verdauung effektiver macht und beschleunigt.

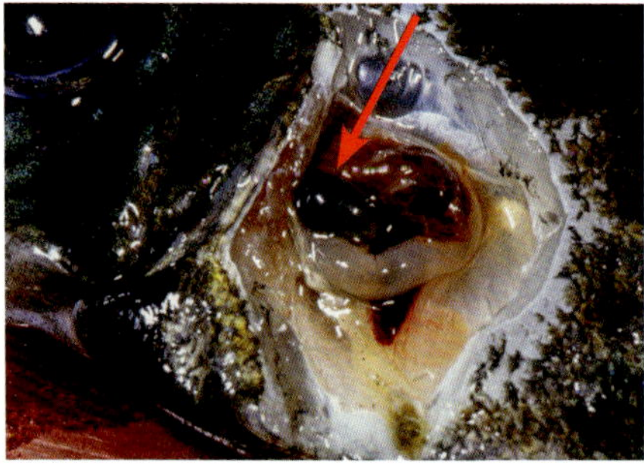

Bild 170: Die Gallenblase ist durchsichtig und mit grünlicher Flüssigkeit gefüllt. Sie ist hier aufgrund von Nahrungsverweigerung durch Stau der Gallenflüssigkeit krankhaft vergrößert

Der Gallengang verzweigt sich in der Leber, um das Sekret zu sammeln. Der Ausgang der Gallenblase ist durch den Gallengang mit dem vorderen Teil des Darmes verbunden. Durch Stau der Gallenflüssigkeit kann die Gallenblase vergrößert sein, wenn der Fisch schon längere Zeit nichts gefressen hat. Dann befindet sich auch keine Nahrung im Darm. Beim Heraussezieren ist Vorsicht geboten, da die dünne Wand leicht zerreißt und sich dann die Gallenflüssigkeit in die Leibeshöhle ergießt. Darum sollte man die Gallenblase zusammen mit dem angrenzenden Stück Leber und Darm herausnehmen. Erst auf einem Objektträger wird die Gallenblase von den anderen Organstücken getrennt. Wird sie dabei verletzt, so ist das nicht weiter schlimm. Man entfernt die anderen Organteile und deckt mit einem Deckglas ab. Das Präparat ist bei 100- bis 300-facher Vergrößerung auf Geißeltiere und Wurmlarven sowie bei 600-facher Vergrößerung auf Bakterien zu untersuchen (Diagnosetafel 13).

2.5. Das Herz

Das Herz der Knochenfische liegt in einer separaten Kammer, dem Herzbeutel, zwischen Kiemenhöhle und Leibeshöhle. Darin kann es frei schlagen ohne durch andere Umstände, wie Schluck- oder Kieferbewegungen beeinträchtigt zu werden. Es pumpt das venöse, sauerstoffarme Blut in die Kiemen. Es ist ein schlauchartiger Hohlmuskel und s-förmig gekrümmt. Das Fischherz schlägt temperaturabhängig 20 bis 30 Mal pro Minute.

Die quergestreifte Muskulatur des Herzens besteht aus einer verzweigten netzartigen Struktur der Muskelfasern. Die Herzmuskelfasern müssen absolut synchron reagieren, um die erforderliche Pumpenleistung zu erreichen. Es wird viel Energie benötigt, um diese Leistung ein ganzes Leben ohne Unterbrechung zu gewährleisten. Die Nervenimpulse für die Herzmuskulatur werden vom Herz selbst erzeugt. Daher ist es völlig unabhängig vom Zentralnervensystem und schlägt manchmal noch lange nach dem Tod des Fisches.

Das Herz wird untersucht, wenn Verdacht auf Metacercarienbefall, Ichthyophonus oder Fischtuberkulose besteht (Diagnosetafel 15). Es befinden sich dann hellere Knoten in der Herzwand. Im Zupfpräparat sind kleinere Zysten und Granulome gut zu erkennen.

Einen Herzstich zur Tötung von Fischen durchzuführen ist eine der von Tierschutzgesetz vorgeschriebenen Tötungsmethoden (Kap. 2.2., S. 38). Der Fisch muss vorher durch einen Schlag auf den Kopf über dem Gehirn mit einem harten Gegenstand oder mit einem Betäubungsmittel (Eugenol, Nelkenöl, MS222) betäubt werden (Video S. 31, QR 25 und S. 236 QR 113).

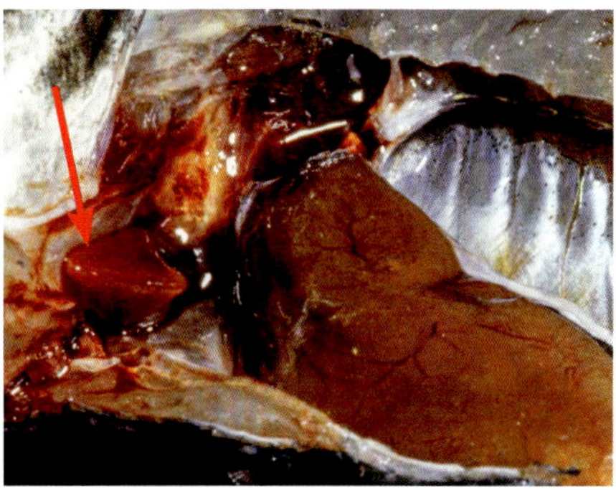

Bild 171: Das Herz befindet sich zwischen Kiemen- und Leibeshöhle in einer separaten Kammer (Hier geöffnet)

Schlagendes Herz

QR-Code 36

2.5.1. Das Blut

Das Blut hat viele Aufgaben zu erfüllen und durchströmt den ganzen Körper, deshalb wird es auch als flüssiges Organ bezeichnet. Es ist eine Suspension aus vielen gelösten anorganischen und organischen Verbindungen, die mit den verschiedenen Blutkörperchen im Blutplasma schwimmen. Die festen Bestandteile des Blutes können über den Hämatokritwert bestimmt werden. Er liegt bei den meisten Fischarten bei etwa 33 % des Blutvolumens. Über den Gehalt an Protein im Blutplasma lässt sich der Ernährungszustand ablesen. Er sollte bei fünf Gramm pro 100 ml Plasma liegen. Fällt er unter 4 g/100 ml Plasma ist der Fisch unterernährt [Klinkhardt].

Das Endabbauprodukt des Stickstoffstoffwechsels aller Lebewesen ist Ammoniak. Es wird von den Körperzellen an das Blut abgegeben und liegt darin in ungefährlicher Konzentration von 0,1 mg NH_3 in 100 Gramm Blut vor [Bremer]. Bei einem durchschnittlichen pH-Wert des Blutes der Fische von 7,9 sind etwa 97% als harmloses Ammonium und 3% als das giftige Ammoniak gelöst. Bei kalter Temperatur von 10°C sind es etwa 2,5% Ammoniak. Das Ammoniak diffundiert an den Kiemen passiv aus dem Blut durch die Schleimhaut nach außen in das Wasser. Bei den Süßwasserfischen wird etwa 90% des gesamten Ammoniaks so über die Kiemen abgegeben Die restlichen 10%

werden in Harnstoff umgewandelt und mit dem Urin ausgeschieden.

Das Blut der Fische hat nahezu die gleichen Bestandteile wie das der Säugetiere, rote und weiße Blutkörperchen. Die roten Blutkörperchen, die Erythrozyten haben den größten Anteil und machen 98 bis 99% des Hämatokritwertes aus. Sie werden beim Fisch nicht im Knochenmark sondern in der Kopfniere erzeugt aber auch in einem geringen Anteil im Darm, der Leber und der Milz.

Die weißen Blutkörperchen bildet der Fisch überwiegend im Thymus. Sie unterteilen sich in die Lymphozyten, Thrombozyten, Granulozyten und Monozyten. Die Monozyten werden vom Blut zu den Geweben transportiert. Sie kriechen nach Amöbenart in die Gewebe ein und entwickeln sich dort weiter zu Makrophagen, Dentriten oder Mastzellen.

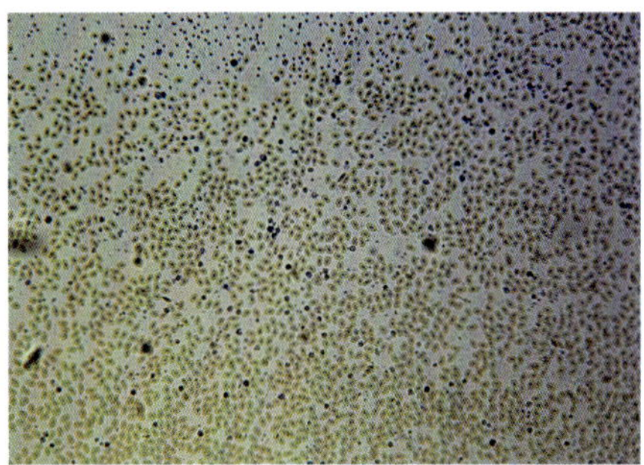

Bild 172: Mit E 10 angefärbte Zellkerne von roten Blutkörperchen. Größe der Blutkörperchen 8-12 µm.

Blutausstrich vorführen gesunde und kranke Blutzellen

QR-Code 37

Wenn Fische träge werden, keinen Fluchtreflex mehr zeigen, abmagern und sich drehen, liegt der Verdacht nahe, dass sich Flagellaten im Blut befinden (s. Kap. 5.1.2.). Zur Durchführung der Blutuntersuchung darf der Fisch noch nicht mit einem Genickschnitt getötet werden, da dabei oft die Schlagader zerschnitten wird und kein Blut mehr zu gewinnen ist. Man schneidet deshalb dem stark betäubten Fisch die Schwanzflossen an der Wurzel ab und fängt die austretenden Blutstropfen auf Objektträger auf. Zur Untersuchung werden möglichst nicht die ersten Tropfen genommen. Bei kleineren Fischen ist jedoch oft nicht mehr als ein einziges Tröpfchen Blut zu gewinnen. Danach ist der Fisch sofort durch Genickschnitt zu töten. Dem Blutstropfen gibt man kein Wasser, sondern etwas physiologische Kochsalzlösung (0,9-prozentig) zu (s. Kap. 8.9., C-16). Das Deckglas wird mit der einen Kante auf die Oberfläche des Objektträgers gehalten, so dass ein Winkel von ungefähr 60 Grad entsteht. Die Blutprobe befindet sich zwischen den Schenkeln des Winkels. Nun zieht man das Deckglas an das Blut heran, das sich sofort entlang der unteren Kante des Deckglases ausbreitet. Bei langsamem Absenken des Deckglases verteilt sich die Blutprobe luftblasenfrei. Es ist lediglich darauf zu achten, dass der Blutstropfen klein genug ist, sonst wird das Präparat zu dick (Diagnosetafel 9). Bei 200- bis 400-facher Vergrößerung kann man die sich schnell bewegenden Flagellaten gut erkennen. Auch das aus abgeschnittenen Kiemenbögen austretende Blut kann auf Flagellaten untersucht werden.

Möchte man sich die Blutzellen noch einmal genauer anschauen, so gibt man zu vier Volumenteilen physiologischer Kochsalzlösung noch einen Teil Methylenblau nach LÖFFLER. Man kann bei der

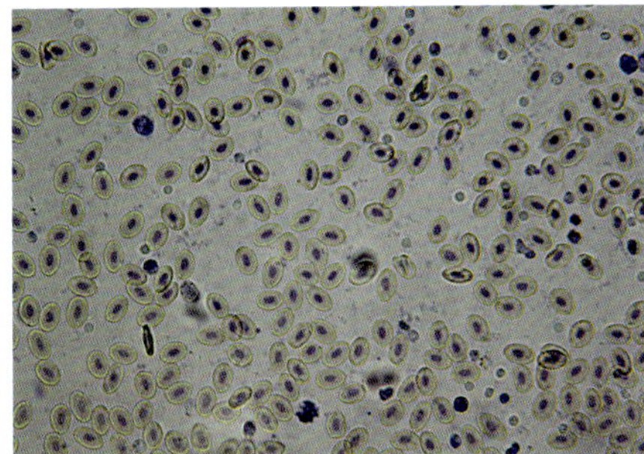

Bild 173: Blut mit Methylenblau gefärbt (E 10)

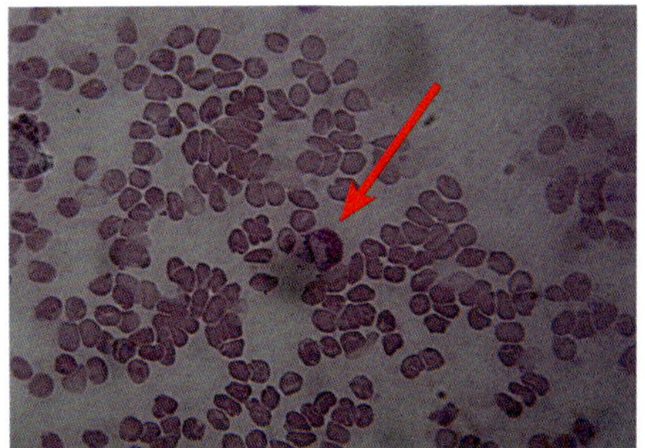

Bild 174: Blut gefärbt nach PAPPENHEIM, mit Granulozyt

Herstellung des Präparates mit Farblösung genauso wie voran beschrieben vorgehen (s. Kap. 12.8.9., E 10). Die Zellkerne der Blutzellen färben sich langsam blau, was sich mit dem Mikroskop gut verfolgen lässt (Bild 172). Die meisten der im Bild befindlichen Zellen sind rote Blutkörperchen (Erythrozyten), nur zu einem weit geringeren Teil befinden sich weiße Blutkörperchen (Leukozyten) darin. Die Erythrozyten der Fische enthalten Zellkerne, die von Säugetieren nicht. Im normalen, ungefärbten Präparat heben sich die Zellkerne meist nicht oder nur schwach im Innern der Erythrozyten ab. Ist das Präparat gelungen, liegen die Blutzellen flach nebeneinander. Hochkant stehende Erythrozyten sehen hantelförmig aus.

Eine Besonderheit des Fischblutes ist, dass die MAST-Zellen, eine Gruppe der Granulozyten, die bei allen Wirbeltieren vorkommen, die Fähigkeit haben, sich auch auf der Haut der Fische anzusiedeln. Sie werden vom Blut transportiert, wandern aus den Kapillaren in das umliegende Gewebe und bleiben an diesem Standort. Normalerweise sind sie nur in den inneren Organen zu finden, wo sie ortstreu Bakterien und Viren aufnehmen (phagozytieren) und vernichten. Sie nehmen die Objekte wie Amöben in Plasmavakuolen auf und verdauen sie dann. Bei Fischen wandern sie aus den feinen Hautkapillaren (Bild 104) durch die Schleimhaut nach außen und setzen sich auf der Haut fest. Dort bekämpfen sie Fremdstoffe, Viren und Bakterien indem sie diese aufnehmen und verdauen. Wenn sich ihre Aufnahmekapazität erschöpft hat, granuliert das Plasma und sie lösen sich auf. Die kleinen Vakuolen sind noch eine Weile an dem Ort der Mastzelle zu sehen. Charakteristisch für die Mastzellen ist, dass sie sich zwar wie Amöben verhalten aber sich nicht von dem Ort ihres Wirkens fortbewegen. Dadurch sind sie eindeutig von einer Amöbeninfektion der Haut zu unterscheiden.

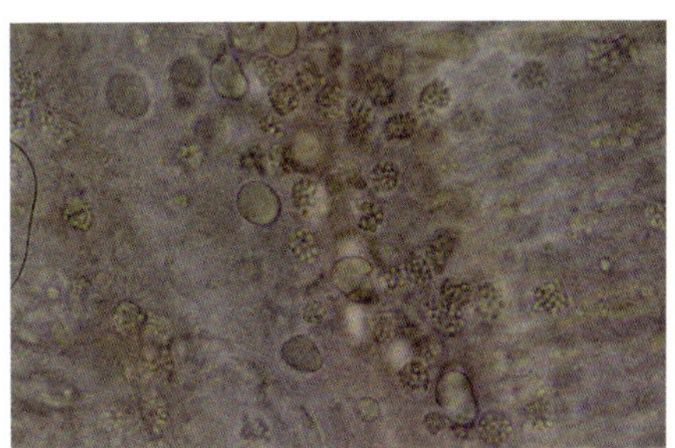

Bild 175: Aktive und granulierte Mastzellen am Kiemengewebe

Mastzellen

QR-Code 38

2.6. Die Milz

Nach Auseinanderlegen der Darmschlingen wird die Milz sichtbar. Sie ist bei manchen Fischen sehr klein und dunkelrot bis rotschwarz gefärbt.

Das Zupfpräparat erscheint im mikroskopischen Bild hellrot durchsetzt mit helleren, rundlichen Stellen Die im Bildfeld verstreuten gelb braunen Zellballungen sind Anhäufungen von Makrophagen (Makrophagenkonglomerate). Sie entziehen dem Blut überalterte, rote Blutkörperchen. Die Milz ist stark durchblutet und wird meist zuerst befallen, wenn sich Erreger im Blut befinden. Das Gewebe ist auf krankhafte Veränderungen zu prüfen (Diagnosetafel 15). Die Oberfläche der Milz weist bei Fischtuberkulose oder Ichthyophonus-Befall weiße Knötchen auf. Eine Anreicherung der Makrophagenkonglomerate deutet auf eine akute Infektion hin.

Makrophagen in der Milz, Granulome und Bakterien

QR-Code 39

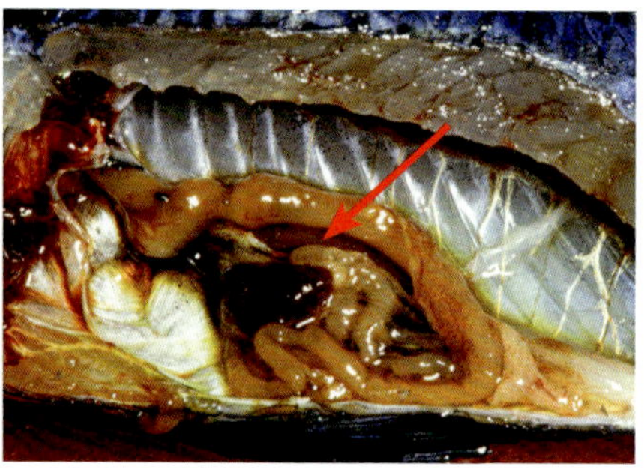

Bild 176: Die Milz ist mitunter erst nach dem Entfernen der Leber sichtbar

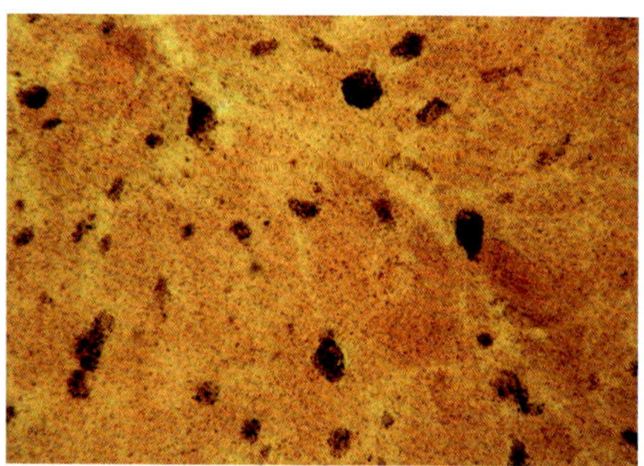

Bild 177: Zupfpräparat einer gesunden Milz (Vergr. 40x)

2.7. Die Niere

Bei den meisten Fischen ist die Niere erst nach dem Entfernen der Schwimmblase zugänglich.

Man unterscheidet zwischen Kopf- und Rumpfniere. Die Kopfniere dient nicht der Ausscheidung von Urin. In ihr wird bei Knochenfischen der größte Teil der roten Blutkörperchen erzeugt. Daher sind große Mengen von Blutzellen im Präparat zu finden. Die Kopfniere verdickt und verbreitert sich bei vielen Fischarten im vorderen Bereich. Die Rumpfniere ist bei kleineren Fischen oft nur ein schmales, rotes Band unter der Wirbelsäule, das sich hinter dem Kopf verdickt und die Kopfniere bildet. Bei manchen Fischen sind Kopf und Rumpfniere eindeutig voneinander abgegrenzt. Die Rumpfniere ist bei manchen Arten bauchseitig komplett von einer dünnen Silberhaut abgedeckt, die Farbe entsteht durch viele eingelagerte Guaninkristalle.

Bei Karpfenfischen, zu denen Koi, Goldfische, Schmerlen und Barben gehö-

Bild 178: Die Rumpfniere ist bei vielen Aquarienfischen ein schmales Band zwischen Wirbelsäule und Schwimmblase

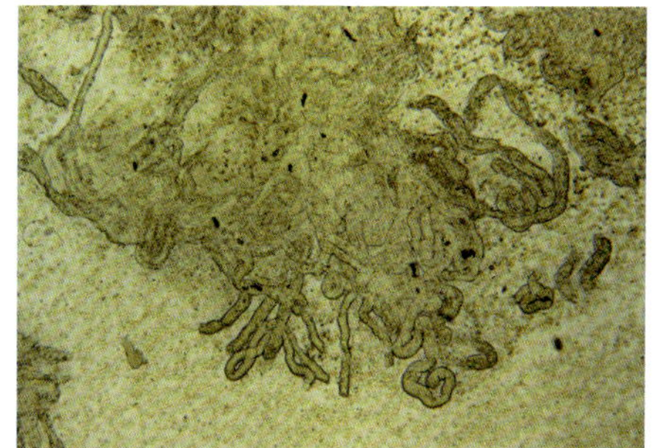

Bild 179: Zupfpräparat der Rumpfniere mit Nierenkanälchen (Vergr. 52 x)

ren, sind die Rumpfnieren anders gestaltet. Sie bilden zwei verhältnismäßig große Nierenkörper aus, die beidseitig in den Bauchraum reichen und die Lücke zwischen dem vorderen und hinteren Segment der Schwimmblase ausfüllen. Während der Sektion von Karpfenfischen ist beim Lateralschnitt besonders darauf zu achten, dass die Rumpfniere nicht zerschnitten wird.

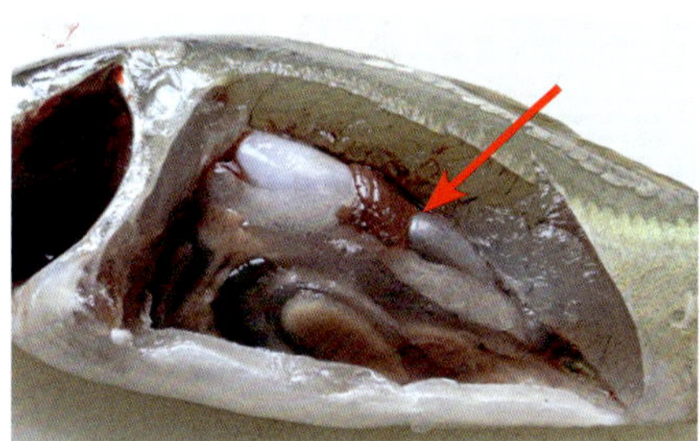

Bild 180: Die Rumpfniere liegt bei Karpfenfischen zwischen den beiden Teilen der Schwimmblase

Je nachdem, ob es sich um Süß- oder Meerwasserfische handelt, muss die Niere viel oder fast gar kein Wasser ausscheiden. Meerwasserfische können sogar dehydrieren, was bei toten Meerwasserfischen immer passiert, wenn sie nach dem Tode noch einige Zeit im Meerwasser liegen.

Die Farbe der Niere ist blutrot, eine weiß-graue Verfärbung ist krankhaft. Die abdeckende Haut kann weiß oder silbrig sein. Die kleinsten Teile der Niere sind die Nierenkörperchen, die Nephrone. Sie haben kugelförmige Gestalt mit einem Abfluss. Im Inneren befindet sich ein Knäul aus feinsten Blutgefäßen, die den Primärharn absondern.

Die Rumpfniere ist auf Schwellungen und Zysten von Tuberkulose und Ichthyophonus zu prüfen (Diagnosetafel 17). In einem gut gelungenen Zupfpräparat sind außer dem Nierenzwischengewebe auch die Nierenkanälchen zu sehen. Sie beginnen mit einer Verdickung, die Blutgefäße enthält. In diesen Malpighischen Körperchen wird der Harn ausgeschieden und über die Harnkanälchen dem Harnleiter zugeführt. Die ständig schlagenden Wimpern der Geißelzellen in den Malpighischen Körperchen sorgen für den Transport des Harns. Sie sind nur in guten Präparaten zu sehen und dürfen nicht mit Bakterien verwechselt werden. Das Zwischengewebe erscheint gelb bis gelbbraun, es enthält viele Blutkapillaren und Lymphozyten.

Nierengewebe, Kanäle und Flimmerepithel

QR-Code 40

2.8. Die Geschlechtsorgane

Erkrankungen der Geschlechtsorgane sind mit den hier beschriebenen Methoden nur bedingt feststellbar. Man prüft sie auf Verfettung und Laichverhärtung. Karpfen haben normalerweise keine Probleme, wenn sie nicht ablaichen können. Bei Koi, die den Jahreszyklus durchlaufen, wird der Laich, hormonell gesteuert, wieder abgebaut. Probleme können bei Koi auftreten, wenn sie das ganze Jahr über in erwärmtem Wasser gehalten werden. Auch hierbei treten Gleichgewichtsstörungen und ein vergrößerter Leibesumfang auf. Laichverhärtung in Folge von Verletzungen der Eierstöcke kann auftreten, wenn laichreife Fische beim Umfangen aus dem Netz oder einer Wanne springen und herunterfallen. Aufgrund der Einwirkung von Xenohormonen sowie durch Degeneration und Inzucht gibt es Deformationen der Eierstöcke, Zwitter und fehlende Eileiter. Zysten und Tumore der Geschlechtsorgane kommen bei älteren Koi häufiger vor (Video.027). Verfettungen der Geschlechtsorgane sind die Folge nicht artgerechter Ernährung durch Überfüttern mit qualitativ minderwertigem Futter oder hohem Anteil von Seidenraupen.

Da viele Fische zur Geschlechtsumwandlung fähig sind, kann es vorkommen, dass man bei der Sektion beide Geschlechtsorgane findet, unter Umständen sogar voll funktionsfähig.

Die Hoden und Eierstöcke sind je nach Art und Bedarf unterschiedlich stark ausgebildet. Sie entwickeln sich zur Laichzeit sehr stark und werden nachher wieder zurückgebildet.

Gelegentlich sind Sporozoen oder Tuberkulose Zysten im Gewebe zu finden (Diagnosetafel 15). Sehr selten werden die Geschlechtsorgane von Nematoden befallen. Eine Verletzung des Organgewebes bei männlichen Tieren während der Sektion führt zum Austreten von Spermien in die Leibeshöhle. Diese findet man dann in den Präparaten der Organe und der Flüssigkeit der Leibeshöhle wieder. Von unerfahrenen Mikroskopikern können die schnell beweglichen Samenzellen leicht für Flagellaten

Spermien im Präparat der Hoden

QR-Code 41

Bild 181: Eierstock (Ovar) mit Laichverhärtung, weil der Fisch nicht ablaichen konnte

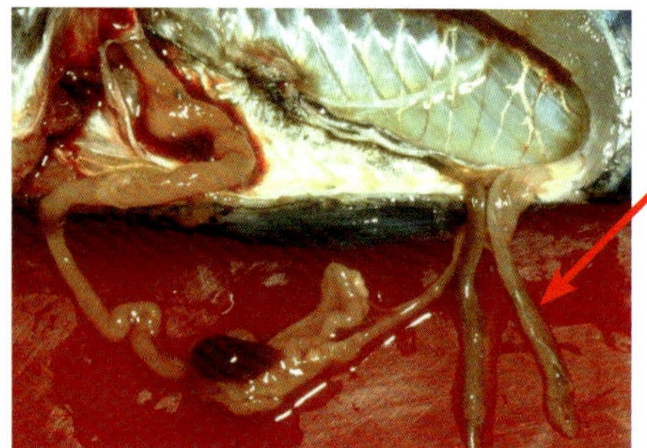

Bild 182: Hoden eines *Tropheus* sp.

gehalten werden. Die Spermien sind meist wesentlich kleiner als Flagellaten und haben einen langen Geißelfaden, der sie vorantreibt.

Aufgrund der Umweltbelastung durch Geschlechtshormone und hormonähnliche Substanzen, können männliche Fische verweiblichen und unfruchtbar werden. Dabei lässt die Spermienproduktion immer mehr nach und kommt schließlich ganz zum Erliegen. In den Hoden sind dann keine beweglichen Spermien mehr festzustellen. Eine mögliche Ursache, neben der Umweltbelastung durch Hormone, sind die Abbauprodukte von Pestiziden (s. Kap. 8.5.4.9.).

2.9. Muskulatur und elektrische Organe

2.9.1. Die Muskulatur

Die Muskulatur der Fische macht einen großen Teil des Körpervolumens und des Gewichtes aus. Muskelgewebe können sich zusammenziehen und dabei beträchtliche Kraft erzeugen. Die Energie wird aus den Zuckermolekülen und Fetten der Nahrung gewonnen, die nach der Verdauung über das Blut zu den Muskeln transportiert werden und dort vorliegen. Die erforderliche Energie wird hauptsächlich in Form von Glycogen im Muskel gespeichert. Die Mitochondrien in den Zellen wandeln diese chemische Energie um, indem sie Adenosindiphosphat (ADP) durch Zufügen eines Phosphatmoleküls in das energiereichere Adenosintriphosphat (ATP) umwandeln. Die Muskelzellen sind mit mikrofeinen Eiweißfasern gefüllt, die versetzt angelegt und parallel verschiebbar angeordnet sind. Sie bestehen aus den Eiweißen Aktin und Myosin in lamellenartiger Anordnung. Beim Eintreffen von Nervenimpulsen wird das ATP in ADP zurückverwandelt und die gespeicherte Energie freigesetzt. Dadurch zieht sich das Aktin zusammen und verschiebt sich gegenüber dem Myosin und der Muskel verkürzt sich in einer Kettenreaktion der Zellen. Bleiben die Nervenreize aus, entspannt sich der Muskel, die Moleküle kehren in die entspannte Lage zurück. So wird chemische Energie in mechanische Energie umgesetzt.

Es werden glatte und quergestreifte Muskeln unterschieden. Die glatte Muskulatur erscheint im mikroskopischen Bild längsgestreift. Im quergestreiften Muskel sind helle und dunklere Streifen zu sehen, da im Myosin das Licht stärker abgelenkt wird. Glatte Muskulatur befindet sich in der Darmwand und ermöglicht das peristaltische Zusammenziehen des Darmes zum Transport der Nahrung. Die Herz- und Skelettmuskulatur besteht aus quergesteiften Muskeln. Sie kann wesentlich schneller reagieren als die glatte Muskulatur. Im Darm reicht eine langsame Reaktion der glatten Muskulatur für die notwendigen Kontraktionen.

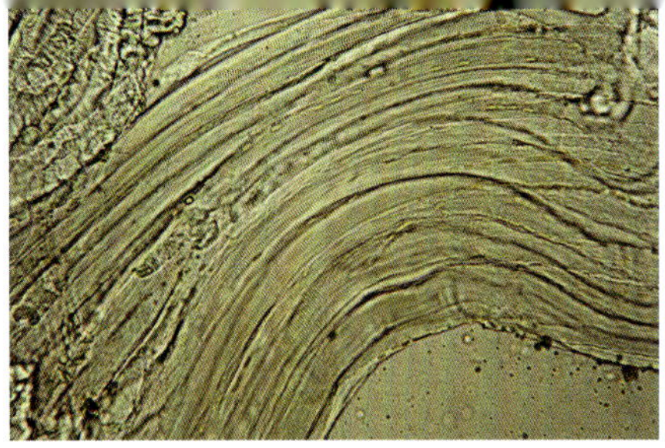

Bild 183: Muskelgewebe Quetschpräparat (Vergr. 130x)

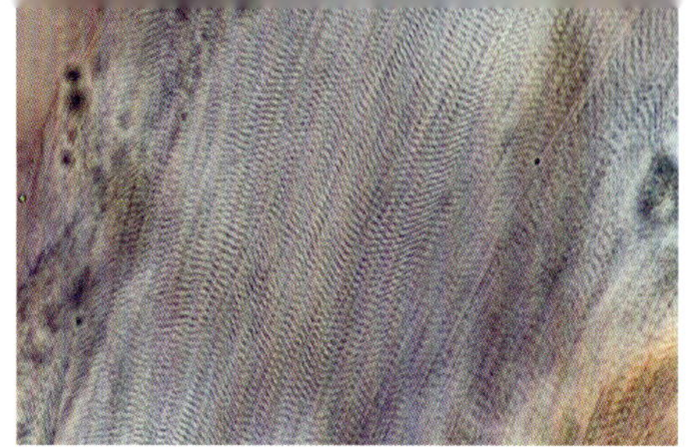

Bild 184: Muskelgewebe im Quetschpräparat (DIC Vergr. 400x)

Es gibt eine weitere Funktion, welche die Leistungsfähigkeit der Muskulatur erhöht. Die Sauerstoffversorgung über das Blut erfolgt über das Hämoglobin. In der mehr oder weniger rot gefärbten Muskulatur liegt jedoch das Myoglobin vor, ein ähnliches Molekül mit Eisen als Zentralatom. Das Myoglobin hat aber eine höhere Bindekraft für Sauerstoff und entzieht diesen schlagartig dem Hämoglobin. Die Leistungsfähigkeit wird dadurch sehr gesteigert, was bei anhaltendem Schwimmen von Vorteil ist. Die rote Muskulatur ist daher stark durchblutet. Der Anteil roter Muskulatur ist bei sich stark bewegenden Fischen höher als bei Fischen, die sich überwiegend bewegungslos am Boden aufhalten.

Muskeln bestehen aus nebeneinander liegenden, nicht miteinander verbundenen Muskelfasern und Bindegewebe. Zur Untersuchung werden Stücke aus der Seiten oder Rückenmuskulatur herausgeschnitten und ein Zupfpräparat hergestellt (Bild 183 und 184). Das Präparat wird auf Cestoden- und Nematodenlarven, sowie Zysten von Sporozoen, Mycobakterien und Ichthyophonus überprüft (Diagnosetafel 18). Manche Bakterien zerstören das Gewebe und verursachen dadurch große Geschwüre im Muskel. Zuerst legt man das Geschwür frei, um eine Verwechslung mit einer Sporozoenzyste auszuschließen. Dann schneidet man ein Stück davon ab und stellt ebenfalls ein Zupfpräparat her. Von dem flüssigen Inhalt werden zunächst Frischpräparate angefertigt, um zu sehen, ob sich bewegliche oder unbewegliche Bakterien darin befinden. Dünne Ausstriche oder Quetschpräparate können dann nach E 7 (s. Kap. 12.8.6.) und E 8 (s. Kap. 12.8.7.) gefärbt werden.

Nekrotische Hautauflösung und die Bildung von Löchern, die von der Haut auf das Muskelgewebe übergehen, treten häufig im Frühjahr bei Karpfenfischen auf. Die Krankheit wird Erythrodermatitis (s. Kap. 3.2.2.3.) genannt. In Proben von den Wundrändern und vom Muskelgewebe sind bei 400-facher Vergrößerung die Bakterien zu erkennen.

2.9.2. Die elektrischen Organe

Viele Fische haben auch eine ausgeprägte Sensorik für elektrische Signale. Sie wurde bei etwa 400 Arten nachgewiesen, die sie aussenden und empfangen können. Einige sind dazu fähig elektrische Schläge zu verursachen mit denen sie jagen oder sich verteidigen, z. B. Zitteraale. Solche Fische können nur unter entsprechenden Sicherheitsvorkehrungen untersucht werden, da die elektrischen Schläge auch für Menschen gefährlich werden können. Die elektrischen Organe der Aquarienfische sind jedoch ungefährlich. Die Spannungen und Ladungen sind niedrig und dienen den Fischen zur Kommunikation, der Nahortung sowie der Nahrungs- und Partnerfindung [Klinkhardt].

2.10. Osmotische Regulation

Schüttet man zwei unterschiedliche konzentrierte wässrige Lösungen von Salzen zusammen, dann mischen sich diese durch die natürliche Molekularbewegung auch ohne Rühren mit der Zeit gleichmäßig. Trennt man die beiden Lösungen durch eine wasserdurchlässige (semipermeable) Membran, dann diffundieren die Wassermoleküle durch die Membran zur Seite der höheren Konzentration. Das Wasser hat das physikalische Bedürfnis sich zu verdünnen, seine Konzentration zu verringern.

Bei der natürlichen Osmose ist die semipermeable Membran z. B. die Haut des Fisches. Im Blut und den Zellen des Süßwasserfisches herrscht eine höhere Konzentration gelöster Stoffe als im umgebenden Wasser. Sie entspricht etwa einer Konzentration von Kochsalz in Wasser von 0,9%.

Im Organismus baut sich ein osmotischer Druck auf. Die Schleimhaut der Kiemen ist eine extrem dünne Membran. Nur ein- bis drei Mikrometer trennen das Blut in den Kiemenkapillaren vom Wasser draußen. Das Wasser diffundiert somit ständig in den Süßwasserfisch, ohne dass er darauf einen Einfluss hat. Je

Bild 185: Eine Lösung von neun Gramm Kochsalz in einem Liter Wasser entspricht der osmotischen Konzentration (Osmolarität) des Blutes

niedriger die Leitfähigkeit des umgebenden Wassers, desto mehr Wasser dringt in den Süßwasserfisch ein.

Das eingedrungene Wasser wird über die Niere wieder ausgeschieden. Der Süßwasserfisch trinkt somit nicht aktiv, scheidet aber ständig beträchtliche Mengen an Urin aus. Das können, abhängig von dem Salzgehalt des umgebenden Wassers, zwischen 6 bis maximal 20% des Körpergewichtes täglich sein. Dabei gehen auch Mineralien und Spurenelemente verloren. Diese nimmt er hauptsächlich über spezialisierte Zellen der Kiemen unter Energieaufwand aus dem Wasser wieder auf. Nur eine geringe Menge werden über die Darmwand aus der Nahrung gewonnen.

Auflösen von Salz in Wasser

QR-Code 42

Bild 186: In den Süßwasserfisch dringt ständig Wasser ein. Der Meerwasserfisch verliert immer Wasser

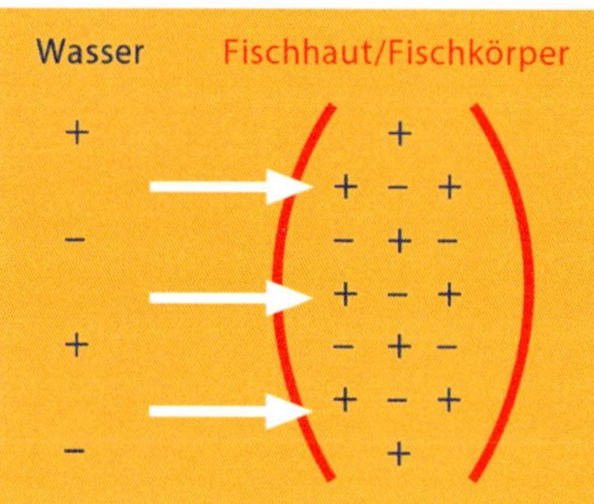

Süßwasser: Die Salzkonzentration im Fisch ist größer als die des Wassers.

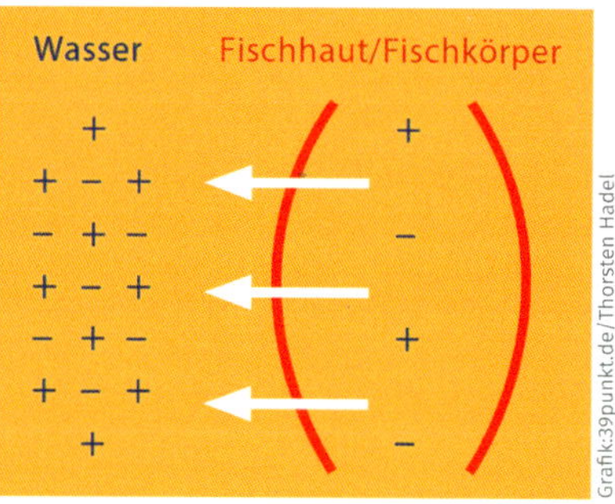

Meerwasser: Die Salzkonzentration im Fisch ist kleiner als die des Wassers.

Ist eine Aufnahme aus dem Wasser nicht möglich, da z. B. Wasser aus Umkehrosmoseanlagen verwendet wird, kommt es zu Mangelerscheinungen, wie Lochkrankheit oder Flossendeformationen bei Jungfischen (s. Kap. 8.3. und 11.).

Meerwasser hat dagegen eine vierfach höhere Konzentration (etwa 3,5%) gelöster Stoffe als der Fisch. Die Blutsalzkonzentration der Meeresfische entspricht ebenfalls der physiologischen Kochsalzlösung von 0,9%. Die Konzentration der Salze im Blut ist für alle Wirbeltiere gleich. Das Verhältnis der Salze untereinander entspricht etwa der des Meerwassers, das ist verständlich, da alles Leben aus dem Meer kommt.

Aufgrund des niedrigeren Salzgehaltes im Blut verlieren Meerwasserfische ständig Wasser und müssen dieses durch Trinken ergänzen. Sie trinken täglich etwa 5 bis 8% ihres Körpergewichtes. Ihnen steht aber nur Meerwasser zum Trinken zur Verfügung. Sie müssen in ihrem Organismus das reine Wasser von den gelösten Salzen trennen und damit die Wasserverluste ausgleichen. Das Ausscheiden der Salze ist ein sehr energieaufwendiger Prozess. Das Wasser kann nicht einfach aus dem Darm aufgenommen und die Salze zurückgelassen werden. Die Ionen Natrium, Kalium und Chlorid werden aus dem Darm absorbiert, über das Blut zu den Kiemen transportiert und dort an das Umgebungswasser abgegeben. Zweiwertige Ionen, wie Magnesium und Sulfat bleiben im Darm zurück und werden mit dem Kot ausgeschieden. Die zahlreichen Spurenelemente werden aus dem Darm absorbiert und, wenn nicht für den Stoffwechsel benötigt, über den Urin abgegeben. Es sind allerdings nur geringe Mengen hochkonzentrierten Urins. Meerwasserfische scheiden täglich nur 0,3 bis 3% des Köpergewichtes als Urin aus.

Knorpelfische produzieren Trimethylaminoxid (TMAO) in größeren Mengen und speichern es als Osmolyt in ihren Körperzellen und Geweben und halten sich so isoosmotisch gegenüber dem äußeren Wasser. Sie können die Menge des eingelagerten TMAO regulieren und erhöhen diese beim Abtauchen in große Tiefe, um empfindliche Proteine zu schützen. Die Flüssigkeit trägt auch zur Erniedrigung des Gefrierpunktes der Körperflüssigkeiten bei. Auch Süßwasser-Knorpelfische, wie Stachelrochen, regeln ihren osmotischen Druck über das TMAO.

3. Virosen und Bakteriosen

3.1. Reine Viruserkrankungen

Das Wort Virus stammt aus dem Lateinischen und bedeutet Schleim, Saft oder Gift. Es war lange Zeit der allgemeine Name für Krankheitserreger. Heute werden als Viren nur solche krankheitserregenden Partikel bezeichnet, die keinen eigenen Stoffwechsel haben. Viren besitzen lediglich geborgtes Leben und werden erst dann aktiv, wenn sie eine Zelle befallen. Sie bestehen nur aus einer Hülle, in der die genetische Information als DNA oder RNA enthalten ist. Berührt ein Virus eine Zelle, dockt es an der Zellmembrane an und schleust seine Erbinformationen ins Innere. Diese greift in den Zellstoffwechsel ein und zwingt die Zelle, neue Viren herzustellen. Oft geht sie daran zu Grunde.

Wegen ihrer Kleinheit sind Viren im Lichtmikroskop nicht zu sehen. Deshalb können sie nur in mikrobiologischen Labors mit aufwändigen Methoden sicher nachgewiesen werden. Ansonsten sind sie an dem Erscheinungsbild der Krankheit, die sie hervorrufen, zu erkennen.

Die bei Black Molly manchmal auftretenden Kehlgeschwülste werden der Wirkung von Viren zugeschrieben [Schäperclaus]. Sie sind schlecht von Schilddrüsenschwellungen zu unterscheiden (s. Kap. 8.2.). Möglicherweise werden noch andere Krankheiten von Viren verursacht. Auch von Nutzfischen bekannte Viruskrankheiten treten in ähnlicher oder anderer Form bei Aquarienfischen auf. Es ist möglich, dass Krankheiten, deren Ursache mit den, in diesem Buch angeführten Untersuchungsmethoden, nicht zu finden ist, von Viren verursacht werden.

3.1.1. Lymphocystis

Die wohl bekannteste durch Viren hervorgerufene Krankheit bei Aquarienfischen ist Lymphocistis (Diagnosetafel 5E, Bild 24). Bei Meerwasserfischen und Brackwasserfischen tritt sie häufiger auf als bei reinen Süßwasserfischen. Auch frisch importierte Labyrinthfische sind manchmal befallen. Ausgehend von den Flossenrändern oder kleinen Verletzungen am Körper bilden sich zunehmend 0,5 bis 1 mm große Knötchen in der Haut. Manchmal verschwinden sie nach wenigen Wochen wieder, mitunter breiten sie sich aber auch über den ganzen Körper aus. Es ist eine lange Leidenszeit, bis die Fische schließlich sterben.

Bild 187: Ein Mosaikfadenfisch mit einem normalerweise tödlichen Befall von Lymphocystis

Lymphocystis

QR-Code 43

Mit bloßem Auge ist Lymphocystose gut zu erkennen, denn das Virus regt die Hautzellen zu Riesenwachstum an (Bild 187). Die oft weißlich erscheinenden Zysten sehen anhaftendem kleinem Laich oder *Ichthyophthirius* ähnlich, es können aber auch nur einzelne Zellen an der gesamten Körperoberfläche betroffen sein. Beim Überstreichen fühlt sich die Haut rau an. Die festen Zysten sind deutlich zu spüren und platzen auch bei etwas stärkerem Druck des Fingers nicht.

Es sind riesenhaft vergrößerte Hautzellen, die unter innerem Druck stehen. Sie lassen sich nicht abstreifen wie die Pusteln von *Ichthyophthirius*. Seltener werden innere Organe befallen. Die Übertragung von Lymphocystis erfolgt durch im Wasser schwimmende Viren, die beim Platzen der Riesenzellen in großen Mengen freigesetzt werden.

Die befallenen Fische zeigen sich in ihrem Verhalten wenig beeinträchtigt. Eine Behandlung hat Erfolg, wenn die Krankheit früh erkannt wird. Das früher empfohlene Abschneiden der befallenen Flossenränder ist zwar nicht schmerzhaft, wenn nur die äußeren Ränder betroffen sind, stellt aber einen Eingriff dar, der von einem Fischtierarzt vorgenommen werden muss. Danach sind die offenen Wunden des Fisches in einem Quarantänebecken wie Verletzungen (s. Kap. 9, z. B. C-01 oder C-25) weiter zu behandeln.

Bild 188: Lymphocystis bildet harte Pusteln, die sich nicht abstreifen lassen

Bild 189: Lymphocystis an Flossen

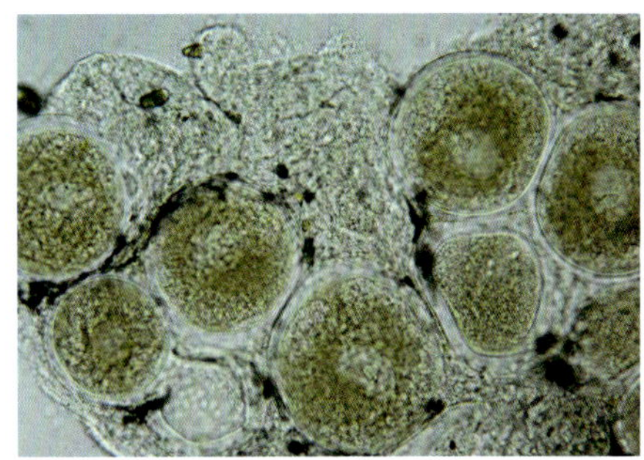

Bild 190: Riesenhaft vergrößerte Hautzellen

Viruserkrankungen können nicht mit Medikamenten behandelt werden. Es ist allerdings möglich, ihre Ausbreitung einzudämmen. Phenolhaltige Präparate reduzieren die Reinfektionen, da sie das erneute Anheften der Viren verhindern. Die befallenen Hautstellen können heilen, ohne dass sich neue Zysten in der Haut bilden. Der Heilungsprozess dauert etwa drei Wochen (Behandlung s. Kap. 9, C-36). Meerwasserfische sollten in einem separaten Quarantänebecken behandelt werden, da niedere Tiere unter der langen Behandlungszeit leiden.

Alle Fische des behandelten Aquariums müssen mindestens vier Wochen lang beobachtet werden. Kommt es in den drei folgenden nach Abschluss der Behandlung zu keiner Reinfektion, war die Behandlung erfolgreich.

Bild 191: Eine ganze Gruppe der Mosaikfadenfiche konnte verlustfrei nach Methode C-36 geheilt werden

3.1.2. Frühjahrsvirämie der Karpfen, SVC – Spring Viraemia of Carp

Die Frühjahrsvirämie tritt bei Karpfenartigen auf und wird durch den Erreger *Rhabdovirus carpio* verursacht. Karpfenzuchtanlagen und Zuchtbetriebe von Koi können betroffen sein, weniger die Koihalter mit einem Gartenteich. Die Krankheit tritt besonders bei Temperaturen um 15°C nach der Winterruhe bei geschwächten und gestressten Fischen auf. Selten kommt es zu einem Ausbruch bei Temperaturen unter 10 und über 20°C. In Gartenteichen kann eine schlechte Konditionierung der Koi im Herbst die Ursache für den Ausbruch der Krankheit im Frühjahr sein (s. Kap. 8.6.).

Bild: 192 Bauchwassersucht und Blutungen bei einem Koi mit SVC

Bild 193: Aufgeriebener Leib, Schuppensträube und hervortretende Augen bei SVC

Frühjahrsvirämie

QR-Code 44

Die Krankheit kann mit infizierten neu zugesetzten Fischen in den Teich gelangen. Bei hohen Temperaturen tritt die Krankheit nicht in Erscheinung. Erst bei niedriger Temperatur vermehren sich die Viren. Trotzdem werden die Überträger nicht krank, scheiden aber die Viren mit den Exkrementen aus. Überträger können auch blutsaugende Parasiten sein. Während der Winterruhe vermehren sich die Viren nur gering. Erst wenn die Temperatur im Frühjahr steigt und die Fische geschwächt sind kommt es über 15°C zur Vermehrung der Viren und zum Ausbruch der Krankheit. Ab einer Temperatur über 20°C verläuft die Krankheit langsamer und über 25°C treten keine Todesfälle mehr auf. Die Viren sind bei dieser Temperatur nicht mehr aktiv und das Immunsystem kann sie bekämpfen.

Die befallenen Fische sondern sich ab, werden apathisch, können nicht mehr koordiniert schwimmen und haben Gleichgewichtsstörungen. Mitunter sammeln sie sich in der Strömung des Filterauslaufs. Anfangs sind punktförmige Blutungen an Haut und Flossenansätzen zu beobachten. Die Kiemen erscheinen blass.

Karpfen färben sich dunkel, bei den farbigen Koi ist das nicht zu beobachten. Es entwickelt sich ein Krankheitsbild wie bei Bauchwassersucht mit Glotzaugenbildung (Exophthalmus) und Leibesauftreibung (Bild 193). Die Fische scheiden schleimige Kotstränge aus und der After erscheint vorgestülpt. Die aufgetriebene Leibeshöhle ist mit blutiger Flüssigkeit (Ascites) gefüllt. Hautrötungen und Blutungen am Leib und den Flossenansätzen sind ebenfalls oft zu beobachten (Bild 194). Aufgrund dieses Erscheinungsbildes wurde die Krankheit auch Infektiöse Bauchwassersucht genannt.

Bild 194: Blutungen an den Flossenbasen bei SVC

Bei der Sektion können Blutungen an vielen inneren Organen festgestellt werden. Aufgrund der Schwächung des Immunsystems ist die Vermehrung von Ektoparasiten zu beobachten. Nach überstandener Krankheit bleiben die Fische lebenslang Überträger. Das Virus kann im Wasser bei 15°C auch ohne Fische etwa vier Wochen lang infektiös bleiben.

Eine Behandlung der Frühjahrsvirämie mit Medikamenten ist nicht möglich. Mit einer Verlustrate von 30% kann gerechnet werden. Eine Optimierung der Umweltbedingungen und das Anheben der Temperatur über 22°C sowie die Behandlung der Sekundärerkrankungen helfen den Fischen, die Krankheit schneller zu überwinden. Hochwertige Pro- und Präbiotika haltige Futtermittel stärken das Immunsystem und wirken hemmend auf die Vermehrung der Viren (Ayehunie, 1998; Hayashi, 1998; Qureshi 1996).

Befallene Fische sollten in ein Quarantänebecken mit gleicher Temperatur des Teiches umgesetzt werden. Über 24 Stunden wird die Temperatur des Wassers auf 20°C erhöht, dann über 48 Stunden auf 25°C. Zu bedenken ist dabei, dass eine Temperaturerhöhung viel Energie zehrt (s. Kap. 8.6.). Nur kräftig erscheinende Koi überleben die Temperaturerhöhung. Die Zugabe von Phenolen nach Methode C-36 kann die Übertragung der Viren reduzieren. Die Fische dürfen auch nach erfolgreicher Behandlung nicht in das kalte Wasser des Teiches zurückgesetzt werden. Erst wenn die Temperatur im Teich 20°C erreicht hat, kann das Wasser im Quarantänebecken pro Tag um 2°C abgesenkt werden. Die Fische können bei gleicher Temperatur dann wieder in den Teich umgesetzt werden.

Die SVC war eine meldepflichtige Tierseuche. Ihr Ausbruch musste dem Kreisveterinäramt gemeldet werden. Das Melden solcher Krankheiten dient nur der Statistik und hat keine Folgen für den Koihalter. Gegenwärtig (Stand 2024) gibt es keine meldepflichtigen Krankheiten bei Zierfischen. Die SVC wird seitdem dem Energiemangelsyndrom zugerechnet.

Eine Behandlung des Teiches im Frühjahr, wenn die Temperatur zwischen 12° und 15°C liegt, nach Methode C-36 wirkt vorbeugend. So lange die Fische Nahrung aufnehmen, sollte ihnen ein hochwertiges Futter gegeben werden, das man zusätzlich mit einer Vitaminlösung tränkt. Danach muss das präparierte Futter sofort verfüttert werden.

Die Frühjahrsvirämie ist eine sehr infektiöse Krankheit, die sich bei Temperaturen zwischen 15 und 20°C bei schlecht konditionierten Koi schnell im Teich ausbreiten kann. Eine zu langsame Reaktion kann den Tod vieler Fische bedeuten. Fische, die eine deutliche Leibesauftreibung zeigen, sind oft nicht mehr zu retten und scheiden große Mengen von Viren und Bakterien aus. Man sollte sie darum auch bei der Behandlung von anderen Fischen trennen und in ein separates Behandlungsbecken überführen.

3.1.3. Karpfenpocken

Die Karpfenpocken werden von Viren hervorgerufen. Sie haben nichts mit den Pockenviren zu tun, die bei Säugetieren und Menschen die Pockenkrankheit verursachen, sondern sind Herpesviren. Das Virus wurde Karpfenherpesvirus I genannt, die Übertragungswege sind noch nicht vollständig geklärt. Die Inkubationszeit

Bild 195: Helle bis rosa gefärbte Hautverdickungen sind Karpfenpocken

Foto: P. Maletschek

Bild 196: Bei schlecht konditionierten Koi können die Karpfenpocken in großer Zahl an Maul und den Flossen auftreten

Karpfenpocken

QR-Code 45

ist lang und kann zwei Jahre dauern. Die Krankheit bricht bei kalten Wassertemperaturen aus und heilt bei warmen Temperaturen wieder. Schlechte Umweltbedingungen, Stress und Schwächung führt bei infizierten Koi zum Ausbruch. Auf der Haut bilden sich weiche, weißlich bis rosa gefärbte Pusteln (Bild 197). Die Fische zeigen kaum eine Beeinträchtigung. Eine Behandlungsmethode ist nicht bekannt. Möglicherweise kann mit Temperaturen über 20°C und Methode C-36 die Abheilung beschleunigt werden.

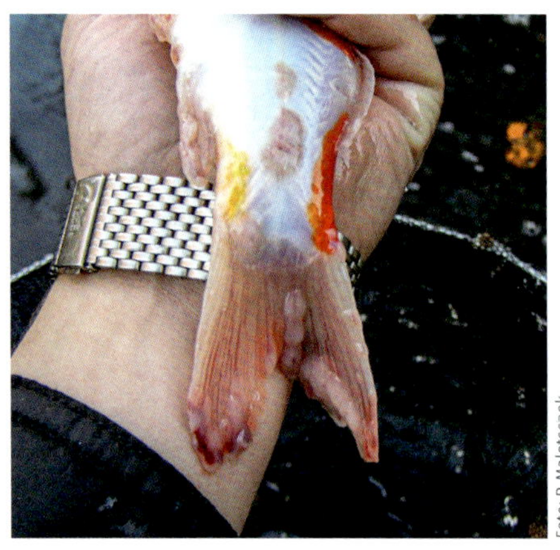

Foto: P. Maletschek

Bild 197: Bei sehr großen Karpfenpocken kann es auch zu Blutungen kommen

3.1.4. Cyprinus Herpesvirus 3 ($CyHV_3$), Koi Herpes Virus (KHV), Infektiöse Kiemennekrose

Die ersten KHV-Fälle wurden 1996 in Großbritannien und 1997 in Israel an Koi und Speisekarpfen dokumentiert. 1999 konnte in USA der Erreger als ein Herpesvirus identifiziert werden. Da erst 2003 durch PCR eine sichere Nachweismethode zur Verfügung stand, konnte sich das Virus weltweit ausbreiten. Seit 2003 gibt es eine freiwillige Selbstbeschränkung organisierter Zierfischgroßhändler in Deutschland, nur PCR-geprüfte und KHV- negative Bestände zu verkaufen. Dadurch konnten die Verluste drastisch eingeschränkt werden.

KHV breitet sich nach einer Übertragung durch infizierte Koi rasend schnell in einem Bestand aus, innerhalb von Ta-

Foto: R. Lorenzen

Bild 198: Eingefallene Augen, Kiemenfäule und nekrotische Schleimhaut bei KHV

gen kann es selbst bei bester Wasserqualität zum Totalverlust kommen. Andere Arten wie Goldfische, Orfen oder Störe werden nicht befallen. Die Krankheit äußert sich durch eine massive Kiemenfäule. Die Kiemenblätter färben sich weiß, es sterben große Teile der Kiemen ab und lösen sich von den Kiemenbögen. Die Fische stehen apathisch mit schräg nach unten geneigtem Kopf unter der Oberfläche im Wasserstrom. Die Augen erscheinen eingefallen.

Foto: R. Lorenzen

Bild 199: Eingefallene Augen und zerstörte Kiemen bei KHV

Dazu kommt es zu Schleimhautablösungen und starken Rötungen. Die sonst glitschige Haut fühlt sich rau an. Auch die Flossen können betroffen sein und abfaulen. Im Endstadium bricht das Immunsystem zusammen und der Fisch stirbt. Sekundär sind oft große Mengen von Bakterien und einzelligen Parasiten in Abstrichen nachweisbar.

Die Krankheit tritt bevorzugt bei einer Temperatur von 16 bis 28°C auf. Bei kalten Temperaturen der Überwinterung und bei sehr hohen Temperaturen von 30°C heilt die Krankheit wieder aus. Die Fische entwickeln eine Immunität, können aber trotzdem Überträger sein. Eine sichere Behandlungsmethode ist derzeit noch nicht in Sicht.

Da auch eine Quarantäne über sechs Monate nicht die Garantie gibt, dass die Fische keine Überträger sind, kann nur zum Kauf von Koi mit Gesundheitszeugnis aus PCR geprüften Beständen geraten werden.

3.1.5 Schlafkrankheit der Koi, Koi SleepyDisease (KSD) oder Carp Edema Virus (CEV)

Bei der Schlafkrankheit der Koi handelt es sich um das Karpfenödemvirus, das zu den Pockenviren gehört. In Deutschland ist die Krankheit erst nach 2010 vorgekommen, in Japan ist sie schon seit 1974 in Zuchtanlagen von Koi aufgetreten. Die ersten Fälle wurden 2014 in Deutschland, danach in Großbritannien, Österreich sowie in den Niederlanden bei Koi mit teilnahmslosem Verhalten und trägen Bewegungen festgestellt. Die Fische zeigen ein völlig unnatürliches Verhalten, indem sie sich oft auf die Seite legen. Die Diagnose von CEV konnte durch Analyse von Kiemengewebe mittels PCR bestätigt werden. [Jung-Schroers et al.]. Der Name Schlafkrankheit ist irreführend. Die Krankheit hat nichts mich Schlaf zu tun, sondern ist eine schwerwiegende Infektion, die sich im Allgemeinen in einem apathischen Zustand äußert. Die befallenen Fische drängen sich in Gruppen am Boden der Teiche zusammen. Außer Koi und Karpfen können Goldfische, Karauschen und Orfen befallen werden. Daher dürfen Zierfische aus Gartenteichen niemals in die Naturgewässer verbracht werden. Das ist eine strafbare Handlung und stellt einen schweren Verstoß gegen die Tierschutz-, Fischerei- und Naturschutzgesetze dar.

stämme übertragen werden [Adamek et al.]. Die Krankheit stellt eine große Gefahr für die weltweite Karpfenproduktion und Koibestände dar. Eine Verwechslung mit KHV ist leicht möglich. Die Diagnose muss durch einen sachkundigen Tierarzt gestellt und durch PCR Test bestätigt werden. Inzwischen sind asiatische und europäische Varianten der CEV bekannt, die durch PCR Tests festgestellt werden können.

Foto: S. Lechleiter

Bild 200: Koi mit Schlafkrankheit drängen sich am Boden des Teiches zusammen

Foto: S. Lechleiter

Bild 201: Koi mit schleimiger Haut bei Schlafkrankheit (KSD)

Charakteristisches Symptom ist eine starke Lethargie der befallenen Koi, was zu der deutschen und englischen Namensgebung „Schlafkrankheit" und „Koi Sleepy Disease (KSD)" geführt hat. Typische zusätzliche Symptome sind eingefallene Augen (Enophthalmus), trübe Haut, Hautläsionen, Entzündungen am After, angeschwollene Kiemenblätter und Kiemennekrose. Ausgeprägte Sekundärinfektionen durch Flavobakterien und Hautflagellaten der Gattung *Ichthyobodo* sind häufig. Die Sterblichkeit ist hoch und kann bei 80% des befallenen Bestandes liegen. Durch Infektionsversuche konnte CEV auf mehrere Karpfen-

Eine medikamentöse Behandlungsmethode gegen KSD ist derzeit (Stand 2024) nicht bekannt. Behandlungen mit Antibiotika sind bei Vireninfektionen sinnlos. Eine Temperaturerhöhung auf über 20°C und die Gabe von fünf Gramm NaCl pro Liter führt zur Besserung der Symptome und im Laufe von drei Wochen zur Genesung [Lechleiter].

Die Behandlung kann durch die Zugabe von acridinhaltigen Medikamenten (z. B. sera Omnipur A) unterstützt werden, weil damit Sekundärinfektion durch Ektoparasiten unterdrückt werden.

Die Maßnahmen sollten frühzeitig, also schon bei Verdacht, erfolgen. Wartet man die Diagnose ab, kann das schon zu hohen Verlusten führen. Kalte Temperaturen, hohe Nitritwerte und Sauerstoffmangel verstärken die Krankheit. Unter 10°C Wassertemperatur treten hohe Verluste auf. Je höher die Temperatur, desto schneller erholen sich die Koi. Nach überstandener Krankheit haben die Fische eine Immunität entwickelt und scheinen auch keine Überträger mehr zu sein. Ob die Immunität lebenslang anhält ist unbekannt. Ebenso ist noch nicht geklärt, ob das auf alle Varianten der Krankheit zutrifft.

Eine weitere Art von Schlafkrankheit wird bei vielen aus Südamerika importierten Fischarten und bei Schleien durch den Befall des Blutes von Flagellaten der Gattungen *Trypanosoma* und *Cryptobia* verursacht. Die Übertragung erfolgt durch blutsaugende Parasiten. (s. Kap. 5.1.2.).

3.2. Bakterielle Erkrankungen

Bakterielle Infektionen treten bei Aquarien- und Teichfischen sehr häufig auf. Auch wenn es gelingt, eine Zuchtanlage parasitenfrei zu halten, können Bakterien in aquatischen Systemen niemals ausgerottet werden. Es wäre auch nicht sinnvoll, da sie als abbauende Organismen für die Reinigung des Wassers notwendig sind. Viele Krankheitskeime der Fische leben als fakultative Erreger im Wasser und verursachen Krankheiten, wenn sie von geschwächten und gestressten Fischen aufgenommen werden

Einige dieser Krankheitskeime können auch beim Menschen Krankheiten hervorrufen. Am bekanntesten ist das Schwimmbadgranulom, das durch Mycobakterien verursacht wird (s. Kap. 3.2.6.). Aber auch andere Arten aus den unterschiedlichsten Bakteriengattungen, wie *Aeromonas, Pseudomonas, Vibrio, Edwardsiella, Clostridium, Streptococcus* und *Staphylococcus*, können beim Menschen sogenannte Zoonosen hervorrufen (HOFFMANN 2005).

Achtet man beim Hantieren im Aquarium und beim Sezieren von Fischen auf Hygiene ist eine Übertragung sehr unwahrscheinlich. Bei einigen der genannten Erreger kann eine Infektion des Menschen nur durch orale Aufnahme infizierten Materials erfolgen, meist durch das Essen von rohem Fisch. Grundsätzlich sollte man mit offenen Wunden nicht im Aquarium hantieren und beim Untersuchen und Sezieren Schutzhandschuhe tragen.

Eine weit verbreitete Unart unter Aquarianern, das Ansaugen von Aquarienwasser mit dem Mund durch einen Schlauch beim Wasserwechsel, ist in diesem Zusammenhang nicht ungefährlich. Wie schnell schluckt man etwas Aquarienwasser und kann sich dabei mit gefährlichen Erregern infizieren. Die Menge der aufgenommenen Erreger ist im Wasser jedoch deutlich geringer als beim Verzehr von rohen infizierten Fischfilets.

Einschmelzungen an den Flossenrändern zu beobachten.

Da die Niere das blutbildende Organ ist, werden im fortgeschrittenen Stadium durch zunehmende Blutarmut (Anämie) die Kiemen blass. Dazu treten nun auch die Augen hervor (Glotzaugen, Exophthalmus). Aufgrund der abgestoßenen und ausgeschiedenen Darmschleimhaut erscheint bei der Sektion die Darmwand durchsichtig und glasig. Die Flüssigkeit in der Leibeshöhle ist meist klar. Manchmal ist sie durch Blut gelblich oder rötlich verfärbt. Sie kann von flüssiger oder gallertartiger Konsistenz sein (Diagnosetafel 11, Bild 41). Die Niere ist entzündet, die Leber gelb bis hellbraun verfärbt, die Zellen lösen sich auf. Mitunter sind im Quetschpräparat viele Fetttröpfchen enthalten. Die Gallenblase ist oft stark geschwollen, ihr Inhalt dunkelgrün verfärbt. Da in diesem Stadium keine Verdauung von Nahrung mehr erfolgt, staut sich die Gallenflüssigkeit in der prall gefüllten Blase und mitunter im Gallengang bis in die Leber zurück. Die Leber erscheint dann teilweise grünlich verfärbt. In Leber, Galle, Niere und Leibeshöhle sind viele bewegliche und unbewegliche Bakterien zu finden.

Eine Behandlung ist im frühen Stadium möglich. Befallene und des Befalls verdächtige Fische sind sofort in Quarantäne zu setzen und zu beobachten. Bei der Bauchwassersucht der Aquarienfische handelt es sich um kein spezifisches Krankheitsbild. Es können einige der beschriebenen Symptome gleichzeitig oder einzeln auftreten. Ebenso ist es möglich, dass die Fische mager werden oder ohne äußerliche Anzeichen sterben.

Die auftretenden Bakterien sind meistens unterschiedlichen Gattungen zuzuordnen. In der Regel sind gramnegative bewegliche und unbewegliche ein bis drei Mikrometer lange Stäbchen in der Flüssigkeit der Leibeshöhle sowie in Leber, Milz oder Niere zu finden. Zur Diagnose wird die Ziehl-Neelsen-Färbung (s. Kap. 12.8.7., E 8) benötigt, um Tuberkulose auszuschließen. Danach färbt man nach Gram (s. Kap. 12.8.6., E 7).

Zur Behandlung eignen sich die Methoden C-37, A-02, A-04 und A-06. Methode A-11 kann im Anfangsstadium der Krankheit Anwendung finden. Methode A-14 oder A-15 wählt man, um Fische, die mit Erkrankten in gleichen Becken leben, vorbeugend zu behandeln. Beide Methoden können mit C-36 in Kombination angewendet werden, das wirkt verstärkend.

Nach seuchenhaftem Auftreten der Bauchwassersucht müssen Aquarium und Inhalt gründlich nach Methode D-03, D-04 oder D-05 (s. Kap. 9.6.) desinfiziert werden. Vorbeugend sind die besten hygienischen Verhältnisse zu schaffen. Fische, deren Leber oder Niere zu stark geschädigt ist, werden auch trotz erfolgreicher Behandlung nach einiger Zeit noch verenden.

Auch bei Teichfischen kann das Krankheitsbild der Bauchwassersucht in Folge länger anhaltenden Stresses durch innere bakterielle Infektionen auftreten. Wie bei Aquarienfischen kommt es zu Leibesauftreibung, Schuppensträube und Glotzaugenbildung (Bild 193). Ursache hierfür ist das Versagen der Niere, die dann nicht mehr genügend Flüssigkeit ausscheiden kann. Fischen mit deutlicher Leibesauftreibung kann meistens nicht mehr geholfen werden. Erkrankte Fische können in einem Quarantänebecken nach Methode A-01, A-02, A-05, A-06 und A-14 im Kapitel 9 behandelt werden. Die Kombination der frei verkäuflichen Präparate A-14 und C-36 ist zur vorbeugenden Behandlung der anderen Fische oft ausreichend. Eine vorbeugende Behandlung des Gartenteiches kann nach Methode C-36 im Frühjahr und Herbst erfolgen.

3.2.2. Furunkulose

3.2.2.1. Furunkulose der Salmoniden

Die Furunkulose ist bei Salmoniden schon seit der Jahrhundertwende bekannt. Sie wird durch Bakterien der Gattung *Aeromonas*, speziell *A. salmonicida*, hervorgerufen. Es bilden sich Beulen und Geschwüre von 2 bis 20 mm Größe, die mit Eiter gefüllt sind. Die Flossen entzünden sich und fasern aus. Manchmal ist auch nur eine leichte oder starke Trübung der Flossen zu sehen. Verpilzungen treten oft als Sekundärinfektion auf.

Eine zweite Erscheinungsform führt zu kleinen Blutungen an den inneren Organen, der Haut, den Kiemen, den Flossen und der Muskulatur. Die Übertragung der Erreger erfolgt durch Fressen von Kot oder der Leichen infizierter Fische aber auch durch Hautparasiten. Eine Übertragung ist ebenso möglich, wenn Eiter aus aufbrechenden Geschwüren ins Wasser gelangt. Schlechte Wasserqualität fördert die Ausbreitung der Krankheit. Eine Desinfektion des Aquariums bringt nur kurzzeitig Erfolg, da die Erreger allgegenwärtig sind. Tritt nach erfolgreicher Behandlung nach wenigen Wochen ein Rückfall ein, so kann die Ursache an mangelnden hygienischen Verhältnissen im Becken liegen. Die Erreger sind kurze Stäbchenbakterien von 1,7 bis 2 Mikrometer Länge, gramnegativ und unbeweglich. Paar und Kettenbildung kommt oft vor. Die Behandlung kann mit C-37 begonnen werden. Tritt keine Besserung ein, steigt man auf A-01, A-02 oder A-10 im Kapitel 9 um. Fische, die keine Symptome zeigen, können vorbeugend nach A-14 oder A-15 behandelt werden.

3.2.2.2. Erythrodermatitis oder Furunkulose der Karpfen

Die Erythrodermatitis der Karpfen hat ein ähnliches Erscheinungsbild wie die Forellenfurunkulose und verursacht eher in Nutzfischanlagen Probleme als in Koiteichen. Die Krankheit wird ebenfalls von der *Aeromonas salmonicida* Gruppe hervorgerufen und bricht überwiegend im Frühjahr aus. Es bilden sich zuerst rote Stellen an der Haut, die sich dann bis zu vier cm großen und 1 bis 2 cm tiefen blutigen Geschwüren mit weißem Rand entwickeln. Wenn die inneren Organe befallen werden, kann das äußere Erscheinungsbild mit Leibesauftreibung und Glotzaugenbildung einhergehen. Eine Behandlung mit Antibiotika kann erfolgreich sein, wenn das wirksame Medikament durch einen Antibiogramm ermittelt wurde. Die Erreger können mit Gerätschaften, Hantieren im Wasser, Wassertieren und infizierten Fischen übertragen werden. Darum ist auf eine strenge Hygiene zu achten. Insbesondere werden die Erreger durch blutsaugende Ektoparasiten übertragen. Eine Behandlung kann nach den im vorigen Kapitel genannten Methoden erfolgen.

3.2.2.3. Erythrodermatitis der Koi, Lochsyndrom oder Lochkrankheit der Koi

Erythrodermatitis an Koi

QR-Code 48

Ähnlich wie bei der Karpfenerythrodermatitis treten bei Koi und Goldfischen zuerst rote Stellen an der Haut, die sehr klein sein können, und blutunterlaufene Schuppen auf. Die Infektionen sind besonders häufig dort zu beobachten wo sich die Fische bevorzugt scheuern: an den Bauchflossenansätzen, den Kiemendeckeln, dem Maul und an der Körperseite. Innerhalb weniger Tage können sich die roten Stellen auf mehrere Zentimeter große Löcher vergrößern (Bild 208).

Bild 207: Erythrodermatitis bei einem Koi, die Wunden sind verpilzt

Die Erythrodermatitis ist eine von kleinen Hautverletzungen ausgehende bakterielle Infektion, die schnell auf die darunter liegende Muskulatur übergreift und große Gewebeauflösungen verursacht (Bilder 209, 210). Es sind jedoch nur selten die typischen Erreger der *Salmonicida* Gruppe nachweisbar. Meistens findet man bewegliche Bakterien der Gattungen *Aeromonas* und *Pseudomonas*. Auch *A. hydrophila* und *A. sobria* sind in befallenem Gewebe oft nachzuweisen.

Es handelt sich um eine Schwächekrankheit, denn die Erreger sind unter den natürlichen Keimen des Wassers und der Darmflora der Fische zu finden. Die Keime gelangen durch Stiche blutsaugender Parasiten und Verletzungen der Haut in den Organismus. Gut konditionierte, gesunde, kräftige Koi sind widerstandsfähig und können sich der Erreger erwehren. Es sind immer geschwächte Tiere betroffen, die unter unzureichenden Umweltbedingungen gehalten werden. Auch die Fütterung mit billigem Futter schlechter Qualität schwächt die Fische.

Bild 208: Lochsyndrom durch Erythrodermatitis

Bild 209: Erythrodermatitis mit flächiger Hautnekrose

Die Krankheit tritt verstärkt während der stark schwankenden Wassertemperaturen im Frühjahr auf und durch die Belastung des Fischorganismus bei hohen Temperaturen im Sommer, verbunden mit schlechter Sauerstoffversorgung.

Die Behandlung der offenen Stellen mit Wundsalben kann zwar erfolgreich sein, ist aber für den Fisch aufgrund des mehrmaligen Herausfangens für die Behandlung mit erheblichem zusätzlichem Stress verbunden. Über die beim Fangen unvermeidlichen kleinen Hautverletzungen können wieder Erreger eindringen und neue Infektionsherde verursachen.

Eine effektive Behandlung ist in Quarantänebecken bei einer Temperatur zwischen 20 und 24 °C durchführbar. Den Fischen sollte dabei eine möglichst stressfreie Haltung und ein gutes vitaminreiches Futter geboten werden. Die oft empfohlenen Injektionen mit einem Antibiotikum sollten nur nach Resistenztest und durch einen Fischtierarzt vorgenommen werden. Zur Behandlung im Bad können die in Kapitel 9 genannten Methoden A-01, A-02, A-08 und A-14 oder A-15 angewendet werden.

Bild 210: Erythrodermatitis bei einem Goldfisch

Bild 211: Der gleiche Goldfisch nach Behandlung mit Nifurpirinol (A-14)

Erythrodermatitis an Goldfischen

QR-Code 49

3.2.3.1. Die bakterielle Flossenfäule

Die bakterielle Flossenfäule tritt bei Aquarienfischen vorwiegend unter schlechten Haltungsbedingungen und bei zu hohem Besatz auf. Die Erkrankung beginnt mit einer Trübung der Flossenränder (Bild 212), die schließlich weiß werden. Das Gewebe zwischen den Flossenstrahlen zersetzt sich, so dass die Flossen ausfransen und abfaulen (Diagnosetafel 6 A, Bild 26). Die Flossenbasis entzündet sich und färbt sich rot. Die inneren Organe sind nicht betroffen. Nach Beheben der Ursache und medikamentöser Behandlung beginnen die Flossen innerhalb weniger Tage wieder nachzuwachsen.

In Abstrichen von den Flossenresten sind große Mengen bewegliche, gramnegative Stäbchenbakterien zu finden. In seltenen Fällen verpilzen die geschädigten Stellen. Die Erreger gehören zu den Gattungen *Flexibacter, Aeromonas, Pseudomonas* und *Vibrio*. Die Länge der Bakterien liegt bei *Aeromonas* zwischen 1 und 2,2 Mikrometer, bei *Pseudomonas* zwischen 1 und 2,5 Mikrometer und bei *Vibrio* um 1,5 Mikrometer. Bei der Behandlung kommen die Methoden C-01, C-03, A–14 oder A-15 aus Kapitel 9 zur Anwendung. Auch die Methoden A-02 oder A-13 sind sehr wirkungsvoll. Auch nach Bissverletzungen kann es zur Flossenfäule kommen. Der betroffene Fisch wird im Quarantänebecken nach Methode C-01 oder C-25 behandelt.

Die bakterielle Flossenfäule tritt nur unter schlechten Haltungsbedingungen oder in Folge einer anderen Krankheit auf. Die Wasserbelastung durch Bakterien kann mit einem Keimtest kontrolliert werden (s. Kap. 9.6., B-03). Vorbeugend ist beste Wasserqualität herzustellen. Sauerstoffmangel, fäkalienbelastetes Wasser, zu hoher pH Wert und gelöste Schwermetalle können die Krankheit fördern. Eine Behandlung ist nur erfolgreich, wenn die Ursache gefunden und behoben ist. Im Anfangsstadium reicht meist schon ein Umsetzen des Fisches in sauberes Wasser und die Flossen wachsen wieder nach.

Bild 212: Beginnende Flossenfäule an der Schwanzflosse

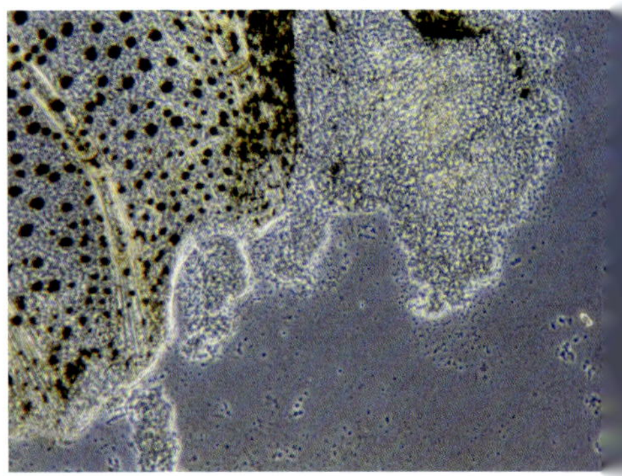

Bild 213: Schleim mit Bakterien am Rand der Flosse

Bild 214: Flossenfäule an Schwanz- und Rückenflosse

Bei Teichfischen ist die beginnende Infektion an hellen Flossenrändern zu erkennen. Erfolgt keine Behandlung können die betroffenen Flossen teilweise oder ganz abfaulen, die Flossenstrahlen bleiben mitunter stehen. Im Bereich der Flossenansätze kommt es zur Rötung der Haut. Die Zersetzung des Gewebes kann sich an diesen Stellen auf den Körper ausbreiten. Es sind hauptsächlich geschwächte und unter Stress stehende Fische betroffen. An den sich zersetzenden Geweben sind meist Myxobakterien nachweisbar, aber Arten der Gattungen *Aeromonas* und *Pseudomonas* können ebenfalls gefunden werden. Bietet man den Fischen beste Umweltbedingungen und eine sehr gute Wasserqualität, tritt die Heilung ein. Zur Unterstützung können die Methoden C-01, C-25 oder C-40 aus Kap. 9 angewendet werden.

Die Flossen können auch nach Bissverletzungen von Bakterien infiziert werden und abfaulen. Der durch den Kampf verursachte Stress schwächt den unterlegenen Fisch zusätzlich, so dass die infizierten Stellen nicht heilen können. Den betroffenen Fisch setzt man in ein Quarantänebecken um und behandelt ihn mit einem acridinhaltigen Medikament (s. Kap. 9, C-01).

QR-Code 50

Bild 215: Flossenfäule nach Bissverletzung

Bild 216: Flossenfäule geheilt durch Behandlung nach C-01

3.2.3.2. Bakterielle Kiemeninfektion

Wie die Flossen können auch die Kiemen der Fische von Bakterien befallen werden (Diagnosetafel 7 A, Bild 29). Bei Teichfischen findet man überwiegend Myxobakterien der Gattungen *Cytophaga, Flavobacterium* und *Flexibacter*. Die Erreger sind überall gegenwärtig und werden durch Ektoparasiten, Kescher, Berührung der Fische und durch das Wasser übertragen. Meist ist die bakterielle Infektion eine Begleiterscheinung, wenn die Fische durch schlechte Haltungsbedingungen und Wasserbelastung geschwächt sind. Der Infektion geht ursächlich eine Schwellung der Kiemen voraus, die durch mangelhafte Wasserqualität verursacht wird

Bild 217: Verdickte Kiemenblätter sind beim Anheben des Kiemendeckels nur schwer zu erkennen

(s. Kap. 9, B-03). Die verdickten Kiemenblätter sind makroskopisch beim Anheben der Kiemendeckel schwer zu erkennen.

Die Fische kommen unter die Wasseroberfläche und haben eine beschleunigte Atmung. Im Anfangsstadium können Behandlungen nach den Methoden C-01, C-15 und C-40 aus Kap. 9 erfolgreich sein. Im fortgeschrittenen Stadium sind nach Überprüfung der Resistenz Behandlungen mit Antibiotika nach den Methoden C-37 und A-03 möglich.

Bei Aquarienfischen ist das Erregerspektrum ähnlich wie bei der Flossenfäule (s. Kap. 3.2.3.1.). Verkapselte Larven an den Kiemen können von Glochidien (s. Kap. 2.3.10.1.) und Metacercaren verursacht werden. Die Ursache von Zysten kann eine Chlamidieninfektion (s. Kap. 3.2.9.) sein.

3.2.4. Vibriose

Das Krankheitsbild der Vibriose ist schon seit zwei Jahrhunderten bekannt. Es waren Aale aus der Ostsee, von denen zu Beginn des letzten Jahrhunderts Bakterien der Art *Vibrio anguillarum* isoliert und bestimmt werden konnten. Inzwischen ist bekannt, dass die Vibriose weltweit vorwiegend bei Meer- und Brackwasserfischen sowie bei Krabben auftritt. Vibrionen unbekannter Art wurden auch schon bei äußerlichen Infektionen an Süßwasserfischen gefunden. Die Krankheit nimmt bei Seewasserfischen oft nur einen latenten Verlauf. Bei empfindlichen Fischen, deren Widerstandskraft geschwächt ist, kann sich die Krankheit durch krampfartige Zuckungen mit folgendem Tod äußern. Dem Fisch muss dabei äußerlich nicht unbedingt etwas anzusehen sein. Oft treten Milz- und Nierenschwellung sowie starke Blutungen in der Leibeshöhle und an der Haut auf. Bei widerstandsfähigen Fischen sind oft nur kleine Blutungen und Darmentzündungen zu beobachten.

Meerwasserfische aller Temperaturbereiche sind gefährdet. In den befallenen Organen stößt man auf den Erreger.

Vibrio anguillarum , ein gramnegatives begeißeltes Bakterium und stark beweglich. Die Größe der leicht gebogenen Zelle liegt zwischen 0,4 bis 0,6 x 1,2 bis 2 Mikrometer, die Geißel ist 4 bis 6 Mikrometer lang. Manchmal bilden die Bakterien Ketten, so dass sie länger erscheinen. Selten ist bei den betroffenen Fischen eine reine Vibrioinfektion festzustellen. Besonders bei lang andauernden Krankheitsverläufen sind mitunter große Mengen von Pseudomonaden, Aeromonaden und Kokken in den verschiedenen Organen zu finden. Die Krankheit begünstigen: zu hohe Temperaturen, überbesetzte Becken, Stress, Schadstoffe im Wasser und schlechte Wasserqualität. Bei Süßwasseraquarienfischen treten Erreger der Gattung *Vibrio* oft zusammen mit anderen Bakteriengattungen bei Haut-, Kiemen- und Flosseninfektionen (Flossenfäule) auf. Die Behandlung nach A-14, A-15, A-01 oder A-08 ist meist erfolgreich (s. Kap. 9).

3.2.5. Die Columnariskrankheit

Verursacher dieser Erkrankung, die überwiegend ein Problem für den Import und Handel mit Aquarienfischen darstellt und weniger für den privaten Aquarianer, ist das Bakterium *Flavobacterium columnare*. Die frühere Bezeichnung war *Flexibacter columnaris*, woher der Name Columnariskrankheit stammt, der auch im folgenden Text beibehalten wird. Am Anfang bilden sich kleine, weißliche Stellen am Maul, den Schuppenrändern und den Flossen, die beim Größerwerden einen schimmeligen Eindruck erwecken (Diagnosetafel 5 D, Bild 21).

Die Flossenränder beginnen sich zu zersetzen, so dass die Flossenstrahlen bloß liegen. Manchmal verpilzen die befallenen Hautstellen. Auch die Kiemen können befallen werden, die Kiemenblätter lösen sich dann von der Spitze zu den Kiemenbögen auf. Bei Jungfischen verkleben die Blättchen durch übermä-

Columnaris-krankheit

QR-Code 51

Bild 218: *Columnaris* Infektion am Maul

Bild 219: *Columnaris* Infektion an den Schuppenrändern

Bild 220: Columnarisinfektion an Rücken und Oberlippe

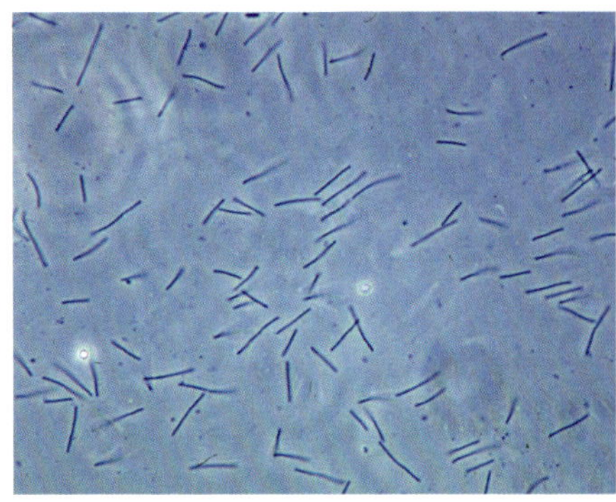

Bild 221: *F. columnare* im Hautabstrich

ßige Schwellung des Kiemenepithels und durch starke Schleimbildung. Die Sauerstoffaufnahme wird behindert, schnelles Atmen ist die Folge (bakterielle Kiemenkrankheit, Kiemenfäule).

Zur Diagnose wird ein Abstrich an der befallenen Körperstelle vorgenommen. Von den Flossen kann ein winziges Stückchen vom Rand abgeschnitten werden. Bei hoher Vergrößerung findet man bis zu 8 Mikrometer lange und 0,7 Mikrometer dicke Bakterien, die sich langsam, gleitend fortbewegen, aber keine Geißeln besitzen (Bild 221). Nach kurzer Zeit löst sich ein Teil der Bakterien vom Gewebe und sammelt sich unter dem Deckglas oder auf der Oberfläche des Objektträgers im Präparat. Viele der Columnaris Bakterien hängen sich mit einem Ende fest und führen mit dem freien Ende schwingende Bewegungen aus. Außerdem ballen sie sich am Rand der entzündeten Gewebestellen zu säulen- oder häufchenförmigen Gebilden zusammen (Bild 222).

Es sind zwei Verlaufsformen von Columnaris-Krankheit zu unterscheiden. Beim chronischen Verlauf vergrößern sich die weißen Stellen sehr langsam, die Fische sterben erst nach vielen Tagen. Bei der akuten Form breiten sich die weißen Flecken sichtbar binnen weniger Stunden aus. Es können 50% des Fischbestandes innerhalb von 36 Stunden sterben. Eine Behandlung muss sehr schnell erfolgen. Hohe Wassertemperatur beschleunigt den Verlauf. Angriffspunkte für eine Columnaris Infektion sind Verletzungen der Haut und Schäden am Epithel, die langfristig durch Vitaminmangel verursacht wurden. Ebenso können osmotisch bedingte Hautschäden, die durch zu schnelles Umsetzen der Fische in Wasser mit wesentlich geringerer Leitfähigkeit ohne ausreichende An-

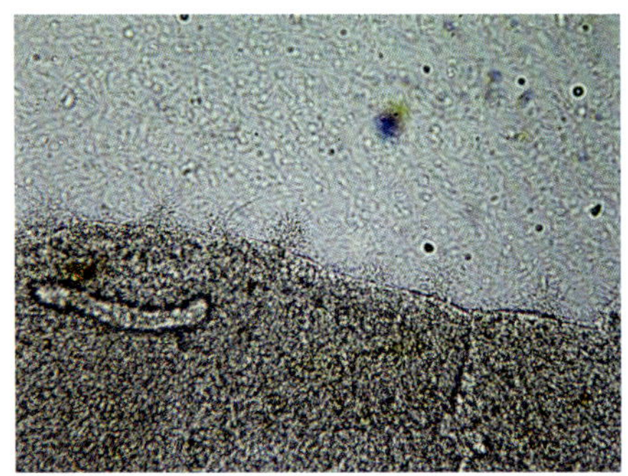

Bild 222: Beginnende Säulenbildung der Columnarisbakterien am Rand der Haut (Vergr. 200x)

passung an das neue Wasser entstehen, den Bakterien die Siedlungsfläche bieten. Fördernd wirken schlechte Wasserqualität, hohe Ammoniakkonzentration, hoher pH-Wert und geringer Sauerstoffgehalt.

Die bei Forellen auftretende Kaltwasserkrankheit befällt Forellen während der Aufzucht in den ersten fünf Lebensmonaten. Danach entwickeln sie eine Immunität. Die Krankheit wird durch das Bakterium *Flavobacterium psychrophilum* hervorgerufen. Es befällt die Niere und führt unbehandelt zum Tod. Die Behandlung erfolgt mit Antibiotika, meist Florfenicol (s. Kap. 9, A-10). Die Infektion erfolgt über den Darm. Die Bakterien gelangen von dort über das Blut in die Niere. Die Bakterien sind in Präparaten der Niere zu sehen.

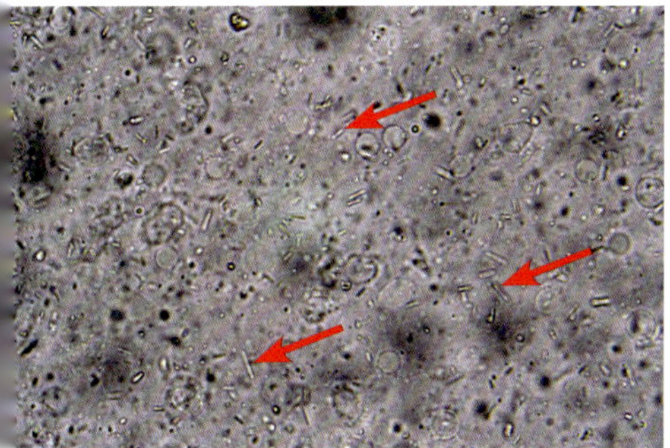

Bild 223: *Flavobacterium psychrophilum* in der Niere einer jungen Forelle (Vergr. 600x)

Eine Behandlung von *F. columnare* ist über längere Zeit nur erfolgreich, wenn optimale Haltungsbedingungen hergestellt sind. Bei der chronischen und akuten Form wird nach verschiedenen Methoden vorgegangen. Die chronische Form kann behandelt werden (s. Kap. 9, C-01, auch in Kombination mit A-14). Bei der akuten Form kommen die Methoden A-01, A-02 zur Anwendung. Da Columnaris Bakterien ein alkalisches Milieu lieben, kann das Absenken des pH-Wertes auf 6,8 die Behandlung unterstützen.

Mit weiteren Methoden (s. Kap. 12.8.6., E 7 und Kap. 12.8.8., E 9) können die Bakterien gefärbt werden, um sie im Präparat hervorzuheben.

***Flavobacterium psychrophilum* in der Niere einer Forelle**

QR-Code 52

3.2.6. Fischtuberkulose

Die Fischtuberkulose wird von sogenannten atypischen Mykobakterien verursacht. Sie haben mit der Tuberkulose von Menschen und Säugetieren nur wenig gemeinsam. Etwa 50 Arten der Gattung sind bekannt. Die meisten leben in der Erde und dem Wasser, insbesondere organisch belastetem Wasser. Sie kommen in vielen natürlichen Gewässern vor und sind für viele Tiere und den Menschen schwach pathogen. Sie verursachen eine atypische Mycobakteriose. Drei Arten sind als fischpathogen bekannt, *Mycobacterium marinum*, *M.fortuitum* und *M. chelonae*.

Die atypische Mykobakteriose ist eine Zoonose, d. h. sie kann auch auf den Menschen übertragen werden, wenn man sich bei Arbeiten im Aquarium verletzt. Wer offene Wunden hat, sollte beim Hantieren im Aquarium oder bei der Untersuchung infizierter Fische grundsätzlich Schutzhandschuhe tragen. An den betroffenen Hautstellen bilden sich schlecht heilende Geschwüre, die auch als Schwimmbadgranulom bezeichnet werden. In der Folge können Infektionen der Lymphknoten auftreten. Wenn Fischtuberkulose im Aquarium diagnostiziert wurde, sollte man auf keinen Fall mit offenen Wunden in das Aquarium fassen.

Die Fischtuberkulose bricht vorwiegend bei Schwächezuständen des Fischorganismus, schlechten Lebensbedingungen und Vitaminmangel aus. Unter gesunden Haltungsbedingungen können die meisten Fischarten eine Infektion durch die Erreger der Fischtuberkulose abwehren. Die Bewohner stark besetzter Aquarien sind besonders gefährdet. Mykobakterien können latent in jedem Aquarium vorkommen. Besonders in sauerstoffarmen Zonen, wie in Bodengrund, Mulm, Futterresten und an gestorbenen Fischen, finden sie ideale Lebensbedingungen. Oft verläuft die Krankheit schleichend, so dass nur ab und zu im Laufe einiger Monate einzelne Fische sterben, ein anderes Mal seuchenartig, wobei der ganze Fischbestand innerhalb von ein bis zwei Wochen eingeht.

Fischtuberkulose

QR-Code 53

Bild 224: Offene Tuberkulose bei *Macropodus chinensis*

Die äußeren Anzeichen einer Infektion durch Fischtuberkulose sind von Art zu Art und bei unterschiedlich starken Exemplaren der gleichen Art verschieden (Diagnosetafel 3A, Bild 7; Diagnosetafel 3C, Bild 10 und Diagnosetafel 5D Bild 22). Außerdem treten die in der Folge beobachteten Symptome auch bei anderen Krankheiten auf, so dass sie nur ein Alarmsignal darstellen, bei dessen Auftreten die Ursache durch Sektion abzuklären ist. Es ist zu nennen: Auftreibung des Leibes durch Flüssigkeitsansammlung in der Leibeshöhle (Bauchwassersucht), Abmagerung bis schmaler Rücken (Messerrücken) und eingefallene Bäuche, Schuppenausfall und Schuppensträube, offene Hautstellen (Diagnosetafel 3, Bild 9), Glotzaugen bis zum Herausfallen der Augen, Wirbelsäulenverkrümmung, blasse Farben, ruckartiges Schwimmen, Bauchrutschen, stark verringerte Reaktionen und Reflexe, Blasswerden, Nahrungsverweigerung, Absondern und Eckenstehen. Die genannten Symptome können einzeln oder auch zu mehreren zusammen auftreten.

Nach der Sektion werden Zupfpräparate der Organe hergestellt. Bei starkem Befall sind beim Betrachten der Leber und Milz mit einer Lupe weißlich-graue Knötchen (Granulome) festzustellen. Diese entstehen durch Abwehrreaktionen des Organismus, indem er versucht, die Bakterienherde durch Umschließen von Bindegewebe vom gesunden Ge-

Bild 225: Die Granulome der TB befanden sich hinter dem Auge

Bild 226: TB Granulome am Maul

webe zu isolieren. Im mikroskopischen Bild erscheint der Inhalt des Granuloms gleichmäßig gelblich bis hellbraun, die Bindegewebshülle durchscheinend hell und farblos.

Die von Mycobakterien verursachten Zysten (Granulome) sind leicht mit *Ichthyophonus* (s. Kap. 4.2.1.) oder *Nocardia* (s. Kap. 3.2.8.) zu verwechseln. Bei einer ausgeprägten Infektion von Mykobakterien finden sich meistens runde, ovale oder etwas längliche Granulome im Quetschpräparat (Bild 227 und 228). Sicher ist die Unterscheidung durch die Färbung der gequetschten Zysten (s. Kap. 12.8.7., E 8). In den Präparaten sind dann 1 bis 5 Mikrometer lange und 0,2 bis 0,6 Mikrometer breite stäbchenförmige Bakterien rot gefärbt zu sehen (s. Kap. 12.8.7., Bild 585). Sie sind im lebenden Zustand unbeweglich.

Tuberkulosegranulome sind oft auch in den Organen von Fischen zu finden, die wegen anderen Krankheiten seziert wurden. Die Krankheit kann wieder ausbrechen, wenn sich die Umweltbedingungen verschlechtern oder Fische unter Stress stehen. Dann breiten sich die Mykobakterien im Organismus aus und befallen weitere Organe. Als Gegenmaßnahme empfiehlt es sich, beste Lebensbedingungen herzustellen. Verdächtige und sichtbar erkrankte Fische sind in Quarantäne zu setzen. Ist die Tuberkulose nachgewiesen, werden die sichtlich erkrankten Tiere getötet und vernichtet. Bei einem seuchenhaftem Auftreten im Aquarium sind alle Fische zu vernichten,

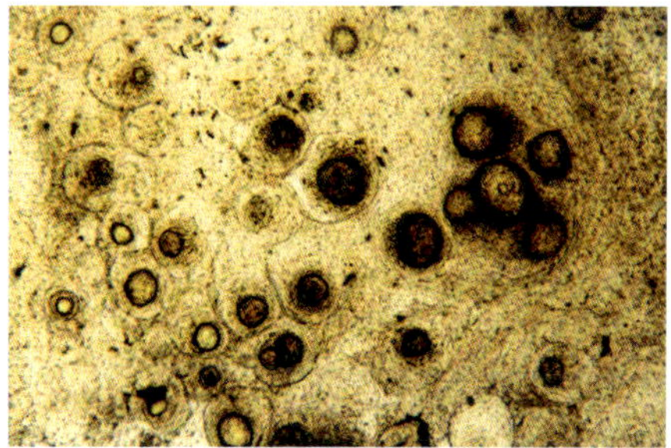

Bild 227: Granulome von Fischtuberkulose im Leberquetschpräparat

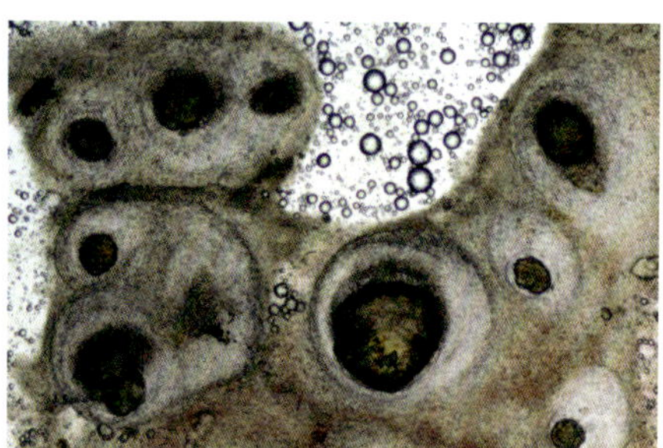

Bild 228: Granulome in der Milz eines *Mikrogeophagus ramirezi*

Aquarium und Geräte gründlich zu desinfizieren (s. Kap. 9.6, D-02, D-03, D-04). Bei chronischem Befall kann eine Behandlung versucht werden (s. Kap. 9, A-04, A-06, A-12 oder A-17). Die Granulome können nach Gram eingefärbt werden (s. Kap. 12.8.6., E 7). Lebende Mycobakterien im Inneren der Granulome färben sich grampositiv. Sind die Bakterien abgestorben färbt sich der Inhalt der Granulome nicht.

3.2.7. Edwardsiella

Infektionen durch Edwardsiellen treten mehr bei Süßwasserfischen als bei Meerwasserfischen auf. Es handelt sich um gramnegative bewegliche Stäbchenbakterien. Zwei Arten sind als Erreger der Krankheit bekannt: *Edwardsiella tarda* und *E. ictaluri*. Bei Welsen, insbesondere bei *Ictalurus punctatus*, dem Marmorwels, wurde die Infektion öfter beobachtet. Die beweglichen Bakterien befallen die Haut und das darunter liegenden Muskelgewebe. Es bilden sich oft Abzesse in der Muskulatur, die schlecht riechendendes verflüssigtes Gewebe enthalten und sich als Beulen über die Körperoberfläche wölben.

Eine Art Lochkrankheit wird durch diese Bakterien im Kopfbereich von Welsen verursacht. Ein anderes Erscheinungsbild sind flächige helle Flecken unter der Haut des Körpers meist rückenseitig in einer Größe von wenigen Millimetern bis zu Zentimetern. Die Fische sterben oft bevor die infizierten Stellen aufbrechen, Behandlung (s. Kap. 9, A-01 und A-10).

3.2.8 Nocardia

Ähnlich wie die Fischtuberkulose verursacht eine Infektion durch *Nocardia* Granulome im Gewebe. Diese sind jedoch groß und stark verzweigt. Die Bakterien sind schwer von Mycobakterien zu unterscheiden, da sie sich mit der Ziehl-Neelsen-Färbung ebenfalls anfärben lassen. Eine sichere Unterscheidung gelingt nur durch Kultur, indem Proben über einen Tierarzt zu einem bakteriologischen Labor gegeben werden. Zwei Arten, *Nocardia asteroides* und *N. kampachi*, sind als fischpathogen bekannt. *N. kampachi* wurde in Meerwasserfischen gefunden. *N. asteroides* können mitunter in Neonfischen, *Paracheirodon innesi*, aber auch in anderen Süß- und Meerwasserfischen gefunden werden.

Die Symptome sind ähnlich wie bei Fischtuberkulose. Es können Deformationen, dicke Bäuche, Glotzaugen oder totale Abmagerung auftreten. Bei *P. innesi* kann das rote Farbband verblassen oder durch Zerstörung der Farbzellen aufgelöst werden. In den inneren Organen Leber Milz, Muskulatur sind die verzweigten Granulome zu finden (Diagnosetafel 20C, Bild 60). Zur Diagnose werden Organproben nach Ziehl-Neelsen gefärbt (s. Kap. 12.8.7.). Die Nocardien bilden verzweigte Fäden in Ketten aneinander hängender Bakterien.

Stark befallenen Fischen ist nicht zu helfen, sie sollten abgetötet werden. Die anderen Fische können nach den Methoden in Kap. 9.6., A-04, A-06, A-17 und A-18, behandelt werden.

3.2.9. Epitheliocystis

Es bilden sich bei Süß- und Meerwasserfischen 35 bis 100 µm große Zysten im Kiemenepithel und der Haut, die eine gewisse Ähnlichkeit mit Lymphocystis haben. Sie werden durch Chlamidien verursacht, das sind nur 1-2 µm kleine Bakterien, die sich an eine parasitäre Lebensweise im Inneren von Zellen (intrazellulär) angepasst haben. Bei Aquarienfischen werden überwiegend die Kiemen weniger die Haut befallen. Bei Kiemenwurmbefall können die Erreger leicht in das verletzte Gewebe eindringen.

An den Kiemen sind viele Epithelzellen extrem vergrößert, und es kommt zu Anschwellungen und Verwachsungen der Kiemenblättchen. Die Durchblutung und der Gasaustausch sind dann gestört. Durch die Zysten im Kiemengewebe (siehe Bild 230, Tafel 20C, Bild 61) ist die Atmung behindert und die Fische atmen schneller. Manchmal werden die Kiemendeckel leicht abgespreizt. Wenn ein großer Teil der Kiemen infiziert ist, sterben die Fische. Die Krankheit wird bei Kontrolluntersuchungen der Kiemen bemerkt. Eine Behandlung kann nach den Methoden A-02, A-04, A-06, A-17 und A-18 erfolgen.

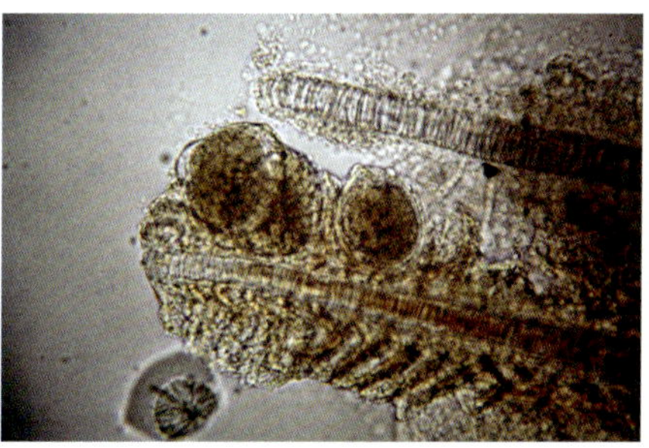

Bild 230: Epitheliocystis am Kiemenblatt

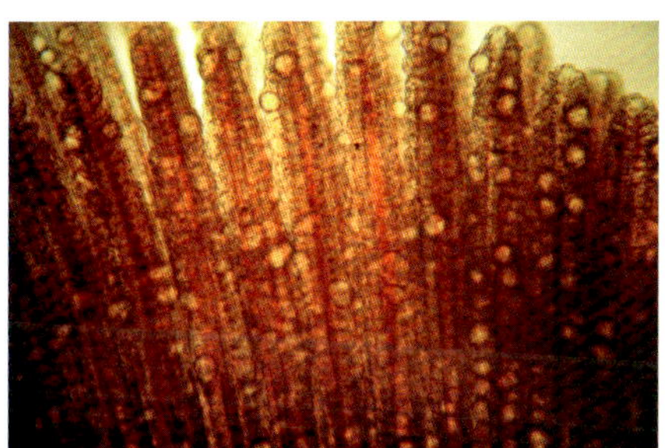

Bild 229: Kiemen mit starkem Befall durch Epitheliocystis

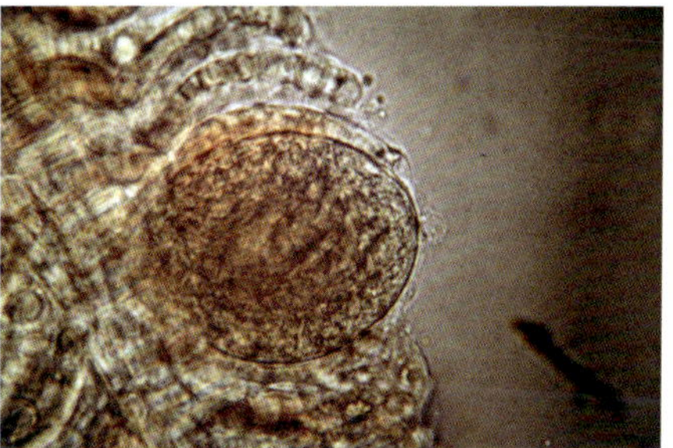

Bild 231: Einzelne Zyste von Epitheliocystis in einer Kiemenlamelle

Epitheliocystis

QR-Code 54

3.2.10. Unspezifische bakterielle Infektionen der Haut

3.2.10.1. Infektionen der Schuppen

Die folgend beschriebenen Krankheiten sind wiederholt aufgetreten. Eine genaue Ursache konnte nicht gefunden werden. Es sind verschieden Arten von Bakterien beteiligt. Die Infektionen erfolgten, weil pathogene Bakterien durch kleine Hautverletzungen eindringen konnten. Teilweise wurden die Verletzungen durch Parasitenbefall oder unvorsichtige Handhabung beim Fangen der Fische verursacht. In einigen Fällen war eine sehr starke bakterielle Belastung des Wassers vorhanden. Hohe Nitrat- und Phosphatwerte lassen den Schluss zu, dass lange Zeit kein ausreichender Wasserwechsel durchgeführt wurde, was einen erhöhten Infektionsdruck zur Folge hat.

Kleine Pickel in der Haut entstehen durch winzige Verletzungen. Das infizierte Gewebe stirbt ab und die weißliche zersetzte Gewebemasse wird nach außen abgestoßen. Solche Infektionen sind örtlich eng begrenzt und breiten sich nicht aus. Meist heilen die Stellen von selbst wieder ab. Betroffene Fische können in ein Quarantänebecken überführt werden und mit handelsüblichen Medikamenten gegen bakterielle Infektionen behandelt werden (s. Kap. 9, C-01 und C-25).

Blutige Stellen an und in der Haut können auch durch Mycobakterien hervorgerufen werden. Es ist wichtig für die Behandlung eine Tuberkuloseinfektion auszuschließen. Aber auch Infektionen durch andere Arten von Bakterien werden von Fischen durch Bindegewebe ummantelt. Diese Granulome bleiben auch nach einer erfolgreichen Behandlung mit Antibiotika erhalten. Da die Infektion nicht schnell voranschreitet sollte ein Antibiogramm erstellt und danach ein wirksames Antibiotikum ausgewählt werden. Bei dem Mosaikfadenfisch (Bild 234) konnten keine Mykobakterien nachgewiesen werden.

Bild 232: Eiterpickel an der Haut

Bild 233: Örtlich begrenzte Gewebenekrose

Bild 234: Blutige Infektionen und Granulome an und in der Haut

Bild 235: Die Erreger gelangen über die Porenkanäle der Seitenlinie in die Haut

Bild 236: Schuppentascheninfektion und Schuppennekrose

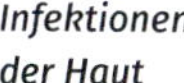

QR-Code 55

Mehrere sehr kleine Pickel in der Haut haben ihre Ursache in einer Infektion der Schuppentaschen. Normalerweise gelangen keine Bakterien so tief in die Haut. Aufgrund der Vielzahl der Infektionsherde, muss eine Schwächung des Hautschleims vorliegen. Die Schleimhaut produziert einen Schleim, der keine ausreichende Viskosität hat. So können bei hohem Infektionsdruck Bakterien durch die Porenkanäle in die Schuppentaschen gelangen. Dort zerstören sie das Gewebe und die Schuppen werden nekrotisch. Das zersetzte Gewebe wird nach außen abgestoßen. Das Auftreten der Schuppennekrose konnte in Aquarien mit hohem Nitrat- und Phosphatwert beobachtet werden, was auf mangelnden Wasserwechsel und hohe Keimbelastung hinweist. Die Viskosität des Hautschleims hängt mit der Ernährung zusammen (s. Kap. 10).

Bild 237: Kanalartige Auflösung der Schuppe

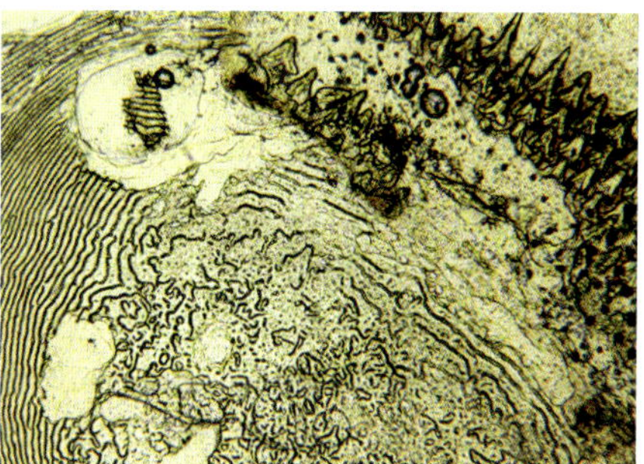

Bild 238: Flächig zerstörte Schuppe

Bild 239: Durch Bakterien zerstörte Schuppen

Bild 240: Nekrotische Schuppe

Man sollte nicht abwarten, bis die Fische so stark befallen (Bild 242) sind. Zunächst sollte eine hohe Wasserqualität mit geringem Infektionsdruck hergestellt werden. Danach kann die Behandlung mit acridinhaltigen handelsüblichen Medikamenten gegen bakterielle Infektionen erfolgen (s. Kap. 9, C-01). Bringt eine solche Behandlung nach fünf Tagen keine Besserung ist eine Behandlung mit einem Breitbandantibiotikum erforderlich.

Bild 241: Schuppennekrose und Infektion der Seitenlinie

Bild 242: Schuppennekrose und Flossenfäule

3.2.10.2. Hautnekrose

Eine ähnliche Infektion ist die Hautnekrose. Sie betrifft die Haut und es entstehen oberflächliche Nekrosen.

Manchmal breitet sich die bakterielle Infektion unter der Haut flächig aus. Von außen ist kaum etwas von dieser Unterhautnekrose zu erkennen. Das Bindegewebe zwischen der Muskulatur und der Haut ist über eine große Fläche nekrotisch. Die

Bild 243: Oberflächliche bakterielle Infektion der Haut und des Kiemendeckels

Ursache kann eine Infektion durch Streptokokken und Clostridien sein. Sie verläuft sehr schnell innerhalb weniger Tage. Die Fische leiden sehr darunter und sterben. Wenn man den Fisch aus dem Wasser genommen hat, kann man allein durch die Berührung mit einem Finger die Haut von der Muskulatur nach hinten abstreifen. Eine Behandlung mit Antibiotika muss frühzeitig erfolgen. Das Antibiotikum ist nach einem Antibiogramm auszusuchen.

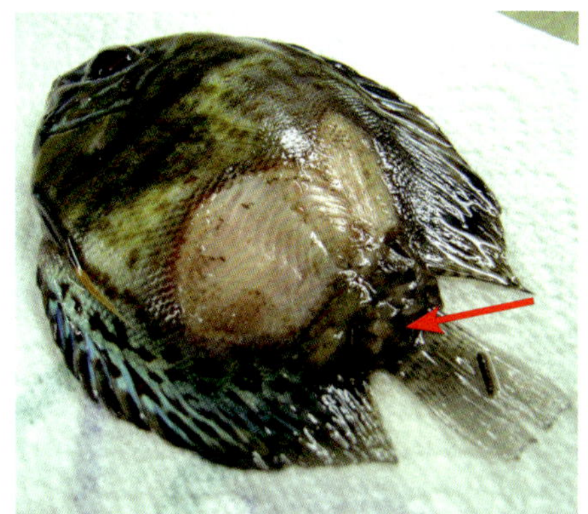

Bild 244: Bei der Unterhautnekrose löst sich die Haut ganz leicht von der Muskulatur und lässt sich nach hinten wegschieben

3.2.10.3. Die Diskusseuche

Die sogenannte Diskusseuche trat im Jahr 1986 auf und breitete sich entlang der Rheinebene aus. Schnell wurden von Diskusliebhabern und Züchtern teils irreführende Bezeichnungen erfunden, wie „Diskusvirus“, „Hautallergie“, „Leitungswasserallergie“ oder „Hautablösung“. Vor der Jahrtausendwende war die Krankheit hochinfektiös und die Diskusfische sind innerhalb weniger Tage gestorben. Es kam zu hohen Verlusten im Zoofachhandel und in Zuchtanlagen. Es gibt nur wenige Krankheiten, die so schnell voranschreiten und innerhalb von fünf Tagen zu einem Totalverlust des Bestandes führen können.

In den Tagen nach der Infektion beginnen sich die Fische unwohl zu fühlen und Diskusfische färben sich dunkel. Zu dem Zeitpunkt ist schon eine Verdickung der Schleimhaut zu erkennen. (Bild 247). Die Fische reagieren jetzt schlecht auf äußere Reize und verhalten sich apathisch. Die Verdickung der Schleimhaut verstärkt sich und auf der Oberfläche des Körpers bildet sich eine charakteristische netzartige Struktur aus grau weißem Schleim.

Bild 245: Diskusseuche mit netzartiger Struktur der Schleimhaut

Die Hautfläche, die von den Brustflossen berührt und befächelt werden kann, bleibt davon oft verschont (Bild 245). Am Ende löst sich die Schleimhaut in Fetzen ab. Es ist sinnvoll, den Infektionsdruck zu reduzieren und das Wasser über einen Feinfilter zu leiten, z. B. einen Diatomfilter. Eine UVC-Bestrahlung des Wassers ist hilfreich, jedoch nur möglich wenn keine Medikamente im Einsatz sind. Eine kräftige Belüftung ist notwendig, um der Sauerstoffzehrung durch die Bakterienvermehrung entgegen zu wirken.

Inzwischen hat sich der Verlauf abgeschwächt. Häufig werden andere Hautinfektionen mit der Diskusseuche verwechselt. Betroffen waren ursprünglich nur die Gattungen *Symphysodon, Uaru* und *Pterophyllum*. Andere Fischgattungen wurden in gleichen Aquarium nicht befallen. Innerhalb von Stunden nach der Infektion kann bei den Diskusfischen eine Verdickung der Schleimhaut festgestellt werden. Sie produzieren große Mengen von Schleim, der sich löst. Der sich zersetzende Schleim steigert den Infektionsdruck, das Wasser trübt sich und beginnt übel zu riechen. Die Erreger befinden sich in großer Zahl im Aquarienwasser. Zur Übertragung der Krankheit reicht es aus, wenige Tropfen Wasser von einem Aquarium auf das andere zu übertragen. Die Krankheit bricht innerhalb von zwei Tagen danach sichtbar aus. Das passiert auch in Aquarien mit einem geringen Keimdruck und bester Wasserqualität.

Diskusseuche

QR-Code 56

Bild 246: Hautablösung bei Diskusseuche

Bild 247: Beginnende Infektion am dritten Tag

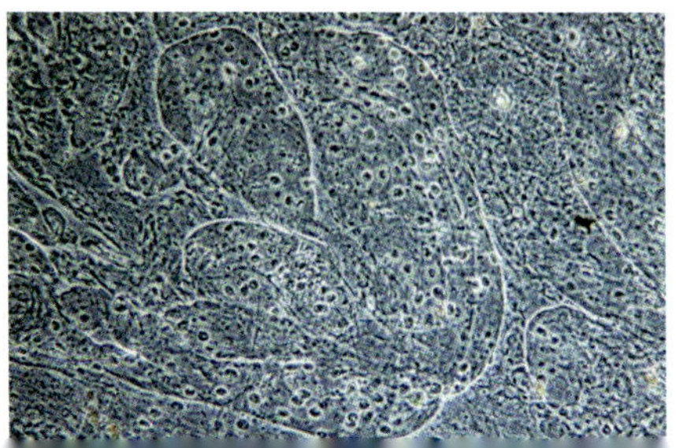

Bild 248: Schleimhautabstrich bei Diskusseuche

Der Erreger der Diskusseuche wurde bis heute nicht eindeutig bestimmt. Einige Aquarianer meinen, es handelt sich um eine Virusinfektion. Ich bin der Meinung, dass es sich um eine Infektion durch sehr kleine Bakterien handelt, welche die Zellen der Schleimhaut befallen und die übermäßige Schleimproduktion verursachen. Verursacher können Kokken oder Chlamydien sein. Aufgrund der vielen sekundär auftretenden Bakterien ist das schwer festzustellen. Die Schleimhaut wird am ganzen Körper zerstört, wodurch die Fische sterben.

Ich hatte relativ schnell eine sehr wirksame Behandlungsmethode mit Neomycinsulfat und Nitrofurantoin entwickelt. Sie sollte zur Behandlung der Diskusseuche angewendet werden (s. Kap. 9, A-13 in Kombination mit A-14 oder A-15. Die Wassertemperatur darf bei der Behandlung nicht erhöht werden und sollte 28° C nicht überschreiten. Während der Behandlung kommt es innerhalb von drei Tagen zu einer deutlichen Besserung des Zustandes, nach sechs bis acht Tagen sind die Fische geheilt. Die schnelle Wirksamkeit von Antibiotika spricht gegen eine Virusinfektion.

4. Mykosen und Algosen

4.1. Äußerliche Mykosen

Pilze sind in jedem Aquarium vorhanden. Die meisten auf der Haut von Fischen siedelnden Pilze gehören zu den Algenpilzen (Phycomyceten). Sie leben von organischem Material und sind keine obligatorischen Parasiten. Die Phycomyceten befallen nur geschwächte Fische oder treten als Sekundärbefall in Erscheinung. Sie gehören normalerweise zu den unsichtbaren Helfern, die im Filter und an unzugänglichen Stellen der Aquarien oder Teiche die Futterreste und den Kot der Fische abbauen. Ihre Sporen schweben im Wasser, bis sie einen geeigneten Nährboden finden, auf dem sie auskeimen können. Auf der gesunden Schleimhaut der Fische vermögen sie sich nicht festzusetzen. Nur wenn die Schleimhaut der Fische durch Verletzungen oder Infektionen geschädigt ist, können sich die Sporen anheften und auskeimen.

Bei bakteriellen Infektionen der Schleimhaut tritt häufig ein sekundärer Befall durch Pilze auf. Auch bei stark geschwächten Koi und Goldfischen ist mitunter eine sich innerhalb von ein oder zwei Tagen über die gesamte Oberfläche ausbreitende Verpilzung zu beobachten. Aufgrund der großflächigen Hautzerstörung sterben die Fische in den folgenden Tagen. Eine Behandlung solcher geschwächter Fische mit Medikamenten ist in der Regel erfolglos.

Bild: 249 Verpilzung infolge flächiger Bissverletzung

Bei Verletzungen lässt sich eine Pilzinfektionen durch vorbeugende Maßnahmen verhindern (siehe Ende des Kapitels). Ist eine Mykose schon so weit fortgeschritten, dass an der betroffenen Hautstelle deutlich die Pilzfäden (Hyphen) zu sehen sind, kann eine unverzüglich durchgeführte Behandlung noch Erfolg bringen (Diagnnosetafel 5c, Bild 20 und 249). Die Erreger sind Schimmelpilze der Gattungen *Saprolegnia, Achlya*

Bild 250: Verpilzung der Haut auf beiden Körperseiten

und *Dictyuchus*. Die Gattung *Saprolegnia* gehört zu der Klasse der Oomyceten, die neuerdings den Heterokontophyten zugeordnet werden, und diese gehören zu den Algen. Häufig auftretende Arten sind *Saprolegnia parasitica* und *S. diclina*. Der Begriff „Pilz“ wird im folgenden Text jedoch weiter verwendet.

Saprolegnia an Skalar

QR-Code 57

Bild 251: Verpilzung des Kiemendeckels

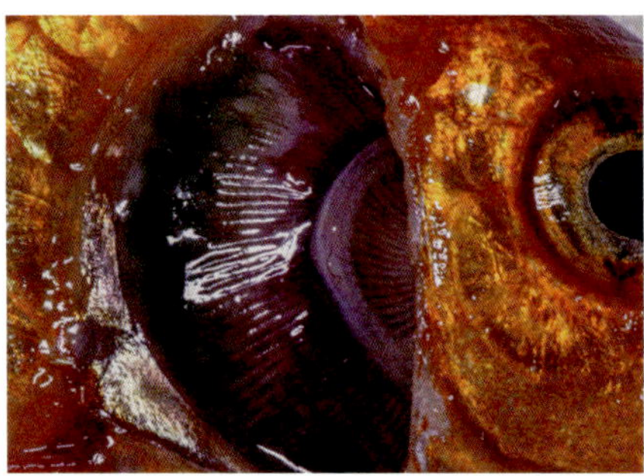

Bild 252: Starke Verpilzung der Kiemen

Die genannten Pilze zersetzen normalerweise abgestorbenes tierisches Material, wie tote Fische, Futterreste und die Leichen von Futtertieren. Auch die Verpilzung abgestorbener Eier, die Laichverpilzung, wird von diesen Pilzen verursacht. Das Weißwerden der Eier ist jedoch primär auf das Gerinnen des Eiweißes zurückzuführen. Erst später wachsen die Pilzfäden auf den weißen Eiern. Ist der Anteil der abgestorbenen Eier eines Geleges zu hoch, dann greifen die sich bildenden Pilze auch auf gesunde Eier über.

Am Fisch äußert sich die Pilzinfektion durch die voran genannten Gattungen, indem sich dünne, weiße Fäden, sogenannte Hyphen, auf der infizierten Stelle bilden. Diese werden dichter, bis sie einen Belag bilden, der an Watte erinnert. Der Befall ist mit dem bloßen Auge zu erkennen. Bei Teichfischen ist mitunter eine grünliche Verfärbung gerade größerer verpilzter Stellen zu beobachten, da sich Algen zwischen den Pilzhyphen ansiedeln.

Bild 253: Wattebauschartige Verpilzung einer Wunde

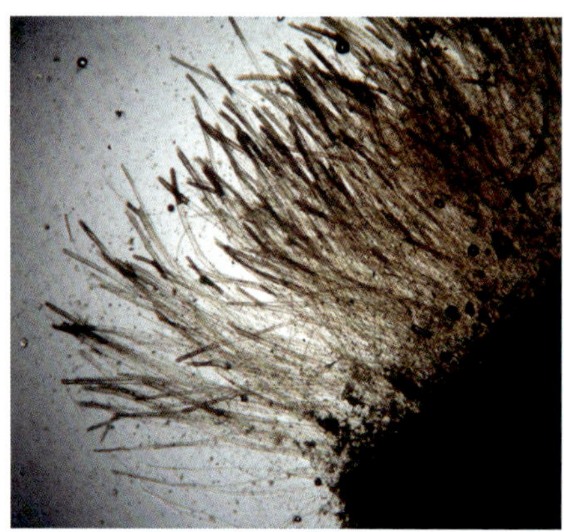

Bild 254: Präparat von stark verpilzter Haut eines Koi (Vergr. 25x)

Zur mikroskopischen Untersuchung schneidet man mit einer Schere ein Büschel der Pilzhyphen ab und fertigt ein Präparat an. Schon bei geringer Vergrößerung sind die Pilzfäden und an deren Ende die sporengefüllten Sporangien zu sehen (Bild 255). Stark befallene Fische sind meist nicht mehr zu retten, da die Pilzhyphen auch ins Innere der Fische wachsen und schwere Schäden an den Organen verursachen. Außerdem geben sie ihre meist giftigen Stoffwechselprodukte an den Organismus ab. Vor der Behandlung sollte man die Ursache der Infektion ergründen und beseitigen.

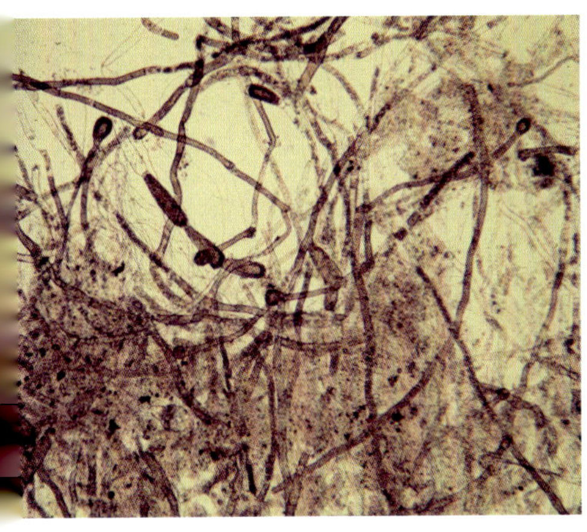

Bild 255: Pilzgeflecht von *Saprolegnia* sp. mit zersetztem Gewebe (Vergr. 63x)

Die Pilze können durch Bäder in Chemikalienlösungen bekämpft werden. Die Wahl des Medikaments richtet sich nach der Stärke des Befalls. Als vorbeugende Maßnahme und bei leichtem Befall können die Methoden in Kapitel 9.6., B-12, C-01, C-16 und C-25 angewendet werden. Um Laichverpilzung vorzubeugen, ist B-10 und C-25 über drei Tage wirksam. Verpilzte Wunden und großflächige Verpilzungen können nach Kapitel 9, A-16 behandelt werden.

Bei Koi kann mitunter eine stellenweise begrenzte Verpilzung beobachtet werden. Der Pilz entwickelt sich auf abgestorbenen Schuppen. Mit der Zeit erscheint er grünlich, weil sich ebenfalls Algen an der Stelle ansiedeln. Den Aufwuchs kann man zwar mit Tinkturen oder Methode A-16 zum Absterben bringen, es ist jedoch keine langfristige Lösung des Problems. Meist hilft nur die Schuppe zu entfernen. Es bleibt zunächst eine Narbe, einem ansonsten gesunden Fisch wächst die Schuppe im Laufe der Zeit wieder nach.

Die Gattung *Achlya* gehört systematisch zu der Familie Saprolegniaceae. Sie tritt auch bei Verpilzungen der Haut von Fischen auf. Die folgenden Bilder von Verpilzungen der Haut wurden von Diksufischen entnommen.

Verpilzung Ancistrus

QR-Code 58

Verpilzungen bei Diskusfischen

QR-Code 59

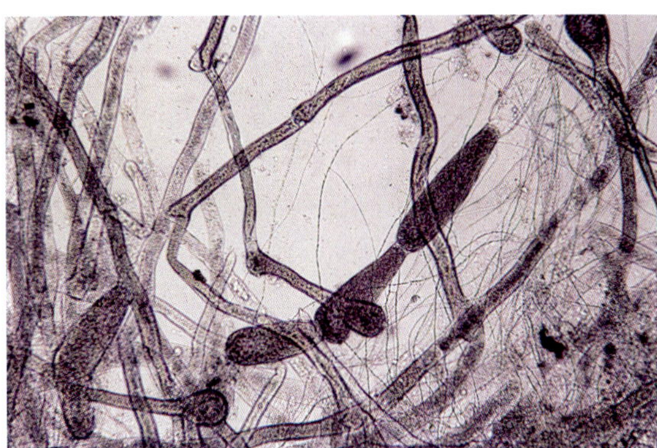

Bild 256: Sporenkapseln von *Saprolegnia* sp. und sekundärem Befall von Fadenbakterien (Vergr. 160x)

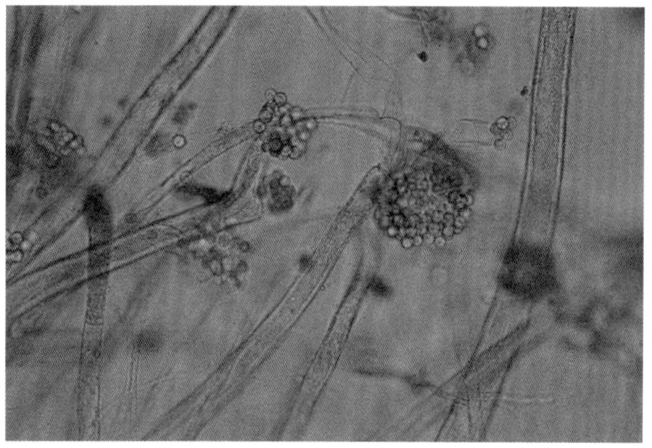

Bild 257: Hautverpilzung eines Diskusfisches, *Saprolegnia* sp. (Vergr. 200x)

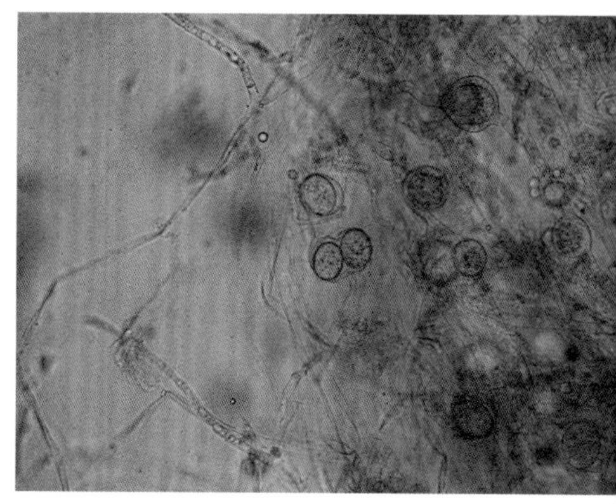

Bild 258: Hautverpilzung eines Diskusfisches, *Achlya* sp. (Vergr. 100x)

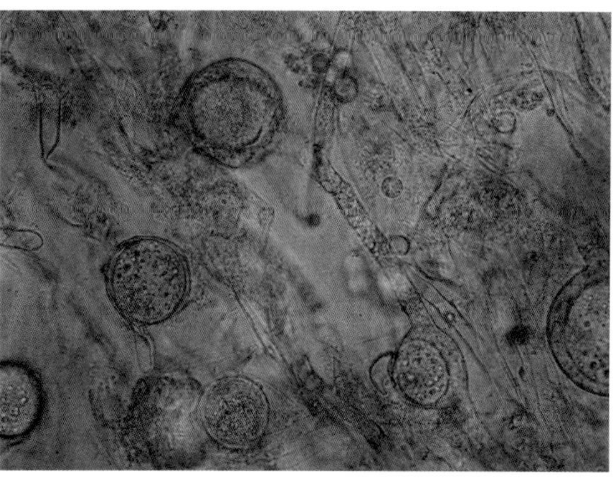

Bild 259: Hautverpilzung eines Diskusfisches, *Achlya* sp. (Vergr. 200x)

Bild 260: Abstrich von einer verpilzten Flosse eines Diskusfisches (Vergr. 100x)

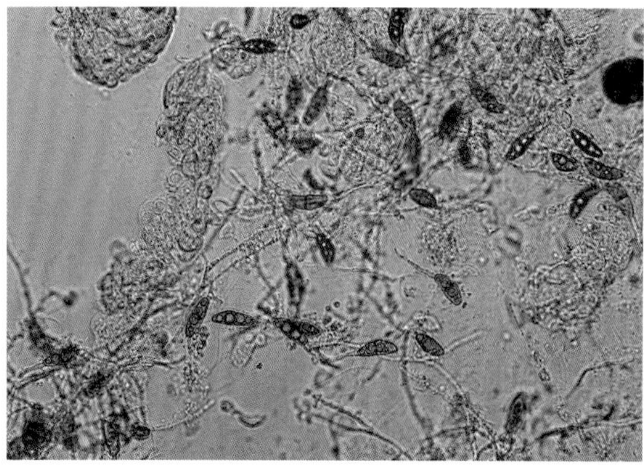

Bild 261: Abstrich von einer verpilzten Flosse eines Diskusfisches (Vergr. 200x)

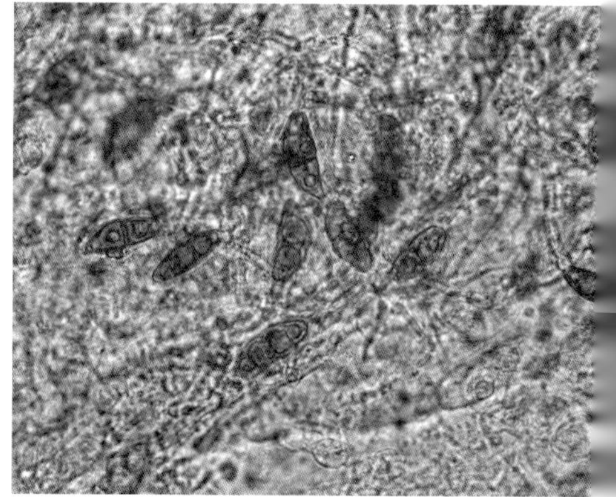

Bild 262: Abstrich von einer verpilzten Flosse eines Diskusfisches (Vergr. 400x)

4.2. Innere Mykosen

Die Pilzhyphen sind im Gewebe mitunter schwer zu erkennen. Dünne Zupf- oder Quetschpräparate von befallenen Organen können mit Methylenblau-Lösung gefärbt werden, damit sich die Pilzhyphen besser abheben. Da sich die Pilzhyphen dabei nicht anfärben, erscheint das Gewebe blau, die Pilzhyphen treten hell hervor. Auch die inneren Organe können von Pilzen befallen werden.

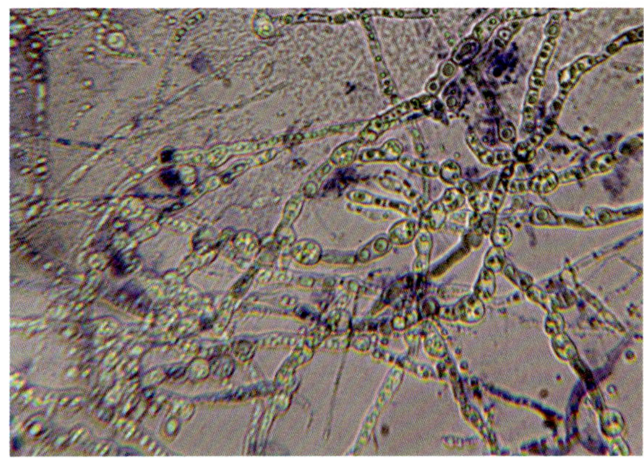

Bild 263: Nephromyces piscinum aus der Niere eines Goldfisches, gefärbt mit Methylenblau (Vergr. 200x)

4.2.1. Ichthyophonus hoferi (Ichthyosporidium)

Ichthyophonus hoferi zählte noch in den siebziger Jahren zu den gefürchtetsten Krankheiten im Aquarium. Wahrscheinlich handelte es sich in vielen Fällen um Tuberkulose, da diese nur durch eine spezielle Färbung (ZIEHL-NEELSEN-Färbung) von *Ichthyophonus* zu unterscheiden ist. Die Krankheit tritt bei Meer- und Süßwasserfischen auf. Der ganze Bestand kann gefährdet sein, wenn die Fische geschwächt sind und in hygienisch unzulänglichen Aquarien gehalten werden. Die Meinung, dass *Ichthyophonus* bei tropischen Aquarienfischen wegen der hohen Temperatur nicht auftreten könne, ist widerlegt. HERKNER (1961) konnte durch Verfüttern von befallenen Meeresfischen an Warmwasserfische bei 20% von ihnen eine Erkrankung hervorrufen.

Der Name des Erregers ist *Ichthyophonus hoferi*, er wird den Algenpilzen (Phycomyceten) zugeordnet. Zwischenzeitlich hieß er *Ichthyosporidium hoferi*, nach neueren Untersuchungen wurde jedoch der alte Name wieder eingeführt (REICHENBACH-KLINKE 1980). Der Entdecker der Krankheit, B. HOFER, nannte sie Taumelkrankheit, da die befallenen Fische Schaukelbewegungen beim Schwimmen ausführten. Äußerlich ist meist nichts zu sehen, gelegentlich kommt es zu Hautgeschwüren bei Anabantiden und Löchern am Kopf von Cichliden (falsche Lochkrankhheit). Befallen werden vorwiegend Leber, Milz, Herz, Niere und Gehirn. Geschlechtsorgane, Kiemen und Muskulatur sind seltener betroffen. Unter Verdacht von *Ichthyophonus* stehende Fische werden getötet und seziert. Die weißen Zysten sind ab einer Größe von 0,2 mm ohne Hilfsmittel an den Organen zu sehen. Zur Diagnose werden Zupfpräparate von Leber, Herz, Milz und Niere hergestellt und bei 50- bis 100-facher Vergrößerung mikroskopiert. Zysten von 0,04 bis 2 mm Größe sind im Präparat leicht zu finden. Sie haben kreisrunde bis ellipsoide Formen und erscheinen braun mit schwarzen Teilchen darin. Sie sind von einem Hof hellen Bindegewebes umgeben. In nach E 8 (s. Kap. 12.8.7.) gefärbten Quetschpräparaten von Zysten sind keine Bakterien zu finden.

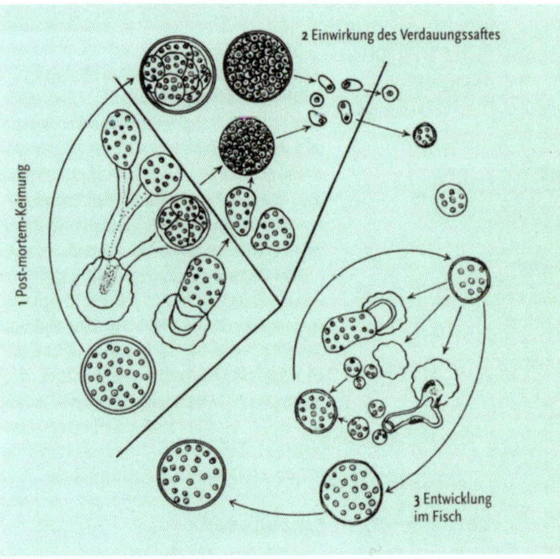

Bild 264: Entwicklungszyklus von Ichthyophonus hoferi, Gezeichnet nach DORIER und DERANGE, entnommen aus REICHENBACH-KLINKE, 1980.

Die Fische infizieren sich, indem sie Infektionsplasmodien mit der Nahrung aufnehmen. Durch Einwirkung der Verdauungssäfte zerfallen diese zu Amöboidkeimen, die zum größten Teil wieder ausgeschieden werden. Den verbliebenen Parasiten kann es gelingen, durch die Darmwand zu wandern und sich vom Blutstrom zu den Organen tragen zu lassen. Bei geschwächten Fischen gelingt das leichter, denn die Darmwand kräftiger Tiere ist widerstandsfähiger. Eine abwechslungsreiche, gesunde Ernährung ist eine wichtige, vorbeugende Maßnahme.

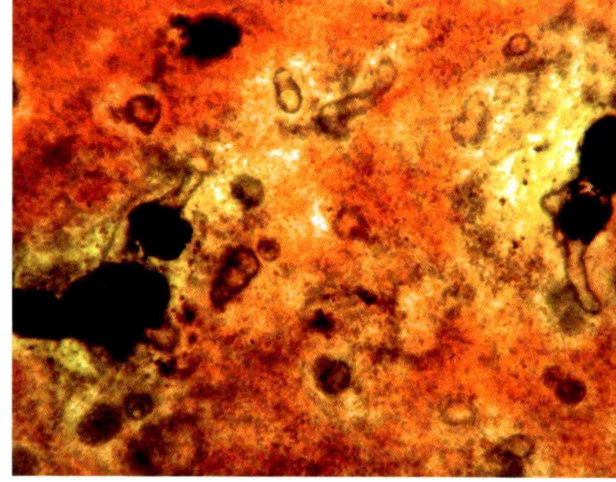

Bild 265: Keimende Zysten von *Ichthyophonus hoferi* (Vergr. 25x)

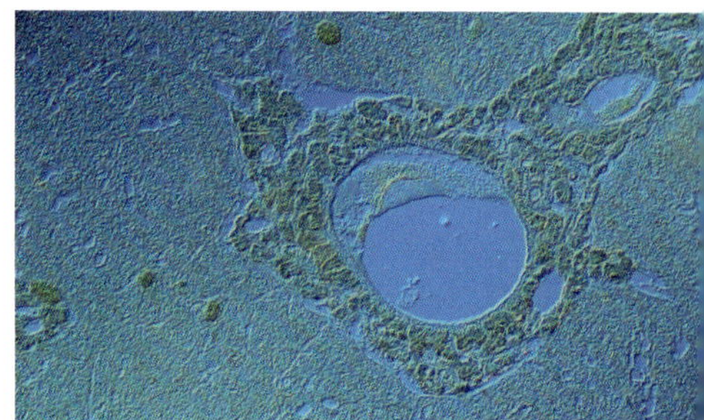

Bild 266: Keimende Zyste von *Ichthyophonus hoferi*, von Makrophagen umgeben, Leberquetschpräparat (Vergr. 100x DIC)

In den infizierten Organen wächst der Parasit durch mehrmalige Kernteilungen und umgibt sich dann mit einer Hülle. Nun tritt eine Ruheperiode von einigen Tagen ein. Da auch vom Fisch eine Bindegewebshülle um den Parasit gebildet wird, ist in diesem Stadium die Verwechslung mit Tuberkulose leicht möglich (Bild 227). Aus der Zyste schlüpfen mehrkernige Plasmodien, die sich zu Tochterplasmodien teilen und sich über das infizierte Organ ausbreiten. Der Fisch stirbt, wenn die befallenen Organe nicht mehr funktionsfähig sind. Nach dem Tode des Wirtes wachsen aus den Zysten Hyphen, an deren Ende sich die Infektionsplasmodien bilden. Die Übertragung findet statt, wenn an den toten Tieren gefressen wird. Es scheint, dass der Parasit nahezu alle Süß- und Meerwasserfische befallen kann (REICHENBACH-KLINKE 1980). Eine Behandlungsmethode ist nicht bekannt. Befallene, sterbende und tote Fische müssen sofort aus dem Aquarium entfernt und vernichtet werden.

4.2.2. Aphanomyces sp.

Außer *Ichthyophonus* wurden auch schon andere Pilze gefunden, die mit ihrem Mycel Organe von Fischen durchwachsen. Es sind oft keine äußeren Anzeichen zu sehen, außer dass die befallenen Tiere in ihren Reaktionen und Bewegungen gehemmt sind. Seuchenartigen Charakter soll die Infektion von tropischen Süßwasserfischen mit Aphanomyces-Arten annehmen können (REICHENBACH-KLINKE 1980). *Aphanomyces astaci* verursacht die Krebspest bei einheimischen Flusskrebsen. Bei *Trichogaster lalius* (*Colisa lalia*) konnte *Aphanomyces invadans* vom Autor gefunden werden. Die Infektion ist als EUS (Epizootisches Ulzeratives Syndrom), Fischaphanomykose oder Rotfleckenkrankheit bekannt. Der Pilz konnte in der Rückenmuskulatur und der Haut nachgewiesen werden. Der Tod tritt nach einigen Tagen ein, wenn die Haut von innen durchbrochen wird. Eine wirksame Behandlung ist nicht bekannt.

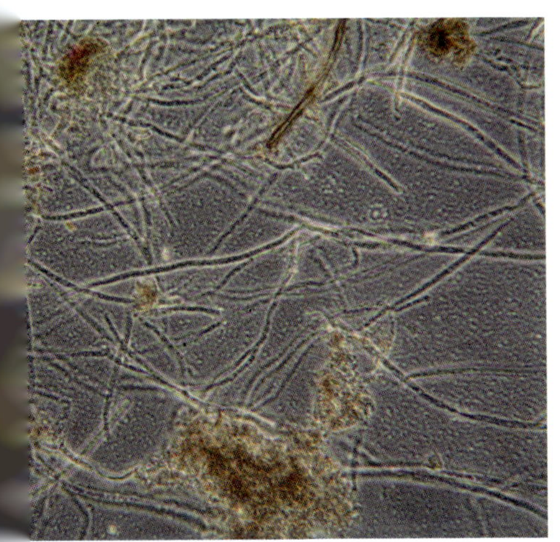

Bild 267: *Aphanomyces invadans* im Quetschpräparat (Vergr. 160x)

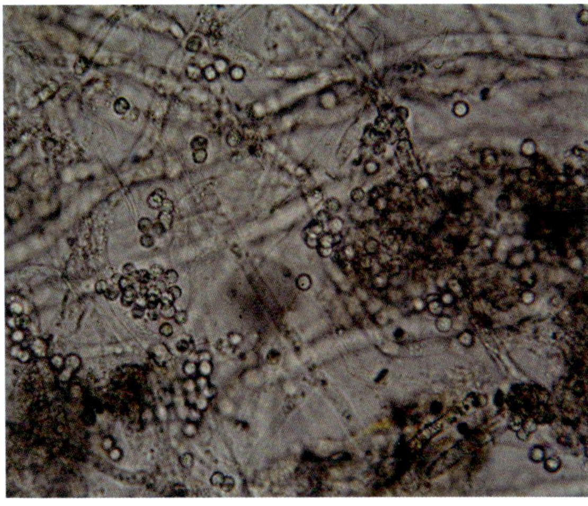

Bild 268: *Aphanomyces invadans* Sporenbildung (Vergr. 400x)

4.2.3. Branchiomyces, Kiemenfäule

Diese Mykose der Kiemen tritt vorwiegend bei Tieren in stark organisch belastetem Wasser auf. Der Erreger kann mit Lebendfutter ins Aquarium eingeschleppt werden. In sauberen Aquarien mit regelmäßigem Wasserwechsel stellt die Kiemenfäule keine Gefahr dar. Wohl aber in stark veralgten Gartenteichen während der warmen Jahreszeit.

Ursache sind Pilze der Gattung *Branchiomyces*. Sie wachsen im Kiemenepithel, verdrängen das Gewebe und behindern die Durchblutung. Die befallenen Kiemenblättchen sterben ab, zersetzen sich und fallen ab. Die Fische werden träge, schnappen nach Luft, atmen heftig und ersticken schließlich. Zur Untersuchung zupft man mit einer spitzen Pinzette einige der abgestorbenen Kiemenblätter ab und stellt ein Präparat her. Die Pilzhyphen sind bei 100-facher Vergrößerung zu erkennen (Bild 269). Eine Behandlung ist möglich (s. Kap. 9, C-01 oder C-25). Im Gartenteich können die Fische nicht behandelt werden, sie müssen in ein Quarantänebecken umgesetzt werden.

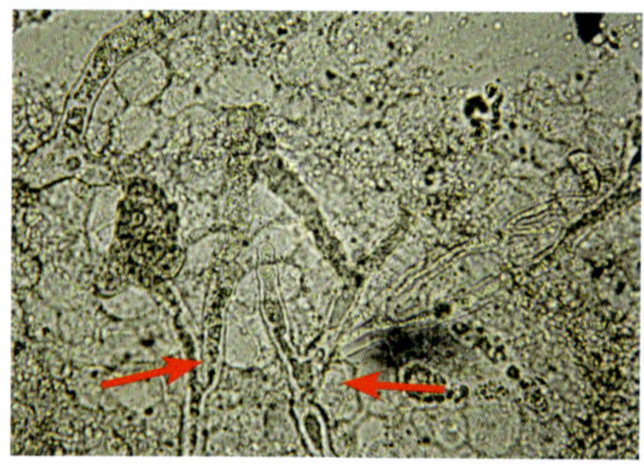

Bild 269: *Branchiomyces* im Kiemengewebe (Vergr. 300x)

4.3. Algosen

Algen sind im Allgemeinen keine Gefahr für Aquarienfische. Es gibt zwar Algen, die giftige Substanzen (Toxine) absondern, die den Fischen gefährlich werden können. Dazu muss jedoch erst eine wasserblütenartige Vermehrung der Algen stattfinden. Außerdem ist die Wahrscheinlichkeit, dass eine giftige Algenart eingeschleppt wird, verschwindend gering. Manche Grünalgenarten wachsen auf Kiemendeckel, Flossen oder Schuppen (s. Kap. 4.1.), richten jedoch keinen Schaden an, wenn sich ihr Wachstum in Grenzen hält. Ein Kurzbad schafft Abhilfe s. Kap. 9, C-25).

Weit häufiger kommen Blaualgen (*Cyanophyceen*) in Aquarien vor. Der Name Blaualgen trügt, denn es handelt sich um Bakterien. Sie überziehen Bodengrund und Pflanzen mit einem bläulich grünen Belag. Das Aquarienwasser riecht dann oft unangenehm modrig. Weiterhin geben die Blaualgen einen für Fischlaich toxischen Stoff ab, sodass in den befallenen Aquarien keine Nachzuchten von Fischen möglich sind (mündliche Mitteilung von Prof. Dr. GEISLER 1988). Leider gibt es immer noch keine absolut sichere Methode, Blaualgen im eingerichteten Becken zu bekämpfen. Meist bleibt nur das Aquarium auszuräumen und alles zu desinfizieren.

Folgende Bekämpfungsmethode hat sich in vielen Fällen als erfolgreich erwiesen. Die Blaualgen vermehren sich in Frischwasser und bei hohen Nitrat- und Phosphatwerten besonders gut. Da sie Nitrat und Phosphat speichern können, hilft nur eine langfristige Reduzierung der Wasserbelastung. Der Nitratwert sollte langfristig unter 30 mg NO_3 pro Liter und der Phosphatwert unter 0,5 mg PO_4 pro Liter liegen.

Die Bekämpfung beginnt mit dem Absaugen der schmierigen Beläge von Pflanzen und Dekoration. Besonders die oberen zwei Zentimeter des Bodengrundes sind gründlich mit einer Mulmglocke abzusaugen. Die Filtermedien sind vor der Behandlung mit Aquarienwasser auszuspülen, sodass der grobe Mulm entfernt wird. Während der Behandlungszeit soll der Filter nicht mehr gereinigt werden, sondern erst wieder nach der Behandlung, wenn sich der Wasserdurchfluss reduziert. Nach dem Auffüllen des Beckens gibt man Nifurpirinol (s. Kap. 9, A-14) dem Wasser zu. Dann schaltet man das Licht aus und schirmt das Aquarium vier Tage lang mit einer Decke gegen einfallendes Licht ab. In dieser Zeit wird sparsam gefüttert. Während der Fütterung nimmt man die Decke weg. Danach wechselt man 50% des Wassers und nimmt die Beleuchtung wieder in Betrieb. Diese Behandlung wird dann ohne Abdunkelung noch einmal sechs Tage lang durchgeführt.

Piscinoodinium gehört zwar systematisch zu den Algen, speziell zu den Dinoflagellaten. Es wird jedoch in Kapitel 5 bei den Flagellaten behandelt.

4.4. Dermocystidium

Noch scheint nicht endgültig geklärt, wo die Gattung *Dermocystidium* systematisch einzuordnen ist. Manche Autoren ordnen es den Pilzen zu, andere den Haplospora, R. Bauer (1991) den Apicomplexa (Sporozoen). *Dermocystidium* bildet Zysten in der Haut und den Kiemen, die eine runde oder lange, fast wurmähnliche Form haben (Diagnosetafel 6A, Bild 27). Sie können zwischen einem und über 20 mm lang werden.

Das Innere der Zysten enthält dünnwandige Hyphen in denen sich Hundert-

Bild 270: Die Zysten von *Democystidium* sehen wurmartig aus

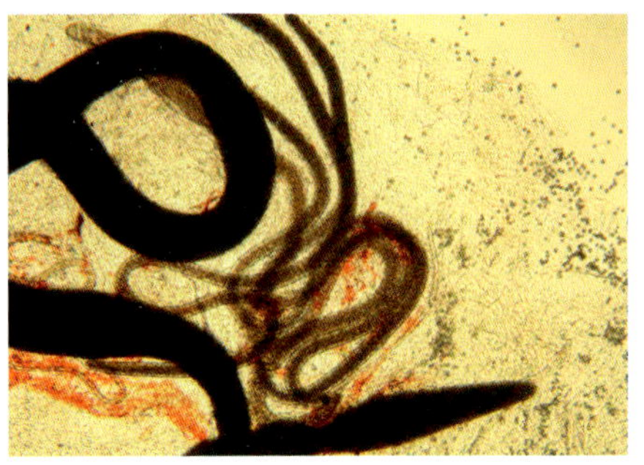

Bild 271: Die Zysten von *Paracheirodon axelrodi* (Vergr. 63x)

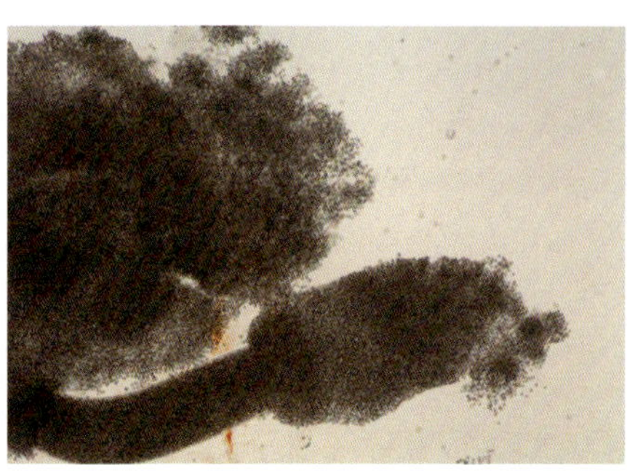

Bild 272: Geöffnete Dermocystidiumzyste mit in Massen austretenden Sporen (Vergr. 50x)

tausende winziger Sporen von drei bis sechs Mikrometer Größe befinden. Die Sporen sind rund und zeigen mehrere unterschiedlich große runde Strukturen im Inneren (Bild 278). Beim Präparieren reißt die Hyphenwand leicht und es tritt ein Strom von Sporen aus. Die Sporen infizieren die Haut anderer Fische wenn kleine Verletzungen vorliegen. So treten die Zysten bevorzugt an Stellen auf, an denen die Fische sich scheuern.

Es sind mehrere Arten von *Dermocystidium* bekannt. *D. gasterostei* wurde bei Stichlingen und *D. branchiales* bei Aalen beschrieben. Der Autor fand an Schmetterlingsbuntbarschen, *Microgeophagus ramirezi*, eine nicht bestimmte Art mit sehr kleinen Sporen, die etwa ein bis zwei Zentimeter lange wurmähnliche Zysten in der Haut bildete.

Dermocystidium koi befällt Koi und Goldfische. An verschiedenen Körperstellen treten mehrere Zentimeter große unregelmäßig geformte unschöne Zysten in der Haut auf. Sie sind erhaben und gleichen einer blutigen Geschwulst. In ihnen befinden sich zentimeterlange, schlauchartige verzweigte Hyphen. In einem Teich konnten schlauchartige Zysten (Bild 275) nur an der Innenseite der Kiemendeckel von Koi nachgewiesen werden.

Der Körper der Fische war nicht befallen. Die Übertragung erfolgt, wenn

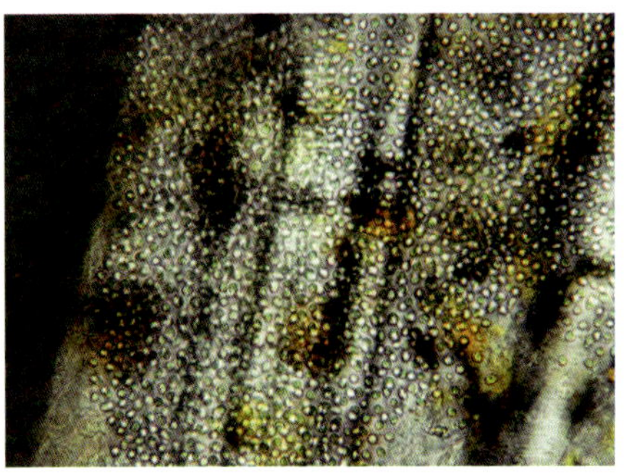

Bild 273: Sporen von *Dermocystidium* vom *M. ramirezi* (Vergr. 400x)

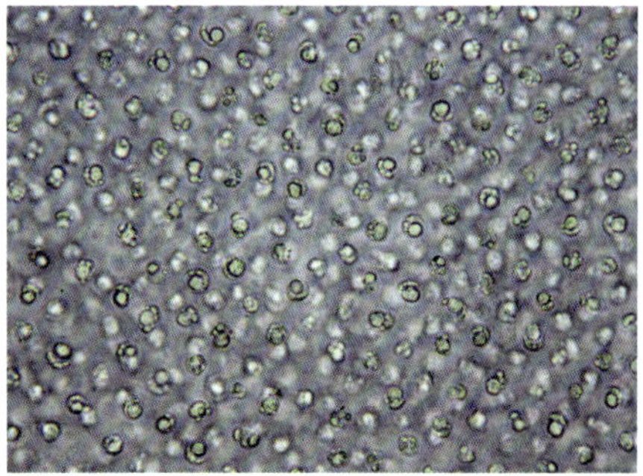

Bild 274: Sporen von *Dermocystidium* vom *M. ramirezi* (Vergr. 630x)

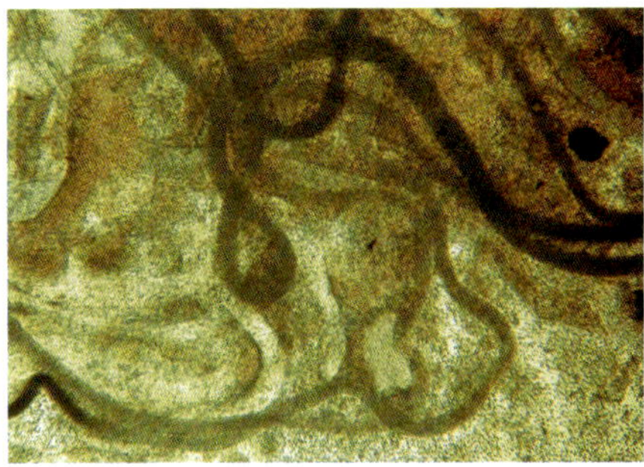

Bild 275: *Dermocystidium* sp. von der Innenseite des Kiemendeckels eines Koi (Vergr. 40x)

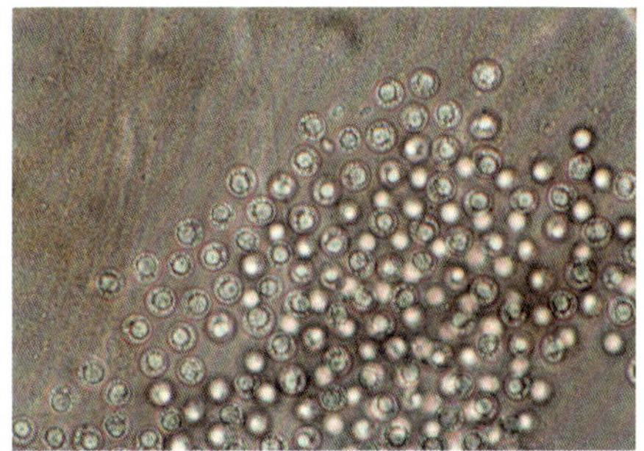

Bild 278: Sporen von Bild 277 (Vergr. 500x)

eine Zyste die Sporen freisetzt. Sie treiben im Wasser und können meist nur geschwächte Fische infizieren. Ektoparasiten, die Hautverletzungen verursachen, können das Eindringen der Sporen in die Haut ermöglichen.

Eine Behandlungsmöglichkeit mit Medikamenten ist nicht bekannt. Wenn nur einzelne Zysten vorliegen, kann in einer Behandlungswanne der Fisch in ein konzentriertes Behandlungsbad nach (s. Kap. 9, C-01) gesetzt werden. Lassen sich weiche, kleine Zysten durch vorsichtiges Darüberstreichen mit dem Finger öffnen, können die Sporen austreten. Danach setzt man den Fisch in ein Quarantänebecken und behandelt ihn etwa fünf Tage lang nach dieser Methode weiter, bis die verletzten Hautstellen zu heilen beginnen. Der erfahrene Fischtierarzt kann kleinere Zysten mit flüssigem Stickstoff vereisen, das Gewebe heilt dann wieder.

Dermocystidium

QR-Code 60

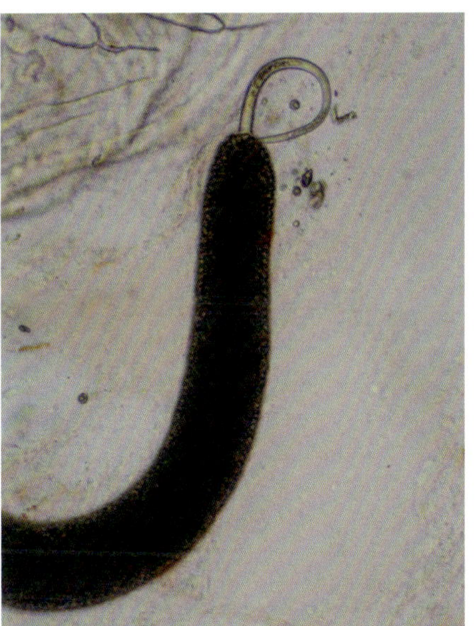

Bild 276: Zyste von *Democystidium* (Vergr. 50x)

Bild 277: Zyste geöffnet mit Sporen (Vergr. 50x)

5. Krankheitserregende Protozoa, Einzeller

Als Protozoa oder Protisten bezeichnet man alle einzelligen Lebewesen, die einen vom Zellplasma abgegrenzten Zellkern besitzen. Zu ihnen gehören die pflanzlichen und tierischen Flagellaten, die Opalinata, die Amöben, die Sporentierchen und die Wimperntierchen. Es handelt sich um eine künstlich zusammengestellte Gruppe von Lebewesen, die etwa 65.000 Arten umfasst. Unter ihnen befinden sich um 10.000 Arten, die als Parasiten leben. Viele der von ihnen verursachten Krankheiten verlaufen tödlich, wenn nicht rechtzeitig eine Behandlung erfolgt.

5.1. Mastigophora, Flagellaten

Flagellaten sind sehr klein. Sie sind ab einer 100-fachen Vergrößerung im Präparat auf Grund ihrer Bewegung gut zu erkennen. Um die verschiedenen Gattungen unterscheiden zu können, ist mindestens eine 400-fache Vergrößerung und die genaue Beobachtung der Schwimmweise notwendig. Zur Fortbewegung dienen eine oder mehrere Geißeln. Oft ist eine Fixierung nach Kapitel 12.8.4. oder zumindest eine Verlangsamung der Bewegung nach Kapitel 12.6. erforderlich, um die Anzahl und Anordnung der Geißeln erkennen zu können. Ohne die Verlangsamungsmethode sind die Geißeln aufgrund ihrer schnellen Bewegung kaum zu sehen.

Die Fortpflanzung der Flagellaten im parasitären Stadium geschieht meistens durch Zweiteilung in Längsrichtung. Flagellaten kommen auf der Außenhaut, im Darm, in den inneren Organen und im Blut von Fischen vor. Es ist möglich, dass eine bestimmte Flagellatengattung auf die eine Fischart stark krankheitserregend wirkt, einer anderen Fischart jedoch keinen Schaden zufügt.

Die auf der Haut und den Kiemen der Fische parasitierenden Flagellaten können ihren Wirt stark schädigen, da die Haut ein lebenswichtiges Organ ist (s. Kap. 2.3.6.). Sowohl *Ichthyobodo necator* (früher: *Costia necatrix*), der kleine bohnenförmige Hauttrüber, als auch die verschiedenen Arten der Dinoflagellatengattung Oodinium sind dem Aquarianer wohl bekannt.

Bei vielen Fischen sind im Darm Flagellaten zu finden, ohne dass der Fisch dadurch Schaden erleidet. Die Pathogenität ist von Fischart zu Fischart verschieden. So werden Skalare mitunter von den gleichen Flagellaten, die Diskusfischen schaden, kaum beeinträchtigt. Die bekanntesten Gattungen der Darmflagellaten sind *Hexamita, Spironucleus, Trichomonas, Cryptobia* und *Trypanoplasma* (Bilder 298 bis 304). Meist ist der Darm zusätzlich von verschiedenen Arten beweglicher Bakterien befallen, was bei der Behandlung zu berücksichtigen ist. Die genannten Flagellatengattungen kommen mit ähnlichen Krankheitsanzeichen auch im Darm von Meerwasserfischen vor. Bei geschwächten Fischen ist eine Ausbreitung der Flagellaten in die Gallenblase und durch die Darmwand in die Blutbahn möglich, dann verläuft die Infektion meist tödlich.

Zur Untersuchung werden vom lebenden Fisch ganz frisch abgesetzte Kotstücke präpariert. Von gerade gestorbenen oder getöteten Fischen entnimmt man Teile des Enddarms und des Mitteldarms sowie die Gallenblase. Die Untersuchung erfolgt wie in Kapitel 2.4.2. beschrieben. Eine Bestimmung der Gattung kann nur mit verlangsamten oder fixierten Exemplaren erfolgen. Die Flagellaten sind ab einer Vergrößerung von 120-fach zu sehen. Zur Unterscheidung beobachtet man mit 300- bis 400-facher Vergrößerung.

Die Lochkrankheit der Cichliden, speziell der Diskusfische, ist nicht ausschließlich auf Flagellatenbefall zurückzuführen (s. Kap. 8, Bild 449). Meist sind zwar Flagellaten verschiedener Gattungen und bewegliche Bakterien in großen Mengen im Darm nachweisbar, die Ursache der Löcher im Kopfknorpel sind jedoch häufig ernährungsbedingte Mangelzustände oder Mineralstoffmangel im Wasser (s. Kap. 8.2. und 8.3.). Die Löcher können sich auch bei parasitenfreien Diskus bilden, wenn nicht auf eine ausgewogene Mineralstoffversorgung geachtet wird.

Bei Süß- und Meerwasserfischen treten Flagellaten auch im Blut auf. Sie werden durch blutsaugende Parasiten, meist Egel, übertragen. Als die bekanntesten Blutflagellaten sind die der Gattungen *Cryptobia, Trypanosoma* und *Trypanoplasma* zu nennen (Bild 285, 286, 300). Allein bei der Gattung *Trypanosoma* sind schon mehr als 150 Arten als Blutflagellaten bei den unterschiedlichsten Tieren beschrieben.

5.1.1. Dinoflagellaten, Oodinidae

Die Dinoflagellaten sind einzellige Algen. Einige Gattungen haben sich auf ein parasitisches Leben spezialisiert. Parasitär an Fischen leben die Arten der Gattungen *Amyloodinium, Piscinoodinium, Crepidoodinium* und *Ichthyodinium*. Die Ernährung kann vom Wirtsgewebe oder durch Photosynthese erfolgen. Die Schwärmerstadien können ihre Wirte aktiv aufsuchen. Sie heften sich an und werfen die Geißel ab. Die nun bewegungslosen Trophonten bilden eine Haftscheibe mit wurzelartigen Plasmafortsätzen aus. Damit sind sie in der Schleimhaut verankert.

5.1.1.1. Amyloodinium ocellatum

Die Korallenfischkrankheit, *Amyloodinium ocellatum*, ist schon seit sechs Jahrzehnten bekannt und eine sehr gefürchtete Krankheit. Sie tritt regelmäßig in den Meeresaquarien auf. Frisch importierte Fische sind oft befallen. Die Schwärmerstadien haben das charakteristische Aussehen von Dinoflagellaten und sind etwa 50 µm groß. Der rund-länglich bis birnenförmige adulte Trophont wird mehr als 100 µm groß. Das granulierte Plasma ist hell- bis dunkelbraun gefärbt. Durch die absolute Bewegungslosigkeit ist *A. ocellatum* gut von anderen Parasiten zu unterscheiden. Im Plasma enthaltene Stärkekörner sind durch die Zugabe von Jod im Präparat nachweisbar. Mit den wurzelartigen Plasmaausläufern zerstört der Parasit Epithelzellen und nimmt die Zellfragmente als Nahrung auf.

Das Optimum an Temperatut von *A. ocellatum* liegt bei 25° C, daher ist es in tropischen Meeresaquarien besonders gefährlich. Der Befall wird aufgrund der Winzigkeit der Erreger erst spät erkannt. Befallene Fische sind schreckhaft und schwimmen unkontrolliert. Auf der Haut ist eine samtartige Trübung zu erkennen. An den Kiemen kommt es zu Nekrosen des Epithels und Blutungen. Sekundäre bakterielle Infektionen können in der Folge auftreten.

Die reifen Parasiten fallen ab und bilden eine Zystenhülle. In der Zyste findet achtmal eine Zweiteilung statt und nach etwa drei Tagen verlassen 256 begeißelte Dinosporen die Zyste.

Die Behandlung erfolgt in einem Quarantänebecken (s. Kap. 9, C-02, C-06 oder C-17). Bei der Behandlung mit Kupfersulfat in Meerwasser muss am dritten Tag nach einem vollständigem Wasserwechsel noch einmal die gleiche Dosis gegeben werden. Es fällt in kurzer Zeit im Meerwasser aus. Dabei sind die Fische zu beobachten, um im Falle einer Überdosierung Gegenmaßnahmen einzuleiten. R. Bauer (1991) empfiehlt ein Bad im Quarantänebecken mit 1,5 mg Kupfersulfat pro Liter Meerwasser mit Wiederholungen nach einem vollständigen Wasseraustausch am 3. und am 5. Tag. Niedere Tiere vertragen auch nicht geringste Spuren von Kupfer, deshalb müssen die zu behandelnden Fische in ein separates Behandlungsbecken überführt werden.

5.1.1.2. Piscinoodinium pillulare, P. limneticum

Der Dinoflagellat *Piscinoodinium pillulare* tritt nur bei Süßwasserfischen im Warm- und Kaltwasserbereich auf. Er kann im parasitären Stadium am Fisch eine Größe von mehr als 100 Mikrometern erreichen. Dann ist er mit dem bloßen Auge gerade noch als helles Pünktchen zu sehen. Befallen werden die Schleimhaut, die Kiemen und manchmal der Darm. Betrachtet man den Fisch von vorn in Längsrichtung gegen das Licht, scheint die Oberfläche trübe, bei starkem Befall nimmt sie einen samtenen Charakter an. Der Belag sieht gelb bis gelbbraun aus. Im Gegensatz zu *A. ocellatum* nimmt *P. pillulare* keine Zellorganellen auf. Der Parasit zerstört die Hautzellen und nimmt das flüssige Plasma auf. Die Schleimhaut kann sich in Stücken ablösen (Diagnosetafel 5B, Bild 18). Selten treten Entzündungen und Verpilzungen auf. Bei starkem Befall der Kiemen leiden die Fische unter Atemnot. Dabei kann die übrige Haut vollkommen frei von Parasiten sein.

Bild 279: Sehr feine weiße bis graue Punkte auf der Haut verursacht *Piscinoodinium pillulare*

Bild 280: Der Befall ist ohne Lupe manchmal sehr schwer zu erkennen

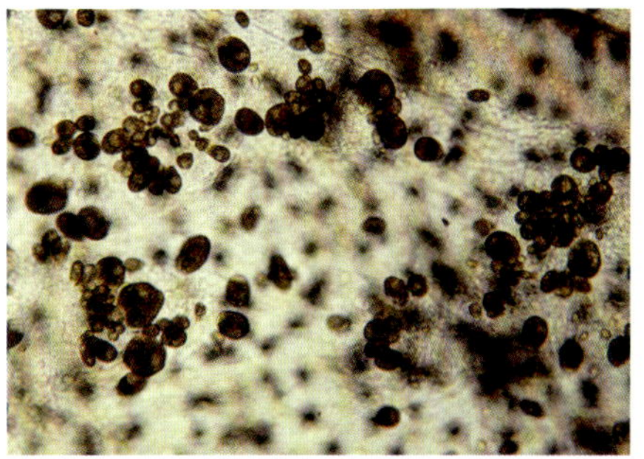

Bild 281: *Piscinoodinium pillulare* sitzt bewegungslos auf der Haut. Es tritt oft in Gruppen auf (Vergr. 120x)

Das Mikroskop zeigt bei mindestens 100-facher Vergrößerung urnenförmige, runde bis längliche Gebilde, von gelbbrauner Farbe, die mit ihrem dünnen Teil auf der Schleimhaut sitzen. Es kommen oft Gruppen von großen und kleinen Exemplaren vor, die wie Trauben beieinander hängen (Bild 281).

Manchmal ist ein elliptischer Zellkern im bräunlichen, scheinbar aus vielen kleinen Körperchen bestehenden, Plasma zu erkennen. Die wurzelartigen Plasmafäden, die in der Haut des Fisches ankern, sind ungefärbt nur sehr schwer zu sehen (Bild 282). Am dem Fisch zugewandten Pol ist ein heller Bereich zu erkennen, wo das Plasma nicht granuliert ist. Von diesem gehen die Plasmawurzeln aus (Bild 283).

Infektionen durch Piscinoodinium

QR-Code 61

Die Art *Oodinioides vastator* wurde von Reichenbach-Klinke beschrieben und tritt eher selten auf. Es bildet hellere, große blasenförmige parasitäre Stadien aus und kommt an entzündeten Hautstellen tropischer Fische vor. Die Dinosporen haben eine grünliche oder bräunliche Farbe und verlassen den Fisch nicht unbedingt. Sie können sich

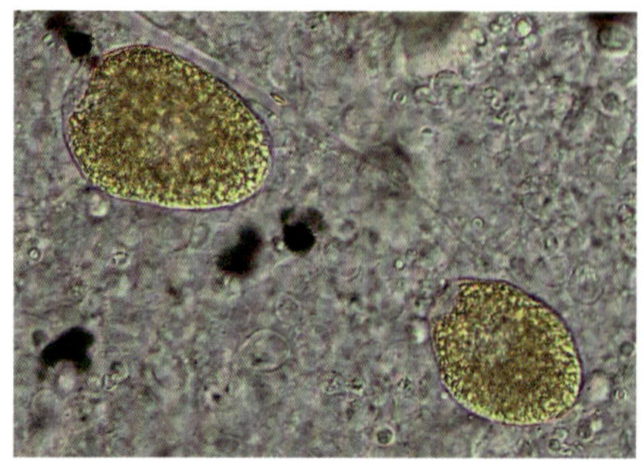

Bild 282: Der helle Pol bei *Piscinoodinium pillulare* (Vergr. 400x)

Bild 283: *P. pillulare* streckt wurzelförmige Plasmastränge in die Schleimhaut (Vergr. 400x)

nach Verlassen der Zyste kriechend auf der Haut ausbreiten. Die Erkrankung verläuft meist über lange Zeiten chronisch. Die Erreger sind nur schwer im Abstrich zu erkennen, weil sie sich kaum von Schleimhautzellen unterscheiden.

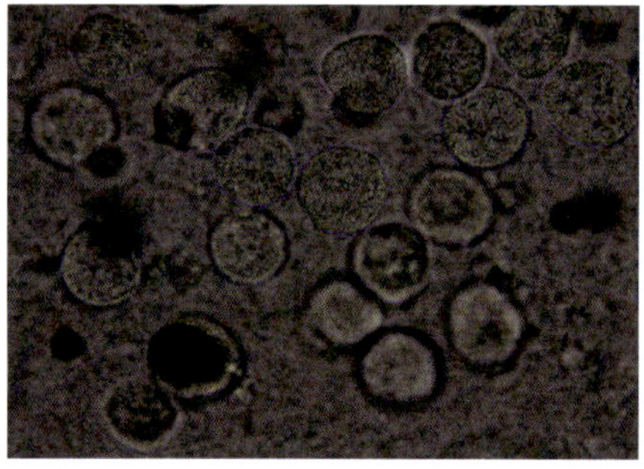

Bild 284: Hellere, blasenförmige parasitäre Stadien von *Oodinioides vastator* (Vergr. 200x)

Wenn eine Oodiniumzelle genügend Nahrung aufgenommen hat, fällt sie vom Wirt ab. Am Boden des Aquariums kugelt sie sich ab und beginnt mit der Teilung. Die so entstehenden Tochterzellen teilen sich kurze Zeit danach mehrmals und entwickeln sich in der letzten Teilung zu den begeißelten Dinoflagellaten. Sie sind annähernd rund und haben je eine Längs- und Querfurche, an deren Schnittpunkt zwei Geißeln entspringen. Nur eine ragt aus der Zelloberfläche heraus und dient zur Fortbewegung. Besser als die Längsfurche ist der rote Augenfleck zu erkennen. Der mittlere Durchmesser beträgt 15 Mikrometer mit Abweichungen von 30% nach oben und unten. *P. pillulare* produziert bei 25°C innerhalb von drei Tagen 32 oder 64 Dinosporen, *P. limneticum*, 256 Dinoflagellaten. Die Entwicklungszeit ist von der Temperatur abhängig und dauert in kaltem Teichwasser länger. Manchmal fehlt den Dinosporen von *Piscinoodinium pillulare* der rote Augenfleck.

Die Dinosporen können maximal 24 Stunden frei leben. Finden sie in dieser Zeit keinen Wirt, so sterben sie ab. Treffen die Dinosporen auf einen Wirt, heften sie sich an und werfen die Geißeln ab. Der Parasit schädigt den Fisch durch die wurzelartigen Plasmafäden (Rhizoide), die in die Epithelzellen eindringen und sie auflösen. Der Zellverbund der Haut wird zerstört, das Gewebe stirbt ab. An den Kiemenblättchen können sogar Blutungen auftreten. Eine Oodiniuminfektion kann sich manchmal viele Wochen hinziehen, bis die Haut massenhaft mit Parasiten besetzt ist und sich ablöst. Die Fische sterben dann langsam (s. Kap. 9, B-13, C-02, C-06, C-17).

5.1.2. Kinetoplastidea

5.1.2.1. Trypanosomatidae

5.1.2.1.1. Trypanosoma

Die verschiedenen Arten von *Trypanosoma* erreichen sehr unterschiedliche Größen. Sie sind mit einer Zelllänge von 10 bis 25 Mikrometer etwas größer als die Blutkörperchen. Die gleiche Art kann in unterschiedlichen Fischarten andere Größen aufweisen. In einem Blutpräparat (s. Kap. 2.5.1.) wird man sie auf Grund ihrer schnellen Bewegung leicht erkennen. Süß- und Meerwasserfische können befallen werden. Bei starkem Befall des Blutes durch *Trypanosoma* werden die Fische träge und zeigen verminderte Reflexe. Viele Fischarten haben dazu noch eingefallene Augen.

Bei Goldfischen treten nicht selten *Trypanosoma carassii* im Blut auf. *Trypanosoma* unterscheidet sich deutlich durch eine andere Art der Bewegung von *Cryptobia* sp. (Bild 286). Ab 400-facher Vergrößerung mit einer guten Optik oder mit Phasenkontrastbeleuchtung sieht man, dass *Trypanosoma* nur eine Geißel besitzt (Bild 285). Diese entspringt am hinteren Ende der Zelle und läuft entlang der Zelle nach vorn. Sie ist länger als die Zelle und mit der Zelloberfläche durch eine undulierende Membran verbunden. Zur genauen Diagnose eignet sich die Verlangsamungsmethode in Kapitel 12.6.

Die Übertragung der Blutflagellaten auf andere Fische geschieht durch Blut saugende Parasiten, hauptsächlich durch Fischegel. Da diese normalerweise nicht im Aquarium vorhanden sind, besteht keine Gefahr der Ansteckung von gesunden Fischen. Anders ist die Situation im Gartenteich. Blutflagellaten sind bei Teichfischen nicht selten, und eine Ausbreitung im Fischbestand ist durch die oft vorhandenen Egel und Karpfenläuse (*Argulus*) im Gartenteich möglich.

Es ist darauf zu achten, dass keine Blutegel und *Argulus* mit Lebendfutter aus Freilandteichen ins Aquarium gelangen. Wildfänge tropischer Aquarienfische und Teichnachzuchten aus Asien sind manchmal von Blutflagellaten be-

Blutflagellaten Trypanosoma

QR-Code 62

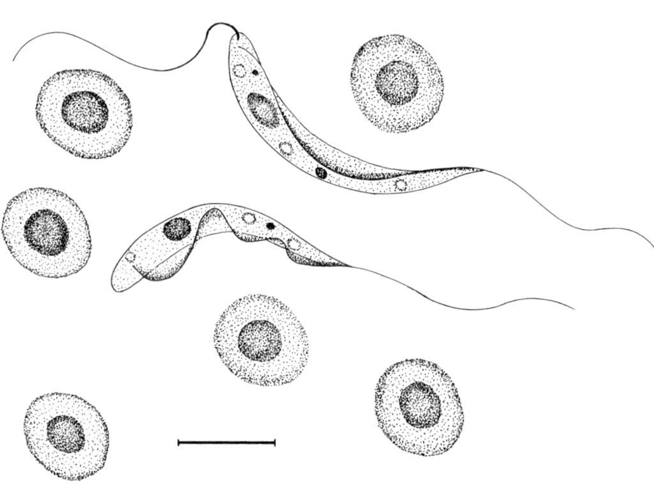

Bild 285: *Trypanosoma* sp. und *Cryptobia* sp. mit roten Blutkörperchen. Größe: 10 bis 25 µm Maßstab 10 µm

fallen. Nachgewiesen werden die Erreger entweder direkt im Blut (s. Kap. 2.5.) oder im Zupfpräparat der Niere. Eine Behandlung mit Metronidazol (s. Kap. 9, C-27), Carnidazol (s. Kap. 9. C-05) oder Tinidazol (s. Kap. 9, C-38) kann versucht werden.

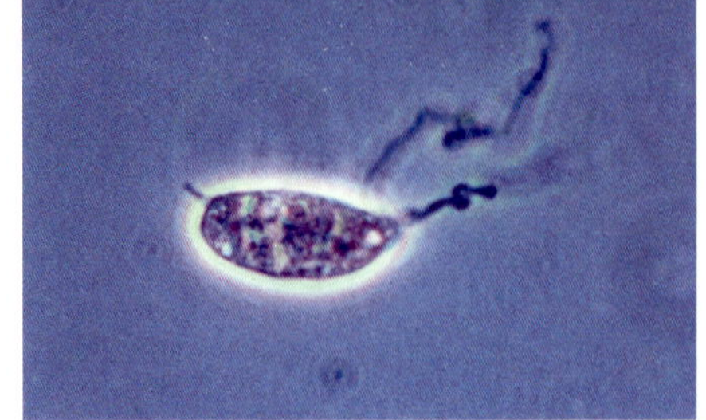

Bild 286: *Cryptobia* sp.im Darminhaltspräparat eines Diskus, gefärbt mit Carmin-Essigsäure (Vergr. 800x)

5.1.2.2. Bodonidae

5.1.2.2.1. Bodo

Bodo caudatus ist ein tropfenförmiger Flagellat des Süßwassers von 10 bis 12 µm Länge und 6 µm Breite, der auf der Haut und den Kiemen vorkommt. Er ist ein fakultativer Parasit mit zwei Geißeln, der die Fische befällt, wenn sie in organisch belastetem Wasser leben. Der Befall äußert sich durch leicht graue Beläge auf der Schleimhaut. Die Fische scheuern sich ab und zu. Bei starkem Auftreten können sie die Flossen klemmen. Die Behandlung (s. Kap. 9, C-16) ist meist ausreichend, bei starkem Befall (s. Kap. 9, C -22).

5.1.2.2.2. Ichthyobodo

Flagellaten der Gattung *Ichthyobodo* sind zweigeißelig. *Ichthyobodo necator* (früher *Costia necatrix*) hat eine Größe von 10 bis 20 µm. Die zweite Art, *Ichthyobodo pyriformis*, ist mit einer Größe von 6 bis 12 µm wesentlich kleiner. Die zwei Geißeln entspringen dem hinteren Teil der Zelle. Im Abstrichpräparat sieht *Ichthyobodo* bohnenförmig aus, angeheftet an der Haut dagegen besitzt er eine längliche, manchmal birnenförmige Gestalt (Bild 287).

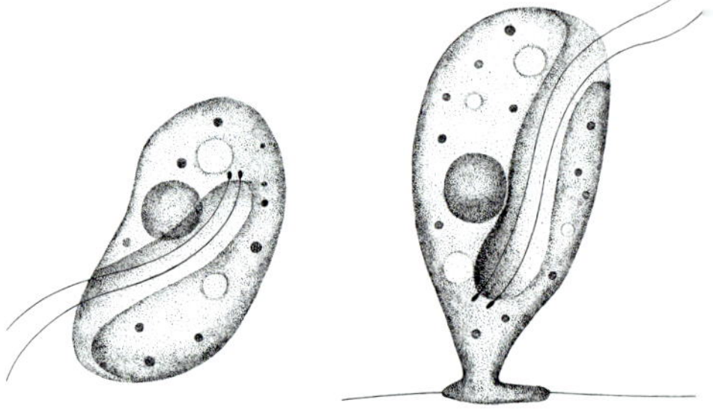

Bild 287: Nr.: 101 *Ichthyobodo necator*
Größe 8 bis 15 µm

Mit dem dünnen Teil saugt er sich an der Haut fest und zerstört diese. Bei mittelstarkem Befall erscheint die Schleimhaut trübe, starker Befall kann zu Hautauflösungen und Blutungen führen (Diagnosetafel 5B, Bild 19). Meist finden sich noch andere Flagellaten und Ciliaten an den betroffenen Hautstellen ein. Sie sind jedoch keine echten Parasiten (s. Kap. 5.7.5. und 12.4.). In der Folge können Verpilzungen und bakterielle Infektionen auftreten. Auch *Ichthyobodo necator* ist ein Schwächeparasit, dem gesunde, erwachsene Fische widerstehen können, Jungfische sind dafür anfälliger.

Meerwasserfische können schwach befallen werden, wenn *Ichthyobodo necator* durch Futterfische in Meerwasseraquarien eingeschleppt wird. Die Parasiten sind für die Meerwasserfische jedoch nicht sonderlich pathogen (schädlich). Zur Untersuchung kommen Haut und Kiemenabstriche. Bei mindestens 300-facher Vergrößerung sind die sich taumelnd bewegenden *Ichthyobodo necator* schon zu sehen (Bild 289).

Manchmal bewegen sie sich sprunghaft über kurze Distanzen, so dass sie ohne Übergang aus dem Blickfeld zu verschwinden scheinen, um Sekundenbruchteile später in einiger Entfernung

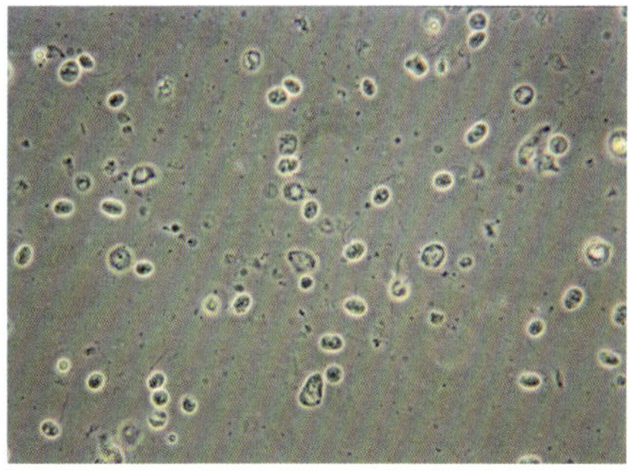

Bild 289: Viele Exemplare von *Ichthyobodo necator* im Hautabstrich (Phasenkontrast 250x)

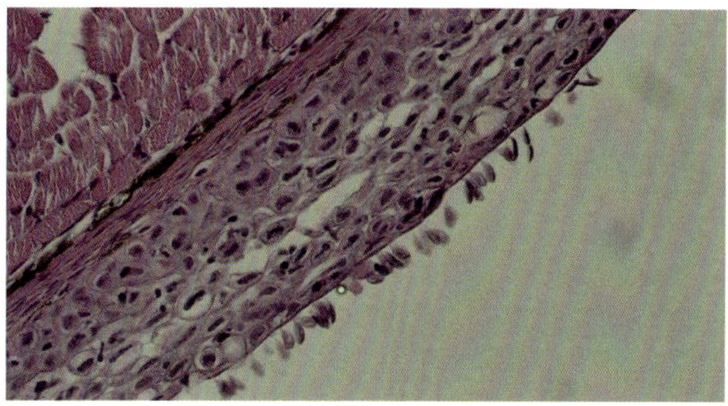

Bild 288: Histologisches Präparat der Haut einer Forelle mit *Ichthyobodo necator* (Vergr. 400x)

wieder aufzutauchen. *Ichthyobodo necator* kann nur am Fisch überleben. Ohne Wirt stirbt der Flagellat innerhalb etwa einer Stunde ab, wobei er die Form einer Kugel annimmt.

Da einige *Ichthyobodo* der nördlichen Regionen keine Temperaturen über 30°C vertragen, bietet sich als Behandlung eine Temperaturerhöhung auf 32°C an, sofern die Fische das vertragen (s. Kap. 9, B-07). Gleichzeitig sollte zur Vorbeugung gegen bakterielle Infektionen Methylenblau ins Wasser gegeben werden (s. Kap. 9, C-25). Wirksame Behandlungsmethoden (s. Kap. 9, C-01, C-03 und C-22), die Methoden C-12 und C-13 können nur bei unverletzter Haut angewendet werden. Vorbeugend und bei beginnender Infektion kann nach B-13, C-16, C-25 und C-35 vorgegangen werden.

Infektion Ichthyobodo necator

QR-Code 63

5.1.2.2.3. Cryptobia

Flagellaten der Gattung *Cryptobia* besitzen eine spindelförmige, stromlinienförmige Zelle. *Cryptobia* ist ein zweigeißeliger Flagellat und lebt im Blut, im Darm oder an den Kiemen der Fische (Bild 290). Beide Geißeln entspringen dem vorderen Ende. Eine Geißel geht frei nach vorn und dient als Schlaggei-

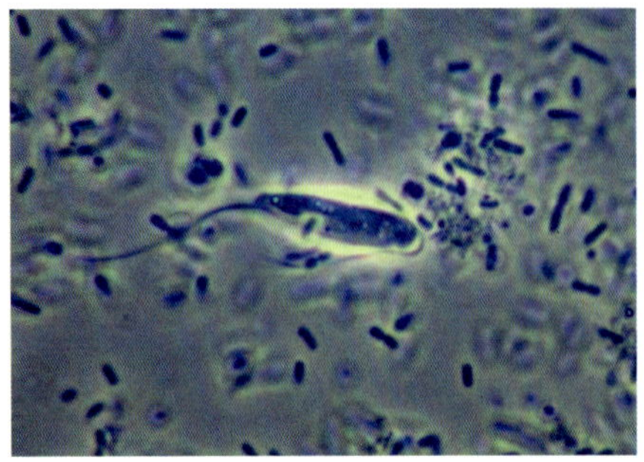

Bild 290: *Cryptobia* im Darminhaltspräparat zwischen Darmbakterien (Phasenkontrast 700x)

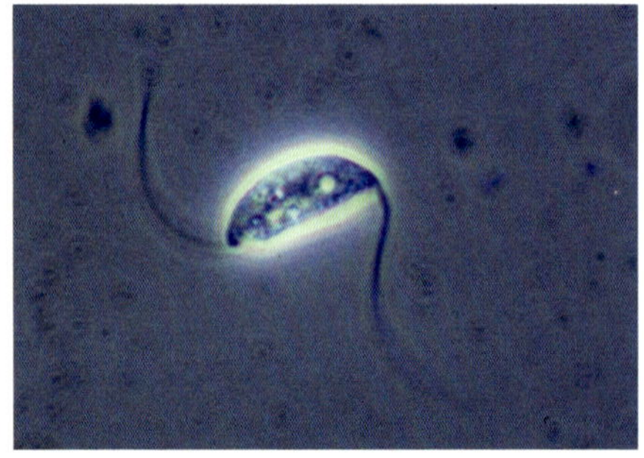

Bild 291: *Cryptobia* sp. im Darminhaltspräparat (Phasenkontrast 700x)

Cryptobia im Darm
Cryptobia 1824

QR-Code 64

ßel der Fortbewegung, die andere läuft an der Zelloberfläche entlang nach hinten. Bei manchen Arten ist sie durch eine schmale undulierende Membran mit der Zelle verbunden. Bei starkem Befall des Blutes werden die Fische träge, Reaktionen und Reflexe sind stark vermindert. Im Extremfall lassen sie sich mit der Hand fangen. Darum spricht man auch von der „Schlafkrankheit der Fische". Die Schwimmhaltung ist unnatürlich. Manchmal drehen sie sich oder schwimmen mit dem Kopf nach unten. Der Körper magert ab, die Augen fallen ein (Enophthalmus), und die Kiemen werden blass.

In der zweiten Hälfte der achtziger und Anfang der neunziger Jahre wurden wiederholt Fische verschiedener Arten, hauptsächlich jedoch Cichliden, untersucht, deren Kiemen massenhaft von Flagellaten der Gattung *Cryptobia* sp. befallen waren. Vermutlich handelte es sich um *Cryptobia branchialis*. Bei starkem Befall der Kiemen sind die Erreger auch in Hautabstrichen der Körperseiten nachzuweisen. Das Kiemenepithel wird schwer geschädigt, die Fische leiden unter Atemnot. *C. branchialis* ist von einigen im Darm vorkommenden Cryptobien nur schwer zu unterscheiden.

Am vorderen Ende der Zelle von *C. branchialis* ist bei 800- bis 1.000-facher Vergrößerung ein großer heller Fleck zu erkennen, der nicht mit dem Zellkern

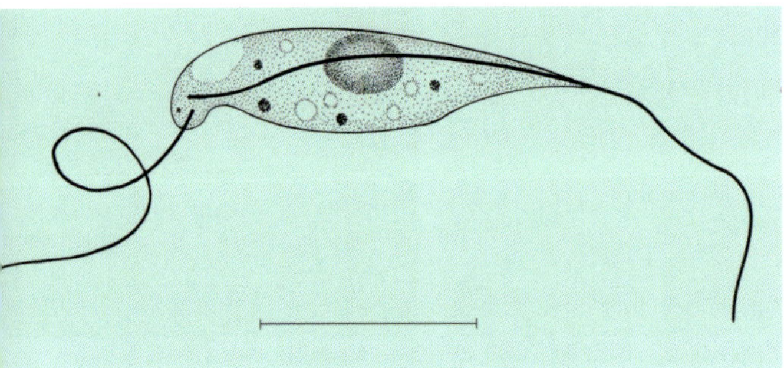

Bild 292: *Cryptobia branchalis* (Maßstab 10 µm)

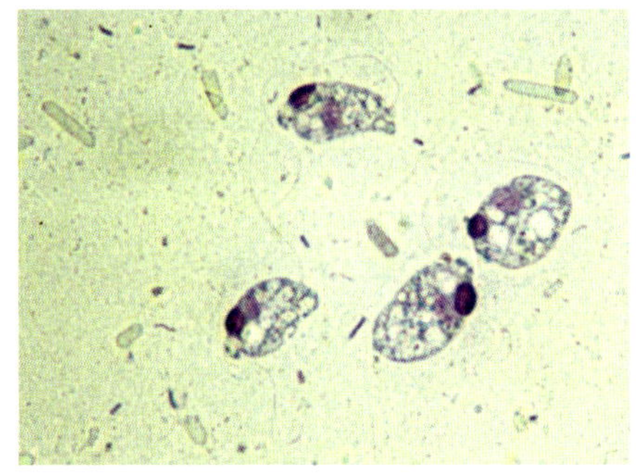

Bild 293: *Cryptobia branchalis*, die helle Vakuole, eingefärbt mit Karbol-Fuchsin (Vergr. 800x)

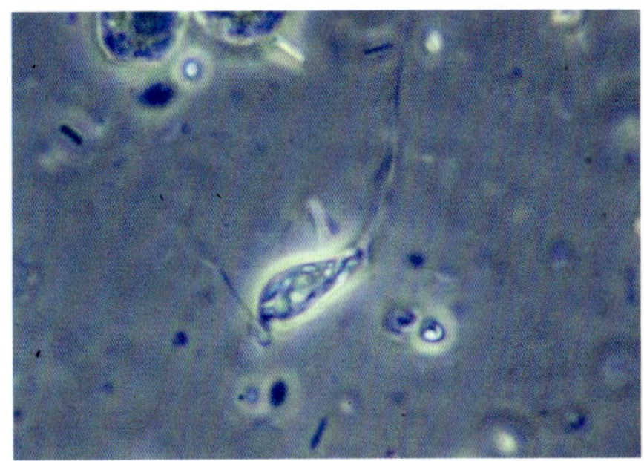

Bild 294: *Cryptobia* sp. im Darminhaltspräparat (Vergr. 1190x)

identisch ist (Bilder 292 und 293). Es handelt sich um eine pulsierende Vakuole, die bei den ektoparasitischen Arten zu finden ist.

Der große, der Klasse den Namen gebende Kinetoplast ist manchmal sichtbar und ist ein großes Mitochondrium. Bei gut gelungenen Kiemen- und Darmwandpräparaten sind unzählige der Flagellaten zu beobachten, wie sie, das hintere Ende der Zelle an der Darmwand festgeheftet, mit der Geißel in das Darmlumen hineinschlagen. Da die Flagellaten in großen Mengen und in gleicher Richtung hängen, sieht die Darmschleimhaut an diesen Stellen bei etwa 200-facher Vergrößerung wie eine vom Wind bewegte Wiese aus. Die Zelllänge dieser Flagellaten beträgt 14 bis 18 Mikrometer. Die Fortbewegungsweise ist schlängelnd. (Behandlung s. Kap. 9, C-08, C-02 oder C-27).

Fische aus Afrika reagieren sehr empfindlich auf Befall des Darmes durch Flagellaten. Die Flagellaten stammen aus Südamerika und die afrikanischen Fische hatten wohl keine Möglichkeit, sich an den Befall zu gewöhnen, wie die südamerikanischen Fische. Schwere Verluste verursachte in den neunziger Jahren hauptsächlich bei Malawi Fischen eine *Cryptobia* Art, die im Magen und Darm vorkam. Die betroffenen Fische gaben weißen schleimigen Kot ab und starben innerhalb weniger Tage mit aufgetriebenem Leib. Die 16 bis 24 Mikrometer großen Flagellaten haben ein ähnliches Aussehen wie *Cryptobia congeri* (Bild 294), ihre Schleppgeißel ist durch eine schmale, undulierende Membran mit der Zelloberfläche verbunden. Auch eine Gruppe von Kongosalmlern in meiner Anlage war mit einer *Cryptobia*-Art befallen. Es war schwierig, die Behandlung durchzuführen.

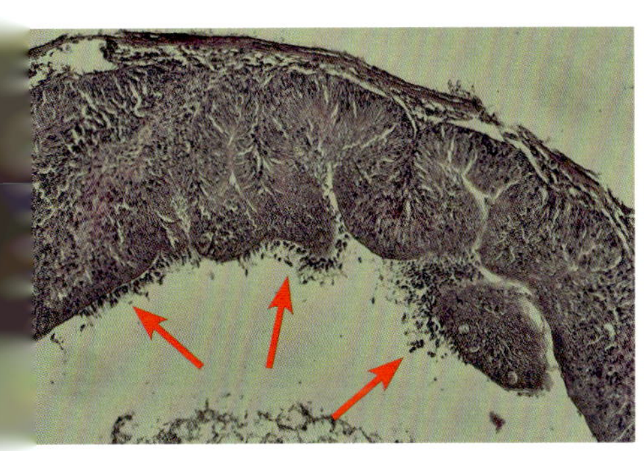

Bild 295: Histologischer Schnitt. *Cryptobia* an der Darmwand eines Kongosalmlers (Vergr. 200x)

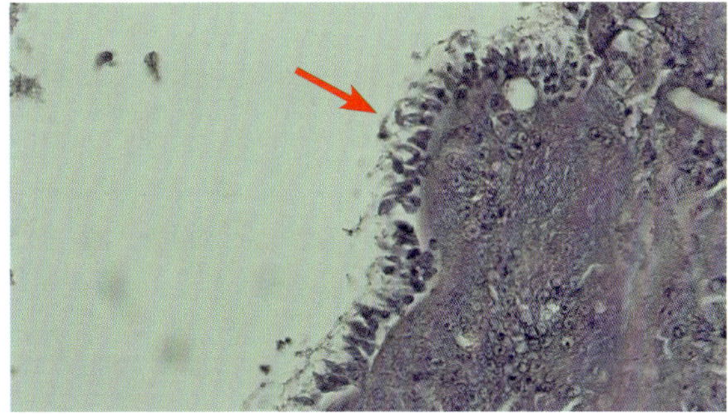

Bild 296: Histologischer Schnitt *Cryptobia* an der Darmwand eines Kongosalmlers (Vergr. 600x)

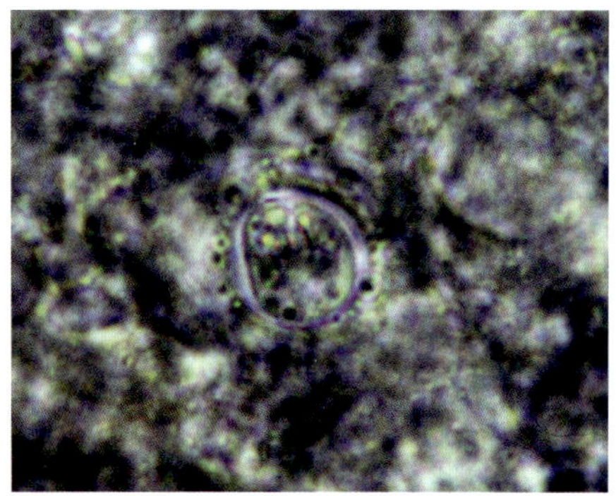

Bild 297: Vermehrungszysten im Bindegewebe des Darms mit *Cryptobia* (Vergr. 700x)

Im Darm und in Organen von Cichliden der Gattungen *Herichthys, Cichlasoma, Symphysodon* und anderen wurde *Cryptobia iubilans* nachgewiesen, die sich im Binde- und Fettgewebe sowie im Gewebe verschiedener Organe verkapseln und vermehren.

Die Flagellaten führen zu Entzündungen und sind schwer zu bekämpfen. *Cryptobia iubilans* kann nach den Methoden s. Kap. 9, C-02, C-08, C-30 oder C-38 bekämpft werden. C-27 wirkt als Bad nur bei doppelter Dosis, erhöhter Temperatur und der dreimaligen Anwendung am 1., 3. und 5. Behandlungstag. Vor jeder Neuanwendung ist ein größerer Wasserwechsel durchzuführen.

Cryptobia Teilung und Zysten

QR-Code 65

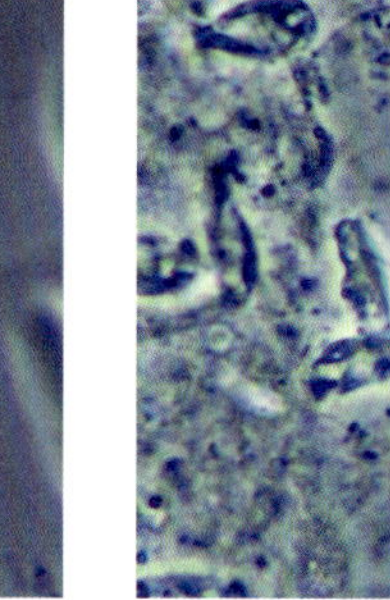

Bild 298: *Cryptobia* sp. mit den zwei Geißeln (Vergr. 1000x)

Bild 299: Mehrere *Cryptobia* sp. im Darminhaltspräparat (Vergr. 1000x)

5.1.2.2.4. Trypanoplasma

Trypanoplasma rufen ähnliche Symptome wie die von *Cryptobia* verursachte Schlafkrankheit der Fische hervor. *Trypanoplasma* bewegen sich ähnlich wie *Trypanosoma* und sind überwiegend Blutparasiten bei Fischen. Sie unterscheiden sich von den *Trypanosoma* durch das Vorhandensein einer zweiten Geißel (Bild 300). Nur eine Geißel ist durch eine breite wellenförmige undulierende Membran mit der Zelloberfläche verbunden, die andere

Trypanoplasma im Blut

QR-Code 66

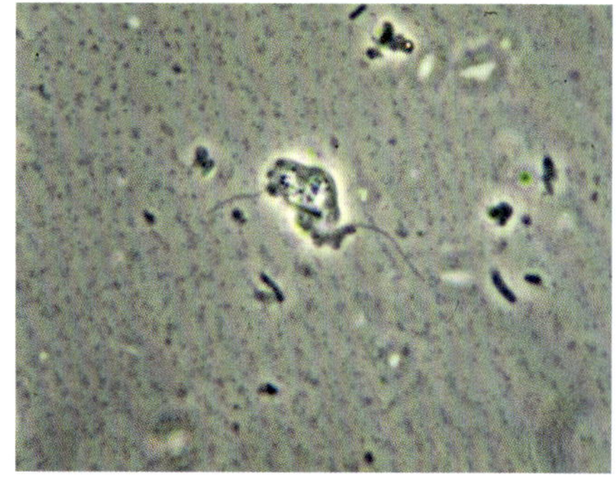

Bild 300: *Trypanoplasma* sp.mit undulierender Membran (Vergr. 600x)

nicht. Beide Geißeln entspringen der vorderen Spitze der Zelle. Die Größe der Trypanoplasma liegt zwischen 10 und 30 µm.

Eine Übertragung auf andere Fische erfolgt durch blutsaugende Parasiten wie Karpfenläuse und Egel. Fische im Gartenteich können befallen werden, sie sind dann träge und haben eingefallene Augen; sie können behandelt werden (s. Kap. 9, C-05, C-27 oder C-38).

5.1.3. Diplomonadea

Die sogenannten Doppeltierchen sind spiegelsymetrische Flagellaten. Man vermutet, dass sie aus der Fusion zweier Individuen, die sich nach der Teilung nicht trennten, entstanden sind.

5.1.3.1. Hexamitidae

Die Arten der Gattungen *Hexamita* und *Spironucleus* sind unter der Ordnung Diplomonadida in der Familie Hexamitidae zusammengefasst. Sie sind nur bei genauer Beobachtung zu unterscheiden. Die Verlangsamungsmethode (s. Kap. 12.6.) und Phasenkontrastbeleuchtung sind dabei sehr hilfreich.

Hexamita und *Spironucleus* (Bilder 301, 302) besitzen eine länglich ovale Zelle. Vorn entspringen acht Geißeln, von denen zwei in einer geschlossenen Röhre innerhalb der Zelle unter der Zelloberfläche bis zum hinteren Ende geführt werden. Dort ragen sie als sogenannte Schleppgeißeln weit über das Zellende hinaus. Die sechs vorderen Geißeln sind sehr beweglich und dienen der Fortbewegung. Die Schwimmweise der beiden Flagellatengattungen ist annähernd geradlinig mit leichten Wellenbewegungen, wobei sie sich um die Längsachse drehen. *Hexamita* ist breiter und bewegt sich etwas langsamer fort als *Spironucleus*. Beide sind Schwächeparasiten. Sie vermehren sich besonders stark bei ungeeigneter Ernährung.

5.1.3.1.1. Hexamita

Hexamita salmonis hat eine Länge von 8 bis 12 Mikrometer und ist 6 bis 8 Mikrometer breit (Bild 303). Die Gattung kommt bei Meeres- und Süßwasserfischen vor. Der früher gebräuchliche Name war *Octomitus*. Die Gattung *Octomitus* parasitiert in Ratten und unterscheidet sich deutlich von *Hexamita*. Die fischpathogenen Arten wurden in die Gattung *Hexamita* gestellt. Vier Arten sind bekannt:

5.2. Opalinata

Opalinata bilden einen eigenen Stamm, zeigen aber die für Flagellaten typische Längsteilung (Bild 309, 310). Wegen ihrer durchschnittlichen Größe von 0,1 Millimeter und den unzähligen beweglichen Wimpern, die über die ganze Zelloberfläche verteilt sind, werden sie leicht mit Ciliaten verwechselt. Sie besitzen keinen Zellmund und nehmen ihre Nahrung durch die Zellwand auf. Zuerst wurden sie im Darm von Amphibien entdeckt, später im Darm von Fischen aus dem oberen Weißen Nil, südamerikanischen Welsen und bei Diskusfischen. Ob es sich bei den *Opalinata* der Fische um echte Parasiten handelt, ist nicht mit Sicherheit erwiesen. Sie treten jedoch immer in großer Menge auf.

Schon im Jahr 1964 hat G. SCHUBERT von wimpertierähnlihen Einzellern im Darm bei Diskusfischen berichtet. Der wissenschaftliche Name, der zuerst als „Diskusparasit" bezeichneten Riesenflagellaten lautet „*Protoopalina symphysodonis*" (Bild 308).

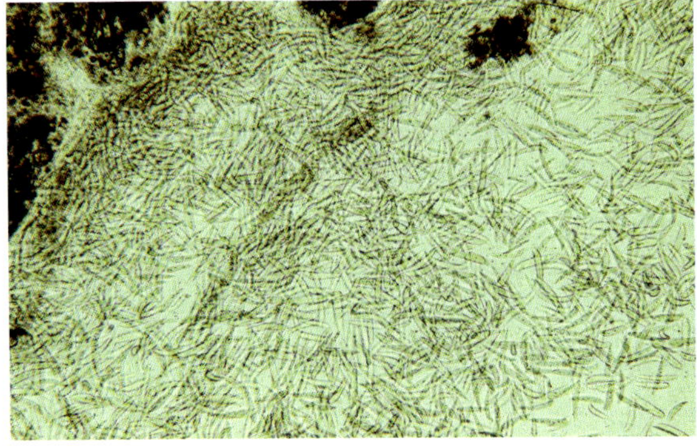

Bild 306: *Protoopalina symphysodonis* im Darminhaltspräparat eines Diskusfisches (Vergr. 25x)

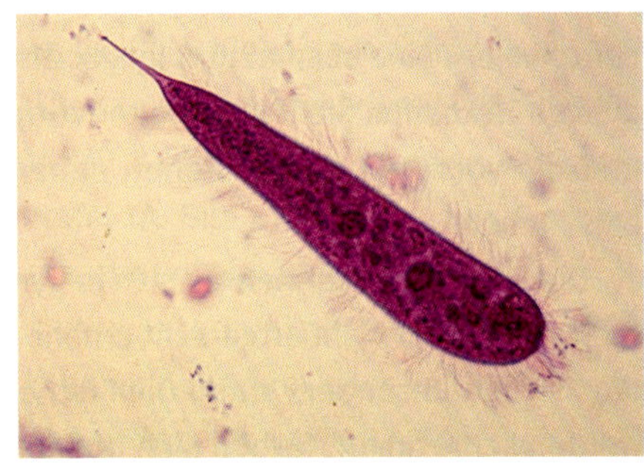

Bild 307: *Protoopalina symphysodonis*, gefärbt mit Karbol-Fuchsin (Vergr. 475x)

Sie erreichen oft eine Länge von 0,12 mm, wobei das Verhältnis von Länge zu Dicke zwischen 6 : 1,5 bis 6 : 0,9 liegt. Der Unterschied hat seine Ursache darin, dass die Tiere nach der Teilung dünner sind. Die Diskusparasiten vermehren sich vegetativ durch Längsteilung (Bild 310). Eine geschlechtliche Vermehrungsphase wechselt sich mit der vegetativen Zweiteilung ab. Das vordere Ende ist rund und manchmal gegen die Körperachse leicht abgewinkelt.

Bild 308: Das vordere Ende des *Protoopalina* ist etwas abgewinkelt (Vergr. 630x)

Das Hinterende läuft zu einer stachelförmigen Spitze aus. Sie kann nicht verletzten, da sie eine Haftorganelle ist. Die Geißeln sind in Reihen angeordnet, die spiralförmig um die Zelle laufen. Im Zellplasma befinden sich viele winzige Vakuolen und zwei gleich große hintereinander liegende Zellkerne (siehe Bild 307). Die Schwimmbewegungen der *Protoopalina* sind schnell gleitend. Dabei drehen sie sich um die Längsachse. Ein plötzliches Stoppen und Rückwärtsschwimmen ist ebenso möglich. Da die Nahrungsaufnahme über die gesamte Zelloberfläche geschieht, ist ein Mundfeld nicht vorhanden.

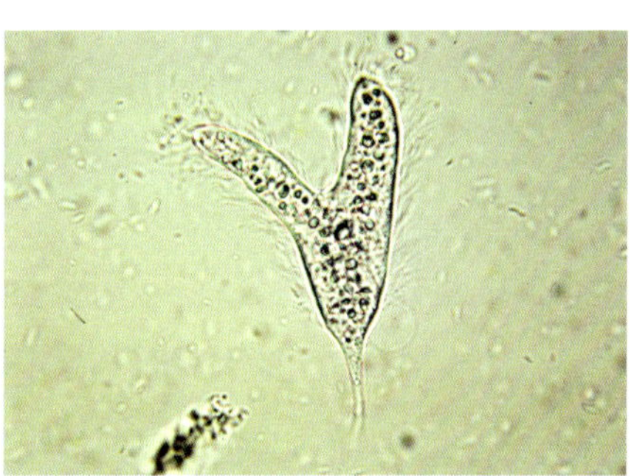

Bild 309: *P. symphysodonis* in Längsteilung, Größe 110 µm

Die Schädigung der Diskusfische ist bei mäßigem Befall nur gering. Eine sichere Aussage über die Wirkung der Parasiten ist nicht möglich, da in der Regel eine Mischinfektion mit *Spironucleus* oder parasitären Würmern vorliegt. Nur ein einziges Mal konnte beobachtet werden, dass ein Diskusbestand an einer starken Alleininfektion von Protoopalina symphysodonis zu Grunde ging (SCHUBERT 1979). Meistens zeigen große Diskusfische auch bei starkem Befall keine Anzeichen der Krankheit. Kleine Jungtiere können im Wachstum gehemmt werden. Die Übertragung auf andere Fische ist gering, da die „Parasiten" im Diskuszuchtwasser nach höchstens zwei Stunden an Plasmolyse sterben. Nur wenn frisch abgesetzter Kot eines befallenen Fisches gefressen wird, ist eine Übertragung möglich. Der Nachweis geschieht durch die mikroskopische Untersuchung von ganz frisch abgesetztem Kot bei 200-facher Vergrößerung. Die Behandlung kann mit Metronidazol nach Kapitel 9, C-27 oder C-02, C-05, C-08 oder C-38 durchgeführt werden.

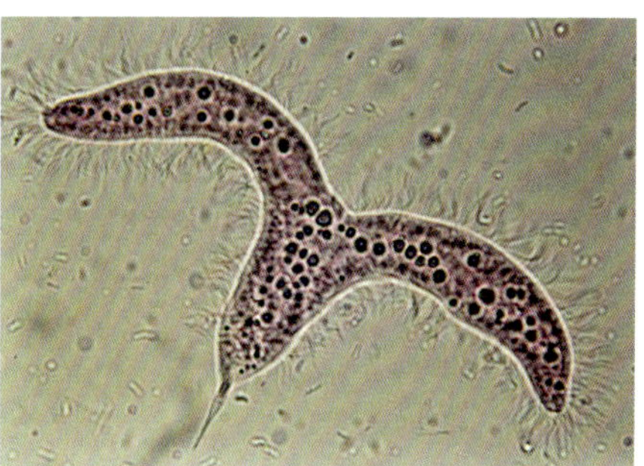

Bild 310: *Protoopalina symphysodonis* in fortgeschrittener Teilung (Vergr. 400x)

Protoopalina im Darm

QR-Code 70

Protoopalina in Teilung

QR-Code 71

5.3. Rhizopoda, Amöben

In den letzten zwei Jahrzehnten wurden in Meeresfischen, Forellen, Lachsen und anderen Kaltwasserfischen oft parasitäre Amöben gefunden (Bild 313). Befallen waren Kiemen, Darm und andere Organe. Viele Fische starben an den Infektio-

QR-Code 72

Bild 311: Bauchwassersucht durch Amöbenbefall im Darm und der Niere

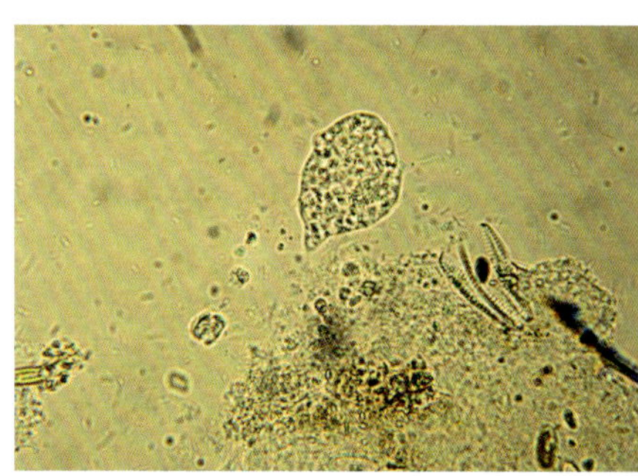

Bild 313: Amöbe im Kiemenabstrich eines *Gnathochromis permaxillaris*

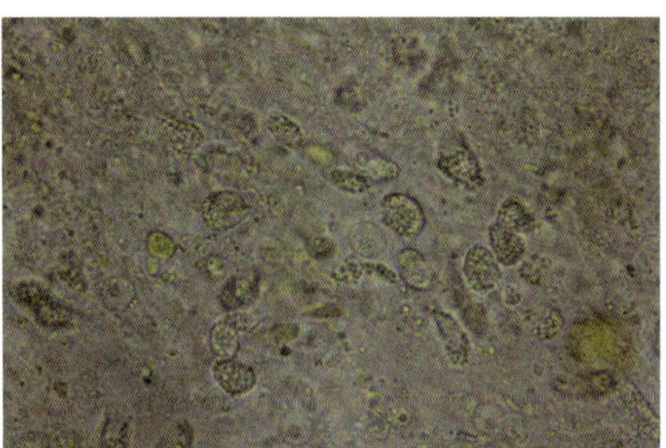

Bild 312: Amöben im Darminhaltspräparat des *Hyphessobrycon herbertaxelrodi* (Vergr. 120x)

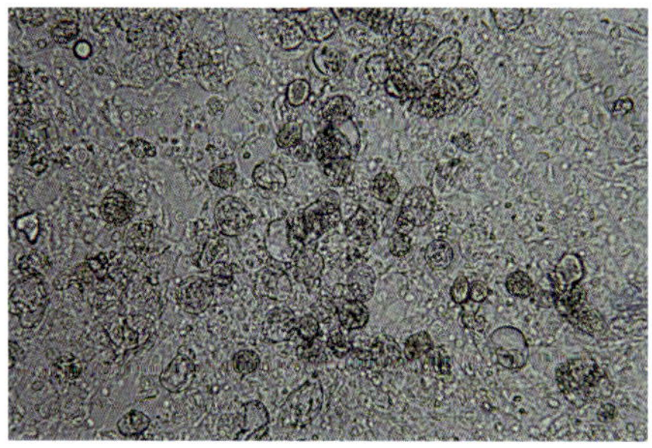

Bild 314: Amöben im Hautabstrich eines Diskusfisches (Vergr. 200x)

nen. Amöben treten auch bei Warmwasserfischen immer häufiger auf. In einem abgemagerten Diskusfisch konnten bei geringem Flagellatenbefall eine größere Menge Amöben im Darm gefunden werden. Auch bei vielen anderen Aquarienfischen konnten Amöben im Darm und in der Niere nachgewiesen werden. Eine Behandlung nach Kapitel 9, C-02 oder C-38 kann erfolgreich sein.

Abwehrzellen des Immunsystems und Mastzellen in der Schleimhaut haben oft eine sehr langsame, amöbenartige Bewegungsweise, verbleiben aber an der gleichen Stelle. Sie können leicht mit Amöben verwechselt werden (s. Kap. 2.5.).

5.4. Apicomplexa

5.4.1. Sporozoa, Sporozoen

Sporozoen-Infektionen sind meist bei Wildfängen oder Freilandnachzuchten zu finden, können aber auch im Aquarium auftreten. Sporozoen befallen sowohl Süßwasserfische als auch Meerwasserfische. Eine bekannte, durch diese Einzeller hervorgerufene Krankheit ist die unter dem Namen Neonkrankheit bekanntgewordene Infektion durch *Pleistophora hyphessobryconis*. Außer Neonfischen können aber auch viele andere Fischarten befallen werden. Alle Sporozoen sind Parasiten. Sie treten sowohl in den inneren Organen als auch in der Haut und in dem Muskelgewebe auf. Infolge der Anpassung an das parasitische Leben haben die meisten Arten ihre Bewegungsfähigkeit verloren.

Viele Sporozoen-Arten verursachen kleine Knötchen in der Haut, den Kiemen oder den inneren Organen. Ihre Größe liegt zwischen wenigen Mikrometern und zwei Millimetern. Durch Zerquetschen der Knötchen auf dem Objektträger lassen sich die Sporen freisetzen. In ihnen sind bei sehr starker Vergrößerung bis zu vier lichtbrechende Gebilde, die Polkapseln, zu sehen. Die Polkapseln lassen sich sehr gut mit verdünntem Methylenblau (s. Kap. 12.8.9., Bild 321) anfärben. Knötchen in Haut und Flossen können mit Lymphocystis (s. Kap. 3.1.) verwechselt werden. Um die Diagnose zu sichern, müssen die Sporozoen-Sporen gefunden werden, die bei Lymphocystis nicht auftreten.

Sporozoeninfektionen können zwar alle Zierfischarten befallen, treten aber in Aquarien nicht so häufig auf. Manchmal werden die Erreger mit Wildfängen eingeschleppt. Auch die von Aquarianern in Bächen und Teichen gefangenen Kaltwasserfische können infiziert sein. In den folgenden Abschnitten werden kurz einige Sporentierchen-Erkrankungen behandelt, die durch Kaltwasserfische eingeschleppt werden können. Eine Behandlung der Sporozoen-Erkrankungen kann durch Bäder mit Toltrazuril erfolgen (Schmal, Mehlhorn 1988).

5.4.1.1. Coccidida

Die normalerweise nur bei Karpfen auftretende Krankheit Coccidida wurde von G. Schmidt (1982) auch bei Stichlingen gefunden. Verschiedene Gattungen treten in Darm, Schwimmblase, Leber und Blut auf. *Eimeria*-Arten bilden 10 bis 40 Mikrometer große Zysten (Oozysten), in denen sich Sporen befinden (Bild 315). Die im Blut parasitierenden Gattungen befallen die Blutkörperchen und sind in diesen als längliche Gebilde neben dem Zellkern auszumachen. Eine Behandlung wie in Kapitel 9 mit Furazolidon A-11 oder Toltrazuril C-39 kann versucht werden.

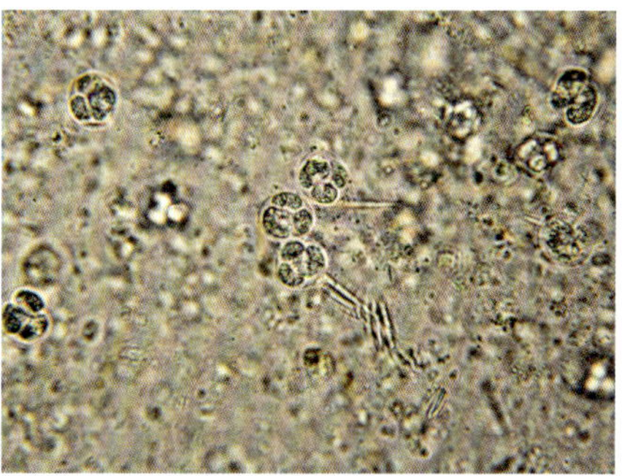

Bild 315: *Eimeria* sp. aus der Darmwand eines Schokoladenguramis (Vergr. 580x)

Sporozoen Eimeria

QR-Code 73

5.5. Microspora

5.5.1. Microsporidia

Verschiedene Microsporidien-Gattungen rufen bei Kaltwasserfischen Beulenkrankheiten hervor. So ist bei Stichlingen die Art *Glugea anomala* (Bild 316) bekannt. Sie bilden bis 10 mm große weiße Zysten in Darm, Hoden, Schwimmblasenwand und Bindegewebe. Direkt unter der Haut gebildete Beulen sehen wie angeheftet aus. Die Parasiten befinden sich in den Zysten. Die Sporen sind oval, manchmal eiförmig und haben eine Größe von 3 x 2 Mikrometer (Bild 317). Bei früher Diagnose kann die Behandlung mit Toltrazuril wie in Kapitel 9, C-39 erfolgreich sein.

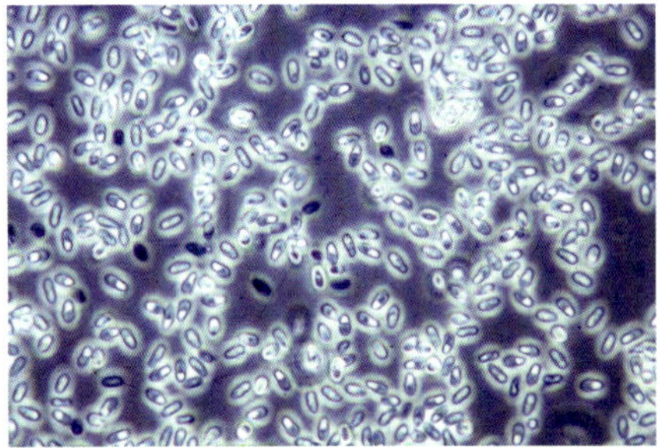

Bild 316: Sporen von *Glugea* sp. aus einem Buschfisch (Vergr. 600x)

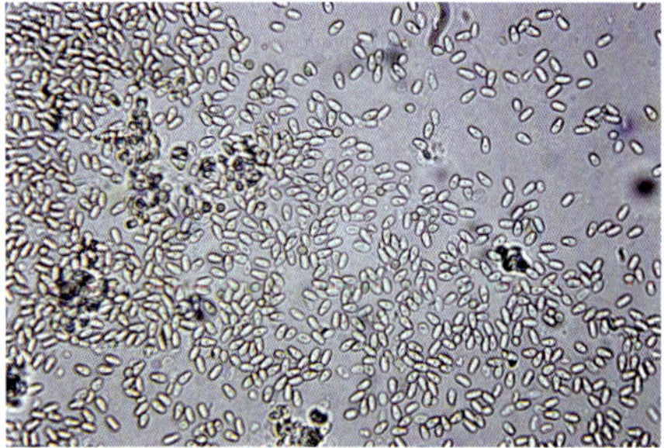

Bild 317: Sporen von *Glugea* sp., Größe 5 µm (Vergr. 410x)

5.5.1.1. Pleistophora

Sporozoen
Pleistophora

QR-Code 74

Auch *Pleistophora* ist eine Mikrosporidien-Gattung. Die Erreger parasitieren in den Muskelsträngen und bilden dort kugelförmige Zysten (Pansporoblasten), von denen sich wiederum viele auf engem Raum nebeneinander befinden. Sie kommen bei Meer- und Süßwasserfischen vor. Im Aquarium tritt *Pleistophora hyphessobryconis* als Erreger der Neonkrankheit auf. Außer dem Neon (*Paracheirodon innesi*) werden auch andere Salmer-Arten und diverse Kaltwasserfische befallen, jedoch nicht der Rote Neon (*Paracheirodon axelrodi*). Die Erkrankung kündigt sich durch Verblassen der Farben und weiße Stellen an. Am Neon ist das Farbband unterbrochen. Die Fische schwimmen nachts unruhig umher, schräge Haltung und Verkrümmungen des Rückgrats können Begleiterscheinungen sein (Bild 318).

Im Zupfpräparat des befallenen Muskels sind die Anhäufungen der Pansporoblasten durch ihre dunkle Färbung leicht zu erkennen (Diagnosetafel 18, Bild 55). Die 30 Mikrometer durchmessenden Pansporoblasten enthalten viele 4 bis 7 Mikrometer große Sporen. Nach

Bild 318: Körperverkrümmung durch Zysten von *Pleistophora* sp. in der Muskulatur

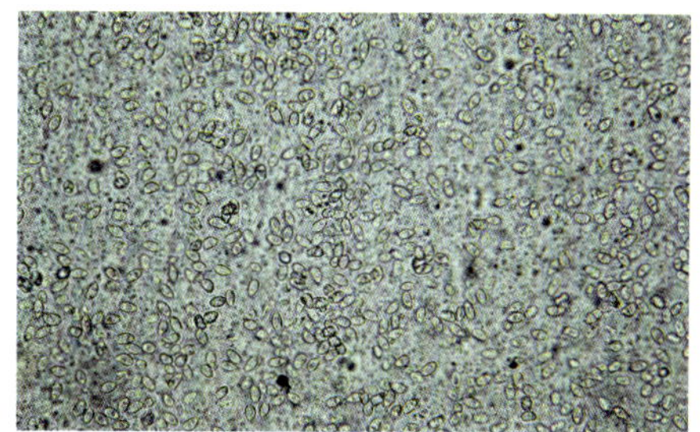

Bild 319: *Pleistophora*-Sporen aus einem *Macropodus chinensis* (Vergr. 263x)

Zerreißen der Zyste werden die Sporen frei (Bild 319). Im Aquarium nehmen sie die Fische mit der Nahrung auf. Der amöbenähnliche Keim schlüpft im Darm, durchdringt die Darmwand und bildet in der Muskulatur neue Pansporoblasten. Die befallenen Muskelstränge sterben ab und färben sich weiß. Werden die erkrankten und gestorbenen Fische nicht aus dem Aquarium entfernt, ist eine seuchenartige Ausweitung möglich. Zur Behandlung kann Toltrazuril nach Kapitel 9, C-39 angewendet werden.

5.6. Myxozoa

5.6.1. Myxosporea

Myxosporea sind bei Kaltwasserfischen weit verbreitet, sie rufen die Drehkrankheit hervor. Der Fisch leidet unter Störungen des Gleichgewichts. In vielen Organen werden Zysten gebildet, in welchen sich die durchschnittlich 10 Mikrometer großen *Myxosporea*-Sporen befinden. Sie sind an den beiden spindelförmigen Polkapseln zu erkennen (Bild 321). Die Erkrankung verläuft sehr langsam, über Monate. Im weiteren Verlauf können Missbildungen, Knötchen, Beulen und

Bild 320: Beulenartige Zysten durch *Myxosporea*

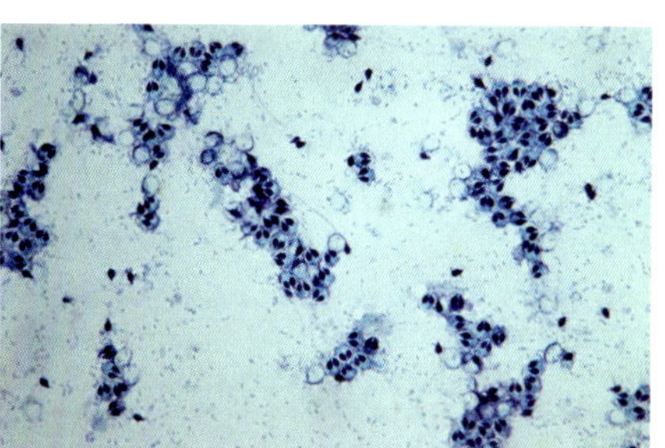

Bild 321: Sporen von *Myxosporea* sp., gefärbt mit Methylenblau E 9 (Vergr. 260x)

Sporozoen
Myxosporea

QR-Code 75

eine dunkle Verfärbung des hinteren Drittels der Fische auftreten (Bild 320).

Es werden Präparate der Haut, der Kiemen und der inneren Organe angefertigt. Diese sind nach den Knötchen abzusuchen, deren Größe zwischen fünfzig und mehreren hundert Mikrometer liegen kann. Aus zerquetschten Zysten treten große Mengen von Sporen aus, erkennbar an den Polkapseln. Stark befallene Fische sind zu vernichten und das Aquarium zu desinfizieren. Bei früher Diagnose kann die Behandlung mit Toltrazuril nach Kapitel 9, C-39 erfolgreich sein.

5.7. Ciliophora, Ciliaten

Im Verhältnis zu den bisher behandelten Parasiten sind Ciliaten sehr große Einzeller. Bei vielen Arten ist die ganze Zelloberfläche mit einem dichten Kleid koordiniert bewegbarer Wimpern (Cilien) ausgestattet. Die Cilien gaben dieser Tierklasse den Namen. Das wichtigste Merkmal ist jedoch der Kerndualismus. Die beiden gleichzeitig in der Zelle vorkommenden Kerne werden in einen Makronucleus, der die Zellfunktionen steuert und in einen Mikronucleus, der die Sexualfunktion steuert, unterschieden. Obwohl durch die feste Zellhülle (Pellicula) eine charakteristische Form gegeben ist, kann diese für kurze Zeit auch stark verändert werden. Im Unterschied zu Flagellaten teilen sich Ciliaten nicht in Längsrichtung der Zelle sondern quer.

5.7.1. Kinetophragminophorea

5.7.1.1. Balantidiidae

Im Darm von verschiedenen Fischen, wie Barben, Cichliden und Karpfenartigen wurden mehrere Arten von Ciliaten der Familie Balantidiidae, Gattung *Balantidium*, gefunden. Möglicherweise wurden sie mit Barben aus Zentralasien eingeschleppt. Sie greifen das Darmepithel an und führen zu Entzündungen und Nekrosen. Für Karpfenartige scheinen sie pathogener zu sein als für andere Fische. Bei den befallenen Aquarienfischen konnten nach starker Vermehrung der Erreger Appetitlosigkeit und schleimige Kotausscheidungen beobachtet werden.

Bild 322: Hautabstrich eines Koi mit Mischinfektion von *Ichthyophthirius*, *Gyrodactylus*, *Ichthyobodo necator* und *Chilodonella* (Vergr. 25x)

Zur Behandlung stehen die Methoden wie in Kapitel 9, C-22 als Bad und im Futter, C-08, C-30 oder C-38 zur Auswahl.

5.7.1.2. Chilodonella

Chilodonella piscicola, der große herzförmige Hauttrüber, erhielt diesen Namen nach seiner Form, die er jedoch bei Bedarf auch kurzzeitig verändern kann. *Chilodonella* parasitieren auf Haut und Kiemen. Die Fische scheuern sich stark und werden träge; bei Kiemenbefall hängen sie unter der Oberfläche und schnappen nach Luft. Eine bevorzugte Stelle scheint die hintere Kopfregion bis zur Rückenflosse zu sein. Zuerst werden 0,5 bis 2 cm große, kreisrunde oder elliptische Stellen der Haut trübe. Die Schleimhaut verdickt sich dann an diesen Stellen mit scharf abgegrenztem Rand und die Farbe geht in weiß über. Schließlich beginnt sie sich dort abzulösen. Kleine, junge und schwache Fische können den Befall gleichmäßig am ganzen Körper bekommen und daran sterben. Die Kiemen werden mitunter bis auf die festen Knorpelteile zerstört. Bei kräftigen Tieren bilden sich manchmal weiße, verschleimte Hautstellen, die im Laufe von mehreren Tagen nur wenig größer werden (Diagnosetafel 5A, Bild 17).

An Koi und anderen Teichfischen tritt *Chilodonella* oft mit weiteren Ektoparasiten zusammen in Mischinfektionen auf (Bild 322). Die Haut erscheint weißlich trübe. Koi aus Japan reagieren wesentlich empfindlicher auf Infektionen durch *Chilodonella* und andere Hauttrüber als Koi aus anderen Ländern. An geschwächten japanischen Koi vermehren sich die Hautrüber sehr schnell und zerstören die Schleimhaut.

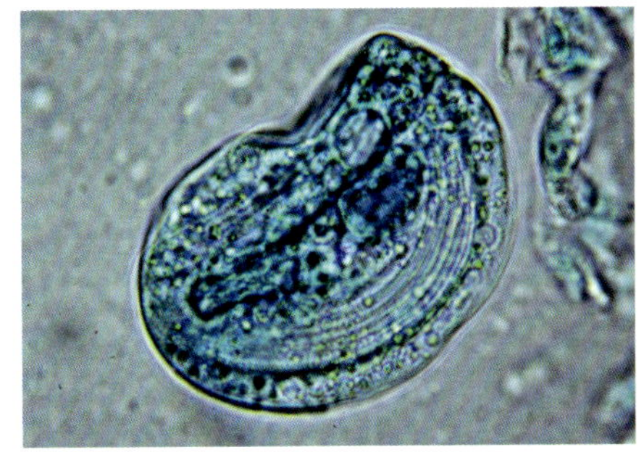

Bild 323: *Chilodonella* im Hautabstrich, gefärbt mit Methylgrün nach E 6 (Vergr. 480x)

Im mikroskopischen Präparat des Hautabstrichs sind im Durchschnitt 50 Mikrometer große Ciliaten zu sehen, die eine Einkerbung am hinteren Ende haben, wodurch der Eindruck der Herzform entsteht. Die Bewimperung ist nur auf der oberen Seite gleichmäßig, auf der unteren Hälfte befinden sich nur einige Wimpernreihen (Bild 323). Die sehr flachen Einzeller lösen sich im Abstrich-Präparat immer wieder von der Haut, schwimmen eine kleine Strecke und heften sich wieder an (Bild 324).

Der Parasit kann schwimmend auf andere Fische übersiedeln. Ein dichter Fischbestand fördert die Ausbreitung der Krankheit. Die Vermehrung des Parasiten geschieht durch Zweiteilung. Ein

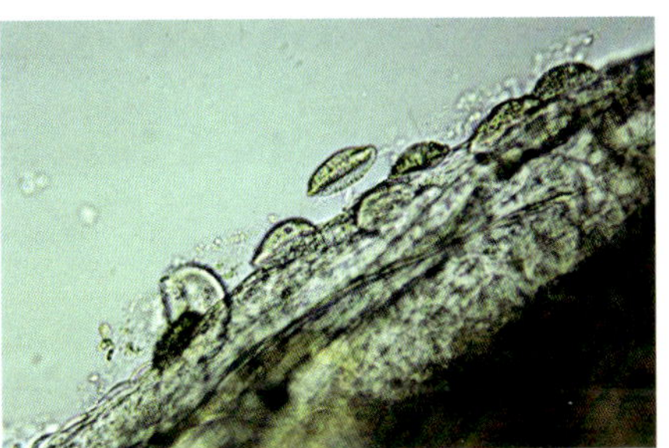

Bild 324: *Chilodonella* sp. an der Schleimhaut (Vergr. 176x)

Chilodonella

QR-Code 76

Einschleppen ins Aquarium ist möglich, wenn Lebendfutter aus Fischteichen gegeben wird. In den meisten Fällen werden die Parasiten aber mit infizierten Fischen übertragen. Vorbeugende Maßnahmen sind, auf sauberes Lebendfutter zu achten und nicht zu viele Fische im Becken zu halten. Bei schwachem Befall reicht die Methode in Kapitel 9, C-16 oder C-25; stärker wirken C-01, C-03 oder C-22.

5.7.1.3. Brooklynella hostilis

Brooklynella hostilis ist ein erst seit der Mitte des letzten Jahrhunderts bekannter Schmarotzer an tropischen Meeresfischen. Überwiegend sind Fische gefährdet, die unter Stress stehen und in überbesetzten Aquarien mit belastetem Wasser leben. Unter diesen Umständen kann die Krankheit seuchenartigen Charakter annehmen. Der Erreger *Brooklynella hostilis* ist ein holotricher (auf der ganzen Oberfläche bewimperter) Ciliat aus der Familie Dysteriidae. In Aussehen und Entwicklung ist er dem auf Süßwasserfischen schmarotzenden Einzeller *Chilodonella* sehr ähnlich. *Brooklynella* lebt auf Haut und Kiemen der Fische und ernährt sich von Haut- und Blutzellen. Die Infektion beginnt mit kleinen, blassen Stellen. Diese werden größer bis sich das Epithel flächig vom Körper löst. Anfangs leiden die Fische unter Appetitlosigkeit, schwimmen träge, sondern Schleim ab und atmen sehr heftig. Der Tod tritt nach wenigen Tagen ein, wenn große Hautflächen zerstört sind.

Zur Diagnose werden Haut- und Kiemenabstriche, sowie Abstriche aus den Wunden vorgenommen. Der herzförmige Parasit erreicht eine mittlere Größe von 60 Mikrometern. Auf einer Seite befindet sich ein Haftorgan, mit dem er sich am Fisch festhalten kann.

Wie viele andere Ciliaten ist *Brooklynella* stark bewimpert und kann schnell und wendig schwimmen. In der Regel wird der Parasit mit infizierten Fischen in das Aquarium eingeschleppt. Unter den voran genannten Bedingungen vermehrt er sich dann schnell. Als vorbeugende Maßnahme kann wie bei al-

Bild 325: Mischinfektion von *Brooklynella* und *Cryptocarion*

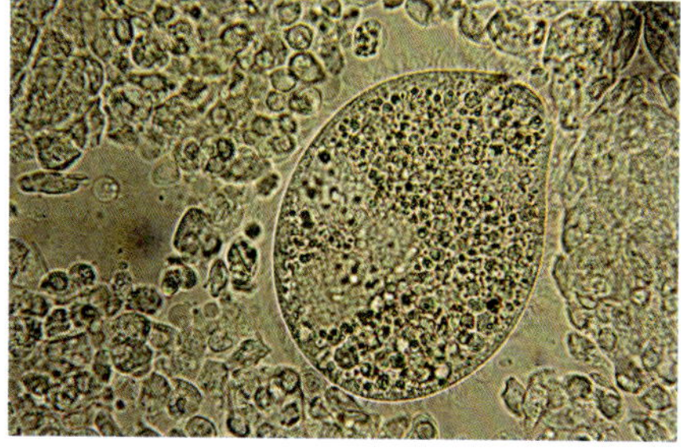

Bild 326: *Brooklynella* sp. im Hautabstrich (Vergr. 400x)

len Schwächeparasiten nur empfohlen werden, auf Hygiene zu achten und die Fische keinem Stress auszusetzen. G. BLASIOLA empfiehlt, neu gekaufte und verdächtige Fische kurz in Süßwasser zu tauchen. Dabei muss der pH-Wert genau dem des Meerwassers entsprechen. Je nach Art darf das Bad nicht länger als 1 bis 5 Minuten dauern. Eine Behandlung mit Kupfer ist wirkungslos. Weitere Behandlungsmöglichkeiten sind die Methoden in Kapitel 9, C-22 und C-12 oder C-13.

5.7.1.4. Trichophryidae

Trichophrya piscinum ist ein zwischen 10 und 130 µm großer tropfenförmiger Ciliat, der zu den Suctorida gehört. Am vorderen Ende bildet der Einzeller eine erhebliche Anzahl langer Tentakel aus, mit denen er andere Einzeller einfängt und deren Inhalt aussaugt. Mit einer Saugscheibe am hinteren Ende heften sich die Ciliaten an den Kiemen von Kaltwasserfischen fest. Sie vermehren sich durch Abspaltung neuer Individuen. Selbst bei starkem Befall der Kiemen zeigen die Fische kaum Unwohlsein. Die Trichophrya schaden den Fischen nicht. Es kann allerdings zu einer Behinderung der Atmung kommen, was sich durch Beschleunigung der Atemfrequenz äußert. Mit der Behandlung nach Kapitel 9, C-22 sind die Ciliaten schnell zu bekämpfen.

5.7.2. Oligohymenophorea

5.7.2.1. Tetrahymenidae

Die meisten Arten der Gattung *Tetrahymena* sind keine Parasiten (Bild 327). Auch im Aquarium kommen frei lebende Arten vor. Diese können häufig in Kotproben gefunden werden, die schon längere Zeit am Aquarienboden lagen. Sie stammen jedoch nicht aus dem Darm eines Fisches. Auch auf der Haut toter Fische, die sich noch einige Zeit im Wasser befanden, sind *Tetrahymena* oft nachweisbar. Gerade *T. pyriformis* wird in diesem Zusammenhang in der Literatur fälschlicherweise oft als Ektoparasit erwähnt.

T. pyriformis besitzt eine birnenförmige Gestalt und ist 35 bis 90 Mikrometer groß. Die fakultativ frei lebende Art *Te-*

Bild 327: *Tetrahymena pyriformis* an der Schwanzflosse eines Jungfisches (Vergr. 155x)

trahymena corlissi ist die einzige wirklich fischparasitäre Art. Sie ist an einer langen Schleppgeißel zu erkennen. Bei Hautinfektionen treten noch einige andere Arten als sekundäre Besiedlung auf. Sie ernähren sich von abgelösten Partikeln, Bakterien und anderen kleinen Mikroorganismen.

Tetrahymena

QR-Code 77

Tetrahymena corlissi ist ein reiner Schwächeparasit, der an geschädigten Hautstellen in großer Zahl zu finden ist (Bild 328). Er ist zwischen 50 bis 60 µm lang und von birnenförmiger Gestalt. Bei starkem Befall klemmen die Fische die Flossen und führen mit dem Körper schaukelnde Bewegungen aus. Das Plasma enthält zahlreiche Nahrungsvakuolen, die durch die Aufnahme von Zellfragmenten mit Pigmenten von der Fischhaut dunkel gefärbt sein können. Die Zelloberfläche ist gleichmäßig bewimpert, am hinteren Ende befindet sich eine über 30 µm lange Schleppgeißel. Der Name Tetra-hymen-a bezieht sich auf vier kleine Membranen am Zellmund.

Tetrahymena corlissi schadet der Haut und den Kiemen, indem sie das Gewebe verzehrt. Das führt bei geschwächten Fischen zu großflächigen Hautablösungen und dadurch zu zusätzlichen Verlusten. Die Behandlung kann nach Kapitel 9, C-22 erfolgen.

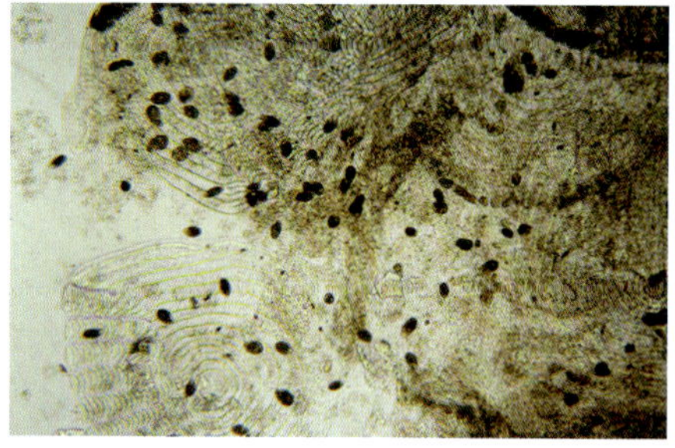

Bild 328: *Tetrahymena corlissi* im Schleimhautabstrich (Vergr. 38x)

5.7.2.2. Ichthyophthiriidae

5.7.2.2.1. Ichthyophthirius

„Weißpünktchenkrankheit“, „Grießkörnchenkrankheit“ oder einfach „Ichthyo" wird die Infektion der Fische mit diesem Ciliaten von vielen Aquarianern genannt. Der komplette Name lautet etwas zungenbrecherisch *Ichthyphthirius multifilii*. Der Fisch erscheint bei stärkerem Befall mit weißen Pünktchen übersät, so dass es den Anschein erweckt, er sei mit Grieß bestreut worden (Diagnosetafel 5A, Bild 16, 329 und 330). Bei Neuinfektionen können die Pünktchen sehr klein sein.

Die Fische scheuern sich, indem sie in waagrechter Lage an festen Gegenständen schnell vorbeistreifen und sich so von den Parasiten zu befreien versuchen. Nach einiger Zeit werden sie träge und apathisch. Dann bilden sich weiße Flecken, und die Schleimhaut beginnt sich flächig in großen Stücken abzulösen. In diesem Endstadium tritt bald der Tod ein. Die Parasiten sitzen, sich ständig drehend, zwischen Ober- und Lederhaut und ernähren sich von den Bestandtei-

Bild 329: Starke Infektion mit *Ichthyphthirius multifilii*

Bild 330: Schuppenlose Fische reagieren besonders empfindlich auf die Infektion

len zerstörter Hautzellen und der Körperflüssigkeit. Die über ihm liegende Schleimhaut regt der Parasit zur Wucherung an, so dass sie einen Schild über ihm bildet.

Die Größe von *Ichthyophthirius multifiliis* liegt zwischen 0,5 und 1,5 mm. Im mikroskopischen Präparat eines Abstriches zeigt sich der Parasit meist in kugelförmiger Gestalt. Die Zelloberfläche ist mit mehreren tausend kleinen beweglichen Wimpern besetzt, die ihn ständig in drehender Bewegung halten. Im freien Wasser verhelfen ihm die schlagenden Wimpern zur einer zügigen Fortbewegung, wobei er sich stets um sich selbst dreht. Der große hufeisenförmige Zellkern ist zu erkennen, wenn das Plasma nicht durch unzählige Nahrungsteilchen undurchsichtig wird (Bild 333).

Der ausgewachsene Parasit löst sich von seinem Wirt und sucht zur Vermehrung aktiv schwimmend eine ruhige Wasserzone auf. Er heftet sich an einem Gegenstand fest und umgibt sich mit einer durchsichtigen Gallerthülle. Innerhalb dieser beginnt nun eine Vierteilung des Parasiten (Bild 334), dann eine fortlaufende Teilung der Quadranten, deren Ergebnis bei 25°C nach 18 Stunden meh-

Ichthyo am Fisch

QR-Code 78

Bild 331: Der weiße Punkt auf der Haut ist verdickte Schleimhaut, der Erreger sitzt geschützt darunter

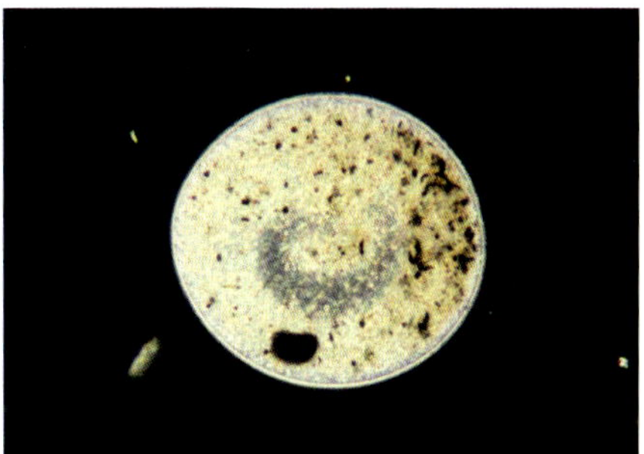

Bild 332: *Ichthyophthirius multifiliis* mit hufeisenförmigem Zellkern (Vergr. 94x)

Ichthyo im Hautabstrich

QR-Code 79

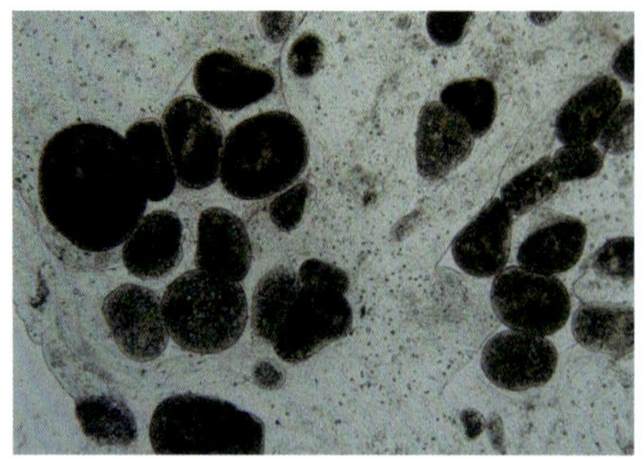

Bild 333: *Ichthyophthirius multifiliis* im Hautabstrich bei sehr starker Infektion (Vergr. 40x)

rere Hundert Schwärmer sind (Bild 335). Die Zeitdauer des Vorgangs hängt von der Wassertemperatur ab (Bild 336).

Die Schwärmer haben eine Größe von 30 bis 50 Mikrometer und sind aufgrund der vielen Wimpern ebenfalls gute Schwimmer. Sie verlassen die Zyste und versuchen nun einen neuen Fisch zu finden. Gelingt ihnen das nicht innerhalb von 48 Stunden, so sterben sie ab. Auch nach dem Verlassen der Zyste sind noch Zellteilungen bei den Schwärmern möglich (Bild 337). So können aus einem abgefallenen Parasiten innerhalb von 24 Stunden über 1.000 Schwärmer entstehen. Anfangs rund, nehmen sie dann eine länglich-ovale Form an. Bei den Schwärmern können mitunter auch Konjugationen beobachtet werden. Das ist ein Geschlechtsakt, bei dem sich zwei Einzeller aneinander heften, eine Plasmabrücke ausbilden und genetisches Material austauschen. Ist es einem der Schwärmer gelungen, einen Fisch zu finden, bohrt er sich durch die Schleimhaut und bleibt zwischen Ober- und Lederhaut sitzen. Dort wächst er nun zehn bis zwanzig Tage lang und sammelt Substanz für die nächste Teilung.

Die Länge der Zeit, die der Parasit in der Haut zum Wachstum benötigt, hängt von zwei Faktoren ab. Der eine ist die Temperatur, der andere die Abwehrkraft des Fisches. Erstinfizierende Ichthyophthirien haben demnach eine längere Wachstumsphase als solche, die einen schon stark infizierten Fisch befallen. Stirbt der Fisch, so verlassen alle Parasiten im Laufe der nächsten Stunden die Haut. Gleichgültig welche Größe sie erreicht haben, umgeben sie sich mit der Zystenhülle und fangen an, sich zu teilen.

Kleinste Exemplare suchen etwa gleichgroße Partner und vollziehen eine Konjugation (Bild 338). Danach bilden

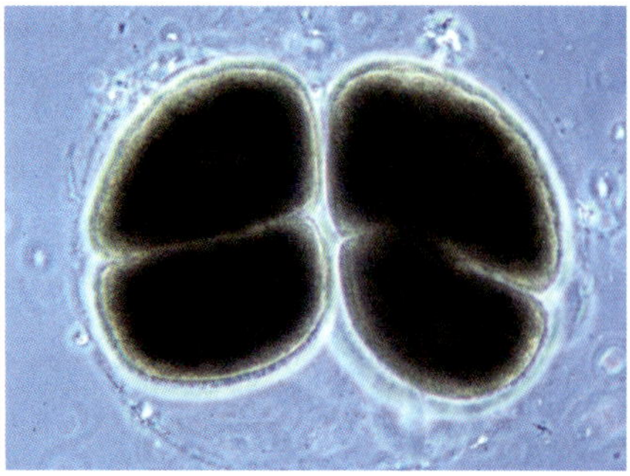

Bild 334: *I. multifiliis* mit beendeter Quadrantenteilung (Vergr. 80x)

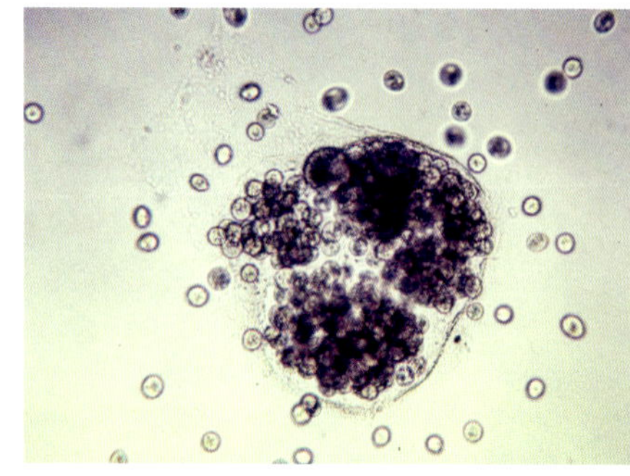

Bild 335: *I. multifiliis* Schwärmer verlassen die Zyste (Vergr. 90x)

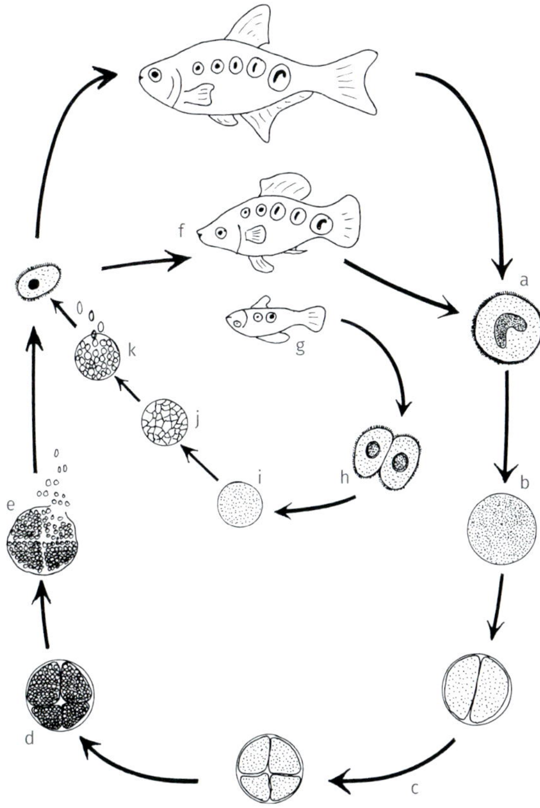

Bild 336: Entwicklungszyclus von *Ichthyphthirius mulitifilii*

a Der reife Parasit löst sich vom Fisch.
b Er heftet sich an einen Gegenstand an und bildet eine feste Hülle aus.
c Die Zyste teilt sich zweimal, es entstehen vier Quadranten.
d In jedem der Quadranten geht die Teilung zu Schwärmern unabhängig voran.
e Nach etwas 20 Stunden bricht die Zystenhülle auf und entlässt die Schwärmer.
f Die Schwärmer befallen neue Fische. Sie müssen innerhalb von 48 Stunden einen Wirt finden.
g Alle Ichthyophthirien verlassen den toten Fisch, gleichgültig auf welcher Entwicklungsstufe sie sich befinden.
h Zwei bis drei Tage alte Exemplare schwimmen zusammen und vereinigen sich (Konjugation).
i Nach der Trennung bilden sie eine feste Zytenhülle. Diese Dauerzysten können viele Wochen im Aquarium ruhen.
j In unregelmäßigen Abständen beginnen einzelne Zysten sich im Inneren zu teilen.
k Aufgrund der geringen Größe der Zyste entstehen nur wenige Schwärmer, die einen neuen Wirt suchen.

sie Dauerstadien mit einer festen Zystenhülle aus. Diese Zysten sind mehrere Wochen lebensfähig. Nach unterschiedlichen Ruhezeiten, die nach Beobachtungen des Autors im Bereich von einer bis zu drei Wochen liegen, beginnen sie sich zu teilen (UNTERGASSER 1987). Je nach Zystengröße entlassen sie nach der Teilung etwa 15 bis 30 Schwärmer. Nach dem Verlassen der Zyste konnte bei den Schwärmern keine weitere Teilung festgestellt werden.

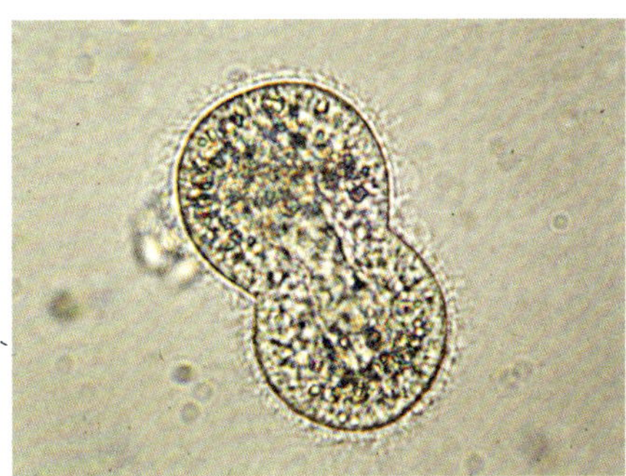

Bild 337: Schwärmer in Teilung (Vergr. 880x)

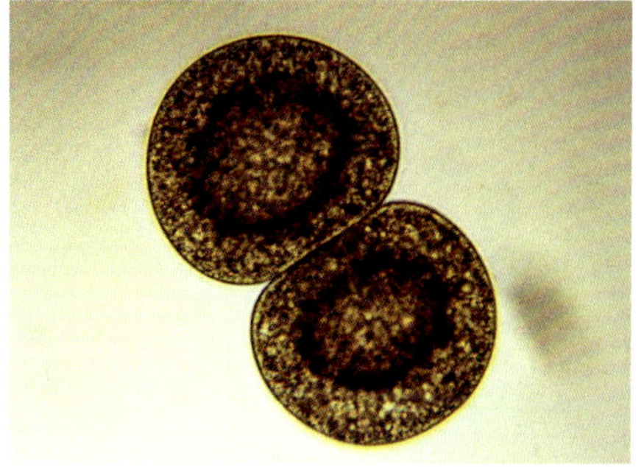

Bild 338: Schwärmer von *I. multifiliis* in Konjugation (Vergr. 62x)

Nach einem überstandenen Befall sind die Fische bis zu einem gewissen Grad gegen eine Neuinfektion immun. Die Parasiten bilden dann latente Stadien an geschützten Stellen, wie Kiemen oder den Flossenbasen. Durch Stress, unter schlechten Bedingungen oder auch nach dem Umsetzen werden diese Stadien wieder aktiv und befallen den gleichen oder auch neu hinzugekommene Fische. So kann es sein, dass neu gekaufte Fische plötzlich den Befall zeigen und der Pfleger glaubt, er habe die Parasiten mit diesen Fischen in sein Aquarium eingeschleppt. In Wahrheit wurden die neuen Fische von latent im Becken vorhandenen Erregern befallen, da sie keine Immunität gegen diese hatten. Oft wird in so einem Fall dem Verkäufer ungerechterweise die Schuld gegeben.

Die Behandlung einer gerade begonnenen Infektion von *Ichthyophtirius*, der mit Lebendfutter aus kühleren Gewässern eingeschleppt wurde, kann durch Temperaturerhöhung auf über 30°C erfolgen, sofern die Fische das vertragen (s. Kap. 9, B-07).

Es ist förderlich, eine Behandlung mit malachitgrünhaltigen Präparaten aus dem Zoofachhandel kombiniert mit einer Wärmebehandlung zu beginnen. Auch die Methoden in Kapitel 9, C-01, C-22 und C-35 sind wirksam. Bei Ichthyophthirius ist es hilfreich die Temperatur während der Behandlung um zwei Grad zu erhöhen, das beschleunigt den Entwicklungszyklus und unterstützt die Therapie. Da Malachitgrünoxalat lichtempfindlich ist, sollte die Beleuchtung während der Behandlung abgeschaltet werden.

Sehr hartnäckige Ichthyoinfektionen treten häufig in den Verkaufsanlagen des Zoofachhandels auf. Sie sind oft milieubedingt. Das Umsetzen der betroffenen Fische in einen anderen Block vor der Behandlung kann hilfreich sein. Die Kombination der Behandlungsmethoden in Kapitel 9, C-22 und C-16 wirkt stärker als Malachitgrün alleine.

5.7.2.2.2. Ichthyophthirius schlodtfeldii

Ichthyo schlodtfeldii

QR-Code 80

Nach der Jahrtausendwende ist eine neue Art des Parasiten aufgetreten, *Ihthyophthirius schlodtfeldii*. Dieser ist schwerer behandelbar. Durch mikroskopische Untersuchungen können die beiden Arten leicht voneinander unterschieden werden. *I. schlodtfeldii* hat einen verdrehten, größeren Zellkern (Bild 339). Der Zellkern des normalen *I. multifilii* ist bei kleinen jungen Parasiten leicht gebogen und hat

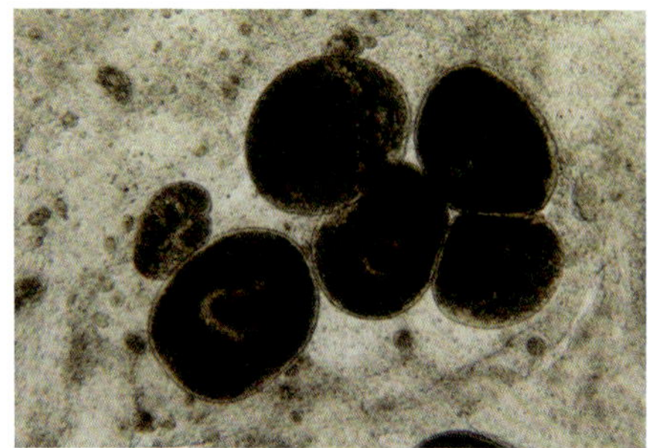

Bild 339: *Ihthyophthirius schlodtfeldii* mit großen, verdrehten Zellkernen (Vergr. 40x)

bei großen Exemplaren eine hufeisenartige Form (Bild 332 und 333).

In vielen Fällen der schwer zu behandelnden Infektionen, die ich untersuchte, waren es jedoch normale Ichthyo-Erreger, die zu spät erkannt oder falsch behandelt wurden. Behandlung: Kap. 9, C-22, C-35

5.7.2.2.2. Cryptocarion

Das Krankheitsbild des „Seewasserichthyo", das von dem Erreger *Cryptocarion irritans* verursacht wird, ähnelt dem von *Ichthyophthirius* sehr. Der Fisch erscheint ebenso mit kleinen weißen bis Sekundärinfektionen durch Bakterien und Pilze können auftreten.

Cryptocarion befällt alle Arten von Seewasserfischen. Die Augen erblinden, wenn sich Parasiten daran festheften.

Bild 340: Kleine weißliche Punkte auf der Haut bei *Cryptocarion irritans*

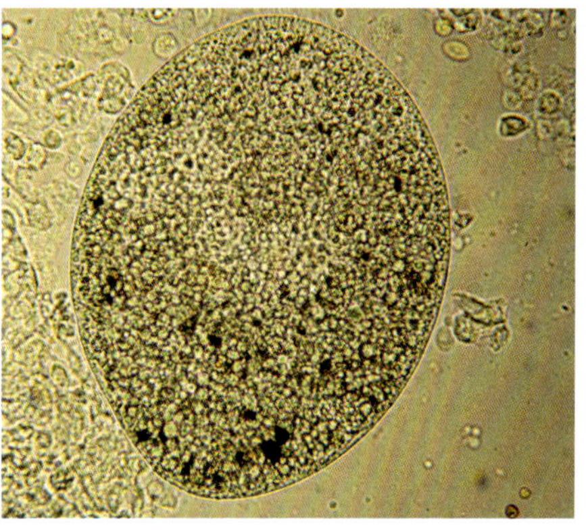

Bild.341: *Cryptocarion irritans* im Hautabstrich (Vergr. 63x)

grauen Punkten übersät, die sich nur schwer abstreifen lassen (Bild 340). Im Anfangsstadium scheuern sich die Fische, die Farben verblassen und die Haut wird trübe. Der Verlauf der Krankheit ist sehr zügig. Die weißen Knötchen stellen Epithelwucherungen dar, in denen der Parasit lebt. Sie können bei starkem Befall in Gruppen zusammenstehen oder flächig verschmelzen. Gewebezerstörungen mit Blutungen, Entzündungen und Schleimhautablösung sind die weiteren Folgen. Wird nicht rechtzeitig behandelt, dann sterben die Fische innerhalb von fünf Tagen nach Auftreten der Punkte. Der Parasit selbst hat eine Größe von 0,5 bis maximal 2 mm, die Form ist rund bis birnenförmig. Die Pellicula ist ganz bewimpert, der Großkern besteht aus vier, meist im Bogen angeordneten, runden Teilen (Bild 341).

Um lebende Exemplare für ein Präparat zu gewinnen, muss man sehr vorsichtig arbeiten, da die Parasiten wegen ihres festen Sitzes in der Haut bei Abstrichen leicht zerstört werden. Ebenso wie *Ichthyophthirius* verlässt *Cryptocarion* nach Ende der Wachstumsphase seinen Wirt, lässt sich zu Boden fallen und umgibt sich mit einer Hülle. Nach 6 bis 9 Tagen verlassen mehr als 200, etwa 35 Mikrometer große Schwärmer die Zyste. Sie haben nur 24 Stunden Zeit, einen Wirt zu finden, dann sterben sie ab. Die Behandlung erfolgt nach Kapitel 9, C-17 oder C-18.

5.7.2.3. Uronematidae

Uronema marinum ist ein dem *Tetrahymena corlissi* sehr ähnlicher, jedoch im Meerwasser lebender parasitärer Ciliat. Er befällt sowohl Kaltwasser- als auch Warmwassermeeresfische. Die etwa 40 µm langen und 20 µm breiten tropfenförmigen Ciliaten besitzen, wie *Tetrahymena corlissi*, eine Schleppgeißel von 34 µm Länge und vier Membranen an der im vorderen Bereich befindlichen Mundöffnung.

Die Parasiten zerstören die Haut bis zum Muskelgewebe und verursachen Blutungen. Die Haut erscheint durch verstärkte Schleimabsonderung weißlich-grau. Die Fische werden apathisch. Der Erreger befällt hauptsächlich geschwächte Fische, die aufgrund der Gewebezerstörung bald sterben. An der Schleimhaut von Seepferdchen wurde der Ciliat *Miamiensis avidus* nachgewiesen. Die Behandlung erfolgt nach Kapitel 9, C-22 über sieben Tage lang.

5.7.3. Peritriche Ciliaten

5.7.3.1. Epistylididae

Epistilis am Fisch

QR-Code 81

Ciliaten der Gattungen *Apiosoma* (Synonym: *Glossatella*) und *Epistylis* (früher: *Heteropolaria*) sind keine Parasiten im eigentlichen Sinne. Sie besiedeln verletzte Hautstellen und ernähren sich von abgelösten Zellen und Bakterien, die sie mit einem Wimpernkranz einstrudeln. Die Zelle sitzt auf einem Stiel, der fest in der Haut des Fisches verankert ist. Die Einzeller treten in großen Mengen als dichter Belag auf und verhindern die Heilung der besiedelten Körperoberfläche. Zwergfadenfische, z. B. *Trichogaster lalius* (früher: *Colisa lalia*), scheinen häufiger durch *Epistylis colisarum* (Bild 342) infiziert zu sein als andere Fische.

Der Befall kann mit einem Pilz verwechselt werden, die Ciliaten sind jedoch viel kürzer als Pilzhyphen und bilden ein dichteres Polster aus (Bild 343). Die Erreger sind mit Malachitgrünoxalat nach Kapitel 9, C-22 gut zu bekämpfen.

Bild 342: Dichter pelzartiger Befall von Hautverletzungen durch *Epistylis colisarum*

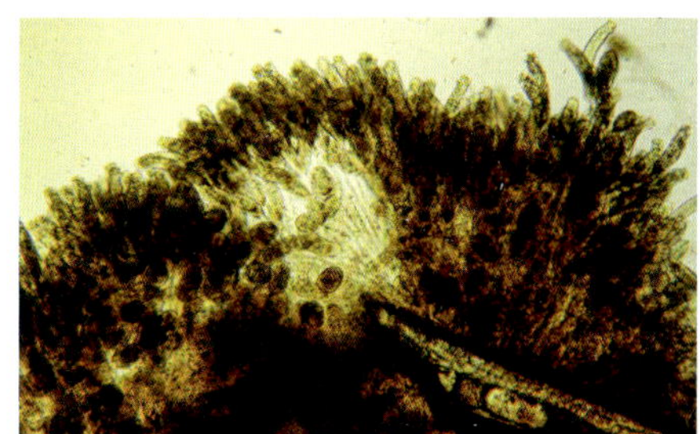

Bild 343: Dicke Polster von *Epistylis colisarum* im Hautabstrich von obigem *Trichogaster lalius* (Vergr. 40x)

Epistilis im Abstrich

QR-Code 82

5.7.3.2. Trichodinidae

Wenn sich Fische vereinzelt scheuern und stark mit den Flossen zucken, kann ein Befall von *Trichodina sp.* vorliegen. An der Haut selbst ist meist nichts zu sehen. Dem Fisch entsteht durch vereinzelte Exemplare kein Schaden. Erst bei verstärktem Auftreten bilden sich weißliche Stellen auf der Fischhaut. Trichodinen kommen sicher öfter im Aquarium vor als vermutet, da ihr vereinzeltes Auftreten meist nicht bemerkt wird. Bei Verdacht auf *Trichodina* wird an mehreren Stellen ein Abstrich genommen und bei 100- bis 200-facher Vergrößerung durchgemustert.

Der Erreger ist ein peritricher Ciliat (nur am Vorderende bewimpert) von hutartiger Form. Je ein Wimpernkranz befindet sich am oberen und unteren Ende der zylindrischen Zelle. Ein Hakenkranz von kleinerem Durchmesser liegt an der Unterseite. Wenn der Parasit im Präparat flach liegt, sind Haken und Wimpernkranz gleichzeitig scharf abgebildet (Bild 344). *Trichodina* ist ständig in kreisender Bewegung und kann auf den Fischen sehr schnell den Standort wechseln. Der Durchmesser der Zelle beträgt durchschnittlich 50 Mikrometer.

Trichodina im Abstrich

QR-Code 83

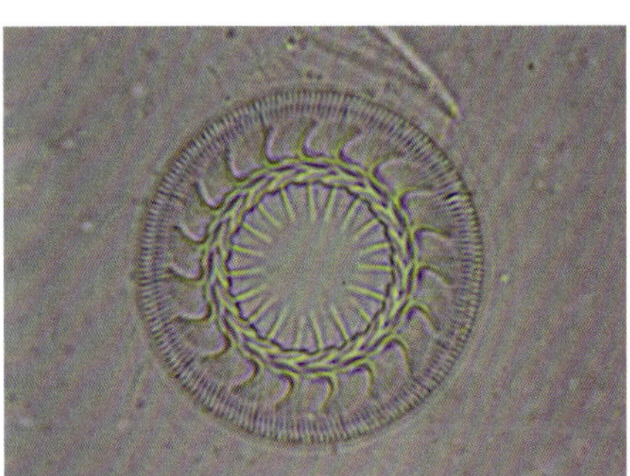

Bild 344: *Trichodina* sp. im Hautabstrich (Vergr. 400x)

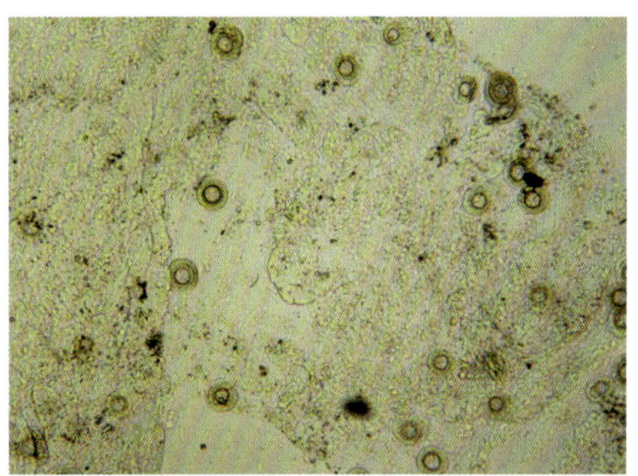

Bild 345: Starker Befall von *Trichodina* sp. im Hautabstrich (Vergr. 75x)

Untersuchungen von HAUSMANN (1981) haben ergeben, dass *Trichodina* kein echter Parasit sein kann. Der Ciliat benutzt den Fisch nur als Transportwirt. Mit einer Haftscheibe und dem Hakenkranz kann er sich auf der Schleimhaut festheften. Die Ernährung erfolgt durch Aufnahme von Bakterien. Die Mundöffnung liegt an der dem Fisch abgewandten Seite des Zellkörpers.

Da bei geschädigter Schleimhaut verstärkt Bakterien auftreten, können sich auch die Trichodinen gut vermehren. Durch ihre Saugnäpfe wird die Schleimhaut dann noch mehr zerstört. Aber auch in hygienisch unzulänglichem Wasser befinden sich große Mengen Bakterien, so dass *Trichodina* sich gut vermehren kann. Dies geschieht durch Zweiteilung. Die Trichodinen schwimmen selbstständig von Fisch zu Fisch. Auch hier ist die Infektionsquelle oft Futter aus Fischteichen. Bei Fischen mit verdickter Schleimhaut, wie Koi und Goldfischen, ist oft zu beobachten, dass sich Trichodinen in die Haut bohren. Sie lösen dabei Schleimzellen ab und ernähren sich von ihnen (HAUSMANN 1983). In einem Abstrich der verdickten Schleimhaut sind meist unzählige Exemplare zu beobachten (Bild 345).

Die Bekämpfung erfolgt nach Kapitel 9, C-01, C-22, C-12 oder C-13, je nach Stärke des Befalls.

5.7.4. Polyhymenophora

5.7.4.1 Ichthyonyctus

Ichthyonyctus im Darmpräparat

QR-Code 84

Im Darm von Diskusfischen, *Symphysodon*, die aus Asien importiert wurden, konnte der Autor schon mehrfach Ciliaten nachweisen. Sie kommen in großer Anzahl vor und bewegen sich sehr schnell. Die Diskusfische zeigen nur geringe Krankheitsanzeichen. Auch ein direktes Unwohlsein oder Dunkelfärbung ist nicht zu beobachten. Sie bleiben allerdings im Wachstum stark zurück.

Sichere Angaben zur Behandlung können noch nicht gegeben werden. Möglicherweise sind die Methoden in Kapitel 9, C-22 als Bad und im Futter C-08, C-30 oder C-38 erfolgreich.

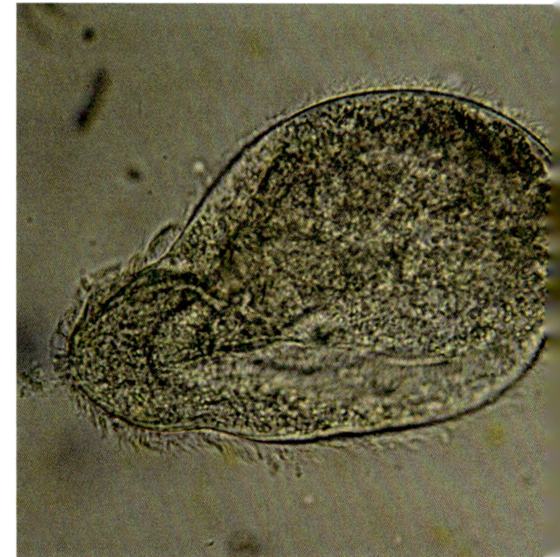

Bild 346: *Ichthyonyctus* sp. im Darminhaltspräparat eines Diskusfisches (Vergr. 400x)

5.7.5. Sonstige Ciliaten

Regelmäßig sind an Fischen Ciliaten zu finden, die eigentlich keine Parasiten sind, sondern Infusorien, die in stark belastetem Wasser auftreten. Da das Aquarien- und Teichwasser in der Regel stärker belastet ist als die Heimatgewässer der Fische, gehören diese Ciliaten zu den normalen Bewohnern eines Aquariums

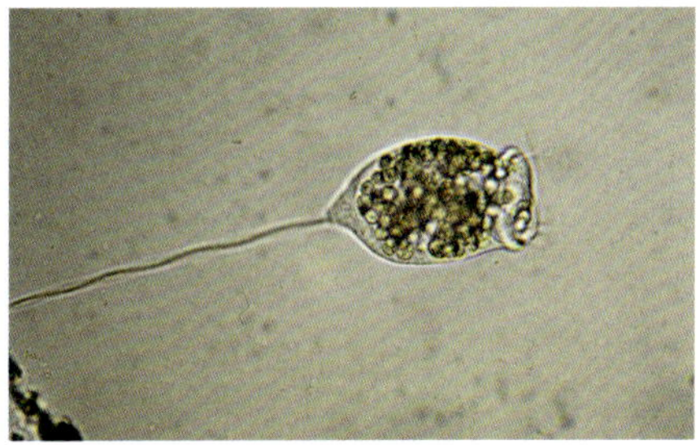

Bild 347: Glockentier (Vergr. 400x)

oder Gartenteiches. In ungepflegten Aquarien können sie sich stark vermehren. An geschwächten Fischen sind sie in Mengen anzutreffen. Auch verpilzte Wunden und von anderen Parasiten zerstörte Hautstellen werden bevorzugt besiedelt, da sich hier viele Bakterien befinden, die ihnen als Nahrung dienen können. Als

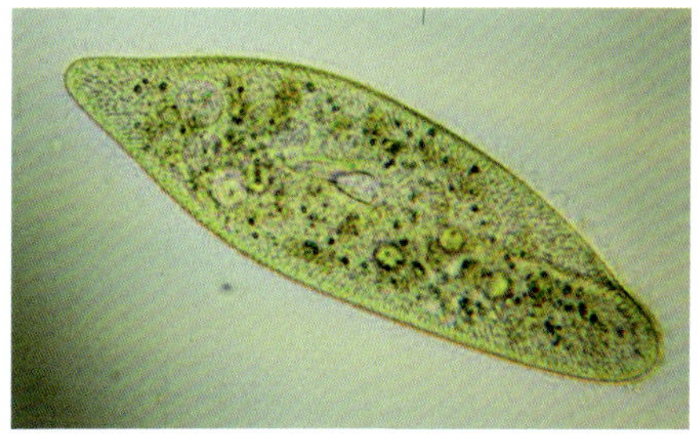

Bild 348: Pantoffeltier *Paramecium* sp. (Vergr. 750x)

Gegenmaßnahme empfiehlt es sich, auf Hygiene zu achten und verwundete Fische gleich in Quarantäne zu behandeln.

Glockentiere sind manchmal an den Kiemen und der Haut zu finden. Sie heften sich mit einem spiralförmig einziehbaren dünnen Stiel an der Haut an. Bei vereinzeltem Auftreten schaden sie den Fischen nicht.

Pantoffeltiere (Bild 348) und ähnliche Ciliaten halten sich überall dort auf, wo sie ihre Hauptnahrung, Bakterien, finden können. So sind sie im Filter, in Mulm und in sich zersetzendem Kot anzutreffen. Sie sind normale Bewohner der Aquarien. Viele Aquarianer züchten Pantoffeltiere in Kulturgläsern, um sie als erstes Futter für frisch geschlüpfte, sehr kleine Jungfische zu verwenden.

Harmlose Mikroorganismen

QR-Code 85

6. Helminthosen

Unter den Würmern gibt es viele parasitisch lebende Arten, sodass eine umfassende Beschreibung in diesem Rahmen kaum möglich ist. Darum werden vorwiegend solche Arten behandelt, die häufig auftreten und Aquarienfischen oder Teichfischen gefährlich werden können. Im Allgemeinen verlaufen die Wurmkrankheiten langsam. Sie schwächen die Fische, worauf andere Krankheiten sekundär auftreten. Mitunter kann, wenn ein Fisch stirbt, die Ursache nicht eindeutig den Würmern zugeschrieben werden. Deutlich ist zu beobachten, dass Wurmbefall des Darmes zu Schreckhaftigkeit und verminderter Nahrungsaufnahme führt. Bei geringerer Nahrungsaufnahme und Nahrungsverweigerung sind unbedingt Kotproben auf Wurmeier zu untersuchen. Mitunter finden sich in schleimigen Ausscheidungen Eier von *Capillaria* oder von Bandwürmern.

6.1. Turbellaria, Strudelwürmer

Strudelwürmer sind ab und zu in Aquarien zu finden, Aquarianer nennen sie Scheibenwürmer, da sie an den Glasscheiben des Aquariums herumgleiten. Sie werden oft auch als *Planarien* bezeichnet. Die Gattung *Planaria* ist jedoch nur eine von mehreren Turbellariengattungen. Meist werden sie mit Pflanzen, Lebendfutter oder in der Eiform über Frostfutter eingeschleppt. Je nach Art sind sie zwischen wenigen Millimetern und etwa zwei Zentimetern groß und haben eine weiße, hellbraune oder rotbraune Farbe. Sie sind mit dem Mikroskop bei niedriger Vergrößerung leicht von anderen Würmern zu unterscheiden, da sie am ganzen Körper von einem Flimmerepithel aus sehr kleinen, dicht sitzenden und beweglichen Wimpern überzogen sind, das ihnen eine gleichmäßig gleitende Bewegung ermöglicht.

Nur wenige unempfindliche Fische fressen Planarien, da sie aus speziellen Zellen in ihrer Haut kleine giftige Pfeile, die Rhabditen, abschießen können. Diese verursachen Lähmungen und Wunden bei kleinen Lebewesen. Den Fischen ist das zumindest unangenehm, deshalb verschmähen sie Planarien. Eine Vermehrung der Turbellarien weist auf schlechte Hygiene des Aquariums hin. Futterreste, Kot oder verfaulendes organisches Material bietet optimale Lebensbedingungen für Turbellarien. In Zuchtaquarien fallen sie über den Laich her und vernichten die Gelege. Auch sich am Boden aufhaltende Fischlarven können sie erbeuten. Saugt man beim wöchentlichen Wasserwechsel den Bodengrund ein bis zwei Zentimeter tief mit einer Mulmglocke ab, kann einer Vermehrung der Turbellarien vorgebeugt werden.

Im Süßwasser sind Turbellarien als Parasiten an Fischen eher selten. Im Meerwasser gibt es einige Arten, die als Ektoparasiten von Rochen, Krebsen und niederen Tieren auftreten. Räuberische Strudelwürmer können bei Muscheln, Schnecken und Korallen große Schäden verursachen. Die Bekämpfung kann nach Kapitel 9, Methode C-10 erfolgen. Die Eier werden jedoch von keinem Medikament abgetötet, so dass die Behandlung, wie beschrieben, über drei Wochen erfolgen muss.

6.2. Cercomeromorpha, Hakenwürmer

6.2.1. Monogenea, Haut- und Kiemenwürmer

Monogenea leben auf der Haut und den Kiemen von Süß- und Meerwasserfischen. Der Hakenapparat am hinteren Ende dient zum Festhalten an der Schleimhaut des Wirtes.

Auf Grund der Form, Größe und Anordnung seiner verschiedenen Haken kann die Art bestimmt werden. Für den Aquarianer ist es wichtig, die eierlegenden von den lebendgebärenden Haut- und Kiemenwürmern zu unterscheiden, da davon die Behandlungsmethode abhängt.

Die von Hautwürmern verursachten stellenweise trüben Hautstellen werden oft als bakterielle Infektionen angesehen. Diese falsche Diagnose führt zu einer verkehrten Behandlung, die keinen oder nur kurzen Erfolg bringt. Besser ist, einen Abstrich an diesen Stellen zu nehmen und eine Diagnose mit dem Mikroskop zu stellen. Die Hautwürmer können dann schon bei niedriger Vergrößerung erkannt werden.

Bild 349: Hautwürmer verursachen stellenweise trübe Haut

Zwei Familien werden an der Anzahl der Haftdrüsen und dem Vorhandensein von Pigmentaugen am vorderen Ende unterschieden, die lebendgebärenden Gyrodactylidae und die eierlegenden Dactylogyridae.

Einen geringen Befall von Kiemen- oder Hautwürmern vertragen die Fische gut und zeigen keine Symptome. Vereinzelt können, wie bei einem leichten Befall durch andere Ektoparasiten auch, Scheuerbewegungen und Flossenzucken beobachtet werden.

Bei starkem Befall der Kiemen werden die Kiemendeckel abgespreizt und die Atemfrequenz ist beschleunigt.

Die Würmer reizen die Kiemen, worauf der Fisch mit Schleimproduktion reagiert. Mit dem Schleim sollen die Wür-

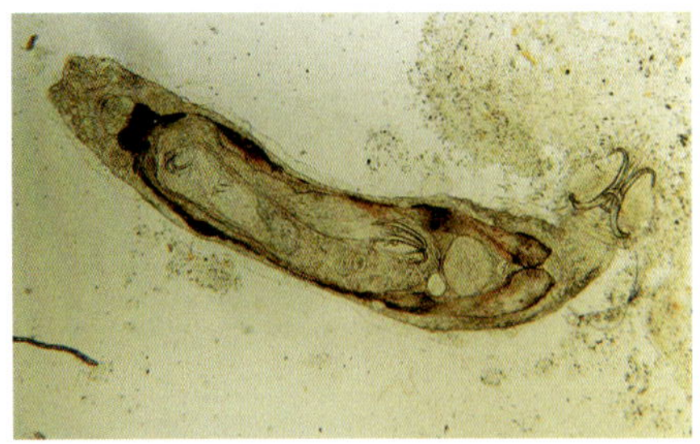

Bild 350: *Gyrodactylus* sp. mit Embryo (Vergr. 40x)

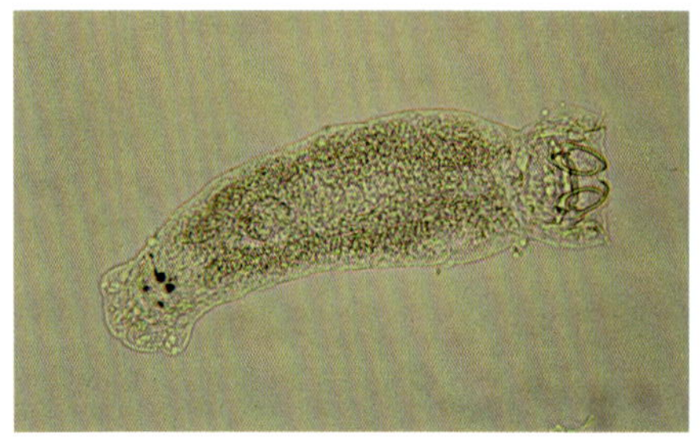

Bild 351: Dactylogyridae, *Sciadicleithrum variabilum* (Vergr. 60x)

mer von den Kiemen abgetrieben werden (Diagnosetafel 10, Bilder 39, 40). Diese nehmen den Schleim jedoch als Nahrung und vermehren sich weiter. Die Verschleimung behindert die Diffusion von Sauerstoff und Kohlendioxid und führt zu schneller Atmung. Die Fische hängen hechelnd unter der Wasseroberfläche.

Manchmal ist zu beobachten, dass ein Kiemendeckel angelegt, der andere abgespreizt und das Maul ruckartig vorgestülpt wird. Im Extremfall ist aufgrund der Schleimproduktion die Sauerstoffaufnahme so stark reduziert, dass die Tiere ersticken. Hakenwürmer sind meist wirtsspezifisch, so dass nur sehr nah verwandte Fischarten gleichermaßen betroffen sind. In Zuchtanlagen bei hohem Fischbesatz können Kiemenwürmer sich seuchenhaft vermehren und den ganzen Jungtierbestand innerhalb von wenigen Wochen umbringen. Bei Verdacht sind von Haut- und Kiemenabstrichen Präparate anzufertigen. Darin können dann die Würmer bei 50- bis 200-facher Vergrößerung gut beobachtet werden. Mit den Klammerhaken am Hinterende hängen sie fest an der Haut, das Vorderende bewegt sich dabei hin und her. Von frisch gestorbenen Fischen können ganze Kiemenbögen entnommen werden, an denen dann bei 50-facher Vergrößerung große Mengen der Würmer zu finden sind. Hakenwürmer werden durch neu zugesetzte Fische ins Aquarium eingeschleppt und von Elterntieren schon auf kleinste Jungfische übertragen. Mit Gebrauchsgegenständen, wie Netzen und nassen Händen, können sie ebenfalls von Becken zu Becken übertragen werden.

Bild 352: Mehrere Hautwürmer im Hautabstrich (Vergr. 40x)

Bild 353: Notatmung aufgrund starken Kiemenwurmbefalls

6.2.1.1. Gyrodactylidae

Die Gyrodactylidae parasitieren meist auf der Haut, seltener auf den Kiemen. Sie kommen weniger in Warmwasseraquarien vor, sind aber regelmäßig an Teichfischen zu finden. In den wärmeren Monaten können sich die Hautwürmer, Gyrodactylidae in den Gartenteichen besonders gut vermehren. Die Übertragung auf andere Fische wird durch hohe Besatzdichte begünstigt. Im mikroskopischen Bild ist bei 50- bis 200-facher Vergrößerung des 0,3 bis 0,9 mm großen Wurmes sofort der Hakenapparat am hinteren Ende zu erkennen (Bild 354).

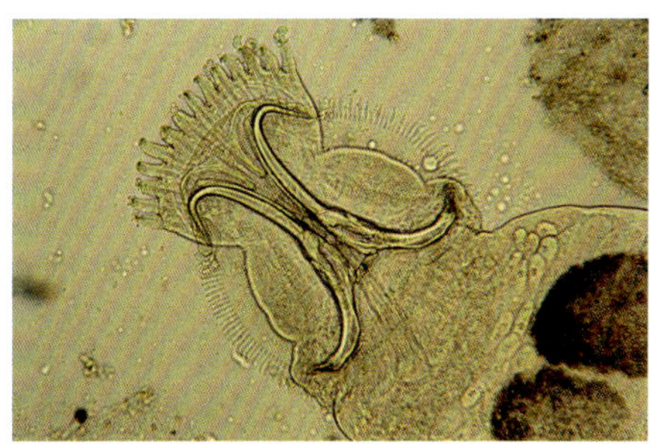

Bild 354: Die Zentralhaken und Randhaken der Haftscheibe eines Hautwurms (Vergr. 100x)

QR-Code 86

In dem scheibenartigen Gebilde liegen die zwei Zentralhaken, umrahmt von bis zu 16 kleinen Randhaken. Das Vorderende ist zweizipflig, in ihm enden die Ausführgänge der Klebedrüsen. Dahinter befindet sich ventral (bauchseitig) der Mundsaugnapf. Augenflecken sind nicht vorhanden (Bild 355).

In dem mittleren Teil der Würmer ist im Inneren ein Embryo zu erkennen, an dem schon Haken ausgebildet sind (Bild 356). Das enthält selbst wieder ein Jungtier mit Embryo, so dass vier Generationen in einem Muttertier vereint sind. Obwohl die Gyrodactylidae immer nur ein Jungtier lebend gebären, ist die Vermehrungsrate sehr hoch. Aus einem geschlechtsreifen Exemplar können unter günstigen Bedingungen innerhalb eines Monats etwa eine Million Nachkommen entstehen (Schäperclaus 1979). Durch schabende und saugende Bewegungen entnehmen die Saugwürmer Blut und Hautteile und verzehren sie.

Einzelne Parasiten schaden dem Fisch nicht. Erst wenn durch ungünstige Verhältnisse die Fische geschwächt sind, kann eine Massenvermehrung der Parasiten erfolgen. Größere Hautläsionen mit

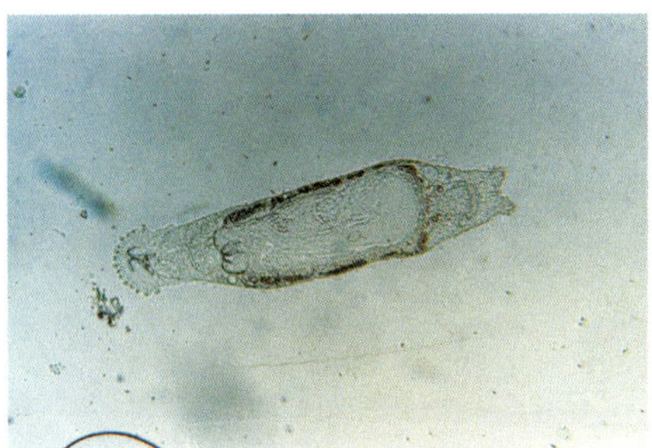

Bild 355: Die Gyrodactylidae besitzen ein zweizipfliges Vorderende und keine Pigmentaugen (Vergr. 40x)

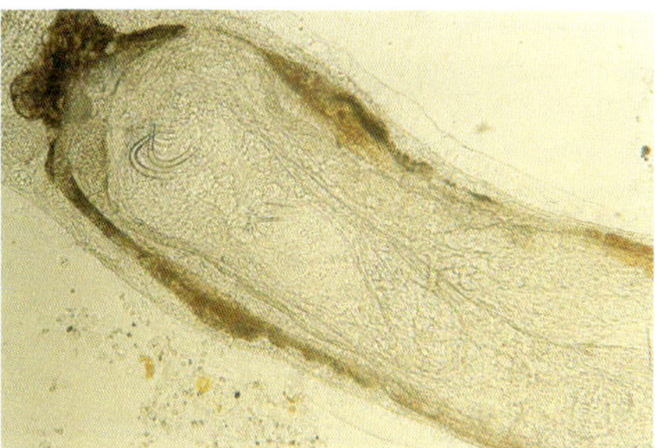

Bild 356: Zweite Larve mit sich entwickelnden Zentralhaken im Inneren des gleichen Wurms (Vergr. 100x)

Trübungen sind nun die Folge, wodurch bald Infektionen mit Bakterien und Pilzen auftreten. Die Gyrodactylidae stellen in gepflegten Aquarien keine Gefahr für die Fische dar. Tritt trotzdem eine Massenvermehrung auf, so muss nach dem Grund der Schwächung gesucht werden (s. Kap. 1). Abgefallene Hautwürmer können je nach Temperatur mehrere Tage ohne Fisch überleben. Je wärmer das Wasser ist, um so kürzer leben sie, da ihr Stoffwechsel mehr Energie benötigt. Sie können somit ohne Nahrungsaufnahme nicht lange überleben. In Warmwasseraquarien und Teichen im Sommer beträgt die Überlebenszeit ohne Fisch nur ein bis zwei Tage. Bei kalten Temperaturen in Gartenteichen können die Würmer länger als eine Woche ohne Fisch überleben.

Es ist in der Praxis nicht notwendig, die verschiedenen Gyrodactylidae zu unterscheiden. Wichtig dagegen ist, sie als solche zu erkennen. Die Behandlung ist einfach (s. Kap. 9, B-14, C-01, C-10, C-11, C-23, C-26, C-34 oder C-40). Da es keine Eier gibt, ist eine einmalige Behandlung ausreichend.

6.2.1.2. Dactylogyridae

Monogene Saugwürmer der Familie Dactylogyridae leben bei Aquarienfischen in erster Linie auf den Kiemen. Ihre Größe liegt zwischen 0,1 und 2 mm. Sie besitzen ein vierzipfliges Vorderende mit Saugnapf und vier oder mehr schwarze Augenflecken. Die Haftscheibe am Hinterende enthält, je nach Art, zwei, drei oder vier Zentralhaken und 12 bis 18 kleine Randhaken (Bild 351). Die Lebensdauer dieser Saugwürmer beträgt einige Tage bis mehrere Monate. Ohne Wirt können sie unter Aquarienbedingungen je nach Art zwischen einigen Stunden und mehreren Tagen überleben. Bei der Diagnose ist darauf zu achten, ob die Saugwürmer vier Zentralhaken haben und ob diese durch einen oder zwei Stege miteinander

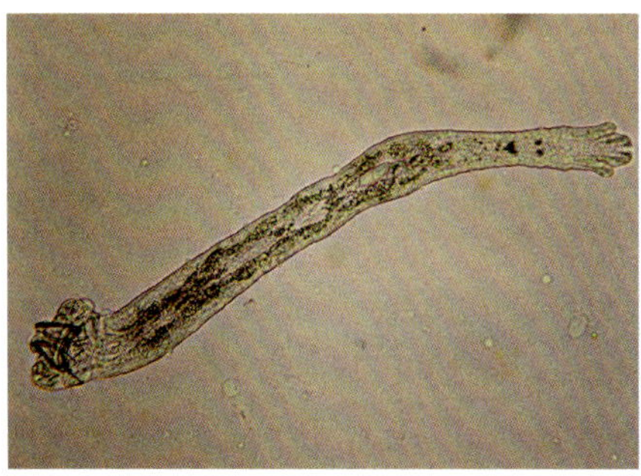

Bild 357: Die Dactylogyridae besitzen ein vierzipfliges Vorderende und zwei bis sechs Pigmentaugen, hier *Sciadicleithrum variabilum* in gestrecktem Zustand (Vergr. 200x)

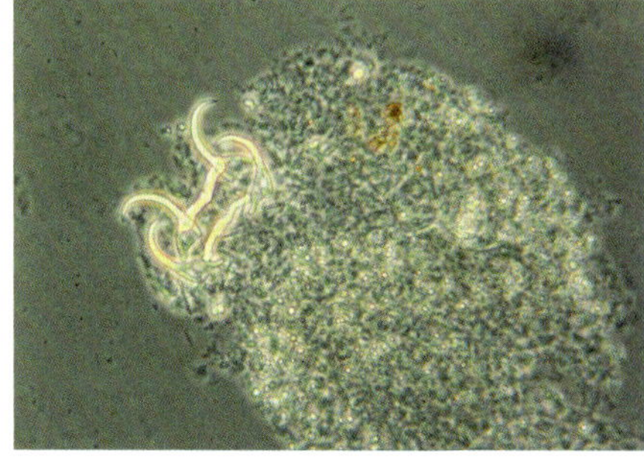

Bild 358: Fuß eines *Sciadicleithrum variabilum* mit den vier Zentralhaken, Phasenkontrast (Vergr. 250x)

QR-Code 87

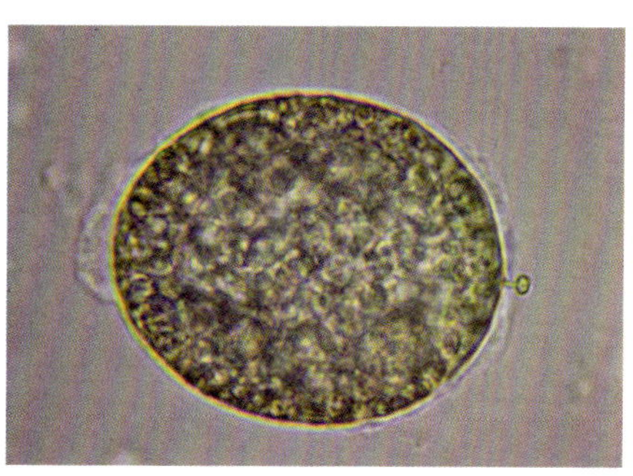

Bild 359: Ei von *Sciadicleithrum variabilum* (Vergr. 400x)

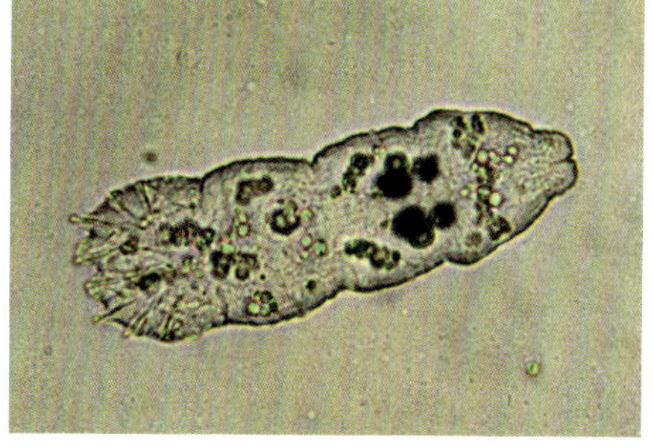

Bild 360: Larve von *Sciadicleithrum variabilum* (Vergr. 250x)

verbunden sind. Sind zwei Stege vorhanden, handelt es sich um Kiemenwürmer der Art *Sciadicleithrum variabilum*, die vorwiegend auf den Kiemen von Diskusfischen parasitiert (Bild 358). Die auch zur Familie Dactylogyridae gehörende Gattung *Enterogyrus* stellt eine Ausnahme dar. Sie befällt den Magen von Süß- und Meerwasserfischen.

Damit man den Hakenapparat gut sehen kann, müssen dünne Präparate angefertigt werden, in denen die Würmer still liegen (s. Kap. 12.4. bis 12.6.). Um genügend Würmer zur Präparation zu gewinnen, werden die herausgetrennten Kiemenbögen in ein kleines Schälchen mit Aquarienwasser gelegt. Hebt man nach ein bis zwei Stunden den Kiemenbogen mit einer Pinzette an, haben sich die abgefallenen Würmer am Boden der Schale gesammelt und können mit einer Pipette abgesaugt werden.

Die Dactylogyridae sind Zwitter. Nach der gegenseitigen Befruchtung bildet sich in jedem Wurm ein relativ großes Ei. Im Abstrich sind die Eier an ihrer ovalen Form und einem kleinen dornartigen Auswuchs der Schale zu erkennen. Das ist ein kurzer Haftfaden an dem einem Ende des Eis. Ihre Größe beträgt etwa 50 Mikrometer (Bild 359). Die meisten Eier werden mit dem Atemwasserstrom von den Kiemen abgetrieben. Einzelne Eier bleiben an den Kiemen hängen, wenn der Haftfaden Kontakt mit dem Kiemengewebe erhält. Die Eientwicklung dauert einige Stunden bis vier Tage, dann schlüpft eine bewimperte Larve, die sich aktiv schwimmend einen Fisch sucht. Die vier Augenflecke erlauben der Larve, hell und dunkel zu unterscheiden (Bild 360).

Sie nimmt den Fisch als Schatten wahr, schwimmt darauf zu und heftet sich an dessen Körper fest. In den nächsten zwei Tagen klettert sie langsam auf der Schleimhaut nach vorn auf die Kiemen zu. Aufgrund dieses Verhaltens ist es nicht notwendig, direkt an den Kiemen Abstriche zu nehmen. Es reicht, wenn man einen Abstrich etwa 0,5 bis 1 cm hinter dem Kiemendeckel an der Körperseite nimmt. Im Präparat sind die Larven zwischen 200- und 400-facher Vergrößerung zu sehen. Nach weiteren vier bis fünf Tagen haben sich die Larven zu erwachsenen Würmern entwi-

QR-Code 89

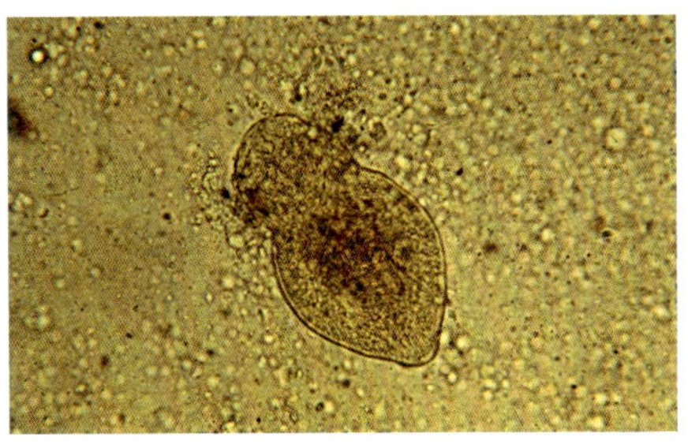

Bild 366: Larve vom Bandwurm nach dem Schlupf im Darminhaltspräparat (Vergr. 200x)

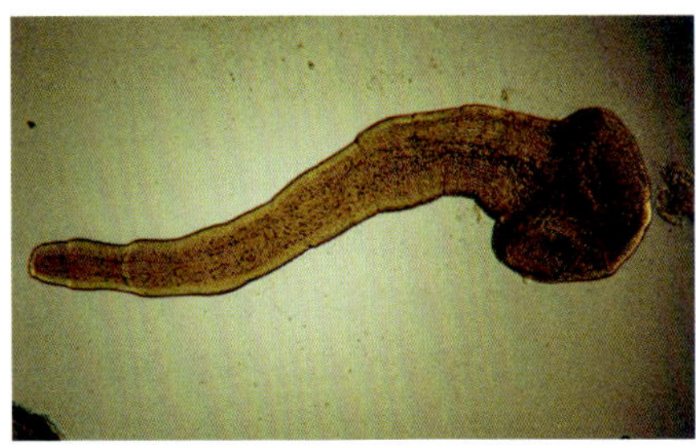

Bild 367: Kleiner, noch nicht geschlechtsreifer Bandwurm (Vergr. 100x)

Nahrung über die Körperoberfläche auf. Mit den Saugnäpfen am Kopf halten sie sich an der Darmwand fest (Bild 368). Eine Behandlung ist nach Kap. 9, C-10, C-23, C-32, C-34 möglich.

Da Copepoden als Zwischenwirte im Gartenteich immer zur Verfügung stehen und die Übertragung von Eiern durch Wasservögel nicht ausgeschlossen werden kann, ist die Infektion von Teichfischen mit Bandwürmern durchaus möglich (Bild 370). Ebenso können sich Bandwürmer durch das Einsetzen infizierter Neuzugänge im Fischbestand eines Teiches ausbreiten. Das Untersuchen von frischen Kotproben mit dem Mikroskop sollte regelmäßig erfolgen. Die Behandlung kann nach Kap. 9, C-29, C-32, C-34, über das Futter nach B-04 oder auch nach C-23 erfolgen.

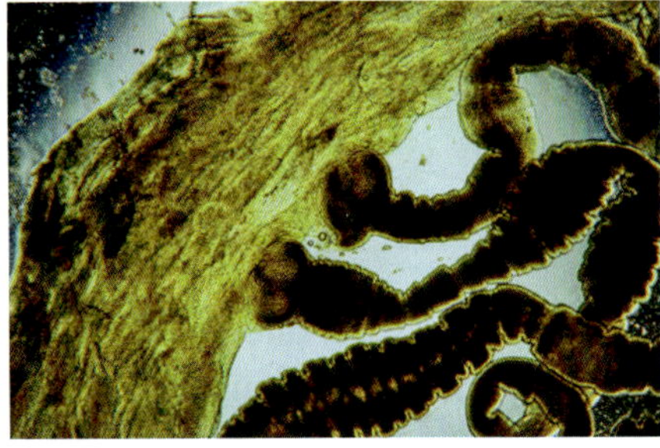

Bild 368: Bandwürmer an der Darmwand angesaugt (Vergr. 20x)

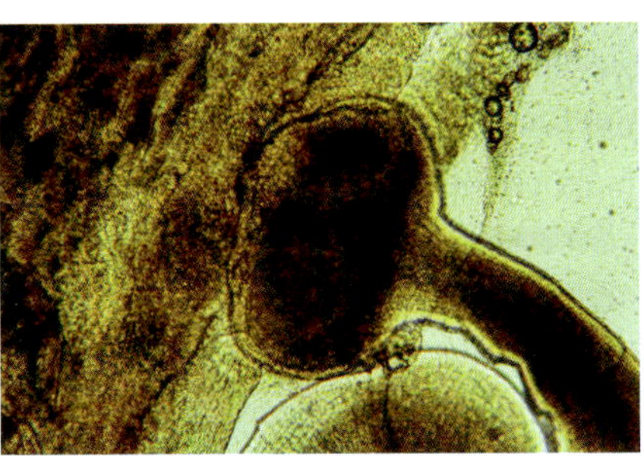

Bild 369: Kopf (Skolex) eines Bandwurms vom Diskus (Vergr. 100x)

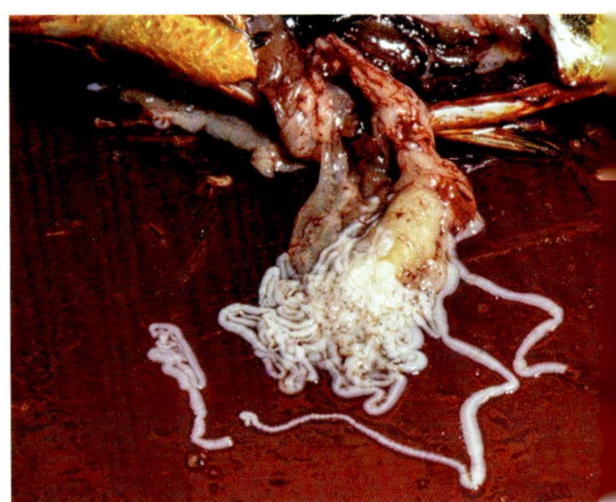

Bild: 370: Eine große Menge von Bandwürmern aus dem Darm eines daran gestorbenen Koi

6.3. Digenea, Trematoden

Digenea oder Trematoden sind Parasiten der inneren Organe bei Süß- und Meerwasserfischen. Zu ihrer Entwicklung benötigen sie ein bis zwei Zwischenwirte. Der Fisch kann Zwischen- oder Endwirt sein. Ist er der Endwirt, so sind die Parasiten vorwiegend im Darm oder Magen anzutreffen. Durch die kräftigen Saugnäpfe kann die Darmwand geschädigt werden. Bei der Größe, die manche Saugwürmer erreichen, können sie kleineren Fischen den Darm verstopfen. Weiterer Schaden entsteht durch Nahrungsentzug. Ihre Eier geben die Würmer in den Darm ab, und mit dem Kot gelangen sie ins freie Wasser. Jetzt schlüpfen die Wimpernlarven (Miracidien) und suchen ihren ersten Zwischenwirt auf, meist Schnecken oder andere Weichtiere. Nach Heranwachsen verlassen sie den Zwischenwirt als Cercarie. Sie ist an ihrem zweigeteilten Schwanz erkennbar. Die Cercarien werden vom Fisch mit der Nahrung aufgenommen. Im Darm werfen sie den Schwanz ab und entwickeln sich zum parasitären Wurmstadium oder kapseln sich als Metacercarien (Bild 373) ab. In diesem Fall ist der Fisch der zweite Zwischenwirt. Fisch fressende Vögel oder Säugetiere sind dann die Endwirte.

Andere Saugwurmlarven vollziehen im ersten Zwischenwirt eine ungeschlechtliche Teilung (Sporozyste, Redien), sodass große Mengen von Cercarien jede befallene Schnecke verlassen. Sie bohren sich von außen durch die Fischhaut und gelangen so in alle möglichen inneren Organe (Diagnosetafel 20, Bild 57). Bei der Schwarzfleckenkrankheit befinden sich die verkapselten Metacercarien direkt unter den Schuppen und sind als 0,5 bis 1 mm große schwarze Punkte zu sehen (Diagnosetafel 5, Bild 15). Beim ‚Wurmstar' der Fische stecken die Metacercarien im Auge. Die Fische erblinden.

Bild 371: Metacercarienzysten unter der Haut

Bild 372: Metacercarienzysten in den Flossen, sogenannte Weißfleckenkrankheit

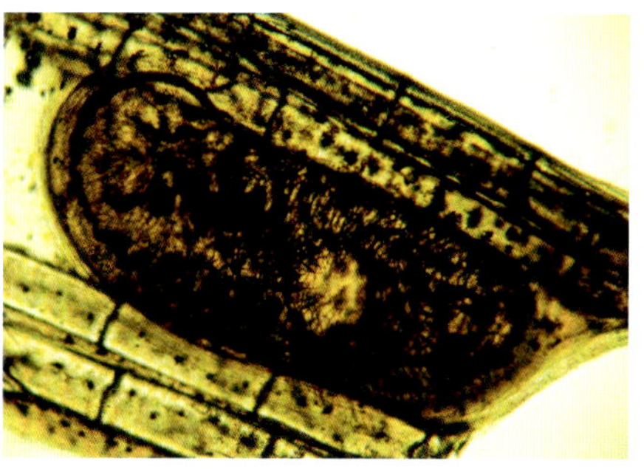

Bild 373: Metacercarienzyste zwischen den Flossenstrahlen (Vergr. 50x)

Metacercarien im Fisch

QR-Code 90

Metacercarien im Gewebe

QR-Code 91

Bild 374: Schwarze Neonfische mit Metacercarienzysten

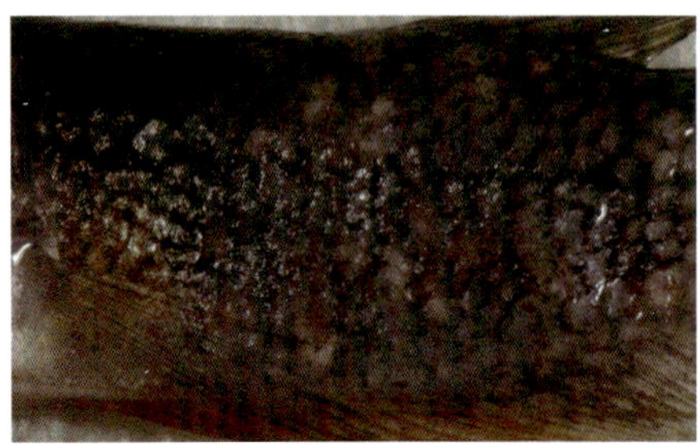

Bild 375: Mosaikfadenfisch mit vielen Metacercarien unter der Haut

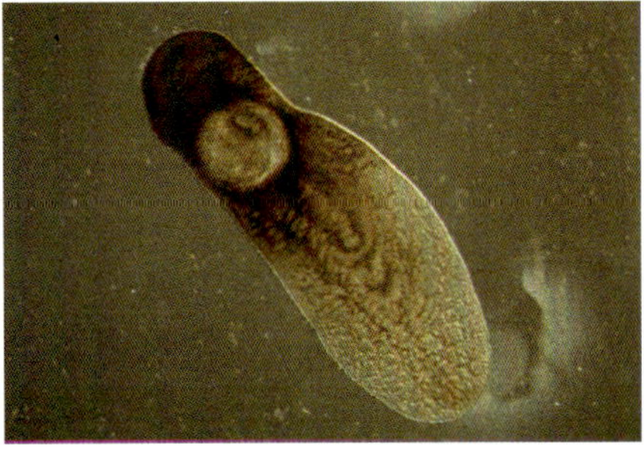

Bild 376: Metacercarie aus der Haut des Mosaikfadenfisches (Vergr. 100x)

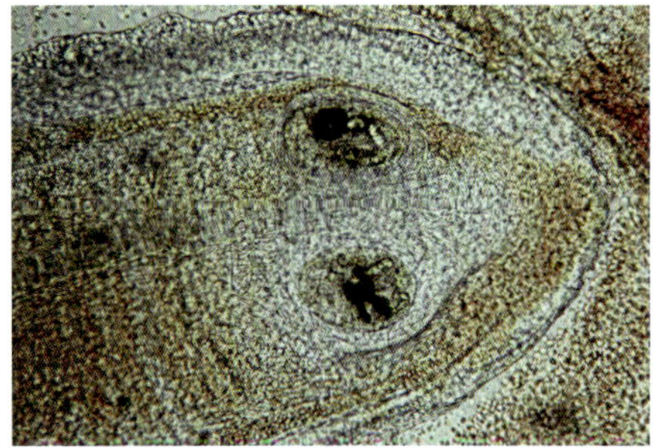

Bild 377: Zwei Metacercarien in einem Kiemenblatt (Vergr. 160x)

Verkapselte Metacercarien warten darauf, dass ihr Fisch von einem Endwirt gefressen wird, in dem sie sich dann weiter entwickeln können. Deshalb schädigen sie den Fisch nicht so stark, dass er nicht mehr lebensfähig ist. Andererseits sind befallene Fische behindert, sodass sie eine leichtere Beute für den Endwirt darstellen als gesunde. Vereinzelte Metacercarienzysten werden gut vertragen, die Fische können viele Jahre mit ihnen leben.

Im Aquarium sind von Digenea befallene Fische nur selten anzutreffen. Wildfänge tragen häufig verkapselte Metacercarien in sich. Asiatische Nachzuchten, die in Teichen gezogen werden, beherbergen ebenfalls oft Metacercarien (Dia-

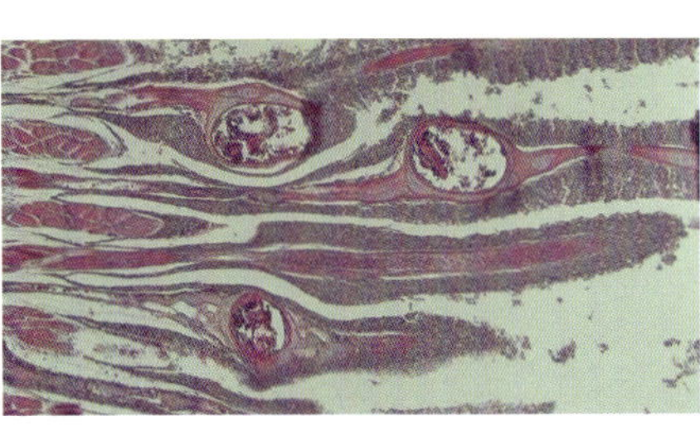

Bild 378: Metacercarien in den Kiemen eines Platy aus Freilandzucht in Südostasien, Histologisches Präparat (Vergr. 100x)

Bild 379: Metacercarien regen das Knorpelgewebe der Kiemenblätter zu Wachstum und Zystenbildung an wie hier beim Platy Histologisches Präparat (Vergr. 200x)

gnosetafel 5, Bild 15). Die Würmer können sich nicht im Aquarium auf anderen Fische ausbreiten, da der End- und die Zwischenwirte fehlen. Das Einschleppen der Krankheit in das Aquarium ist nur über Schnecken möglich, darum dürfen sie nicht aus Freilandgewässern ins Aquarium oder den Gartenteich überführt werden. Da Wasservögel auch kleinste Gewässer besuchen, ist die Gefahr auch bei Schnecken aus fischfreien Teichen gegeben. Wer nicht darauf verzichten will, kann Schnecken in einem Glas ablaichen lassen und dann die Nachzucht ins Aquarium übersiedeln. Eine Behandlung der befallenen Fische ist möglich (s. Kap. 9, C-34). Bei stark befallenen Fischen können die bei der Behandlung absterbenden Metacercarien zu inneren Vergiftungen führen.

Würmer der Gattung *Sanguinicola* (Blutwürmer) leben im Blutgefäßsystem der Fische. Ihre Eier werden mit dem Blutstrom in die Kiemenkapillaren getragen, wo sie stecken bleiben. Die schlüpfende Larve (Miracidium) bohrt sich durch das Kiemengewebe einen Weg ins freie Wasser und sucht den Zwischenwirt (Schlammschnecken der Familie Lymnaeidae) auf. Die Cercarien, welche die Schnecken nach einiger Zeit verlassen, bohren sich in einen Fisch und entwickeln sich in dessen Blutgefäßen zur Geschlechtsreife. Die Blutwürmer und ihre Eier sind in den Kiemen nachzuweisen. In den Nieren findet man abgekapselte Eier. Befallene Fische sind träge und haben blasse Kiemen. Eine Behandlung nach Kap. 9, C-34 ist erfolgreich. Befinden sich keine Schnecken im Aquarium, können sich die Parasiten nicht ausbreiten.

6.3.1 Transversotrema patialense, der Schuppenwurm

Schuppenwürmer sind Parasiten der Haut. Sie sind nicht wirtsspezifisch und leben überwiegend auf Lebendgebärenden und Salmlern (Bild 380). Sie wurden aber auch auf süd- und mittelamerikanischen Cichliden sowie Tanganjika- und Malawi- Cichliden gefunden. Vermutlich können Schuppenwürmer sehr viele Fa-

Bild 380: Schuppenwürmer in der Haut

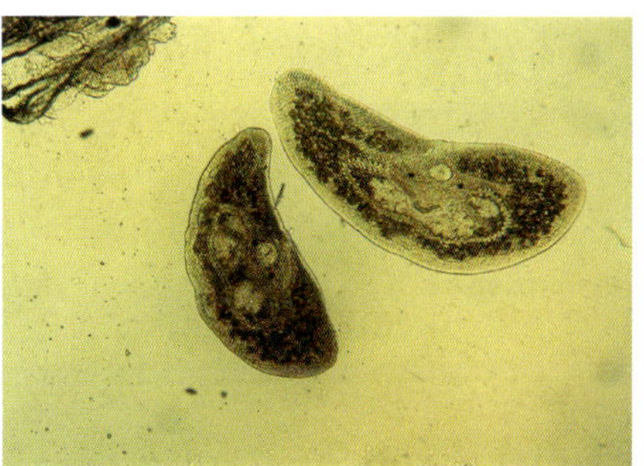

Bild 381: Schuppenwürmer im Abstrichpräparat (Vergr. 63x)

milien von Aquarienfischen befallen. Die Parasiten breiten sich langsam im Aquarium aus. Der Befall bleibt lange Zeit unbemerkt, da die Parasiten durchsichtig und nahezu ohne Pigmente sind. Einzelne Exemplare stören den Fisch kaum, bei starkem Befall wird die Schleimhaut zerstört und der Fisch stirbt. Schlechte Haltungsbedingungen fördern die Vermehrung der Schuppenwürmer.

Schuppenwürmer

QR-Code 92

Der Parasit dringt als Larve in die Haut ein und lebt unter einer Schuppe bis zur Reife (Bild 381). Nach der Paarung hält sich der Parasit überwiegend auf der Haut auf und produziert mehrere etwa 130 µm lange und 70 µm breite dunkel pigmentierte Eier. Diese fallen zu Boden und entwickeln sich dort. Nach etwa zwei Wochen ist die Eientwicklung abgeschlossen und die Larven (Miracidien) schlüpfen. Sie schwimmen aktiv ihre Zwischenwirte, die Turmdeckelschnecken, an. Möglicherweise können auch Schlammschnecken (*Radix ovata*) als Zwischenwirt fungieren. Die Miracidien bohren sich durch die Haut der Schnecke und wandern zur Mitteldarmdrüse. Sie entwickeln sich zur Sporocyste und weiter zur Redie, die Tochterredien und Cercarien produziert (LÜTKEMÖLLER 2003). Die Cercarien verlassen die Schnecke und schwimmen aktiv einen Fisch an (Bild 382). Sie werfen den Schwanz ab und bohren sich unter eine Schuppe.

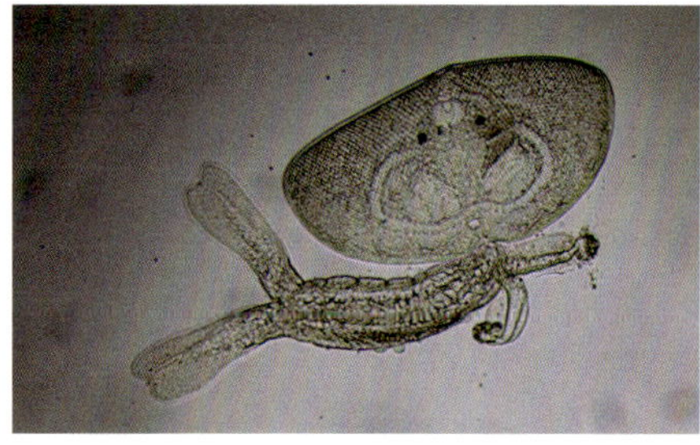

Bild 382: Cercarie vom Schuppenwurm (Vergr. 40x)

Die Medikamentengabe (s. Kap. 9, C-26 oder C-34) erfolgt zweimal im Abstand von vier Tagen. Nach zwei Wochen wiederholt man die Behandlung. Das Medikament wird immer abends dem Wasser zugegeben, wenn die Schnecken aus dem Boden kommen. Alternativ führt das restlose Entfernen der Schnecken zum Aussterben der Parasiten.

6.4. Acanthocephala, Kratzer

Kratzer sind bis zu zwei Zentimeter große Darmparasiten, die Aquarienfischen mit ihren hakenbesetzten Rüsseln großen Schaden zufügen können (Bild 384). Trotz des massiven Auftretens bei Teich- und Bachfischen stellen sie für Aquarienfische nur eine geringe Gefahr dar. Auch diese Würmer benötigen zur Entwicklung einen Zwischenwirt.

Bild 383: Darm einer Forelle mit Kratzern

Bild 384: Hakenrüssel des Forellenkratzers (Vergr. 25x)

Bild 385: Kratzer produzieren tausende von Eiern (Vergr. 25x)

Kratzerlarve

QR-Code 93

Ohne ihn können sich die zigtausend spindelförmigen Eier, die im Kot befallener Fische zu finden sind, nicht bis zum fischparasitären Stadium entwickeln (Bild 385). Aus dem Ei schlüpft eine Larve, die sich in Wasserasseln, Schlammfliegenlarven oder Bachflohkrebsen einnistet, bis sie von Fischen gefressen werden. Im Fischdarm wachsen sie dann zu Kratzern aus. Da die Zwischenwirte im Aquarium kaum vorkommen, können sich Kratzer auch nicht vermehren. Einzelne Larven können mit Lebendfutter eingeschleppt werden. Jedoch sind viele Kratzer auf eine Fischart spezialisiert, deswegen ist die Weiterentwicklung in Aquarienfischen sehr unwahrscheinlich.

Eine Übertragung von Kratzern durch das Verfüttern lebender Bachflohkrebse (Gammarus) an Fische im Gartenteich ist möglich. Die im Handel angebotenen gefriergetrockneten Gammarus haben nahezu den gleichen Nährwert und sind unbedenklich.

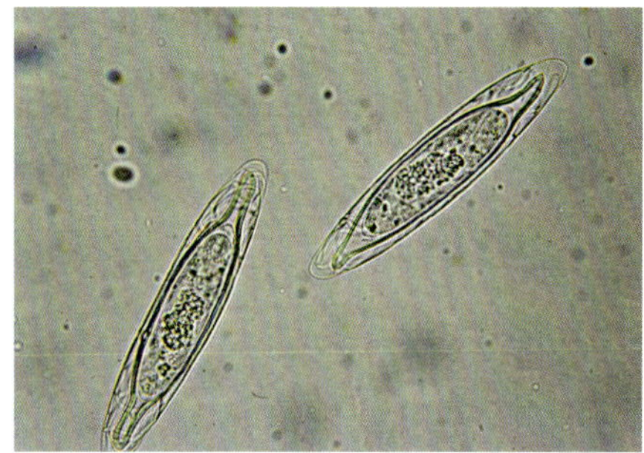

Bild 386: Eier vom Forellenkratzer enthalten schon eine fertig entwickelte Larve (Vergr. 400x)

Wurden Kratzereier im Kot von Fischen nachgewiesen, kann nach Kap. 9, C-29, C-32 oder C-34 behandelt werden.

Bild 387: Kratzerlarve in einem Gammarus

6.5. Nematoda, Fadenwürmer

Fadenwürmer sind häufig als Parasiten von Süßwasserfischen im Aquarium anzutreffen. In Meerwasseraquarien werden sie mitunter mit Neuimporten eingeschleppt, können sich jedoch nicht vermehren, da sie zur Entwicklung einen Zwischenwirt brauchen. Bei der Sektion sind dann die Larven in verkapseltem Zustand in Gewebepräparaten zu finden. Auch bei Süßwasserwildfängen können mitunter Nematodenzysten gefunden werden (Diagnosetafel 20, Bild 58). Eine Gefahr besteht nur, falls man End- und Zwischenwirt im gleichen Aquarium pflegt, wenn z. B. Futterfische und Raubfische zusammen gehalten werden. Die verschiedensten Organe werden von den Nematoden oder ihren Larven befallen. Einzelne Exemplare bereiten dem Fisch wenig Beschwerden. Bei starkem Befall magern die Tiere ab (Messerrücken). Sie sterben, wenn ein Organ aufhört zu arbeiten. In der Regel stellen sich bald noch Infektionen durch verschiedene andere Erreger ein (Flagellaten, Bakterien), sodass die Todesursache nicht eindeutig ist.

Aus tropischem Süßwasser stammende Fadenwürmer ohne Wirtswechsel haben gute Möglichkeiten, sich im Aquarium auszubreiten. Der ungegliederte Wurmkörper ist von kreisrundem Querschnitt, spindel- oder fadenförmig. Bei erheblicher Länge weisen manche Nematoden nur eine geringe Dicke auf (*Capillaria*).

6.5.1. Ascaridida Spulwürmer

6.5.1.1. Anisakidae

Eingekapselte Spulwurmlarven sind nicht selten bei Zierfischen außerhalb der Darmwand im Bindegewebe zu finden (Diagnosetafel 20, Bild 58). Planktonkrebse, rote Mückenlarven, Schnecken und Fische können der erste Zwischenwirt sein, Fische sind der Zweite. Endwirte sind Raubfische oder andere fischfressende Wirbeltiere. Im Darm der Endwirte leben die millimeter- bis zentimetergroßen bleichweißen Nematoden und können bei Massenbefall zu Verstopfung führen. Die Anisakiden sind an

Bild 388: Der Anisakide in der Zyste belastet den *Axelrodia riesei* sehr

einem langen Ösophagus (Schlund) mit einer Erweiterung am Ende zu erkennen. Ihre Eier gelangen mit dem Fischkot ins freie Wasser. Die Larven schlüpfen am Boden und befallen die Zwischenwirte.

Bild 389: Der Wurm in der Zyste entzieht dem kleinen *Axelrodia riesei* viel Substanz und führt zu Abmagerung

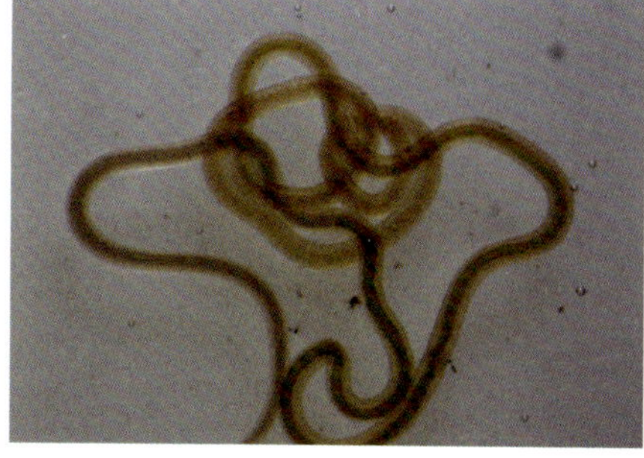

Bild 390: Der Anisakide aus der Zyste vom *Axelrodia riesei* ist mehrere Zentimeter lang

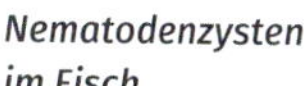

Nematodenzysten im Fisch

QR-Code 94

Die als Zwischenwirt befallenen Aquarienfische zeigen kaum Krankheitsanzeichen. Selbst viele verkapselte Larven werden vertragen. Eine Ausbreitung im Aquarium ist unwahrscheinlich, denn es müssten Plankton, Futterfische und Raubfische zusammen gehalten werden. Eine Behandlung ist normalerweise nicht notwendig, kann aber mit Levamisol erfolgen (s. Kap. 9, C-20). Teichfische sind selten davon betroffen, während die Anisakiden bei Meerwasserfischen häufiger vorkommen.

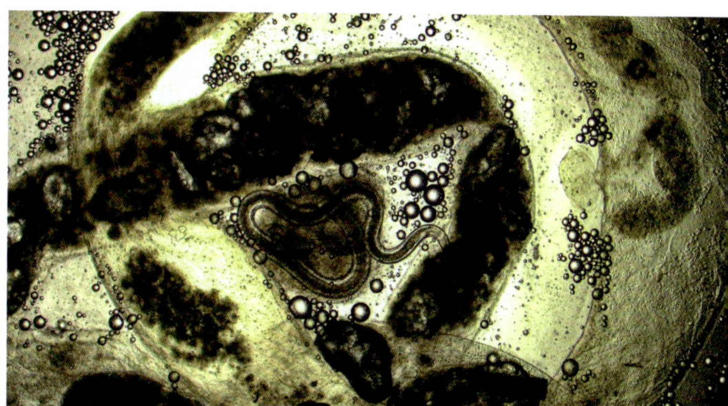

Bild 391: Verkapselte Anisakiden findet man manchmal in der Leibeshöhle zwischen den Darmschlingen von Wildfängen (Vergr. 40x)

6.5.1.2. Oxyuridae, Diskus-Madenwürmer

Seit mehr als vier Jahrzehnten breitet sich weltweit in Diskuszuchtanlagen eine Nematodenart aus der Gattung *Oxyuris* aus (Bild 392). Die Würmer leben vorwiegend im vorderen und mittleren Bereich des Darmes. Bisher konnten sie nur bei Diskusfischen nachgewiesen werden. Salmler, Fadenfische und andere Cichliden, die mit infizierten Diskusfischen über mehr als sechs Monate zusammen im gleichen Aquarium lebten, wurden

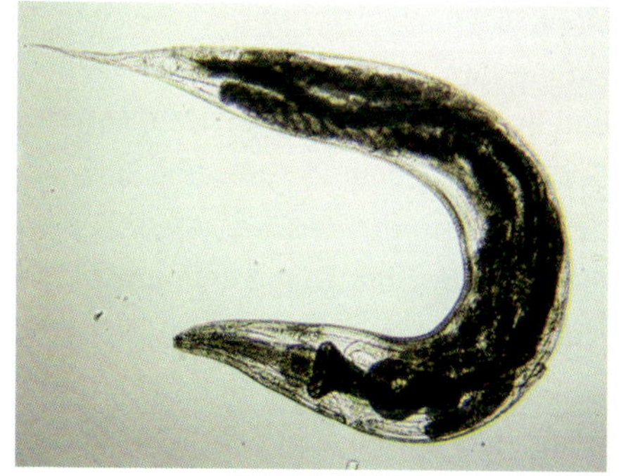

Bild 392: Der Diskus-Madenwurm *Oxyurida sp.* (Vergr. 20x)

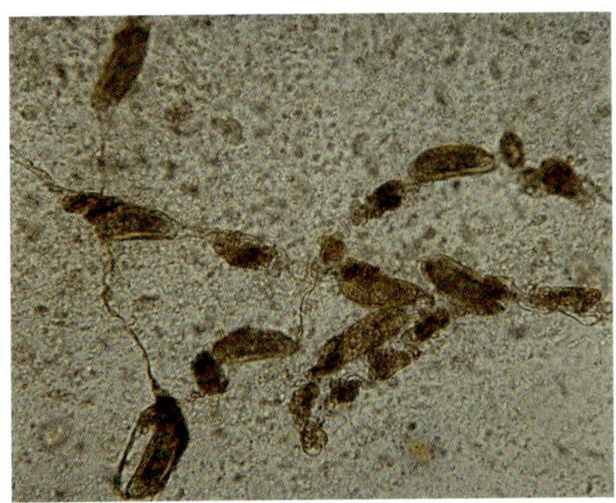

Bild 393: Eier mit klebrigen Eischläuchen können zu Darmverschlüssen führen (Vergr. 160x)

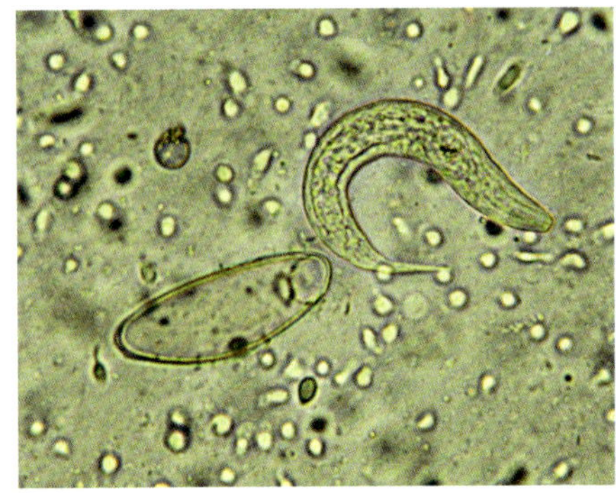

Bild 394: Eihülle mit gerade geschlüpfter Oxiuridenlarve (Vergr. 250x)

Oxyuriden

QR-Code 95

nicht infiziert. Die Würmer leben frei im Darm und sind andauernd in schlängelnder Bewegung. Sie haben einen zylindrischen muskulösen Ösophagus mit einem deutlich sichtbaren großen Endbulbus.

Die Würmer ernähren sich vom Darminhalt. Sie schaden dem Wirt durch Nahrungsentzug. Wie bei anderen Nematoden wird ein leichter Befall gut vertragen. Treten große Mengen der Würmer auf, sind die Fische schreckhaft, färben sich dunkel und magern mit der Zeit ab.

Die weiblichen Nematoden können bis vier Millimeter lang werden, männliche ungefähr zwei Millimeter (Bild 392). Erwachsene Weibchen enthalten große Mengen von Eiern. Die Eier werden in klebrigen Eischläuchen ausgeschieden und bleiben noch lange an dem Muttertier hängen (Diagnostafel 8b, Bild 36). Bei Massenauftreten verknäulen sich die Fäden und bilden mit Eiern und Würmern einen klebrigen Filzpfropfen, der im Darm feststeckt und zu einem Darmverschluss führen kann.

Die Eier entwickeln sich schnell, die Larven schlüpfen schon nach wenigen Stunden.

Die Übertragung erfolgt durch mit dem Kot ausgeschiedene Eier und Larven, welche am Bodengrund liegen und mit dem Futter von anderen Fischen aufgenommen werden.

Der Nachweis über Kotpräparate ist unsicher, da sich nicht immer Eier und Larven darin befinden. Eine genaue Diagnose ist durch Sektion möglich. Vom vorderen mittleren und hinteren Bereich des Darms werden Stücke herauspräpariert und auf Objektträger überführt. Dickere undurchsichtige Därme größerer Fische werden längs aufgeschnitten und der Inhalt untersucht. Zur Beobachtung und Diagnose ist eine 50- bis 100-fache Vergrößerung gut geeignet. Eine Behandlung ist nach Kap. 9, C-09, C-10, C-11, C-20 oder C-23 möglich. Die Würmer können zu Dauerpräparaten verarbeitet werden (s. Kap. 12.8.).

6.5.2. Spirurida

6.5.2.1. Camallanoidea, Fräskopfwürmer

Fräskopfwürmer

QR-Code 96

Würmer der Gattung *Camallanus* parasitieren im Enddarm der Fische. In den letzten Jahrzehnten hat sich die Art *Camallanus* cotti sehr verbreitet, im Darm von Meerwasserfischen konnte die Gattung *Spirocamallanus* gefunden werden. Im Süßwasseraquarium sind vorwiegend Salmler, Labyrinther, Killifische und Lebendgebärende betroffen. Verhält sich der Fisch ruhig, so hängen die roten Würmer aus dem After heraus (Diagnosetafel 8, Bild 33). Bei der geringsten Bewegung ziehen sie sich sofort wieder in den Darm zurück. Die Afteröffnung ist mitunter stark vergrößert. Weibliche Fräskopfwürmer werden, je nach Art, bis zu fünfzehn Millimeter lang, männliche nur etwas mehr als vier Millimeter (Diagnosetafel 14, Bild 47).

Der eigenartige Name Fräskopfwurm rührt von dem Mundwerkzeug des Tieres her. Im mikroskopischen Bild erweckt es den Eindruck eines Fräsbohrers. Das eigentliche zangenförmige Mundorgan ist von einem braunen gerippten Mantel aus Horn umgeben (Bild 398). Damit kann sich der Wurm so fest in der Darmwand verbeißen, dass er nicht zu lösen ist. Ein gewaltsames Entfernen mit der Pinzette reißt Stücke aus der Darmwand. Das kann zu Infektionen führen, die tödlich verlaufen. Der Wurm saugt Blut aus der Darmwand. Das durch den festen Biss des Wurmes eingeklemmte Stück Darmwand stirbt mit der Zeit ab. Um nicht abzufallen, löst sich der Wurm und verbeißt sich an einer anderen Stelle. Der Darm des Fisches wird auf diese Art und Weise perforiert und für andere Erreger durchlässig. Die Fische sterben an Infektionen oder Vergiftungen durch in die Leibeshöhle austretenden Darminhaltes.

Die meisten *Camallanus*-Arten vermehren sich über einen Zwischenwirt. Das können Cyclops, Wasserasseln oder Insektenlarven sein. Über sie werden die Würmer als Larve ins Aquarium ein-

Bild 395: *Camallanus cotti*, Dunkelfeld (Vergr. 25x)

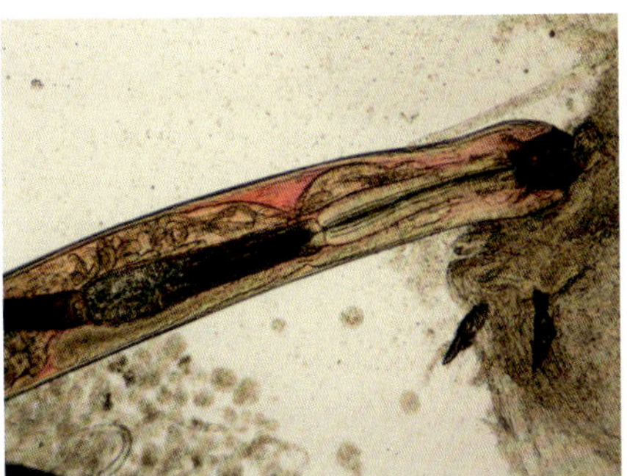

Bild 396: In die Darmwand verbissener Fräskopfwurm (Vergr. 20x)

Bild 397: Viele Larven von *C. cotti* im Darminhaltspräparat (Vergr. 20x)

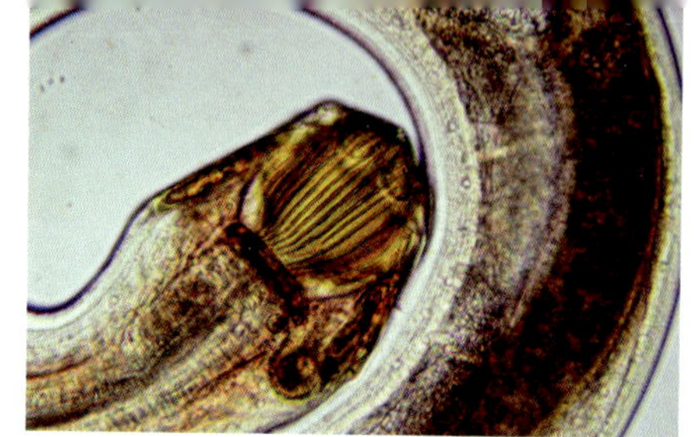

Bild 398: Das fräskopfartige Mundorgan ist ein muskulöses Klammerorgan (Vergr. 250)

geschleppt. Die Wahrscheinlichkeit dafür ist jedoch selbst bei Lebendfutter aus Fischgewässern äußerst gering. Die aus Asien stammenden Arten *Camallanus lacustris* und *C. cotti* sind in der Lage sich in Aquarien zu vermehren, da sie lebende Larven zur Welt bringen. Sie benötigen zumindest einige Generationen lang keinen Zwischenwirt. Männliche Würmer sind nur kurze Zeit nach der Infektion zu finden. Danach sind dann über mehrere Wochen nur noch weibliche Camallanus nachzuweisen. Bei lebend präparierten, weiblichen Würmern sind die sich bewegenden Larven im Körper gut zu erkennen. Die Bekämpfung kann nach Kap. 9, B-02, C-09, C-10 oder C-20 erfolgen.

6.5.2.2. Dracunculidae, Drachenwürmer

Die Drachenwürmer sind blutrote, mehrere Millimeter bis Zentimeter große, meist als Blutparasiten lebende Würmer. In Aquarienfischen ist die Art *Philometra sanguinea* gefunden worden. Sie können bei der Sektion an den Innenseiten der Kiemendeckel, in der Leibeshöhle, in der Schwimmblase, den Flossenbasen und den Arterien vorkommen. Die eigentlich in Kaltwasserfischen parasitierenden Würmer haben einen Wirtswechsel und können über ihre Zwischenwirte (*Cyclops*, Wasserflöhe) ins Aquarium eingeschleppt werden. Der Entwicklungszyklus ist jedoch nicht bei allen Arten bekannt. Eine Behandlung der Krankheit ist schwer möglich. Sie kann über das Futter versucht werden (s. Kap. 9, C-10 oder C-23). Absterbende Würmer können den Fisch vergiften.

6.5.3. Trichocephalida

6.5.3.1. Capillaridae, Haarwürmer

Nematoden der Gattung *Capillaria* sind Darmparasiten von Süß- und Meerwasserfischen (Bild Tafel 14A, Bild 48). Die Gattung beinhaltet viele Arten. Ein leichter Befall wird vom Fisch gut vertragen. Erst wenn sich die Würmer stark vermehrt haben, beginnen sich die Fische abzusondern, werden mager und stellen mitunter die Futteraufnahme ein (Bild 400). Zur Diagnose genügt ein Kotabstrich, in dem man bei 300- bis 400-facher Vergrößerung die Eier der Capillarien finden kann (Diagnosetafel 8A, Bild 35). Sie sind von Art zu Art verschieden. In der Form gleichen sie meistens einem Zylinder mit abgerundeten Enden oder sie sind oval. Charakteristisch sind die wie mit einem Stopfen verschlossenen Spitzen. Diese sehen je nach Art wie Sektkorken aus, dann wieder sind es nur kleine Erhebungen. Findet man in mehreren zentimeterlangen Kotstücken nicht mehr als je drei bis fünf Eier, so liegt ein schwacher Befall vor (Bild 402).

Die Capillarien selbst sind nur bei der Sektion im frisch herauspräparierten Darm zu finden. Sie bewegen sich ständig, bewegungslose Exemplare sind tot. Da viele Arten dieser Nematodengattung mehr als einen Zentimeter lang sind, dabei aber dünner als Menschenhaar, erhielten sie den Namen Haarwürmer. Die in Aquarien auftretenden Capillarien werden etwa zwei Zentimeter lang. Um einzelne Exemplare genauer betrachten zu können, schneidet man den herauspräparierten Darm der Länge nach unter Wasser (physiologische Kochsalzlösung) auf und überträgt die Capillarien mit einer Nadel auf einen Objektträger.

Im Inneren der Weibchen können die hintereinander aufgereihten Eier bei 150-facher Vergrößerung erkannt werden (Bild 399). Sie gelangen mit dem Fischkot ins Wasser und bleiben am Bodengrund liegen. Dort entwickeln sie sich nicht vollständig (Bild 403). Erst wenn sie von einem Fisch gefressen werden, vollenden sie die Entwicklung und schlüpfen dann im Darm aus. Die Krankheit breitet sich langsam im Bestand aus. Ein seuchenhaftes Auftreten mit Verlusten

Capillaria

QR-Code 97

Bild 400: Junger Küssender Gurami durch Capillariabefall stark geschwächt und abgemagert

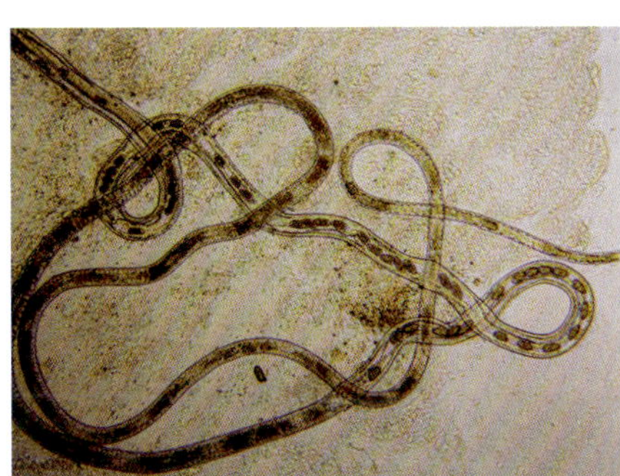

Bild 399: *Capillaria* sp. im Darminhaltspräparat (Vergr. 40x)

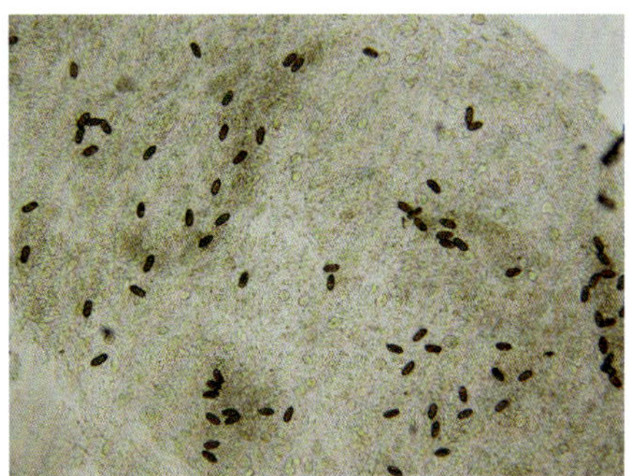

Bild 401: Viele *Capillaria*-Eier in einem Präparat von schleimigem Kot (Vergr. 63x)

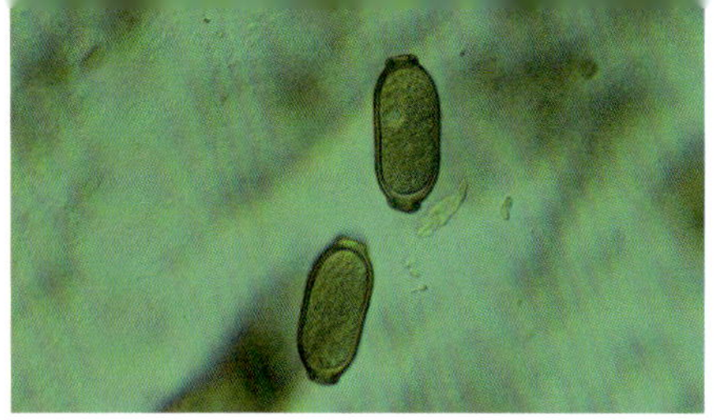

Bild 402: Gerade ausgeschiedene Eier von *Capillaria* (Vergr. 400x)

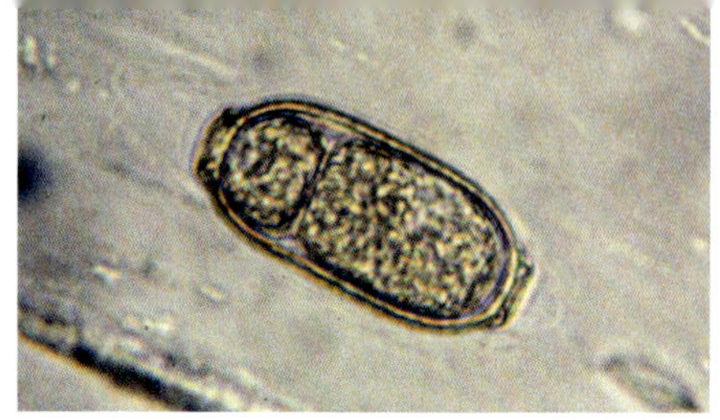

Bild 403: Ei von *Capillaria* sp. in Entwicklung (Vergr. 800x)

kommt nur selten vor. Meist wird der Befall vorher erkannt und behandelt.

Schon kurze Zeit nach der Infektion eines Fischbestandes werden die Fische schreckhaft und fressen sehr zögernd. Gerade Jungfische sind immer hungrig und stürzen sich auf ihr Futter. Bleibt in Aufzuchtbecken das Futter liegen, sollten umgehend Kotproben auf Wurmeier untersucht werden. Befallene Fische geben schleimige Kotstücke ab, die am Boden des Aquariums liegen. Die Eier der Capillarien sind darin oft in großer Zahl nachweisbar (Bild 401).

Es gibt viele Arten von *Capillaria*, die sich über Oligochäten als Zwischenwirte verbreiten. Im Aquarium können das kleine Würmchen der Gattungen *Stylaria* (Kap. 12, Bild 565) und *Nais*, im Gartenteich dazu noch *Tubifex* sein. Die Capillarien werden manchmal über diese Zwischenwirte durch Lebendfutter eingeschleppt. Viel öfter kommen sie durch infizierte Neuzugänge ins Aquarium. Vorbeugend ist die Haltung der neuen Fische in Quarantäne und mehrere mikroskopische Kotuntersuchungen während dieser Zeit zu empfehlen. Eine Behandlung (s. Kap. 9, C-09, C-10, C-20, C-23) und über längere Zeit (s. Kap. 9, B-02) wurde schon erfolgreich angewendet. Wirksam ist auch die Behandlung nach C-11 über vier Wochen, weil nach dieser Zeit die nicht von Fischen aufgenommenen Eier auf natürliche Art und Weise abgestorben sind.

6.5.3.2 Cystoopsidae

Würmer der Art *Cystoopsis acipenseris* verursachen im Unterhautgewebe der Bauchregion von Störartigen beulenartige Verdickungen, die mehrere Zysten enthalten. In den Zysten lebt ein Paar der Würmer, das große Mengen an Eiern produziert. Die Zysten werden ständig größer, bis sie nach außen aufbrechen und viele Eier entlassen. Die Eier ähneln den Eiern von *Capillaria*, denn sie haben ähnliche Deckel an den Polen. Als Zwischenwirte fungieren Bachflohkrebse, Gammariden. Wenn keine Sekundärinfektionen auftreten, heilen die Aufbrüche wieder zu. Störartige reagieren sehr empfindlich auf Medikamente im Wasser. Mit einem Fischtierarzt muss abgeklärt werden, ob die Injektion eines levamisolhaltigen Präparates (z. B. Citarin®-L10%, s. Kap. 9, C-20) möglich ist. Es besteht die Gefahr, dass die absterbenden Würmer eine innere Vergiftung verursachen.

6.6. Hirudinea, Egel

Ein Befall durch Egel dürfte im Aquarium eher selten vorkommen. Man erkennt die mehrere Zentimeter langen Ringelwürmer an den großen Saugnäpfen am vorderen und hinteren Ende (Bild 404). Eingeschleppt werden sie eigentlich nur mit unsortiertem Lebendfutter oder frisch importierten Fischen aus Freilandzuchtanlagen. Im Gartenteich können sich Egel ausbreiten, da eine Übertragung durch Wasservögel möglich ist. Die Egel legen Eikokons mit harten Schalen ab. Diese können mit Pflanzen aus Freilandgewässern in den Gartenteich übertragen werden. Arten der Gattung *Hemiclepsis* betreiben Brutpflege, sie heften die Kokons und ihre Jungtiere am Bauch fest und tragen sie umher bis sie selbständig leben können.

Parasitäre Egel der Gattung *Picicola* schaden den Fischen, indem sie an ihnen Blut saugen. Mit dem Kopfsaugnapf heftet sich der Egel blitzschnell am Fisch an und öffnet mit einem Saugrüssel Blutgefäße. Er spritzt ein blutgerinnungshemmendes Sekret ein und saugt dann große Mengen von Blut. Die Saugzeit kann zwei Tage dauern, danach können sie mit dem gespeicherten Blut wochenlange Hungerperioden überstehen. Kleinere Fische überleben die starke Blutentnahme selten, für große Fische besteht die Gefahr der Übertragung von Parasiten, wie *Cryptobia*, *Trypanosoma* (s. Kap. 5.1.2.) und Bakterien (s. Kap. 3.1.2., 3.2.), mit denen sich die Egel in Gewässern an anderen Fischen infiziert haben.

Die beim Blutsaugen verursachten Wunden führen oft zu weiteren Infektionen. Die Egel bleiben mitunter lange Zeit unerkannt zwischen den Aquarienpflanzen oder im Teich verborgen, bis man sie zufällig einmal an einem Fisch entdeckt. Angeheftete Egel können gelöst werden, indem man den Fisch in ein Kurzbad mit Kochsalz gibt (s. Kap. 9, B-01, C-16). Zur Vorbeugung kann nur empfohlen werden, kein Futter in Freilandteichen zu fangen oder es durch ein grobes Sieb zu schütten, in dem die Egel hängen bleiben.

Hirudinea, Egel

QR-Code 98

Bild 404: Fischegel von einem Karpfen: *Piscola geometra*, Größe 5 cm

Bild 405: *Piscicola sp.* Kopf, Präparat von Petra Jericke (Vergr. 100x)

7. Gliederfüßer

Unter den Gliederfüßern treten hauptsächlich Krebse als Fischparasiten auf. Seit der internationale Handel mit Aquarienfischen erheblich zugenommen hat, kommt es immer häufiger vor, dass Fischlieferungen, die mit parasitären Krebsen befallen sind, bei den Großhändlern eintreffen. Meist handelt es sich um Importe aus warmen Ländern, wo Aquarienfische in Freilandteichen gezogen werden. Da die Behandlung der Fische schon in der Quarantäne des Importeurs erfolgt, wird der Aquarianer seltener damit konfrontiert.

Mit Wildfängen aus Südamerika werden mitunter parasitäre Asseln importiert. In Europa, mit Ausnahme eines Gebiets östlich des Urals, sind bisher noch keine parasitären Süßwasserasseln nachgewiesen worden. Bei Meerwasserfischen gibt es einige parasitäre Arten von Asseln der Gattungen *Aega* und *Rocinela*.

Milben sind selten Parasiten von Süßwasserfischen, sie klettern mitunter auf Fische, deren Schleimhaut durch andere Infektionen verdickt ist und weiden den Schleim ab. Die zusätzlichen Hautschäden können zu weiteren Verlusten unter den Fischen führen. Bei Meerwasserfischen kommen parasitäre Milben vor.

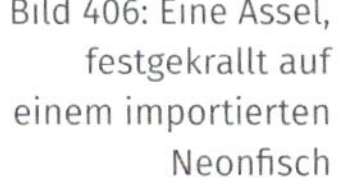

Bild 406: Eine Assel, festgekrallt auf einem importierten Neonfisch

Foto: bede-Archiv

7.1. Copepoda, Ruderfußkrebse, Hüpferlinge

Copepoden sind gleich aus zwei Gründen für unsere Fische gefährlich. Es gibt mehrere Arten, die als Fischparasiten auftreten. Harmlose Arten können die Überträger gefährlicher Wurmkrankheiten sein (s. Kap. 6.2.2.2. und 6.5.). Meistens sind es nur die weiblichen Tiere, die an den Fischen parasitieren. Sie haben spezielle Klammerhaken ausgebildet, um sich an den Fischen festhalten zu können. Ihre Mundwerkzeuge sind darauf abgestimmt, das Blut ihres Wirtes zu saugen. Manche Arten haben sich im Laufe ihrer Evolution diesem Leben so stark angepasst, dass sie nur schwer als Krebse zu erkennen sind. Bei starkem Befall werden die Fische empfindlich in ihrer Lebensweise beeinträchtigt (Behandlung s. Kap. 9, C-07, C-09, C-21 oder C-26).

Bild 407: Copepoden sind wertvolle Futterorganismen, können aber auch Parasiten übertragen (Vergr. 63x)

7.1.1. Ergasilidae, Kiemenkrebse

Bei den *Ergasilus*-Arten treten nur die weiblichen Tiere als Parasiten auf. Sie sind an den länglichen Eisäckchen und den Klammerhaken zu erkennen (Bild 410). Die Entwicklung erfolgt über acht als Plankton lebende Larvenstadien zum adulten Krebs. Nur die Weibchen bilden das zweite Antennenpaar zu Klammerhaken um und suchen Fische auf. Sie klammern sich an den Kiemen fest, fressen Schleim und Epithelzellen. Die Gefahr, die Planktonstadien der Parasiten zusammen mit Lebendfutter ins Aquarium einzuschleppen, ist im Spätsommer besonders hoch. Vermehren können sie sich jedoch nur, wenn die geschlechtsreifen Stadien gleichzeitig ins Aquarium gelangen.

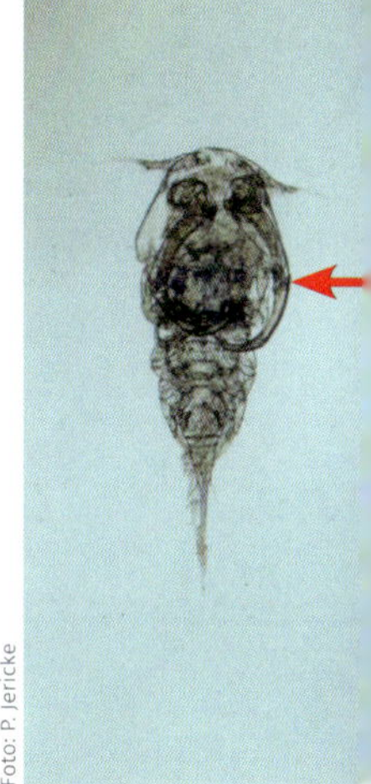

Bild 408: *Ergasilus sieboldi* mit zu Haken umgebildeten Antennen (Vergr. 25x)

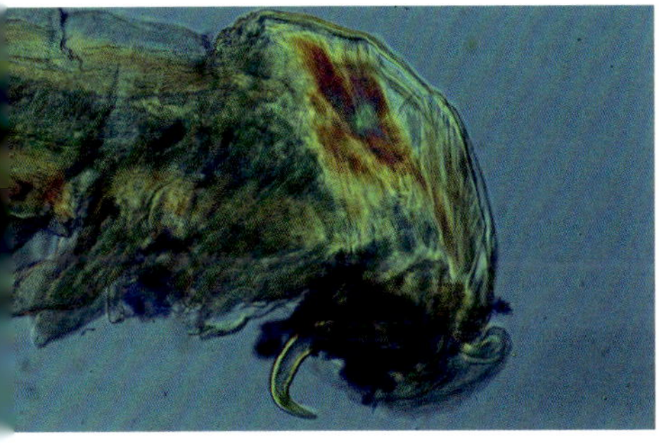

Foto: P. Jericke

Foto: P. Jericke

Bild 409: *Acanthochondeia cornuta*, Dauerpräparat, (Vergr. 100x)

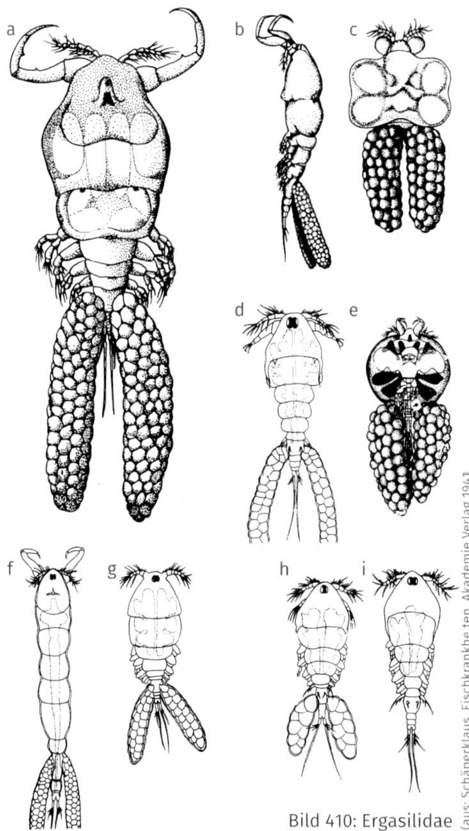

a *Ergasilus sieboldii* (ca. 1,7 mm
b *Ergasilus briani* (0,7-1 mm)
c *Ergasilus auritus*
d *Parergasilus medius*
e *Thersitina gasterostei*

f *Sinergasilus major* (2,2-3 mm)
g *Neoergasilus longispinosus* (ca. 0,8mm)
h *Paraergasilus longidigitus* (0,4-0,5mm
i *Paraergasilus brevidigitus*

Bild 410: Ergasilidae

(aus: Schäperklaus, Fischkrankhe ten, Akademie Verlag 1941

Die Kiemenkrebse erscheinen als längliche, weißliche Gebilde auf den Kiemenblättern. Der Befall ist an den Kiemen mit bloßem Auge feststellbar. Ihre Größe liegt bei ungefähr 1,5 Millimeter Länge. Die Eisäcke sind knapp einen Millimeter lang und können zusammen 50 bis 200 Eier enthalten. Da die *Ergasilus* ihren Standort oft wechseln, wird das Kiemenepithel großflächig geschädigt und beginnt zu wuchern. Die Kiemenlamellen verkleben, und aufgrund des behinderten Gasaustauschs atmen die Fische schneller. Häufig treten Sekundärinfektionen auf, besonders Pilze können leicht das kranke Gewebe angreifen. Stark befallene Fische leiden unter Blutarmut, magern ab und sind anfällig für viele andere Krankheiten. Daher wird auch hier empfohlen, kein Lebendfutter aus Fischgewässern zu verfüttern (Behandlung s. Kap. 9, C-07, C-09, C-21 oder C-26).

Außer den Ergasilidae gibt es noch eine Reihe von Copepoden, die an Fischen des Süß und Meerwassers parasitieren. Diese befallen neben der Kiemen und Mundhöhle auch die Haut der Fische. Andere erzeugen beulenartige Wucherungen am Kopf, in denen der wurmförmige Krebs lebt.

7.1.2. Lernaeidae, Ankerwürmer

Diese sehr lang gestreckten Copepoden weisen keine Gliederung mehr auf. Sie ähneln mehr einem Wurm als einem Krebs. Am Kopf befinden sich unförmige Auswüchse aus Chitin, die dem Festhalten im Gewebe des Fisches dienen (Bild 413). Antennen und Mundwerkzeuge sind zurückgebildet. Die schlauchartigen, langen Eisäcke sind manchmal nicht gerade, sondern gerollt und verdreht. Die *Lernaea*-Arten und deren Verwandte (Lernaepodidae) befallen Meer- und Süßwasserfische. Je nach Art leben sie an den Kiemenblättern, der Kiemenhöhle und Mundhöhle, der Haut, den Augen oder auch in der Muskulatur der Fische.

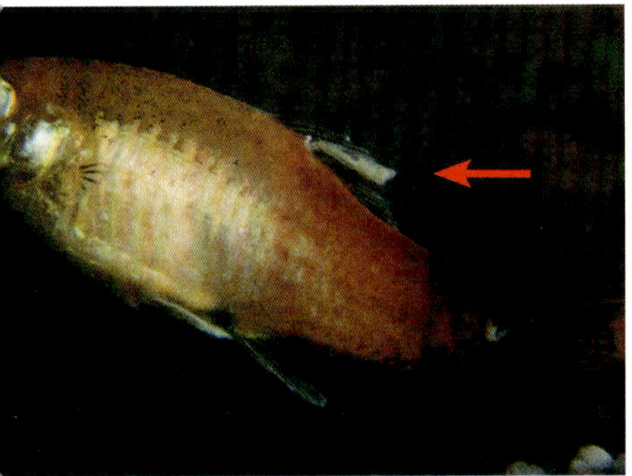

Bild 411: Ankerwurm *Lernaea* am Rücken

Die Entwicklung erfolgt über acht Larvenstadien, drei als Plankton lebende Naupliusstadien und fünf parasitäre Copepoditstadien. Im letzten Stadium findet die Paarung statt. Unbefruchtete Weibchen und die Männchen sterben ab. Die befruchteten Weibchen heften sich an einem Fisch fest und wandeln sich während des Wachstums in einer Metamorphose zu dem oben beschriebenen wurmartigen Krebs um. Dabei entnehmen sie dem Fisch sehr viel Blut.

Bild 412: *Lernaea* treten oft bei Nachzuchten aus dem Freiland auf

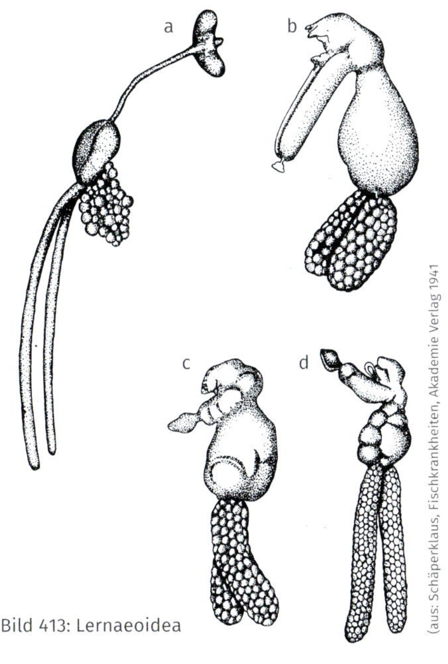

Bild 413: Lernaeoidea

a *Sphyrion lumpi*
b *Achtheres percarum* (2-3,5 mm)
c *Achtheres coregonorum*
d *Achtheres strigatus*

Nicht selten treten im Fachhandel mit *Lernaea* befallene Aquarienfische aus Freilandzuchten auf. Die tief in der Haut verankerten Parasiten sind nur schwer zu entfernen. Das Halteorgan ist fest in das Gewebe des Fisches eingewachsen (Bild 411). Beim Herausreißen mit einer Pinzette oder bei medikamentöser Behandlung bleibt das Kopforgan (Bild 412) manchmal stecken und verursacht Entzündungen.

Lernaea

QR-Code 99

Die Wunden können bei kleinen Fischen nach Kap. 9, C-25 und bei großen Fischen nach C-33 versorgt werden. Der Körper stößt die abgestorbenen Krebse oder ihre in der Haut steckenden Teile nur langsam ab oder verkapselt sie.

Die Vermehrung der *Lernaea* im Aquarium ist unwahrscheinlich, weil sie im Planktonstadium von kleinen Fischen gefressen werden. Im Gartenteich kann es zu einer Vermehrung der Parasiten kommen, da die natürlichen Bedingungen der Entwicklung der Larvenstadien entgegenkommen (Behandlung s. Kap. 9, C-07, C-09, C-21 oder C-26).

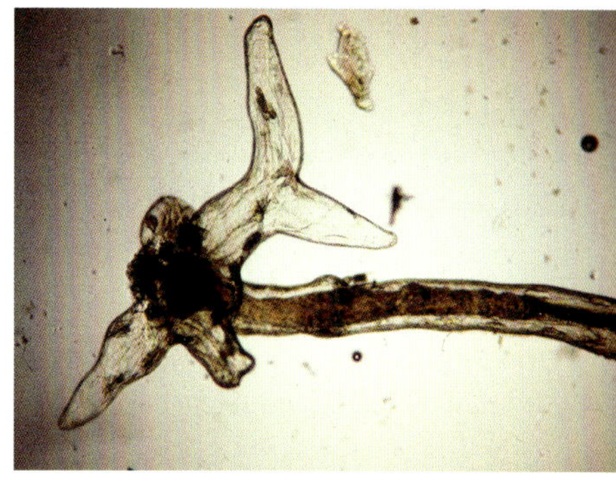

Bild 414: Das Ankerorgan von *Lernaea* (Vergr. 200x)

7.2. Brachiura, Argulidae, Fischläuse

Fischläuse sind schildförmige Krebse einer Größe zwischen vier und zwölf Millimetern. Die verschiedenen Arten können an der zweigeteilten Schwanzflosse unterschieden werden (Bild 415).

An der Körperunterseite befinden sich die Augen, zwei Saugnäpfe, zwei Antennen mit Klammerhaken und ein bewegliches Stilett (Stachel). Damit sticht der Krebs durch die Fischhaut und saugt Blut. Beim Stich wird ein Gift eingespritzt, das kleinere Fische zu töten vermag. Die Stichstelle entzündet sich oft und kann anschwellen. Eine Entzündung und Sekundärinfektion der Einstichstelle ist möglich. Ebenso können beim Blutsaugen bakterielle Erkrankungen und Blutparasiten übertragen werden (s. Kap. 3.2. und Kap. 5.1.2.).

Bild 415: Die Karpfenlaus *Argulus* sp. (Vergr. 40x)

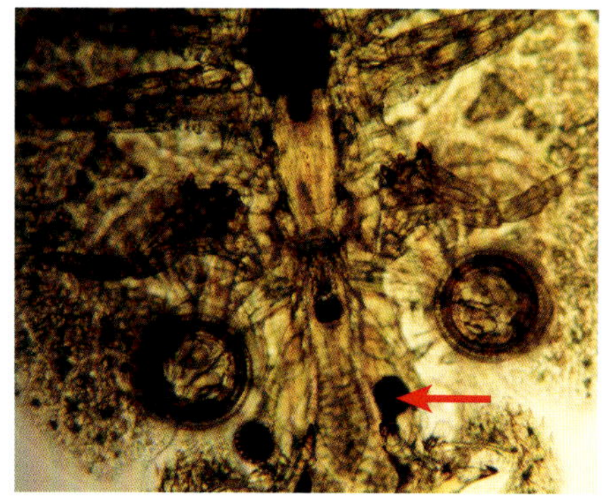

Bild 416: Das Stilett zum Anstechen der Kapillaren liegt in einer Scheide (Vergr. 160x)

Bild 417: Die durchsichtigen Karpfenläuse sind oft schwer zu erkennen.

Bild 418: Karpfenläuse auf einem Koi

Nach der Nahrungsaufnahme verlässt der Parasit den Fisch und schwimmt frei umher, um ein neues Opfer zu finden. Gelingt das nicht, so kann er drei Wochen ohne Nahrung auskommen. Fischläuse befallen alle Fischarten. Ins Aquarium gelangen Fischläuse mit Lebendfutter aus Fischgewässern oder mit Fischen aus Freilandzuchtanlagen. Besonders der Fachhandel sollte Neuzugänge genau kontrollieren. Eine Vermehrung im Aquarium ist unwahrscheinlich.

In Gartenteichen vermehren sich Karpfenläuse bei den hohen Wassertemperaturen im Sommer besonders stark. Die Fische scheuern sich und verletzen sich dabei. Zudem können Viren, Bakterien und Blutparasiten übertragen werden (Behandlung s. Kap. 9, C-07, C-09, C-21 oder C-26).

Karpfenläuse

QR-Code 100

7.3. Isopoda, Asseln

Parasitische Asseln sind im Süßwasser mit Ausnahme von Westeuropa weltweit verbreitet. Auch im Meerwasser treten sie an Fischen, Tintenfischen und Krebstieren auf. Sie sind zwischen einem und fünf Zentimeter groß. Die Asseln sitzen so fest auf ihren Wirten, dass sie sich mechanisch kaum lösen lassen.

Aus dem Amazonasgebiet wurden in den 1990er-Jahren öfter parasitische Asseln durch den Handel mit Fischen nach Europa gebracht (Bild 421). Die Asseln können als Ektoparasiten oder Endoparasiten sowie als Räuber auftreten. Im Inneren von Fischen lebende Asseln verraten sich oft nur durch ein kleines Loch

Bild 419: Parasitische Assel auf einer Meerwassergarnele *Lysmata* sp.

Bild 420: Assel an der Flosse eines Goldfisches

Bild 421: Assel aus Südamerika mit segmentiertem Rückenschild

Asseln

QR-Code 101

an der Körperoberfläche des Fisches, durch das sie sich mit Atemwasser versorgen. Auch äußerlich parasitierende Asseln werden häufig übersehen, da sie sich zuweilen in der Kiemen- und Mundhöhle der Fische aufhalten. Manche dringen durch die Kiemenhöhle ein und fressen den Fisch von innen auf (Bild 423).

Die räuberischen Gattungen fallen zuweilen in Mengen über geschwächte Fische her. Diese werden jedoch kaum mit Fischen verbreitet, da sie gesunde Fische meiden. Im Schwarzen Meer kommen solche Asseln in großen Mengen vor.

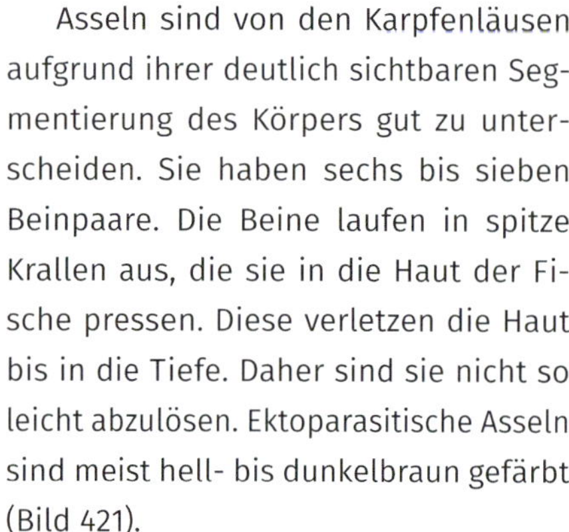

Asseln sind von den Karpfenläusen aufgrund ihrer deutlich sichtbaren Segmentierung des Körpers gut zu unterscheiden. Sie haben sechs bis sieben Beinpaare. Die Beine laufen in spitze Krallen aus, die sie in die Haut der Fische pressen. Diese verletzen die Haut bis in die Tiefe. Daher sind sie nicht so leicht abzulösen. Ektoparasitische Asseln sind meist hell- bis dunkelbraun gefärbt (Bild 421).

Endoparasitische Asseln (Bild 423). sehen bleich weiß aus (Behandlung s. Kap. 9, C-07, C-09, C-21 oder C-26. Manche

Bild 422: Unterseite der Assel, sie haben große, scharfe Krallen

Bild 423: Endoparasitische Assel aus der Leibeshöhle eines Fisches aus Südamerika

Arten befallen den Fisch im Mund und fressen ihm die Zunge ab. Sie bleiben an der Stelle und übernehmen die Funktion der Zunge. Die nach der Behandlung toten Asseln müssen aus der Mundhöhle entfernt werden, da sie sich nicht selbst lösen. In der Leibeshöhle lebende Asseln sollten nicht behandelt werden, da die abgestorbenen Körper nur operativ entfernt werden können.

7.4. Acarina, Milben

Milben sind keine echten Fischparasiten. Die im Süßwasser vorkommenden Milben und ihre Larvenstadien leben räuberisch. Sie können daher kleinsten Jungfischen gefährlich werden. Da sie in Futtertümpeln in großer Zahl vorkommen, werden sie leicht mit Lebendfutter in das Aquarium eingeschleppt. In Ermangelung geeigneter Nahrung vermehren sie sich dort nicht.

In Diskuszuchtanlagen kann häufig eine Milbenart gefunden werden, die von Prof. Beck, Karlsruhe, als der Gattung *Trimalaconothrus* zugehörig bestimmt wurde (Bild 424). Sie ist harmlos und ernährt sich von Algen, Detritus und Pilzhyphen.

Bei Infektionen der Schleimhaut durch *Costia* und bei bakteriellen Infektionen mit Verdickung der Schleimschicht wurde schon beobachtet, dass diese Milben auf Fische steigen und den Schleim abfressen. Ein Massenbefall kann den Fischen gefährlich werden. Es sind jedoch nur solche Fische gefährdet, die sich in der Nacht am Bodengrund aufhalten. Ein Befall von Diskusfischen wurde noch nie beobachtet. Wahrscheinlich deshalb, weil die Diskusfische in der Nacht keine Bodenberührung haben, so dass die Milben nicht auf sie steigen können.

Die Milben sind sehr widerstandsfähig gegen Chemikalien und hohe Temperaturen. Eine sichere Ausrottung ist

Milben im Kot

QR-Code 102

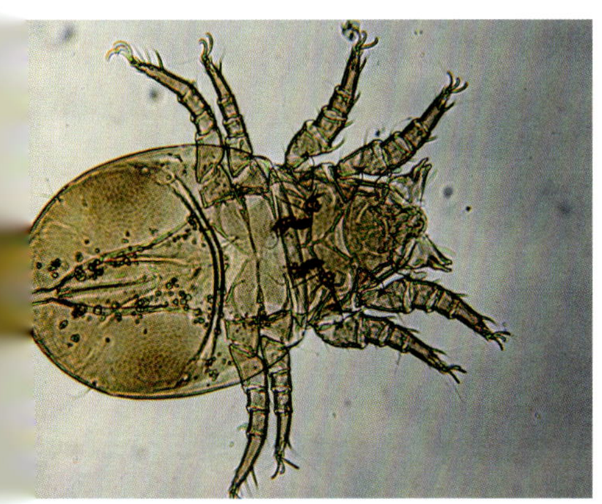

Bild 424: Süßwassermilben der Art *Trimalaconothrus favoelatus* sind harmlos, sie sind in vielen Aquarien im Bodengrund zu finden (Vergr. 160x)

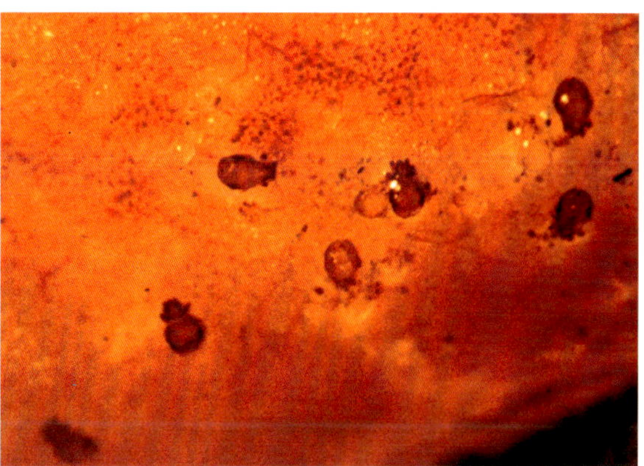

Bild 425: Milben auf der Haut eines *Platy* fressen den Hautschleim

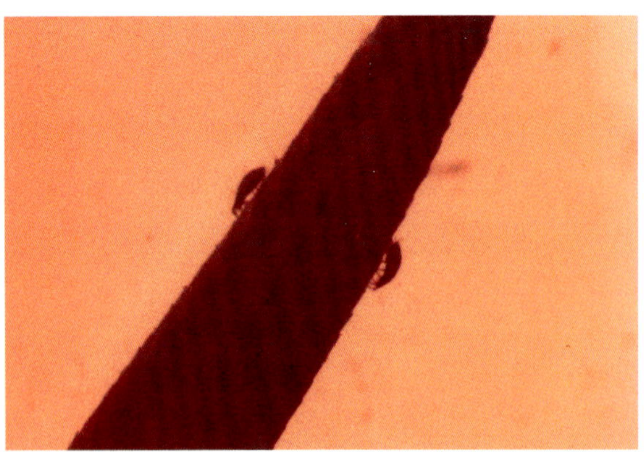

Bild 426: Milben am Fisch

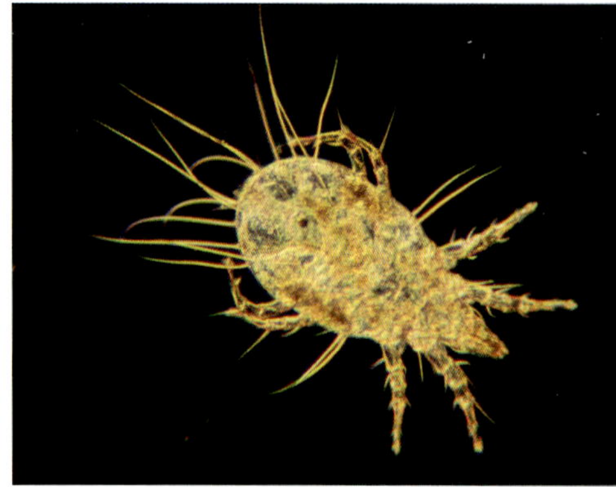

Bild 427: Wassermilbe aus dem Bodenmulm eines Aquariums (Vergr. 100x)

nur durch Trockenlegen des Beckens zu erreichen. Das ist sinnlos, da die Milben nach kurzer Zeit mit Pflanzen wieder eingeschleppt werden. Die Eier der Milben passieren den Darm der Fische unbeschadet, so dass eine Übertragung der Milben über die Fische wahrscheinlich ist. Da sie jedoch Detritus und Algen fressen, können sie im Aquarium toleriert werden (Behandlung s. Kap. 9, C-07 oder C-21). Im Gartenteich lebende Milben stellen keine Gefahr für die Fische dar.

Milben mit langen Haaren sind keine echten Süßwassermilben. Sie sind aus dem Meerwasser eingewandert und haben sich an die Süßgewässer angepasst (Bild 427). Sie sind harmlos und ernähren sich von organischen Resten im Bodenmulm.

8. Umweltbedingte Gesundheitsprobleme

Die bisher behandelten Krankheiten wurden alle durch Erreger hervorgerufen. Es gibt aber noch eine Reihe von krankhaften Veränderungen, die auf Umweltbedingungen (z. B. Vergiftung) beruhen oder erblich sind. Bei den durch die Umwelt bedingten Schäden tritt eine Normalisierung des Zustandes ein, wenn die Ursache beseitigt wird und die Einwirkungszeit nicht zu lange angehalten hat. Gerade bei geringen Giftkonzentrationen unter der Nachweisgrenze der handelsüblichen Testsets ist es sehr schwer, die Ursache zu finden. Bei falscher Ernährung und Vitaminmangel zeigen sich die Auswirkungen erst nach längerer Zeit. Manchmal sind Mangelzustände nur an der Vermehrung von Parasiten zu bemerken, weil die Abwehrkraft der Fische geschwächt ist. Das Beheben der Ursache führt meist erst nach längerer Zeit zu einer Besserung.

8.1. Ein gesunder Lebensraum

Den Fischen einen gesunden Lebensraum im Aquarium oder Gartenteich bieten zu können, setzt ein gewisses Verständnis für ihr Verhalten und die biologischen und chemischen Verhältnisse in Natur und Aquarium voraus. Das eingerichtete Aquarium stellt nur bedingt ein Stück Natur in der Wohnung dar, es ist

Bild 428: Schön gestaltete Aquarien sind sehr populär

Wasser aufliegen, sondern sollte einen Abstand haben. Das Luftpolster ist eine zusätzliche Isolierung und verhindert eine Sauerstoffarmut im Wasser. Eine gute Isolierung, ohne den Gasaustausch zu behindern, bieten schwimmende Kugeln in Tennisballgröße. Mit ihnen kann die Oberfläche lückenlos abgedeckt werden. Die Schichtung des Wassers darf nicht durch eine Belüftung vom Boden gestört werden. Belüftungen müssen bei kalten Temperaturen unter der Oberfläche platziert werden. Möchte man die Oberfläche zufrieren lassen, sollte ein Eisfreihalter vorher angebracht werden. Eine tiefere Abkühlung des Wassers muss unbedingt vermieden werden, da Koi bei Temperaturen unter 2°C sterben.

Regenfälle und Sonneneinstrahlung wirken sich direkt oder indirekt auf die Chemie des Wassers aus und können für die Bewohner gehörigen Stress bedeuten. So sind ein Gartenteich und die Gesundheit seiner Bewohner immer unter der Berücksichtigung des Wetters, der Wassertemperatur und der chemischen Wasserparameter zu beurteilen. Es ist sehr hilfreich, ein Teichbuch oder eine Tabelle im Computer mit den wichtigsten Messwerten und Wetterdaten zu führen. Eine solche Statistik hilft sehr, die Ursache einer umweltbedingten Krankheit oder Schwächung des Immunsystems bei Teichfischen zu ergründen.

Regelmäßig im Abstand weniger Tage und zusätzlich nach starken Regenfällen durchzuführende Messungen sind: pH-Wert, Karbonathärte und Temperatur. Nach Neustart des Teiches oder seines Filtersystems und besonders nach der Winterruhe sind auch Ammonium und Nitrit zu messen. Sie sind gute Indikatoren für die Abbauleistung des biologischen Filters. Erst wenn beide Werte mit

Bild 429: Schwimmende Kugeln isolieren das Teichwasser vor Kälte und verhindern eine geschlossene Eisdecke

handelsüblichen Flüssigtests nicht mehr nachweisbar sind, ist der Filter eingefahren. Die Nitrat- und Phosphatwerte geben Auskunft über die Wasserbelastung (s. Kap. 8.5.4.). Moderne Teichfilter enthalten UV-C-Wasserklärer als wirksamen Schutz gegen Schwebealgen. Sie müssen vom Frühjahr bis zum Herbst ohne Unterbrechung in Betrieb sein, und die Brenner sollten regelmäßig nach etwa fünf- bis sechstausend Betriebsstunden ausgetauscht werden. Auch neuere Aquaristik-Außenfilter enthalten UV-C-Strahler im Wasserrücklauf. Eine UV-C-Bestrahlung reduziert die Keimbelastung deutlich (SPREINAT). Die neuen UV-C-Brenner mit Amalgam sind effektiver, haben eine höhere Strahlungsdichte und können etwa 10.000 Stunden betrieben werden.

Im Literaturverzeichnis finden Sie viele Möglichkeiten, sich tiefer in die Themen der Aquaristik, Biologie, Fischkrankheiten, Parasitologie und Mikroskopie einzuarbeiten.

8.2. Geschwulstkrankheiten

Geschwülste, Tumore

QR-Code 103

Geschwülste oder Tumore entstehen durch unkontrollierte Teilung von Körperzellen. Solche Wucherungen sind Neubildungen von Geweben, die in sich geschlossen sind, aber vom Körper ernährt werden (Bild 430). Es gibt die verschiedensten Ursachen für die Entstehung einer Wucherung. Meist sind es Chemikalien, so genannte cancerogene Stoffe, die einzelne Zellen zu unkontrolliertem Wachstum und Teilungen anregen. Weiterhin kann die Anlage zur Geschwulstbildung vererbt oder durch Hormonstörungen hervorgerufen werden. Man unterscheidet gutartige und bösartige Geschwülste. Die gutartigen wachsen langsam, verdrängen nur das Nachbargewebe und bilden keine

Tochtergeschwülste. Bösartige Geschwülste wachsen schnell und zerstören das Nachbargewebe. Zellen werden vom Blutstrom in andere Bereiche des Organismus verschleppt und bilden dort Tochtergeschwülste (Metastasen). Manche Geschwülste entstehen auch durch die Einwirkung von Viren oder durch Aflatoxine (s. Kap. 10.1.). Geschwülste treten im Allgemeinen nicht sehr häufig bei Aquarienfischen auf.

Koi sind empfindlicher als Naturkarpfen. Das äußert sich nicht nur durch erhöhte Stresssensibilität und Anfälligkeit für Krankheiten, sondern auch in dem häufigeren Auftreten von Geschwüls-

Bild 430: Der Tumor war nur durch einen etwa 3 mm dicken Gewebestrang mit dem Kopf verbunden

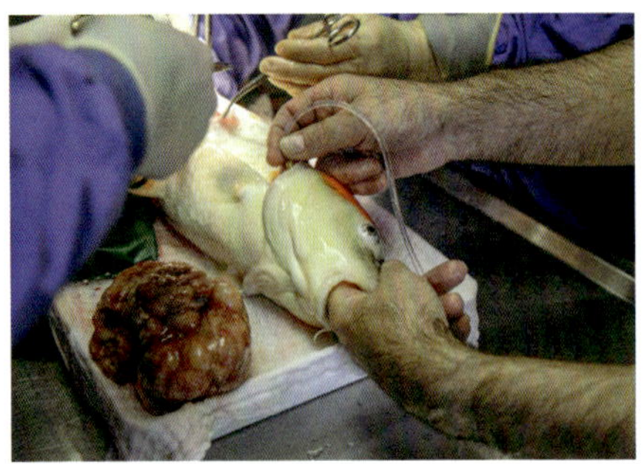

Bild 431: Operation eines 3 Kg schweren Koi mit einem Geschwulst von 600 g

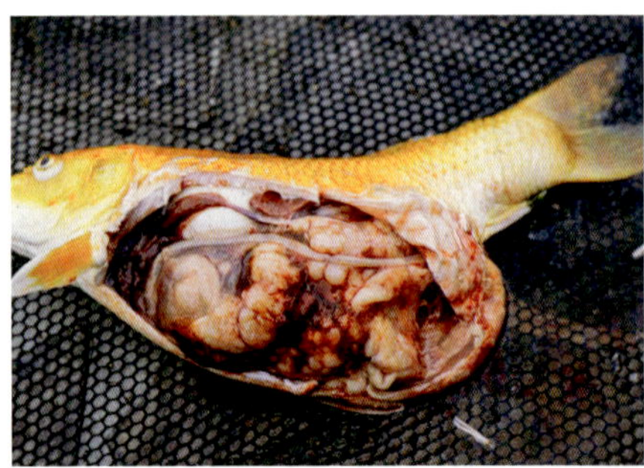

Bild 432: Viele Geschwülste haben die Organe verdrängt

ten. So lassen sich gegenüber anderen Fischarten vermehrt Cysten und Geschwülste der inneren Organe beobachten (Bilder 431 und 432). Meist sind weibliche Koi betroffen, die Geschwülste gehen von den Eierstöcken aus und werden sehr groß.

Wenn die Verdickung des Leibes früh erkannt wird und die Geschwulst noch nicht zu groß ist, kann sie operativ entfernt werden. Wenn die Masse der Geschwulst mehr als 25% des Körpergewichts ausmacht, ist die Chance gering, dass der Fisch die Operation überlebt. Der gezeigte Koi (Bild 431) hatte ein Gewicht von 3000 Gramm, der entfernte Tumor wog 600 Gramm. Der Fisch starb zwei Stunden nach der Operation.

Schilddrüsengeschwülste können gut- oder bösartiger Natur sein. Sie sind im Anfangsstadium an einer Verdickung des Maulbodens oder einem abgespreizten Kiemendeckel bei ruhiger Atmung zu erkennen (Diagnosetafel 4A, Bild 12). Ist die Gewebewucherung bedingt durch Jodmangel (Kropf, Adenom), so kann durch Jodzugabe zum Aquarienwasser eine Heilung erzielt werden (Kap. 9, C-14). Die Geschwulst (Diagnosetafel 4A, Bild 12) drückte auf den farbsteuernden Nerv, wodurch sich die Kopfhälfte schwarz färbte. Während der Behandlung bildete sich die Geschwulst vollständig zurück und die Kopfhälfte färbte sich wieder normal.

Bild 433: Die Geschwulst lähmt den farbsteuernden Nerv, die Kopfhälfte färbt sich dauerhaft schwarz

Bild 434:. Durch die Behandlung bildete sich die Geschwulst zurück, der Kopf färbte sich wieder normal

Bild 435: Die Verdickung am Boden der Kiemenhöhle lässt auf eine Schilddrüsengeschwulst schließen

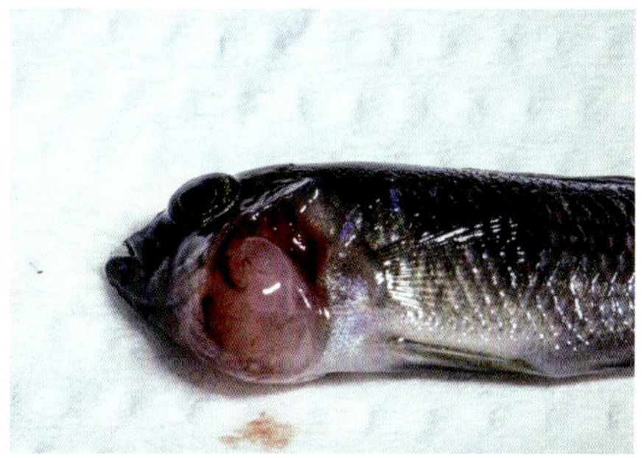

Bild 436: Die freigelegte Geschwulst

Bösartige Wucherungen (Schilddrüsenkarzinom, Adenosarkom) wachsen nach nicht vollständigem Wegschneiden des kranken Gewebes bald wieder nach. Häufig bilden sich Metastasen in der Körperregion, manchmal auch an weiter entfernten Körperteilen. Eine Behandlung ist nicht möglich.

Fibrosarkome bilden sich aus Bindegewebe, Hepatokarzinome aus Lebergewebe. Geschwülste, die aus Pigmentzellen entstehen, sind Melanome und Melanosarkome (Bild 438).

Das Auftreten bei lebendgebärenden Arten ist oft genetisch bedingt und lässt sich durch Bastardisierung auch gezielt hervorrufen (Diagnosetafel 4A, Bild 13).

Bild 437: Ein Goldfisch mit Fibrosarkom

Aus Fettzellen bilden sich die Lipome. Sie entstehen im Fettgewebe und können beachtliche Größen erreichen (Diagnosetafel 20B, Bild 59). Diese gutartigen Geschwülste sind fest und können geschlossen aus dem umliegenden Gewebe entnommen werden (Bild 439). Im Quetschpräparat eines Geschwulststückes tritt oft flüssiges Fett in Form kleiner Kügelchen aus dem Gewebe aus.

Zysten bilden sich um Fremdkörper und kapseln sie vom Körpergewebe ab. Ebenso können Parasiten in Zysten eingeschlossen und abgekapselt werden. Nicht selten kapselt der Organismus des Fisches harte Borsten von Futtertieren, wenn sie die Darmwand durchdringen, in einer Zyste aus mehreren Lagen Bindegewebe ein (Diagnosetafel 14B, Bild 50). Auch manche Bakterienherde, z. B. Mycobakterien (s. Kap. 3.2.6.), kapselt der Organismus auf diese Art ab (Granulome).

Cystome sind Zysten, die aus den Organen der Fische ohne Fremdeinwirkung entstehen. Meist sind Leber, Milz oder Niere betroffen (Diagnosetafel 11A, Bild 43).

Fibrosarkom

QR-Code 104

Bild 438: Trauermantelsalmler mit einem Melanosarkom

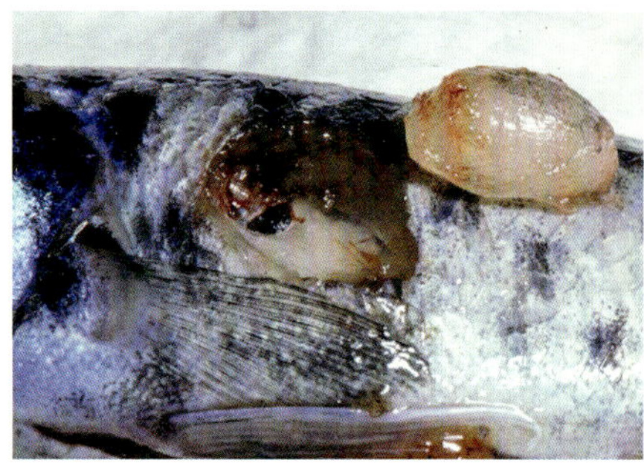

Bild 439: Lipome lassen sich oftmals leicht aus dem umliegenden Gewebe entfernen

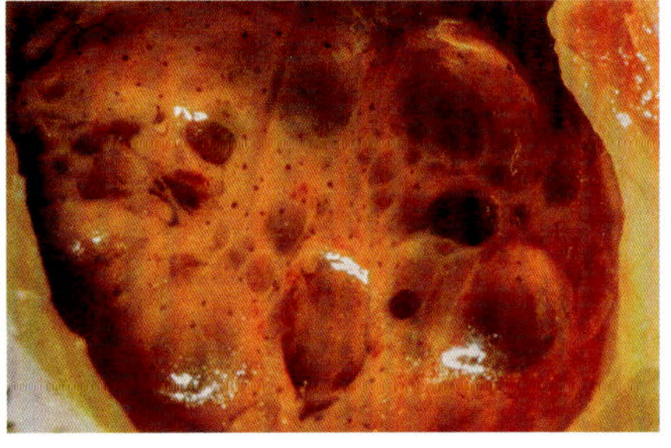

Bild 440: Unterschiedlich große Cystome in der Leber eines Diskusfisches

Bild 441: Aufgetriebener Leib durch ein sehr großes Cystom

Cystome

QR-Code 105

Die Cystome erreichen beachtliche Größen und sind mit einer klaren bis trüben Flüssigkeit gefüllt. Äußerlich ist eine Verwechslung mit Bauchwassersucht möglich. Eine Behandlung dieser Geschwülste ist nicht möglich. Die betroffenen Tiere können mitunter sehr lange damit leben und nehmen an Leibesumfang zu, bis sie daran sterben. Bei häufigerem Auftreten von Geschwülsten ist zu prüfen, ob sich krebserregende Stoffe im Wasser befinden. Cystome sind schwer operativ zu entfernen, da man sie nicht mit den Instrumenten packen kann. Die sie umschließende Haut zerreißt sehr leicht.

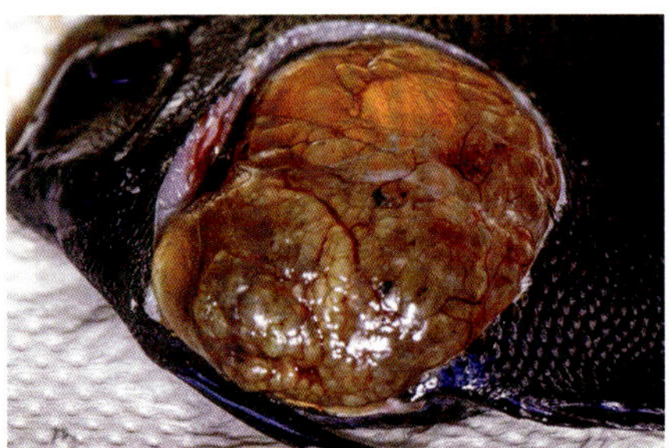

Bild 442: Die Organe sind durch die vielen Cystome verdrängt

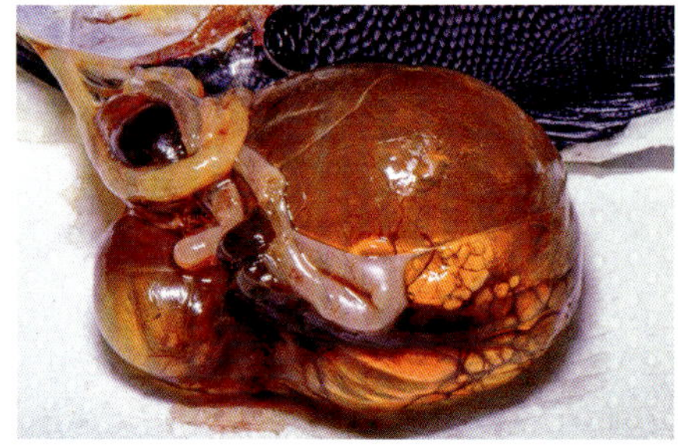

Bild 443: Die Cystome konnten unverletzt aus der Leibeshöhle entfernt werden

Geschwüre (Ulcus) sind offene blutende Entzündungen mit Gewebeauflösungen, die meist durch Erreger verursacht werden. Sie sind bei verschiedenen Krankheiten zu beobachten, z. B. Fischtuberkulose (s. Kap. 3.2.6.), dem Lochsyndrom der Koi oder der Furunkulose (s. Kap. 3.2.2.).

8.3. Missbildungen

Bild 444: Nicht gewachsene Kiemendeckel durch Vitamin und Mineralstoffmangel im frühen Larvenstadium

Missbildungen sind in der Aquarienfischzucht manchmal zu beobachten. Da diese anlagebedingt sein können, dürfen solche Fische nicht zur weiteren Zucht genommen werden. Treten Missbildungen häufiger auf, dann muss geprüft werden, ob alle biologischen und chemischen Umweltfaktoren in Ordnung sind und kein Mangelzustand vorliegt. Das dauerhafte Einwirken umweltbelastender Stoffe, wie Schwermetalle, Herbizide und Insektizide während der Larveentwicklung und Wachstumsphase in geringer Konzentration, kann zu Körperveränderungen und Organschäden führen. Auch Sauerstoffmangel und falsche pH Werte können Schäden an Organen verursachen.

Flossen- und Körpermissbildungen (Bild 446) können auf mangelhafte Ernährung, Mineralstoff- oder Vitaminmangel zurückzuführen sein. Verkürzte Kiemendeckel sind die Folge von Vitamin und Mineralstoffmangel während der ersten Wachstumsphase nach dem Schlupf (Diagnosetafel 3, Bild 4).

Kiemendeckeldeformation

QR-Code 106

Missbildungen sind nur vorbeugend zu bekämpfen, indem den Fischen während der Entwicklung, insbesondere im Larvenstadium, Mineralien im Wasser

Bild 445: Stark deformierter Diskusjungfisch

Bild 446: Wirbelsäulenbruch durch Vitaminmangel oder Verletzung?

QR-Code 107

Bild 447: Missgebildete Flossen durch Mineralienmangel in der frühen Entwicklung

Bild: 448 Flosseneinschmelzungen aufgrund von Nährstoff- oder Mineralienmangel. Die Ursache konnte nicht geklärt werden

und Vitamine in der Nahrung zur Verfügung stehen. Eine optimale Wasserqualität durch häufige Wasserwechsel und hochwertige Filterung sind bei der Aufzucht von Jungfischen notwendig, um die Belastung des Wassers aufgrund der intensiven Fütterung auszugleichen. Sichtbar werden die Missbildungen mitunter erst, wenn die Fische schon einige Wochen alt sind. Dann kann der Schaden nicht mehr behoben werden.

Flosseneinschmelzungen und die Lochkrankheit der Cichliden können in jedem Alter auftreten. Sie verschwinden wieder, wenn dem Wasser regelmäßig Mineralstoffe zugegeben werden und die Nahrung mit Vitaminen angereichert wird (s. Kap. 9, B-06). Anderenfalls können die Symptome durch ungeeignete Ernährung und starken Flagellaten- oder Wurmbefall des Darmes hervorgerufen werden (s. Kap. 5.1., 6.2., 6.5. und 10.5.). Meist fehlen die wichtigen Mineralien Calcium und Magnesium. Abhilfe schafft die Futtervitaminisierung (s. Kap. 9, B-06).

Bild 449: Kopflöcher im Knorpelgewebe

Die Lochkrankheit der Cichliden (Bild 449) ist nach den Erfahrungen der Jahre 1985 bis 2010 eine Mangelkrankheit, die auf zwei Ursachen beruhen kann.

1. Befall durch Darmflagellaten
2. Mangel an Mineralien im Wasser, insbesondere an Magnesium

Noch in den 1990er-Jahren wurde die Lochkrankheit von vielen Aquarianern als alleinige Ursache einer Infektion des Darmes durch Flagellaten, wie *Hexamita*, angesehen, bei Diskusfischen dem Geißeltier *Spironucleus*. Es wurden aber auch parasitenfreie Diskusfische mit Lochkrankheit beobachtet. Ebenso ließen sich in einigen Fällen bei anderen Cichliden, die Löcher in der Kopfregion hatten, keine Geißeltiere im Darm nachweisen. Die manchmal in den Löchern gefundenen Geißeltiere waren meist keine parasitären Arten und stammten aus dem Aquarienwasser. Bei gemeinsamem Auftreten von Lochkrankheit und Geißeltieren im Darm war in manchen Fällen nach erfolgreicher Bekämpfung der Geißeltiere keine Besserung der Lochkrankheit zu erreichen. Im Gegensatz dazu konnten die Löcher am Kopf der Fische durch Zugabe von Mineralienzusätzen zum Futter oder vollwertigen Mineralstoffmischungen zum Wasser auch bei Vorhandensein von Flagellaten zum Verschwinden gebracht werden.

Diese Beobachtungen legten die Vermutung nahe, dass das Auftreten der Löcher in Kopf und Flossen eine Mangelerscheinung ist. Die Annahme, dass die Krankheit alleine durch zu geringe Mengen von Calcium und Phosphor, sowie von Vitamin D in der Nahrung hervorgerufen wird, ist kaum haltbar, da sie auch bei ausreichender Gesamthärte und ausgewogener Ernährung im weichen Wasser auftritt. Bei einseitiger Ernährung fehlen essentielle Substanzen im Futter. Durch starken Geißeltierbefall werden dem Nahrungsbrei im Darm Mineralien und Vitamine entzogen. Die Zugabe von vollwertigen Mineralsstoffmischungen zum Wasser und Vitaminen zur Nahrung nach (s. Kap. 10, B 06) beugt der Entstehung der Lochkrankheit vor. Die regelmäßige Zugabe von Huminstoffen fördert die Aufnahme von Mineralien über die Kiemen und beugt Mangelerscheinungen vor [Steinberg].

Mein Geschäftspartner und ich konnten in unserer Zuchtanlage in Spanien den Beweis führen. Wir setzten parasitenfreie Diskusjungfische in Aquarien mit entmineralisiertem Wasser. Innerhalb weniger Wochen zeigten sich die ersten kleinen Löcher in der Kopfregion und Flosseneinschmelzungen. Danach gaben wir sera-mineral-salt, eine im Handel erhältliche vollwertige Mineralstoffmischung, dem Wasser zu. In weiteren Wochen bildete sich neues Gewebe und die Löcher verheilten wieder. Auch die Flossen wuchsen wieder nach (Bild 450-453).

Lochkrankheit

QR-Code 108

Bild 450: Flossendeformationen und Kopflöcher bei parasitenfreien Fischen aufgrund mehrwöchiger Haltung in entionisiertem Wasser

Bild 451: Die Löcher im Kopfbereich bilden sich bei Haltung in entionisiertem Wasser

Bild: 452 Nach der Zugabe von Mineralsalz sind die Löcher wieder zugeheilt

Bild 453: Auch die Flossen sind wieder nachgewachsen

Eine Trübung der Augenlinse (Katarakt) kann langfristig bei regelmäßigem Wasserwechsel mit Wasser von hohem Druck aus der Leitung durch Gasübersättigung (Kapitel 8.5.5.) oder osmotischen Stress entstehen. Sie kann auch durch einseitige Ernährung, wenn ein Mangel der Aminosäure Histidin vorliegt, verursacht werden. Risikofaktoren für die Kataraktentstehung bei Lachsen sind ein Mangel an Methionin, Phenylalanin, Tryptophan, Riboflavin als auch der Spurenelemente Eisen und Zink (Simon 2004).

Auch häufiger Sauerstoffmangel bei mangelnder Hygiene kann aufgrund von Durchblutungsstörungen des Auges zu Kataraktbildung führen. Forellen, die ausschließlich mit Abfällen von Innereien gefüttert wurden, entwickelten eine sehr starke Trübung der Augenlinsen [Roberts].

Siamesische Zwillinge (Bild 457), bei denen ein Partner oft nur in Form eines Klumpens am Bauch des anderen hängt, entstehen bei Schädigung des Eies. Weitere Anomalien sind Doppelbildungen von inneren Organen, Farbabweichungen, Schuppenmissbildungen, Skelettverformungen (Bild 446) bei Vitaminmangel, verschieden große Augen und verschobene Seitenlinien. Ein *Tilapia* mit zwei Köpfen wurde auf einer Messe in Manila (Philippinen) zur Schau gestellt.

Katarakt

QR-Code 109

Bild 454: Katarakt an beiden Augen mit ungeklärter Ursache

Bild 455: Trübung der Augenlinse

Bild 456: Nur als Klumpen anhängender, unförmiger siamesischer Zwilling

Bild 457: Siamesischer Zwilling: Ein *Tilapia* mit zwei Köpfen

Siamesische Zwillinge

QR-Code 110

8.4. Verletzungen

Bild 458: Verletzung mit nekrotischem Knorpelgewebe

Hautabschürfungen, Stich und Schnittwunden fügen sich Aquarienfische bei rascher Flucht nach Erschrecken manchmal selbst zu. Bei Rivalitätskämpfen wird bei dem unterlegenen Tier nicht selten die Schleimhaut schwer verletzt. Eindringende Erreger verursachen Infektionen, an der Wunde stellt man dann Entzündungen oder gar eine Verpilzung fest. Verletzte Fische müssen sofort in ein Quarantänebecken umgesetzt werden und behandelt werden (s. Kap. 9, C-16, C-25, C-01, A-16, B-05, B-10 oder C-33).

Fallbeispiel einer behandelten schweren Verletzung:

Von einem befreundeten Diskuszüchter bekam ich einen Fisch, der sich an der Dekoration eine tiefe Stichverletzung zugezogen hatte. Das Tier war kräftig und kerngesund, sodass ich mich entschloss, eine Behandlung durchzuführen. Dem Fisch wurde ein großes Quarantänebecken eingerichtet, in dem er munter herumschwamm. Das Knorpelgewebe war schon teilweise zersetzt. Ich konnte ein

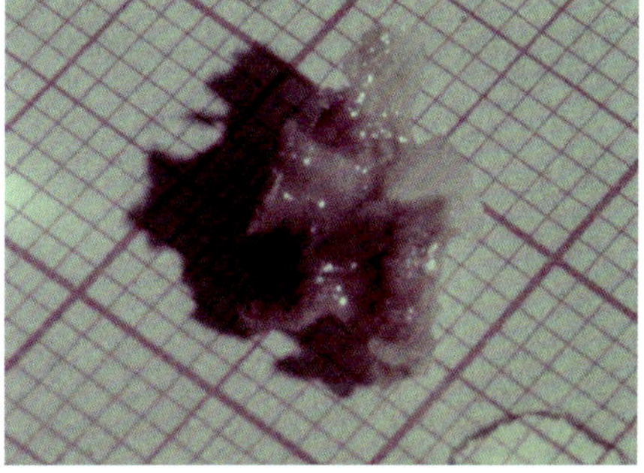

Bild 459: Das abgestorbene Gewebe wurde entfernt

QR-Code 111

Bild 460: Die behandelte Wunde

Bild 461: Die heilende Wunde

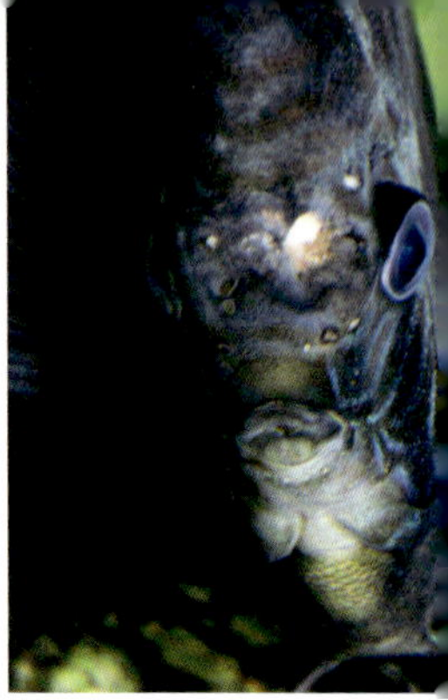

Bild 462: Die Wunde heilt zu

Bild 463: Die Wunde ist fast geschlossen, die Behandlung ist beendet

Bild 464: Der geheilte Diskusfisch konnte seinem Besitzer zurückgegeben werden

großes vereitertes Stück Knorpel ganz leicht mit einer Pinzette herausziehen. Dann begann ich mit der Behandlung durch Nystatinsalbe (s. Kap. 9, A-16).

Der Fisch wurde täglich herausgefangen, die Wunde gesäubert und getrocknet. Dann wurde die Salbe aufgetragen. Diskusfische sind sehr intelligent. Ab dem vierten Tag brauchte ich nur das große Netz in das Becken zu halten. Der Fisch schwamm von selbst hinein, lies sich herausnehmen und behandeln. Dabei hielt er ganz still und bewegte sich nicht. Er merkte wohl, dass ich ihm helfen wollte. Entweder war ihm die Behandlung angenehm, oder er ging den Weg des geringsten Widerstandes. Die Wunde heilte zügig ab. Nach drei Wochen war das Tier wieder gesund.

Bild 465: Die Bissverletzung konnte nicht geheilt werden, da innere Organe verletzt waren

8.5. Krankheiten mit chemischer Ursache

8.5.1. Sauerstoffmangel

Sauerstoffmangel kann aus verschiedenen Gründen im Aquarium auftreten. Überfütterung, hohe Besatzdichte, schlechte Durchlüftung, verschmutzter Filter oder Fäulnisprozesse können die Ursache sein, da die Zersetzungsprozesse viel Sauerstoff zehren. Mehrmaliger Sauerstoffmangel kann bei Jungtieren zu Missbildungen führen (s. Kap. 8.3.). Die Fische stehen bei Sauerstoffmangel heftig atmend unter der Wasseroberfläche. Gestorbene Fische liegen mit aufgerissenem Maul und abgespreizten Kiemendeckeln im Becken, die Kiemen sind blass. Zeigen die Fische Symptome von Sauerstoffmangel, so ist es falsch, die Belüftung stark aufzudrehen. Vorhandener Mulm wird durch die Wasserbewegung aufgewirbelt und eine noch stärkere Sauerstoffzehrung ist die Folge. Darum stellt man die Lüftung so ein, dass kein Mulm aufgewirbelt wird und gibt Wasserstoffsuperoxid oder ein Präparat aus dem Zoofachhandel ins Wasser (s. Kap. 9, B-09). Erreicht man auf diese Weise nicht binnen weniger Minuten eine Besserung, dann haben die Fische eine Kiemenerkrankung (s. Kap. 2.3.10.1.).

Im Gartenteich kann bei hohen Temperaturen ein Sauerstoffmangel eintreten, da mit steigender Temperatur weniger Sauerstoff im Wasser gelöst ist. Bei starker Algenvermehrung (grünes Wasser) zehren die Algen in der Nacht Sauerstoff, sodass es zu einem Mangel kommen kann. Eine kräftige Belüftung, ohne Mulm aufzuwirbeln, reichert das Wasser wieder mit Sauerstoff an.

Durch Sauerstoffmangel kann sich auch bei der Fütterung ein großes Problem ergeben. Ein nüchterner Koi verbraucht 90 mg O_2 pro Stunde. Nach der Fütterung steigt der Verbrauch von Sauerstoff während der Verdauung auf 500 mg O_2 pro Stunde [Schreckenbach (3)]. Das ist insbesondere bei hohen Wassertemperaturen und abendlicher Fütterung zu beachten, wenn der Sauerstoffgehalt in der Nacht absinkt.

8.5.2. Säure und Laugenkrankheit

Die meisten unserer Aquarienfische sind an einen stabilen pH-Wert um 7 angepasst. Je nach Art liegt er allgemein zwischen 6 und 8. Bei stetig sinkendem pH Wert unter pH 5,3 beginnen die Fische schneller zu atmen, schießen ruckartig durch das Aquarium und schnappen an der Wasseroberfläche nach Luft. Manche tropische Arten kommen aus Flüssen mit extrem reinem Wasser, das viele gelöste Huminsäuren enthält. Diese Fische leben in einem wesentlich niedrigeren pH-Bereich. Bei stabilem, gering abgesenktem pH-Wert treten braune Kiemenbeläge, Schleimabsonderung an den Kiemen und weißliche Hauttrübungen auf. Die Laugenkrankheit erscheint, wenn sich der pH-Wert über 9 erhöht. Die Fische reagieren mit weißlichen Hauttrübungen und Flossenausfransungen. Später treten Verätzungen an Haut und Kiemen auf. Auch Ammoniakvergiftungen sind möglich.

Während es im Aquarium relativ einfach ist, den pH-Wert stabil zu halten, kann das im Gartenteich ein Problem sein. Lange Regenfälle reduzieren die Carbonathärte des Wassers. Bei intensiver Sonneneinstrahlung und Algenvermehrung kommt es aufgrund biogener Entkalkung zu einem Schwund der Carbonathärte. Ist sie niedrig schwankt der pH-Wert im Tagesverlauf gravierend. Möchte man die Schwankungen durch Messungen erfassen, muss man von Sonnenauf- bis -untergang alle zwei bis drei Stunden eine pH-Messung durchführen.

Im Gartenteich sollte daher regelmäßig die Carbonathärte gemessen und gegebenenfalls mit Produkten zur Erhöhung der KH gegengesteuert werden. Es sollte mindestens eine Härte von 4° dKH vorliegen, stabiler ist der pH-Wert bei 6° dKH.

8.5.3. Osmotisch bedingte Schäden durch unsachgemäßes Umsetzen

Es kann bei Fischen zu einem osmotischen Schock führen, wenn sie aus einem Wasser mit einer hohen Konzentration gelöster Stoffe in ein Wasser mit niedriger Konzentration umgesetzt werden. Das passiert, wenn bei längeren Transporten dem Wasser Salz zugesetzt wird, dass den Organismus entlastet und den Stress reduziert. Die nicht durchbluteten Teile der Flossen und der Haut passen sich an den hohen Salzgehalt an, ebenso die feinen Knorpelgelenke der Flossenstrahlen, die die Flossen so beweglich machen. Wenn die Fische nun in ein Wasser ohne Salz umgesetzt werden, dringt es aufgrund des hohen Salzgehaltes der Zellen in Zellen und Gelenke ein und sie zerreißen. Das passiert auch mit

Bild 466: Beim osmotischen Schock verlieren die Fische Flossenteile und den Schleim der Haut

Bild 467: Die äußeren, nicht durchbluteten Teile der Flossen brechen an den Knorpelgelenken ab

den feinen Knorpelgelenken der Flossen. Die äußeren Bereiche der Flossen fallen ab. Auch der Schleim der Haut enthält noch diese Salze. Er wird verdünnt und löst sich auf. Der Fisch verliert den Schutz vor Bakterien und Infektionen sind die Folge. (s. Kap. 2.10.).

Die Leitfähigkeit des Hälterungswassers kann bei Süßwasserfischen durch Zugabe von Salz schnell erhöht werden. Das schadet den Fischen nicht und sie können für einige Tage problemlos einem höheren Salzgehalt ausgesetzt werden. Das macht man bei Salzbehandlungen und Salzzugaben zur Unterstützung von Medikamenten. Die Umgewöhnung von hohem Salzgehalt zu niedrigem muss allerdings sehr sorgfältig und langsam erfolgen, beispielsweise durch mehrmalige geringe Wasserwechsel. Um Fische schnell aus salzhaltigem Transportwasser umsetzen zu können, misst man die Leitfähigkeit des Transportwassers und passt das Wasser des Aquariums, in das die Fische umgesetzt werden sollen, durch Zugabe von Salz an.

8.5.4. Vergiftungen

8.5.4.1. Ammoniak

Ammoniak (NH_3) ist ein starkes Gift für alle Fische. Es liegt bei einem pH-Wert von 7 und darunter als relativ ungiftiges Ammonium (NH_4^+) vor. Ammoniak ist das Endprodukt des Eiweißabbaus und wird von den Fischen zu etwa 90% direkt vom Blut über die Kiemen an das Wasser abgegeben. Die restlichen 10% scheidet der Fisch als Harnstoff mit dem Urin aus.

Die anteiligen Mengen hängen aber von dem pH-Wert des Wassers ab, an den die Fische entwicklungsbedingt angepasst sind. So scheiden Arten in den stark alkalischen Seen Ostafrikas, die einen pH-Wert von 10 bis 11 aufweisen, kein Ammoniak über die Kiemen aus. Das würde sie vergiften. Sie wandeln es wie die Landlebewesen in Harnstoff um und scheiden es mit dem Urin aus.

Die Fische aus Gewässern mit saurem, neutralen oder leicht alkalischem pH-Wert scheiden, je nach aufgenommener Futtermenge und langfristiger Ernährung, innerhalb von 24 Stunden zwischen 0,02 und 0,2%, bezogen auf ihr Körpergewicht, Ammoniak über die Kiemen aus (s. Kap. 2.3.10.1.).

Im Aquarium- oder Teichwasser werden alle in Ausscheidungen, Futterresten und abgestorbenen Pflanzenteilen enthaltenen Eiweiße von den im Wasser und Filter lebenden Mikroorganismen letztendlich zu Ammoniak abgebaut. Es reichert sich jedoch nicht an, da es sofort von den nitrifizierenden Bakterien im Filter über Nitrit zu Nitrat oxidiert wird.

Ammoniak ist nur in Zusammenhang mit seinem chemischen Äquivalent, dem Ammonium, zu beurteilen. Messreagenzien für Ammonium/Ammoniak sind im Fachhandel erhältlich. Alle Ammonium- und Ammoniaktests erfassen immer die Gesamtmenge beider Stoffe. Wieviel von dem im Wasser gelösten Ammonium als Ammoniak vorliegt, hängt vom pH-Wert, also vom Säuregehalt des Wassers und damit von den freien Wasserstoffionen ab. Je weniger von ihnen bei steigendem pH-Wert vorhanden sind, desto mehr Ammoniumionen (NH_4^+) wandeln sich in Ammoniak (NH_3) um. Darum ist die Anwendung von Ammonium- und Ammoniaktests nur in Verbindung mit einer pH-Messung sinnvoll. Guten Tests liegt eine Tabelle bei, auf der man direkt die Ammoniakkonzentration in Abhängigkeit vom Messwert und dem pH-Wert ablesen kann.

Erst eine Anhebung des pH Wertes (zum Beispiel durch CO_2-Zehrung von Pflanzen im Aquarium oder Algen im Teich bei starkem Lichteinfall) führt zur Umwandlung des Ammoniums zum Giftstoff Ammoniak. Ammonium verwandelt sich bei Überschreiten des Neutralwertes nicht schlagartig in Ammoniak, sondern liegt in Abhängigkeit von der Temperatur zu jedem pH-Wert in einer festen prozentualen Verteilung vor. So entsteht zum Beispiel bei einem Messwert von 3 mg $NH_{3/4}$ schon bei einem pH-Wert von 7,5 und 24 °C eine gefährliche Ammoniakkonzentration von 0,05 mg/l. Aber auch geringere Mengen dieses Giftes bedeuten einen erheblichen Stress für die Fische.

Ein ausgewogen besetztes Aquarium oder ein Teich mit mäßigem Fischbestand und gut eingefahrenem Filter sind kaum gefährdet, da das Ammonium/Ammoniak von Bakterien verarbeitet wird und deshalb nur in kaum messbaren Mengen vorliegt. Ammoniakvergiftungen äußern sich bei mehr als 0,1 mg NH_3 pro Liter durch Schleimhaut- und Nervenschäden. Weiterhin treten zuerst Blutungen an den Kiemen auf, dann auch an der Außenhaut und den inneren Organen. Nach neueren Erkenntnissen sind schon bei einem Ammoniakgehalt von 0,01 mg/l über längere Zeit Schäden bei Salmlern zu erwarten (Bohl 1999). Schnelle Abhilfe schafft die Absenkung des pH-Wertes unter 7.

Besonders Koi reagieren sehr empfindlich auf Ammoniak. Eine Konzentration von 0,02 mg NH3 pro Liter führt auf Dauer schon zu Schäden. Akut toxisch ist eine Konzentration von 0,2 mg NH_3/Liter.

Schwankende pH-Werte sind nicht nur ein großer Stressfaktor, sie bergen zusätzlich die Gefahr, dass eine Ammoniakvergiftung auftritt. Bei konstanter Temperatur von 20°C und einem pH-Wert von 7 liegen mehr als 99% des Gesamtammoniumgehaltes als harmloses Ammonium vor. Steigt der pH-Wert auf 8,5 pH sind etwa 11%, bei pH 9 schon 28% in Ammoniak umgewandelt. Bei höheren Temperaturen ändert sich zwar im niedrigen pH Bereich wenig, im hohen pH Bereich steigt der Ammoniakgehalt jedoch wesentlich stärker. Geht man von einer Temperatur von 27°C aus, sind bei pH 7 ziemlich genau 0,6%, bei pH 8,5 etwa 17% und bei pH 9 sogar 40% des Ammoniums in Ammoniak umgewandelt worden. Eigene Messungen haben gezeigt, dass in Gartenteichen bei starker Algenvermehrung und einer Carbonathärte gegen 0° dKH der pH-Wert sogar über 11 gestiegen war.

Anhaltende geringe Ammoniakbelastung des Wassers äußert sich durch Schwellung der Kiemenblätter (Hyperplasie) und Schleimhautschäden mit Folgeinfektionen, wie Kiemen- und Flossenfäule sowie innere Infektionen – beispielsweise Bauchwassersucht – aufgrund der Schwächung. Bei starken akuten Ammoniakvergiftungen treten Blutungen an den Flossenbasen und inneren Organen auf und das Kiemengewebe stirbt teilweise oder ganz ab (Diagnosetafel 7, Bild 28).

Hohe Ammoniumkonzentrationen bleiben bei einem pH-Wert unter 7 mitunter unbemerkt, wenn keine Messungen vorgenommen werden. Bei steigendem pH-Wert und zunehmender Ammoniakkonzentration im Wasser können die Fische immer weniger Ammoniak über die Kiemen an das Wasser abgeben, es reichert sich im Blut an. Bei einem pH-Wert über 9 wird mit der Zeit der Puffer im Blut aufgebraucht und es erhöht sich der pH-Wert des Blutes und der Ammoniakanteil steigt. Die Fische vergiften sich selbst innerlich.

8.5.4.2. Nitrit

Nitrifizierende Bakterien im biologischen Filterteil wandeln das Ammonium direkt in Nitrit um. So kann in Folge eines hohen Ammoniumgehaltes nach starker organischer Wasserbelastung (nach übermäßiger Fütterung) ein ebenso hoher Nitritgehalt entstehen. Reichert sich Nitrit im Wasser an, ohne zu Nitrat weiter verarbeitet zu werden, treten bei den Fischen Vergiftungen auf, die zum Tode führen können. Nitrit ist ab einer Konzentration von 0,1 mg/l in weichem Wasser und 0,2 mg/l in hartem Wasser für die meisten Zierfische akut gefährlich. Bei sehr hohen Konzentrationen und gleichzeitig niedrigem pH-Wert werden die Fische apathisch und sterben ganz plötzlich in voller Farbenpracht. Mitunter ist das Auftreten von Nitrit mit Sauerstoffmangel verbunden. Das kann passieren, wenn in einem geschlossenen Filter der Sauerstoffgehalt unter 1 mg O_2/l absinkt. Dann beginnen die Bakterien das Nitrat zurück in Nitrit zu verwandeln (Reduktion) und über den Rücklauf wird es ins Becken gespült. Salmoniden zeigten bei einer Dauereinwirkung von 0,08 mg NO_2/l schon deutliche Stressreaktionen. Bei Konzentrationen von 0,15 mg NO_2/l war die Sterblichkeit stark erhöht [Roberts].

Nitrit vergiftet die roten Blutkörperchen. Es wandelt das Hämoglobin der Erythrozyten in Methämoglobin um, das keinen Sauerstoff aufnehmen kann. Die Fische ersticken innerlich und zeigen eine starke Atemfrequenz. Sie hängen hechelnd mit Notatmung unter der Wasseroberfläche. Bei einer erhöhten Atem-

Hechelnde Atmung

QR-Code 112

frequenz sollte sofort der Nitritwert kontrolliert werden. Konzentrationen über 0,2 mg NO_2 sind schon gefährlich, da die Ionenpumpen in der Schleimhaut der Kiemen das Nitrit nicht vom Chlorid unterscheiden können und es aktiv in den Blutkreislauf pumpen. Dadurch entstehen viel höhere Konzentrationen von Nitrit im Blut, als sie außerhalb im Wasser vorliegen. Zum Messen sollten keine Messstäbchen verwendet werden, da sie erst auf einen Nitritwert von über 1 mg/l ansprechen. Mit Flüssigtests können Werte von weniger als 0,1 mg Nitrit pro Liter noch festgestellt werden.

Der Grund, warum adulte Fische mehr Nitrit vertragen als Jungfische liegt daran, dass sie Enzyme bilden können, die das Methämoglobin wieder in das normale Hämoglobin zurückverwandeln. Das können Jungfische nicht. Erst im späten juvenilen Alter entwickeln sie diese Fähigkeit. Beim Menschen gilt, dass Kinder ab etwa dem fünften Lebensjahr fähig sind, die Enzyme zu produzieren. Daher dürfen Babys und Kleinkindern auf keinen Fall nitrathaltige Nahrungsmittel und Getränke gegeben werden. Das Nitrat wird im sauerstoffarmen Milieu des Darmes zu Nitrit reduziert. Das geschieht auch bei Fischen, wenn sie mit dem Futter nitrathaltiges Wasser schlucken. Bei Fischen ist es leider nicht untersucht, wann genau sie fähig sind, die Enzyme zu produzieren. Daher sollte man die Jungfische keinen höheren Nitratgehalten als 25 mg NO_3 pro Liter aussetzen. Eigene Messungen haben gezeigt, dass in Aufzuchtbecken von Diskusjungfischen aufgrund mangelnder Wasserwechsel oft Nitratwerte von mehr als 100 mg/l vorlagen.

Aus diesem Grund können Regenfälle in Industrieregionen für die Teichfische sehr gefährlich sein, denn saurer Regen enthält mitunter messbare Konzentrationen an Nitrit, das als salpetrige Säure vorliegt. Regenwasser reduziert den Carbonatpuffer und der pH-Wert wird instabil. Ein pH-Sturz ist bei Carbonathärte unter 1° dKH möglich. Wird bewusst Regenwasser für den Wasserwechsel verwendet, ist damit noch eine weitere Gefahr verbunden. Regenrinnen und Ableitungsrohre sind häufig verzinkt oder bestehen aus Kupfer. Der saure Regen löst große Mengen dieser für Fische hochgiftigen Schwermetalle heraus. Sie können mit Wasseraufbereitern gebunden und unschädlich gemacht werden. Schwermetallionen werden dabei von Chelatoren gebunden und gehen dann keine chemischen Reaktionen mehr ein. Die Fische können sie in diesem Zustand nicht mehr aufnehmen. Bei hoher Belastung kann die doppelte Dosis des Wasseraufbereiters angewendet werden.

Sinnvoller ist es, den Wasserwechsel im Gartenteich mit Leitungswasser vorzunehmen. Dabei wird auch der Carbonatpuffer wieder erhöht. Wieviel Wasser zu wechseln ist, hängt vom Besatz und der Belastung des Wassers ab.

Nitritvergiftungen sind in Aquarien und Teichen unbedingt zu vermeiden, da sie Langzeitschäden verursachen. Gerade nach starken Wasserwechseln und Filterreinigungen ist am zweiten bis dritten Tag der Nitritwert zu kontrollieren. Selbst bei hohem Nitritwert in der Einfahrphase des Filters zeigen die Fische zunächst keine Vergiftungserscheinungen. Mitunter kommt es erst einige Tage danach zu Verhaltensänderungen wie Schreckhaftigkeit. Mitunter ist der Filter dann schon eingefahren und der hohe Nitritwert nicht mehr nachweisbar. Nach mehreren Wochen treten dann Folgeschäden durch Krankheiten und plötzliche Todesfälle auf. Bei erhöhter Atemfrequenz der Fische und nach Neustart oder Neubestückung des Filters ist unbedingt im Abstand von zwei Tagen die Entwicklung der Ammonium- und Nitritwerte zu kontrollieren. Das gilt besonders für den Gartenteich nach der Winterruhe.

Wie schon dargestellt ist ein unbemerkter, anhaltend hoher Nitritwert besonders für Fischlarven und kleinste Jungfische gefährlich. Das passiert meistens, wenn ein Schwarm Jungfische von den Elterntieren weggenommen und in ein neu eingerichtetes Aquarium mit nicht ausreichend eingefahrenem Filter zur Aufzucht umgesetzt wird. Wenn der Pfleger aus Unachtsamkeit oder mangelndem Verständnis der biologischen Verhältnisse nicht die Ammonium- und Nitritwerte kontrolliert, kann es zu einer dauerhaften Vergiftung kommen. Der bei der Nitritvergiftung bestehende Sauerstoffmangel wirkt sich auf die Entwicklung des Körpers negativ aus, sodass auch die Entwicklung des Gehirns betroffen ist. Durch Sauerstoffmangel geschädigte Hirnteile wachsen nicht gleichmäßig mit dem Körperwachstum. Die Folge sind Spätschäden, die nach Monaten noch auftreten können, wo sie nicht mehr mit einer früheren Nitritvergiftung in Verbindung gebracht werden. So konnte beobachtet werden, dass Diskusfische, die im frühen Entwicklungsstadium über mehrere Tage — möglicherweise länger als eine Woche, einem Nitritwert von 4 bis 5 mg NO_2 pro Liter ausgesetzt waren, nach fünf bis sechs Monaten Verhaltensweisen wie bei der Drehkrankheit beim Befall des Gehirns durch Sporozoen zeigten. Einzelne Fische der Brut schwammen minutenlang sich sehr schnell im Kreis drehend, stießen dann mit dem Kopf in den Bodengrund und starben. Eine parasitäre Ursache konnte nicht gefunden werden. Diese Symptome traten wochenlang immer wieder bei einzelnen Fischen des Schwarms auf.

Zu hohe Ammonium- und Nitritwerte können durch mehrmaligen Wasserwechsel mit pH-neutralem Wasser gesenkt werden. Man kann Nitrit und Ammonium/Ammoniak chemisch in kurzer Zeit entfernen (s. Kap. 9, B-08). Das ist eine Möglichkeit, wenn bei Teichen ein großer Wasserwechsel nicht durchführbar ist.

8.5.4.3. Nitrat

Nitrat wird in der Fachliteratur über Fischzucht als ungiftig dargestellt. Bei Roberts wird angegeben, dass 1.000 mg NO_3/l für Karpfen tolerierbar seien. Es

8.5.4.7. Chlor

Chlorhaltiges Leitungswasser muss mit einem harten Strahl oder durch eine Brause in ein Gefäß gespritzt werden, damit das Chlor entweicht. Der gleiche Effekt ist zu erzielen, wenn man es in einem offenen Behälter unter Belüftung 24 Stunden stehen lässt. Dann erst ist es für das Aquarium brauchbar. Die sofortige Verwendung chlorhaltigen Wassers ist möglich, wenn das Wasser mit einem Wasseraufbereiter versetzt wird. Eine Filterung über Aktivkohle wandelt das giftige Chlor in harmloses Chlorid um.

Eine Chlorvergiftung äußert sich zuerst in zitternden Bewegungen und blassen Kiemen. Später werden die Fische matt und stellen die Atmung ein. Geringe Mengen von Chlor und Chlorverbindungen führen zu Reizungen der Kiemen und schaden den abbauenden und nitrifizierenden Bakterien, so dass in der Folge eines Wasserwechsels, nach zwei bis drei Tagen, erhöhte Nitritwerte auftreten können.

8.5.4.8. Kupfer und Schwermetalle

Kupfervergiftungen können bei Behandlungen mit Kupfersulfat in sehr weichem Wasser und niedrigem pH-Wert auftreten oder wenn Wasser aus Kupferrohren entnommen wird, in denen es längere Zeit stand. Man muss es erst eine Zeit ablaufen lassen. Auch viele Algenvernichtungsmittel enthalten Kupfer, sie dürfen nicht überdosiert werden. Bleidraht zum Beschweren von Pflanzen kann zu akuten Vergiftungen führen. Zwar wird das Blei in hartem Wasser von wasserunlöslichem Bleicarbonat und Bleisulfat überzogen. Beide Salze lösen sich jedoch in Gegenwart von CO_2 oder Kohlensäure und so kommt es trotzdem zu Vergiftungen. Je niedriger der pH-Wert, desto besser lösen sich Schwermetalle im Wasser und umso toxischer wirken sie auf die Fische. Als schnelle Gegenmaßnahme kann ein großer Wasserwechsel empfohlen werden. Schwermetalle können nur in geringer Menge mit Aktivkohle aus dem Wasser gefiltert werden. Effektiver ist es, sie mit Wasseraufbereitern chemisch zu neutralisieren (s. Kap. 11.3.).

Eine nicht zu unterschätzende Gefahr für die Teichfische stellen die um das

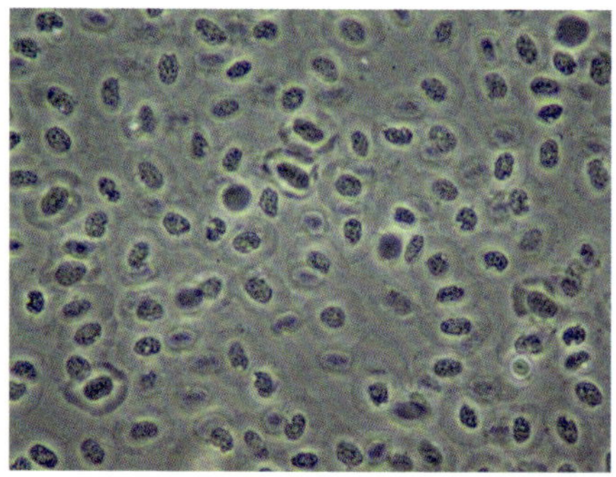

Bild 468: Bei Vergiftungen durch Kupfer oder Blei sind die Zellkerne der roten Blutkörperchen granuliert

Jahr 2.000 in Mode gekommenen elektronischen Algenvernichter dar. Es handelt sich dabei um Elektrolysegeräte, in denen sich eine Kupferelektrode langsam auflöst und das Wasser permanent mit Kupferionen anreichert. Solche Geräte müssen genau nach Anweisung betrieben und nach dem Verschwinden der Algen abgeschaltet werden. Viele schwere Kupfervergiftungen, oft mit tödlichen Folgen, sind bei Koi aufgrund falsch eingestellter und bis in den Winter hinein betriebener Geräte aufgetreten (LECHLEITER 2005). Die Leber der an der Vergiftung gestorbenen Koi war violett verfärbt.

Andere Schwermetalle wie Zink oder Cadmium verursachen ähnliche Symptome wie eine Kupfervergiftung.

8.5.4.9. Hormone, Umweltbelastung, Chemikalien

Ein neues schwerwiegendes Vergiftungsproblem hat sich in den 1990er-Jahren entwickelt und ist kaum nachweisbar. Die Belastung der Umwelt durch Hormone und Xenohormone (Fremdhormone) ist drastisch gestiegen. Aufgrund der Verkaufszahlen der Anti-Baby-Pille kann mit Östrogenen in Oberflächengewässern in einer Konzentration von 2 µg gerechnet werden. 0,5 µg reichen schon aus, um männliche Fische zu verweiblichen [SEGNER]. Sie werden frühzeitig unfruchtbar oder nie geschlechtsreif (s. Kap. 11.3.2.).

Die Filterung über Reverse-Osmoseanlagen hält große Moleküle zurück, reicht bei hoher Belastung und kleineren Molekülen nicht aus, um alle diese organischen Stoffe zu entfernen. Auch die diversen Pestizide werden oft nur ungenügend zurückgehalten. Schäden durch Hormone und Vergiftungen durch Pestizide sind schwer nachzuweisen, da für viele dieser Stoffe die Analysemethoden fehlen. Die daraus entstehenden Langzeitschäden werden selten mit der Hormon- oder Pestizidbelastung in Verbindung gebracht. Man behandelt langfristig immer wieder erfolglos gegen alle möglichen Krankheiten, die letztendlich nur sekundär in Folge der Schwächung auftreten. Nur eine zusätzliche langsame Filterung des Wassers über eine hochwertige Aktivkohle nach der Entsalzung durch Reverseosmose entfernt die Pestizide oder Hormone. (s. Kap. 11.3.2.4.)

Chemische Stoffe, die von außen ins Aquarium gelangen, können ebenfalls Vergiftungen hervorrufen. Um ein Fischsterben zu vermeiden, ist darauf zu achten, dass keine Lösungsmitteldämpfe von Farben, Insektenvernichtungsmittel sowie Gase von Ölheizungen und Öfen von der Aquarienluftpumpe angesaugt werden können. Abhilfe schafft die Filterung der Luft über Aktivkohle in einer Waschflasche (Bild 532). Aber auch Wurzeln, Steine, Kunststoffe und gefärbte Dekorationsmaterialien können giftige Stoffe an das Wasser abgeben.

Die falsche Anwendung von Medikamenten kann ebenfalls Vergiftungen verursachen. Die Fische werden blass, versteckten sich, sind schreckhaft und schießen wie wild durchs Aquarium. Beim Auftreten dieser Symptome nach Medikamentengabe ist sofort eine größere Menge Wasser zu wechseln. Da von Art zu Art die Medikamente unterschiedlich vertragen werden, muss bei der erstmaligen Anwendung eines Heilmittels die Verträglichkeit durch genaue Beobachtung der Fische geprüft werden. Auf eine exakte Dosierung ist zu achten. Auch kann es zu Wechselwirkungen der Medikamente mit im Aquarienwasser gelösten Stoffen kommen, was zu Vergiftungen führen kann. Das kann bei der Anwendung von lösungsmittelhaltigen Medikamenten vorkommen.

8.5.4.10. Ausfall des Filters

Fällt einmal der Filtermotor aus, dann entsteht im geschlossenen Filtertopf sehr schnell ein Sauerstoffmangel. Die Mikroorganismen in den Filtermedien verbrauchen den Sauerstoff des Wassers sehr schnell. Innerhalb von etwas mehr als einer Stunde sinkt der Sauerstoffgehalt im Filtertopf von 5 bis 6 mg/l auf weniger als 1 mg/l. Dann beginnen die heterotrophen Bakterien mit der Nitratatmung und reduzieren das im Wasser enthaltene Nitrat zu Nitrit. Bei länger anhaltendem Sauerstoffmangel wird auch Sulfat reduziert und es entsteht der hochgiftige Schwefelwasserstoff. Es bildet sich eine stinkende Brühe im Filter.

Wenn der Motor wieder anläuft, wird das mit Giftstoffen angereicherte Wasser in das Aquarium gepumpt. Bei den Fischen treten in kurzer Zeit Vergiftungserscheinungen auf, die zum Tode führen können. Für einen noch nicht zu stark verschmutzten Filter kann als Zeitmaß etwa sechs Stunden angenommen werden. So lange überleben die Bakterien. Das Wasser im Filtertopf darf nicht in das Aquarium gelangen, sondern muss entsorgt werden. Dann kann der Filter wieder am Aquarium in Betrieb genommen werden. Dauert der Stromausfall länger an, darf der Filter erst nach einer gründlichen Reinigung des Substrates wieder in Betrieb genommen werden. Auf jeden Fall muss in den folgenden Tagen der Ammonium- und Nitritwert kontrolliert werden.

8.5.5. Gasblasenkrankheit

Ähnlich wie bei Tauchern, die zu schnell auftauchen, bilden sich bei Fischen durch plötzliche Verringerung des Gasdruckes Gasblasen aus Stickstoff in den Flossen und der Haut. Die Blasen sind mit bloßem Auge zu erkennen. Beim Darüberstreichen mit dem Finger knistert die Haut leicht. Im extremen Fall führt die

Blasenbildung im Blut zum Tode (Gasembolie). Eine Übersättigung durch Stickstoffgas von 15% reicht dafür schon aus. Langfristige geringe Gasübersättigung schwächt die Fische und führt zu Erkrankungen [Roberts].

Eine Erniedrigung des Gasdruckes erfolgt bei einem starken Wasserwechsel, wenn das Wasser aus der Leitung, wo es unter hohem Druck steht, in das Aquarium gegeben wird. Das gelöste Gas perlt aus, wenn sich der Druck reduziert. Es bilden sich überall an Pflanzen und Dekoration kleine Gasblasen. Wenige der Blasen bestehen aus Sauerstoff, die meisten enthalten Stickstoff. Eine Übersättigung durch Sauerstoff kann bei CO_2 Zugabe, dichter Bepflanzung und starker Beleuchtung sowie durch Sonneneinstrahlung erfolgen. Gasblasen können sich in der Haut auch bilden, wenn Fische nach dem Transport mit hohem Gasdruck im Transportbeutel in ein Aquarium umgesetzt werden, ohne das Transportwasser langsam auszutauschen oder mit Belüftung ausgasen zu lassen. In einem Aquarium mit ausgewogenem Gashaushalt kann die Gasblasenkrankheit nicht auftreten. Durch regelmäßigen Wasserwechsel, bei dem das Leitungswasser nicht über einen Duschkopf, sondern direkt aus dem Schlauch in das Aquarium gegeben wird, setzt man die Fische der Gefahr einer Kataraktbildung (s. Kap. 8.3.) aus.

8.6. Temperaturschäden

Abschließend soll in diesem Kapitel noch auf die Temperatur als mögliche Krankheitsursache eingegangen werden. Die Wassertemperatur stellt für die Fische einen der wichtigsten Umweltfaktoren dar. Es ist daher notwendig, die aus der Literatur ersichtliche Haltungstemperatur möglichst genau einzuhalten. Fischarten, deren Temperaturoptimum weiter als 3°C auseinander liegt, sollen nicht miteinander vergesellschaftet werden. Die Verdauung und die Arbeit der inneren Organe hängen direkt von der Wassertemperatur ab. Darum wirken sich plötzliche Temperaturänderungen sehr negativ auf den Gesamtorganismus aus. Den größten Fehler kann ein Aquarianer machen, wenn er Fische aus dem Transportbeutel in das Aquarium schüttet, ohne sie vorher der Wassertemperatur des Beckens langsam anzugleichen. Dabei wirken sich plötzliche Temperaturabsenkungen um mehr als 2°C sehr negativ aus und schwächen die Fische. Plötzliche Temperaturerhöhungen führen zum Verbrauch der Fettreserven und zur Schwächung des Immunsystems sowie Energiemangel. Die Temperaturanpassung der Fische im Transportbeutel soll langsam erfolgen und pro Stunde nicht mehr als maximal 2°C betragen. Temperaturänderungen dürfen nur bei der Behandlung von Krankheiten zur Unterstützung der Therapie angewendet werden. Auch dabei soll die Temperaturänderung nicht mehr als 1°C pro Stunde betragen.

Sind Fische nach langem Transport oder durch eine ausgefallene Heizung stark unterkühlt, darf die Temperaturerhöhung etwas schneller, aber nicht plötzlich erfolgen.

Auch Goldfische, Koi und Störartige sollten beim Umsetzen sehr langsam an das neue Wasser und die anderen Temperaturen angepasst werden. Häufig wird der Fehler begangen, Goldfische und Koi sehr früh im Jahr zu kaufen und bei kalten Temperaturen in den Teich zu setzen. Da es sich meist um Fische handelt, die in warmen Ländern gezogen wurden, haben die Tiere nur geringe Überlebenschancen.

Manche Fische leben in Gewässern, deren Temperatur stark schwankt. Es kommen Temperaturabfälle von mehreren Grad in der Nacht vor. Wer solche Fische unter natürlichen Bedingungen pflegen und vermehren möchte, kann eine nächtliche Temperaturabsenkung von 2 bis 3°C durch Abschalten der Heizung erreichen. Zu bedenken ist, dass eine abendliche Fütterung dann zu einer Verlangsamung der Verdauung führt, so dass unverdautes Futter im Darm bleibt. Darmentzündungen können bei starken Temperaturabsenkungen die Folge sein, später auch Infektionen durch Schwächekrankheiten. Fischarten aus großen Flüssen und Seen sind in ihrer natürlichen Umgebung keinen täglichen Temperaturschwankungen ausgesetzt. Sie reagieren empfindlicher auf schnelle Temperaturwechsel.

Starke Temperaturanstiege oder -absenkungen durch fehlerhafte Regler erfolgen über mehrere Stunden. Die Fische sterben jedoch erst dann, wenn der Pfleger einen großen Wasserwechsel vornimmt und dabei den normalen Temperaturwert innerhalb von Minuten wieder herbeiführt.

Teichfische sind den natürlichen wetterbedingten Temperaturunterschieden ausgesetzt. So haben Koi und Goldfische mit den kalten Temperaturen im Winter Probleme, während Störe und andere echte Kaltwasserfische das warme Wasser im Sommer schlecht vertragen. Das führt zu Stress und Schwächung des Organismus sowie des Immunsystems (Kapitel 1.1.). Der durch hohe Wassertemperaturen im Sommer verursachte niedrigere Sauerstoffgehalt kann durch kräftige Belüftung ausgeglichen werden.

Koi und Goldfische sind keine Kaltwasserfische, sondern an Kälteperioden angepasste Warmwasserfische. Die Goldfische stammen aus Gebieten in China, wo im Sommer warme Temperaturen vorherrschen. Ihre Idealtemperatur liegt bei 19 bis 23°C. Der Karpfen stammt aus Mittelasien, dem Gebiet vom Iran bis hin zum Kaspischen Meer. Seine Optimaltemperatur liegt bei 22 bis 26°C. Das gilt auch für Koi, sie sind biologisch identisch mit Karpfen. In den Herkunftsgebieten verlaufen die jahreszeitlichen Temperaturänderungen sehr langsam und gleichmäßig. Daher können sich Koi und Goldfische nur sehr schwer auf schnelle Temperaturwechsel einstellen. Auch die klimatischen Schwankungen der Temperatur im Frühjahr in Mitteleuropa belasten sie sehr. Wird die Schwierigkeit der Temperaturanpassung beim Umsetzen der Koi nicht beachtet, treten in der Folge Organschäden, Krankheiten und Verluste auf. Wenn Koi und Goldfische im Frühjahr aus warmen Ländern importiert werden, sind sie meist an Temperaturen über 24°C angepasst. Sie dürfen dann auf keinen Fall in ein Wasser mit kalter Temperatur umgesetzt werden. Man muss die Haltungstemperatur beim Exporteur erfragen und die Becken auf die hohe Temperatur einstellen. Die Abkühlung darf nur ganz langsam mit einem Grad Celsius pro Tag erfolgen. Besser ist die Temperatur nur um 0,5°C pro Tag abzusenken. Schon eine Abkühlung um 5°C führt zu langfristigen Schäden. Bei schneller Abkühlung um 10°C treten Haut- und Darmschäden sowie Wasseransammlungen in der Haut und der Leibeshöhle auf (Bild 205). Bei schneller Abkühlung unter 5°C kommt es zum Kälteschock und dem Tod der Fische. Auch wenn die Abkühlung von 25°C auf eine kühle Innentemperatur im Winter von 15°C über zwei Tage erfolgt, sind schwere Schäden zu erwarten. Die Schäden entstehen, weil die Koi ihre körpereigenen Enzyme nicht innerhalb weniger Tage auf niedrigere Körpertemperaturen umstellen können.

An kalte Temperaturen angepasste Koi und Goldfische können ebenfalls nicht schnell an höhere Temperaturen angepasst werden. Sie vertragen das zwar besser als eine Abkühlung, die Erhöhung sollte aber ebenfalls nur langsam und bei guter Sauerstoffversorgung erfolgen. Eine Temperaturerhöhung von 15 auf 20°C innerhalb weniger Stunden verursacht einen Verbrauch ihrer Körperenergie von 50% innerhalb der folgenden Wochen. Selbst die beste Nahrung kann den Energieverlust nicht ausgleichen. Nicht optimal konditionierte Koi sterben in den Wochen nach der Temperaturerhöhung an dem Energiemangelsyndrom [SCHRECKENBACH (3)].

Aus persönlicher Erfahrung kann ich das bestätigen. Ich war im im Februar der 90er-Jahre in einem großen Zoogeschäft zur Promotion mit Mikroskopie. Es kam eine Lieferung von über hundert Goldfischen aus Indonesien. Die Fische wurden in das kalte Leitungswasser gesetzt. Innerhalb von Stunden zeigten sich massive Verpilzungen. Erst danach wurde ich gebeten, die Fische zu untersuchen. Sie hatten keine Parasiten aber verpilzten zusehends. Die Ursache war die schnelle Temperaturanpassung von nur 30 Minuten. Im Ursprungsland waren die Fische langfristig an eine hohe Temperatur von wahrscheinlich mehr als 24°C angepasst. Das Umsetzen in das kalte Wasser von 10°C war ein zu großer Schock für sie. Das Immunsystem der Fische war komplett zusammengebrochen. Innerhalb von drei Tagen starben alle Fische.

Gegenwärtig ist es populär, die Temperatur in Aquarien niedriger einzustellen, um Energie zu sparen. Das vertragen die Fische und gewöhnen sich an die niedrigere Temperatur, wenn die Absenkung sehr langsam über drei Wochen erfolgt. Diese Zeit benötigen die Fische, um ihren Stoffwechsel an die abgesenkte Temperatur zu gewöhnen.

Auch das in Nordeuropa langanhaltende Frühjahr mit den häufig schwankenden Temperaturen schwächt die Koi.

Wenn sich nach dem Winter bei Sonneneinstrahlung die oberen Wasserschichten des Teiches kurzfristig erwärmen, kommen die Koi nach oben und betteln um Futter. Die Gabe geringer Mengen eines hochwertigen Konditionierungsfutters, angereichert mit Vitaminlösung, das bei niedriger Temperatur flüssige Fette mit vielen essentiellen ungesättigten Fettsäuren enthält, kann von den Koi verwertet werden. Den Fischen in dieser Situation größere Mengen oder schwer verdauliches Futter zu geben ist nicht sinnvoll, da gegen Abend das Wasser abkühlt und die Fische in die tieferen kälteren Wasserzonen schwimmen. Bei den kälteren Temperaturen können sie das Futter schwer verdauen. Kohlenhydratreiche Nahrung kann unter 15°C nur schlecht verdaut werden, weil die Verdauungsenzyme nicht wirkungsvoll arbeiten. Es kann zu Gärungen im Darm kommen und in der Folge zu Entzündungen der Darmwand und Veränderungen der Darmflora.

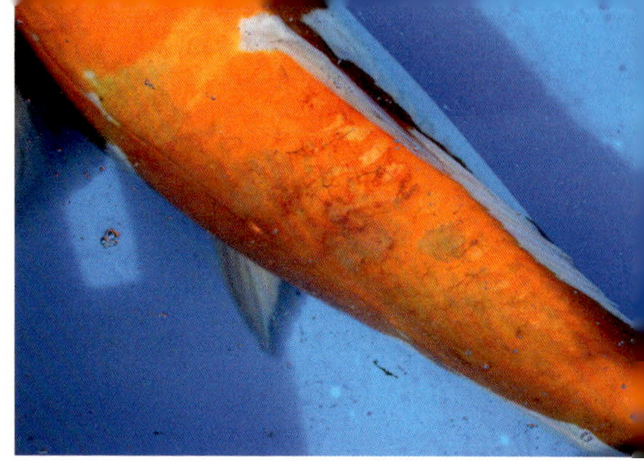

Bild 469: Koi mit Sonnenbrand

Eine weitere Gefahr ist für Koi und Goldfische gegeben, wenn die im Frühjahr sehr intensive Sonneneinstrahlung mit hohem UV-Anteil unbeschattet auf den Teich fällt. Die Fische kommen nach oben, um sich zu wärmen. Bei längerem Aufenthalt unter der Wasseroberfläche sind sie der Strahlung ausgesetzt und können einen Sonnenbrand bekommen. Wie bei uns benötigen die Verbrennungen mehrere Tage, um wieder abzuheilen.

Oft sinkt die Wassertemperatur im Frühjahr nach einer warmen Periode von über 18°C wieder tagelang unter 10°C ab. Das stresst insbesondere die Koi und führt bei geschwächten Tieren zu Erkrankungen.

8.7. Der Transport von Fischen

Die deutsche Tierschutztransportverordnung schreibt vor, dass die Transportbeutel mit einem Drittel Wasser und zwei Dritteln Luft oder Sauerstoff gefüllt werden müssen. Bei Fischen mit zusätzlicher Atmung, wie manchen Welsarten und Labyrinthfischen darf kein reiner Sauerstoff verwendet werden. Entweder füllt man nur Luft oder eine Mischung gleicher Anteile von beiden Gasen in den Beutel. Bei Fischen mit ausschließlicher Kiemenatmung sollte reiner Sauerstoff verwendet werden. Die Beutel mit leichtem Überdruck zu füllen, bewirkt einen erhöhten Sauerstoffgehalt im Wasser. Die Beutel müssen dann aber bei Fischen mit spitzen Flossenstrahlen oder Stacheln vor dem Durchstechen geschützt sein, ansonsten wird das Wasser durch das Loch herausgedrückt. Für kurzzeitige Transporte vom Zoogeschäft zur Wohnung des Käufers, die selten länger als eine Stunde dauern, reicht es, den Beutel mit Luft aufzufüllen.

Bei längeren Transporten von kiemenatmenden Fischen kann ein Problem auftreten, wenn der Beutel nicht mit reinem Sauerstoff, sondern mit Luft aufgefüllt wurde. Durch die Atmung der Fische kann das zu Sauerstoffmangel und zum Ersticken der Fische führen.

Das im Beutel von den Fischen ausgeatmete CO_2 löst sich im Wasser und bildet Kohlensäure. Dadurch bleibt der pH-Wert des Wassers niedrig und das abgeatmete Ammoniak wandelt sich vollständig in das harmlose Ammonium um.

Die Anpassung der Temperatur- und Wasserwerte im geöffneten Transportbeutel kann bei großen oder empfindlichen Fischen länger dauern. Es sollte eine langsame Anpassung des Wassers bei sehr unterschiedlichen Wasserwerten erfolgen. Man gibt kleine Wassermengen vom Becken, in das die Fische umgesetzt werden sollen, in den Transportbeutel. Das zugegebene Wasser darf auf keinen Fall einen höheren pH-Wert als 7,4 haben. Die Karbonathärte des Wassers neutralisiert die Kohlensäure umgehend und erhöht den pH-Wert. In der Folge wandelt sich das im Transportwasser gelöste Ammonium zum Teil in das giftige Ammoniak um.

Eine starke Belüftung des Wassers im Transportbeutel ist hilfreich, wenn die Wasseranpassung länger dauert. Große Fische oder viele kleine Fische im Beutel verbrauchen viel Sauerstoff und es kann ein Mangel eintreten. Durch eigene Messungen konnte festgestellt werden, dass eine Belüftung nur sehr langsam das CO_2 austreibt und den pH-Wert erhöht. Erst nach 40 Minuten wird ein pH-Wert von über 7,5 erreicht.

Hat man einen hohen Ammoniumgehalt des Transportwassers gemessen, könnte man versucht sein, den Fisch möglichst schnell in unbelastetes Wasser umzusetzen. Stimmen pH-Wert, Leitfähigkeit und Temperatur mit dem Transportwasser ungefähr überein, kann man das problemlos durchführen. Der pH-Wert darf nicht über pH 7,5 liegen, die Leitfähigkeit soll nicht mehr als 500 µS abweichen und die Temperatur muss bis auf 1°C übereinstimmen. Weichen die Werte stärker ab, müssen die Fische langsam angepasst werden.

Auf keinen Fall darf der Transportbeutel geöffnet werden und die Fische noch einige Zeit darin verbleiben. Beim Öffnen entweicht der Sauerstoff sofort, und es tritt ein Sauerstoffmangel im Transportwasser auf. Wenn der Beutel noch länger als 15 Minuten so verbleibt, kommt es zu einem akuten Sauerstoffmangel und die Fische können ersticken. Aber auch wenn die Fische überleben, führt der Sauerstoffmangel zur Schwächung des Immunsystems und zu erhöhtem Auftreten von Folgeerkrankungen. Je nach Menge der Fische im Transportbeutel, kann auch schon nach wesentlich kürzerer Zeit ein Sauerstoffmangel auftreten.

9. Die Behandlung kranker Fische

9.1. Allgemeine Hinweise zur Anwendung von Medikamenten

Die relativ geringe Wassermenge des Aquariums ist für die Gesundheit der Fische nachteilig, da sich die Erreger schneller vermehren und der Infektionsdruck höher ist, er ist dagegen von Vorteil bei der Krankheitsbehandlung. Zum einen ist die Wassermenge genau berechenbar, so dass die Medikamente in exakter Dosierung mit bestem Wirkungsspektrum eingesetzt werden können, zum anderen kann man sehr teure Medikamente benutzen, da sie nur in geringer Menge benötigt werden.

Genau das ist ein Problem im Gartenteich. Die Medikamentenanwendung ist aufgrund der großen Wassermenge kostenaufwändig und nach Abschluss der Behandlung ist ein Wasserwechsel aus dem gleichen Grund schwierig. Viele Teichbesitzer kennen das Wasservolumen ihres Teiches nicht genau, so dass eine exakte Dosierung ebenfalls nicht möglich ist. Am einfachsten ist die Wassermenge bei der Erstbefüllung über eine Wasseruhr zu bestimmen.

Bild 470: Bei Gartenteichen mit schrägen Wänden und unregelmäßiger Form ist das Wasservolumen nur schwer zu bestimmen

Bleibt nur als Alternative, die Fische abzufangen und in genügend großen Quarantänebecken zu behandeln. Das birgt bei parasitären Erkrankungen die Gefahr der Reinfektion, wenn die Fische nach der Behandlung zurückgesetzt werden. Die große Menge des mit Medikamenten belasteten Wassers darf nicht in die Kanalisation entsorgt werden. Wenn mit Antibiotika behandelt wurde, kann das zum Absterben der Bakterien in der Kläranlage führen. Der Verursacher ist schnell gefunden und muss die Kosten des Schadens tragen. Die Medikamente müssen über eine Aktivkohlefilterung entfernt werden. Die Aktivkohle ist im Sondermüll zu entsorgen.

Viele Medikamente und Chemikalien, die bei der Behandlung von Fischkrankheiten Anwendung finden, sind Giftstoffe. Sie müssen vor Kindern sicher aufbewahrt werden. Die Wirkungsweise der als Medikamente infrage kommenden Chemikalien und Farbstoffe beruht darauf, dass sie für den Parasiten giftiger sind, als für den Wirt. Je optimaler dieses Verhältnis ist, desto gefahrloser lassen sie sich anwenden. Manchmal liegen die Verträglichkeitswerte der Medikamente für Fische und Parasiten dicht beieinander, so dass auf eine genaue Einhaltung der Mengen und Zeitangaben zu achten ist. Dazu kommt noch, dass die Wirkung und die Verträglichkeit der Medikamente mit der Beschaffenheit und Temperatur des Wassers eng verbunden ist und von verschiedenen Fischarten unterschiedlich vertragen wird.

Eine Unterdosierung von Medikamenten ist grundsätzlich zu vermeiden, da sonst keine Wirkung auf die Parasiten erreicht wird. Die permanente oder in regelmäßigen zeitlichen Abständen vorbeugende Behandlung der Fische mit geringerer oder normaler Dosierung ist unsinnig, ja sogar gefährlich. Als Folge einer solchen Handlung entstehen widerstandsfähigere Parasiten, die dann auch mit höheren Wirkstoffkonzentrationen nicht mehr zu bekämpfen sind. Gerade bakterielle Erreger bilden bei sich öfter wiederholenden Behandlungen in absehbarer Zeit Resistenzen gegen die Medikamente.

In manchen Fällen besteht die Möglichkeit, eine medikamentöse Behandlung durch Temperaturänderungen zu unterstützen. So ist die Bekämpfung einzelliger Ektoparasiten bei erhöhter Temperatur effektiver, da ihre Entwicklung beschleunigt wird. Auch bei der Bekämpfung von Flagellaten und bakteriellen Infektionen des Darmes ist eine Temperaturerhöhung sinnvoll. Handelt es sich um bakterielle Infektionen der inneren Organe oder der Haut sollte dagegen keine Erhöhung der Wassertemperatur erfolgen. Zwar wird das Immunsystem der Fische durch eine Erhöhung aktiver, das können die Bakterien jedoch durch ihre beschleunigte Vermehrung bei erhöhter Temperatur leicht ausgleichen. Es würde somit keinen Behandlungserfolg bringen.

Die Behandlungen werden bei normaler Haltungstemperatur durchgeführt, wenn nichts anderes angegeben ist. Da manche Wirkstoffe bei erhöhter Temperatur toxischer werden (z. B. Metrifonat, C-26), sind die Temperaturangaben, falls sie bei den Behandlungsanleitungen angegeben sind, genau zu beachten. Grundsätzlich kann man bei der Behandlung einer Fischart, bei der man selbst noch keine Erfahrung mit einem bestimmten Medikament gesammelt hat, nichts über die Verträglichkeit desselben voraussagen.

Viele Salmler und Welse, besonders L-Welse, im Gartenteich Störe und Orfen, reagieren sehr empfindlich auf Medikamente. Die in diesem Kapitel genannten Behandlungsmethoden sind für die meisten Aquarien- und Teichfische verträglich. Im Zweifelsfall sollte man einen einzelnen stark erkrankten Fisch in ein Quarantänebecken überführen und die vorgesehene Behandlung durchführen. Man wählt dazu das schwächste Tier aus. Zeigt es keine negativen Reaktionen, können die restlichen Fische der gleichen Art auch behandelt werden. Bleibt keine Zeit für einen Test, werden empfindliche Fische immer im Quarantänebecken behandelt. Das Medikament wird morgens gegeben, damit während des Tages die Fische beobachtet werden können. Treten Probleme auf, ist sofort ein größerer Wasserwechsel durchzuführen.

Einige Behandlungsmethoden sollte man im eingerichteten Aquarium durchführen, damit auch die nicht am Fisch befindlichen Erreger erreicht werden. Andere führt man in gesonderten Behältern durch, da sonst dabei die Bakterienflora des Filters und des Bodengrundes geschädigt wird und sich dann giftige Stoffe im Wasser bilden. Manchen Medikamenten sind Trägersubstanzen beigefügt, die eine enorme Bakterienvermehrung und Sauerstoffzehrung verursachen (z. B. chevi-col®, C-08). Auch diese dürfen nicht in ein eingerichtetes Becken gegeben werden.

Die Anwendungsweise und -dauer ist zu jedem Medikament genau angegeben. Trotzdem ist es möglich, dass geschwächte oder empfindliche Fische die Dosis nicht vertragen. Auch Behandlungen mit Antibiotika halten nicht immer das Fischsterben auf, denn gerade bei bakteriellen Erkrankungen, die innere Organe schädigen, sterben einzelne Fische auch noch nach erfolgreicher Behandlung, weil geschädigte Organe ihre Funktion einstellen.

In der Regel werden die Fische in einem Dauerbad im Aquarium einen bis mehrere Tage lang behandelt. Es ist verständlich, dass Medikamente, die gegen Bakterien am Fisch wirken, auch den anderen Bakterien und Mikroorganismen schaden. Sie sterben teilweise ab und belasten das Wasser. Da auch die Bakterien im Filter betroffen sind, ist es besser, vorher das Filtermaterial mit Aquarienwasser auszuspülen, um den angesammelten Mulm zu entfernen. Falls sich Aktivkohle im Filter befindet, muss diese während der Behandlung entfernt werden. Nach der Therapie wird mehrmals ein Teilwasserwechsel durchgeführt. Im Filter ist ein Teil des Substrates durch frische Aktivkohle zu ersetzen, welche die Reste des Medikamentes aus dem Wasser entfernt.

Es lässt sich leicht feststellen, ob die Filterbakterien bei der Anwendung von

Medikamenten geschädigt werden, indem man jeden zweiten Tag nach Behandlungsbeginn den Ammonium- und Nitritgehalt des Wassers kontrolliert. Treten keine erhöhten Werte auf, hat den Filterbakterien die Behandlung nicht geschadet. Ammonium und Nitrit kann durch spezielle Wasseraufbereiter (z. B. sera toxivec, Methode B-08) entfernt werden. Dabei werden auch viele Medikamente wirkungslos und sind nachzudosieren. Falls die Filterbakterien durch die Wirkung eines Medikamentes absterben, benötigt der Filter nach Beenden der Behandlung wieder einige Wochen, um eine aktive Bakterienflora aufzubauen. Präparate mit nitrifizierenden Bakterien werden im Fachhandel angeboten, damit kann die Einlaufzeit wesentlich verkürzt werden.

Ultraviolettes Licht kann auf manche, im Wasser gelöste Medikamente zersetzend wirken. Daher ist es besser, im Filterkreislauf befindliche UV Lampen während der Behandlung abzuschalten. Die Sensoren elektronischer Messgeräte, z. B. von CO_2 Anlagen, pH- und Redoxmessgeräten, müssen bei Behandlungen aus dem Wasser entfernt werden, da viele Wirkstoffe den Elektroden schaden und ihre Lebensdauer drastisch verkürzen.

Kurzbäder dauern nur wenige Minuten bis Stunden und werden in Eimern oder Becken mit genau bekanntem Volumen durchgeführt. Man wendet sie an, wenn hohe Medikamentendosen erforderlich sind. Gerade für Teichfische müssen die Badebehälter so groß sein, dass sich die Fische bewegen können und vollständig vom Wasser bedeckt sind. Für Kurzbäder wird das Aquarium- oder Teichwasser genommen. Es kann auch abgestandenes Leitungswasser, jedoch kein Frischwasser verwendet werden. Die Temperatur und chemischen Wasserwerte müssen denen des Aquariums oder Teiches entsprechen. Während des Kurzbades sind die Fische zu beobachten. Legen sie sich auf die Seite, so müssen sie vorzeitig aus dem Bad genommen werden. Kurzbäder darf man nicht im eingerichteten Aquarium oder dem Gartenteich vornehmen, da sonst alle Pflanzen und Bakterien sterben. Es ist unmöglich, das Medikament danach schnell genug zu entfernen.

Im Zoohandel erhältliche Fischheilmittel sind lange erprobt und helfen gegen die angegebenen Krankheiten mit hoher Sicherheit. Man sollte Heilmittel verwenden, deren Inhaltsstoffe und -mengen auf der Verpackung angegeben sind. Nur dann ist es möglich, entsprechend den Angaben bei den Behandlungsmethoden, die Fischheilmittel in der Dosierung variabel einzusetzen und bei Bedarf gezielt höher zu dosieren. Wundermittel gibt es nicht. Darum sind Fischheilmittel, die gegen alle Krankheiten, Endo- und Ektoparasiten helfen sollen, absurd. Sie haben einen Wirkungsschwerpunkt, der durch zu schwach dosierte andere Wirkstoffe ausgeweitet wird. Somit ist eine gleichwertige Wirkung auf alle Erreger nicht gegeben. Sehr wohl wurden jedoch in neuer Zeit Fischheilmittel entwickelt, die gegen alle Ektoparasiten eine ähnlich hohe Effektivität aufweisen.

Wer keine praktische Erfahrung in der Handhabung chemischer Substanzen hat, sollte nicht mit den in den Behandlungsmethoden genannten Wirkstoffen hantieren. Viele der Substanzen sind gesundheitsschädlich, ihr Staub oder ihre Dämpfe dürfen nicht eingeatmet werden. Aquarianer und Teichbesitzer sind mit den „fertigen Heilmitteln“ aus dem Fachhandel bestens beraten und können die Anwendung aufgrund der Anweisungen in diesem Kapitel ihren Bedürfnissen anpassen.

Apothekenpflichtige Substanzen dürfen nur in Apotheken verkauft werden. Verschreibungspflichtige Wirkstoffe dürfen in Apotheken nur gegen ein Rezept vom Tierarzt oder vom Tierarzt selbst abgegeben werden. Sämtliche apothekenpflichtige und verschreibungspflichtige Substanzen und Medikamente dürfen vom Zoofachhandel und Privatpersonen nicht weitergegeben werden. Das Inverkehrbringen ist strafbar, wie auch das unentgeltliche Abgeben an andere Aquarianer oder Teichbesitzer. Verstöße gegen das Arzneimittelrecht werden mit Höchststrafen geahndet.

Zur Beschaffung der rezeptfreien aber apothekenpflichtigen Substanzen muss ein Apotheker zu Rate gezogen werden. Erläutert man ihm bei Gelegenheit, für welche Zwecke die Stoffe gebraucht werden, ist er sicher bereit, zu helfen und zu beraten. Die rezeptpflichtigen Substanzen oder Medikamente muss man sich bei einem Tierarzt verschreiben lassen. Es ist darauf zu achten, dass die genannten Substanzen verwendet werden. Viele Medikamente enthalten Hilfsstoffe, die zu Problemen bei Badebehandlungen mit Aquarien- oder Teichwasser führen können.

Um Medikamente und Chemikalien handhaben zu können und daraus Gebrauchslösungen herzustellen, ist es notwendig, sich mit den gebräuchlichen Maß und Gewichtsnormen vertraut zu machen. Gewichte werden in Gramm (g) oder Milligramm (mg) angegeben (1 g = 1000 mg). In englischsprachigen Fachbüchern wird oft die Mengenangabe „ppm“ verwendet. Die Abkürzung ppm bedeutet „parts per million“ und entspricht bei wässrigen Lösungen etwa der Angabe „mg pro Liter“. Die Anwendung von ppm ist bei vom spezifischen Gewicht des Wassers abweichenden Substanzen genauer. Um Flüssigkeiten abzumessen, benötigt man einen Messbecher, einen Messzylinder und Messpipetten. Als Maß gilt Liter (l) oder Milliliter (ml), früher auch Kubikzentimeter (cm^3) genannt (1 Liter = 1000 ml).

Zum Abwiegen der Chemikalien wird eine genaue Laborwaage mit einem Wägebereich von 5 mg bis 50 g benötigt. Steht diese nicht zur Verfügung, ist ein Apotheker sicher bereit, einige Briefchen mit der benötigten Substanzmenge abzuwiegen. Selbstverständlich können nicht nur die geringen abgewogenen Mengen gekauft werden, sondern die ganze Packung.

Für viele Heilbäder werden zur besseren Dosierung Stammlösungen benötigt. Dazu löst man eine bestimmte Substanzmenge in einem Liter Wasser. Ein Milliliter (ml) dieser Lösung enthält dann den tausendsten Teil. In der Regel wird ein Gramm Substanz in 1 Liter Wasser gelöst, 1 ml enthält dann 1 mg Substanz.

Für die genaue Dosierung von Medikamenten bei Injektionen oder zur Verabreichung im Futter muss die Fischmasse bestimmt werden. Auch zur Bestimmung des Korpulenzfaktors von Karpfen ist die Ermittlung des Gewichtes notwendig. Das geschieht durch Wiegen. Auf keinen Fall dürfen lebende Fische trocken gewogen werden. Man platziert auf einer genauen und entsprechend großen Waage einen ausreichend dimensionierten Behälter mit Wasser und bestimmt das Taragewicht. Der oder die zu wiegenden Fische werden aus ihrem Becken gefangen, leicht abtropfen lassen und sofort in den Behälter gesetzt. Von dem nun ermittelten Bruttogewicht zieht man das vorher ermittelte Taragewicht ab und erhält das Nettogewicht der Fische. Bei Aquarienfischen kann in gleicher Weise mit einem Fischtransportbeutel, einem Eimer oder Becher vorgegangen werden. Es wird immer das Wasser verwendet, in dem die Fische auch gehalten wurden..

9.2. Behandlung unter Betäubung

Für längere Inspektionen, Wundbehandlungen und Injektionen sollten die Fische betäubt werden. Da Wundbehandlungen schmerzhaft sind und der Fisch Angst hat, wenn er aus dem Wasser genommen wird, ist die Betäubung meist mit weniger Stress verbunden. Eine Betäubung muss sehr sorgfältig durchgeführt werden. Sie ist nur von einem erfahrenen Pfleger oder Tierarzt anzuwenden. Die fünf Phasen der Betäubung sollten dem Anwender bekannt sein, damit er den Fisch rechtzeitig aus der Lösung herausnehmen kann. Eine zweite Wanne oder ein Hälterungsbecken mit frischem Wasser muss zum Aufwecken des Fisches bereit stehen. Das Wasser wird dem Becken entnommen, in dem der Fisch lebt.

Bevor der Fisch betäubt wird müssen alle Hilfsmittel und die Instrumente griffbereit vorliegen. Da in dem Wasser hantiert wird, sind Schutzhandschuhe zu tragen. Das Betäubungsbad und dann das Bad zum Aufwachen muss mit einem fein perlenden Ausströmerstein kräftig belüftet werden. Die Temperatur und Wasserwerte müssen in beiden Gefäßen mit dem Ursprungswasser übereinstimmen.

Zu dem Wasser in der Betäubungswanne wird sehr langsam unter Umrühren die berechnete Menge des Betäubungsmittels zugegeben. Dabei ist darauf zu achten, dass es nicht zu Ausfällungen kommt. Dann überführt man den Fisch mit den Händen vorsichtig in die Wanne. Die Tiefe der Betäubung wird in fünf Phasen gegliedert:

1. Der Fisch schwimmt noch normal, die Reaktionen sind verlangsamt.
2. Der Fisch steht noch aufrecht im Wasser, schwimmt aber nicht mehr.
3. Der Fisch beginnt zu torkeln, richtet sich aber immer wieder auf. Die Atmung verlangsamt sich.

Betäuben eines Fisches

QR-Code 113

4. Der Fisch legt sich auf die Seite und kann sich nur schwer aufrichten. Bei Berührung versucht er wegzuschwimmen.
5. Der Fisch ist bewegungslos und reagiert kaum noch auf Berührung, der Augendrehreflex erlahmt. Die Kiemenbewegung ist verlangsamt, bleibt aber nicht aus. Man darf nicht zu lange warten. Meist ist die Betäubung nach Zustand 4 schon ausreichend, so dass mit der Behandlung begonnen werden kann, umso schneller wacht er nachher wieder auf. Der Fisch wird aus dem Wasser genommen und in ein nasses weiches Tuch eingeschlagen. Bleibt er noch länger in der Lösung kann er sterben.

Nach der Behandlung, die nicht länger als 3 bis 5 Minuten dauern sollte, wird der Fisch sofort in die Wanne zum Aufwachen mit dem belüfteten frischen Wasser gesetzt. Darin wird er ständig vor und zurück bewegt, damit sauerstoffreiches Wasser die Kiemen durchspült. Das Aufwachen dauert einige Minuten. Wenn sich die Atmung normalisiert hat, der Augendrehreflex und die Bewegungen wieder normal sind, kann er in ein Hälterungsbecken zur weiteren Beobachtung umgesetzt werden. Natürlich kann man den Wiederbelebungsvorgang unter steter Beobachtung auch in dem Hälterungsbecken durchführen, um dem Fisch das nochmalige Umsetzen zu ersparen.

Bei großen Fischen, wie Koi, kommt es mitunter zu Problemen beim Aufwachen, wenn das Betäubungsmittel zu hoch dosiert war. Man hält den Fisch unter Wasser in einen leichten Wasserstrom des Filterrücklaufs und öffnet und schließt ihm rhythmisch den Mund, damit das Wasser durch die Kiemen strömen kann. Das Öffnen des Mundes erreicht man, indem man leicht mit dem Finger von unten auf den Maulboden drückt. Eine leichte Massage mit dem Zeigefinger in dem Bereich kurz hinter den Kiemen bis zwischen den Brustflossen kann belebend wirken. Man darf nicht aufgeben, das Wachwerden kann eine bis zwei Stunden dauern.

9.3. Injektionen

Injektionen sind Eingriffe in den Organismus des Fisches, die nach deutschem Recht, ebenso wie Operationen, dem behandelnden Tierarzt vorbehalten sind. Für Aquarienfische kommt eine Injektion weniger in Frage, bei Teichfischen, insbesondere bei Koi, wird sie öfter angewendet. Nur bei größeren Fischen kann man Injektionen vornehmen. In manchen Fällen, wenn der Fisch keine Nahrung mehr aufnimmt, kann es die einzige Möglichkeit sein, Antibiotika zu verabreichen. Zudem kann die genaue Menge des Medikaments verabreicht werden, was bei oraler Anwendung meist nicht möglich ist.

Injektionen bedeuten großen Stress für die Fische. Es ist daher nicht sinnvoll Medikamente zu verwenden, die mehrmals injiziert werden müssen. Die Mengenangaben der Injektionslösung ist bei den Wirkstoffen auf ein Kilogramm Körpergewicht bezogen und muss auf das effektive Gewicht des Fisches umgerechnet werden. Sie werden intramuskulär (IM) verabreicht. Zwei Möglichkeiten sind beim Fisch gegeben: in die Muskulatur am Ansatz der Brustflossen oder in die Muskulatur des Rückens seitlich unterhalb, mittig zwischen Anfang und Mitte der Rückenflosse. Es wird nach vorn in Richtung des Kopfes injiziert. Es sollte möglichst nicht an beschuppten Stellen injiziert werden. Ist es nicht anders möglich, ist die Nadel von hinten nach vorn zwischen zwei Schuppen hindurch einzustechen. Soll eine Injektion in die Brustflossenmuskulatur erfolgen, hält man die Flosse vom Körper ab und injiziert von hinten in den Muskel der Flossenbasis.

Bild 471: Intraperitoneale (IP) Injektion bei einem Koi

Die intraperitoneale (IP) Injektion wird mit einer kurzen Nadel in das Bauchfell gegeben. Auch hier wird von hinten nach vorn injiziert. Die Nadel wird in einem Winkel von 20 bis maximal 30° in der Mitte zwischen Bauchflossen und After eingestochen. Bei unsachgemäßem Vorgehen können innere Organe wie Darm oder Leber verletzt werden, was zum Tod des Fische führen kann.

9.4. Zwangsfütterung

Größere Fische, die keine Nahrung mehr annehmen, können durch Zwangsfütterung oral mit Medikamenten versorgt werden. Dazu müssen die Fische aus dem Wasser genommen werden, was ebenfalls sehr mit Stress verbunden ist. Eine künstliche Ernährung über längere Zeit ist daher kaum sinnvoll.

Das Medikament wird entsprechend den Angaben bei den Wirkstoffen in einen dünnen Futterbrei gemischt, und in eine ausreichend große Spritze gefüllt. Anstatt der Kanüle setzt man einen stabilen dünnen Schlauch oder einen Katheder (Katzenkatheder) an. Der Schlauch wird durch das Maul bis in den Magen

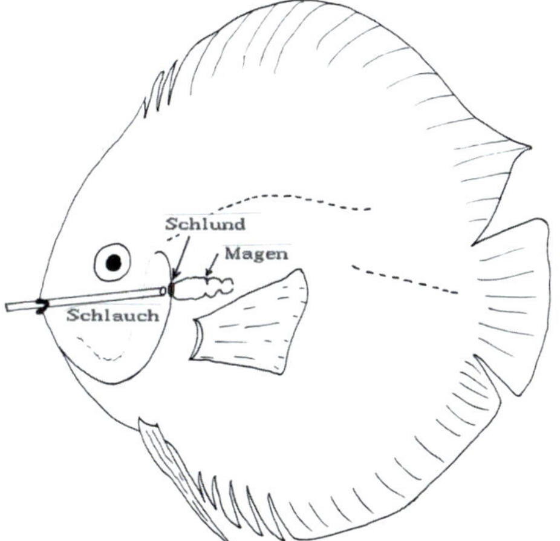

Bild 472: Zwangsfütterung mittels eines Katheters an einer Spritze

Zwangsfütterung

QR-Code 114

eingeführt. Dann drückt man den Nahrungsbrei vorsichtig durch den Schlauch in den Magen des Fisches. Der Fisch muss dabei ruhig liegen, Bewegungen können zu Verletzungen führen. Anatomische Kenntnisse über die Lage, Größe und Aufnahmevermögen des Magens sind unerlässlich, um zu wissen, wie weit der Schlauch eingeführt werden muss und wie groß die Menge des zu verabreichenden Futterbreis sein darf.

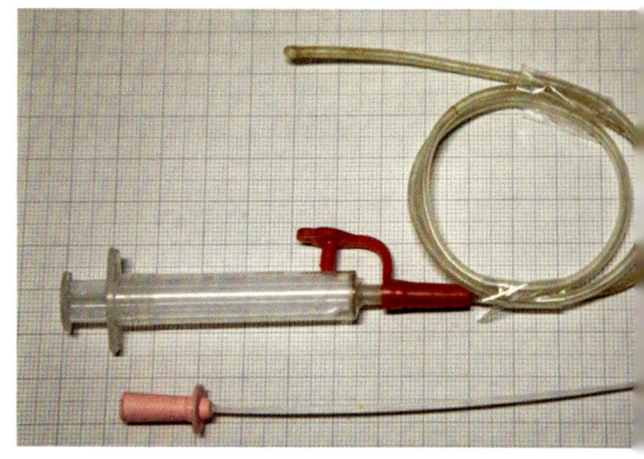

Bild 473: Spritze mit großem und kleinem Katheter

9.5. Das Durchführen von Behandlungen

Die folgend genannten Behandlungsmethoden sind mit Nummern versehen, die in den vorhergehenden Kapiteln bei den Beschreibungen der Krankheiten angeführt sind. In der Regel sind die angegebenen Mengen für die meisten Fischarten gut verträglich. Welse, Salmler und Kleincichliden reagieren jedoch meist empfindlicher, so dass mit ihnen die Behandlung zuerst erprobt werden sollte. Gleiches gilt für Teichfische wie Goldfische, Orfen und Störe. Sie reagieren auf viele der Wirkstoffe mit Vergiftungserscheinungen. Viele der in diesem Kapitel genannten Heilmittel sind hochwirksame Medikamente oder Wirkstoffe aus der Veterinär- und Humanmedizin, die schon seit Jahren in der Aquaristik angewendet werden.

Gefährlich kann es werden, mehrere Medikamente gleichzeitig anzuwenden. Zwei für sich harmlose Wirkstoffe können zusammen toxisch wirken und zu Vergiftungen führen. Deshalb müssen verschiedene Krankheiten immer nacheinander behandelt werden, wobei die gefährlichere zuerst bekämpft wird. Zwischen den Kuren ist den Fischen eine Erholungszeit von mindestens drei Tagen zu gewähren und das Medikament durch Wasserwechsel aus dem Becken zu entfernen. Das gilt auch, wenn die gleiche Behandlung zwei- oder dreimal ausgeführt werden muss.

Viele Fachleute sind gegen den Einsatz von Antibiotika in Aquarium und Teich. Durch die unkontrollierte und falsche Anwendung derselben sind schon viele resistente Krankheitserreger entstanden. Untersuchungen bewiesen, dass sich die Resistenz auf humanpathogene Keime übertragen kann (Levy, 1998).

Grundsätzlich sollen Antibiotika nur im äußersten Notfall im Aquarium Anwendung finden. Zuvor sind Sulfonamide und Nitrofurane einzusetzen, die meist schon den gewünschten Erfolg bringen (A-14, A-15, C-37, C-42). Im Zoofachhandel sind Medikamente mit dem Wirkstoff Nifurpirinol erhältlich. Nifurpirinol gehört ebenfalls zur Gruppe der Nitrofurane. Es war das einzige in Deutschland frei verkäufliche Antibiotikum und hat ein breites Wirkungsspektrum. Es wurde in die Verschreibungspflicht genommen und ist in Deuschland und anderen EU-Ländern nicht mehr erhältlich. Sera produziert die Nifurpirinol enthaltenden Medikamente baktopur direct und Bakto Tabs immer noch. Sie sind weltweit in vielen Ländern frei verkäuflich.

Eine Behandlung mit Antibiotika sollte nicht im eingerichteten Aquarium oder im Gartenteich durchgeführt werden. Das Absterben der nützlichen Bakterien und die Vergiftung des Wassers kann die Folge sein (s. Kap. 8.5.4.). Die Fische sind in ein Quarantänebecken zu überführen.

In vielen Rezeptvorschlägen wird empfohlen, den Wirkstoff oder das Medikament ins Futter zu mischen. Die Vorteile liegen auf der Hand: Das Wasser bleibt unbelastet, daher kann die Behandlung im eingerichteten Aquarium erfolgen. Es werden nur geringe Mengen Wirkstoff benötigt und dieser gelangt direkt in den Darm. Voraussetzung ist natürlich, dass die Fische nicht schon so krank sind, dass sie keine Nahrung mehr aufnehmen. Den Dosierungsangaben der Wirkstoffe für das Heilmittelfutter wurde eine durchschnittliche Nahrungsaufnahme zu Grunde gelegt. Bei Fischen, die große Mengen eines Medizinalfutters verzehren, kann es zur Überdosierung kommen. Außerdem müssen die Tiere an das Futter gewöhnt sein. Man sollte es ab und zu verfüttern und statt Medikamente Vitamine oder Mineralien einmischen. Das Herstellungsrezept ist bei den Behandlungsmethoden unter Nr. B-04 und B-06 aufgeführt.

Das einzige dem Autor bekannte im Fachhandel frei verkäufliche Medizinalfutter gegen bakterielle Infektionen ist sera bakto Tabs mit dem in Futtertabletten gebundenen Wirkstoff Nifurpirinol. Für die Anwendung im Gartenteich gibt es größere Verpackungseinheiten unter dem Namen sera Koi Bakto Tabs.

Die in diesem Kapitel genannten Wirkstoffe sollen nicht als Ersatz der im Zoofachhandel erhältlichen Medikamente gelten, sondern nur dann eingesetzt werden, wenn diese nicht helfen. Da echte Resistenzen gegen diese Heilmittel sehr selten sind, sollte man zuerst überprüfen, ob die mangelhafte Wirkung auf einer Fehldiagnose oder auf Umweltfaktoren, wie belastetem Wasser oder verschlammten Filtern beruht. Auf Grund der anderen Wirkstoffe und Dosierung haben sie möglicherweise stärkere Nebenwirkungen als die Heilmittel des Zoofachhandels. Sie sollen deshalb nicht leichtsinnig, sondern nur wohl überlegt nach genauer Diagnose eingesetzt werden.

Die folgend vorgestellten Behandlungsmethoden sind sorgfältig zusammengestellt und vielmals erprobt worden. Trotzdem kann nicht garantiert werden, dass sich die Medikamente in jedem Wasser gleich verhalten. Im Wasser gelöste Stoffe können ihre Toxizität verstärken. Viele Medikamente wirken keimabtötend und können das Absterben der Bakterien in Wasser und Filter bewirken. Dies kann zu einer Vergiftung des Wassers und folglich zum Tode der Fische führen. Andere Medikamente bewirken unter gewissen Bedingungen eine extreme Bakterienvermehrung, so dass sich das Wasser trübt und Sauerstoffmangel auftritt.

Besonders kritisch ist die Anwendung von Medikamenten in Becken, in denen schon längere Zeit kein Wasserwechsel vorgenommen oder der Filter nicht gereinigt wurde. Darum sollte grundsätzlich vor der Anwendung von Medikamenten der Mulm abgesaugt, ein Teil des Wassers gewechselt und das Filtersubstrat ausgespült, d.h. von grobem Mulm befreit werden. Eine Medikamentengabe darf niemals am Abend erfolgen, denn am nächsten Morgen können die Fische schon erstickt sein. Sie sollte nur dann durchgeführt werden, wenn das Verhalten der Fische in kürzeren Zeitabständen kontrolliert werden kann. Zeigen die Fische während einer Behandlung Vergiftungserscheinungen, so muss gleich ein Wasserwechsel vorgenommen werden, oder man setzt die Fische in ein Becken mit medikamentenfreiem Wasser um. Halten sich die Fische während der Behandlung unter der Wasseroberfläche auf und atmen hechelnd, dann ist Sauerstoffmangel eingetreten. Es ist eine zusätzliche Belüftung im Becken anzubringen. Tritt gleichzeitig noch eine Trübung des Wassers auf, ist die Behandlung abzubrechen. Die Fische sind in einen Behälter mit sauberem, abgestandenem Wasser gleicher Wasserwerte umzusetzen, oder es werden 80% des Wassers gewechselt. Methoden, bei denen keine Wasserwerte angegeben sind, wurden bei einem pH Wert zwischen 6,5 und 7,5, sowie einem Leitwert von 200 bis 400 Mikrosiemens erprobt. Die Behandlungsvorschläge sind nur für die Behandlung von Zierfischen bestimmt und nicht für Freilandgewässer und Nutzfischanlagen gedacht. Die Wirkstoffe dürfen nicht zur Behandlung von Fischen eingesetzt werden, die der Nahrungsgewinnung dienen.

Bitte bedenken Sie, dass die Medikamente der Human- und Veterinärmedizin für die orale Anwendung konzipiert und nicht dafür gedacht sind, als Bad angewendet zu werden. Trotzdem haben sie sich unter normalen aquaristischen Bedingungen seit Jahren bewährt. Da jedoch die Wasserwerke die unterschiedlichsten Wasserqualitäten liefern und gelegentlich in Aquarien außergewöhnliche Ionenverhältnisse vorliegen, kann die Wirkung vieler Medikamente nur mit hoher Wahrscheinlichkeit vorausgesagt werden. Es ist nicht auszuschließen, dass die Medikamente nicht die erhoffte Wirkung haben oder es sogar zu unerwünschten Nebenwirkungen kommen kann.

Einige der in diesem und im 12. Kapitel genannten Chemikalien sind giftig. Darum beachten Sie bitte die Gefahrenhinweise der Hersteller. Es gibt allgemeine Gefahrenhinweise (R Sätze) und Sicherheitsratschläge (S Sätze), die in der Apotheke erfragt werden können. Lassen Sie sich bitte beim Kauf der Chemikalien von Ihrem Apotheker auf eventuell vorhandene Gefahren hinweisen.

Die zu den Wirkstoffen genannten Medikamente, Präparate und Herstellerfirmen dienen als Beispiele der Orientierung. Präparate mit ähnlicher Wirkung und anderem Wirkstoffgehalt können vom gleichen oder einem anderen Hersteller ebenfalls auf dem Markt sein. Fragen Sie hierzu bitte Ihren Apotheker oder Tierarzt. Gleiches gilt für die frei verkäuflichen Produkte des Zoofachhandels.

Weitere Informationen über die Medikamente und die Wirkstoffe sind im Internet zu finden. Gibt man den Namen des Wirkstoffs und des Medikamentes in eine Suchmaschine ein, gelangt man zu Informationen von Herstellerfirmen, Instituten und Diskussionsforen.

Viele der in diesem Kapitel genannten Behandlungsmethoden können nicht in Gartenteichen durchgeführt werden. Die Wassermengen sind zu groß und der notwendige Wasserwechsel ist nach der Behandlung schwer durchführbar. Daher dürfen die Behandlungen nur in speziellen Behandlungsbecken mit genau bekannter Wassermenge angewendet werden. Nach einer Behandlung soll meist Wasser gewechselt werden. Dazu wird kein frisches, sondern abgestandenes Leitungswasser oder eingefahrenes Aquarienwasser verwendet.

Die meisten in diesem Kapitel genannten Behandlungsmethoden können nicht in eingerichteten Meerwasseraquarien mit Wirbellosen durchgeführt werden. Diese vertragen die Wirkstoffe nicht. Die Meerwasserfische müssen herausgefangen und in separaten Aquarien (Quarantänebecken) behandelt werden. Nach der Behandlung sind die Fische in ein Becken mit gleicher Wasserzusammensetzung aber ohne Medikament zu setzen, damit keine Medikamente mit ihnen übertragen werden. Nach einem Aufenthalt von 30 Minuten in dieser Zwischenhälterung können sie in das Aquarium zurückgesetzt werden.

Bei den Angaben zur Wiederholung von Behandlungen und der Pausen dazwischen beziehen sich die Tagesangaben auf volle 24 Stunden von der ersten Zugabe des Medikamentes gerechnet. Wenn also eine Behandlung am 1. Tag um 8 Uhr begonnen wurde so ist die Wiederholung am Tag x ebenfalls um 8 Uhr zu beginnen.

Vor einer Anwendung der folgend genannten Antibiotika und Chemotherapeutika ist von einem Tierarzt zu prüfen, ob der Wirkstoff oder das Medikament in dem betroffenen Aquarium oder Gartenteich anwendbar ist. Die Anwendung sollte nur dann erfolgen, wenn eine gesicherte Diagnose vorliegt und die Erreger durch ein Antibiogramm auf Resistenz geprüft wurden.

Einige der im folgenden Kapitel genannten Substanzen kann die Apotheke als Rezeptursubstanzen mit Prüfzertifikat von der Fa. Fagron GmbH & Co. KG beziehen. Die Firma Fagron wurde 2005 als Zusammenschluss der pharmazeutischen Firmen Synopharm, Fährhaus und Bufa gegründet.

9.6. Mögliche Behandlungsmethoden

Alle hier und in anderen Kapiteln dieses Buches genannten Wirkstoffe und Chemikalien sind mehr oder weniger toxisch. Sie müssen sicher verschlossen aufbewahrt werden und dürfen nicht in die Hände von Kindern und unbefugten Personen gelangen.

Jede Haftung von Seiten des Autors und des Verlages für Schäden und Folgeschäden, die beim Umgang mit Medikamenten und Chemikalien sowie bei der Behandlung von Fischen entstehen, ist ausgeschlossen. Irrtümer und Druckfehler sind vorbehalten.

Die Behandlungsmethoden sind in vier Gruppen nach folgenden Gesichtspunkten unterteilt und innerhalb der Gruppen sind die Wirkstoffe und Substanzen alphabetisch geordnet:

A: Antibiotika
B: biologische und vorbeugende Bekämpfungsmaßnahmen
C: chemotherapeutische Wirkstoffe
D: desinfizierende Maßnahmen

A-01, Wirkstoff: Amoxicillin (3-H_2O), Rezeptursubstanz

Apothekenpflichtig, verschreibungspflichtig.

Anwendung bei: Lochsyndrom, Furunkulose, Flossenfäule, Schleimhautauflösung, inneren und äußeren bakteriellen Infektionen.

Wirkungsbereich: grampositive und gramnegative Erreger, Corynebakterien, Salmonellen, Shigellen, Streptokokken, Staphylokokken, Enterokokken, *Enterobacter*, *Edwardsiella*, Klebsiellen, *Pasteurella*, *Vibrio*, Pseudomonaden, koliforme Keime.

Dosis als Bad: 15 mg Amoxicillin pro Liter Wasser über 2 mal 3 Tage in einem gesonderten Behälter. Abgestandenes Wasser oder unbelastetes Aquarienwasser verwenden. Nach 3 Tagen vollständiger Wasseraustausch und neu dosieren. Die Zugabe von 3 g Kochsalz pro 10 Liter Wasser unterstützt die Behandlung. Filterung über saubere Watte oder Schaumstoff. Täglich Ammonium- und Nitritwert kontrollieren. Bei hohen Werten Wasser austauschen und neu dosieren.

Dosis im Futter: 600 mg Amoxicillin pro 100 g Futter, täglich zweimal im Abstand von 12 Stunden füttern, über 6 Tage

Injektionsdosis mit Injektionslösung: 10 mg Amoxycillin IM pro Kg Körpergewicht.

A-02: Wirkstoff: Chloramphenicol, Rezeptursubstanz

Apothekenpflichtig, verschreibungspflichtig.

Ist für die Anwendung bei Tieren verboten. In vielen außereuropäischen Ländern ist es frei erhältlich. **Alternative: A-10, Florfenicol.**

Anwendung bei: äußeren und inneren bakteriellen Infektionen, Bauchwassersucht, Lochsyndrom, Furunkulose, bakterielle Flossenfäule, Hautauflösung, bakterielle Kiemenfäule.

Wirkungsbereich: grampositive Bakterien, Kokken und Sporenbazillen, gramnegative Bakterien und Kokken, Aktinomyzeten, Flavobakterien, *Vibrio*, Spirochäten (Schraubenbakterien), Chlamydien, Mycoplasmen, Leptospiren, Klebsiellen, Shigellen, Rikettsien und große Viren.
Das Medikament ist kühl und trocken jahrelang lagerbar. Die Anwendung erfolgt als Dauerbad in einem gesonderten Behälter.

Dosis als Bad: 20 mg Chloramphenicol pro Liter Badewasser in etwas warmem Wasser in einem verschließbaren Glas durch kräftiges Aufschütteln suspendieren und in das Behandlungsbecken geben. Behandlungsdauer 4 Tage. Eine Kombination mit C-14 Nifurpirinol oder A-15 Nitrofurantoin ist möglich.
Das Verhalten der Fische und der Zustand des Wassers müssen öfter kontrolliert werden. Bei einsetzender Wassertrübung sind die Fische aus dem Bad zu nehmen und, im Bedarfsfalle, in eine frisch zubereitete Lösung umzusetzen.

Dosis im Futter: 200 mg Chloramphenicol auf 100 g Futter B-04 über 10 Tage, 2-mal täglich im Abstand von 12 Stunden füttern. Chloramphenicol lässt sich gut in das Futter nach Rezept B-04 einmischen. Da es Temperaturen bis 100°C verträgt, kann es bei 80°C eingerührt werden.

A-03: Chloramphenicol, Kombibehandlung mit Acriflavin,

Apothekenpflichtig, verschreibungspflichtig.

Anwendung bei: sich schnell ausbreitenden weißen Flecken auf der Haut, bei akuter Columnariskrankheit.

Wirkungsbereich: *Flavobakterium columnare* (früher *Flexibakter columnaris*).

Wirkungsbereich: gramnegative und grampositive Bakterien, Staphylokokken, Vibrio, Aeromonas, Myxobakterien, Flexibakter.

Dosis im Dauerbad: 5 mg Enrofloxacin pro Liter Wasser über 5 Tage in einem gesonderten Behälter mit Filterung über Schaumstoff oder Watte.

Dosis als Kurzbad: 10 mg Enrofloxacin pro Liter Wasser über 5 Stunden in einem gesonderten Behälter, täglich sechs Tage lang, Lösung täglich neu ansetzen.

Dosis im Futter: 100 mg Enrofloxacin auf 100 g Futter. Davon wird 10 Tage lang täglich einmal gefüttert.

Dosis als Injektion: 10 mg Enrofloxacin pro Kg Fisch IM oder IP, 3-mal, jeweils am 1. 4. und 7. Tag.

A-09: Wirkstoff: Erythromycin Rezeptursubstanz, Erythromycin-Glucoheptonat oder –Lactobionat,

Apothekenpflichtig, verschreibungspflichtig.

Anwendung bei: Infektionen der Harnwege, Niereninfektion, bakterieller Kiemenfäule.

Wirkungsbereich: grampositive und gramnegative Kokken und Bakterien, Staphylokokken, Streptokokken, Corynebakterien, Rickettsien, Spirochaeten, große Viren.

Dosis als Bad: 2 g Erythromycin pro 100 Liter Wasser in einem gesonderten Behälter 3 Tage lang. Danach werden die Fische in medikamentenfreies Wasser umgesetzt. Erythromycin ist bei einem pH-Wert über 8 wirksamer. Es können sich schnell resistente Erreger entwickeln, darum ist von einer längeren Behandlung als drei Tage oder einer Wiederholung der Behandlung abzuraten.

Dosis im Futter: 500 mg Erythromycin pro 100 g Futter, bei nicht mehr als 40 °C in Futter B-04 einrühren, 2-mal täglich füttern, 4 Tage lang.

A-10: Wirkstoff: Florfenicol

Medikament: z. B. Nuflor R Vet Injektionslösung

Apothekenpflichtig, verschreibungspflichtig.

Anwendung bei: vielen inneren Infektionen, Furunkulose, Bauchwassersucht.

Wirkungsbereich: Grampositive und gramnegative Erreger, Kokken, *Streptococcus, Vibrio, Edwardsiella, Pasteurella, Klebsellia*, Actinomyceten.

Dosis im Futter: 200 mg Florfenicol pro 100 g Futter, 5 Tage lang, täglich 2-mal füttern

Injektionsdosis: 20 mg Florfenicol pro Kg Körpergewicht, IM oder IP, 2-mal im Abstand von 3 Tagen

A-11: Wirkstoff: Furazolidon Rezeptursubstanz oder

Medikament: z. B. Furazolidon T Vet

Apothekenpflichtig, verschreibungspflichtig.

Anwendung bei: inneren bakteriellen Erkrankungen wie Bauchwassersucht, Furunkulose, Vibriose und Coccidiosen.

Wirkungsbereich: *Pseudomonas, Aeromonas, Vibrio*, Trichomonaden und manche Coccidien.

Dosis im Futter: 500 mg Furazolidon in 100 g Futter B-04 bei 50-55°C einmischen. Es wird 12 Tage lang morgens und abends verfüttert.

A-12: Wirkstoff: Kanamycin (Sulfat)

Apothekenpflichtig, verschreibungspflichtig

Anwendung bei: Fischtuberkulose.

Wirkungsbereich: gramnegative und grampositive Kokken und Bakterien, Brucellen, Klebsiellen, Shigellen, Staphylokokken, Actinomyceten, Pseudomonaden, Mycobakterien.

Dosis als Bad: 2,5 g Kanamycin pro 100 Liter über 4 Tage in einem gesonderten Behälter mit Filterung über Watte oder Schaumstoff, wird sehr gut über die Kiemen aufgenommen. Nach 2 Tagen Wasser wechseln und neu dosieren.

Dosis im Futter: 300 mg Kanamycin auf 100 g Futter mischen.

A-13: Wirkstoff: Neomycinsulfat, Rezeptursubstanz

Apothekenpflichtig, verschreibungspflichtig.

Gefahrenhinweis: Es dürfen keine Reste von DMSO oder anderen Lösungsmitteln durch vorangegangene Behandlungen mehr im Wasser vorhanden sein.

Anwendung bei: äußerlichen Infektionen durch Bakterien wie Flossenfäule, offenen Hautgeschwüren und der Diskusseuche, bakteriellen Infektionen des Darmes.

Wirkungsbereich: gramnegative Bakterien und Kokken, Aeromonaden, Pseudomonaden, Staphylococcen, Corynebakterien.

Dosis als Bad: 2 g Neomycinsulfat auf 100 Liter Wasser 3 bis 5 Tage lang. Bei empfindlichen Fischen kann es in seltenen Fällen zu Vergiftungen kommen. Bei Behandlung in eingefahrenen Aquarien ab dem 3. Tag Nitrit kontrollieren.
Die für Neomycinsulfat angegebene Dosis von 2 g/100Liter Behandlungswasser ist in der Regel ausreichend. Tritt jedoch im Laufe von drei Tagen keine Besserung ein, können nochmals 2 g/l 00 I nachdosiert werden, so dass das Behandlungswasser 4 g/100Liter Neomycinsulfat als Gesamtdosis enthält. Diese Menge soll nicht überschritten werden. Kombiniert mit Nitrofurantoin (A-15) oder Nifurpirinol (A-14) in der angegebenen Dosis kann die sogenannte Diskusseuche (engl: the Plaque) wirkungsvoll behandelt werden. Vor der Behandlung sollen die Fische in sauberes, frisch zubereitetes Wasser gesetzt werden. Die Tiere bleiben 3 bis 5 Tage in dem Bad, dann setzt man sie in frisches Wasser um. Eine Nachbehandlung mit Nitrofurantoin oder Nifurpirinol 6 bis 10 Tagelang kann angefügt werden, ist aber meist nicht notwendig. Ist ein starker Befall von Hautparasiten vorhanden, müssen diese möglicherweise vorab bekämpft werden.

Dosis im Futter: 250 mg Neomycinsulfat auf 100 g Futter B-04. Es wird 3 Tage lang 3-mal täglich verfüttert, im Abstand von 4 Stunden. Einrühren bei max. 40°C. Diese Methode ist wirkungslos bei Infektionen der inneren Organe, da Neomycin nicht vom Organismus resorbiert wird. Bakterielle Infektionen des Darmes kann man damit wirkungsvoll behandeln.

A-14: Wirkstoff: Nifurpirinol, Präparat: z. B. sera baktopur direct

Bezugsquelle: Zoofachhandel, Nifurpirinol ist das einzige frei verkäufliche Antibiotikum.

Anwendung bei: Bauchwassersucht, vorbeugend gegen Bauchwassersucht, Lochsyndrom der Koi und Goldfische, flächigen weißen Flecken auf der Haut, bakteriellen Infektionen der Harnwege, des Magen- Darmtraktes und der inneren Organe.

Wirkungsbereich: Staphylococcen, Enterokokken, *Klebsiella*, Aeromonaden, Pseudomonaden, *Vibrio*, Flavobakterien.

Dosis als Kurzbad: 2 mg Nifurpirinol pro Liter über 2 Stunden in einem gesonderten Behälter.

Dosis als Bad: wird sehr gut über die Kiemen aufgenommen, 20 bis 40 mg Nifurpirinol entsprechend 2 bis 4 Tabletten baktopur direct pro 100 Liter Wasser in einer kleinen Menge Wasser vorab auflösen, dann im Becken verteilen. Der Wirkstoff verbleibt 5 bis 7 Tage im Aquarienwasser. Danach 50% Wasser wechseln und über Aktivkohle filtern. Ab dem dritten Behandlungstag ist der Nitritwert zu kontrollieren. Steigt er über 0,5 mg NO_2 pro Liter ist die Behandlung abzubrechen und der Wert durch Wasserwechsel auf 0,2 mg zu reduzieren. Sind von einem Becken Fische mit bakteriellen Erkrankungen in das Quarantänebecken überführt worden, so können die restlichen Fische vorbeugend mit Nifurpirinol behandelt werden.

Dosis im Futter: 150 mg Nifurpirinol in 100 g Futter, täglich 2-mal im Abstand von 12 Stunden füttern, 6 Tage lang.
Ein Medizinalfutter mit dem Wirkstoff Nifurpirinol ist in vielen Ländern im Zoofachhandel erhältlich (siehe B-04) z. B. sera BAKTO Tabs.

A-15: Wirkstoff: Nitrofurantoin Rezeptursubstanz

Medikament: z. B. Nitrofurantoin retard-ratiopharm®, Gelatinekapseln mit je 100 mg Wirkstoff

Apothekenpflichtig, verschreibungspflichtig.

Anwendung bei: Hautinfektionen, Flossentrübung und Flossenfäule, äußeren und inneren bakteriellen Infektionen; zur Verhinderung der Übertragung von Bauchwassersucht, bakteriellen Infektionen der Niere, Infektionen der Harnwege.

Wirkungsbereich: Staphylokokken, Enterokokken, einige grampositive Bakterien sowie *Pseudomonas, Aeromonas, Vibrio, Enterobacter, Klebsiella, Proteus.*

Dosis als Bad: 3 mg Nitrofurantoin pro Liter Aquarienwasser entsprechend dem Inhalt einer Kapsel Nitrofurantoin pro 33 Liter. Die Kapselhälften können leicht auseinander gezogen werden, um den darin enthaltenen Wirkstoff zu gewinnen. Diesen löst man in einem Glas mit warmem Wasser auf und schüttet es dann mit den ungelösten Resten in das zu behandelnde Aquarium. Das Dauerbad wird 15 Tage lang durchgeführt.

Danach ist ein großer Teil des Wassers zu wechseln und über Kohle zu filtern. Ab dem dritten Behandlungstag den Nitritwert kontrollieren.

Dosis im Futter: 100 mg Nitrofurantoin auf 100 g Futter B-04, über neun Tage lang, täglich 2-mal im Abstand von 12 Stunden verfüttern

A-16: Wirkstoff: Nystatin, Rezeptursubstanz

Medikament: Nystatin >>Lederle<< Salbe, Hersteller: Lederle Arzneimittel GmbH&Co

Apothekenpflichtig, verschreibungspflichtig.

Die Salbengrundlage besteht aus Polyethylen und flüssigem Paraffin und haftet besonders gut an der Schleimhaut.

Anwendung bei: Pilzinfektionen der Haut und zur Vorbeugung nach Verletzungen.

Wirkungsbereich: Pilze.
Der Fisch wird aus dem Wasser gefangen, die verpilzte Stelle vorsichtig mit Saugpapier getrocknet und mit Nystatin® eingesalbt. Dauer der Behandlung: 1- bis 2-mal täglich, bis die Pilzhyphen verschwunden sind und sich die Wunde geschlossen hat oder neue Haut gebildet wird (nach 3 bis 5 Tagen).
In den meisten Fällen reichen die im Zoohandel erhältlichen, gegen Pilzinfektionen wirkenden Medikamente, völlig aus.
Zur lokalen Behandlung von Löchern der Erythrodermatitis und des Lochsyndroms bei Koi oder großen Kopflöchern bei Cichliden kann pro 1 g Nystatinsalbe 5 mg eines Antibiotikums eingemischt werden. Besonders eignen sich: Neomycinsulfat (A-13), Doxycyclin (A-06), Amoxicillin (A-01), Enoxacin (A-07) und Nitrofurantoin (A-15).

A-17: Wirkstoff: Oxytetracyclinhydrochlorid, Rezeptursubstanz, siehe auch Chlortetracyclin (A-04)

Apothekenpflichtig, verschreibungspflichtig.

Anwendung bei: schleimigen Hautverdickungen, Haut-, Kiemen- und Flossenfäule, schleimigem Kot, bakteriellen Infektionen der inneren Organe.

Wirkungsbereich: grampositive und -negative Kokken und Bakterien, Spirillen, Mycobakterien, Aeromonaden, Actinomyceten, Pseudomonaden, Spirochaeten, Leptospiren, Nocardien, Mycoplasmen, Rikettsien, Chlamidien, Entamoeba, einige große Viren.

Dosis als Bad: 50 mg Oxytetracyclinhydrochlorid pro Liter Wasser über 3 Tage in einem gesonderten Behälter, danach das Wasser austauschen oder die Fische umsetzen und erneut über 3 Tage behandeln. Bei Trübung des Wassers und Atemnot der Fische ebenso verfahren.

Dosis im Futter: 500 mg Oxytetracyclinhydrochlorid in 100 g Futter über 7 Tage

Dosis zur Injektion: 20 mg Oxytetracyclinhydrochlorid pro Kg Fisch IM oder IP, 2-mal im Abstand von 3 Tagen.

A-18: Wirkstoff: Tetracyclinhydrochlorid, Rezeptursubstanz

Apothekenpflichtig, verschreibungspflichtig.

Anwendung bei: schleimigen Hautverdickungen, Haut-, Kiemen- und Flossenfäule, schleimigem Kot, bakteriellen Infektionen der inneren Organe, Bauchwassersucht, Vibriose.

Wirkungsbereich: grampositive und –negative Kokken und Bakterien, Spirillen, Mycobakterien, Aeromonaden, Actinomyceten, Pseudomonaden, *Vibrio,* Spirochaeten, Leptospiren, Nocardien, Mycoplasmen, Rikettsien, Chlamidien, *Entamoeba*, einige große Viren.
Das Medikament kann als Dauerbad im eingerichteten Aquarium angewendet werden. Gefiltert wird über saubere Watte oder Schaumstoff. Das Wasser färbt sich. Mehrere Pflanzenarten werden geschädigt. Die Anwendung in einem gesonderten Behälter wird empfohlen. Wenn sich Tetracyclin zersetzt, nimmt das Wasser eine rötliche bis braune Farbe an. In diesem Fall muss der größte Teil des Wassers gewechselt werden. Ab dem 3. Behandlungstag ist der Nitritwert zu überprüfen.

Dosis im Dauerbad: 4 g Tetracyclinhydrochlorid auf 100 Liter Wasser, höchstens 4 Tage lang.

Dosis im Kurzbad: 100 mg Tetracyclinhydrochlorid pro einem Liter Wasser über 12 Stunden in einem gesonderten Behälter

Dosis im Futter: 750 mg Tetracyclinhydrochlorid auf 100 g Futter, 7 Tage lang täglich zweimal verfüttern, einrühren in Futter B-04 bei 40°C.

einem Glas in 35 ml Wasser gelöst oder suspendiert. Man schüttet das Futter hinein und lässt die Lösung 10 Minuten einziehen, dann wird das Futter sofort verfüttert. Wichtig ist, dass die Fische das Medizinalfutter gewöhnt sind. Es sollte regelmäßig ohne Medikamente oder mit Vitaminlösung gefüttert werden.

Es gibt ein frei verkäufliches Medizinalfutter in Form von Futtertabletten mit Nifurpirinol als Wirkstoff. Die Futtertabletten sind im Zoofachhandel unter dem Namen sera bakto Tabs für Aquarienfische und sera Koi bakto Tabs für Teichfische erhältlich. Die Dosierung ist auf der Packung angegeben. Wenn die Fische mehr fressen als vorgesehen, schadet das nicht. Eine gefährliche Überdosierung ist, auch wenn die Fische das Futter bis zur Sättigung aufnehmen, nicht zu erwarten.

B-05: Wirkstoff: Propolis in Emulsion

Präparate: Futterzusatz oder Wundspray, manche Produkte enthalten zusätzlich noch **Gelee-Royal** und **Blütenpollen.**

Bezugsquelle: Zoofachhandel und Geschäfte für Koibedarf, Apotheke und Reformhaus.

Anwendung bei: Wundbehandlung, Lochsyndrom der Koi und Goldfische, Immunschwäche, Aufwertung der Konditionierungsfuttermittel im Herbst und Frühjahr.

Wirkungsbereich: Immunstimulanz, Vitalisierung.

Propolis und Gelee-Royal sind Naturprodukte, die von Bienen erzeugt werden, mit antiseptischer Wirkung. Sie werden auch als natürliche Antibiotika bezeichnet. Viele gegen Antibiotika resistente Keime lassen sich mit Propolis bekämpfen. Es kann entsprechend den Herstellerangaben dem Futter beigemischt oder zur Wundbehandlung aufgetragen werden.

B-06: Vitaminfutter

Ein Vitaminfutter, das alle wichtigen Vitamine und Spurenelemente enthält, kann man selbst herstellen. Man nimmt ein saugfähiges Granulat (z. B. sera vipagran) für Aquarienfische oder Futterpellets (z. B.: Koi Spirulina oder Koi Royal) für Teichfische und tropft das Vitaminpräparat darauf. Dann lässt man es im Kühlschrank zehn Minuten einziehen. Danach wird das Futter sofort verfüttert. Auch Futter zum Konditionieren von Koi im Herbst und Frühjahr wird so behandelt.

Soll das Futter für carnivore Aquarienfische auf Fleischbasis bestehen, schabt man gefrorenes Muschel- Garnelen- und Fischfleisch fein auf einen Teller oder mahlt es mit einer Küchenmaschine zu einem feinen Brei. Darunter mischt man das halbe Volumen fein gemahlenen Spinat (tiefgekühlt). Beides wird auf dem Teller zu einer ungefähr 3 bis 5 mm dicken Schicht ausgebreitet. Nun gibt man ein hochwertiges Vitaminpräparat, z. B. sera fishtamin oder ein anderes hochwertiges Multivitaminpräparat aus dem Zoofachhandel, darauf, so dass die Oberfläche benetzt ist und mengt

es unter. Dann knetet man so viel Bierhefepulver (Reformhaus) ein bis eine stabile formbare Masse entstanden ist. Als Ersatz für Spinat können auch andere Gemüse wir Karotten oder Mangold fein gerieben werden.
Für Fische verwendbare Präparate haben die Vitamine in ein wasserunlösliches Pulver oder in Öl emulgiert, so dass sie sich nicht verflüchtigen können, sondern zum größten Teil am Futter haften bleiben, bis dieses vom Fisch aufgenommen wird.
Alle für Fische wichtigen Vitamine in konzentrierter Form enthält die sera Fishtamin Vitaminlösung. Man zerstößt die notwendige Menge an Futtertabletten zu Pulver und mischt es mit dem Futterbrei. Die Tabletten können auch direkt an größere Aquarienfische und Teichfische verfüttert werden.
Soll die Lochkrankheit geheilt werden, müssen auch Calcium- und Phosphorverbindungen sowie Mineralien und Spurenelemente enthalten sein. Man kann 0,5 g sera mineral salt in das Futter mischen, es enthält alle Mineralien und Spurenelemente, die der Fisch braucht, im richtigen Verhältnis (s. Kap. 8.3.). Das Vitaminpulver Vitakalk ist im Zoofachhandel erhältlich. Es enthält verstärkt Mineralien, wie Calcium- und Phosphorverbindungen sowie Vitamine und wird in einer Menge von 500 mg auf 100 g Futter gemischt.
Die Spurenelemente wirken sich auf Gesundheit und Farbe der Fische sehr positiv aus. Vitaminpräparate dem Aquarien- oder Teichwasser zuzugeben ist nicht sehr wirkungsvoll, da sie von Licht, Sauerstoff und Bakterien schnell zersetzt werden.
Dieses Vitaminfutter soll nicht mehr als zweimal die Woche an gesunde Fische verfüttert werden. Bei kranken Fischen kann es auch vier- bis fünfmal pro Woche gegeben werden. Genesen die Fische, wird auf die Normaldosis zurückgegangen. Die Überfütterung der Fische mit Vitaminen führt ebenfalls zu Krankheitserscheinungen (s. Kap. 8.3.).

B-07: Wärmebehandlung

Die Bekämpfung von Krankheiten durch Temperaturerhöhung findet schon lange Anwendung. Das Anheben der Temperatur sollte langsam geschehen und für Aquarienfische nicht mehr als 1°C stündlich betragen. Bei Teichfischen ist im Quarantänebecken die Temperatur mit 1°C pro drei Stunden noch viel langsamer zu erhöhen. Ziel der Behandlung ist es, ein Milieu zu schaffen, in dem die Erreger nicht mehr lebens- oder fortpflanzungsfähig sind. Nicht alle Fischarten vertragen die hohen Temperaturen. Eine chemische Behandlung ist manchmal schonender. Die Wärmetherapie kann bei folgenden Erregern angewendet werden:
Ichthyobodo sp.: 32°C, 4 Tage lang.
Ichthyophthirius sp.: 30°C, 10 Tage lang.
Oodinium sp.: 33 bis 34°C, 24 bis 36 Std.

Da von den voran genannten Parasiten viele tropische Arten und Rassen verbreitet wurden, hilft die Wärmetherapie oft nicht mehr.

Darmflagellaten in Kombination mit der Behandlung: Diskus: 33° C, 3 bis 5 Tage lang. Andere Fische, je nachdem was vertragen wird, 2 bis 3° C über Normaltemperatur. Absolut sauberes Wasser und ein optimaler Sauerstoffgehalt sind obligatorisch. Wenn sich die Fische unwohl fühlen und das nicht auf belastetes Wasser oder chemische Ursachen zurückzuführen ist, kann sich eine Erhöhung der Temperatur um 3° C über 2 bis 3 Tage sehr positiv auswirken. Die Abwehrkräfte gegen Infektionen werden gestärkt, da die Antikörperbildung zunimmt. Stärkere Temperaturerhöhungen belasten den Stoffwechsel zu stark, so dass der Stress größer ist und die Abwehrkraft wieder nachlässt.

Gifte vernichten

QR-Code 115

B-08: Wasserentgiftung

Präparat: sera toxivec
Hersteller: sera GmbH
Bezugsquelle: Zoofachhandel

Anwendung bei: Vergiftungen im Aquarium oder Teich.

Wirkungsbereich: Entfernt Chlor, Chloramin-T, Ammonium, Ammoniak, Nitrit; Methylenblau, Malachitgrün und Kaliumpermanganat; bindet und macht Schwermetallionen von Kupfer, Zink, Blei, Quecksilber und Cadmium unschädlich.

Dosis als Bad: 25 ml sera toxivec pro 100 Liter Wasser entfernen maximal z. B. 1,3 mg Ammonium oder 1,3 mg Ammoniak oder 0,75 mg Nitrit (entspricht 0,23 mg NO_2-N pro Liter) oder 3,4 mg Chlor oder 13,7 mg Chloramin-T pro Liter Wasser. Je nach Gehalt der Giftstoffe werden pro Anwendung in Normaldosis 30 bis 50% entfernt. Die genannte Dosis bindet 0,4 mg Kupfer oder Zink und 1,4 mg Blei oder Quecksilber pro Liter. Eine Mehrfachdosierung ist bei hohen Schadstoffkonzentrationen problemlos möglich. Die Wirkung erfolgt sofort und ist innerhalb von 60 bis 90 Minuten abgeschlossen. Daher kann die Entgiftung auch stufenweise erfolgen, indem die Normaldosis alle zwei Stunden dem Aquarium oder Teich zugegeben wird. Das Produkt ist für Fische und Bakterien völlig ungefährlich. Bei mehrfacher Überdosierung können weichblättrige Pflanzen Schaden nehmen. Herstellerangaben beachten!

B-09: Wirkstoff: Wasserstoffperoxid (H_2O_2) 3-prozentig (Apotheke)

Ist ätzend bei Kontakt mit der Haut, Schleimhaut und sehr giftig beim Verschlucken. Bei Unfall sofort Arzt hinzuziehen!

Außer zur Desinfektion (Methode D-06) kann H_2O_2 auch zur schnellen Sauerstoffanreicherung des Aquarienwassers genutzt werden. Es zerfällt unter Lichteinstrahlung zu Wasser und setzt dabei reinen Sauerstoff frei. 25 ml H_2O_2 (3-prozentig) auf 100 Liter Aquarienwasser (KRAUSE, 1985) erhöhen den Sauerstoffgehalt des Wassers um 3,5 mg O_2 pro Liter. Das H_2O_2 muss schnell mit dem Aquarienwasser vermischt werden. Auf keinen Fall darf die Gabe zweimal erfolgen. Den Fischen werden bei Überdosierung die Kiemen und die Schleimhaut verätzt, was den Tod zur Folge hat. Sauerstoffspendende Präparate aus dem Zoofachhandel sind einfacher und sicherer zu handhaben (z. B. sera O_2 plus).
Beruhigt sich die Atmung der Fische nicht binnen weniger Minuten, so hat der Sauerstoffmangel eine andere Ursache (z. B. Kiemenparasiten). Es ist unverzüglich festzustellen aus welchem Grund der Sauerstoffmangel auftrat und die Ursache zu beseitigen, z. B. verschlammter Filter, Fäulnisprozesse usw.
Anwendung im Gartenteich: 100 ml der 3-prozentigen Lösung auf 1.000 Liter Wasser. Das H_2O_2 muss beim Einbringen schnell und gleichmäßig mit dem gesamten Teichwasservolumen vermischt werden. Auch hier muss schnellstens die Ursache für den Sauerstoffmangel ergründet werden, die Methode bringt nur kurzzeitig Erleichterung für die Fische. Gerade im Teich ist die Anwendung des pulverförmigen sera O_2 plus wesentlich schonender für die Fische, da H_2O_2 leicht zu Kiemenverätzungen führen kann.

Behandlungen mit pflanzlichen Wirkstoffen, Phytopharmaka

Weitere ausführliche Informationen zu den Phytopharmaka finden Sie auf der Homepage von sera [Wunderlich, Hashimoto, Reverter].

B-10: sera Phyto med Catappa

Wirkstoff: Extrakt aus Blättern vom Seemandelbaum *Terminalia catappa.*
Die Blätter des Seemandelbaums enthalten einen hohen Anteil an Humin- und Gerbstoffen.
Catappa ist das erste Medikament für die Aquaristik auf Basis von Catappablättern. Durch das neue, einzigartige von sera entwickelte Extraktionsverfahren wird das Maximum der medizinisch wirksamen Substanzen aus den Blättern gelöst. sera Phyto med Catappa wirkt durch den speziellen Wirkstoffvermittler schneller. Im Vergleich mit normalen Extrakten oder der reinen Zugabe von Catappablättern wirkt dieses Mittel bis zu 10-mal stärker.
Weiterhin unterstützt sera Phyto med Catappa auch die Regeneration nach überstandener Erkrankung. Wunden schließen sich schneller und die Gefahr einer bakteriellen Sekundärinfektion bzw. eines sekundären Pilzbefalls wird deutlich minimiert. Die Wirksamkeit anderer Arzneimittel aus der Phyto med-Reihe wird durch die Verwendung von sera Phyto med Catappa verbessert.

Bezugsquelle: Zoofachhandel

Anwendung bei: Hauttrübung, bakteriellen Infektionen der Haut, Flossenfäule, Kiemenfäule, Laichverpilzung, Hautschimmel und Maulschimmel.

Wirkungsbereich: Flossenfäule, bakterielle Hautrötungen, bei Befall durch: *Aeromonas hydrophila, Pseudomonas* spp., *Edwardsiella tarda, Plesiomonas shigelloides, Enterobacter* spp., *Shewanella putrefaciens, Streptococcus* sp., *Staphylococcus* sp.; Laichverpilzung, Pilze, *Trichodina*, reduziert den Befall von Haut- und Kiemenwürmern.

Dosis als Bad: 5 ml Catappa auf 40 Liter Aquarienwasser, während der Behandlung gut belüften.
Kann in Kombination mit allen anderen Arzneimitteln der sera Phyto med Reihe, der sera med Professional Reihe sowie sera omnipur A, sera costapur F, sera mycopur und sera baktopur angewendet werden. Eine Kombination mit sera ectopur ist ebenfalls möglich.

Baktazid

QR-Code 116

B-11: sera Phyto med Baktazid

Wirkstoff: Thymianöl aus *Thymus vulgaris* L., *Thymus zygis* L.

Bezugsquelle: Zoofachhandel

Anwendung bei: Behandlung bakteriell bedingter Hautrötungen sowie Flossen- und Kiemenfäule bei Zierfischen im Süßwasseraquarium und im Gartenteich.

Wirkungsbereich: Bakterielle Infektionen, insbesondere mit den Bakteriengattungen *Aeromonas, Pseudomonas* oder *Vibrio*.

Dosis als Bad: 1 ml Baktazid auf 40 Liter Aquarienwasser, am 3. und bei Bedarf am 5. Tag mit gleicher Dosis nachdosieren.
Nicht mit der Haut und den Augen in Berührung bringen.
Biologische Filter können angeschlossen bleiben, sollten jedoch bei starker Schmutzbelastung vor der Behandlung gereinigt werden. Während einer Behandlung sollte nicht oder nur sehr sparsam gefüttert werden.

B-12: sera Phyto med Mycozid

Wirkstoff: Thymianöl aus *Thymus vulgaris* L., *Thymus zygis* L.

Bezugsquelle: Zoofachhandel

Anwendung bei: Hautabschürfungen, Wundstellen und Hautrötungen, die u. a. als Eintrittspforten für Pilzsporen dienen können. Außerdem äußeren Verpilzungen im Frühstadium sowie Laichverpilzung, therapiebegleitend bei Verletzungen oder bakteriellen Entzündungen.

Wirkungsbereich: Verpilzungen, insbesondere mit *Saprolegnia* sp., *Achlya* sp.

Dosis als Bad: 1 ml Mycozid auf 40 Liter Aquarienwasser, am 3. und 5. Tag mit gleicher Dosis nachdosieren.

Gefahrenhinweis: Mycozid wird von einige Schneckenarten nicht vertragen.

B-13: sera Phyto med Protazid

Protazid

QR-Code 117

Wirkstoff: Chininhydrochlorid aus der Rinde von *Cinchonae cortex*.

Bezugsquelle: Zoofachhandel

Anwendung bei: Weißlich-grauen Schleimbelägen, Pünktchenkrankheit und anderen einzelligen Hautparasiten bei Süß- und Meerwasserfischen, Zierfischen im Meerwasser, die unter der Samtkrankheit oder der Anemonenfischkrankheit leiden.

Wirkungsbereich: *Ichthyobodo* sp., *Ichthyophthirius* sp. *Chilodonella* sp., *Tetrahymena* sp., *Trichodina* sp., *Cryptocaryon irritans* oder *Piscinoodinium pillulare*.
sera Phyto med Protazid ist für Zierfische im Süß- und Meerwasser sehr gut verträglich. Das Medikament wird jedoch von Wirbellosen und Algen nicht vertragen. Behandeln Sie die erkrankten Fische gegebenenfalls im Quarantänebecken.

Dosis als Bad: 1 ml Protazid auf 15 Liter Aquarienwasser, am 3. Tag 1 ml Protazid auf 45 Liter Aquarienwasser nachdosieren. Bei starkem Befall: Am ersten Tag 2 ml Protazid auf 15 Liter Aquarienwasser und am 3. Tag 1 ml Protazid auf 45 Liter Aquarienwasser nachdosieren.

Behandlung im Quarantänebecken: Diese Methode empfiehlt sich vor allem bei Erkrankungen von Fischen im Gartenteich (z. B. bei Koi oder bei Goldfischen). Füllen Sie Teichwasser in ein Quarantänebecken angemessener Größe. Geben Sie 2 ml Protazid auf 15 l Wasser. Dann am dritten Tag 1 ml auf 45 l Wasser nachdosieren. Die behandelten Fische können ab Tag 9 wieder in den Teich zurückgesetzt werden. Sorgen Sie während der Behandlung für eine gute Belüftung.

Bezugsquelle: Zoofachhandel. Die Medikamente sind in vielen Ländern der EU nicht mehr frei verkäuflich.

Gefahrenhinweis: Flagellol wird von Knorpelfischen (Chondrichthyes) nicht vertragen (Rochen und Haie).

Anwendung bei: weißem Kot und Lochkrankheit, Packungsbeilage beachten. Wirkungsbereich: Flagellaten an Haut und Kiemen und deren Zysten (bei Flagellol), *Oodinium*, Darmflagellaten.

Dosis als Bad: 4,32 mg 2-Amino-5-nitrothiazol pro Liter Wasser über 4 Tage. Danach 50% Wasser wechseln. Wiederholung der Behandlung nach 10 Tagen. Eine Temperaturerhöhung über 2 bis 3°C ist hilfreich.

Dosis als Bad: 3,5 mg 5-Nitro-1,3-thiazol-2-ylazan pro Liter Wasser über 3 bis 7 Tage, Dosierung, Behandlungszeit und Gefahrenhinweise siehe Beipackzettel des Herstellers. Aufgrund des neuen Wirkstoffes hat Flagellol eine bessere Wirkung als andere Flagellatenmittel. Die Flagellaten haben noch keine Resistenzen gebildet.

C-03: Wirkstoff: Basisches Brillantgrün, Reinsubstanz

Bezugsquelle: Apotheke oder Chemikalienhandel.
Dieser Farbstoff ist auch in manchen Fischmedikamenten des Zoohandels enthalten. Sie sind leichter anzuwenden als der reine Wirkstoff.

Gefahrenhinweis: Basisches Brillantgrün ist hautreizend und sehr giftig beim Verschlucken. Bei Unfall oder Unwohlsein sofort Arzt hinzuziehen!

Anwendung bei: Hauttrübung, bakteriellen Infektionen der Haut, Flossenfäule, Kiemenfäule, Hautschimmel und Maulschimmel.

Wirkungsbereich: grampositive Bakterien, Flavobakterien, Pilze und Einzeller (Protisten) auf der Haut.
Die Behandlung wird in einem gesonderten Behälter durchgeführt, dessen Wasser über saubere Watte oder Schaumstoff gefiltert wird. Es wirkt auf viele Salmler und kleine Buntbarsche giftig. Wird reines Leitungswasser zum Ansetzen der Lösung benutzt, so vertragen das die Fische schlechter als Aquarienwasser (s. C-22).

Stammlösung: 1 g auf einen Liter destilliertes Wasser, in einer braunen Flasche aufbewahren.

Dosis als Bad: 1 ml Stammlösung auf 12,5 Liter Wasser über 24 Std., dann einen totalen Wasserwechsel durchführen oder die Fische in einen anderen Behälter umsetzen. Das Bad kann am 3. Tag wiederholt werden.

Dosis als Kurzbad: 2 ml Stammlösung auf 15 Liter Wasser. Die Fische werden an drei aufeinander folgenden Tagen je 4 Stunden in dieser Lösung gebadet. Die Lösung ist für jede Behandlung frisch anzusetzen.

C-04: Wirkstoff: Benzocain, Rezeptursubstanz

Apothekenpflichtig.

Gefahrenhinweis: Wirkstoff und Lösungsmittel sind giftig beim Verschlucken. Bei der Handhabung Schutzhandschuhe tragen.

Anwendung bei: Narkose von Fischen. Benzocain ist seit dem 24.5.2002 für die Betäubung von Salmoniden in der EU zugelassen.
Das weiße, geruchlose Pulver muss in einem organischen Lösungsmittel vorgelöst werden. Das kann als Stammlösung erfolgen, indem 25 g Benzocain in 250 ml Aceton oder Propylenglycol aufgelöst werden. Für Fische ist Propylenglycol als Lösungsvermittler besser verträglich. Man muss jedoch lange rühren bis es sich darin auflöst. In auf 50°C erwärmtem Propylenglycol löst sich das Benzocain schneller. Die Stammlösung ist in braunen Flaschen dunkel gelagert mehr als ein Jahr haltbar.

Dosis als Bad: 25 bis 100 mg Benzocain entsprechend 0,25 bis 1 ml Stammlösung pro Liter Badewasser, bei großen Fischen eventuelle auch mehr. Eine genaue Dosis kann nicht angegeben werden, da sie von der Wassertemperatur sowie der Größe und dem Gewicht des Fisches abhängt. Der Fisch wird in eine entsprechend große Wanne gesetzt, die Wasser gleicher Herkunft oder gleicher Wasserwerte enthält. Die Stammlösung wird tropfenweise zugegeben und gründlich mit dem Wasser gemischt, bis der Fisch deutliche Anzeichen von Gleichgewichtsstörungen zeigt.
Bitte beachten Sie die Angaben zur Betäubung von Fischen in Kapitel 9.2.

C-05: Wirkstoff: Carnidazol, Medikament: z. B. Spartrix Vet Tabletten

Apothekenpflichtig, verschreibungspflichtig.

Anwendung bei: schleimigen weißem Kot, mangelndem Appetit, Alternative zu Metronidazol.

Wirkungsbereich: Flagellaten im Darm.

Dosis im Futter: 10 zu Pulver zerstoßene Tabletten, entsprechend 100 mg Carnidazol in 100 g Futter B-04 einmischen. Das Futter wird 5 Tage lang, täglich einmal verfüttert.

C-06: Chininhydrochlorid, Rezeptursubstanz

Apothekenpflichtig, siehe auch B-13.

Anwendung bei: sehr kleinen und großen Punkten auf der Haut, weißlich- grauen Schleimbelägen.

Wirkungsbereich: *Ichthyobodo* sp. Hautflagellaten, Kiemenflagellaten, *Ichthyophthirius* sp. (Pünktchenkrankheit), *Chilodonella* sp., *Tetrahymena* sp., *Trichodina* sp. oder *Piscinoodinium pillulare*, Süßwasseroodinium (Samtkrankheit) und andere einzellige Hautparasiten

Gefahrenhinweis: Chinin wirkt bei empfindlichen Fischen toxisch. Niedere Tiere vertragen es sehr schlecht. Chininhydrochlorid ist Chininsulfat vorzuziehen. Die Anwendung sollte nicht im eingerichteten Aquarium erfolgen. Chinin führt zu Bakterienvermehrung mit Sauerstoffentzug. Das Wasser wird milchig trübe und die Fische können ersticken. Die Behandlung der Fische wird in einem Quarantänebecken durchgeführt und das Aquarium ohne Fische extra behandelt. So sterben keine Fische, wenn das Wasser im Aquarium umkippt. Danach wird ein totaler Wasserwechsel durchgeführt.

Dosis als Bad: 1 g Chininhydrochlorid auf 100 Liter Wasser im Dauerbad über 3 Tage. Tritt im Behandlungsbecken eine Wassertrübung auf, werden die Fische sofort in eine mit frischem Wasser neu angesetzte Medikamentenlösung umgesetzt. Nach Abschluss der Behandlung sind die Fische sofort in medikamentenfreies Wasser umzusetzen.

C-07: Wirkstoff: Diflubenzuron

Medikament: z. B. Dimilin 80 WG

Apothekenpflichtig, verschreibungspflichtig.

Gefahrenhinweis: ist giftig beim Verschlucken! Staub nicht einatmen! Es darf nicht in die Hände von Kindern gelangen. Toxisch für niedere Tiere. Das behandelte Wasser soll nicht in die Umwelt entsorgt werden, da es insektizid wirkt. Nicht bei Wassertemperaturen unter 17°C anwenden.

Anwendung bei: parasitären Krebsen.

Wirkungsbereich: Karpfenläuse, Kiemenkrebse, Asseln, Ankerwürmer in den Häutungsstadien, wirkt nicht auf adulte Kerbtiere.

Dosis als Bad: 28 mg Diflubenzuron oder 35 mg Dimilin 80 WG auf 1000 Liter Teichwasser über 7 Tage, dann Wasserwechsel durchführen und über Aktivkohle filtern. Wiederholung nach zwei Wochen. Die Wirkstoffmenge muss genau berechnet werden.

C-08: Wirkstoff: Dimetridazol

Medikament: z. B. chevi-col® Vet.

Apothekenpflichtig, verschreibungspflichtig.

Anwendung bei: weißem, schleimigem Kot, Lochkrankheit.

Wirkungsbereich: Flagellaten und Ciliaten im Darm und auf der Haut.

Gefahrenhinweis: kann Wassertrübung und Sauerstoffmangel verursachen. Das chevi-col® -Bad ist etwas problematisch, da die Trägersubstanz des Medikaments aus Glucose besteht. Die Behandlung darf nur in einem leeren Glasbecken bei sehr starker Belüftung und Filterung über saubere Watte oder Schaumstoff erfolgen. Glucose erzeugt im Wasser eine starke Trübung durch Bakterienvermehrung. Nach mehr als 18 Stunden tritt oft ein Sauerstoffmangel ein, sodass die Fische zunächst Atembeschwerden bekommen und dann ersticken. Deshalb sollen auch kräftige Fische in der Regel nicht länger als 18 Stunden in der Lösung bleiben. Spätestens wenn sich das Badewasser trübt, müssen sie in sauberes Wasser umgesetzt werden. Diese Zeitspanne ist ausreichend für die Behandlung. Wer sicher gehen will, setzt die Fische nach 12 Stunden in ein anderes Aquarium mit frisch angesetzter chevi-col® -Lösung. Man kann die Vermehrung der Bakterien und damit die Wassertrübung hin -auszögern, wenn man das Bad mit sterilem (abgekochtem) Wasser oder abgestandenem Leitungswasser ansetzt. Die Behandlungsbecken müssen sehr gründlich mit heißem Wasser ausgewaschen werden.

Dosis als Bad: 1 g Dimetridazol entsprechend 2,5 g chevi-col® (1 Tüte) werden in 50 Liter sauberem, möglichst sterilem Wasser gelöst. Die Fische bleiben 18 Stunden in diesem Bad. In schweren Fällen kann das Bad in einem neuen Becken mit frisch angesetzter Lösung wiederholt werden.

Dosis im Futter: 200 mg Dimetridazol entsprechend 500 mg chevi-col® werden in 100 g Futter (B 5) bei 40° C gemischt und drei Tage lang verfüttert. Bei starkem Befall füttert man so lange damit, bis der weiße Kot verschwindet und dehnt dann die Behandlung noch drei weitere Tage aus.

C-09: Wirkstoff Emamectinbenzoat

Medikament: sera med Prof. Nematol (Aquarien) Argulol (Gartenteiche)

Frei im Zoofachhandel verkäuflich

Anwendung bei: Nematodenbefall des Darmes: Camallanus, Capillaria: Oxyurida und ektoparasitische Gliederfüßer: Asseln, Kiemenkrebse, Ankerwürmer, Karpfenläuse

Wirkungsbereich: Nematoden und Gliederfüßer.

Dosis als Bad: 1 ml Nematol je 40 Liter Aquarienwasser entspricht 0,08 mg Emamectinbenzoat pro Liter

Dosis als Bad: 5 ml Argulol je 1000 Liter Teichwasser entspricht 0,05 mg Emamectinbenzoat pro Liter
Bitte die Anwendungs- und Gefahrenhinweise des Herstellers im Beipackzettel beachten. Aufgrund der unterschiedlichen Wirkstoffkonzentrationen soll Nematol nur in Aquarien und Argulol nur in Gartenteichen angewendet werden.

C-10: Wirkstoff: Fenbendazol

Medikament: z. B. Panacur®

Verschreibungspflichtig, Apotheke oder Tierarzt.

Anwendung bei: Wurmbefall des Darmes.

Wirkungsbereich: Nematoden und Cestoden.

Dosis als Bad: 2,5 ml Panacur® 10%ig oder 250 mg Fenbendazol auf 100 Liter Wasser über 2 Tage, 3 Behandlungen im Abstand einer Woche. Vor jeder Wiederholung ist ein großer Wasserwechsel durchzuführen und nach Abschluss der Behandlung über Aktivkohle zu filtern.

Dosis im Futter: 1 ml Panacur® entsprechend 100 mg Fenbendazol mit 9 ml Wasser gut mischen und sofort in 100 g Futter B-04 bei höchstens 50°C einrühren. Das Futter wird 5 Tage lang morgens und abends gefüttert. Nach Abschluss der Behandlung ist ein großer Wasserwechsel durchzuführen und über Aktivkohle zu filtern. Nach 10 Tagen ist die Behandlung zu wiederholen.

C-11: Wirkstoff: Flubendazol

Medikament: z. B. Flubenol 5%

Apothekenpflichtig, verschreibungspflichtig.

Anwendung bei: schneller Atmung, Scheuern am Kiemendeckel und der Haut, Wurmbefall des Darmes.

Wirkungsbereich: Nematoden, Kiemen- und Hautwürmer (Monogenea). In den letzten Jahrzehnten wurden schon mehrmals Kiemenwürmer bei Diskusfischen gefunden, die mit Flubenol 5 % nicht zu behandeln waren.

Gefahrenhinweis: Erwachsene Diskusfische können nach der Behandlung zu Kopfstehern werden.
Flubenol 5% wird schon seit den 80-iger Jahren gegen Nematoden und Kiemenwürmer eingesetzt. Da der Wirkstoff Flubendazol in Wasser nur schwach löslich ist, kann das Medikament in einem organischen Lösungsmittel vorgelöst werden. Nach KÖHLER (2003) wird Dimethylsulfoxid (DMSO) angewendet.

Gefahrenhinweis: DMSO ist sehr giftig und darf nicht mit der ungeschützten menschlichen Haut in Berührung kommen. Auf gar keinen Fall darf es in die Hände von Kindern gelangen. Von den Fischen wird es in der genannten Dosis gut vertragen, wenn sich keine sonstigen Chemikalien oder Medikamente im Wasser befinden. Manche Wasseraufbereitungsmittel und nicht vollständig entfernte Medikamente können in Gegenwart von DMSO giftig werden. Das Becken oder die Zuchtanlage müssen sich in einem hygienisch einwandfreien Zustand befinden. Hohe Nitrit oder Ammoniakwerte können zusammen mit DMSO für die Fische tödlich sein. Vor der Behandlung das Filtermaterial auszuwaschen und einen großen Wasserwechsel durchzuführen, wirkt sich positiv aus. Ein weiterer Nachteil von DMSO ist, dass den Aquarien wochenlang ein unangenehmer Geruch entströmt. Auf Grund der genannten Risiken sollte DMSO in der Aquaristik nur mit größter Vorsicht verwendet werden.
DMSO kann im Aquarium befindliche Kunststoffe (z. B. Filterschaumstoffe, Rohre) anlösen und somit Vergiftungen bei den Fischen verursachen. Viele Markenartikel aus Kunststoff und Filterschaumstoffe, die im aquaristischen Fachhandel angeboten werden, haben sich in dieser Hinsicht als unbedenklich erwiesen.

Seit der Erstauflage dieses Buches im Jahr 1989 wurden in vielen Zuchtanlagen Behandlungen mit Flubenol 5% auch ohne Lösungsmittel erfolgreich durchgeführt. Der Autor konnte mit Flubenol 5% in der genannten Dosis ohne Lösungsmittel bei einem pH Wert von 7 und tiefer mehrmals erfolgreich Kiemenwürmer und Darmnematoden bekämpfen. Entgegen früherer Meinung werden die Eier der Würmer nicht abgetötet, gleichgültig ob mit oder ohne Lösungsmittel behandelt wird.

Dosis im Bad: Für je 100 Liter Aquarienwasser wiegt man 200 Milligramm Flubenol 5% in ein verschließbares Glas ein und gibt reichlich etwa 40°C warmes Wasser hinzu. Durch mehrminütiges kräftiges Schütteln wird das Pulver suspendiert. Die milchige Suspension bringt man unter der Wasseroberfläche in das Aquarium ein und sorgt für eine gleichmäßige Verteilung. Nach 6 Tagen führt man einen starken Wasserwechsel durch. Eine leichte Wassertrübung kann auftreten und ist ungefährlich, wenn die Fische dabei normal atmen. Während der Behandlung soll man das Wasser durchlüften. Die Behandlung wird drei Mal im Abstand von einer Woche durchgeführt. Sehr aktive biologische Filter bauen Flubenol 5% schnell ab. Es kann daher notwendig sein, das Medikament 6-mal innerhalb von 3 Wochen zuzugeben. Vor jeder Neuanwendung soll ein Wasserwechsel durchgeführt werden.

Dosis im Futter: In 100 g Futter B-04 mischt man 100 mg Flubenol 5%. Man verfüttert es 5-mal an jedem zweiten Tag. An diesen Tagen wird nur einmal gefüttert.
Bei der mikroskopischen Kontrolle der Behandlung wird man in den ersten 10 Tagen nach Behandlungsbeginn keinen Erfolg feststellen können. Erst nach dieser Zeit beginnen die Würmer abzusterben. Das hat seine Richtigkeit und ist in der Wirkungsweise von Flubenol 5% begründet. Dieses blockiert schon nach kurzer Einwirkungszeit die Aufnahme gewisser Nährstoffe aus dem Darm, so dass in der Folge die Würmer verhungern. Bei Kiemenwürmern und Oxyuriden dauert das etwa 12 Tage und bei *Capillaria* etwa 18 Tage.

C-12: Formaldehydlösung,

Bezugsquelle: Apotheke, Chemikalienhandel.
Formalin ist in 35-40%iger, meist 37%iger Lösung erhältlich. Nur frisches Formalin verwenden! Formalin darf nicht kalt (nicht unter 10°C) gelagert werden.

Gefahrenhinweis: Formalin ist giftig beim Einatmen, Verschlucken und bei Berührung mit der Haut. Es darf nicht in die Hände von Kindern gelangen. Es darf nicht angewendet werden, wenn die Fische Hautwunden haben (*Ichthyobodo, Ichthyo* im fortgeschrittenen Stadium).

Anwendung bei: Ektoparasiten an Haut und Kiemen.

Wirkungsbereich: Kiemen und Hautwürmer, *Chilodonella, Trichodina.*

Dosis im Kurzbad: 2-4 ml Formalin auf 10 Liter Wasser über 30 Minuten in einem gesonderten Behälter.

Dosis im Bad: Langzeitbad nach G. Rahn, abgeändert: 8 ml Formalin auf 100 Liter Wasser über 10 Stunden in einem gesonderten Behälter. Das Wasser muss belüftet werden, da Formaldehyd den Sauerstoffgehalt reduziert. Nach dieser Zeit müssen die Fische in einen parasitenfreien Behälter umgesetzt werden. Wird von empfindlichen Fischen nicht vertragen.
Die Fische sind zu beobachten. Bei Schräglage ist die Behandlung abzubrechen. Formalin wird von vielen Fischen sehr schlecht vertragen. Bei Eier legenden Kiemenwürmern soll die Behandlung am 4. Tag wiederholt werden.

Anwendung bei: *Brooklynella* nach Blasiola (1983).

Dosis im Kurzbad: 2,6 ml Formalin auf 10 Liter Meerwasser in einem gesonderten Behälter über 15 Minuten.

C-13: Wirkstoffe: Formalin (Formaldehydlösung), Mehtylenblau, Malachitgrünoxalat

Medikament: FMC

Bezugsquelle: Apotheke, nach dieser Rezeptur anfertigen lassen.

Gefahrenhinweis: Sehr giftig, Dämpfe nicht einatmen, giftig beim Verschlucken, sofort Arzt hinzuziehen, darf nicht in die Hände von Kindern gelangen, Kindersicher aufbewahren. Darf bei Hautverletzungen der Fische nicht angewendet werden.

Anwendung bei: Ektoparasiten, Hautschimmel.

Wirkungsbereich: äußere Pilzinfektionen, einzellige Ektoparasiten, Kiemen- und Hautwürmer.

Herstellung der Lösung: Nach Bassleer (1996). In einem Liter Formalin 37-prozentig werden 3,7 g Malachitgrünoxalat und 3,7 g Methylenblau gelöst (beides zinkfrei). Diese Stammlösung ist dunkel bei Zimmertemperatur (nicht unter 10°C) aufzubewahren.

Dosis als Bad: 1 ml der Stammlösung auf 100 Liter Wasser über 2 Tage, dann Wasserwechsel und erneut zudosieren, nach weiteren 2 Tagen Wasserwechsel durchführen.

C-14: Wirkstoff: Jodjodkaliumlösung

Bezugsquelle: Apotheke oder Chemikalienhandel.

Gefahrenhinweis: Jodjodkalium ist giftig beim Verschlucken und darf nicht in die Hände von Kindern gelangen.

Stammlösung: 0,5 g Jod und 5 g Kaliumjodid werden in 100 ml destilliertem Wasser gelöst. Dunkel und kühl aufbewahren.

Anwendung bei: Schilddrüsengeschwülsten.
Gutartige Schilddrüsengeschwülste lassen sich mit diesen Chemikalien behandeln. Eine Besserung zeigt sich erst nach zwei bis vier Wochen, wenn sich die Geschwulst langsam zurückbildet. Die Behandlung erfolgt im Aquarium. Man darf nicht über Aktivkohle filtern.

Dosis als Bad: Von der Stammlösung gibt man mit einer Tropfpipette einen Tropfen auf fünf Liter Aquarienwasser. Genauer ist die Dosis von 1 ml Stammlösung auf 50 Liter Aquarienwasser. Bei jedem Wasserwechsel ist dem neuen Wasser die entsprechende Dosis zuzufügen.
In leichten Fällen kann man vorbeugend 2-mal wöchentlich ein Flockenfutter oder Granulat für Meerwasserfische verfüttern. Diese Futtermittel enthalten Jodverbindungen. Im akuten Fall füttert man es täglich, bis sich die Geschwulst zurückgebildet hat.

C-15: Wirkstoff: Kaliumpermanganat, Reinsubstanz

Bezugsquelle: Apotheke oder Chemikalienhandel.

Gefahrenhinweis: Kaliumpermanganat ist giftig beim Verschlucken und darf nicht in die Hände von Kindern gelangen. Kann aufgrund der unterschiedlichen Wasserbeschaffenheit für Fische sehr toxisch wirken.

Anwendung bei: starkem Befall durch Hautschimmel, Ektoparasiten und äußerlichen bakteriellen Infektionen.

Wirkungsbereich: Bakterien, *Saprolegnia, Ichthyobodo*, Ciliaten, Kiemen- und Hautwürmer.

Die Fische werden in einem minutengenauen Kurzbad im gesonderten Behälter behandelt. Die Giftigkeit liegt für Fische nahe bei der Dosis, die notwendig ist, um Parasiten abzutöten. Aus diesem Grund sollte dieses Medikament nur im Notfall angewendet werden. In organisch belastetem Wasser ist die Wirkung wesentlich schwächer als in sauberem Wasser.

Dosis als Kurzbad: 7,5 mg Kaliumpermanganat pro Liter Wasser über 60 Minuten oder 25 mg Kaliumpermanganat pro Liter Wasser über 5 bis 15 Minuten. Während des Bades sind die Fische genau zu beobachten. Bei Kiemenwurmbefall ist das Bad am 3. Tag zu wiederholen. Die Fische dürfen nicht in das befallene Becken zurückgesetzt werden, bevor dieses nicht desinfiziert wurde (s. C-26). Eine Dauerbehandlung mit geringen Mengen Kaliumpermanganat über einige Stunden oder Tage ist sinnlos, da es im Wasser nicht beständig ist!

Dosis als Langzeitbad: 1 g Kaliumpermanganat auf 1000 Liter Wasser bei biologisch unbelastetem Wasser und 2 g Kaliumpermanganat auf 1000 Liter Wasser bei biologisch belastetem Wasser. Der pH-Wert soll zwischen 7,2 und 7,5 liegen. Die Wirkung ist so lange gegeben, wie das Wasser lila gefärbt ist. Das kann man unter guter Beleuchtung mit einem weißen Teller, den man unter Wasser hält, prüfen. Das Wasser im Behandlungsbecken ist zu belüften. Bei einem niedrigeren pH-Wert wird Kaliumpermanganat giftiger. Störe vertragen die Dosis schlecht.

C-16: Wirkstoff: Kochsalz NaCl, möglichst reine Substanz, kein unreines Küchensalz verwenden

Bezugsquelle: Apotheke oder Chemikalienhandel.
Kochsalz ist mit Sicherheit der älteste Wirkstoff zur Behandlung von Fischkrankheiten.

Anwendung bei: schwachem Befall und vorbeugend bei den folgend genannten Parasiten, beginnender Haut und Flossentrübung.

Wirkungsbereich: *Ichthyobodo, Chilodonella, Trichodina*, Pilzbefall, Egel, Kiemen- und Hautwürmer.
Kochsalz findet bei schwachem Befall als Dauer- und Kurzbad Anwendung.

Dosis als Kurzbad: 15-20 g NaCl pro Liter Wasser über 10 bis 45 Minuten in einem gesonderten Behälter gegen Ektoparasiten. Fische während des Bades beobachten und bei Unwohlsein herausnehmen.

Dosis Dauerbad: 1 g NaCl pro Liter Wasser in einem gesonderten Behälter über 5 Tage bei Verletzungen und gegen Ektoparasiten.
3 g NaCl pro Liter Wasser in einem gesonderten Behälter über 5 Tage bei Leibesauftreibung.

Dosis Dauerbad im Aquarium: 1,5 g NaCl auf 10 Liter im Aquarium für Weichwasserfische (Wasser unter 8° dGH), 3 g NaCl auf 10 Liter im Aquarium für Hartwasserfische (über 12° dGH). Zwischenwerte sind abzuschätzen. Diese Dosierung wirkt verstärkend in Kombination mit anderen Präparaten gegen Ektoparasiten (z. B. Präparate aus dem Zoofachhandel). Nach fünf Tagen ist der Salzgehalt durch Wasserwechsel zu reduzieren. Ab 3 g NaCl pro 10 Liter Wasser können Pflanzen Schaden erleiden.

Dosis Dauerbad im Teich: 500 g NaCl pro 1000 Liter Wasser mindert die toxische Wirkung von Nitrit im Blut.

Physiologische Kochsalzlösung für die Mikroskopie stellt man sich selbst her, indem man in einem Liter Wasser 9 g Kochsalz löst. Die Anwendung ist in Kapitel 11.6. beschrieben.

C-17: Wirkstoff: Kupfersulfat Cu $S0_4$ + $5H_2O$ (blaue Kristalle) Reinsubstanz

Bezugsquelle: Apotheke oder Chemikalienhandel.

Gefahrenhinweis: Ist sehr giftig beim Verschlucken! Es darf nicht in die Hände von Kindern gelangen. Es ist sehr toxisch für niedere Tiere.

Anwendung bei: sehr feinen weißen Pünktchen auf der Haut und den Flossen, gegen Algen, Wasserschimmel und Mischinfektionen auf der Haut und Kiemen.

Wirkungsbereich: *Ichthyobodo, Saprolegnia, Branchiomyces, Oodinium*, Algen, *Gyrodoctylus* und *Dactylogyrus*.

Stammlösung: 1 g Kupfersulfat, 0,25 g Zitronensäure auf 1 Liter destilliertes Wasser.

Dosis als Bad: 12,5 ml Stammlösung auf 10 Liter Aquarienwasser über 10 Tage, am 3., 5. und 7. Tag die Hälfte nachdosieren.
Unter den Diagnose-Sets für Wasserchemie gibt es Messreagenzien für Kupfer. Während der Behandlung soll der Kupfergehalt des Wassers nicht unter 0,15 mg/l und nicht über 0,3 mg/l Wasser liegen (Aqua Merck Kupfer Test Nr. 14651, Sera Cu-Test). Es

kann jeden zweiten Tag gemessen und die fehlende Menge nachdosiert werden (1 ml Stammlösung = 1 mg $CuSO_4$). Niedere Tiere vertragen die Behandlung nicht. Die Fische müssen in ein geräumiges Glasbecken umgesetzt und dort behandelt werden. Gefiltert wird über saubere Watte oder Schaumstoff. Gegen Pilze und Algen an Fischen können die Tiere in einem Kurzbad von 1 g Kupfersulfat auf 10 Liter Wasser über 10 bis 20 Minuten behandelt werden. Pflanzen können Schaden erleiden. Bei Süßwasser muss man vor der Behandlung das Wasser durch Zugabe von reinem Gips auf mindestens 10 Grad dH aufhärten, sonst vertragen manche Fische die Dosis nicht. Im ausländischen Zoofachhandel gibt es sehr gut wirkende Medikamente, die Kupferverbindungen enthalten und im Süßwasseraquarium angewendet werden können. Auch hierbei sind empfindliche Fische zu beobachten. Bei Vergiftungserscheinungen ist die Behandlung abzubrechen und die Fische in medikamentenfreies Wasser umzusetzen.

C-18: Wirkstoffe: Kupfersulfat Cu SO_4 + $5H_2O$, Methylenblau, Reinsubstanzen

Bezugsquelle: Apotheke oder Chemikalienhandel.

Gefahrenhinweis: Ist sehr giftig beim Verschlucken! Es darf nicht in die Hände von Kindern gelangen. Es ist sehr toxisch für niedere Tiere.

Anwendung bei: weißen Flecken auf der Haut, weißen Punkten.

Wirkungsbereich: Cryptocarion bei Meerwasserfischen, einzellige Ektoparasiten.

Stammlösung: 1 g Kupfersulfat, 2 g Methylenblau, 0,25 g Zitronensäure auf 1 Liter destilliertes Wasser.
Die Behandlung wird in einem gesonderten Behälter durchgeführt. Niedere Tiere vertragen die Behandlung nicht. Die Fische nicht direkt aus dem Behandlungsbad in das Meerwasseraquarium zurücksetzen. Die mit den Fischen übertragenen minimalen Kupfermengen schaden schon den niederen Tieren. Die Fische werden in einem Bad mit unbehandeltem Meerwasser eine Stunde lang gehältert und können dann in das Aquarium zurückgesetzt werden.

Dosis als Bad: 12,5 ml Stammlösung auf 10 Liter Wasser, am 4. und 8. Tag die Hälfte nachdosieren. Besser ist nach Cu Messung den Kupfergehalt zwischen 0,15 und 0,2 mg/Liter zu halten.
Während der Behandlung filtert man über Watte oder sauberen Schaumstoff.

C-19: Wirkstoff: Kupfersulfat Cu SO_4 + $5H_2O$, Reinsubstanz

Bezugsquelle: Apotheke oder Chemikalienhandel.

Gefahrenhinweis: Ist sehr giftig beim Verschlucken! Es darf nicht in die Hände von Kindern gelangen. Es ist sehr toxisch für niedere Tiere.

Anwendung bei: weißen Flecken auf der Haut, weißen Punkten.

Wirkungsbereich: Cryptocarion bei Meerwasserfischen, einzellige Ektoparasiten Kombibehandlung nach BLASIOLA JR., 1981.
Die Behandlung erfolgt in zwei Schritten. Zuerst werden die Fische in einem Kurzbad eine Stunde lang in einer Lösung von 4 mg Kupfer und 2,6 ml Formalin (37%) auf 10 Liter Meerwasser in einem gesonderten Behälter gebadet. Dann setzt man sie in ein Dauerbad mit 0,2 mg Kupfer pro 1 Liter Seewasser. Die Behandlung muss mindestens 10 Tage lang durchgeführt werden. In Abständen von 48 Stunden kann das Kurzbad wiederholt werden. Die Kupferkonzentration wird mit Kupfersulfat unter Kontrolle durch Messreagenzien eingestellt.
Die Fische nicht direkt in das Aquarium zurückführen (s. C-17).

C-20: Wirkstoff: Levamisol

Medikamente: z. B. Citarin®-L 10%, Concurat® L 10%, Niratil Pour On

Apothekenpflichtig, verschreibungspflichtig.

Bezugsquelle: Apotheke und Tierarzt.
Citarin®-L 10%, Injektionslösung mit 100 mg Levamisol pro Milliliter.
Niratil Pour On, Aufgusslösung mit 200 mg Levamisol pro Milliliter.
Concurat®-L 10%, (10 Beutel zu 7,5 g) ist ein Breitband Wurmmittel für Rinder, Schafe, Ziegen, Schweine und Geflügel.

Gefahrenhinweis: Wegen seines süßen Geschmacks ist Concurat®-L 10% vor Kindern sicher aufzubewahren. Es soll nicht als Bad angewendet werden, da Concurat zu 90% aus Kohlenhydraten besteht, die eine Wassertrübung durch Bakterienvermehrung verursachen. In der Folge kann das zu einer starken Sauerstoffzehrung führen.

Anwendung bei: schleimigem Kot, Wurmbefall des Darmes.

Wirkungsbereich: *Capillaria, Oxyurida, Camallanus.*

Dosis als Bad: 2,5 ml Citarin®-L 10% entsprechend 250 mg Levamisol auf 100 Liter Wasser über 5 Tage oder 2,5 ml Niratil Pour On entsprechend 500 mg Levamisol auf 200 Liter Wasser über 5 Tage. Die abgemessene Medikamentenmenge wird gleichmäßig im Becken verteilt. Am Ende der Behandlung ist ein großer Wasserwechsel durchzuführen und über Aktivkohle zu filtern. Nach 8 Tagen Pause in Becken mit einer Wassertemperatur von 28°C oder 10 Tagen Pause in Becken mit 25°C ist eine zweite Behandlung durchzuführen.

Dosis im Futter: Dosis a: 1 g Concurat® L 10% oder 100 mg Levamisol in 10 ml Wasser suspendieren. Mit dieser Suspension gefriergetrocknete Futtertiere (z. B. FD-Artemia) oder ein Futtergranulat tränken bis die Flüssigkeit aufgesaugt ist. Das so getränkte Futter 2-mal täglich fünf Tage lang morgens und abends verfüttern.
1 g Concurat® L 10% oder 1ml Citarin®-L 10% entsprechend 100 mg Levamisol auf 100 g Futter B-04 mischen. Einrühren in B-04 bei 50°C. Fünf Tage lang, täglich je einmal morgens und abends verfüttern. Bei gefräßigen Fischen 50 mg Levamisol auf 100 g Futter B-04 mischen.

C-21: Wirkstoff: Lufenuron

Medikament: z. B. Program®

Apothekenpflichtig, verschreibungspflichtig.

Gefahrenhinweis: Ist sehr giftig beim Verschlucken! Staub nicht einatmen, beim Abwiegen Atemmaske tragen. Es darf nicht in die Hände von Kindern gelangen. Toxisch für niedere Tiere. Nicht bei Wassertemperaturen unter 17°C anwenden.

Anwendung bei: parasitären Krebsen.

Wirkungsbereich: Karpfenläuse, Kiemenkrebse, Ankerwürmer im Häutungsstadium

Dosis als Bad: 100 mg Lufenuron auf 1000 Liter Teichwasser über 7 Tage, dann Wasserwechsel durchführen und über Aktivkohle filtern. Wiederholung nach zwei Wochen. Die Wirkstoffmenge muss genau berechnet werden.
Das behandelte Wasser darf nicht in die Umwelt gelangen. Es ist in die Kanalisation zu entsorgen.

C-22: Wirkstoff: Malachitgrünoxalat, zinkfrei, Reinsubstanz,

Bezugsquelle: Apotheke oder Chemikalienhandel.

Gefahrenhinweis: Malachitgrünoxalat ist krebserregend, hautreizend und sehr giftig beim Verschlucken. Es darf nicht in die Hände von Kindern gelangen. Bei Unfall oder Unwohlsein sofort Arzt hinzuziehen! Stark färbend. Niedere Tiere vertragen Malachitgrünoxalat absolut nicht. Beim Hantieren mit der Reinsubstanz Handschuhe und Atemschutz tragen!

Anwendung bei: Pünktchen oder Grießkörnchenkrankheit, Hauttrübung, Hautschimmel.

Wirkungsbereich: alle Ciliaten, *Ichthyophthirius, Trichodina, Chilodonella, Saprolegnia, Achlya.*

Stammlösung: 1 g Malachitgrünoxalat auf einen Liter destilliertes Wasser. Die Lösung ist nur haltbar, wenn sie kühl und dunkel gelagert wird. Bitte nicht im Kühlschrank bei Lebensmitteln aufbewahren, da Malachitgrünoxalat hochgiftig ist.
Malachitgrünhaltige Medikamente sind im Zoohandel erhältlich (z. B. sera omnipur, baktopur, mycopur, omnisan). Der reine Wirkstoff soll nur dann angewendet werden, wenn diese Medikamente nicht helfen.

Dosis als Bad: 6 ml der Stammlösung auf 100 Liter Aquarienwasser bei einem pH-Wert von 7. Am 3., 6. und 9. Tag die Hälfte nachdosieren. Nach 12 Tagen wird ein Drittel des Wassers gewechselt. Bei zwischendurch notwendigen Wasserwechseln muss dem ausgetauschten Wasser die Anfangsdosis zugegeben werden.
Während der Behandlung ist gut zu belüften. In der Regel vertragen diese Dosis auch empfindliche Fische. Bei organisch stark belastetem Wasser, höherem pH-Wert oder aktivem biologischem Filter kann eine Erhöhung der Dosis notwendig sein. Die Höchstdosis von 15 ml Stammlösung auf 100 Liter Aquarienwasser darf jedoch nicht überschritten werden.
Soll allerdings das Bad in einem Quarantänebecken mit ganz reinem Wasser und ohne eingelaufenen Filter durchgeführt werden, vertragen unter Umständen empfindliche Fische die Dosis nicht. Das liegt daran, dass Malachitgrün in streng hygienischen Becken langsamer abgebaut wird als in Aquarien mit Bodengrund und Filter. In solchen Becken nimmt man 4 ml Stammlösung auf 100 Liter Aquarienwasser. Auch bei einem pH-Wert unter 7 sollten nur 4 ml Stammlösung auf 100 Liter Wasser verwendet werden. Am 4., 8. und 12. Tag dosiert man 2 ml Stammlösung nach.

Dosis als Bad: Nach G. Blasiola (1983) ist eine Menge von 13 bis 15 mg/100 Liter Seewasser gegen *Brooklynella* wirksam. Die Behandlung wird in einem gesonderten Becken mit Filterung über Watte und guter Belüftung 3 bis 4 Tage lang durchgeführt. In frisch hergestelltem Seewasser ist es möglich, dass die genannte Dosis nicht vertragen wird.

Dosis im Futter zur Anwendung bei: Ciliatenbefall des Darmes: 10 ml der Stammlösung mit 25 ml Wasser mischen und 10 g Granulatfutter nach B-04 damit tränken. Das Futter muss für jede Anwendung frisch hergestellt und 6 Tage lang täglich 2 mal verfüttert werden.

Dosis als Bad im Gartenteich: Die Dosierung ist pH-Wert abhängig. Die genau abgewogene Menge des Wirkstoffs wird in einer kleineren Menge Wasser aufgelöst und dann gleichmäßig mit dem Teichwasser vermischt. Bei pH 7 gibt man 80 mg Malachitgrünoxalat auf 1000 Liter Wasser. Bei pH 7,5 können 120 mg Malachitgrünoxalat auf 1000 Liter Wasser und bei pH 8 können 150 mg Malachitgrünoxalat auf 1000 Liter Wasser zugegeben werden.

C-23: Wirkstoff: Mebendazol

Medikament: z. B. Ovitelmin

Apothekenpflichtig, verschreibungspflichtig.

Gefahrenhinweis: Wird von vielen Arten nicht vertragen, z. B. Orfen, Goldfischen, Stören.

Anwendung bei: schleimigem Kot, Durchfall, Wurmeiern und weißen Wurmgliedern im Kot, Scheuern an den Kiemen.

Wirkungsbereich: Nematoden und Bandwürmer im Darm, *Monogenea*, Haut- und Kiemenwürmer.

Dosis als Bad: 10 mg pro 100 Liter, entsprechend 1 ml Ovitelmin auf 500 Liter Wasser gleichmäßig verteilen. 50% Wasserwechsel nach 3 Tagen durchführen. Wiederholung nach 8 Tagen. Suspension vor Gebrauch gut schütteln.

Dosis im Futter: 4 ml Ovitelmin auf 100 g Futter, 4 mal im Abstand von jeweils 2 Tagen verfüttern.

C-24: Wirkstoff: Methansulfonat, MS 222 (Tricain), Reinsubstanz

Präparat: z. B. Finquel®

Bezugsquelle: Über Apotheken bei Serva-Feinbiochemica, Karl-Benz Str. 7, 69115 Heidelberg, Best. Nr. 12396 Aminobenzoesäureethylester–methansulfonat

Gefahrenhinweis: ist giftig beim Verschlucken! Staub nicht einatmen! Es darf nicht in die Hände von Kindern gelangen.
MS 222 ist eines der bewährtesten Fischanästhetika. Es wirkt aber auch auf viele niedere Tiere, so dass es in der Mikroskopie zur Ruhigstellung von Mikroorganismen benutzt werden kann. Die Wirkung auf Fische lässt mit steigender Wasserhärte etwas nach. Bitte beachten Sie auch die Angaben zur Betäubung von Fischen in Kapitel 9.2. Dosis zum Beruhigen von Fischen während des Transportes: 10 mg pro 1 Liter Wasser, abhängig von der Fischgröße.

Dosis zum Betäuben für Abstriche oder Eingriffe: Je nach Größe des Fisches werden 50 bis 130 mg pro Liter benötigt (REICHENBACH-KLINKE 1980). Bei sehr großen Fischen kann eine höhere Dosis erforderlich sein. Es ist sehr sorgfältig vorzugehen, und der Fisch ist genau zu beobachten, da auch die Wassertemperatur eine Rolle bei der Wirkung des Betäubungsmittels spielt. Spätestens nach 15 Minuten ist der Fisch in frisches Wasser zu setzen, wo er sich dann im Laufe von weiteren 15 Minuten erholt. Dabei soll der Fisch bewegt werden, damit frisches Wasser an die Kiemen gelangt. Bei längeren Behandlungen muss der Fisch in einer entsprechenden Vorrichtung nass gehalten und ständig mit fließendem Wasser, in dem die benötigte Menge MS 222 enthalten ist, durch das Maul zu den Kiemen versorgt werden.

Dosis zum Töten von Fischen: 1 g auf 1 Liter Wasser führt in 10 Minuten zum Tod. Um sicher zu gehen, dass der Fisch nicht mehr aufwacht, wird zusätzlich ein Herzstich oder Genickschnitt durchgeführt, oder man packt den tief betäubten Fisch in eine Plastiktüte und gefriert ihn in der Tiefkühltruhe ein.

C-25: Wirkstoff: Methylenblau, Reinsubstanz

Bezugsquelle: Apotheke oder Chemikalienhandel.

Gefahrenhinweis: Giftig beim Verschlucken und darf nicht in die Hände von Kindern gelangen.

Anwendung bei: Hauttrübung und Schimmelinfektionen in leichteren Fällen, vorbeugend gegen Laichverpilzung, vorbeugend nach Transport, Blutkrankheiten (Schlafkrankheit).

Wirkungsbereich: *Ichthyobodo, Chilodonella, Trichodina, Saprolegnia, Cryptobia* und *Trypanosoma*.
Methylenblau wird gern als vorbeugende Maßnahme oder im Krankheitsfall als Dauerbad angewendet. Der Wirkstoff kann in das Aquarium gegeben werden, wenn nicht über Aktivkohle, sondern über frisch ausgewaschene Watte oder Schaumstoff gefiltert wird. Es gibt ebenso gut wirksame Medikamente im Zoohandel, die Methylenblau enthalten.

Stammlösung: 1 g Methylenblau auf einen Liter destilliertes Wasser.

Normaldosis als Bad: 1 ml Stammlösung auf 1 Liter Wasser. Diese Dosierung kann in das eingerichtete Aquarium gegeben werden. Die Dosis wirkt auch sehr gut gegen Laichverpilzung. Nach fünf Tagen filtert man über Aktivkohle die Medikamentenreste aus.

Verstärkte Dosis als Bad: 3 ml Stammlösung auf 1 Liter Wasser. Die Behandlung wird in dieser Konzentration in einem gesonderten Behälter 3 Tage lang durchgeführt.

Dosis als Kurzbad: Im Kurzbad werden Ektoparasiten bekämpft. 200 ml Stammlösung auf 10 Liter Wasser 30 Minuten lang.

Vorsicht! Wird von empfindlichen Fischen (Salmlern, kleinen Buntbarschen) nicht vertragen.

Dosis zur Vorbeugung: Vorbeugend gegen Infektionen nach einem Transport gibt man 50 ml Stammlösung auf 100 Liter Wasser ins Quarantänebecken.

C-26: Wirkstoff: Metrifonat

Medikamente: z. B. Trichlorphon-Lösung 40%, Masoten® 80%, Neguvon® 100%.

Apothekenpflichtig, verschreibungspflichtig, z. Z. in Deutschland nicht erhältlich.

Gefahrenhinweis: Ist sehr giftig beim Verschlucken und Einatmen des Staubes und darf auf keinen Fall in die Hände von Kindern gelangen! Bei Unfall sofort einen Arzt konsultieren. Antidot: Atropin, PAM, Obidoximchlorid. Beim Hantieren Schutzhandschuhe und Atemschutz tragen.

Anwendung bei: Ektoparasiten auf Haut und Kiemen

Wirkungsbereich: *Trichodina, Argulus, Ergasilus, Lernaea, Dactylogyrus, Gyrodactylus* Metrifonat ist sehr giftig und wirkt stark auf parasitäre Krebse, Haut und Kiemenwürmer. Es ist als Dauerbad wesentlich effektiver als im Kurzbad. In höherer Konzentration und ab 28°C wirkt es auf viele Fischarten toxisch. Große Fischarten vertragen es besser als kleinere Arten. Salmler und Welse reagieren besonders empfindlich. Immer wieder wird behauptet, dass Metrifonat die Fische unfruchtbar mache. Das ist falsch. Es wurden wiederholt gesunde Nachkommen von Fischen gezogen, die mit hohen Dosen (3 mg/l über 3 Tage) behandelt waren. Die Behandlung ist im Aquarium durchführbar.

Von den Präparaten Masoten und Neguvon darf nur ganz trockenes Pulver benutzt werden. Bilden sich Klumpen, so ist es unbrauchbar! Auch in scheinbar dicht schließenden Schraubgläsern gelagertes Masoten verliert im Laufe von mehreren Monaten seine Wirkung und wird toxischer. Experimente haben gezeigt, dass dieser Wirkungsverlust auf die Fähigkeit zurückzuführen ist, aus der Luft Feuchtigkeit anzuziehen. Je mehr Luftfeuchtigkeit aufgenommen wurde, desto weniger wirkt es auf die Kiemenwürmer und desto giftiger wird es für die Fische. Neu gekauftes Masoten wird von allen Fischen wesentlich besser vertragen als abgelagertes. Man kann den Alterungsprozess aufhalten, indem man neu gekauftes Masoten oder Neguvon sofort nach Öffnen der Originalpackung in kleine, dicht schließende Gläschen verpackt und diese, zusammen mit Trockenmittel, in größere Gläser stellt oder luftdicht in Plastikbeutel einschweißt. Als Trockenmittel ist Blaugel (Apotheke) ideal. Die blauen Körner entfärben sich, wenn sie genug Feuchtigkeit aufgenommen haben. Zum Regenerieren breitet man sie auf einem Backblech aus und erhitzt sie im Backofen etwa 15 Minuten lang bei 105 bis 110°C. In der Hitze geben sie die Feuchtigkeit ab und färben sich wieder blau. Somit kann das Blaugel jahrelang immer wieder verwendet werden.

Die hier angegebenen Mengen sind auf neu gekauftes Metrifonat bezogen. Sie gelten auch für Neguvon. Trichlorphon-Lösung ist haltbar und besser zu dosieren: 1 ml der 40%igen Lösung enthält 400 mg Metrifonat.

Stammlösung: 1 g Metrifonat oder 2,5 ml Trichlorphon-Lösung 40% auf 1 Liter Wasser (Schutzhandschuhe!). Die Stammlösung muss sofort verbraucht werden, da sie nicht haltbar ist. Übriggebliebene Reste sollen nicht in das Abwasser gelangen. Sie müssen vorher neutralisiert werden (pH-Wert der Lösung mit Natronlauge sechs Stunden lang auf mehr als pH 12 erhöhen).

Dosis als Bad: 80 ml Stammlösung auf 100 Liter Aquarienwasser. Diese Konzentration wird von vielen Fischarten gut vertragen, wenn die Temperatur bei 25°C und der pH-Wert zwischen 6 und 7,5 liegt. Die Behandlung wird drei Tage lang durchgeführt, dann macht man einen starken Wasserwechsel von mindestens 50%. Die Reste des Medikaments müssen über Aktivkohle ausgefiltert werden.

Dosis als Kurzbad: 100 ml Stammlösung oder 100 mg Metrifonat auf 10 Liter Wasser bei 25°C, pH Wert 6-7, eine Stunde lang in einem gesonderten Behälter.

Dosis im Teich zur Behandlung von Koi und Goldfischen: 400 mg Metrifonat auf 1000 Liter Wasser über drei Tage, danach 50% Wasser wechseln. Der pH-Wert sollte zwischen pH 7 und 7,5, liegen. Orfen, Schleien, Plötzen, Störe und viele andere Teichfische vertragen die Dosis nicht.
Lebendgebärende Kiemen- und Hautwürmer sind mit dem Dauerbad über drei Tage sicher zu bekämpfen. Bei den Eier legenden *Dactylogyrus*-Arten ist die Behandlung nicht so einfach, da die Eier hohe Metrifonatdosen vertragen (s. Kap. 6.2.1.2.). Nach dem nun beschriebenen Behandlungsvorschlag ist es möglich, einen Fischbestand völlig von Kiemenwürmern zu befreien. Er eignet sich besonders für Zuchtaquarien, die frei von Bodengrund und Einrichtung sind.

Dosis zur Behandlung Eier legender Kiemenwürmer: Die Fische werden zunächst mit 80 ml Stammlösung auf 100 Liter Wasser drei Tage lang in ihrem Aquarium behandelt. Durchführung bei pH-Wert um 7. Danach fängt man sie alle ab und bringt sie in ein Aquarium, das parasitenfrei ist. Das andere Becken wird sauber ausgewaschen, Rohre und Filter ausgespült, das Filtermaterial ausgewaschen und eine halbe Stunde gekocht. Das Becken bleibt nun mindestens drei Tage lang trocken stehen. Am 8. Tag nach Behandlungsbeginn wird im zweiten Becken mit gleicher Dosis drei Tage lang behandelt. Inzwischen füllt man das erste Aquarium wieder mit Wasser und nimmt den Filter in Betrieb. Nach Abschluss des Bades im zweiten Becken können die Fische am 11. Tag in ihr Stammaquarium zurückgesetzt werden. Der Filter muss durch Zugabe von nitrifizierenden Bakterien wieder eingefahren werden. Die Temperatur darf 25°C während der ganzen Behandlung nicht übersteigen. Nur bei konstant gehaltener Temperatur besteht eine hohe Wahrscheinlichkeit für den Erfolg. Die nach der ersten Behandlung aus den Eiern schlüpfenden Larven haben sich bis zum Ansetzen der zweiten Kur noch nicht zum geschlechtsreifen Wurm entwickelt.
Eingerichtete Aquarien sind auf diese Art und Weise nicht zu behandeln. Man wendet die Dosis von 80 ml Stammlösung auf 100 Liter Wasser dreimal je drei Tage lang an und lässt dazwischen eine Erholungspause von fünf Tagen. Nach jeder Behandlung muss der größte Teil des Wassers gewechselt werden. Insgesamt dauert die Prozedur

19 Tage und schwächt die Fische sehr. Trotzdem besteht die Möglichkeit, dass Eier mancher *Dactylogyrus*-Arten im Bodengrund überleben können und zur Reinfektion führen.
Im Allgemeinen muss vor einer leichtfertigen Anwendung von Metrifonat gewarnt werden. Viele Todesfälle bei Fischen haben gezeigt, dass die Handhabung nicht unproblematisch ist und oft überlagertes Material benutzt wird. Die toxische Wirkung ist unterschiedlich bei den verschiedenen Fischarten und von der Wasserbeschaffenheit (z. B. pH-Wert) abhängig. Zudem nimmt sie mit der Behandlungsdauer zu. Hohe Dosen werden in den ersten 24 Stunden meist gut vertragen. Auf keinen Fall dürfen Fische in schon gebrauchte oder einige Stunden alte Lösung gebracht werden. Die Stammlösung mit Metrifonat muss jedes Mal neu angesetzt werden. Die restliche Stammlösung ist sofort mit Natronlauge zu neutralisieren und zu verwerfen.

C-27: Wirkstoff: Metronidazol, Reinsubstanz

Medikamente: z. B. Clont®, Flagyl®

Apothekenpflichtig, verschreibungspflichtig.

Anwendung bei: weißem schleimigem Kot, Lochkrankheit der Cichliden.

Wirkungsbereich: Flagellateninfektionen in Darm und Organen, *Hexamita, Spironucleus, Trichomonas, Protoopalina, Bodomonas*, anaerobe Bakterien. Es wirkt nicht gegen Würmer!
Metronidazol wird als Dauerbad im eingerichteten Aquarium angewendet. Die Tabletten werden zerstoßen und in lauwarmem Wasser vorgelöst. Dann verteilt man die Lösung über die Wasseroberfläche des Aquariums. Zur Unterstützung soll die Temperatur um 3 °C heraufgesetzt werden. Da meistens auch massive Infektionen des Darmes durch bewegliche Bakterien vorliegen, kann die Behandlung mit A-14 oder A-15 kombiniert werden.

Dosis als Bad: 1g Metronidazol oder 4 Tabletten Clont® (eine Tablette enthält 250 mg Wirkstoff) auf 100 Liter Aquarienwasser. Nach drei Tagen wird mindestens die Hälfte des Wassers gewechselt und die Temperatur langsam herabgesetzt. Eine Filterung über Aktivkohle entfernt das Medikament aus dem Wasser. Empfindliche Pflanzen können dann eine Zeitlang kümmern.

Dosis im Futter: In das Futter (s. B-04) werden 250 mg Metronidazol oder eine zu Pulver zerstoßene Tablette Clont® bei 50 °C eingemischt. Es wird 8 Tage lang morgens und abends verfüttert.

C-28: Wirkstoff: Nelkenöl, Caryophilli floris aetheroleum oder Eugenol, Reinsubstanz

Auflösen von Nelkenöl und Eugenol

QR-Code 119

Bezugsquelle: Apotheke.

Anwendung bei: Betäubung von Fischen.

Stammlösung: Nelkenöl löst sich nur schwer in Wasser. Bei der Verwendung des Lösungsvermittlers Propylenglycol geht es sofort in Lösung und ist leichter zu dosieren. Man mischt unter Rühren 10 ml Eugenol in 90 ml Propylenglycol. Die Lösung kann in braunen Flaschen aufbewahrt werden.

Dosis als Bad: 0,2 ml bis 2 ml Stammlösung, entsprechend 0,02 bis 0,2 ml Eugenol pro Liter Badewasser. Die Dosierung hängt von der Wassertemperatur sowie Größe und Gewicht des Fisches ab. Bei Fischen von 10 cm Größe reichen 4 ml Stammlösung pro 10 Liter Wasser entsprechend 0,04 ml Eugenol pro Liter Badewasser um den Fisch in 2 Minuten ruhig zu stellen. 10 ml Stammlösung entsprechend 0,1 ml Eugenol pro Liter Badewasser führen in 3 Minuten zur tiefen Narkose.
Man setzt den Fisch in eine entsprechend große Wanne, die Wasser gleicher Herkunft oder gleicher Wasserwerte enthält. Die benötigte Menge Eugenol schüttelt man in einem Glas mit warmem Wasser kräftig auf. Diese Suspension wird langsam und gründlich mit dem Badewasser vermischt, bis der Fisch deutliche Anzeichen von Gleichgewichtsstörungen zeigt. Alternativ wird die benötigte Menge der Stammlösung langsam dem Badewasser zugegeben.
Bitte beachten Sie die Angaben zur Betäubung von Fischen (s. Kap. 9.2.).

C-29: Wirkstoff: Niclosamid

Medikament: z. B. Yomesan®

Apothekenpflichtig, verschreibungspflichtig.

Anwendung bei: Wurminfektionen im Darm.

Wirkungsbereich: Bandwürmer, Nelkenwürmer, Kratzer.

Dosis im Futter: 500 mg Niclosamid pro 100 g Futter, 4 Tage lang täglich einmal füttern und nach 10 Tagen wiederholen.
Gefahrenhinweis: Das von den Fischen mit dem Kot ausgeschiedene Niclosamid reichert sich im Wasser an und ist ab 0,2 mg pro Liter für Fische giftig (Bauer 1991). Die Anwendung sollte in großen Quarantänebecken ab 200 Liter Inhalt erfolgen. Täglich

ist nach der Kotabgabe der Fische ein Wasserwechsel von über 50% durchzuführen und dabei der Kot abzusaugen. Die Maximalmenge des täglich in ein 200 Liter Becken gegebene Medizinalfutter beträgt somit 5 Gramm.

C-30: Wirkstoff: Nifuratel

Medikament: z. B. Inimur Vaginalstäbchen.

Apothekenpflichtig, verschreibungspflichtig.

Anwendung bei: milchig weißem und schleimigem Kot.

Wirkungsbereich: Flagellaten im Darm.

Dosis im Futter: Das Vaginalstäbchen zu Pulver zermahlen und in Futter B-04 bei 70°C einrühren. Der Wirkstoff löst sich nicht in Wasser. 7 Tage lang morgens und abends verfüttern.
Eine ähnliche Wirkung haben Nifurpirinol A-14 und Nitrofurantoin A-15.

C-31: Wirkstoff: Oxolinsäure

Medikamente: z. B. Oxolium

Apothekenpflichtig, verschreibungspflichtig.

Gefahrenhinweis: giftig beim Verschlucken.
Oxolinsäure ist in Deutschland nicht erhältlich, wohl aber in den umliegenden Nachbarländern.

Anwendung bei: Lochsyndrom der Koi und Goldfische, Furunkulose, Flossen- und Kiemenfäule.

Wirkungsbereich: innere und äußere bakterielle Infektionen.

Dosis als Kurzbad: 25 mg Oxolinsäure pro Liter Wasser über 15 Minuten in einem gesonderten Behälter.

Dosis als Bad: 1 mg Oxolinsäure pro Liter Wasser 2 Tage lang, dann Wasser austauschen oder die Fische in medikamentenfreies Wasser umsetzen und am 4. Tag die Behandlung wiederholen.

Dosis im Futter: 80 mg Oxolinsäure auf 100 g Futter, 8 Tage lang täglich einmal füttern, bei Meerwasserfischen nur die halbe Dosis ins Futter mischen.

C-32: Wirkstoff: Piperazincitrat, Reinsubstanz

Apothekenpflichtig, verschreibungspflichtig.

Anwendung bei: Appetitlosigkeit, schleimigem Kot durch Würmer im Darm.

Wirkungsbereich: Kratzer, Bandwürmer, Trematoden.
Piperazincitrat muss mit dem Futter verabreicht werden, damit es direkt im Darm wirken kann. Da es temperaturbeständig ist, kann es in das heiße Futter B-04 bei 80 °C eingemischt werden.

Dosis im Futter: 600 mg Piperazincitrat auf 100 g Futter B-04 mischen. Am 1., 4. und 8. Tag je einmal morgens und abends verfüttern.

C-33: Wirkstoff: Polyvidonjod

Medikament: z. B. Betaisodona

Bezugsquelle: Apotheke.

Anwendung bei: äußeren Verletzungen.

Wirkungsbereich: Desinfektion und Wundverschluss, täglich auftragen bis Wunde heilt. Anwendung wie in A-16 beschrieben. Es können ebenfalls 10 mg eines Antibiotikums oder 10 mg Nystatin als Rezeptursubstanz (Fungizid) pro 1 g Salbe eingemischt werden.

C-34: Wirkstoff: Praziquantel

Medikamente: z. B. Cestocur®, Droncit®, Cesol®, sera med Prof. Tremazol

Apothekenpflichtig, verschreibungspflichtig.

Anwendung bei: Appetitlosigkeit, schleimigem Kot, Schwarzflecken- und Weißfleckenkrankheit, Scheuern am Kiemendeckel.

Wirkungsbereich: Bandwürmer, Nelkenwürmer, Trematoden, Schuppen-, Haut- und Kiemenwürmer.

Dosis als Bad: 200 mg des Wirkstoffs Praziquantel auf 100 Liter Wasser gegen Bandwürmer und Trematoden. Die Behandlung wird 3 Tage lang durchgeführt und nach 10 Tagen wiederholt.

Dosis als Bad: 500 mg des Wirkstoffs Praziquantel auf 100 Liter Wasser gegen Haut- und Kiemenwürmer. Die Behandlung wird 12 Stunden lang durchgeführt und nach 3 Tagen wiederholt. Nach den Behandlungen ist 50% des Wassers zu wechseln.

Dosis im Futter: 100 mg Praziquantel pro 100 g Futter B-04. Nur gegen Darmwürmer. Das Futter wird 5 Tage lang täglich morgens und abends gefüttert. Nach 6 Tagen Pause wird die Behandlung wiederholt.

Wirkstoff: Praziquantel

Medikament: sera med Prof. Tremazol

Hersteller: Alpha-Biocare GmbH, Vertrieb Fa. sera GmbH

Bezugsquelle: In vielen EU Ländern nicht mehr frei verkäuflich, in anderen Ländern im Zoofachhandel,

Dosis als Bad: laut Gebrauchsinformation des Herstellers.
Die Dauer des Bades muss genau eingehalten werden, da nach 12 Stunden eine Wassertrübung durch Bakterienvermehrung mit Sauerstoffzehrung eintreten kann. Die Ursache sind die Lösungsvermittler, in denen der Wirkstoff gelöst ist. Praziquantel selbst ist problemlos in der Anwendung. Behandlungswiederholung wie oben angegeben.
Gegen die eierlegenden Kiemenwürmer *Sciadicleithrum variabilum* bei Diskusfischen sind drei Behandlungen mit Tremazol über 8 Stunden in exaktem Abstand von 72 Stunden bei exakt 28°C Wassertemperatur notwendig. Die Behandlungen beginnen immer zur gleichen Zeit. Nach jeder Behandlung sind 80% des Wassers zu wechseln. Das Wechselwasser muss die gleiche Temperatur haben. Eine ausführliche Beschreibung von Behandlungen gegen Kiemenwürmer in Zuchtanlagen von Diskusfischen hat C. Quietzsch veröffentlicht.

C-35: sera med Prof. Protazol, Wirkstoff: Bis(4-dimethylaminophenyl)-phenylmethyliumhydroxid,

Bezugsquelle: Zoofachhandel, frei verkäuflich.

Dosis als Bad: 1 ml Protazol auf 20 Liter Aquarienwasser, siehe auch die Gebrauchsinformation des Herstellers.

Gefahrenhinweis: Wird von Knorpelfischen (Chondrichthyes) nicht vertragen (Rochen und Haie), Schmerlen können empfindlich reagieren. Gebrauchsinformation des Herstellers beachten.

Anwendung bei: Infektionen durch Ciliaten, Hauttrüber, watteartige Beläge.

Wirkungsbereich: alle Ciliaten, *Ichthyophthirius, Trichodina, Chilodonella*, Pilze *Saprolegnia, Achlya*.

C-36: Wirkstoffe: Resorcin und Phenol

Präparat: sera cyprinopur.

Bezugsquelle: Zoofachhandel, frei verkäuflich, kein vergleichbares Produkt am Markt.

Gefahrenhinweis: Darf nicht angewendet werden. wenn den Fischen Antibiotika injiziert wurden.

Anwendung bei: Knötchen auf der Haut, großen Ektoparasiten, schleimigem Kot, Lochsyndrom der Koi und Goldfische.

Wirkungsbereich: Virusinfektionen, Lymphocystis, innere und äußere bakterielle Infektionen, Haut-, Darm- und Blutflagellaten, Amöben, Ektoparasiten.

Dosis als Bad: Aquarien- und Teichfische in ein Behandlungsbecken mit sauberem Wasser gleicher Temperatur überführen. Bei Goldfischen und Koi mit Lochsyndrom zuerst die Temperatur langsam über mehrere Tage auf über 20°C erhöhen. Das Präparat wird in der vom Hersteller angegeben Dosis täglich 5 Tage lang im Abstand von 24 Stunden in das Wasser gegeben. Die Dosierung kann im separaten Behandlungsbecken um das 1,5- bis 2fache erhöht werden. Danach ist ein großer Wasserwechsel von mindestens 50% durchzuführen. Nach 3 Tagen Pause kann die Behandlung wiederholt werden. Bei Lymphocystis (s. Kap. 3.1.1.) ist mitunter eine dreimalige Behandlung notwendig bis alle Zysten verschwunden sind.
Teichfische dürfen nach dem Abheilen der Löcher nicht in den kalten Teich zurückgesetzt werden, sondern bleiben bei guter biologischer Filterung im Behandlungsbecken bis die Temperatur im Teich über 18°C gestiegen ist. Während der Behand-

lungszeit und danach ist das Wasser jeden zweiten Tag auf Ammonium und Nitrit zu kontrollieren.
Eine Behandlung im Teich kann im Frühjahr und Herbst, wenn die Temperatur des Wassers zwischen 12 und 14°C liegt, vorbeugend durchgeführt werden. Es reduziert die Erreger und Parasiten und hilft den Fischen besser in die Winterruhe oder in das Frühjahr zu kommen. Dabei kann ein nifurpirinolhaltiges Medizinalfutter gegeben werden (s. B-04 und A-14).

Dosis im Frühjahr: Einmal wöchentlich 50 ml sera cyprinopur je 1000 Liter Wasser zugeben und 3 mal wiederholen. Während der Behandlung muss auf eine gute Wasserqualität geachtet werden. Eine Belüftung des Wassers ist notwendig, damit den Fischen genügend Sauerstoff zur Verfügung steht.

Dosis im Herbst: Dreimal im Abstand von 2 Tagen, also am 1., 3. und 5. Tag werden jeweils 50 ml sera cyprinopur je 1.000 Liter Wasser zugegeben. Auf gute Wasserqualität achten und das Wasser belüften.
Die Kombination mit Nifurpirinol als Bad oder als Medizinalfutter ist bei den Frühjahrs- und Herbstkuren sinnvoll (s. B-04 und A-14) z. B. sera BAKTO Tabs.

C-37: Wirkstoff: Sulfadimidin, Rezeptursubstanz

Apothekenpflichtig, verschreibungspflichtig.

Anwendung bei: inneren und äußeren bakteriellen Infektionen.

Wirkungsbereich: Aktinomyzeten, Kokken und viele grampositive, einige wenige gramnegative Bakterien, *Pseudomonas*, Flavobakterien, Corynebakterien, Coccidien.
Da Sulfonamide sehr gut vom Darm in die Blutbahn übergehen, ist die Futterbeimischung die wirksamste Anwendung. Besonders bei Infektionen der inneren Organe mit den genannten Bakterien sind sie das Mittel der Wahl.

Dosis im Futter: Man mischt 300 mg Sulfadimidin auf 100 g Futter B-04. Die Temperatur zum Einrühren darf bei 60°C liegen. Dieses Futter gibt man sechs Tage lang morgens und abends.
Sulfadimidin ist eines der gut in Wasser löslichen Sulfonamide. Das Bad erfolgt in einem gesonderten Behälter. Die abgewogene Menge des Wirkstoffs wird in bis zu 60°C warmem Wasser im geschlossenen Gefäß unter minutenlangem starken Schütteln suspendiert. Da sich dabei die eingeschlossene Luft stark ausdehnt, kann das Gefäß zerspringen. Man muss nach dem ersten Schütteln die überschüssige Luft ablassen. Dann verteilt man die Suspension über die Wasseroberfläche des Behandlungsbe-

ckens. Um ein Absetzen am Boden zu verhindern, kann das Wasser durch einen Ausströmer in starker Bewegung gehalten werden.

Dosis als Bad: 1 g Sulfadimidin auf 10 Liter Wasser. Die Fische bleiben 3 bis 5 Tage in dem Bad.

C-38: Wirkstoff: Tinidazol

Medikament: z. B. Simplotan

Apothekenpflichtig, verschreibungspflichtig.

Anwendung bei: weißem, schleimigen und knubbeligem Kot, Durchfall, zerfallendem Kot.

Wirkungsbereich: Flagellaten- und Ciliatenbefall des Darmes, Amöben, anaerobe Bakterien.

Dosis im Futter: 1 g Tinidazol auf 100 g Futter, 6 Tage lang täglich einmal verfüttern.

C-39: Wirkstoff: Toltrazuril

Medikament: z. B. Baycox-2,5%.

Apothekenpflichtig, verschreibungspflichtig.

Gefahrenhinweis: Viele empfindliche Fischarten vertragen Toltrazuril nicht.

Anwendung bei: Beulen und Knötchen an der Haut und im Gewebe innerer Organe.

Wirkungsbereich: Sporozoeninfektionen, Coccidien; *Eimeria*, Microsporidien, *Glugea, Pleistophora, Myxozoa, Myxobolus, Henneguya*, wirkt nicht gegen Lymphocystis.

Dosis als Kurzbad: 10 mg Toltrazuril pro Liter Wasser oder 4 ml Baycox-2,5% pro 10 Liter Wasser in einem separaten Behälter über 4 Std.

Dosis verstärktes Kurzbad: 50 mg Toltrazuril pro Liter Wasser oder 20 ml Baycox-2,5% pro 10 Liter Wasser über 45 Minuten, Fische dabei beobachten, bei Vergiftungserscheinungen Fische in medikamentenfreies Wasser umsetzen. Täglich wiederholen, 5 Tage lang.

Dosis im Futter: 100 mg Toltrazuril in 100 g Futter mischen, wird einmal täglich an zwei Tagen verfüttert.

C-40: Wirkstoff: Tosylchloramid-Natrium 3 H_2O, Chloramin T,

Hersteller: verschiedene, erhältlich im Zoofachhandel.

Gefahrenhinweis: ist giftig beim Verschlucken, reizend und ätzend.

Anwendung bei: äußeren bakteriellen und parasitären Infektionen, Kiemen- und Flossenfäule.

Wirkungsbereich: Kokken und Bakterien an der Haut, Hautflagellaten, Ciliaten, Haut- und Kiemenwürmer.

Dosis als Bad: Herstellerangaben beachten, Normaldosis: 16 mg Chloramin-T pro Liter Wasser in gesondertem Behälter.
Chloramin-T wirkt umso giftiger, je niedriger die Karbonathärte und der pH-Wert sind. Auf keinen Fall sollte die Behandlung unter pH 7 durchgeführt werden. Wenn die Karbonathärte bei 4° dKH, der pH-Wert bei 7,5 liegt und das Wasser gut belüftet wird, ist das Risiko bei einer Behandlung über 8 Stunden gering. Die Behandlung braucht auf keinen Fall länger als 12 Stunden zu dauern, da die Wirkung schon nach 6 Stunden gegeben ist. Nach Untersuchungen des Autors waren nach 6 Stunden bei vorher stark infizierten Fischen keine Kiemenwürmer und einzellige Ektoparasiten mehr nachweisbar. Nach der Behandlung ist ein großer Wasserwechsel durchzuführen und über Aktivkohle zu filtern. Chloramin-T wird durch sera toxivec (B-08) sofort entfernt.

C-41: Wirkstoff: Triamcinolonacetonid

Medikament: z. B. Volon® A Haftsalbe.

Bezugsquelle: Apotheke.
Diese Salbe hat hervorragende Hafteigenschaften auf der Schleimhaut. Zum Auftragen muss die Schleimhaut abgetrocknet werden, wie es in A-16 beschrieben ist. Sie wird bei Verwundungen und Hautinfektionen angewendet, indem man die betroffenen Stellen mit einer Salbenschicht überdeckt.
Der Wirkstoff der Volon A Salbe ist entzündungshemmend, das bedeutet, dass auch flächige Hautwunden damit bestrichen werden können. Falls notwendig, kann man pulverförmige Antibiotika, Sulfonamide, Furane oder Fungizide (z. B. Nystatin Rezeptursubstanz) in die Salbe mischen.

Dosis: 10 mg Wirkstoff in Pulverform zu 1 g Salbenmenge geben und gut durchmischen.

C-42: Wirkstoffe: Trimethoprim (TMP) und Sulfamethoxazol

Medikamente: z. B. Borgal® Lösung 7,5% oder 24% und Cotrim forte-ratiopham® oder CotrimHexal forte®.

Apothekenpflichtig, verschreibungspflichtig.

Anwendung bei: Infektionen der inneren Organe und des Blutes durch Bakterien und Kokken, Entzündungen der Schwimmblase, Kopfsteherkrankheit.

Wirkungsbereich: Staphylokokken, hämolysierende Streptokokken, Pneumokokken, *E. coli*, Enterokokken, *Proteus*, *Haemophilus influenzae*, Pasteurellien, Salmonellen und Shigellen.
Durch die Kombination mit einem Sulfonamid wird eine wesentliche Verbesserung der Wirksamkeit erreicht. Darum gibt es schon fertig kombinierte Präparate in Apotheken zu kaufen, die Trimethoprim und Sulfamethoxazol in einem optimalen Mischungsverhältnis enthalten. Da die Erreger sehr schnell eine Resistenz entwickeln, sollte das Medikament nur einmal innerhalb eines halben Jahres angewendet werden.

Dosis als Bad: 1 Tablette Cotrim forte auf 80 Liter Wasser in einem gesonderten Behälter, 3 bis 5 Tage lang. Der Filter darf keine Kohle enthalten, die Watte ist vor der Medikamentengabe gut auszuwaschen. 15 ml Borgal® Lösung auf 100 Liter Wasser.

Dosis im Futter: Eine halbe zu Pulver zerstoßene Tablette Cotrim forte auf 100 g Futter B-04, das Futter wird 6 Tage lang täglich morgens und abends verfüttert.

Dosis zur Injektion: Pro 1 Kg Körpergewicht 4 ml Borgal® Lösung 7,5%. Eine zweite Injektion kann im Bedarfsfall nach 48 Stunden verabreicht werden. Die Injektion wird intraperitoneal vorgenommen.

D-01: Wirkstoff: Alaun (Reinsubstanz)

Anwendung bei: Desinfektion von Pflanzen.

Gefahrenhinweis: Alaun ist giftig beim Verschlucken.
Pflanzen, die im Zoogeschäft nicht in reinen Pflanzenbecken sondern mit Fischen zusammen gehalten wurden, können Krankheitserreger und deren Ruhestadien in das Aquarium übertragen. Da sie sehr schlecht in Quarantäne zu halten sind, muss man sie entkeimen, bevor sie in das Aquarium eingepflanzt werden. Man löst einen gehäuften Teelöffel Alaun in einem Liter Wasser. Darin werden die Pflanzen fünf Minuten gebadet. Nach gründlichem Abspülen mit frischem Wasser können sie eingepflanzt werden.

D-02: Formalin, Formaldehydlösung 35 bis 40%ig

Bezugsquelle: Apotheke, Chemikalienhandel.

Gefahrenhinweis: Formalin ist hautreizend und sehr giftig beim Verschlucken. Bei Unfall oder Unwohlsein sofort Arzt hinzuziehen!
Von dem erhältlichen 35- bis 40-prozentigen Formalin gibt man 30 ml in einen 10 Liter fassenden Eimer, der mit einem Deckel verschlossen werden kann. Um Verwechslungen auszuschließen, färbt man die Lösung mit Methylenblau ein. In diese Lösung können nun Netze und kleinere Gegenstände gestellt werden. Ein zweistündiges Bad desinfiziert absolut sicher. Auch viele Viren werden in dieser Lösung abgetötet. In geschlossenen Räumen ist diese Methode nicht ungefährlich, da Formalindämpfe in die Atemluft gelangen und zu Reizungen der Atemwege führen können. Das Hantieren in Formalinlösung kann u. a. zu Hautreizungen führen. Bitte Schutzhandschuhe tragen.

D-03: Isopropanol, Isopropylalkohol 70%ig

Bezugsquelle: Apotheke, Chemikalienhandel.

Anwendung bei: Desinfektion von Händen und Gegenständen.

Gefahrenhinweis: Alkohole sind leicht entzündlich und ihre Dämpfe bilden mit der Luft ein explosives Gasgemisch. Isopropylalkohol ist giftig beim Verschlucken.
Manchem Aquarianer kann es ein Bedürfnis sein, nach der Sektion eines Fisches sich nicht nur die Hände zu waschen, sondern diese auch noch zu desinfizieren. Es ist in der Regel nicht notwendig, da im Allgemeinen Fischkrankheiten auf Menschen nicht übertragbar sind. Die Fischtuberkulose ist hier eine Ausnahme.
Das im Handel erhältliche 100-prozenntige Isopropanol wird auf 70% verdünnt. Man misst 70 ml des 100-prozenntigen Isopropanols ab und füllt mit Wasser auf 100 ml

auf. Mit dieser Gebrauchslösung reibt man die Hände nach dem Waschen ein und lässt sie an der Luft trocknen. Auch kleinere Gegenstände und Rohre können durch Einlegen in diese Flüssigkeit keimfrei gemacht werden.
Füllt man 70-prozentiges Isopropanol in einen Zerstäuber, so kann man damit leere Aquarien und größere Gegenstände desinfizieren. Man sprüht alle Flächen und insbesondere die schwer zugänglichen Winkel gleichmäßig gründlich ein und lässt sie dann trocknen. Nach wenigen Stunden wird der Vorgang noch einmal wiederholt. Die Flüssigkeit verdunstet rückstandsfrei, sodass nach dem Abtrocknen das desinfizierte Aquarium wieder gefüllt werden kann. Nicht in offenes Feuer sprühen. Auf keinen Fall in Heizungsräumen oder in der Nähe offenen Feuers anwenden. Räume gut lüften, bis der Alkoholgeruch verflogen ist.

D-04: Kaliumpermanganat ($KMnO_4$)

Bezugsquelle: Apotheke, Chemikalienhandel.

Gefahrenhinweis: Kaliumpermanganat ist giftig beim Verschlucken.
Kaliumpermanganat dient zur Desinfektion von Aquarien und nicht kochbarem Zubehör (Schläuche, Thermometer usw.). Man füllt das Aquarium bis zum obersten Rand mit Wasser und legt alle Gegenstände hinein. Dann gibt man 20 g Kaliumpermanganat pro 100 Liter Wasser zu. Den Außenfilter lässt man ohne Füllung laufen, sodass alle Teile von der Lösung umspült werden. Nach drei Tagen wird das Becken entleert und so lange mit klarem Wasser ausgewaschen, bis keine Farbe mehr erscheint.
Fischfreie Teiche können mit 200 g Kaliumpermanganat pro 1.000 Litern 3 Tage lang desinfiziert werden. Nach der Anwendung sind alle Gegenstände, die Wände und der Boden des Teiches mit sauberem Wasser abzuspülen. Da die Filterbakterien abgestorben sind, muss der Filter neu gestartet werden. Wenn Fische eingesetzt werden sollen, müssen Bakterienstarter zugegeben werden.

D-05: Kochsalz (NaCl)

Auch Kochsalz kann als Mittel zur Desinfektion benutzt werden. Dazu löst man 200 g Salz in einem Liter Wasser. Die Desinfektion eines Aquariums wird auf diese Weise zu teuer und zu aufwändig. Ideal ist diese Methode jedoch, um Fangnetze und Kleinteile zu entkeimen. Man stellt einen Eimer mit dieser konzentrierten Lösung auf und lässt die Fangnetze immer darin stehen. Ein Netz soll zwei Stunden in der Lösung bleiben, bevor es wieder benutzt wird. Da die Salzlösung nicht verdirbt oder schwächer wird, kann ein solcher Eimer lange in Betrieb bleiben. Verdunstetes Wasser wird durch Leitungswasser ersetzt. Färbt man die Salzlösung mit etwas Methylenblau an, ist die Verwechslung mit anderen Eimern ausgeschlossen. Leere Aquarien können mit einem Brei aus Salz und Salzlösung ausgerieben werden. Man lässt den Brei an den Scheiben trocknen und wiederholt das Ganze noch zweimal im Laufe der nächsten Tage. Ein wirkungsvolles, aber umständliches Verfahren.

D-06: Wasserstoffperoxid (H_2O_2) 30%

Bezugsquelle: Apotheke, Chemikalienhandel.

Vorsicht! Stark ätzend! Bei Unfall Arzt hinzuziehen. Nicht mit Haut und Kleidern in Berührung bringen. Beim Hantieren mit H_2O_2 Handschuhe und Schutzbrille tragen. H_2O_2 ist ein Stoff, der sich unter Lichteinwirkung zu normalem Wasser (H_2O) und Sauerstoff zersetzt. Er wird daher in braunen Flaschen aufbewahrt. Zur Desinfektion eines Aquariums ohne Fische und Bodengrund werden 50 ml des 30-prozentigen H_2O_2 auf 100 Liter Wasser gegeben. Dekorationsmaterial und Zubehör kann in die Lösung gelegt werden. Der Kies wird besser im Backofen zwei Stunden bei 150°C (ohne Anheizzeit) entkeimt, da sich das H_2O_2 sonst zu schnell verbraucht. Der Filter bleibt ohne Inhalt in Betrieb (s. D-04). Das Becken lässt man mit der Lösung drei Tage lang stehen, die Lampe bleibt während dieser Zeit eingeschaltet. Danach lässt man das Becken ab und spült es mit Leitungswasser aus. Der große Vorteil ist, dass bei H_2O_2 keine giftigen Rückstände bleiben, die später mühevoll entfernt werden müssen.

D-07: Temperaturerhöhung

Alle Lebewesen und Bakterien vertragen keine Temperaturen über 50°C. Das kann man sich zur Desinfektion von Aquarien zu Nutze machen. Selbst die gegen Medikamente widerstandsfähigen Tuberkulosebakterien überleben hohe Temperaturen nicht.

10. Ernährung der Zierfische

Die Bedeutung einer ausgewogenen Ernährung für die Gesundheit der Fische wird auch heute noch viel zu oft unterschätzt. Wird ein Fischfutter aus hochwertigen Rohstoffen hergestellt, kann es nicht als Billigprodukt auf dem Markt erscheinen. Die Qualität eines Futters hängt dazu noch von der Anzahl der verschiedenen Rohstoffe ab. Je mehr Rohstoffe bei der Produktion verwendet werden, umso besser kann das Futter den Bedürfnissen der Fischarten angepasst werden, für die es konzipiert wurde. Billigfuttermittel bestehen aus wenigen Komponenten und minderwertigen Rohstoffen. Eine einseitige Ernährung führt zu Mangelerscheinungen, zumindest jedoch zu einer Herabsetzung der Abwehrkraft gegen Krankheiten.

Dieses Kapitel wurde erstellt, damit der interessierte Leser die Qualität der auf dem Markt befindlichen Futtermittel beurteilen und Gutes von Minderwertigem unterscheiden kann. Ein Mensch entscheidet freiwillig, ob er sich gesund oder ungesund ernährt und in der Folge gesundheitliche Probleme hat. Die Fische im Aquarium oder Gartenteich müssen das fressen, was ihnen gegeben wird oder sie verhungern. Zu bedenken ist, dass es um die langfristige Versorgung der Fische mit hochwertiger Nahrung geht. Ungeeignete und minderwertige Futtermittel führen zu einem schlechten Gesundheitszustand der Fische, die Abwehrkräfte sind geschwächt und die Fische erkranken.

10.1. Allgemeines zur Fütterung

In der Natur hängt die Ernährung eines Fisches direkt von seiner Fähigkeit ab, wie gut er jagen oder geeignete Nahrung finden kann. Nicht alles, was er in der Natur frisst, ist optimal für ihn. Das Nahrungsspektrum besteht aus Fischen, Krebstieren, Insekten und deren Larven, Würmern, Muscheln, Schnecken, Algen und Pflanzen und bei kleinen Fischen auch aus winzigen Mikroorganismen, Ein- und Mehrzellern. Selbst manche großen Fische, wie Diskusfische, haben Bakterien in ihrem Nahrungsspektrum und fressen regelmäßig Detritus. Auch Fische, die kleine Krebstiere und Mückenlarven fressen, nehmen mikroskopisch kleine Organismen auf, welche die Oberfläche der Futtertiere besiedeln [Bremer].

Aus der Mischung der gefressenen tierischen und pflanzlichen Beute kann der Fisch seine Bedürfnisse decken. Meist ist der Fisch die ganze Zeit seiner Wachphase auf Nahrungssuche. Daran ist er von seiner Entwicklung her angepasst. Auch unterliegt das Nahrungsangebot den jahreszeitlichen Schwankungen in Qualität, Menge und Artenangebot. Die natürliche Ernährung ist somit nicht ausgewogen und unterliegt den Wechselwirkungen des Lebens in der Natur. Das bedeutet aber, dass die Fische in ihrem Biotop nicht ihre natürliche Altersgrenze erreichen. Im Aquarium erhält der Fisch in der Regel eine gleichmäßig hochwertige Nahrung. Er bekommt sein Futter ein bis mehrmals täglich zu festen Zeiten, die der Besitzer bestimmt.

Im natürlichen Lebensraum werden Fische nur äußerst selten satt, ihr Bedürfnis nach Nahrung wird somit meist nicht vollständig befriedigt. Die Fische haben immer Appetit und suchen nach Nahrung. Das sollte man auch bei der Pflege der Fische im Aquarium berücksichtigen. In der Natur sind die meisten Fischarten nicht in ihrer Bewegung eingeschränkt. Im Aquarium ist der Raum, der zur Bewegung zu Verfügung steht, beschränkt. Das artspezifische Bedürfnis zur Bewegung ist bei Fischen sehr unterschiedlich und sollte durch die Aquariengröße und Gestaltung berücksichtigt werden. Manche große Arten haben kein Bewegungsbedürfnis, da sie nur auf Beute lauern, andere, eventuell kleine Fische, können dagegen ein großes Bewegungsbedürfnis haben. Hier ist

Bild 474: Mit Glockentierchen besiedelter *Cyclops*, (Vergr. 100x)

Sachkunde über die Haltungsbedingungen schon bei der Planung des Aquariums notwendig.

Eine immerwährende Fütterung mit Trockenfutter befriedigt die Fresslust und das Appetenzverhalten negativ. Die Fische werden bedürfnislos und bewegen sich zu wenig. Das führt zur Schwächung des Organismus und Anfälligkeit für Infektionen. Flockenfutter, Granulate und Pellets haben etwa den 15-fachen Energiegehalt wie Lebend- oder Frostfutter, da sie nur geringe Mengen an Wasser enthalten. Diese Trockenfuttersorten sollten zurückhaltend gefüttert werden. Das ins Aquarium gegebene Futter muss in spätestens drei Minuten vollständig gefressen sein. Abwechslungsreiche Fütterung in Maßen und Futtermittel mit geringem Energiegehalt, wie Lebend- und Frostfutter sowie hochwertige gefriergetrocknete Futtertiere sollten in Abwechslung mit Trockenfutter gegeben werden. Ein bis zwei Hungertage in der Woche sind bei vielen Fischarten angebracht. Schlechte Haltungsbedingungen, zu kleine Aquarien, ungeeignete Vergesellschaftung, Wasserbelastung und geringer Sauerstoffgehalt verursachen Stress und können so ebenfalls zu mangelhafter Nahrungsaufnahme führen.

Im natürlichen Biotop hat der Fisch also eine relativ geringe Menge an Nahrung, jedoch eine große Abwechslung aufgrund der natürlichen Reichhaltigkeit. Im Gartenteich kommt vielleicht noch etwas natürliche Nahrung in Form von Insekten, wie Mücken, Fliegen und Käfern sowie deren Larven hinzu. Im Aquarium sind die Fische absolut auf die Nahrung angewiesen, die ihnen gegeben wird. Dabei wird ihnen mitunter zu viel Nahrung gegeben, und diese kann große Mängel bezüglich der Abwechslung aufweisen. Manche Teichbesitzer geben ihren Fischen das ganze Jahr die gleiche Futtersorte. Das kann, je nach Futterqualität, zu Mangelerscheinungen oder Verfettungen führen. Aquarien- und Teichfische sollten abwechslungsreich ernährt werden.

Die Ernährung der Fische in Aquarien oder Gartenteichen hat die Aufgabe den Fischen alle Nährstoffe zuzuführen, die für den Stoffwechsel, das Wachstum und die Fortpflanzung notwendig sind. Das ist die Vorgabe des Gesetzgebers an die Futtermittelindustrie. Die Nahrung soll den Fischen ein langes und gesundes Leben sichern und abwechslungsreich sein. Leider werden nicht alle Futtermittel dieser Aufgabe gerecht.

Bild 475: Oberständiges Maul und gerade Rückenlinie

Bild 476: Endständiges Maul

Bild 477: Unterständiges Maul und gerade Bauchlinie

Körperbau und Maulstellung geben Auskunft über die natürliche Ernährungsweise von Fischen. Fische, die überwiegend Anflugnahrung fressen, haben eine gerade Rückenlinie und ein oberständiges Maul. Fische der mittleren Zone verfügen über einen typischen spindelförmigen Fischkörper und ein endständiges Maul. Sie fressen im Wasser treibende Nahrung und können diese manipulie-

Bild 478: Das Saugmaul von *Ancistrus dolichopterus* mit Raspelzähnen auf den Lippen

ren, indem sie sie zerreißen oder zum Schlucken in eine bessere Lage bringen. Die Bezahnung dient nicht dem Kauen, sondern dem Festhalten oder Zerreißen der Nahrung. Am Boden lebende Fische haben eine gerade Bauchlinie und ein unterständiges Maul. Sie ernähren sich von tierischen Organismen, wie Würmern, Krebstieren, Muscheln und Schnecken. Aufwuchs fressende Welse verfügen über ein an den Lippen bezahntes Saugmaul mit dem sie den Bewuchs von Steinen und Totholz abraspeln.

Cichliden aus den ostafrikanischen Seen mit gleicher Ernährungsweise haben dazu ein unterständiges bezahntes Maul entwickelt (*Tropheus*, Mbunas). Einige Arten leben im Freiwasser, sind aber an eine überwiegend vom Boden aufzunehmende Nahrung angepasst. Dazu gehören auch Koi und Goldfische, die gründelnd den Bodengrund nach Nahrung durchsuchen. Sie haben aber auch schnell gelernt, im Gartenteich schwimmende Nahrung von der Oberfläche zu fressen.

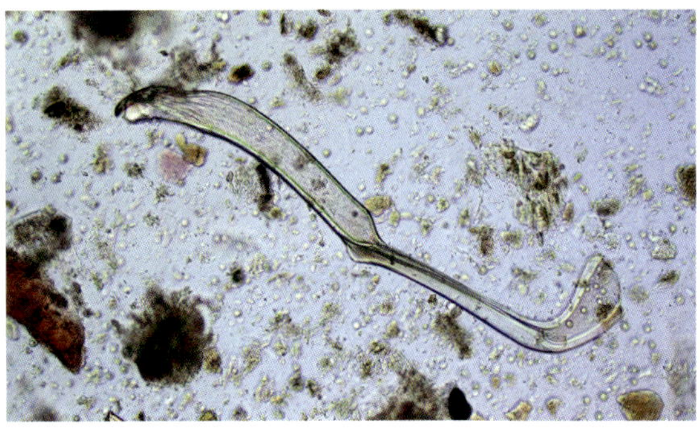

Bild 479: Lippenzähne von Aufwuchs abschabenden Fischen oder die Zähne der Radula von Schnecken finden sich oft in Mulm- und Kotproben (Vergr. 200x)

Jeder Organismus benötigt Energie, um sein Körpergleichgewicht (Homöostase) aufrecht zu erhalten und Leistungen zu erbringen. Diese Energie nimmt der Organismus über die zugeführte Nahrung auf. Man unterscheidet zwischen Erhaltungs- und Leistungsbedarf. Die Energie für die Erhaltung des Körpergleichgewichtes ist bei Fischen gering, da sie wechselwarme Tiere sind und bewegungslos im Wasser schweben können. Wieviel mehr an Energie für Leistungen, wie Fortpflanzung, Gonadenentwicklung, Verdauung oder Paarung benötigt wird, ist leider unbekannt. Bei der Haltung von Fischen in Aquarien und Gartenteich können wir davon ausgehen, dass der Gesamtbedarf bei einer hochwertigen und abwechslungsreichen Ernährung mehr als ausreichend gedeckt ist. Festzustellen ist das jedoch nur durch Messen und Wiegen der Fische vor und nach der Fütterungsperiode mit einem bestimmten Futter. Aufgrund der Gewichtzunahme der Fische bei gesundem Wachstum ohne Verfettung der Organe können Rückschlüsse auf die Qualität eines Futters erfolgen.

Durch eine langfristige Fütterung von ungeeignet zusammengesetzten Futtermitteln ist es möglich, dass selbst der Energiebedarf zur Erhaltung der Homöostase nicht ausreichend gedeckt ist. Die Fische magern ab.

Bei Teichfischen kommt noch hinzu, dass mit fallender Temperatur die Verdaulichkeit der Futtermittel abnimmt. Eine langfristige übermäßige Fütterung verursacht selbst bei bester Futterqualität eine Verfettung des Organismus. Auch ein zu hoher Anteil an Kohlenhydraten in der Nahrung führt zu starker Verfettung der Leibeshöhle und der Organe.

Mehr als die Hälfte der zwischen 1980 und 2020 von mir untersuchten kranken Fische wiesen eine starke Verfettung der Leber und der Leibeshöhle auf. Solche Verfettungen führen zu Störungen bis zum Ausfall der Leberfunktion (Bilder 167 bis 169). Als Folge tritt häufig eine Tuberkulose in Leber, Milz und Darm auf. Ebenso kann es zu einem bauchwassersuchtartigen Krankheitsbild durch die Vermehrung diverser Bakterienarten in Leber, Milz, Niere und Leibeshöhle kommen. Auch andere Parasiten können sich stärker vermehren, da die Abwehrkraft des Fisches vermindert ist.

Mögliche Ursachen der ernährungsbedingten Leberverfettung sind zu kohlenhydratreiche und zu fette Nahrung sowie das Fehlen von Cholin und Vitaminen. Eine einseitige Ernährung mit leicht verdaulichem Futter und Vitaminmangel führt zu Magen und Darmentzündungen (Diagnosetafel 14C, Bild 51).

Bild 480: Ein über den Sommer und Herbst sehr abgemagerter Koi

Ebenso gefährlich ist verdorbenes Futter. Trockenfutter wird bei Aufbewahrung im Raumklima innerhalb von drei bis vier Monaten nach Anbruch der Dose für die Ernährung minderwertig. Luftfeuchtigkeit und Sauerstoff zersetzen die Vitamine und bietet Bakterien und Pilzen eine Lebensgrundlage. Auf keinen Fall darf schimmeliges Trockenfutter verfüttert werden. Schimmelpilze der Gattung *Aspergillus* und *Penicillium* erzeugen als Stoffwechselprodukte die hoch giftigen und karzinogenen Aflatoxine. 5 mg Aflatoxin auf 1 kg Fischmasse führt zum Tode innerhalb weniger Tage, die Leber wird gelb und löst sich auf (Nekrose). Geringere Konzentration des Giftes führt zu Leberkrebs. Es ist daher sinnvoller, das Trockenfutter in einer Dosengröße zu kaufen, deren Inhalt innerhalb von drei Monaten aufgebraucht ist.

Entzündungen im Magen und Darm treten bei Fütterung mit verdorbenem Futter, Vitaminmangel, nicht völlig aufgetautem Frostfutter und überwiegender Fütterung mit Fleisch von Warmblütern (Rinderherz, Geflügel) auf. Ebenso führt

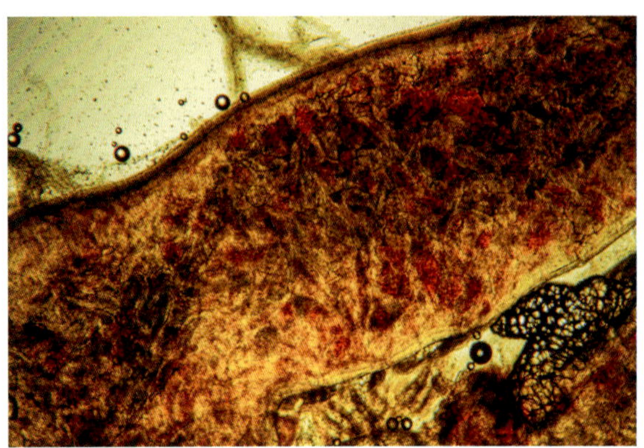

Bild 481: Entzündete Stellen mit Blutungen an der Darmwand (Vergr. 40x)

die hauptsächliche Verfütterung von leicht verdaulicher Nahrung mit hohem Nährstoffgehalt und fehlenden Ballaststoffen sowie die einseitige Ernährung der Fische mit Futtermitteln, die einen überhöhten Anteil von einzelnen Nahrungskomponenten, wie Kohlenhydraten, Fetten (z. B. Enchyträen) oder Eiweißen aufweisen, zu blutenden Entzündungen in Magen und Darmwänden. Über diese Blutungen können Krankheitserreger in den Blutkreislauf und die inneren Organe gelangen.

Die Hauptbestandteile der Nahrung sind Eiweiße (Proteine), Fette (Lipide) und Kohlenhydrate. Es handelt sich dabei um lange, oft mehrfach gefaltete Molekülketten, die aus kleineren Einheiten zusammengesetzt sind. Die kleinsten Bausteine der Eiweiße sind die Aminosäuren, der Fette die Fettsäuren und der Kohlenhydrate die Einfachzucker und Glukose. Aus diesen Grundstoffen sowie Mineralien und Wasser baut der Fisch seine Körpersubstanz auf und erhält sein Körpergleichgewicht aufrecht. Der geatmete Sauerstoff liefert ihm die dafür benötigte Energie. Eine mangelhafte Sauerstoffversorgung macht den Energiegewinn aus der besten Nahrung zunichte, weil die Fische übermäßig viel Energie für die Atmung aufwenden müssen. Selbst bei hohem Sauerstoffgehalt verbrauchen die Fische 15 bis 30% der gewonnenen Energie für die Atmung [Bremer].

Die Gesundheit der Fische im Aquarium und im Gartenteich hängt sehr stark davon ab, was ihnen ihr Besitzer als Nahrung gibt. Die gegenwärtig in den meisten Ländern der Welt etablierte Tierschutzgesetzgebung schreibt vor, dass einem Tier keine vermeidbaren Leiden und Schäden zugefügt werden dürfen. Wer seinen Tieren minderwertiges Futter verabreicht, nimmt eindeutig Folgeschäden billigend in Kauf und macht sich strafbar.

Die Zusammensetzung und Qualität der Inhaltstoffe eines Futters ist für ein ausgewogenes Wachstum und die Ausprägung der natürlichen Farben entscheidend. Diese Faktoren sind für die möglichst vollständige Verwertung des Futters durch die Fische entscheidend und reduzieren die belastenden Ausscheidungen. Aber auch Wassertemperatur und Sauerstoffgehalt beeinflussen die Verdauung und Verwertung des Futters im Organismus. Für Fische, die in Aquarien immer bei optimaler Temperatur und Sauerstoffgehalt gehalten werden, spielt das keine große Rolle. Für Teichfische, wie Koi, die den wechselnden Temperaturen der Jahreszeiten ausgesetzt sind, schon. So kann bei Koi und bei Temperaturen von 22 bis 26°C sowie einem Sauerstoffgehalt von mehr als 5 mg/L die beste Umsetzung der Nahrung in Körpermasse beobachtet werden. Für Goldfische liegt der optimale Temperaturbereich zwischen 19 und 23 °C. Bei Temperaturen unter 18 °C stellen Koi das Wachstum weitestgehend ein und die Energie wird für den Erhaltungsstoffwechsel benötigt. Es ist somit sinnvoll, den Teichfischen im Jahresverlauf unterschiedliche Futtermittel zu geben, die auf die temperaturbedingte Verdauungsfähigkeit abgestimmt sind.

Es gibt ein sehr umfangreiches Angebot an Futtermittel für Fische auf dem Markt mit großen Unterschieden in den Preislagen. Sehr billige Futtermittel sind oft minderwertig, haben einen viel zu hohen Gehalt an Kohlenhydraten und schaden den Fischen. Ein Futter mit hochwertigen und deshalb hochpreisigen Rohstoffen kann nicht billig verkauft werden und hat einen angemessenen Preis.

Das Futter sollte nicht mit den Händen entnommen werden. Man sollte auf keinen Fall mit bloßen und feuchten Fingern in die Dosen greifen. Die Hände sind mit Massen von Bakterien besiedelt. Sie infizieren das in der Dose verbleibende Futter mit Bakterien und Pilzen. Man sollte bedenken, dass Bakterien sich schnell durch Zweiteilung vermehren. Aus einem Bakterium entstehen unter günstigen Bedingungen innerhalb eines halben Tags mehr als eine Milliarde Bakterien. Die Entnahme kann sehr gut mit einem Metalllöffel erfolgen. Wenn dieser trocken ist, ist er in der Regel auch steril. Außerdem ist die Entnahmemenge gut zu dosieren. Hat man keinen Löffel zur Hand, kann man die zu verabreichende Futtermenge in den Deckel der Dose schütten und sie daraus in das Aquarium geben.

Die angebrochenen Verpackungseinheiten müssen nach jeder Entnahme wieder fest verschlossen und kühl gelagert werden. Eindringender Sauerstoff oxydiert hauptsächlich die ungesättigten Fettsäuren und macht sie ranzig. Angebrochene Futterdosen sollten innerhalb von 3 bis 4 Monaten aufgebraucht sein. Größere Gebinde in Beuteln oder Säcken für Teichfische dürfen nicht im Licht stehen, da dieses mehrere Vitamine zerstört. Deshalb sollten die Futtermittel auf keinen Fall in durchsichtigen Beuteln gekauft werden. Die angebrochenen Dosen und Beutel sollten immer möglichst dunkel, kalt und trocken gelagert werden. Viele Hersteller bieten wiederverschließbare Packungen an, die auch luftdicht sind.

Bei abwechslungsreicher Fütterung sind mitunter mehrere Futterdosen gleichzeitig in Gebrauch. Sie sollten auch nicht auf der sehr warmen Aquarienabdeckung stehen, sondern unten im Schrank oder besser, im Kühlschrank gelagert werden. In warmem, feuchtem Milieu können sich die Erreger noch schneller vermehren. Wählt man verschiedene Futtersorten in kleinen Einheiten, können die Aquarienfische in den drei Monaten abwechslungsreich ernährt werden.

Grundsätzlich sollte das Trockenfutter niemals direkt aus der Dose ins Aquarium geschüttet werden. Das führt immer dazu, dass zu viel gegeben wird.

Gibt man das Futter in einen Futterring, bekommen die schnellsten und dominierenden Fische am meisten ab und verfetten. Zögerliche Fische erhalten zu wenig. Daher verteile ich das Futter immer auf der Wasseroberfläche. Es treibt schnell auseinander und alle Fische können gleichzeitig davon fressen.

Auch darf Fischen kein altes und verdorbenes Futter gegeben werden. Oxydierte Fette, also ranzige Fette, sind für Fische hochgiftig. Sie führen zu Schäden an Leber, Niere und Kiemen (Bohl). Der Zustand des Futters ist mitunter nur durch mikroskopische Untersuchung feststellbar. Das Verfallsdatum gilt nur für original verschlossene Verpackungen. Wenn die Verpackung geöffnet wurde, unterliegt das Futter einem steten Zersetzungsprozess. Es sollte nach dem Öffnen innerhalb von allerhöchstens vier Monaten verbraucht sein. Das gilt aber nur, wenn die geöffnete Einheit trocken, dunkel und kühl gelagert wird. In warmen Räumen mit hoher Luftfeuchtigkeit verdirbt das Futter schneller.

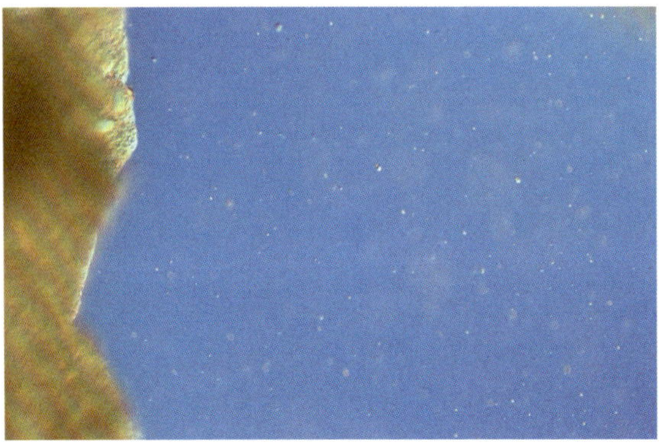

Bild 482: In der ersten Probe waren sofort nach der Entnahme nur wenige Bakterien zu finden (Vergr. 200x)

Die Futtermittel dürfen auf Grund der gesetzlichen Vorgaben nicht mehr als 12% Restfeuchte enthalten. Hochwertige Futtermittel liegen deutlich darunter, meist bei 5 bis 8%. Bei einer so niedrigen Restfeuchte wird die Vermehrung von Bakterien und Pilzen deutlich reduziert.

Wenn die angebrochene Futterpackung nicht sofort nach einer Futterentnahme wieder geschlossen wird, gelangt mehr Feuchtigkeit aus der Luft hinein. Das Futter ist aufgrund der Matrix des Bindemittels (s. Kap. 10.5.2.) hygroskopisch und nimmt Feuchtigkeit auf. Da immer nach dem Öffnen Bakterien und Pilzsporen in die Dose gelangen, können diese sich im dem feuchten Futter vermehren. Ein nicht unbeträchtlicher Teil der Bakterien, die diesen Nährboden nutzen können, sind fakultative Krankheitserreger. Im harmlosesten Fall schaden sie der Darmflora und verdrängen die natürlichen Darmbakterien durch schnelle Vermehrung.

In folgender Untersuchung wurden aus einer im Aquarienraum gelagerten Dose Flockenfutter, die über drei Monate geöffnet war und aus der täglich Futter entnommen wurde, drei Proben genommen. Die erste Probe wurde mit einem sterilen Löffel entnommen und sofort untersucht. Es konnten wenige Bakterien in der Probe festgestellt werden.

Auch für die zweite Probe wurde mit einem sterilen Löffel Futter aus der Dose entnommen und in ein steriles Glas mit sterilem Wasser gegeben. Das Glas wurde luftdicht verschlossen über 48 Stunden in ein Aquarium gestellt. Danach wurde eine Probe genommen und mikroskopiert. Das

Bild 483 links: Zweite Probe: Flockenfutter aus einer seit drei Monaten geöffneten Dose in sterilem Glas

Bild 484 rechts: Die zweite Probe nach 48 Stunden Bebrütung im Aquarium

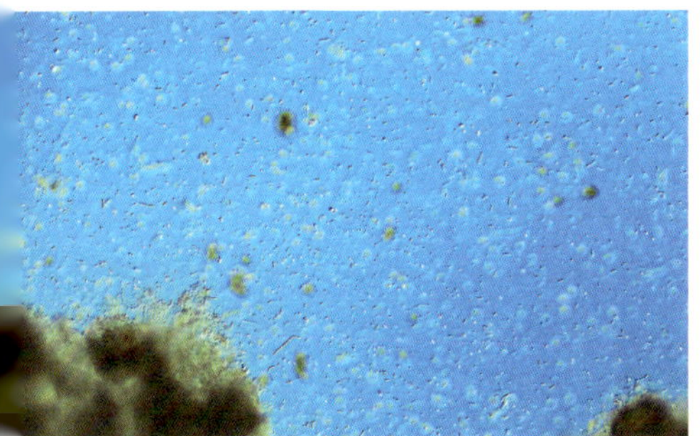

Bild 485: Die zweite Probe: Viele Bakterien nach 48 Stunden Bebrütung (Vergr. 100x Dic)

Wasser war trübe, es hatten sich große Mengen von Bakterien gebildet.

Die dritte Probe wurde aus der gleichen Dose entnommen und in ein Glas mit Aquarienwasser gegeben. Dieses wurde zur Bebrütung in ein Aquarium mit 26°C Temperatur gebracht. Es wurde alle drei Stunden etwas Flüssigkeit mit einer Pipette entnommen und mit einem Mikroskop untersucht.

Die Ergebnisse zeigen, dass sich an Futtermitteln, die in Aquarienwasser gegeben werden, in sehr kurzer Zeit große Mengen von Bakterien entwickeln. Daher ist es völlig unsinnig, die Biologie eines neuen Filters mit der Zugabe von Fischfutter starten zu wollen. Das Futter verfault und die sich entwickelnden Bakterien sind keine Reinigungsbakterien, sondern in hohem Anteil fakultative Krankheitserreger. Nitrifizierende Bakterien entstehen dabei nicht. Diese würden sich erst viel später entwickeln, wenn sich abbauende Bakterien entwickelt und Ammonium erzeugt haben.

Gerade bei Teichbesitzern ist zu beobachten, dass mitunter große Einheiten gekauft und dann über die ganze Saison verfüttert werden. Sie werden mitunter nicht einmal schattig aufbewahrt und sind der Sonne und Feuchtigkeit aus-

Bild 486: Dritte Probe: Schon nach drei Stunden sind Bakterien zu finden (Vergr. 200x Dic)

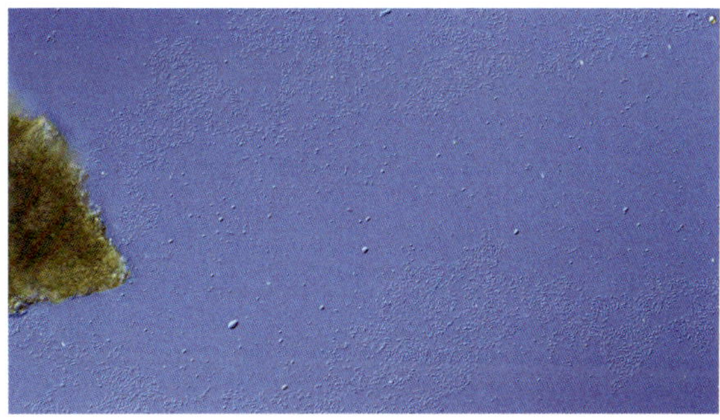

Bild 487: Dritte Probe: Nach sechs Stunden haben sich die Bakterien stark vermehrt

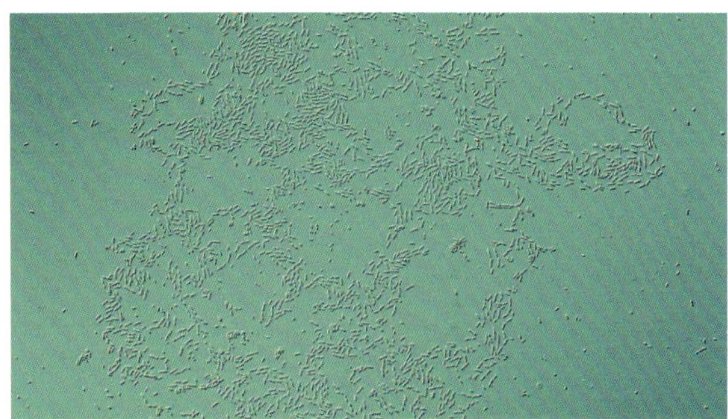

Bild 488: Dritte Probe: Massenvermehrung der Bakterien nach neun Stunden (Vergr. 200x Dic)

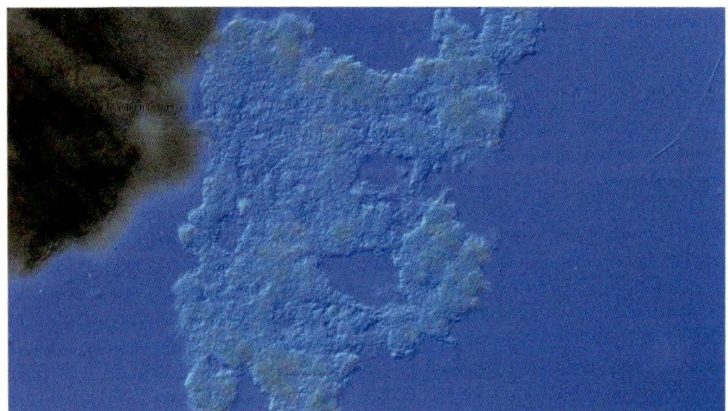

Bild 489: Dritte Probe: Nach 24 Stunden haben die Bakterien Flocken gebildet. Die Probe riecht stark nach Fäulnis (Vergr. 200x Dic)

gesetzt. Pilze und Bakterien vermehren sich in feuchtem Futter und reichern es mit hochgiftigen Stoffwechselprodukten an. Eiweiß abbauende Pilze (z. B. *Aspergillus flavus*) scheiden Aflatoxine aus, die hochgiftig sind. Es ist nicht gesagt, dass man die Feuchtigkeit im Futter bemerkt, es fühlt sich nach wie vor trocken an. Die Vermehrung eiweißabbauender Pilze geschieht oft unbemerkt für den Pfleger, da diese nur mit einem Mikroskop nachweisbar sind. Ihre hochgiftigen Stoffwechselprodukte führen zum Absterben des Lebergewebes und verursachen den Tod der Fische. Es kann nicht sein, dass erhebliche Beträge für den Bau von Teichanlagen und Koi ausgegeben werden und dann an den laufenden Kosten gespart wird, indem man billiges und minderwertiges Futter verabreicht.

Die geöffneten Verpackungen sollten auch nicht über den Winter gelagert werden, wenn sie nicht verbraucht wurden. Wenn Futter nach einer Saison übrig ist, sollte es in einem stabilen Plastikbeutel vakuumiert und tiefgekühlt gelagert werden. Am besten sind die Verpackungsgrößen so zu kaufen, dass sie innerhalb von drei Monaten aufgebraucht sind. Das kommt auch der jahreszeitlich bedingten unterschiedlichen Ernährung der Fische im Gartenteich entgegen. Dazu erfahren Sie in diesem Kapitel noch mehr.

Die Fische sind aufgrund ihrer Evolution an eine natürliche Nahrung angepasst, die im Wasser lebt. Das betrifft die Verdauungsfähigkeit der Nahrung sowie ihre Temperatur. Da Fische ihre Nahrung schon immer mit gleicher Temperatur aufnehmen wie ihre Körpertemperatur, haben sie nicht die Fähigkeit, wie Warmblüter, ihre Nahrung im Magen an die Körpertemperatur anzupassen. Warm-

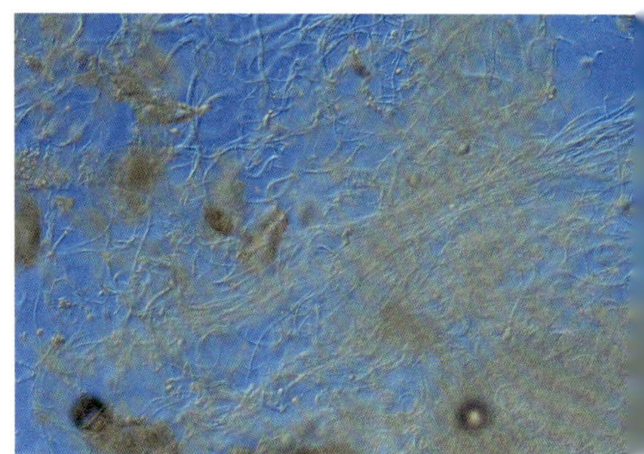

Bild 490: Ein feucht gewordenes Granulatfutter war stark mit Pilzen und Bakterien durchsetzt (Vergr. 200 Dic)

blüter mussten während ihrer ganzen Evolution im Winter auch kalte Nahrung verwenden können. Das war während der Entwicklung der Fische nicht notwendig. Erst als der Mensch das Feuer zu nutzen lernte, konnte er die Nahrung erwärmen und garen. Daher sind weder Fische mit Magen noch solche ohne Magen fähig, eiskaltes Frostfutter aktiv zu erwärmen. Wenn Fische wiederholt kalte Futtertiere aufnehmen, kann das zu Entzündungen des Magens oder des vorderen Darmtraktes führen. Man sollte das Futter nicht tiefgefroren in das Aquarium geben, denn die Fische fressen die kalten Futtertiere direkt von dem Eisklotz ab.

Die Messung der Temperatur hat folgende Ergebnisse ergeben. Ein Stück gefrorene Artemia von 2 x 1,3 x 1,3 Zentimeter Größe und 3,35 Gramm benötigte in einem Wasser von 26° C 7 Minuten, um vollständig aufzutauen. Die von dem Futterwürfel abfallenden einzelnen Artemia haben immer noch eine Temperatur von knapp über dem Gefrierpunkt. Die Fische nehmen sie jedoch sofort nach dem Ablösen gierig auf oder picken sie vom Block ab. Wenn sich die Fische den Magen oder Pseudomagen füllen, kühlt das Gewebe stark ab. Bei regelmäßigem Füttern gefrorenen Futters führt das zu Entzündungen in Magen und Darm.

Beim Auftauen von Frostfutter sind große Mengen von Phosphat in der austretenden Flüssigkeit enthalten. Es belastet das Aquarienwasser sehr, wenn das Futter gefroren in das Aquarium gegeben wird.

Eine Tafel Rote Mückenlarven enthält 100 Gramm Larven, sie besteht aus 24 Rippen. In Wasser aufgetaut ergaben zwei Rippen einen Phosphatgehalt von 80 mg. Das sind somit 960 mg Phosphat pro Tafel. Eine frühere Messung ergab 535 mg Phosphat im Auftauwasser einer Tafel. Der Nitratgehalt war vernachlässigbar. Für Artemia ergaben sich noch höhere Werte. Da wurden für eine 100 g Tafel 3000 mg Phosphat ermittelt.

Frostfutter sollte in der benötigten Menge in einem Netz oder Sieb unter fließendem, kaltem Wasser aufgetaut werden. Das dauert nur Sekunden und enthaltene Phosphate und Bakterien werden abgespült. Danach soll es sofort mit einem Löffel verfüttert werden. Es ist nun schon vorgewärmt und muss nicht weiter auf die Wassertemperatur erwärmt werden. Das erfolgt dann schnell, wenn die Futtertiere in das Wasser gelangen.

Ein weiteres Problem mit Frostfutter kann die bakterielle Belastung des Futters sein. Ein Futter, das in großen Blöcken importiert, zur Verarbeitung aufgetaut, in kleine Einheiten verpackt und dann wieder eingefroren wird, enthält mehr Bakterien als Futter, das nach dem Fang sofort in kleinen Gebinden schockgefrostet wird. Bakterien sterben durch Eingefrieren nicht ab, sondern sind nur inaktiviert. Schon bei Temperaturen knapp unter dem Gefrierpunk werden viele von ihnen wieder aktiv und vermehren sich sofort.

Ich habe eine qualitativ hochwertige Frostfuttersorte Rote Mückenlarven sofort nach dem Auftauen auf Bakterien

Bild 491: Sofort nach dem Auftauen von Frostfutter sind nur vereinzelte Bakterien zu sehen (Vergr. 200x Dic)

Bild 492: Nach 24 Stunden im Kühlschrank sind große Mengen von Bakterien zu finden (Vergr. 200x Dic)

Bakterien Eingefrieren und Auftauen

QR-Code 120

untersucht. Es konnten nur ganz wenige Bakterien gefunden werden. Die Probe wurde 24 Stunden im Kühlschrank stehen lassen. Danach war das Futter stark mit Bakterien kontaminiert.

In einem weiteren Versuch wurde von der dritten Probe nach 48 Stunden Material entnommen und untersucht. Es konnten große Mengen von beweglichen und unbeweglichen Bakterien nachgewiesen werden. Von dem Material wurde eine Probe über 8 Tage bei minus 18°C eingefroren. Nach dem Auftauen waren die Bakterien sofort wieder aktiv. Es konnte keine Verringerung festgestellt werden.

Lebende Futtertiere gibt es in kleinen atmungsaktiven Plastikbeuteln (breathing bags) im Zoofachhandel (Bild 495). Die Futtertiere sind in den Beuteln viele Tage haltbar, da sie nicht ersticken. Das abgeatmete CO_2 diffundiert durch die Beutelfolie nach außen und Sauerstoff gelangt umgekehrt von außen nach innen. Leider enthalten diese Futtertiere keinen Darminhalt mehr. Sie werden ausgekotet verpackt, damit das Wasser durch die Ausscheidungen nicht verdirbt.

Das Verfüttern von lebenden Futtertieren hat mehrere Vorteile:

- Es ist die natürliche Ernährungsweise
- Der Jagdinstinkt wird gefördert
- Es ist reich an Ballaststoffen

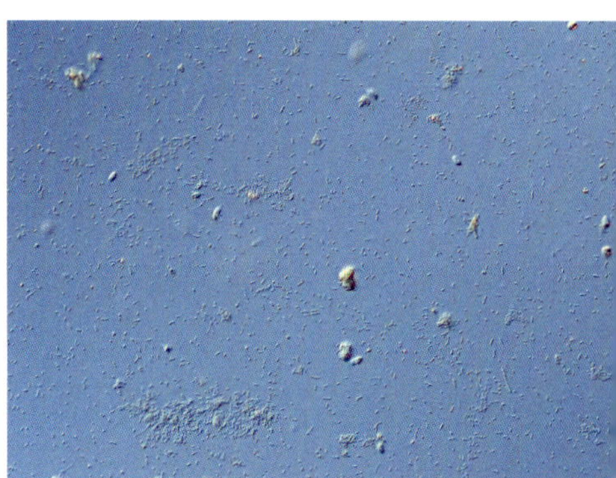

Bild 493: Das stark mit Bakterien infizierte Futter wurde 8 Tage eingefroren (Vergr. 200x Dic)

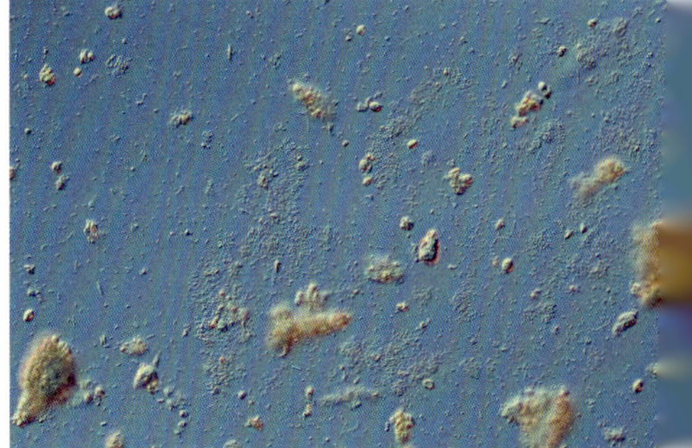

Bild 494: Die Bakterien sind nach dem Auftauen sofort wieder aktiv (Vergr. 200x Dic)

Bild 495: Lebende Futtertiere: Tubifex, Rote Mückenlarven und Weiße Mückenlarven

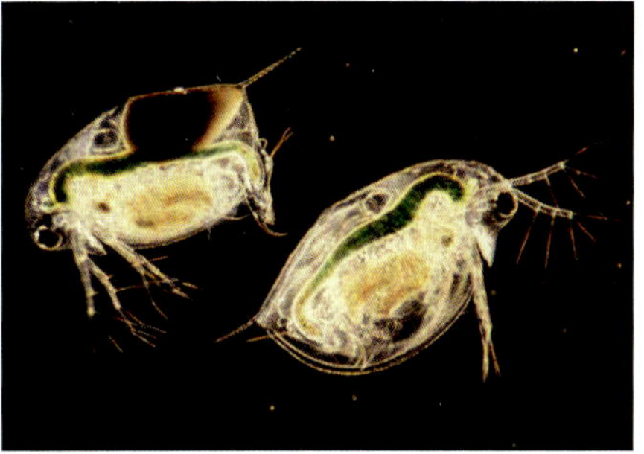

Bild 496: Der grün gefärbte Darminhalt enthält wertvolle Futterkomponenten und viele zusätzliche Verdauungsenzyme (Vergr. 25x)

- Es enthält den wertvollen Darminhalt der Filtrierer (nur bei frisch gefangenem Lebendfutter)
- Es enthält die zusätzlichen Verdauungsenzyme der Futtertiere

Viele Futtertiere sind filtrierende Organismen, die schwebendes Phytoplankton aufnehmen. Ihr Darminhalt ist davon grün gefärbt. Der Darm der Fische kann nur etwa 100 Verdauungsenzyme produzieren. Wesentlich mehr Enzyme produziert eine gesunde Darmflora. Die Darmflora der Futtertiere enthält sehr viele zusätzliche Verdauungsenzyme, die weder die Fische noch ihre Darmflora herstellen können. Sie bereichert die Darmflora der Fische und führt dazu, dass für die Verdauung noch mehr Verdauungsenzyme zur Verfügung stehen. Damit kann der Fisch sonst für ihn unverdauliche Nahrungskomponenten aufschließen und mehr Energie aus der Nahrung gewinnen [Bremer].

FD-Futtermittel sind gefriergetrocknete Futtertiere, wobei die Abkürzung aus dem Englischen kommt und ‚FD' für ‚Freeze Dried' steht. Die frisch geernteten Futtertiere werden bei minus 60°C schockgefrostet. Dabei entstehen keine Eiskristalle, wie beim normalen Eingefrieren von Futtertieren. Das so gefrostete Futter kommt in eine Vakuumkammer. Bei Unterdruck sublimiert das gefrorene Wasser zu Wasserdampf, ohne dabei flüssig zu werden. Das gasförmige Wasser entweicht durch die Poren aus den Futtertieren, die dabei völlig unversehrt bleiben. Da das Eis im Vakuum schon bei

Bild 497: FD-Rote Mückenlarve sind unversehrt

Bild 498: Die Haut der FD-Rote Mückenlarven ist unversehrt

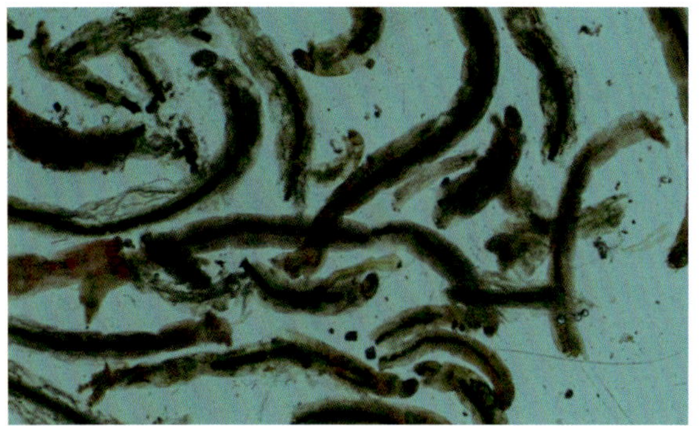

Bild 499: Aufgetaute Frostfutter Mückenlarven, viele sind zerrissen (Vergr. 20x)

40°C sublimiert, bleiben alle hitzeempfindlichen Nährstoffe und die wertvollen Verdauungsenzyme in den Futtertieren erhalten. Die wertvollen Inhaltsstoffe bleiben in den Tieren, da kein Auftauwasser wie bei Frostfutter entsteht.

Im Vergleich zu den FD-Roten Mückenlarven sind bei aufgetauten Frostfutter Rote Mückenlarven viele Larven zerrissen oder aufgeplatzt. Dadurch kann der flüssige Inhalt beim Auftauen austreten. Er enthält hohe Konzentrationen von Phosphat. Aus der aufgetauten Rippe einer Frostfuttertafel floss 1,3 ml Flüssigkeit. In dieser konnten 90 mg Phosphat nachgewiesen werden.

Bei dieser schonenden Trocknung im Vakuum bleiben die empfindlichen Bestandteile, wie Vitamine, ungesättigte Fettsäuren oder Enzyme im Darm erhalten. Der Nährwert dieses Futters liegt bei 95% des Lebendfutters. Es ist also ein vollwertiger Ersatz für Lebendfutter. Leider ist die Akzeptanz für diese Futtermittel bei den Aquarianern gering. Ohne gute Verkaufsberatung verstauben die Dosen in den Regalen des Zoofachhandels. Möglicherweise irritiert das geringe Gewicht und der Kunde denkt, es sei kaum etwas in der Dose. Man bedenke dabei, dass die lebenden Futtertiere zu über 80% aus Wasser bestehen, die getrockneten demnach nur noch ein Fünftel Gewicht haben. Der Inhalt einer Dose FD-Rote Mückenlarven von 20 Gramm und 8% Wassergehalt entsprechen einer Menge von etwa 200 Gramm lebenden Mückenlarven bei gleichem Nährstoffgehalt. Das kann Frostfutter nicht bieten. Ein weiterer Grund mag sein, dass die FD-Futtermittel auf der Wasseroberfläche schwimmen. Die Fische gewöhnen sich daran und fressen sie auch von der Oberfläche. Meine Altum-Skalare, *Ptero-*

Bild 500: Aufgetaute Frostfutter Rote Mückenlarven sind oft zerrissen (Vergr. 100x)

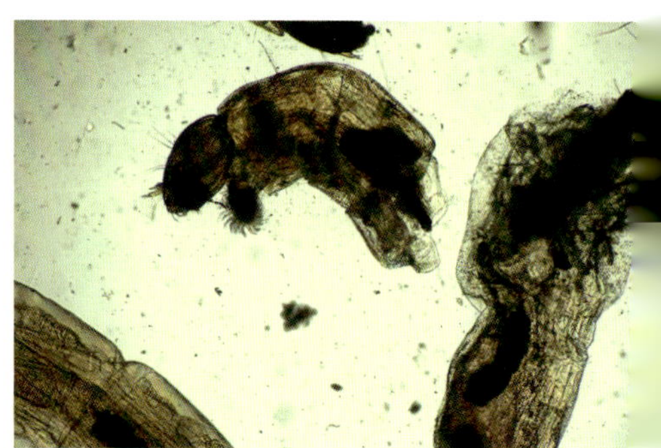

Bild 501: Aufgetaute rote Mückenlarven sind oft aufgeplatzt und zerbrochen (Vergr. 100x)

phyllum altum, fressen die FD-Artemia sehr gierig, wie im Video zu sehen ist.

Es gibt auch eine Möglichkeit, dass die FD-Futtertiere wieder Wasser aufnehmen. Man füllt eine Futtermenge in eine großvolumige Spritze. Dann steckt man den Kolben hinein und drückt ihn so weit vor, dass die Luft entweicht und das Futter leicht zusammengedrückt wird. Man zieht etwa 50% des Futtervolumens mit Wasser auf. Dann verschließt man die Öffnung der Spritze und zieht den Kolben bis zum Anschlag zurück. Dadurch entsteht ein Vakuum, die Luft entweicht aus dem Futter und das Wasser dringt ein. Den Vorgang wiederholt man zweimal, bis keine Luft mehr herausgeht und das Futter vom Wasser durchdrungen ist. Dann kann man es ins Aquarium geben und es schwimmt nicht mehr an der Oberfläche, sondern sinkt sofort ab. Wenn die Fische diese Art der Fütterung gewöhnt sind, kann man das Futter auch mit Vitaminlösungen, wie sera fishtamin, anreichern. Dazu sollte das Vitaminpräparat vorher mit dem zu verwendenden Wasser gut gemischt werden.

***Altum* fressen FD Artemia**

QR-Code 121

FD-Futter entlüften

QR-Code 122

10.2. Was ist Nahrung, woher kommt sie?

Alle Nahrung dieser Welt und die aller Lebewesen basiert auf der Photosynthese der Produzenten, den Pflanzen. Im Wasser sind es die Algen und chlorophyllhaltigen Bakterien, die Cyanobakterien. Diese Lebewesen können aus den anorganischen Stoffen Wasser und Kohlendioxid unter Nutzung des Sonnenlichts energiereiche organische Stoffe, die Kohlenhydrate, herstellen. Dabei entsteht Sauerstoff als Abfallprodukt. Auf die in den Meeren verbreiteten winzigen einzelligen Cyanobakterien entfällt der größte Teil dieser Biomasse der Produzenten. Alle Landpflanzen wiegen das nicht auf. Primär erzeugen das Phytoplankton und die Pflanzen das einfache Kohlenhydrat Traubenzucker, Dextrose oder Glukose, ein Monosaccharid. Aus diesem Grundbaustein werden durch Aneinanderlagern weitere Kohlenhydrate zusammengesetzt.

Werden zwei Glukosemoleküle miteinander verbunden, entstehen Disaccharide wie die Saccharose, der Haushaltszucker. Je nachdem wie viele Monosaccharide im Stoffwechsel der Pflanzen durch Abspaltung von Wasser zu größeren Molekülen zusammengesetzt werden, entstehen die Mehrfachzucker, Oligosaccharide und Vielfachzucker, die Polysaccharide. Diese bestehen aus mehreren hundert bis tausend Monosacchariden. Mais, Getreide oder Kartoffeln bilden das Polysaccharid Stärke als Reservestoff, der viel Energie enthält. Die in der Photosynthese erzeugte Glukose ist das Ausgangsmaterial, aus dem die Algen und Pflanzen alle weiteren langkettigen Verbindungen, wie Fette und Eiweiße, aufbauen.

Tiere können keine Kohlenhydrate selbst herstellen, sie müssen sie als Nahrung aufnehmen. Sie können aber aus der Glukose, die sie aus der Nahrung gewonnen haben, einen Reservestoff bilden, das Glykogen. Es wird oft auch als tierische Stärke bezeichnet. Glykogen wird in der Leber erzeugt und hauptsächlich auch dort abgespeichert, ein Teil auch in der Muskulatur. Aus etwa 8.000 bis 12.000 Monosacchariden bauen die Pflanzen ihre Gerüststrukturen, die Lignine und Cellulose auf. Sie sind Hauptbestandteil der pflanzlichen Zellwände und für Fische völlig unverdaulich. Auch einige Tiere können aus Monosacchariden sehr stabile Gerüststoffe aufbauen, das Chitin. Es ist der Hauptbestandteil des Exoskeletts der Insekten und Krebstiere und ist für die meisten Fischarten unverdaulich. Auch die Haut der Nematoden enthält Chitin.

Alle tierischen Organismen sind Konsumenten. Die verzehren entweder direkt oder indirekt die Pflanzen oder ihre Erzeugnisse, wie Früchte und Samen. Einige dieser Stoffe, wie Kohlenhydrate, essenzielle Aminosäuren und ungesättigte Fettsäuren, können Tiere nicht erzeugen, sie müssen mit der Nahrung aufgenommen werden. Diese essenziellen Stoffe werden in der Nahrungskette weitergegeben.

Die bei der Photosynthese in die organischen Verbindungen eingebrachte Sonnenenergie wird von den Konsumenten durch ‚Verbrennen' der Kohlenstoffverbindungen wieder freigesetzt und für die Erhaltung der Körpertemperatur sowie den Stoffwechsel verwendet. Dazu atmen sie Sauerstoff ein und verbrennen mit ihm den Kohlenstoff zu CO_2, das ausgeatmet wird.

Die Basis der Nahrungskette im Meer ist das Phytoplankton. Es erzeugt alle organischen Stoffe. Die Konsumenten 1. Ordnung, z. B. Einzeller, Rädertierchen und kleinste Fischlarven, fressen das Phytoplankton. Diese sind wiederum die Beute der Konsumenten 2. Ordnung, z. B. Krebstiere wie Copepoden und Flohkrebse sowie größere Fischlarven. Konsumenten 3. Ordnung sind dann z. B. die Fische, die sich vom tierischen Plankton ernähren. Die Konsumenten 4. Ordnung sind die Fischfresser an der Spitze der Nahrungskette. Von Stufe zu Stufe reduziert sich die Biomasse auf 10%, also aus 1.000 kg Phytoplankton entstehen 100 kg Zooplankton, 10 kg Plankton fressende Fische und nur 1 kg Fischfresser.

Die Konsumenten können aber die Kohlenhydrate, Fette und Eiweiße ihrer

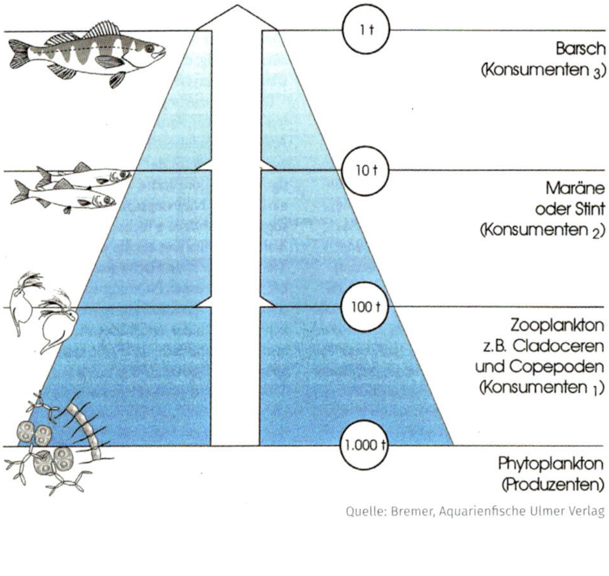

Quelle: Bremer, Aquarienfische Ulmer Verlag

Bild 502: Die Glieder der Nahrungspyramide bezeichnet man als trophische Stufen. Von Stufe zu Stufe verringert sich die Biomasse auf etwa ein Zehntel

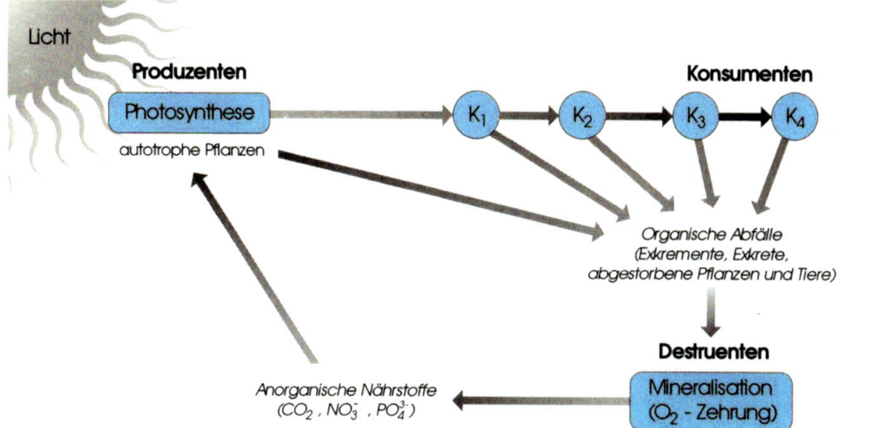

Bild 503: Kreislauf der Organismen

Beute nicht direkt verwerten. Sie müssen sie zum größten Teil in einem Verdauungsprozess wieder in ihre Bestandteile zerlegen, die Einfachzucker, die Fettsäuren und die Aminosäuren. Erst dann können sie in den Organismus aufgenommen und daraus die arteigene Körpersubstanz aufgebaut werden. Die Verdauung und der Wiederaufbauprozess der Kohlenhydrate, Fette und Eiweiße ist mit einem Verlust an Energie verbunden.

Die letzte Gruppe der Organismen im Kreislauf des Lebens sind die Destruenten, hauptsächlich Bakterien und Pilze. Sie zerlegen abgestorbene organische Substanz in anorganische und führen sie so wieder den Produzenten zu. Der Kreislauf ist geschlossen.

10.3. Die Herstellung von Futtermitteln

Engagierte Züchter und Aquarianer stellen sich mitunter Futtermittel für Ihre Fische selbst her. Solange sie das Futter nicht an andere Personen abgeben, ist das rechtlich in Ordnung. Wer Futtermittel herstellt oder mischt gilt als Hersteller und muss den Betrieb bei der Landesbehörde anmelden. Das Kaufen großer Gebinde und Abfüllen in kleinere Einheiten, fällt unter diese Gesetzgebung. Zumal ein Umfüllen das Futter mit Bakterien und Pilzen kontaminiert. Die Herstellergarantie erlischt.

Nicht jeder, der sich berufen fühlt, hat das Fachwissen Futtermittel herzustellen, die auch wirklich die Ernährungsbedürfnisse der Fische erfüllen. Das ist nicht so einfach, wie mancher Züchter sich das vorstellt. Auch wenn man glaubt, die Bedürfnisse seiner Fische genau zu kennen, ist es nicht ausreichend. Nicht umsonst haben seriöse Herstellerbetriebe jahrzehntelang geforscht, um hochwertige Futtermittel herstellen zu können. Einige wenige Betriebe, wie beispielsweise die Fa. sera, unterhalten zu diesem Zweck große Labore und beschäftigen mehrere kompetente Wissenschaftler. Sie arbeiten mit Züchtern und Großhändlern zusammen, um die Futtermittel zu optimieren.

Dabei kommt die Futtermittelgesetzgebung zum Tragen, die dem Hersteller einiges vorschreibt.

- Futtermittel, die nicht sicher sind, dürfen nicht in den Verkehr gebracht oder an Tiere verfüttert werden.
- Wenn sie die Tiergesundheit oder den Tierschutz negativ beeinflussen, gelten sie als nicht sicher.
- Sie müssen zweckgeeignet sein, das muss der Hersteller sicher stellen.
- Angaben zur physiologischen Wirkung müssen wissenschaftlich begründet sein, z. B. durch wiss. Artikel, Studien Auszüge aus Fachbüchern oder durch Empfehlungen von EFSA und BfR.
- Selbst wenn man zugelassene Futtermittel mischt oder in kleinere Einheiten umpackt und verkauft, gilt man vor dem Gesetzgeber als Hersteller.

Beim Verarbeiten von rohem Fischfleisch zu Futter sollte man beachten, dass einige Fischarten das Enzym Thiaminase enthalten. Es zerstört das Vitamin B1 (Thiamin). Das Erhitzen beim Verarbeitungsprozess zersetzt die Thiaminase.

Folgende Tiere haben einen hohen Gehalt an Thiaminase: Karpfen, Zander, Brasse, Schleie, Wels, Stint, Sardelle, Sprotte, Hering, Gelbflossen-Thunfisch und Muscheln.

Frei von Thiaminase sind: Lachs, Seelachs, Forelle, Rotbarsch, Makrele, Dorsch/Kabeljau, Dorade, Flussbarsch, und Aal.

Für die Herstellung von industriellem Fischfutter sollte kein Filet von wild gefangenen oder kultivierten Speisefischen verwendet werden. Das verstärkt den Druck auf die stark bedrohten Populationen. Es fördert die Überfischung der Weltmeere und erhöht die akute Gefahr, Arten komplett auszurotten. Es ist auch kein vollwertiger Rohstoff, da wichtige Teile des Fisches fehlen (s. Kap. 10.8.). Fischfilet für menschliche Ernährung zu Fischfutter zu verarbeiten, entspricht zudem nicht dem heutigen Verständnis von Ethik und Nachhaltigkeit.

10.4. Der Unterschied von Futter für Nutz- und Zierfische

Bei Nutzfischen handelt es sich nur um wenige Arten, die seit Jahrhunderten, manche seit Jahrtausenden, wie der Karpfen, gepflegt werden. Futtermittel für Forellen, afrikanische Welse oder Karpfen sind für die Zierfische denkbar ungeeignet. Diese Futter sind auf eine einzige Fischart optimiert und somit nicht auf Tausende von Zierfischarten zu übertragen. Zudem ist das Ziel der Nutzfischfütterung ein schnelles Wachstum, die gute Filetbildung und ein guter Geschmack sowie baldige Schlachtreife. Bei der Schlachtung von Nutzfischen sind oft verfettete Organe und Leibeshöhlen zu beobachten. Futtermittel für Nutzfische haben nicht die Langlebigkeit im Fokus, sondern ein möglichst schnelles Wachstum und gute Muskelbildung. Eine natürliche Lebensspanne würden die Nutzfische bei anhaltender Mastfütterung nicht erreichen.

Die Fütterung von Zierfischen mit Futter für Nutzfische, z. B. um Kosten zu sparen, führt zu starken Verfettungen des Organismus, Veränderung des Mikrobioms im Darm, blutigen Entzündungen im Darm, Immunschwäche, Anfälligkeit für Parasitenbefall und bakterielle Infektionen sowie zu Kurzlebigkeit bei den betroffenen Fischen. Das konnte ich anhand von Killifischen feststellen, die mit Forellenaufzuchtfutter gefüttert wurden. Der Züchter klagte über hohe Sterberaten, meinte aber das Beste für seine Fische zu tun. Die Leibeshöhle der untersuchten Fische war voll von Fett und sie hatten stark verfettete Lebern.

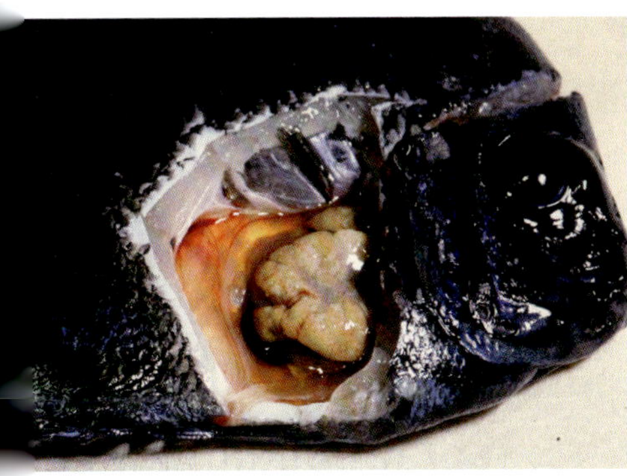

Bild 504: Die Leber ist verhärtet und verfettet

Ähnliche Probleme treten auf, wenn Zierfische überwiegend mit artfremd zusammengesetztem Eiweiß, z. B. Warmblüterfleisch, gefüttert werden. Die meisten Zierfischarten hatten in ihrer Evolution niemals Warmblüter im Nahrungsspektrum. Daher sind ihre Verdauungsenzyme nicht auf die Verdauung von Warmblüterfleisch angepasst. Die vollständige Verdauung von Warmblüterfleisch erfordert zudem eine hohe Körpertemperatur und eine starke Magensäure. Die Diskussion um die Fütterung von Diskusfischen mit Rinderherz hält seit Jahrzehnten an. Wichtig ist zu wissen, dass Rinderherz oder anderes Fleisch von Warmblütern niemals Alleinfutter sein kann. Es muss immer mit pflanzlichen Zusätzen und Teilen von tierischen Wasserorganismen gemischt und zeitweilig mit Vitaminen angereichert werden.

Ich bin ein Gegner der Rinderherzfütterung, da es aufgrund des ungünstigen Verhältnisses der Aminosäuren eine geringe Wertigkeit hat. Prof. Bremer hat in seinem Buch auch eine Abhandlung dazu geschrieben, folgend ein inhaltliches Zitat: ‚Rinderherz hat zehnmal dünnere Muskelfasern als normale Muskeln. Aufgrund dessen und der hohen Haltungstemperatur von Diskusfischen ist es teilweise verwertbar. Es darf nur das reine Herzmuskelfleisch ohne Kollagenfasern und Bindegewebe verwendet werden. Das macht nur etwa 30% des Herzens aus. Bindegewebe enthält viel Kollagen und ist für Fische nicht verdaulich. Es wird ausgeschieden und belastet das Wasser und den Filter. Für Jungfische können kollagenhaltige Futtermittel tödlich sein, da Kollagen aufquillt und zu Darmverschlüssen führen kann (Bild 506). Bei erwachsenen Fischen staut sich das unverdaute Futter und es entwickeln sich Massen von Darmflagellaten. Fischlarven dürfen kein Rinderherz als Erstfutter erhalten. Selbst geringe Anteile von Kollagen können tödlich sein, da die Quellung der Fasern zur Perforation der Magenschleimhaut führen kann' [Bremer].

Der Liebhaber von Zierfischen möchte eine langfristige Gesundheit seiner Pfleglinge und dass sie nicht an verfetteten Organen sterben. Futtermittel für Zierfische sollen ein langes und gesundes Leben ermöglichen, damit sich die Halter lange Zeit an den Tieren erfreuen können. Für den Züchter ist wichtig, dass seine Zierfische gesund heranwachsen und gesunde Nachkommen hervorbringen. Nur gesunde Zuchtpaare können viele Nachkommen produzieren. Futtermittel für Nutzfische sind daher absolut ungeeignet, sie gesund zu ernähren. Ich hatte Diskuszuchtpaare, die acht Jahre lang produktiv waren. Heute werden die Paare oft schon nach zwei Jahren als unproduktiv verworfen.

Gegenwärtig gibt es tausende Arten von Zierfischen, von denen mehrere hundert Arten regelmäßig im Zoofachhandel angeboten werden. Sie kommen aus unterschiedlichen Biotopen und haben sich im Laufe ihrer Evolution an sehr verschiedene Ernährungsbedingungen angepasst. In den Herkunftsgewässern ändert sich die Ernährung der Fische mitunter im Laufe der Jahreszeiten erheblich. Dazu kommt, dass die zu Verfügung stehenden Nahrungsquellen und Futterorganismen bei Niedrigwasser und Hochwasser mitunter völlig unterschiedlich sind.

Zierfische sind aufgrund ihrer evolutionären Entwicklung an eine Nahrung angepasst, die in der Zusammensetzung ihrem natürlichen Beutespektrum entspricht. Dieses ist leider nicht von allen Zierfischen bekannt. Das Bestreben der Futterhersteller ist daher, ihre Produkte so zusammenzusetzen, dass eine möglichst große Zahl der Fischarten damit dauerhaft und gesund ernährt werden können. Hochwertige Zierfischfuttermittel bestehen daher aus 20 bis 30 verschiedenen Rohstoffen. Es werden gesundheitsfördernde Nahrungsergänzungsstoffe zugefügt, deren Wirkung in wissenschaftlichen Studien bewiesen sind.

Spezielle Trockenfuttermittel für Zierfische gibt es seit den 1950er Jahren. In den folgenden Jahrzehnten bis zur Gegenwart wurde sehr viel geforscht und viele verschiedene Futtersorten entwickelt. Es gibt heute Futter unterschiedlicher Zusammensetzung und für spezielle Fischgruppen optimiert in Form von Flocken, Granulaten, Sticks, Pellets und Tabletten. Dazu gibt es im Zoofachhandel lebende natürliche Futterorganismen sowie eine Vielfalt von tiefgekühlten Futtertieren und Futtertiere in gefriergetrockneter Form.

Es ist daher nicht tolerierbar, die Fische aus Bequemlichkeit immer mit dem gleichen Futtermittel zu füttern. Das große Angebot verschiedener Futtermittel für Zierfische ermöglicht es auf die Ernährungsgewohnheiten der verschiedenen Gruppen von Zierfischen einzugehen und sie gesund zu ernähren. Aufgrund der Maul- und Körperform kann schon auf die artspezifische Ernährung geschlossen werden.

Es erfordert große Erfahrung, solche Bedingungen, sofern sie überhaupt bekannt sind, mit industriell hergestellten Futtermitteln zu erreichen. Einige Hersteller haben daher die Futtermittel in der Aquaristik auf die Bedürfnisse von Gruppen von Zierfischen mit gleichen oder ähnlichen Ernährungsgewohnheiten abgestimmt. Zusätzlich gibt es speziell auf bestimmte Fischarten abgestimmte Futtermittel, die von vielen Liebhabern gehalten werden, z. B. Guppys, Bettas, Diskusfische oder Koi und Goldfische. Bei den Koi können wissenschaftliche Untersuchungen und Erkenntnisse aus der Nutzfischzucht zum Teil übernommen werden. Koi und Karpfen sind eine Art und daher biologisch identisch. Trotzdem ist ein Karpfenmastfutter aus voran genannten Gründen für Koi absolut nicht geeignet.

Futter für Zierfische muss im Wasser stabil bleiben und darf sich nicht auflösen, sonst trübt es das Wasser. Fische müssen genügend Zeit haben, das Futter aufzunehmen und in dieser Zeit darf es nicht zerfallen, auslaugen, seinen Inhalt und Geschmack verlieren. Es darf aber auch nicht hart bleiben. Das reduziert die Akzeptanz und die Verdaulichkeit. Das Futter soll bei Wasserkontakt sofort eine weiche, fleischartige Konsistenz annehmen, die der wasserreichen Struktur der natürlichen Futterorganismen entspricht. Es muss schnell Wasser aufnehmen, darf aber dabei nicht übermäßig aufquellen. Wenn von stark quellendem Futter eine entsprechende Menge zu hastig gefressen wird, quillt es im Magen weiter und kann zum Platzen des Magens führen.

Das richtige Futter spielt für ein ausgewogenes Wachstum, den Knochenbau sowie eine Intensivierung der natürlichen Farbgebung von Zierfischen, z. B. von Koi, eine entscheidende Rolle. Für die optimale Verwertung des Futters sind die Wassertemperatur sowie die

Bild 505: Verschluss des Magenausgangs bei einem Diskusfisch durch quellendes Futter

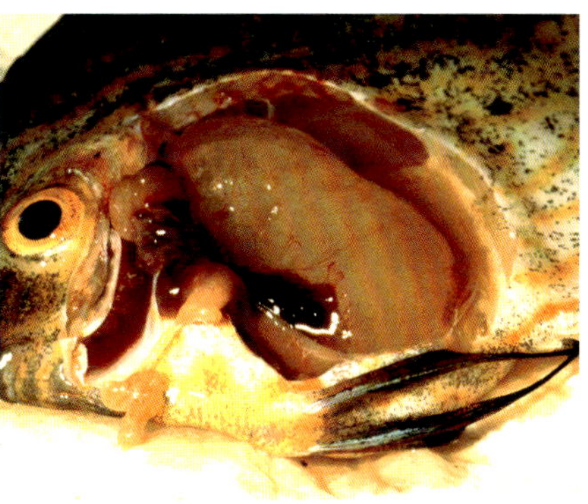

Bild 506: Der Magen ist extrem vergrößert

Kurzkettige Kohlenhydrate dienen hauptsächlich der Energiegewinnung. Langkettige Kohlenhydrate dienen auch als Substrat für die vielen Arten von Darmbakterien. Sehr langkettige Kohlenhydrate sind für die Fische unverdaulich. Einige Arten von Darmbakterien können diese langen Ketten aufschließen und für den Fisch verwertbar machen.

Der Gehalt an Kohlenhydraten ist in den analytischen Bestandteilen von Futtermitteln nicht angegeben. Er errechnet sich, indem man die Summe aller Inhaltsstoffe plus des Wassergehaltes (Restfeuchte) von 100% abzieht. Für die meisten Fische sollte der Gehalt an Kohlenhydraten in der Nahrung niedrig sein.

Beispiel eines Flockenfutters:

100% - (Rohprotein 48,8% + Rohfett 8,4% + Rohfaser 3,8% + Feuchtigkeit 5% + Rohasche 11,4%) = Kohlenhydrate 22,6%

Sehr langkettige Kohlenhydrate, sogenannte Polysaccharide, können vom Fisch nicht verdaut werden und dienen als Ballaststoffe. Sie sind notwendig, um die Darmbewegung und den Transport der Nahrung im Darm anzuregen. Pflanzliche Ballaststoffe in der Nahrung sind Cellulose und Lignin, tierische Ballaststoffe sind das Chitin der Insekten und deren Larven sowie die Panzer der Krebstiere. Diese Ballaststoffe sind insbesondere für die Darmflora wichtig. Fische, die Insekten und Zooplankton als natürlichen Nahrungsbestandteil haben, können Chitin teilweise verdauen, da sie befähigt sind, das Enzym Chitinase zu bilden. Damit kann das Chitin aufgespalten werden. Eine vollständige Verdauung von Chitin ist Fischen jedoch nicht möglich.

Carnivore und omnivore Fische benötigen mindesten 4% verwertbare Kohlenhydrate in der Nahrung für ihren Grundenergiebedarf und eine optimale Proteinverwertung [Bohl]. Die Verdaubarkeit der Kohlenhydrate hängt vom Vorhandensein spezieller Enzyme ab, deren Funktion wiederum von der Temperatur. So kann ein Karpfen pflanzliche Nahrung mit einem hohen Anteil von Kohlenhydraten im Sommer gut, bei kalter Temperatur unter 15°C schlecht und unter 6°C gar nicht verwerten.

Kohlenhydrate spielen als billige Energiequelle in der Tierernährung eine große Rolle und sind bei billigen Futtermitteln oft in zu hohem Anteil enthalten. Das führt zu einem erhöhten Blutzuckerspiegel (Hyperglykämie) mit krankhafter Leververgrößerung und einer pathologischen Leberverfettung sowie fettbedingter Leberdegeneration (Bild 504). Eine Mindestmenge von 4% verwertbarer Kohlenhydrate muss auch bei carnivoren Fischen in der Nahrung enthalten sein, um die Proteinverwertung zu gewährleisten [Bohl]. Herbivore Fische benötigen zwischen 20 und 35% Kohlenhydrate in der Nahrung. Das dürfen nicht nur einfache Zucker sein, sondern hochwertige pflanzliche Oligo- und Polysaccharide. Sie sind in den pflanzlichen Bestandteilen der Futtermittel enthalten. Je mehr pflanzliche Bestandteile ein Futtermittel enthält, umso hochwertiger ist es.

Für Karpfen und Koi ist ein Anteil von Kohlenhydraten in der Nahrung bis 45%

bei der optimalen Verdauungstemperatur von 24°C unschädlich [BOHL]. Daraus folgt, dass höhere Kohlenhydratgehalte schädlich sind. Sie führen zu massiver Leberverfettung und übermäßiger Fetteinlagerung in der Leibeshöhle (s. Kap. 2, Bilder 168, 169). Bei geringerer Temperatur können sie nur schlecht verdaut werden, weil die entsprechenden Enzyme zu träge reagieren. Ein Mindestgehalt von 20% verdaulichen Kohlenhydraten ist für Karpfenartige bei Temperaturen über 15°C notwendig [Bohl]. Zum Erreichen der optimalen Proteinverwertung setzt sera einen geringen Anteil von Quellstärke (Extrudierte Stärke) ein. Diese ist für Karpfenartige zu 69% verdaulich. Die in vielen Futtermitteln enthaltene rohe Stärke (Native Stärke) ist nur zu 23% verdaulich.

Bei den Kohlenhydraten sind zwei unterschiedliche Gruppen zu unterscheiden: Die kurzkettigen Zuckerstoffe und die langkettigen Kohlenhydrate. Die kurzkettigen dienen dem schnellen Energiegewinn. Das kann man selbst leicht erfahren. Nimmt man bei einer Unterzuckerung Traubenzucker in den Mund, so stellt sich innerhalb weniger Minuten eine Besserung ein. Das ist möglich, weil die Glukose schon im Mund über die Schleimhaut ins Blut überführt wird. Wenn sie erst im Darm aufgenommen würden, dauerte das viel länger und könnte schon zu einer Ohnmacht führen.

Der gesunde Gehalt an Kohlenhydraten sollte für die meisten Zierfische insgesamt unter 30% liegen und einen hohen Anteil an langkettigen Polysacchariden haben. Die kurzkettigen Kohlenhydrate und Zucker verwendet der Fisch zur Deckung des aktuellen Energiebedarfs für Verdauung, Atmung, Stoffwechsel und Bewegung.

Erhalten die Fische mehr kurzkettige Kohlenhydrate im Futter als sie für den Energiebedarf benötigen, wandeln sie diese in gesättigte Fettsäuren als langzeitige Energievorräte um und lagern sie in der Leibeshöhle, Darmwand, Unterhaut und Leber ab. Die inneren Organe verfetten und in der Leibeshöhle sind große Mengen von Fett vorhanden. Verfettete Fische sind leistungsschwach und krankheitsanfällig und wachsen schlecht [BREMER].

Nach der Nahrungsaufnahme steigt der Energiebedarf der Fische um 25% [BREMER]. Stehen die Nährstoffe nicht in ausreichender Menge im Futter zur Verfügung, verhungern die Fische, obwohl sie regelmäßig fressen. Fehlen Nährstoffe zum Energiegewinn durch unzureichende Nahrungszufuhr, so wird körpereigene Substanz abgebaut und verstoffwechselt

Bild 507: Nach einer langen Leidenszeit total abgemagerter Diskusfisch mit einem sogenannten Messerrücken

[BREMER]. Dieser Zustand kann bei Fischen bis zu ihrem Tod unter Umständen mehrere Monate dauern.

In allen industriell hergestellt Futtermitteln, wie Flocken, Granulate, Sticks oder Pellets werden Bindemittel benötigt, damit sie im Wasser stabil bleiben und nicht zerfallen. Das Bindemittel bildet eine dreidimensionale Gitterstruktur, die sogenannte Matrix. In dieser Matrix sind die Nährstoffe eingeschlossen. Wäre diese Matrix nicht vorhanden, würden sich die Nährstoffe schnell im Wasser verteilen und die Fische bekämen nur einen Teil davon ab.

Meistens wird dafür Stärke als mäßig verdaubares Kohlenhydrat verwendet. Qualitativ hochwertiger ist Quellstärke (pregelatinized starch), das ist durch Extrudieren aufgeschlossene Stärke. Sie wird aus Mais, Weizen oder Kartoffeln gewonnen. Für Fische ist Quellstärke aus Mais und Kartoffeln schlechter verwertbar als Weizenstärke. Daher wird für Fischfutter Quellstärke aus Weizen verwendet. Native oder rohe Stärke hat eine kornartige Struktur und eine sehr stabile Matrix. Sie kann von Karpfenfischen nur zu 23% verdaut werden. Durch das Erhitzen auf einer Flockenfutterwalze oder unter Druck im Extruder nimmt die Rohstärke Wasser auf. Sie quillt auf, ihre Matrix erweitert sich. Dabei werden die ganzen Zutaten in die Matrix eingeschlossen. Man kann den Prozess mit einer Vorverdauung vergleichen.

Ein zu hoher Anteil von Quellstärke im Futter führt langfristig zur Verfettung der Fische. Der Gesamtgehalt an Kohlenhydraten sollte für die meisten Aquarienfische zwischen 15 und 30% liegen. Weizenquellstärke verleiht dem Futter die gewünschte Konsistenz, Form und Schwimmeigenschaften.

Um ein gesundes Eiweiß-Fett-Verhältnis bei geringerem Anteil an Kohlenhydraten zu erreichen, verwenden manche Hersteller Casein, ein Milcheiweiß, als zusätzliches Bindemittel. Wie auch Hühnereiweiß hat Casein eine sehr hohe Verwertbarkeit für Fische, ist aber sehr teuer. Daher nehmen manche Hersteller die Nachteile der billigen Stärke in Kauf.

Über den Einschluss von Luft in die Matrix kann das Schwimm- oder Sinkverhalten der Futterpartikel gesteuert werden. Bei billigen Schwimmfuttermitteln wird damit manchmal übertrieben. Sie sind extrem leicht. Folglich ist ihr Nährwert und Energiegehalt nur gering. Der Kohlenhydratgehalt solcher Futtermittel liegt mitunter über 70%. Das führt bei einer langfristigen alleinigen Fütterung mit solchem Futter zum Tod der Fische durch Verfettung.

Jedes Futter quillt bei Wasserkontakt. Das ist erwünscht, damit das Futter für die Fische eine angenehme fleischige Konsistenz annimmt. Harte Futterpartikel mögen die Fische nicht und spucken sie wieder aus. Dieser Quellvorgang soll schnell bei Wasserkontakt erfolgen und nicht im Magen der Fische weitergehen. Wenn gierig fressende Fische viele Partikel aufnehmen, die stark aber langsam quellen, kann sich der Magen extrem ausdehnen. Gerade bei Cichliden mit Sackmagen, wie Diskusfischen und

Skalaren, kann das zum Verschluss des Magenausgangs führen, wenn stark gequollenes Granulat den Magenausgang abdrückt (s. Kap. 2, Bilder 154 bis 156).

Man kann das Quellverhalten testen, indem man ein wenig von dem Granulatfutter in eine Schale mit Wasser gibt. Tippt man innerhalb kurzer Zeitintervalle mit dem Finger auf das Granulat, ist fühlbar, ob die Partikel durchgehend weich geworden sind.

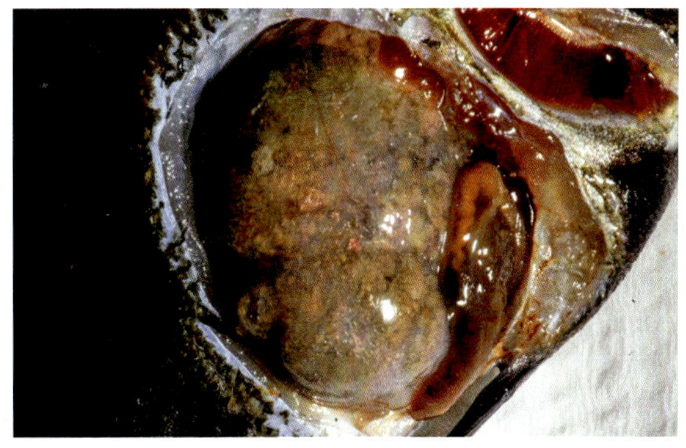

Bild 508: Durch quellendes Futter extrem vergrößerter Diskusmagen

10.5.3. Ungeeignete oder zu wenige Kohlenhydrate in der Nahrung

Meist sind zu viele verwertbare Kohlenhydrate und zu wenig von den hochwertigen langkettigen Polysacchariden in den Futtermitteln enthalten.

Sehr langkettige Kohlenhydrate, wie Betaglukane, Mannanoligosaccharide (MOS) oder Rhamnose, ein Desoxyzucker, dienen nicht dem Energiegewinn, sondern sind Ballaststoffe. Diese können aber von bestimmten Bakterienarten der Darmflora aufgespalten und verwertet werden, sie dienen ihnen somit als Nahrung. Die daraus resultierenden kürzeren Moleküle kommen dem Fisch wieder zugute. Sie sind für ihn verwertbar und er kann daraus Energie gewinnen. Etwa 5 bis 10% der benötigten Energie kann durch diesen Prozess zusätzlich gewonnen werden [Schumann].

Auch die Schleimstoffe werden aus Kohlenhydraten aufgebaut. Die Mucopolysaccharide sind im Bindegewebe und in den Knorpeln und Knochen enthalten. Schleimstoffe bestehen aus Mucinen und überziehen die Schleimhäute. Die Schleime werden von speziellen Schleimzellen, die sich in der Schleimhaut befinden, hergestellt. Die Viskosität der Schleime hängt davon ab, ob dem Fisch genügend hochwertige Polysaccharide in der Nahrung zur Verfügung stehen. Aus kurzkettigen Kohlenhydraten oder Monosacchariden kann der Fisch nur geringviskose Schleime herstellen. Diese schützen die äußere Schleimhaut und die Darmschleimhaut des Fisches nur ungenügend. Die hohe Viskosität des Schleims behindert das Eindringen von Parasiten, Pilzen, Bakterien und Viren in die Haut und den Darm. Einen zähen Schleim können Erreger nur schwer durchdringen und den Fisch infizieren. Das Einschleimen der Nahrung ist für die Bakterien im Darm und den Weitertransport des Nahrungsbreis wichtig.

Fehlen die langkettigen Kohlenhydrate in der Nahrung führt das zu weiteren Problemen:

- Entzündungen und Parasitenvermehrung im Darm
- Erhöhte Anfälligkeit für Infektionen
- Die Nahrung ist ungenügend eingeschleimt und stockt – ein Darmverschluss ist die Folge.

Ein Mangel an hochwertigen langkettigen Kohlenhydraten hat noch weitere Folgen, denn sie werden zur Bildung der Transporter im Blut benötigt. Stehen davon nicht genügen zur Verfügung können Fett- und Aminosäuren nicht vom Darm in das Blut überführt und nicht darin transportiert werden. Mangelerkrankungen sind dann ebenfalls die Folgen.

Die Gesundheit des Darmes hängt auch von der Menge der Bakterienarten ab, die in ihm leben. Bei einer anhaltenden ungeeigneten Ernährung kommt es zur Vermehrung schädlicher Bakterienarten im Darm, welche die natürliche Darmflora verdrängen. Der Darmschleim kann nicht aufgebaut werden und die darin lebenden schützenden Bakterien gehen zu Grunde. In der Folge treten entzündliche Blutungen in der Darmwand auf. Über diese gelangen Bakterien durch die Darmwand direkt in den Blutkreislauf und verursachen innere Infektionen. Sie gelangen in die Leber und können dort chronische Entzündungen und eine Verfettung des Lebergewebes verursachen. Ungesättigte Omega-3-Fettsäuren in der Nahrung reduzieren Entzündungen und erhöhen die Vielfalt der positiven Bakterienarten. Gesättigte Fette bewirken das genaue Gegenteil, sie erzeugen Stress und fördern Entzündungen [Felix].

Eine gesunde Darmflora hilft beim Verdauen und stellt zusätzliche Nährstoffe her. Der Darm der Fische kann nur etwa 100 Verdauungsenzyme produzieren. Das im menschlichen Darm vorkommende symbiotische Bakterium *Bacteroides thetaiotaomicron* enthält die genetische Information für etwa 400 weitere Enzyme zur Verdauung von Polysacchariden. Zudem stellen die Bakterien Vitamin K, Biotin und Folsäure her [Schumann].

Manche Aquarianer, die sich selbst Futter herstellen, verwenden Gelatine als Bindemittel. Sie hat ein hohes Quellvermögen und ist für Fische schlecht

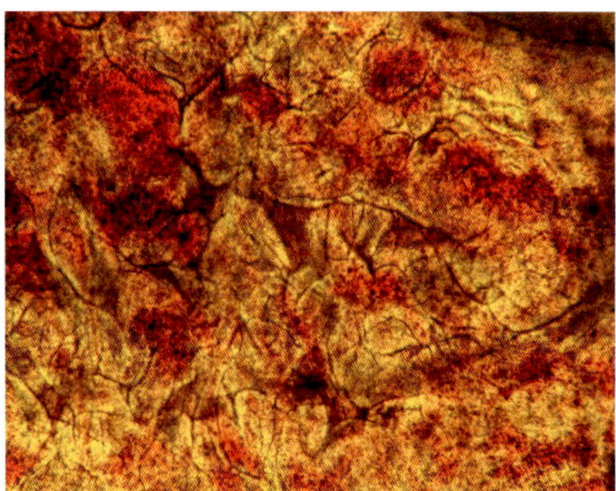

Bild 509: Über Entzündungen und Blutungen im Darm gelangen Krankheitserreger in den Blutkreislauf und die anderen Organe (Vergr. 100x)

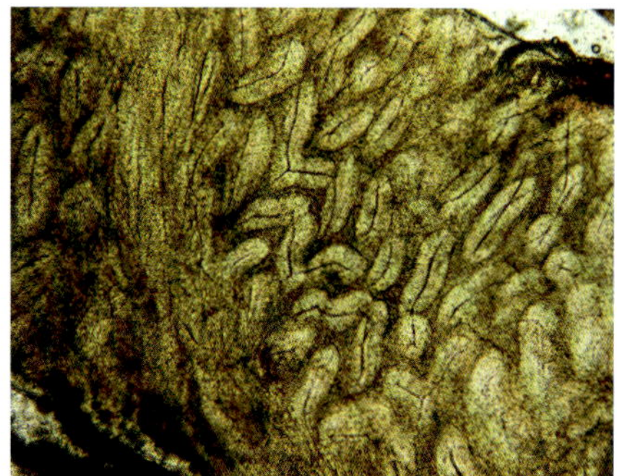

Bild 510: Zum Vergleich ein gesunder Darm (Vergr. 63x)

verdaulich. Gelatine wird aus Kollagen hergestellt. Die Matrix löst sich nicht im Darm auf, ein Teil der Nährstoffe bleibt darin eingeschlossen und können vom Fisch nicht verwertet werden. Sie werden mit dem Kot ungenutzt ausgeschieden und belasten das Wasser. Besser ist Agar-Agar als Bindemittel geeignet. Es ist gut verdaulich und die Futterbestandteile werden nicht im Aquarienwasser ausgewaschen. [BREMER].

10.5.4. Die Fette (Lipide)

Fette sind die Speicherstoffe und langfristigen Energiereserven des Organismus. Sie sind etwa 2,3-mal energiereicher als Kohlenhydrate. Fette sind ideale Energiespeicher, da sie im Verhältnis zu Kohlenhydraten ein geringeres Volumen einnehmen und osmotisch neutral sind. Für die Umwandlung zu Energie werden die Fette in Fettsäuren und Glycerin aufgespalten und weiter zu Essigsäure abgebaut. Zur Energiegewinnung wird diese im Citronensäurezyclus und der Atmung in Kohlenstoffdioxid und Wasser zerlegt, die freiwerdende Energie wird in den Energiespeicher ATP übertragen [BICKEL].

Der kleinste Baustein eines Fettmoleküls ist die Fettsäure. Man unterscheidet zwischen gesättigten und ungesättigten Fettsäuren (Saturatet Fatty Acids, SFA). Die ungesättigten Fettsäuren enthalten mindestens eine Doppelbindung zwischen zwei Kohlenstoffatomen des Moleküls (Mono Unsaturated Fatty Acids, MUFAs).

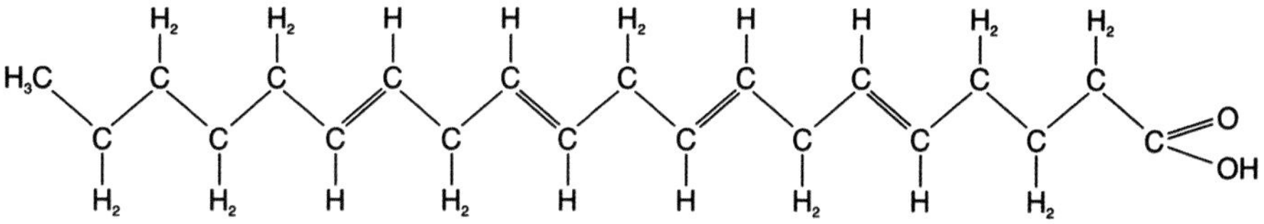

Quelle: Bremer, Aquarienfische Ulmer Verlag

Bild 511: Ungesättigte Fettsäuren enthalten Doppelbindungen zwischen den Kohlenstoffatomen, hier Arachidonsäure

Die ungesättigten Fettsäuren sind essenziell und umso hochwertiger, je mehr Doppelbindungen zwischen den Kohlenstoffverbindungen der Ketten liegen.

Die hochwertigsten ungesättigten Fettsäuren enthalten mehrere Doppelbindungen. Das sind die mehrfach ungesättigten Fettsäuren (Poly Unsaturated Fatty Acids, PUFAs). Sie enthalten vier bis sechs Doppelbindungen in der Molekülkette und sind Bausteine von Hormonen. Die SFAs, MUFAs und PUFAs sollten zu je einem Drittel im Fettanteil des Futters enthalten sein.

Die ungesättigten Fettsäuren werden oft in einer Formel benannt, z. B.: 18:3 n-6. Das bedeutet, es handelt sich um ein Molekül mit 18 Kohlenstoffatomen, das drei Doppelbindungen enthält. Wobei n-6 die Position der ersten Doppelbindung vor der Methylgruppe am Ende des Moleküls angibt. Der Bedarf an n-3 und n-6 Fettsäuren ist für die verschiedenen Fischarten unterschiedlich. Je mehr Doppelbindungen eine ungesättigte Fettsäure hat, umso niedriger liegt ihr Schmelzpunkt und umso hochwertiger ist sie. Fischöle sind selbst bei 0°C noch flüssig und können von Fischen verwertet werden. Das ist für die Ernährung von Koi in der kalten Jahreszeit wichtig. Ein Konditionierungsfutter oder ein Winterfutter für Koi muss einen hohen Anteil an mehrfach ungesättigten Fettsäuren und einen niedrigen Kohlenhydratgehalt sowie einen hohen Proteingehalt haben. Nur solche Fette, die bei der Körpertemperatur der Fische flüssig sind, können gut verwertet werden. Sie werden nicht in der Leibeshöhle, sondern in flüssiger Form in den Organen und der Muskulatur gespeichert und sind auch bei kalten Temperaturen schnell zur Energiegewinnung reaktivierbar.

Ungesättigte Fettsäuren können nur von den Primärerzeugern, dem Phytoplankton und Pflanzen hergestellt werden und sind somit essenziell. Das heißt, sie müssen von allen tierischen Organismen mit der Nahrung aufgenommen und in der Nahrungskette weitergegeben werden.

Ungesättigte Fettsäuren sind notwendig, um die fettlöslichen Vitamine zu transportieren und aufzunehmen. Das sind die Vitamine A, D, E und K. Besonders reich an ungesättigten Fettsäuren sind Fischöle, Krill, Copepoden, Daphnien und Muscheln. Pflanzenöle sind weniger gut geeignet. Sonnenblumenöl, Rapsöl und Leinöl kann aber in Kombination mit Fischöl verwendet werden.

Sind zu wenige der essenziellen Fettsäuren in der Nahrung enthalten, zeigt sich das in verlangsamtem Wachstum, schlechter Futterverwertung und erhöhten Sterberaten. Bei manchen Fischarten kommt es trotz Mangel an ungesättigten Fettsäuren zu gelb gefärbten, verfetteten Lebern, Auflösung der Flossenränder, Myokarditis und Stressreaktionen. Ein überhöhter Anteil ungesättigter Fettsäuren führt zu ähnlichen Symptomen wie bei einem Mangel.

Fette befinden sich in jeder Körperzelle und werden in größeren Mengen im Fettgewebe gespeichert. Ein verfetteter Organismus kann zu 50% aus Fettgewebe bestehen. Das belastet den Kreislauf sehr, da es sich um aktives Gewebe handelt, das mit Nährstoffen versorgt werden muss. Wenn im Fischfutter der Anteil kurzkettiger Kohlenhydrate höher ist als zur Deckung des Energiebedarfs notwendig, wandelt der Körper diese als Reserve in gesättigte Fettsäuren um. Werden sie nicht in Hungerzeiten und bei hoher Temperatur verbraucht, verfettet der Organismus mit der Zeit. Das Problem tritt bei Teichfischen auf, die bei kühler Temperatur die gesättigten Fette nicht reaktivieren können und im nächsten Sommer wieder Futter mit hohem Kohlenhydratanteil erhalten.

Die Fette müssen für Fische bei der Haltungstemperatur flüssig sein, damit der Fisch daraus Energie gewinnen kann [Bohl]. Das trifft jedoch nur auf ungesättigte Fettsäuren zu. Sie sind selbst bei Wintertemperaturen noch flüssig. Gesättigte Fette sind bei kalten Temperaturen fest, sie können nur bei hoher Temperatur wieder verwertet werden. Das bedeutet, dass die vom Fisch aus Kohlenhydraten erzeugten gesättigten Fette bei den Temperaturen im Winter nicht verwertet werden können. Sie liegen als tranig gestocktes Fett in der Leibeshöhle vor (Bild 168).

Fettlösliche Vitamine können nur in Gegenwart von flüssigen Fetten also ungesättigten Fettsäuren aufgenommen werden. Warmblüterfett hat eine zu hohe Schmelztemperatur und enthält nur einen geringen Anteil mehrfach ungesättigter Fettsäuren.

Fette sind umso hochwertiger, je höher ihr Anteil an ungesättigten Fettsäuren ist. Fischöle enthalten den höchsten Anteil (bis 34% des Fettanteils) an hochungesättigten Polyenfettsäuren (Eicosapentaensäure, EPA und Docosahexansäure, DHA). Zooplankton enthält bis zu 21% und Fischöl bis 8,5% Eicosapentaensäure. Die Menge des Gesamtfettes soll zu mehr als 40% aus Omega-Fettsäuren bestehen. Rindertalg, Sojaöl und Maiskeimöl enthalten keine EPA und DHA. Sie fehlen in den meisten Pflanzenölen und vollständig in den gesättigten Fetten der Warmblüter [Schäperclaus]. Omega-3-Fettsäuren sind Bestandteil aller Zellmembranen und daher äußerst wichtig. Sie sind in hochwertigem Fischmehl, Fischöl, Lebertran, Raps- und Leinöl enthalten [Brater 2].

Daher enthalten hochwertige Futtermittel für Zierfische als Fettquelle Fischöle, Muschelfleisch, Krill und andere kleine Krebstiere. Eine Ausnahme stellt das Rapsöl dar. Es ist sehr hochwertig und kann das Fischöl teilweise ersetzen. Es enthält 66% einfach und 27% mehrfach ungesättigte Fettsäuren.

Laut Klinkhardt können Karpfen, also auch Koi, keine eigenen Lipasen bilden. Sie sind daher darauf angewiesen die Verdauungsenzyme der Futtertiere zu nutzen. Das sind hauptsächlich die roten Mückenlarven, die Zuckmückenlarven. Das kann ich nicht bestätigen, da in Innenhaltung und Aufzucht von Koi und Goldfischen sowie in der Karpfenaufzucht keine natürlichen Futtertiere vorhanden sind. Die Fische können sehr gut mit hochwertigen Futtermitteln für Koi ernährt werden, ohne irgendwelche Mängel zu zeigen. Eine ergänzende Fütterung mit FD-Futtertieren, wie Rote Mückenlarven und Gammarus in Abwechslung mit den Granulaten oder Pellets fördert die Verdauung aufgrund der Ballaststoffe und führt fehlende Verdauungsenzyme zu.

Ungesättigte Fettsäuren sind essenziell. Sie können vom Körper nicht gebildet werden. Ein Mangel führt zu [Bohl]:

- Schlechter Aufnahme der Vitamine
- Hormonmangel
- Entzündungen, z. B. Myokarditis (Entzündung des Herzmuskels)
- Schlechter Blutgerinnung
- Schlechter Futterverwertung
- Schlechtem Wachstum
- Leberverfettung
- Flossendeformationen

- Stressreaktion auf Sonneneinstrahlung mit heftigen Schwimmbewegungen und Bewusstlosigkeit
- Hoher Sterblichkeit

Der Fettanteil in der Nahrung muss in einem bestimmten Verhältnis zum Proteinanteil stehen. Eine optimale Proteinverwertung erreicht man bei Forellen bei 15 bis 20% Fett zu 35% Protein (Eiweiß-Fett-Verhältnis: 2:1) und Karpfenartigen bei einem Fett/Eiweißverhältnis von 12% Fett und 42% Protein (Eiweiß-Fett-Verhältnis: 3,5:1) [Bohl]. Für die meisten Zierfische gilt ein Verhältnis von 8 bis 12% Fett zu 43 bis 48% Protein als optimal. Der Fettanteil in der Nahrung muss mindestens 6% betragen und sollte in Futtermitteln 12% nicht übersteigen. Ein hoher Fettanteil erfordert auch einen hohen Anteil an Rohprotein von 42% oder mehr [Bohl]. Das Eiweiß-Fett-Verhältnis für Zierfische kann zwischen 2:1 bis 5:1 liegen [Bremer]. Für die meisten Zierfische ist ein Verhältnis von 3:1 bis 4:1 gut verträglich. Das Verhältnis 3:1 entspricht einem Mittelwert der Trockensubstanz von Nährtieren, die Karpfen im Winter zur Verfügung stehen. Das sollte bei einem hochwertigen Winterfutter für Koi und Goldfische gegeben sein. Das Fett muss überwiegend aus hochwertigen ungesättigten Fettsäuren bestehen. Der Gehalt an Kohlenhydraten sollte dann unter 25% liegen (s. Kap. 10.6.).

Geschwächte Karpfen und Koi, die im Vorjahr schlecht konditioniert wurden, leiden im Frühjahr unter dem Energiemangelsyndrom mit Aufbrüchen am Körper, der Erythrodermatitis. Auch die Frühjahrsvirämie, mit dem Erscheinungsbild der Bauchwassersucht, kann in der Folge auftreten (Bilder 192 bis 194, 207 bis 211).

Das Energiemangelsyndrom der Karpfen ist die Folge einer schlechten Konditionierung im Spätsommer und Herbst durch Futter mit zu geringem Anteil ungesättigter Fettsäuren und zu hohem Kohlenhydratanteil. Die Kohlenhydrate werden in gesättigtes Fett umgewandelt und im Bauchraum abgelagert. Die Fische müssen während der Konditionierung einen hohen Anteil ungesättigter Fettsäuren im Futter erhalten, die im Gewebe eingelagert werden und während der Winterruhe bei niedriger Wassertemperatur und danach bei steigenden Temperaturen dem Organismus zur Energiegewinnung dienen können. Schlecht konditionierte Koi sehen mager aus (Bild 480). Sie sterben im Frühjahr mit Gleichgewichtsstörungen und unkontrollierter Schwimmweise. Das charakteristische Verhalten ist als Drehersymptom beschrieben [Schreckenbach (1)]. Viele der im Frühjahr auftretenden Erkrankungen sind oft die Folge schlechter Konditionierung.

Das Energiemangelsyndrom der Koi ist die Folge einer Nahrung mit einem Fettanteil von unter 9%, in der zu wenige ungesättigte Fettsäuren enthalten sind [Bohl]. Unter 6% Fettanteil kommt es zu Mangelerscheinungen und Herzerkrankungen. Ein Mangel an Linolensäure führt zu schweren Schäden bei Koi. Das Energiemangelsyndrom kann auch durch schnelle Temperaturerhöhungen ausgelöst werden (s. Kap. 8.6.)

Der Wasseranteil im Karpfen fällt von Mai bis Mitte September von 78 auf 65%, während der Fettanteil in der gleichen Zeit um das Vierfache von 4 auf 16% steigt [Schäperclaus]. Das zeigt, wie wichtig das Konditionieren der Koi mit einem hohen Anteil an ungesättigten Fetten im Futter schon während der Sommermonate ist. Der Gewichtsverlust im Winter beträgt bei einjährigen Karpfen von 40 g etwa 10%, bei kleineren Karpfen kann der Verlust höher als 20% sein [Schäperclaus]. Daher sollen kleine Koi unter 50 g Stückgewicht nicht im Teich kalt überwintert werden. Sie sollen bei 14 bis 16°C mit schwacher Fütterung überwintern. Dazu sollte ein Futter verwendet werden, das weniger als 30% Kohlenhydrate enthält. Koi und Goldfische können bei niedrigen Temperaturen Kohlenhydrate nur noch schlecht verdauen, da die hierfür notwendigen Enzyme zu träge reagieren.

Beurteilung der Kondition von Koi

Unter Kondition versteht man die Widerstandsfähigkeit der Koi und Goldfische gegen allgemeine Belastungen, wie z. B. unterschiedlichen Stresssituationen, Überwinterung, schnell wechselnden Temperaturen, vom Optimum abweichenden chemischen Wasserwerten, Fangen und Transport und Infektionen. Unterschiede in der Kondition ist oft bei Fischen zu beobachten, die eine unterschiedliche Herkunft haben. Die Kondition eines Fisches hängt von den Haltungsbedingungen und insbesondere von der Ernährung während seines bisherigen Lebens ab. Diese Vorgeschichte des Lebens kann der Käufer eines Fisches meist nicht betrachten und beurteilen.

Eine Beurteilung der Kondition kann durch die Ermittlung des Korpulenzfaktors erfolgen. Er ist das Maß für den Ernährungszustand und die Kondition bei Fischen. Der Korpulenzfaktor ist immer nur auf eine Art bezogen und nur für Speisefische bestimmt. Für Zierfische ist er nur für Koi ermittelt. Er hat keine Maßeinheit. Berechnung: K = Gewicht in Gramm mal 100 geteilt durch Körperlänge in cm^3 (Kopfspitze bis Schwanzende).

Formel Korpulenzfaktor

$$K = \frac{\text{Gewicht in Gramm} \times 100}{\text{Länge} \times \text{Länge} \times \text{Länge in cm}}$$

Für Speisekarpfen wird der Korpulenzfaktor von Schäperclaus mit 2,0 bis 2,2 sowie für Forellen mit 1 bis 1,2 angegeben. Bohl gibt ihn für Forellen mit 1,3, für Karpfen mit 1,7 und für afrikanische Welse mit 0,7 an. Schreckenbach nennt für Koi 1,4 bis 1,8. Für Koi besteht unter 1,3 akute Lebensgefahr und über 2,3 neigt der Fisch zur Verfettung. Aquarianer und Züchter können den Korpulenzfaktor für die von ihnen gepflegten Arten anhand gut konditionierter Exemplare nach voran genannter Formel selbst ermitteln.

Nach meiner Erfahrung halte ich einen Korpulenzfaktor von 1,6 bis 1,9 bei Koi als erstrebenswert. Er sollte nicht unter 1,5 und über 2,2 liegen. Überfütterte,

Eiweißen zusammenfügen. Sie werden in der Nahrungskette weitergegeben. Zehn Aminosäuren sind für Fische essenziell. Sie müssen mit der Nahrung aufgenommen werden. Der Gesamtbedarf an essenziellen Aminosäuren in Futtermitteln für Fischen liegt bei 13 bis 14% [BOHL]. Die anderen zehn Aminosäuren können vom Körper aus vorhandenen durch Umbau selbst hergestellt werden. Je nach Wertigkeit des in der Nahrung enthaltenen Proteins können Fische 20 bis 45% in körpereigenes Protein umwandeln.

Die Aminosäuren Cystein und Tyrosin werden als halbessentielle Aminosäuren bezeichnet, da sie von Fischen nur aus den essentiellen Aminosäuren Methionin und Phenylalanin hergestellt werden können. Bei einem Mangel an essenziellen Aminosäuren ist ein schlechtes Wachstum und erhöhte Mortalität zu beobachten. Methioninmangel führt zu Linsentrübungen (Katarakt). Ein Mangel an Trytophan verursacht bei Forellen Verkrümmungen der Wirbelsäule. Bei Lysinmangel kommt es zu erhöhtem Befall durch Ektoparasiten und Verpilzungen der Haut. Lysin ist hitzeempfindlich. Ein Mangel kann durch übermäßige Erhitzung des Futters bei der Produktion verursacht werden. Als günstiges Verhältnis der essenziellen zu den nicht essenziellen Aminosäuren im Futter hat sich 3:2 erwiesen (BOHL). Das Verhältnis der essenteilen Aminosäuren sollte nicht durch die erhöhte Konzentration einer einzelnen Aminosäure gestört werden. Das führt zur Blockade der Transporter im Blut, was ein unausgewogenes Verhältnis der Aminosäuren im Gewebe verursacht. Es folgt eine Steigerung des Eiweißumsatzes, was den Mangel anderer essenzieller Aminosäuren auslöst.

Namen der Aminosäuren und deren Kürzel

Essenzielle Aminosäuren				**Nicht essenzielle Aminosäuren**	
Name	**Kürzel**	**Bedarf in % vom Rohprotein (BOHL) Forelle/ Karpfen**		**Name**	**Kürzel**
Arginin	Arg	3,95	3,74	Alanin	Ala
Histidin	His	1,84	1,83	Asparagin	Asn
Isoleucin	Ile	2,37	2,17	Asparaginsäure	Asp
Leucin	Leu	3,68	2,86	Cystein	Cys
Lysin	Lys	4,74	4,97	Glutamin	Gln
Methionin	Met	2,63	2,69	Glutaminsäure	Glu
Phenylalanin	Phe	4,74	5,66	Glycin	Gly
Threonin	Thr	2,11	3,40	Prolin	Pro
Tryptophan	Trp	0,53	0,69	Serin	Ser
Valin	Val	3,16	3,14	Tyrosin	Tyr

Eiweiß ist notwendig für den Körperaufbau, Wachstum und Fortpflanzung. Es ist der wichtigste Bestandteil der Zellen und damit maßgeblich am Aufbau der Muskulatur und Knochen beteiligt. Von den durchschnittlich 55% Rohprotein der Nahrung (Trockensubstanz) werden vom Fisch 20 bis 45% zur Synthese von körpereigenem Protein genutzt (Bohl). Die Nutzung des Nahrungsproteins hängt sehr stark von der Qualität des Proteins, dem Gehalt an essenziellen Aminosäuren, dem Verhältnis der Aminosäuren untereinander und dem Protein-Fettverhältnis ab. Ein zu hoher Proteingehalt im Futter führt zu schlechterer Verwertung des Proteins [Bohl], und es wird zur Fettsynthese verwendet. Dabei entsteht unverhältnismäßig viel Ammoniak.

Eiweiße können nicht durch die Darmwand aufgenommen werden. Sie müssen in ihre Bestandteile, die Aminosäuren, zerlegt werden. Bei Warmblütern erfolgt das schon durch die starke Magensäure und das Enzym Pepsin. Im Magen wird die Vorstufe Pepsinogen erzeugt, die sich durch Einwirkung der Magensäure zu Pepsin umwandelt. Im weiteren Verlauf der Verdauung wirken die Gallenflüssigkeit und über 30 Verdauungsenzyme des Pankreas, der Bauchspeicheldrüse. Galle und Pankreas sind auch bei Fischen vorhanden und haben die gleiche Funktion wie bei den Warmblütern.

Fische produzieren ebenfalls im Magen Pepsinogen, das den Eiweißabbau fördert. Im schwach sauren Milieu des Magens wandelt es sich nur teilweise in das aktive Pepsin um, welches die Eiweiße in Peptide aufspaltet. Das Pepsin der Fische ist sehr aggressiv und kann seine Funktion unabhängig von der Temperatur vollziehen. Selbst bei 0°C ist es noch voll wirksam. Die Magenwände werden durch eine Schicht von hochviskosem Schleim vor der Selbstverdauung geschützt. Fische ohne Magen, die Karpfenfische, produzieren keine Säure und können deshalb kein Pepsin herstellen. Daher sind sie allein auf die Vorstufe des Enzyms, das Pepsinogen und das Trypsin angewiesen, um Eiweiße verdauen zu können. Auch Fische, die einen Magen besitzen, produzieren nur eine schwache Magensäure. Daher wird wenig Pepsin erzeugt. Warmblütereiweiß wird deshalb nicht vollständig aufgelöst. Das unverdaute Eiweiß wird ausgeschieden und belastet die Filterung.

Das Pankreas ist die wichtigste Drüse des Körpers zur Produktion von Verdauungssäften. Sie produziert die kohlenhydratspaltenden Amylasen und die Lipasen, welche die Fettsäuren zerlegen. Das Pankreas gibt einen alkalischen Verdauungssaft ab und puffert damit die Magensäure, so dass ab dieser Stelle ein alkalisches Milieu im Darm herrscht. Das eiweißspaltende Trypsin wird in der inaktiven Form als Trypsinogen abgegeben, damit sich der hauptsächlich aus Protein bestehende Pankreas nicht selbst verdaut. Erst im alkalischen Bereich des Darms wird das Trypsinogen in die aktive Form Trypsin umgewandelt. Zudem reguliert die Bauchspeicheldrüse den Blutzuckerspiegel durch die Produktion der regulierenden Hormone Insulin und Glucagon.

Die Aminosäuren können durch die Darmwand in das Blut überführt werden. Dort docken sie an spezielle Transportmoleküle an und werden mit dem Blutstrom zu den Zellen transportiert. Diese setzen die Aminosäuren zu den körpereigenen Eiweißen zusammen. Der Körper baut somit aus den Aminosäuren sein körpereigenes Eiweiß auf.

Im Darm werden der Nahrung sehr effektiv nahezu alle verwertbaren Stoffe entzogen. Das geschieht über die sich aus der Darmwand aufwölbenden Darmfalten, welche die Oberfläche extrem vergrößern. Diese sind mit der Darmschleimhaut überzogen, die ebenfalls Enzyme produzieren. Einen beträchtlichen Teil von Verdauungsenzymen liefern aber auch die Bakterien der Darmflora. So produzieren sie Vitamine der B- und K-Gruppen. Der Darm und anhängende Organe produzieren auch einen großen Teil der Hormone. Zudem ist der Darm das größte Immunorgan des Körpers. Zwei Drittel aller Abwehrzellen befinden sich im Darm. Die Darmschleimhaut bildet ein spezielles Immunsystem, welches das gesamte Immunsystem des Organismus trainiert. Der Darm bildet die größte Kontaktfläche des Körpers zur Außenwelt und muss eingedrungene Bakterien, Viren, Pilze und Parasiten bekämpfen [BRATER 1].

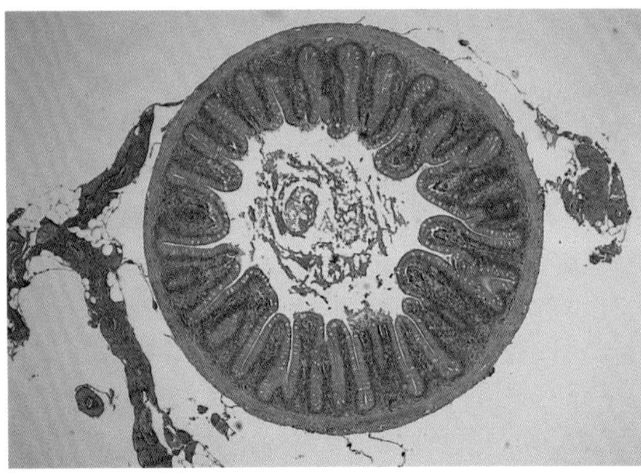

Bild 514: Gesunder Darm eines Karpfens mit vielen Darmzotten im Querschnitt (Vergr. 40x)

Die 20 Aminosäuren sollen im Futter im möglichst gleichen Verhältnis zur Verfügung stehen, wie sie im Fischeiweiß vorhanden sind. Weicht das Verhältnis stark ab, führt das zu einer ungenügenden Verdauung. Die überschüssigen Aminosäuren dienen Bakterien und Flagellaten im Darm als Nahrung, werden ausgeschieden und belasten das Wasser. Die Darmflora verändert sich dadurch. Das ist der Grund, warum Fleisch von Warmblütern das Wasser so stark belastet und zur Entartung der Darmflora führt.

Die biologische Wertigkeit eines Rohstoffproteins hängt von dem optimalen Verhältnis der Aminosäuren ab [BREMER]. Die Wertigkeit kann zwischen 1 und 100 liegen. Sie gibt an, wieviel körpereigenes Eiweiß der Fischorganismus aus 100 Gramm Nahrungseiweiß herstellen kann. Eine hohe Wertigkeit von über 90% ist bei Fischmehl der Kategorie 1 gegeben. Bei Sojamehl ist das Verhältnis der Aminosäuren nicht optimal, daher ist die biologische Wertigkeit mit 60% wesentlich niedriger. Somit sagt der Gehalt an Rohprotein in der Analyse nichts über die Qualität und Verwertbarkeit des enthaltenen Eiweißes aus. Die Qualität des Eiweißes kann aus der auf dem Etikett angegebenen Zusammensetzung der Inhaltsstoffe ersehen werden. Hochwertiges Protein aus Fisch, Muscheln, Krebstieren und Insekten sollte in hohem Anteil im Futter enthalten sein.

Fischmehl mit hoher Wertigkeit besteht aus ganzen Fischen und nicht aus den Resten der für die menschliche Ernährung gefangenen Fische. Das ist Fischmehl der Kategorie 2. Das hochwertige Fischmehl der 1. Kategorie wird aus kleinen ganzen Fischen hergestellt. Es sind Fische, die in großen Schwärmen vorkommen und das Abfangen aufgrund der hohen Vermehrungsrate keine Nachteile bringt, z. B. Sandaale, Sprotten und Sardinen.

Wird auf der Packung die Deklaration ‚Fisch und Fischnebenerzeugnisse' genannt, wird meist Fischabfallmehl der zweiten Kategorie verwendet. Auch Soja hat eine geringere biologische Wertigkeit und das Verhältnis der Aminosäuren ist für die Fischernährung nicht günstig. Bei einem ungünstigen Verhältnis der Aminosäuren muss mehr Nahrung aufgenommen werden, um den erwünschten Körperzuwachs zu erreichen. Der nicht benötigte Proteinanteil wird wieder ausgeschieden, was zu einer erhöhten Wasserbelastung führt.

Als mögliche Proteinquelle stehen sowohl tierische als auch pflanzliche Rohstoffe zur Verfügung. Allerdings verfügen pflanzliche Rohstoffe nicht über das benötigte Verhältnis der Aminosäuren wie es für den Gewebeaufbau des Fisches benötigt wird. Die biologische Wertigkeit ist geringer. Daher werden tierische und pflanzliche Rohstoffe in optimaler Kombination verwendet. Hersteller hochwertiger Fischfuttermittel verwenden hauptsächlich tierische, idealerweise aquatische Organismen als Proteinquelle. Viele hochwertige Futtermittel basieren auf Fisch und anderen aquatischen Organismen, wie Krebstieren und Muscheln, als Proteinquelle. Als Startfutter für Karpfen sind pflanzliche Eiweiße nicht einsetzbar [Bohl]. Sie reduzieren die Überlebensrate und das Wachstum. Auch beim afrikanischen Wels, *Clarias gariepinus*, führt Sojaschrot zu schlechtem Wachstum und erhöhter Sterberate.

Pflanzen, wie Knoblauch, Paprika, Weizenkeime, Petersilie, Spinat, Algen, Hefeextrakte, Bockshornkleesamen, Fenchelsamen, Anissamen, Spirulina und *Haematococcus*, werden in Fischfuttermitteln verwendet. Richtig eingesetzt ergänzen sie das Aminosäureverhältnis des Futters und reichern es mit essenziellen ungesättigten Fettsäuren sowie wichtigen langkettigen Kohlenhydraten und Polysacchariden, wie Rhamnose und Beta-Glucanen, an. Diese benötigt der Fisch ebenfalls, um hochviskose Schleime auf der Haut und im Darm zu erzeugen. Die Pflanzenbestandteile sollten in der Zusammensetzung namentlich angegeben sein. Wird nur ‚Pflanzen und pflanzliche Nebenerzeugnisse' genannt, kann man davon ausgehen, dass minderwertige Rohstoffe enthalten sind.

Neuerdings (Stand 2024) ersetzen mehrere Hersteller das Fischmehl teilweise oder ganz durch Insektenmehl.

Das dient der Nachhaltigkeit und dem Umweltschutz, ist aber noch wesentlich teurer, da diese Industrie erst im Aufbau begriffen ist. Auch fehlen noch Genehmigungen vom Gesetzgeber in der EU, nicht verwertete Lebensmittel und nicht verkaufbare Agrarprodukte für die Ernährung der Insekten zuzulassen (Stand 2024). Das ist wahrscheinlich in Ländern außerhalb der EU, wo Insekten schon lange der menschlichen Ernährung dienen, anders.

Fische können, je nach ihrer artspezifischen Ernährung, Insektenprotein unterschiedlich gut verdauen. Nach eigenen Beobachtungen können Fische mit oberständigem Maul, die an viel Anflugnahrung angepasst sind, das Insektenprotein gut verwerten. Fische, die überwiegend Fische und Zoo- und Phytoplankton fressen, können es weniger gut verdauen. Hier sind noch weitere Untersuchungen notwendig. Gegenwärtig wird in den Futtermitteln für solche Fische nur ein Teil des Fischmehls durch Insektenmehl ersetzt. Insekten sind ein besonders wertvolles Futter für Fische, da sie zur Biosynthese mehrfach ungesättigter Fettsäuren fähig sind [Bremer]. Diese sind ein wichtiger Bestandteil des Insektenmehls.

Fische, die an eine Ernährung mit Insekten und Krebstieren angepasst sind, können auch das im Insektenmehl zu hohem Anteil enthaltene Chitin zumindest teilweise verdauen. Sie sind fähig, das Enzym Chitinase zu bilden, mit dem sie einen gewissen Anteil des Chitins im Verdauungstrakt aufspalten können. Der Nährwert des Insektenmehls hängt stark davon ab, wie die Insekten ernährt wurden. So kann der Rohproteingehalt zwischen 40 und 60% variieren. Da auch Chitin Stickstoff enthält, das bei der Analyse mitgemessen wird, kann der Proteingehalt zu hoch angegeben sein. Der Fettgehalt liegt im Bereich von 11 bis 30% kann sich aber bei kohlenhydratreicher Fütterung der Insekten auch bei 40% befinden. Daher wird ein solches Insektenmehl entfettet, was aber den Aschegehalt von normalerweise etwa 4% auf 16% erhöhen kann. Mehrfach ungesättigte Fettsäuren sind in Insektenmehl weniger enthalten als in Fischmehl der Kategorie 1. Der Anteil der beiden gesundheitlich wichtigsten Omega 3 Fettsäuren Eicosapentaensaure (EPA) und Docosahexaensäuren (DHA) kann durch die Fütterung der Insekten mit Fischabfällen gesteigert werden. Eicosapentaensäure ist an vielen Stoffwechselfunktionen beteiligt. Sie wird zur Bildung von DHA und Eicosanoiden benötigt, welche für das Immunsystem, die Blutgerinnung, die Blutdruckregulation und die Steuerung der Herzfrequenz wichtig sind.

Das Aminosäureprofil des Insektenmehls hängt sehr von der Ernährung der Insekten ab. So können bei minderwertigen Insektenmehlen im Futter Mangelerscheinungen bei den Fischen auftreten. Bei guter Ernährung der Insekten, kann das Aminosäureprofil des Insektenmehls durchaus dem eines hochwertigen Fischmehls gleichkommen. Es liegt also auch hier beim Hersteller von Fischfutter ein hochwertiges Insektenmehl zu verwenden [Stadtlander]. Insbesondere ist der Gesetzgeber gefordert, Lebensmittelabfälle für die Ernährung der Insekten zuzulassen. Besonders die Fischabfälle wären dafür wichtig. Das Insektenmehl von Mehlwürmern *Tenebrio molitor* wird von vielen Fischarten nicht so gut verwertet wie das Mehl von der Soldatenfliege *Hermetia illucens*.

Seit wenigen Jahren können Gewebezellen und Stammzellen im Labor in Kulturen vermehrt und daraus ein vollwertiges Fleisch hergestellt werden. Man bräuchte keine Tiere mehr zu schlachten. Der Fleischbedarf soll damit in Zukunft gedeckt werden. Zur Gewinnung der Stammzellen ist nicht einmal das Töten des Spenders notwendig. Für Säugetiere und den Menschen ist dieses Fleisch vollständig identisch mit natürlichem Fleisch. Das wäre natürlich auch mit Fischfleisch möglich. Leider wäre dieses Futter nicht vollwertig, da man ja die ganzen Teile der Fische mit Haut, Knochen, Organen und Darm für eine vollwertige Fischernährung in verschiedenen Kulturen ziehen müsste. Davon ist die Forschung noch weit entfernt (Stand 2023). [Quelle SADRI].

Für Fische sind 10 Aminosäuren essenziell. Diese können vom Organismus nicht synthetisiert werden und müssen mit der Nahrung zugeführt werden. Ein Mangel an essenziellen Aminosäuren führt zu starken körperlichen Schäden, wie verringertem Wachstum, Wirbelsäulenverkrümmung, Flossendeformationen, Trübung der Augenlinse sowie verstärkten Ektoparasitenbefall, Hautläsionen, Verpilzung großer Hautpartien und erhöhter Sterberate [BOHL].

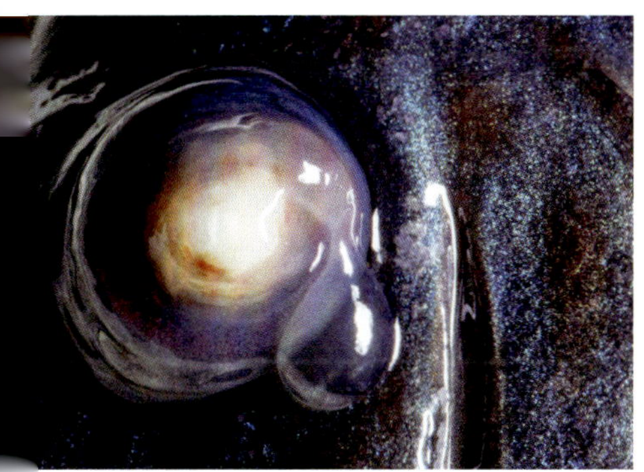

Bild 515: Katarakt, Trübung der Augenlinse

Auftretende Mangelerscheinungen bei Fehlen von essenziellen Aminosäuren:

- Arginin Mangel: Reduzierte Herzleistung, geschwächte Immunabwehr, schlechte Wundheilung
- Histidin Mangel: Armut an roten Blutkörperchen, reduzierte Zellerneuerung, geschwächte Immunabwehr
- Mangel an Isoleucin und Leucin: Beeinträchtigung der Funktion von Leber und Niere, verzögertes Wachstum, schlechte Wundheilung, Schwächung des Immunsystems
- Lysin Mangel: Begünstigt einen massiven Ektoparasitenbefall, in dessen Folge Hautläsionen und schließlich eine Verpilzung großer Hautpartien auftreten [BOHL].
- Methionin Mangel: Verursacht bei Fischen Wachstumsdepression und erhöhte Mortalität sowie Katarakt.
- Mangel an Phenylalanin: Geschwächtes Immunsystem, Hormonmangel
- Threonin Mangel: Gestörte Knochenentwicklung, Leberverfettung
- Tryptophan Mangel: Führt zu Skoliose und Lordose (Verkrümmungen der Wirbelsäule).
- Valin Mangel: Schlechte Wundheilung, Krankheitsanfälligkeit, Wachstumsstörung, Muskelabbau, Krämpfe

Beispiel Eiweißverdauung:
Der Fischkörper benötigt z. B. eine bestimmte essenzielle Aminosäure (Phenylalanin) in einem Mengenanteil von nahezu 6% vom Rohproteinanteil des Futters.

In einer einseitigen Ernährung ist diese Aminosäure möglicherweise nur zu 2% enthalten.

Der Fisch kann dann nur 1/3 des gesamten Eiweißes verwerten, 2/3 scheidet er mit dem Kot wieder aus. Alternativ frisst er, wenn genügend Futter gegeben wird, die dreifache Menge, um den Bedarf zu decken. Die nichtbenötigten Eiweißmengen werden mit dem Kot ausgeschieden. Die Folge ist eine übermäßige Wasserbelastung

Die Aminosäuren konkurrieren um die Transporter im Blut. Dadurch kann auch bei Vorhandensein aller essenziellen Aminosäuren ein Mangel entstehen, wenn eine Aminosäure in zu hoher Konzentration im Futter enthalten ist und die Transporter für die anderen blockiert [Bohl].

Die Aminosäureverhältnisse in hochwertigen Futtermitteln sind ausgeglichen, somit kann das im Futter enthaltene Eiweiß vom Fisch zu über 90% in körpereigenes Eiweiß umgesetzt werden.

10.6. Das Eiweiß-Fettverhältnis

Das oft zitierte Eiweiß-Fettverhältnis hat nur eine Aussagekraft, wenn es in Bezug auf die Wassertemperatur und eine bestimmte Fischart betrachtet wird. Bei den Aquarienfischen spielt das keine Rolle, da sie überwiegend bei einer Temperatur zwischen 24 und 26°C gehalten werden. Das Verhältnis von Eiweiß zu Fett ist daher für diese Fische ziemlich gleich. Bei der Ernährung von Teichfischen, die den jahreszeitlichen Temperaturschwankungen ausgesetzt sind, ist es jedoch sehr wichtig. So ist es völlig absurd, das für Koi optimale Verhältnis bei 24°C, auf eine Temperatur von 16°C oder niedriger zu übertragen. Ein Sommerfutter hat somit ein anderes Eiweiß-Fettverhältnis und einen deutlich anderen Kohlenhydratgehalt als ein Winterfutter.

Eine optimale Proteinverwertung hängt beim Karpfen vom Fettanteil in der Nahrung ab. Das beste Verhältnis von verwertbarem Protein zu verwertbarem Fett bei der Optimaltemperatur der Karpfen von 24°C liegt bei 3,5:1, entsprechend einem Anteil im Futter von 42% Protein zu 12% Fett [Bohl]. Das ist nicht gegeben, wenn in einem Futter minderwertige Rohstoffe wie Soja verwendet werden, die für den Fisch nur eine geringe biologische Wertigkeit haben. Auch Fischmehl der Qualitätsstufe 2 hat eine geringere biologische Wertigkeit. Das gilt auch für Lachsmehl, das zu 50% aus Knochen und Köpfen besteht.

So wird bei manchen Futtermitteln ein als optimal bezeichnetes Eiweiß-Fett-Verhältnis angegeben. Wenn man dann jedoch die Zusammensetzung kontrolliert, stellt man fest, dass minderwertige Rohstoffe verwendet werden. Demnach ist das angegebene Verhältnis falsch.

Bei Forellen ist ein Eiweiß-Fett-Verhältnis von 2:1 zuträglich und reduziert die Ammoniakausscheidung [Bohl]. Forellen sind jedoch Kaltwasserfische und an eine Verdauung bei kaltem Wasser angepasst. Karpfen sind an Kälteperioden angepasste Warmwasserfische. Höhere Fettgehalte erfordern auch stark erhöhte Proteingehalte. Solche Futtermittel führen zu starker Verfettung von Leber und Leibeshöhle. Ein Eiweiß-Fett-Verhältnis im Winterfutter für Koi von 2:1 oder niedriger führt zu Schäden, da der Kohlenhydratgehalt übermäßig hoch ist und bei kalten Temperaturen nicht verwertet werden kann. Die Verweilzeit des Futters im Darm ist zu lange und es kommt zu Gärprozessen aufgrund des geringen Sauerstoffgehalts.

Wie unterschiedlich die Koi Futtermittel auf dem Markt sind, zeigt folgendes Beispiel von zwei Markenfuttermitteln. Ein Winterfutter hat ein Eiweiß- Fettverhältnis von 5,1:1 und einen Kohlenhydratgehalt: 19,8%. Das Winterfutter einer anderen Firma hat ein Eiweiß- Fettverhältnis von 1,6:1 und einen Kohlenhydratgehalt: 55%.

In der folgenden Tabelle werden der Eiweiß- und Fettgehalt und deren Verhältnis in der Trockensubstanz verschiedener Futtertiere angegeben [Dreyer].

Niedrige Eiweiß-Fett-Verhältnisse verursachen einen geringeren Ausstoß von Ammoniak, sind aber langfristig ungesund. Das ist für die Kreislaufanlagen der Nutzfische von Interesse, weil es die Wasserbelastung durch Stickstoffverbindungen reduziert. Bei Futtermitteln für die Aquarien- und Teichfische ist das nicht relevant. Hier ist auf gesunde Verhältnisse zu achten.

Art **Prozentualer Anteil in der Trockensubstanz**	**Protein**	**Fett**	**KH lebend**	**KH trocken**	**Eiweiß-Fett-verhältnis Trocken-substanz**
Rote Mückenlarve	54,9	9,2	4	20	5,9 : 1
Weiße Mückenlarve	60,8	17	3	10	3,6 : 1
Schwarze Mückenlarve	55,9	19,6	4	11	2,9 : 1
Rückenschwimmer Wanzen	60,4	25,8	0	0	2,3 : 1
Daphnien	48,7	14,4	1,5	2,7	3,4 : 1
Gammarus	38,7	9,6	6	16,6	4 : 1
Cyclops u.a. Kleinkrebse	58,4	22	5	6,2	2,7 : 1
Tubifex	52,4	14,5	4	22,6	3,6 : 1
Kleine Fische	59,7	20,9	4,5	5,9	2,8 : 1

Rot: Futterorganismen, die Karpfen im Winter hauptsächlich zur Verfügung stehen
Protein-/Fettverhältnis im Winter im Durchschnitt: 55:17 = 3,2:1
KH = Kohlenhydratgehalt der Trockensubstanz im Durchschnitt: 11,6%
Die Tabelle zeigt, dass natürliche Futterorganismen einen sehr niedrigen Kohlenhydratgehalt haben.

Die Ausscheidung von Ammoniak über die Kiemen steigt mit erhöhtem Eiweiß-Fett-Verhältnis. Bei einem Eiweiß-Fett-Verhältnis von 9,6:1 werden 0,07% des Körpergewichtes als Ammoniak innerhalb von 24 Stunden ausgeschieden. Liegt das Eiweiß/Fett Verhältnis bei 3:1 sind es nur noch 0,042% Ammoniak [Bremer]. Ein Eiweiß- Fett-Verhältnis von 3,5:1 entspricht ungefähr der durchschnittlichen Trockenmasse aller natürlichen Futtertiere. Es hängt aber auch davon ab, wann die Ausscheidung gemessen wird. In den ersten Stunden nach der Futteraufnahme ist sie stark erhöht, und in den folgenden Stunden wird sie immer weniger. Die Messung sollte deshalb 24 Stunden nach der Fütterung erfolgen. Ein eingefahrener biologischer Filter baut das ausgeschiedene Ammoniak sofort zu Nitrat ab. Aus diesem Grund werden die Fische zur Messung der Ausscheidung nach der Fütterung in ein belüftetes Aquarium ohne biologischen Filter mit einem pH-Wert nicht höher als 7 gesetzt.

10.7. Energiegehalt der Futtermittel

Trockenfutter hat eine Restfeuchte von 3 bis 12%. Bis 12% Restfeuchte sind von der Behörde zugelassen. Eine niedrige Restfeuchte erhöht die Haltbarkeit des Futters. Hohe Feuchtigkeit senkt die Produktionskosten und führt nach Anbruch der Verpackung zur Vermehrung von Bakterien und Pilzen.

Lebendfutter, Frostfutter oder Nassfutter hat einen Wassergehalt von 85 bis 90%. Eine 100 Gramm Tafel Rote Mückenlarven enthält etwa 90 Gramm Futtertiere. 6 Gramm gefriervakuumgetrocknete Rote Mückenlarven entsprechen dem gleichen Nährwert. 10 g FD Daphnien Trockensubstanz, mit einer Restfeuchte von 5%, entsprechen einem Lebendgewicht von 145 Gramm. Trockenfutter hat somit ungefähr den 15-fachen Energiegehalt oder Nährwert wie Nassfutter. Ein Liter Flockenfutter von 210 Gramm entspricht etwa dem Nährwert von fast 3000 Gramm Nassfutter. Ein Liter Granulatfutter mit 480 Gramm entspricht ungefähr 6700 Gramm Nassfutter.

Fische sind an eine magere Kost angepasst und betteln immer um Futter. Daher wird meist eine ähnlich große Menge Trockenfutter gefüttert wie Nassfutter. Das ist bei gefrier-vakuum-getrockneten Futtertieren nicht problematisch. Bei einem Granulat oder Pelletfutter führt das zu einer stark erhöhten Energiezufuhr. Es sollte nur so viel gegeben werden, wie die Fische in etwa 2 bis 3 Minuten restlos auffressen können [Dreyer]. Diese Menge, je nach Art oder Alter der Fische, eventuell mehrmals am Tag. Umgekehrt ist es genau so schlecht: Wenn die gleiche Menge Nassfutter gegeben wird wie Trockenfutter, dann haben die Fische zu wenig. Daher kann täglich mehrmals soviel Nassfutter gegeben werden, wie die Fische in drei Minuten fressen können.

Bei der Aufzucht von Bruten und Jungfischen ist auf eine ausgewogene Ernährung zu achten. Das Verhältnis von hochwertigen Proteinen und Fetten darf bei 3,5:1 bis 6:1 liegen. Nahrung aufnehmende Larven und die Jungfische müssen häufig gefüttert werden. Das Futter darf nicht in zu großer Menge gegeben werden, es soll in wenigen Minuten vollständig aufgefressen sein. Ist der Eiweißgehalt des Futters zu hoch, entwickeln die Körper der jungen Fische eine längliche Form. Befinden sich zu wenig Kalzium- und Magnesiumionen im Wasser und aufnehmbare Phosphorverbindungen in der Nahrung, kommt es zu Skelettverformungen. Diese können im Nachhinein nicht mehr korrigiert werden. Insbesondere tritt der Mangel auf, wenn bestimmte essenzielle Aminosäuren wie Tryptophan und Vitamin C in der Nahrung nicht oder in zu geringer Menge enthalten sind. Futtermittel mit hohem Proteingehalt sollten immer in Abwechslung mit Futtermitteln mit hohem Ballaststoffanteil gegeben werden, z. B. gefriergetrocknete Futtertiere und pflanzliche Kost.

10.8 Bestandteile von Futter für Zierfische

Seriöse Hersteller machen aus der Zusammensetzung ihrer Fischfutter kein Geheimnis. Auf den Etiketten werden die Zusammensetzung, die analytischen Bestandteile und die Zusatzstoffe angegeben.

Unter ‚Zusammensetzung' sind die verwendeten Rohstoffe in der Reihenfolge ihrer anteiligen Menge angegeben. Von dem zuerst genannten Rohstoff ist die größte Menge enthalten, alle weiteren sind mit abfallender Menge aufgeführt. So ist der letzte angegebene Inhaltsstoff in geringster Menge im Futter enthalten. Die Angabe ‚Nebenerzeugnisse' lässt keinen Schluss auf die Qualität und Art der enthaltenen Rohstoffe zu. Wichtig ist die Angabe wieviel des Fischöls aus ungesättigten Omega-Fettsäuren besteht.

Wenn bei der Zusammensetzung ‚pflanzliche Nebenerzeugnisse' genannt wird, bedeutet das, dass der Hersteller die Rohstoffe beliebig wechseln kann. Das ist nicht möglich, wenn sie namentlich genannt sind. Wenn also Petersilie oder Paprika genannt sind, müssen diese auch im Futter enthalten sein. Bei der Nennung von Nebenerzeugnissen kann in einer Charge hochwertige Petersilie sein und in der nächsten billiges und unverdauliches Grünmehl. In der Regel werden dann nur billige Zutaten verwendet, denn ansonsten würde der Hersteller die hochwertigen Rohstoffe mit ihren Namen angeben. Das trifft ebenso auf die Nennung ‚Fischnebenerzeugnisse' zu. Auch die Angaben ‚pflanzliche Eiweißextrakte, Fette oder Öle' geben keine Information, was tatsächlich als Rohstoff verwendet wird. Auch Schweineschmalz ist ein Fett und Geflügelöl fällt unter den Begriff Öle. Sie haben aber eine geringe Wertigkeit. Ich gebe meinen Fischen kein

10.9. Inhaltsstoffe und Nahrungsergänzungsstoffe

Fischmehle gibt es in verschiedenen Qualitäten und Preislagen. Sie sind aufgrund ihrer hohen Verdaulichkeit und ihres ausgewogenen Aminosäuremusters die besten Proteinquellen für Fische [Bohl]. Pflanzliche Eiweißprodukte sind bei Karpfenjungfischen nicht einsetzbar, da sie die Überlebens- und Wachstumsrate deutlich reduzieren [Bohl]. Fischmehl aus der Südhemisphäre ist billiger als das aus der Nordhemisphäre. Aufgrund der langen Transportzeiten kann die Qualität schon gelitten haben, wenn es hier ankommt. Die ungesättigten Fettsäuren können schon zum Teil oxydiert, also ranzig sein. Ranziges Fett ist für Fische hochgiftig.

Die Fa. sera verwendet aus diesem Grund nur Fischmehl, das im nördlichen Atlantik gewonnen wird. Dieses wird nachhaltig gewonnen, indem kleine Fische von kleinen Kuttern mit kleinen Netzen gefangen werden. Dadurch gibt es keine Beifänge von Großfischen und Delfinen, da diese die Netze erkennen und nicht hineinschwimmen. Eine der Hauptfischsorten ist der bodenlebende Sandaal sowie Sprotten und Sardinen. Es gibt ernährungsphysiologisch keinen Unterschied zwischen Speisefischen und diesen Arten. Das daraus gewonnene Fischmehl ist eine ausgezeichnete, unbelastete und ökologisch vertretbare Quelle für hochverdauliche Eiweiße, essenzielle Omega-Fettsäuren, Mineralien und Vitamine.

Die zweite Wahl an Fischmehl stammt von den großen Fangflotten. Diese schwimmenden Fabriken fangen Fische für den menschlichen Verzehr und verarbeiten sie auf See. In deren riesigen Netzen verfangen sich regelmäßig Delfine und ersticken. Nachdem das Filet entnommen ist, wird der Rest zu Fischmehl verarbeitet. Diesem Fischmehl fehlt somit ein wesentlicher Bestandteil des Fisches, da es aus Köpfen, Gräten und Flossen hergestellt wird. Es ist daher nicht vollwertig und hat einen erhöhten Anteil von Rohasche, was die Verdaulichkeit verringert. Die Muskulatur macht beim Fisch einen Anteil von etwa 50% des Körpergewichtes aus [Bremer]. Diese wertvollen Proteine der Muskulatur fehlen bei solchen Fischabfallmehlen (Deklaration: Fischnebenerzeugnisse). Auch Lachsmehl ist in diese Kategorie einzuordnen. Der Kopfanteil beträgt 25%, was die Hälfte dieses Fischmehls ausmacht, und reduziert die biologische Wertigkeit drastisch. Die fehlenden Bestandteile müssen durch künstlich hergestellte ergänzt werden.

Fischöle enthalten den höchsten Anteil, bis 49% des Fettanteils, an Omega Fettsäuren, 34% sind hochungesättigte Polyenfettsäuren (Eicosapentaensäure und Docosahexansäure). Zooplankton enthält davon bis zu 21% [Bremer]. Sie fehlen bei vielen Pflanzenölen und sind in Warmblüterfetten überhaupt nicht vorhanden [Bohl]. Daher enthalten sera Futtermittel als hauptsächliche Fettquelle Fischöle und kleine Krebstiere. Fische können nur Fette verwerten, die bei der Körpertemperatur flüssig sind. Das trifft auf die ungesättigten Fettsäuren zu, die selbst bei Temperaturen unter 0°C noch flüssig sind. Nur solche Fette kann der Fisch bei Wintertemperaturen reaktivieren und als Energiequelle nutzen. Die vom Fisch aus Kohlenhydraten gebildeten gesättigten Fettsäuren haben Schmelzpunkte über 30°C und liegen bei kalten Temperaturen als traniges Fett in der Leibeshöhle vor. (Kap. 2, Bilder 168, 169) Fischöle können zu einem Teil durch hochwertiges Rapsöl ersetzt werden.

Lachsmehl scheint ein hochwertiger Rohstoff zu sein. Aber auch hier werden die entfiletierten Reste, also der Abfall, zu Fischmehl verarbeitet. Da der Filetanteil mit seinen hochwertigen mehrfach ungesättigten Fettsäuren fehlt, kann solches Lachsmehl zu Mangelerscheinungen führen. Manche Hersteller verwenden Lachsfilet als Hauptproteinquelle. Es ist meiner Meinung nach nicht vertretbar, ein hochwertiges Lebensmittel für die industrielle Fischfutterherstellung zu verwenden. Was für die menschliche Ernährung produziert wird, sollte nicht an die Fische verfüttert werden. Außerdem ist es genau so wenig vollwertig, da der Kopf und Knochenanteil fehlt. Dadurch fehlen wertvolle organische Phosphorverbindungen.

Sojamehl:

Auch namhafte Hersteller von Koifutter verwenden Sojamehl als Proteinquelle. Es soll ein billiger Ersatz für Fischmehl oder nachhaltig sein. Neben dem bereits erwähnten falschen Aminosäurenverhältnis bringt die Verwendung weitere Nachteile, ja sogar Gefahren für die Fischgesundheit mit sich. Außerdem ist die Produktion von Soja nicht umweltfreundlich.

Die Proteine tierischen Ursprungs sind nicht einfach durch Sojaeiweiß zu ersetzen. Sojamehl kann nur ungenügend verwertet werden, hat negativen hormonellen Einfluss und verursacht Schäden im Darm [Mau, Seibel, Zaccaroni]. Wenn in einem Fischfutter mit 50% Fischmehlgehalt ein Anteil von mehr als 33% durch Sojamehl ersetzt wird, können schon Schäden im Darm nachgewiesen werden. Werden 66% ersetzt, sind histologisch Nekrosen an den Darmzotten nachzuweisen [Seibel EAFP 2018].

In Sojamehl sind die essenziellen Aminosäuren Lysin zu 1,58% und Methionin zu 0,48% enthalten. Der Anteil durch Soja beträgt demnach an Lysin 0,3% und Methionin 0,1% vom Gesamtfutter. Der Karpfen benötigt einen Lysin-Anteil von 5% und Methionin-Anteil von 2,7% im Rohproteinanteil [Bohl]. Diese müssen dem Futter zugesetzt werden, sonst treten schwere Mangelerscheinungen auf. Bei Billigfuttermitteln erfolgt diese Zu-

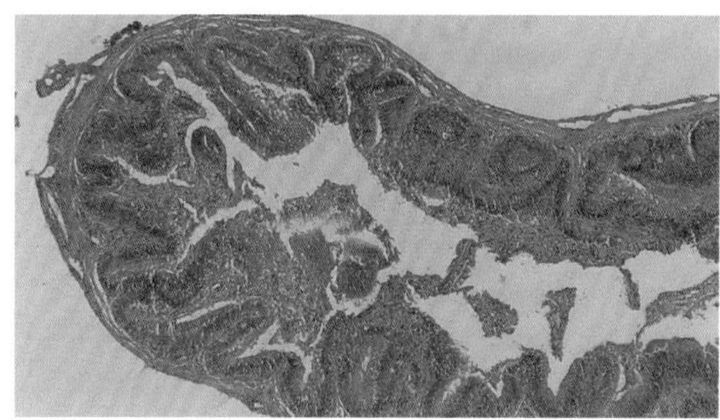

Bild 516: Mittlerer Darmbereich eines Kongosalmlers mit nekrotischen Darmzotten (Vergr. 100x)

gabe oft nicht. In der Folge treten bei Jungfischen Wachstumsstörungen und Wirbelsäulendeformationen auf. Beim Menschen konnte die hohe Konzentration von Phytinsäure in Soja als Ursache nachgewiesen werden [Mau]. Sie reduziert die Aufnahme von Calcium, Magnesium, Eisen und Zink. Folglich sind das Wachstum und die gesunde Entwicklung des Knochengerüsts eingeschränkt.

Soja enthält sogenannte Phytoöstrogene [Mau, Schäperclaus, Zaccaroni]. Das sind Substanzen mit Hormonwirkung, welche die Fertilität stark einschränken. Daher führt Sojamehl in höherer Konzentration im Futter bei männlichen Fischen zur Unfruchtbarkeit. Das wurde an der Uni Bologna untersucht und 2006 auf einem Kongress veröffentlicht [Zaccaroni]. Die durch Soja im Futter aufgenommenen Hormone reichern sich im Blut an und übersteigen die Menge der im Körper vorhandenen Östrogene um das 10- bis 20-tausedfache [Mau]. Die Folge sind unfruchtbare männliche Fische. Weiterhin führt Soja durch den in ihm enthaltenen Stoff Genistein zu genetischen Schäden [Mau]. Es führt zu schweren Wachstums- und Vermehrungsschäden an den Darmepithelzellen. Aufgrund dieser Veröffentlichungen hat sera ab 2006 kein Sojamehl mehr in den Futtermitteln verwendet. Das gilt in ähnlicher Form auch für andere Leguminosen, z. B. Erbsen und Klee [Mau, Seibel]. Es ist fraglich, ob die Verdauungsenzyme der Fische bei Temperaturen unter 15°C Sojaeiweiß überhaupt optimal aufschließen können. Sojabohnen enthalten auch toxische Phenole, welche die Verfügbarkeit von Lysin und Methionin reduzieren [Bohl].

In Brutfuttermitteln sind pflanzliche Eiweißprodukte (auch Soja) nicht einsetzbar, da sie die Überlebens- und Wachstumsrate deutlich reduzieren [Bohl]. Sojaschrot führt bei afrikanischen Welsen, *Clarias gariepinus*, zu Wachstumsdepression und erhöhter Mortalität [Bohl].

Federnmehl wird in manchen Fischfuttermitteln als Proteinergänzung verwendet. Federn bestehen aus dem unverdaulichen Keratin. Sie müssen stundenlang unter Druck gekocht (hydrolysiert), getrocknet und gemahlen werden. Federnmehl enthält einen hohen Anteil der Aminosäuren Cystein, Arginin und Threonin. Lysin, Histidin, Methionin und Tryptophan sind aber in zu geringer Menge enthalten. Es ist somit nicht als alleinige Eiweißquelle für Futtermittel geeignet. Die fehlenden Aminosäuren werden oft durch pflanzliche Proteine, z. B. aus Soja, ergänzt, was als solches für Fische schon ungeeignet ist.

Molluskenmehl, Tintenfischmehl ist qualitativ sehr hochwertig und für Fische bei jeder Temperatur verdaubar. Es ist daher zu jeder Jahreszeit einsetzbar. Der Proteingehalt liegt bei 78%, der Fettgehalt bei 5%. Das ist ein ungünstiges Verhältnis, das durch andere Komponenten im Futter ausgeglichen werden muss.

Grünlippmuschel aus Neuseeland wird als Extrakt allen sera Futtermitteln zugefügt. Es ist schon für einen geringen Anteil im Futter eine entzündungshemmende und Knorpel aufbauende Wirkung belegt. Die Muscheln stammen aus Kulturen.

Grünmehl ist in der billigen Variante ein Mehl, das aus Gras gewonnen wird. Die hochwertige Variante besteht aus Heu, Luzerne und Klee. Grünmehl findet Verwendung als Ergänzungsfuttermittel für Pferde, Kühe, Kaninchen und Meerschweinchen. Das sind Tiere, die aufgrund von spezialisierten Einzellern und Bakterien im Magen oder Darm Gras verdauen können. Fischen fehlen diese Mikroorganismen im Darm. Besonders bei kalten Wassertemperaturen vergären solche Nahrungsbestandteile im Darm und führen zu schwerwiegenden Entzündungen. Luzerne und Klee gehören zu den Leguminosen (siehe Soja).

Guakernmehl enthält Blausäure und beeinträchtigt die Eiweißverdauung. Es gehört zu den Leguminosen (s. Soja).

Aus Wikipedia: Guarkernmehl wird aus den Samen der Guarbohne (Cyamopsis tetragonoloba) durch Entfernung von äußeren Schichten und Keimling und anschließendes Zermahlen der übrigen Teile gewonnen. Neben dem Guaran sind 10 bis 15% Wasser, 5% Protein, 2,5% Rohfaser und unter 1% Asche im Guarkernmehl enthalten. Das Guaran ist ein pflanzlicher Schleimstoff.

Die Inaktivierung der schädlichen Stoffe (z. B. Saponine, Fluoressigsäure oder Allergene Eiweiße) gelingt durch Erhitzen und Extrahieren nur teilweise, sodass das Verdickungsmittel Guarkernmehl (E 412) die Entstehung von Allergien begünstigen oder selbst allergische Reaktionen fördern kann.

In großen Mengen verzehrt, kann es außerdem die Darmflora verändern und Bauchkrämpfe sowie Blähungen auslösen. Aufgrund zahlreicher Berichte über Schädigung von Speiseröhre, Magen und Darm wurde es von der amerikanischen FDA als riskantes Schlankheitsmittel eingestuft. Eine Festlegung der erlaubten Tagesdosis wurde nicht vorgenommen.

Weizenkleber ist ein wertvoller Bestandteil der ausgewogenen Rezeptur und verbessert die Konsistenz des Futters. Weizenkleber oder Klebereiweiß ist die Sammelbezeichnung für ein Gemisch aus pflanzlichen Eiweißen, die aus den Samen einiger Getreidearten, wie Weizen, gewonnen werden. Weizenkleber sollte nicht die Hauptproteinquelle in Fischfutter sein.

Ausschließlich pflanzliche Eiweißprodukte sind bei Karpfenjungfischen nicht als alleinige Proteinquelle einsetzbar, da sie die Überlebens- und Wachstumsrate deutlich reduzieren [Bohl].

10.10. Weitere Inhaltsstoffe von Fischfutter

Mineralstoffe

Calcium ist wichtig für den Knochen- und Zahnaufbau sowie für die Funktion der Muskeln und Nerven. Es ist in allen Gewässern zumindest in geringer Konzentration enthalten. Süßwasserfische nehmen es in erster Linie aus dem Wasser über die Kiemen auf. Meerwasserfische trinken viel Wasser und absorbieren es aus der Nahrung im Darm. Ein Mangel an Calcium ist sehr unwahrscheinlich. Er würde sich in schlechter Verwertung des Futters und mangelhaftem Wachstum äußern. Meist geht er mit einem Mangel an Phosphor einher und ist schwer von diesem zu unterscheiden. Ein Mangel an Calcium kann auftreten, wenn für die Zucht von Weichwasserfischen stets entionisiertes Wasser verwendet wird und diesem keine Mineralien zugesetzt werden (Bilder 447 bis 453).

Magnesium wird für den Energiestoffwechsel benötigt und ist für die Arbeit der Muskeln und Nerven wichtig [Brater 2]. Es wird auch für den Aufbau von Knochen und Knorpeln benötigt und ist in vielen Enzymen enthalten. Auch in natürlichen Gewässern kann Magnesium vollständig fehlen. Das konnte ich durch Analysen meines Quellwassers feststellen. Diskusfische entwickeln, wenn sie in diesem Wasser gehalten werden, nach wenigen Wochen die Lochkrankheit. Ein Mangel an Magnesium führt bei den meisten Fischen zu schlechtem Wachstum, Appetitlosigkeit und ungenügender Futterverwertung. Verkrümmungen der Wirbel, Veränderungen der Kiemen und Muskulatur können bei einer anhaltenden Unterversorgung auftreten.

Beide Elemente können, wie viele andere Elemente auch, von Süßwasserfischen sehr gut als gelöste Mineralien in Form von Ionen aus dem Wasser über die Kiemen aufgenommen werden. sera mineral salt enthält alle Mineralien und Spurenelemente im richtigen Verhältnis und in den vom Fisch aufnehmbaren Verbindungen. Es braucht nur in geringer Konzentration zugegeben werden und erhöht nicht die Karbonathärte.

Phosphor ist nach Kalzium für alle Lebewesen das wichtigste Element im Organismus. Es befindet sich in hoher Konzentration in den Zähnen, Knochen, Knorpeln und Schuppen der Fische und ist in verschiedenen Enzymen enthalten. Es wird für den Aufbau der Zellwände benötigt, ist in der DNA enthalten und ist Bestandteil der Transporter im Blut. Es hat wichtige Funktionen im Energiestoffwechsel und trägt als Bestanteil der Puffer zur Stabilisierung des pH-Wertes des Blutes bei. Knapp 2% des Körpergewichtes aller Lebewesen macht Phosphor in den verschiedenen organischen Verbindungen aus. Das sind beträchtliche Mengen. Daher ist es wichtig, dass genügen Phosphor dem Fischkörper zugeführt wird.

In der Natur kommt Phosphor als Phosphat (PO_4^{2-}) vor. So wird es auch als Endprodukt des Phosphorstoffwechsels von Fischen ausgeschieden und belastet als Nährstoff für Algen das Aquarien- und Teichwasser. Fische können das Phosphat aus dem Wasser nicht aufnehmen, sie benötigen den Phosphor in einer organischen Verbindung im Futter. Diesen wichtigen Bestandteil enthält ein vollwertiges Fischmehl.

Der in tierischen Komponenten der Nahrung enthaltene Phosphor kann von Fischen am besten verwertet werden. Aus pflanzlichen Rohstoffen können Fische den Phosphor nur sehr schlecht aufnehmen. Ein Mangel an Phosphor äußert sich in Verkrümmungen, Knochenerweichungen, Missbildungen, schlechtem Wachstum und schlechter Futterverwertung sowie in Verfettungen der Leibeshöhle und des Körpers.

Phosphor wird von Billigherstellern oft als Kalziumphosphat $Ca_3(PO_4)_2$ dem Futter zugesetzt. Das ist für Karpfenfische nur zu 3 bis 13% verfügbar (aufnehmbar). Der in hochwertigen Futtermitteln enthaltene Phosphor stammt überwiegend aus den natürlichen tierischen Zutaten, vor allem aus dem hochwertigen Fischmehl und ist somit hervorragend verwertbar. Fischmehl kann von Fischen zu 96% aufgenommen werden. Der darin enthaltene Phosphor ist zu einem hohen Anteil verfügbar [Bohl]. Eine künstliche Zugabe von Phosphat ist deshalb unnötig. Die Phosphat-Belastung des Wassers durch nicht verwertetes Phosphat in den Ausscheidungen ist damit drastisch reduziert.

Warmblütige Säugetiere und Menschen haben eine starke Magensäure von 0,5 bis 1 pH, die das Calciumphosphat in $Ca(H_2PO_4)_2$ überführt. Dieses wäre zu über 90% von Fischen aufnehmbar. Die starke Säure fehlt den Fischen allerdings. Sie können deswegen das Kalciumphosphat nur zu einem geringen Teil verwerten.

Eisen ist in Trinkwasser und Grundwasser ausreichend vorhanden. Die Fische nehmen es über die Kiemen und den Darm auf. Es ist ein Bestandteil des Hämoglobins, des roten Farbstoff des Blutes. Bei Verwendung von Regenwasser oder entionisiertem Wasser kann es zu Mangelerscheinungen kommen. Die Fische haben blasse Kiemen, was auf einen Mangel an roten Blutkörperchen zurückzuführen ist (Anämie).

Kupfer benötigt der Fischkörper, um Hämoglobin herstellen zu können. Ein Mangel äußert sich in schlechtem Wachstum und Anämie. In Forellen- und Karpfenfuttermitteln werden bis zu 5 mg Kupfer pro Kilogramm zugesetzt. Das sollte auf keinen Fall in Futtermitteln für Zierfische erfolgen. Viele Zierfischarten und Welse reagieren schon auf geringe Kupferkonzentrationen zwischen 0,1 bis 0,3 mg Cu pro Liter mit Vergiftungserscheinungen, wenn es länger einwirkt. Es wird über die Kiemen aufgenommen und lagert sich in der Leber ab. Schleichende Vergiftungen und violett gefärbte Lebern sind die Folge. Behandlungen mit Kupfer dürfen nicht überdosiert und über längere Zeit als angegeben durchgeführt werden. Geräte, die im Gartenteich Kupferionen durch Elektrolyse freisetzen, müssen ex-

stellen. Darum sind sie darauf angewiesen, die notwendigen Vitamine mit der Nahrung aufzunehmen. Eine Ausnahme bilden einige Gattungen von Bakterien der Darmflora. Sie sind in der Lage einige Vitamine herzustellen und dem Fisch zu Verfügung zu stellen, z. B. Vitamine des Vitamin K Komplexes, das die Vermehrung von Flagellaten reduziert.

Aquarianer, die nun glauben, täglich Vitamine geben zu müssen, sollen bedenken, dass zu viel des Guten auch schädlich wirkt. Eine Überfütterung mit Vitaminen kann ebenso zu starken Erkrankungen führen. Besonders die fettlöslichen Vitamine dürfen nicht überdosiert werden. Vitaminisiertes Futter nach Methode Kap. 9, B-06 soll nicht mehr als zweimal in der Woche gegeben werden.

Einige Vitamine sind wasserlöslich, andere fettlöslich, so die Vitamine A, D, E und K. Diese lösen sich in den ungesättigten Fettsäuren und können nur in Gegenwart von diesen vom Darm aufgenommen werden. Fehlen sie, werden die fettlöslichen Vitamine mit dem Kot wieder ausgeschieden. Mangelerscheinungen sind die Folge.

Vitamine müssen in bestimmten Konzentrationen in der Nahrung vorhanden sein oder zusätzlich verabreicht werden. Das richtige Verhältnis ist wichtig. Daher ist es für Fische nicht sinnvoll, eine Vitaminmischung, die für den Menschen konzipiert ist, zu verwenden. Die Vitaminmengen hängen vom Ernährungstyp ab und der des Fisches ist nicht vergleichbar mit dem des Menschen. Besser ist, Produkte zu verwenden, bei denen das Verhältnis der Vitamine und die Dosierungsangaben speziell auf Fische abgestimmt sind.

10.11.1. Die wasserlöslichen Vitamine

Ungebundene, wasserlösliche Vitamine werden schnell vom Wasser aus dem Futter herausgelöst. In den nächsten Abschnitten sind die Folgen von Mangel der einzelnen Vitamine aufgezählt. Dem Vitamin C ist besondere Aufmerksamkeit gewidmet.

Vitamin B_1 Thiamin:.

Es wird vom Organismus für den Kohlenhydratabbau benötigt. Es hat Einfluss auf die Schilddrüse und die Funktion der Nerven. Ein Mangel kann durch einseitige Kohlenhydratnahrung, Entzündungen der Darmschleimhaut und gestörter Leberfunktion entstehen.

Der Mangel an Vitamin B1 verursacht schwere Störungen der Muskel- und Nervenfunktionen. Die Fische zeigen Schwächeverhalten, mangelhafte Reflexe, Wachstumsstörungen, Gewichtsabnahme, Fressunlust, Drehkrankheit, Gleichgewichtsstörungen, Dunkelfärbung, Blutungen an den Flossenansätzen, abgespreizte Kiemendeckel, Lähmungen, Krämpfe und hohe Sterblichkeit. Hitze, Sauerstoff und UV-Licht zerstören das Vitamin.

Thiamin ist in Fischfleisch, Muscheln und Kieselalgen enthalten. Es sollten 10 mg Thiamin pro Kilogramm Futter enthalten sein.

Vitamin B$_2$ Komplex
bestehend aus Riboflavin, Niacin (Nikotinsäure und Nikotinsäureamid), Folsäure und Pantothensäure:

Diese Vitamine wurden früher als ein Vitamin angesehen. Bei einem Mangel treten immer Schäden der Schleimhäute auf. Die einzelnen Komponenten haben unterschiedliche Wirkungen.

Riboflavin ist Bestandteil von etwa 60 Enzymen und spielt eine wichtige Rolle im Stoffwechsel der Kohlenhydrate, Fette und Eiweiße. Es ist in der Netzhaut des Auges vorhanden und man vermutet eine Wirkung bei der Übertragung des Lichtreizes auf den Nerv. Die Zerlegung der Eiweiße und die Aufnahme der Aminosäuren ist nur bei genügender Riboflavinzufuhr möglich.

Ein Mangel führt zu Fressunlust, Wachstumsstörungen und Gewichtsabnahme, Beeinträchtigung der Nervenfunktionen, Nervenstörungen, Gleichgewichtsstörungen, Dunkelfärbung, Blutungen, Schäden an den roten Blutkörpechen, Schleimhautschäden an der Außenhaut und der Darmschleimhaut, Hautentzündungen, Gewebeauflösung (Nekrosen) an Kiemen und Kiemendeckeln, Hornhautentzündungen und -trübungen sowie Trübung der Augenlinse (Katarakt), Missbildungen in der Embryonalentwicklung.

In einem Kilogramm Futter sollten etwa 1,5 bis 2 mg Riboflavin enthalten sein. Das ist bei abwechslungsreicher Nahrung der Fall. Eine Überdosierung bleibt ohne Folgen, da der Überschuss mit dem Harn ausgeschieden wird. Ein Mangel entsteht in der Regel nicht durch eine Unterversorgung mit der Nahrung, sondern durch eine gestörte Darmresorption. In Muscheln, Fisch, Copepoden, Leber, Hefe, Weizen, Milch, Eiern und Spinat ist Riboflavin reichlich enthalten. Es wird im alkalischen Milieu zerstört, sowie durch Hitze und UV-Licht.

Vitamin B$_3$, Niacin:
Niacin, das auch Nicotinsäure oder Nicotinsäureamid genannt wird, können einige Wirbeltiere aus der essenziellen Aminosäure Tryptophan herstellen. Manche Fischarten können Niacin mit Hilfe von Darmbakterien bilden (Karpfen). Bei Forellen ist das nicht der Fall. Ob Cichliden Niacin bilden können, ist nicht bekannt. Aufgrund der öfter beobachteten Mangelerscheinungen scheint das nicht der Fall zu sein. Das Vitamin ist in jeder Zelle vorhanden und hat im Stoffwechsel die Funktion als Wasserstoffüberträger. Niacinmangel kann bei gestörter Darmresorption und als Folge eines Riboflavinmangels auftreten, da dieses benötigt wird, um aus Tryptophan Niacin zu bilden.

Ein Mangel äußert sich durch Appetitverminderung, Wachstumsstörungen Wachstumsstillstand, Abmagerung, Schleimhautschäden, Nervenschäden, Kiemenschwellung, Armut an roten Blutkörperchen, Blutungen und Hautläsionen, Rückbildung des Rückenmarks, chronischer Entzündung der Darmschleimhaut und Störung der Leberfunktionen, die zur Bildung von Fettlebern führen können.

In einem Kilogramm Futter sollen etwa 15 bis 20 mg Niacin enthalten sein. Schäden durch Überdosierung sind nicht bekannt. Niacin ist in Fisch, Muscheln, Copepoden, Leber und Hefe reichlich vorhanden. Es ist empfindlich gegen Hitze.

Cholin, früher Vitamin B_4:
Cholin kann von Tieren nicht erzeugt werden, es ist ein essenzieller Nahrungsbestandteil. Es ist in pflanzlicher Nahrung enthalten.

Ein Mangel an Cholin verursacht Wachstumsstörungen, Leberverfettung, Exophthalmus, Armut an roten Blutkörperchen, Reduzierte Abwehrkraft des Darmes, Kiemenfäule, Blutungen an Niere und Darm sowie hohe Mortalität.

Es sollten 1.000 mg Cholin in einem Kilogramm Futter enthalten sein.

Vitamin B_5 Pantothensäure:
Pantothensäure ist Bestandteil des Coenzyms A. Dieses nimmt eine zentrale Stellung im Stoffwechsel ein. Es ist wichtig für den Abbau von Kohlenhydraten, Fetten und Eiweißen.

Die Folgen eines Mangels an Pantothensäure sind Appetitmangel, Abmagerung, Wachstumsstörungen, Nervenstörungen, Muskelkrämpfe, Bewegungsstörungen, Kiemenschäden, Verkleben der Kiemenblätter, Wucherungen der Kiemen, Entzündung der Darmschleimhaut, Nierenschäden, Pankreasschwund, Leberverfettung und hohe Mortalität. Die Kiemenblättchen schwellen stark an und die Lamellen verkleben. Die Fische spreizen die Kiemendeckel ab, zeigen Atemnot und Blutarmut.

Der Bedarf beträgt 3 bis 5 mg pro Kilogramm Futter. Pantothensäure ist reichlich in Leber, Hefe und Eigelb enthalten. Bei längerer Behandlung mit Sulfonamiden (s. Kap. 9, C-37, C 42) kann ein Mangel entstehen. Im sauren und alkalischen Milieu ist Pantothensäure unbeständig.

Vitamin B_6, Pyridoxin:
Pyridoxin ist ein Bestandteil des Coenzyms Pyridoxalphosphat, das für den Stoffwechsel der Aminosäuren benötigt wird. Nur bei seiner Anwesenheit können Aminosäuren von den Körperzellen aufgenommen werden. Es gibt noch einige chemisch verwandte Stoffe, die die gleiche Wirkung haben.

Bei einem Mangel an Pyridoxin ist der Aminosäurestoffwechsel gestört. Das führt zu Abmagern und Wachstumsstillstand. Es treten Entzündungen an der Mund- und Darmschleimhaut und den Augen auf. Auch Leberschäden und Nervenschäden, die sich durch Krämpfe und Herumschießen im Becken äußern, können auftreten. Zudem kommt es zu Kiemenschäden, Fressunlust, Wachstumsstörungen, Bewegungsstörungen, Zuckungen, Schwimmen in Spiralen, Leberverfettung und hohe Mortalität.

Der Bedarf liegt bei etwa 2 mg pro einem Kilogramm Futter. Für kleinste Jungfische ist Pyridoxin für ein schnelles Wachstum sehr wichtig. Ein Mangel tritt bei ausgewachsenen Fischen normalerweise nicht auf, da Pyridoxin von Darmbakterien gebildet wird. Behandlungen mit Medikamenten, welche die Darmflora abtöten (manche Antibiotika), können zu einem Mangel führen. Leber, Hefe und Fisch enthalten reichlich Pyridoxin. Schäden durch Überdosierung sind nicht bekannt. Pyridoxin ist unempfindlich gegen Sauerstoff und Hitze, es wird durch Licht zersetzt.

Vitamin B_7 (H) Biotin:

Biotin ist Bestandteil verschiedener Enzyme, die im Stoffwechsel an der Bindung und Übertragung von Kohlendioxid beteiligt sind.

Biotinmangel äußert sich durch Appetitlosigkeit, Nervosität, Schleimhautentzündungen, Anämie. Wachstumshemmung, Schäden an Pankreas und Niere, Rückbildung der Kiemenlamellen sowie Hautläsionen.

Biotin wird von Darmbakterien gebildet, Mangelerscheinungen treten daher nur in Verbindung mit anderen Schäden auf. Der Bedarf liegt bei etwa 0,05 mg pro einem Kilogramm Futter. Biotin ist in vielen Futterrohstoffen, besonders in Leber und Hefe, reichlich enthalten. Schäden durch Überdosierung sind nicht bekannt. Biotin ist hitzebeständig, wird jedoch von UV-Strahlen zerstört. Als Antivitamin ist Avidin bekannt. Avidin ist in Eiklar enthalten und bindet das Biotin, so dass es unwirksam wird. Durch Erhitzen über längere Zeit auf 100 Grad C wird das Avidin zerstört. Es hat also keinen Sinn, größere Mengen rohes Hühnereiweiß in ein Futter zu geben, weil sonst ein Biotinmangel hervorgerufen werden kann.

Inosit, früher Vitamin B_8:

Ein Mangel an Inosit tritt bei vielen Fischarten nicht auf, da sie es aus Glucose selbst synthetisieren können. Die anderen Arten benötigen zwischen 300 und 600 mg Inosit pro kg Trockenfutter. Dazu gehören Karpfenartige und Channas. Garnelen benötigen einen höheren Anteil (2 g pro kg Trockenfutter) von Inosit in der Nahrung.

Bei einem Mangel an Inosit treten folgende Schäden auf: Immunschwäche, Fressunlust, Wachstumsstörungen, Verlust der Schwanzflosse, brüchige Flossen, Leberverfettung, Schäden an Niere und Milz, Armut an roten Blutkörperchen, Reduktion der Barriere-Funktion des gesamten Darmtraktes, Apathie und hohe Mortalität.

Vitamin B_9 Folsäure:

Folsäure ist eine Sammelbezeichnung für eine Gruppe chemisch verwandter Stoffe. Sie ist Bestandteil des Coenzyms F, das nur unter Anwesenheit von Vitamin C gebildet werden kann. Bei einem Mangel an Vitamin C ist der Bedarf an Folsäure um das Zehnfache erhöht. Es wird für den Auf- und Abbau von Aminosäuren benötigt und ist ein wichtiger Faktor für die Zellvermehrung. Darum wirkt sich ein Mangel von Folsäure auch auf die Blutbildung aus: Die Zellkerne der roten Blutkörperchen sind dann verformt oder doppelt gebildet und es kommt zu

Teilungsschwierigkeiten. Eine Blutarmut ist die Folge. Da auch die Bildung von weißen Blutkörperchen gestört ist, leidet die Abwehrkraft gegen Krankheiten. Es kommt zu Schleimhautentzündungen und Störungen der Resorptionsfähigkeit der Darmschleimhaut, wodurch die Aufnahme anderer Nährstoffe und Vitamine ebenfalls behindert wird.

Weitere Folgen von Folsäuremangel sind Eisenmangel, blasse Kiemen, Auflösung der Schwanzflosse, schwerfälliges Schwimmen, hohe Mortalität.

Der Bedarf der Fische an Folsäure liegt bei 1 bis 2 mg je Kilogramm Futter. Schaden durch Überdosierung sind nicht bekannt. Folsäure ist in Leber und Hefe enthalten. Sie wird durch Lichteinwirkung und im sauren Milieu zerstört. Als Antivitamine gelten alle Sulfonamide und Nitrofurane. Das ist bei der Anwendung von Nifurpirinol (A-14), Nitrofurantoin (A-15) und Cotrim forte (C 42) zu bedenken. Aber auch die Anwendung anderer Medikamente kann zu einem Folsäuremangel führen, wenn die Darmbakterien bei der Behandlung abgetötet werden. Es ist daher sinnvoll, den Anteil von Folsäure in der Nahrung während und nach Behandlungen von Krankheiten zu erhöhen.

Vitamin B12 Cyanocobalamin, Cobalamin:
Die Gruppe der Cobalamine wird als Vitamin B12 bezeichnet. Sie besitzen eine komplizierte Molekularstruktur, die als Zentralatom Kobalt enthält. Das Coenzym Vitamin B12 ist in mehreren Enzymen enthalten. Die genaue Wirkungsweise ist unbekannt, man weiß jedoch, dass es bei der Zellteilung zur Bildung des Zellkerns und der Erbsubstanz benötigt wird. Rote Blutkörperchen können nur gebildet werden, wenn Vitamin B12 vorhanden ist. Auch für den Stoffwechsel der Kohlenhydrate, Fette und Eiweiße ist es notwendig.

Ein Mangel äußert sich durch Armut an roten Blutkörperchen, Apathie, Nerven- und Wachstumsstörungen.

Der Bedarf für ein Kilogramm Futter liegt bei etwa 0,005 mg. Mangelerscheinungen treten nur bei langer reiner vegetarischer Kost auf, da Pflanzen dieses Vitamin nicht bilden und es somit auch nicht enthalten. Aber auch Resorptionsstörungen der Darmschleimhaut können einen Mangel verursachen. Bei Fischen werden durch Entzug von Vitamin B12 nur minimale Mangelerscheinungen hervorgerufen. Vitamin B12 ist in Leber, Eigelb und Fisch reichlich enthalten. Schäden durch Überdosierung sind nicht bekannt. Vitamin B12 ist hitzebeständig, es wird durch normales Licht und UV-Licht zerstört.

Vitamin C, Ascorbinsaäure, L-Ascorbinsäure:
Der Minimalbedarf für Kaltwasserfische liegt bei 50 bis 300 mg pro Kg Futter [SCHÄPERCLAUS]. Für Karpfen liegt er noch darunter, ist aber nicht genau festgelegt. Für Warmwasserfische ist der Bedarf höher aber nicht genau bekannt. Frisch geschlüpfte Jungfische und aufwachsende Fische haben einen erhöhten Vitamin C Bedarf. Ein Mangel wirkt sich durch De-

formationen und verringerter Infektionsabwehr aus.

Normales kristallines Vitamin C (Ascorbinsäure) ist recht instabil. Schon kurz nach der Futterherstellung ist etwa 70% der zugesetzten Menge verloren gegangen. Bei der Lagerung des Futters reduziert sich das Vitamin C innerhalb von 3 Monaten vollständig [Bohl]. Das bedeutet, dass die Angaben auf der Analyse der Futtermittel der bei der Herstellung zugesetzten Menge entsprechen, nach längerer Zeit aber möglicherweise nicht mehr zutreffend sind. Eine offene Lagerung angebrochener Säcke von Teichfuttermitteln führt zu einem extrem schnellen Verlust von Vitamin C. Ascorbinsäure geht nach Wasserkontakt von Granulat- und Pelletfutter innerhalb von 10 Sekunden zu 10% und innerhalb von 5 Minuten zu 99% verloren [Bohl]. Bei Flockenfutter geht das noch viel schneller! Einige Hersteller verwenden das im Wasser stabile L-ascorbyl monophosphat, das mit ‚Vit. C stab.' in der Analyse gekennzeichnet ist. Diese Verbindung bleibt über Jahre stabil und kann von den Fischen genauso gut verwertet werden.

Drei Gruppen von Mosaikfadenfischen, *Trichogaster leeri*, aus einem Gelege wurden mit unterschiedlichen Flockenfuttern aufgezogen. In zwei Gruppen traten bei einem Viertel der Fische verstärkt Körper und Knochendeformationen auf. Eine Kontrolle der Analyse ergab, dass die Futter nicht stabilisiertes Vitamin C enthielten. Bis die langsameren Fische das Futter fraßen, war schon kein Vitamin C mehr enthalten. Bei der einen Gruppe, die keine Deformationen aufwies, wurde ein Flockenfutter mit stabilisiertem Vitamin C verfüttert.

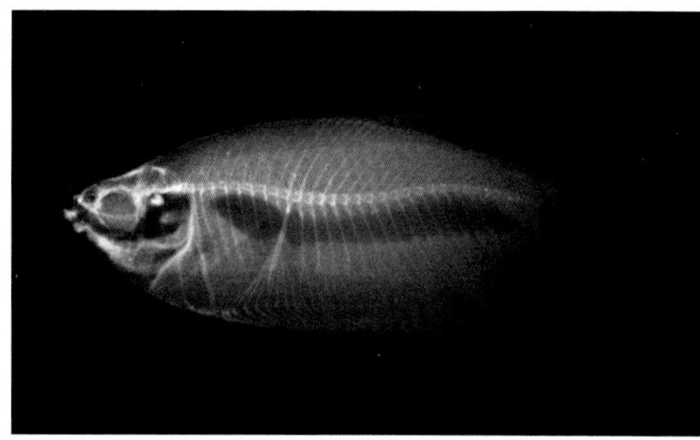

Bild 517: Röntgenbild von einem gesunden Mosaikfadenfisch aus der ersten Gruppe

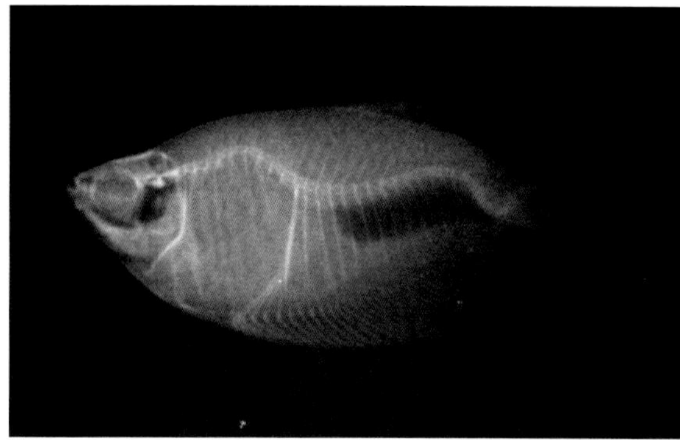

Bild 518: Röntgenbild von Mosaikfadenfisch mit Vitamin-C-Mangel aus der zweiten Gruppe

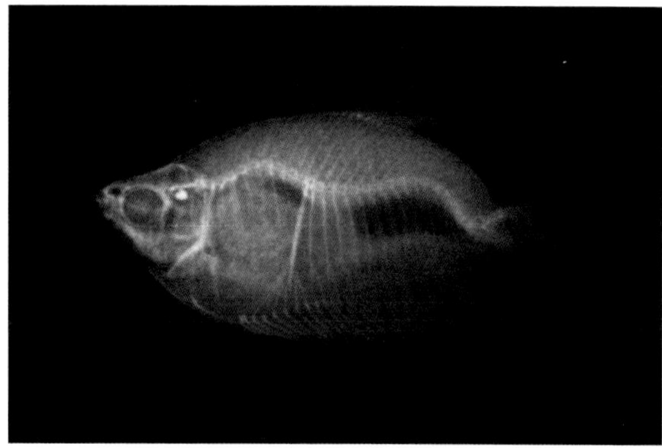

Bild 519: Röntgenbild von Mosaikfadenfisch mit Vitamin-C-Mangel aus der dritten Gruppe

Vitamin C, die Ascorbinsäure, ist ein Kohlenhydrat und kann von vielen Säugetieren aus D-Glukose selbst hergestellt werden. Bei Fischen ist das nicht der Fall, für sie ist Ascorbinsäure essenziell. Bis heute ist die Wirkung von Ascorbinsäure noch nicht vollständig aufgeklärt. Sie ist wichtig für die Umwandlung der Folsäure in ihre enzymatische Form und verhindert die Zersetzung mehrerer anderer Vitamine im Organismus. Sie übt somit eine Schutzfunktion aus. Weiterhin ist Vitamin C wichtig für die Bildung von Bindegewebe. Sie trägt zur Erhaltung der mechanischen Festigkeit der Blutgefäße bei und verringert die Durchlässigkeit von Zellmembranen.

Bei einem Mangel an Vitamin C können Krankheitserreger leichter in den Organismus eindringen, die Anfälligkeit für Infektionskrankheiten ist erhöht. Weitere Folgen sind Blutungen an der Haut und in der Muskulatur, insbesondere im Bereich des Mundes und der Augen, Blutarmut, schlechte und verzögerte Wundheilung, Wachstumsstörungen, Körperdeformationen, Lethargie, Bauchwassersucht, schlechte Knorpelbildung, Knochen- und Wirbelsäulenverkrümmungen. Letzteres äußert sich bei Fischen durch Rückgratverkrümmungen, Kiemendeckelverformungen und Verformungen der Knorpel in den Kiemenblättern.

Der Körper kann Ascorbinsäure nur kurzzeitig speichern, daher muss es täglich mit der Nahrung zugeführt werden. Der Minimalbedarf liegt bei 40 mg pro Kg Futter für Karpfenfische und bis zu 300 mg/Kg bei Forellen, kann aber bei schlechter Haltung stark erhöht sein [SCHÄPERCLAUS]. Mit Futtermitteln, die ein Minimum von 400 mg stabilisiertem Vitamin C pro einem Kilogramm enthalten, sollten die Fische gut versorgt sein. Die Körpervorräte reichen beim Menschen etwa zwei Monate. Eine Überdosierung schadet nicht. Besonders reich an Vitamin C sind Petersilie, Paprika und Johannisbeeren. Ein basisches Milieu, Hitze, Sauerstoff und Licht wirken zerstörend auf Ascorbinsäure. Kupferionen wirken hochgradig zerstörend auf das Vitamin C. Schon kurzes Aufbewahren von Nahrung in einer Kupferschüssel führt zur völligen Zerstörung der enthaltenen Ascorbinsäure. Behandlungen mit Kupferverbindungen dürfen daher nicht länger als angegeben durchgeführt werden. Auch sollte das Futter keinen erhöhten Gehalt an Kupfer enthalten. Viele Algenbekämpfungsmittel enthalten Kupfer, ebenso manche Behandlungsmethoden (s. Kap. 9, C-17 bis C-19). Nach der Anwendung muss man den Fischen verstärkt Vitamin C mit der Nahrung zuführen. Vor Jahren war es Mode geworden, Kupfermünzen in das Aquarium zu legen, um die Bildung von Algen zu verhindern. Auch dabei besteht die Gefahr der Vitamin-C-Vernichtung, wenn das Futter kurze Zeit im Wasser schwimmt. Nach Untersuchungen in USA ist nicht auszuschließen, dass ein hoher Nitratgehalt zerstörend auf Vitamin C wirkt. Auch andere Vitamine sind möglicherweise betroffen (GEOSKOP, 1990).

10.11.2. Die fettlöslichen Vitamine

Die fettlöslichen Vitamine können aus dem Darm nur in Anwesenheit von Fett aufgenommen werden. Speiseöl ist eine Mischung aus mehreren Fetten und wird von manchen Herstellern schon vitaminisiert angeboten. Bei den im Handel erhältlichen Multivitaminpräparaten sind die Vitamine meist in Öl gelöst. Diese Präparate können direkt in ein Futter gemischt oder mit Trockenfutter verabreicht werden. Man gibt die Vitaminlösung auf Pellets oder Granulate, lässt sie etwa 10 Minuten im Kühlschrank einziehen und verfüttert das Futter danach sofort. Grundsätzlich tritt ein Mangel aller fettlöslichen Vitamine ein, wenn die Resorptionsfähigkeit von Fetten der Darmschleimhaut gestört ist oder wenn die Galle nicht genügend Gallenflüssigkeit produziert.

Vitamin A Retinol:

Vitamin A unterscheidet man in Vitamin A und Vitamin A_2. Beide werden als Retinole bezeichnet. Sie sind mit den Carotinoiden chemisch verwandt. Daher ist es möglich, dass der Organismus aus Carotin Vitamin A herstellen kann. Aus einem Molekül Carotin werden zwei Moleküle Vitamin A gebildet. Die Umwandlung geschieht in der Darmschleimhaut und in der Leber. Vitamin A ist wichtig für das Körperwachstum, die Immunabwehr und die Sehkraft, da es ein Bestandteil des Sehpurpurs ist. Zur Resorption von Carotin oder Vitamin A ist Gallensäure notwendig, da diese das Vitamin in eine wasserlösliche Verbindung überführt. Daher führt eine gestörte Gallenfunktion neben einer gestörten Fettresorption auch zu einem Mangel an Vitamin A. Vitamin A kann in der Leber gespeichert werden. Ein gesunder Organismus verfügt über einen Vitamin-A-Vorrat, der mehrere Monate lang vorhält. Vitamin A wird auch als Haut- der Epithelschutzvitamin bezeichnet. Es wird für die Bildung verschiedener Zellen, insbesondere aber für Epithelzellen benötigt und ist für das Wachstum des Körpers unentbehrlich. Außerdem ist es für die Bildung von Sehpurpur wichtig.

Ein Vitamin-A-Mangel äußert sich durch Farbverlust, Fressunlust, Abmagern, Wachstumsverzögerung, Hornhauttrübungen, Sehstörungen, Glotzaugen, Leberverfettung, Verformungen der Wirbelsäule, der Kiemen und Kiemendeckel, Blutungen am Maul und der Flossenbasis und Veränderungen an der Haut. Im Endstadium treten Schleimhautblutungen und Bauchwassersucht auf. Die Sekretproduktion im Darm wird vermindert. Gallen- und Nierensteinbildung wird gefördert. Bei einem Vitamin-A-Mangel werden zu wenige oder keine Gluco- und Mucopolysaccharide gebildet. Diese sind Hauptbestandteil des die äußere Haut und die Darmschleimhaut schützenden Schleims. Infektionen der Haut und Veränderung des Darmmikrobioms sind die Folgen.

Der Bedarf liegt bei etwa 1,5 mg Vitamin A oder 3 mg Carotin für ein Kilogramm Futter. Das entspricht 5000 I.E. (internationale Einheiten). Leichte Mangelerscheinungen können durch die Zufuhr des Vitamins behoben werden. Copepoden, Lebertran, Rinderleber und Eigelb enthalten viel Vitamin A. Carotin ist in Petersilie, Karotten, Spinat und Eigelb reichlich enthalten. Eine Überdosierung von Vitamin A führt beim Menschen zu ernsthaften Krankheitserscheinungen wie Erbrechen, Durchfall und Schleimhautblutungen. Es wird durch Licht und Sauerstoff zerstört. Antivitamine sind nicht bekannt.

Vitamin D, Calciferole:

Auch Vitamin D ist ein Sammelbegriff für die Gruppe der Vitamine D1 bis D7 Sie werden Calciferole genannt und gehören zu den Sterinen. Es gibt mehrere Provitamine, aus denen der Organismus die verschiedenen Calciferole, das heißt Kalkträger, herstellt. Die Art des gebildeten D-Vitamins hängt von dem Provitamin ab, das zur Verfügung stand. Der Körper kann Vitamin D in der Leber speichern, der Vorrat kann den Bedarf für mehrere Monate decken. Das Vitamin D ist für den Calcium-, Magnesium- und Phosphorstoffwechsel notwendig. Seine Gegenwart ist erforderlich, damit Calcium-, Magnesium- und Phosphorionen von der Darmschleimhaut resorbiert werden können. Ein Mangel bewirkt, dass Calcium und Phosphor den Knochen und Knorpeln für die Bedarfsdeckung des Körpers entzogen werden und Knochen- und Knorpeldeformationen auftreten. Bei Diskusfischen und anderen Großcichliden führt das zu der bekannten Lochbildung im Schädelbereich und Flossendeformationen (Bilder 447 bis 453). Weitere Folgen eines Mangels an Vitamin D sind Armut an roten Blutkörperchen, Störung des Calcium-Haushaltes und eine eingeschränkte Immunabwehr.

Die Gabe von Calcium- und Phosphorpräparaten hat nur dann einen Sinn, wenn gleichzeitig auch Vitamin D gegeben wird. Besonders reichlich ist Vitamin D in Lebertran und Eigelb enthalten. Aber auch die übermäßige Zufuhr von Vitamin D führt zu ernsthaften Krankheitserscheinungen. Bei Überdosierung wird den Knochen und Knorpeln ebenfalls Calcium entzogen und in den Adern sowie den Nierenkanälchen abgelagert. Die Krankheit wird Nephricalcinose benannt (Diagnosetafel 17, Bild 53).

Eine Verstopfung der Nierenkanäle in größerem Ausmaß behindert die Ausscheidung von giftigen Stoffwechselprodukten. Dadurch sind Folgeschäden zu erwarten. Der Bedarf liegt bei 10 Mikrogramm pro einem Kilogramm Futter, das entspricht 400 I.E. Für Karpfen- und Fo-

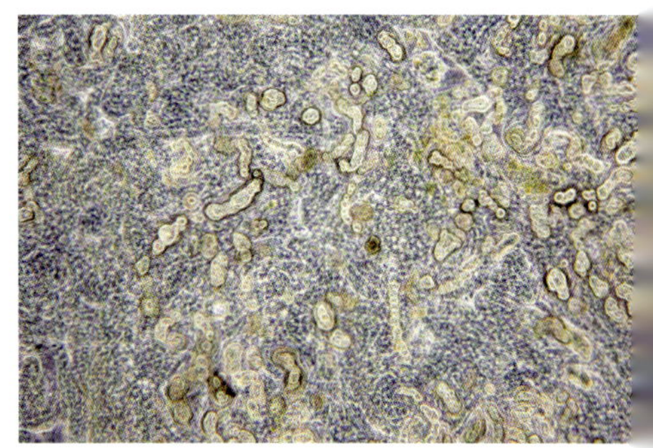

Bild 520: Nephricalcinose, Kalkablagerungen in den Nierenkanälen (Vergr. 160x)

rellenfuttermittel wird eine Zugabe von 500 bis 1000 I.E. pro Kilogramm empfohlen [Schäperclaus]. Antivitamine sind nicht bekannt. Die D-Vitamine können durch längere Einwirkung von Licht und im basischen Milieu zerstört werden.

Calcium kann der Süßwasserfisch über die Kiemen aufnehmen. Phosphor kann er als PO_4 nicht verwerten. Es sollte in organischen Verbindungen in der Nahrung enthalten sein (s. Kap. 10.10. Phosphor).

Vitamin E, α-Tocopherol:
Unter dem Begriff Vitamin E werden die Tocopherole zusammengefasst. Gegenwärtig sind das sieben chemisch ähnlich aufgebaute Substanzen. Sie verhindern die Oxidation ungesättigter Fettsäuren und damit das Ranzigwerden von Fetten im Futter und im Organismus.

Vitamin-E-Mangel führt zu Unfruchtbarkeit, Wachstumsstörungen, Armut und Schäden an roten Blutkörperchen, Leberverfettung, Bauchwassersucht, Blutungen, Muskelschwund, gelbbraune Pigmentablagerung in den Organen sowie zu abnormalem Schwimmverhalten, Entzündungen an der Leber und der Schwimmblase sowie zu Überempfindlichkeit auf selbst geringen Stress.

Der Bedarf beträgt etwa 5 bis 10 mg für ein Kilogramm Futter. Empfohlen wird eine Zugabe von 50 bis 120 mg pro Kilogramm Futter [Schäperclaus]. Schäden durch Überdosierung sind nicht bekannt. Reich an Vitamin E sind Weizenkeimöl, Rinderleber, Erbsen und Eier. Die Tocopherole können durch Luftsauerstoff in Gegenwart von Schwermetallen und Peroxiden sowie von Licht inaktiviert werden. Ranzige Fette wirken als Antivitamine.

Vitamin E wird den Futtermitteln in erhöhter Dosis als Antioxydans und Radikalfänger zugesetzt. Es schützt Vitamine und ungesättigte Fettsäuren.

Vitamin K_3, Menadion:
Als Phyllochinone werden die Vitamine K_1 und K_2 bezeichnet. Vitamin K wird auch Gerinnungsvitamin genannt, da es für den Ablauf der Blutgerinnung notwendig ist. Normalerweise tritt kein Mangel an Vitamin K ein, weil es von Bakterien im Darm gebildet wird. Vitamin K hemmt die Vermehrung von Flagellaten. Bei Fischen kommt es zu Problemen, wenn die natürliche Darmflora durch falsche Ernährung geschädigt ist und kein Vitamin K mehr produziert. Dann vermehren sich Flagellaten in Mengen.

Ein Mangel tritt bei Resorptionsstörungen der Darmschleimhaut und nach Verabreichung bakterientötender Medikamente auf. Er äußert sich durch Leberschäden, schlechte Wundheilung, Flagellatenvermehrung, Armut an roten Blutkörperchen und Blutungen.

Der Bedarf liegt bei 0,001 bis 0,05 mg für ein Kilogramm Futter. Empfohlen wird eine Zugabe von 10 mg Menadion pro Kilogramm Futter [Schäperclaus]. Spinat enthält reichlich Vitamin K. Eine Schadwirkung durch Überdosierung ist nicht bekannt. Lange Lichteinwirkung und ein basisches Milieu zerstören das Vitamin. Als Antivitamin ist Dicumarol bekannt, ein Giftstoff, der zur Bekämpfung von Nagetieren eingesetzt wird.

10.12. Nahrungsergänzungsstoffe in Futtermitteln

Das Farbmuster der Koi hängt hauptsächlich von den Erbanlagen ab. Eine vorhandene Pigmentierung lässt sich allerdings durch gezielte Fütterung maßgeblich intensivieren. Rote und gelbe Farbpigmente der Farbzellen lassen sich durch Carotinoide vermehren. Hierzu eignen sich die verschiedenen Carotinoide nicht im gleichen Umfang. Beste Ergebnisse werden durch natürliches Astaxanthin erzielt, es unterstützt die rote Pigmentierung. In geringerem Maße intensiviert es die anderen natürlichen Farben der Fische. Beta-Carotin wirkt weniger gut auf die Farbintensivierung. Bei hohem Anteil von Beta-Carotin im Futter kann es zu rosa Verfärbungen der weißen Hautpartien bei Varietäten von Koi kommen. Das verliert sich mit der Zeit wieder.

Astaxanthin ist ein Carotinoid, das Mikroalgen wie Haematococcus und Cyanobakterien wie Spirulina erzeugen. Phytoplankton fressende Krebstiere speichern es in ihrem Körper und geben es in der Nahrungskette weiter. Es stärkt das Immunsystem, erhöht die Fruchtbarkeit und fördert das Fortpflanzungsverhalten der Fische. Astaxanthin wird auch eine Hormonwirkung zugeschrieben [Bohl]. Diese bewirkt eine gesunde Entwicklung der Geschlechtsprodukte sowie der Jungtiere und die Ausbildung brillanter natürlichen Farben.

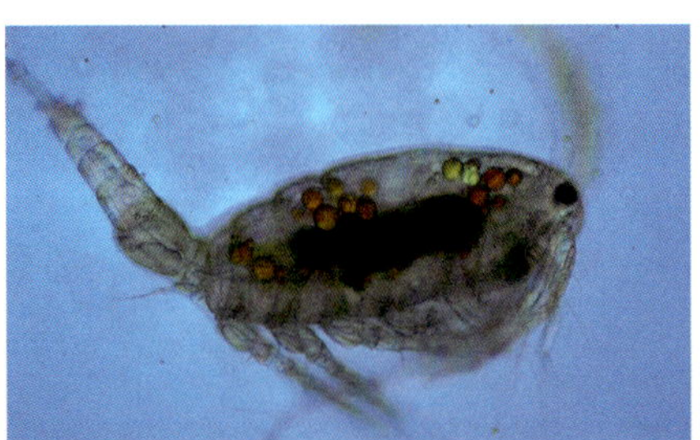

Bild 521: Copepode mit roten Astaxanthin und gelben Canthaxanthin enthaltende Fettkugeln (Vergr. 100x Dic)

Natürliches Astaxanthin verhindert Zellschäden durch UV-Licht und schützt, wenn es als Nahrungsergänzungsmittel eingenommen wird vor Sonnenbrand um den Lichtschutzfaktor 3 bis 4 [Hessbrügge]. Das kommt auch den Koi zugute, wenn Haematococcus im Futter enthalten ist.

Die Wirkung von natürlichem Astaxanthin in Form von Haematococcus oder Copepoden im Futter ist wesentlich effektiver als der Zusatz von synthetischem Astaxanthin. Copepoden bilden Fettreserven mit hohem Anteil an Astaxanthin und Cantaxanthin. Sie sind im Rücken der Hüpferlinge als gelbe und rote Fettkügelchen mit dem Mikroskop zu erkennen.

Canthaxanthin wird meist synthetisch hergestellt und Futtermitteln zugesetzt. Es zeichnet sich keineswegs durch die gleichen positiven Wirkungen bezüglich des Immunsystems und der Pigmentierung wie das wertvolle natürliche Astaxanthin aus.

Beta-Carotin ist ebenfalls ein Carotinoid und essenziell für alle Tiere. Als Vorstufe des Vitamin A darf es in keinem Futter fehlen. Es wirkt als Antioxydans und stärkt die Widerstandskraft gegen bakterielle Infektionen und Pilzbefall. Beta-Carotin ist nur in geringem Umfang zur Farbentwicklung fähig.

10.13. Präbiotika

Präbiotika haben eine positive Wirkung auf die Verdauungsfähigkeit und die Immunabwehr der Fische. Sie stellen für die Fische unverdauliche Ballaststoffe dar, welche die Darmbewegung anregen. Die wichtigen gesunden Darmbakterien können sie jedoch verwerten. Schädliche im Darm vorkommende Bakterien, wie echte und fakultative Krankheitserreger, können die Präbiotika nicht verwerten. Dadurch wird mit einem Anteil an Präbiotika von mindestens 5% in der Nahrung ein für die gesunden Darmbakterien positives Milieu geschaffen. Als Präbiotika gelten überwiegend Fructooligosaccharide, Inulin und Lactulose, die den Bifidobakterien und Lactobazillen der gesunden Darmflora als Nahrung dienen. Aufgrund des positiven Milieus für die gesunden Darmbakterien, können diese sich sehr stark vermehren, verdrängen die schädlichen Bakterien und behindern ihre Vermehrung. Da die Darmflora einen starken Einfluss auf das gesamte Immunsystem hat und dieses trainiert, wirken sich Präbiotika positiv auf die Immunabwehr der Fische aus. Auch die Aufnahme von Calcium und Magnesium in das Blut wird gefördert.

Fructo-Oligo-Saccharide (FOS)

Die zu den Oligosacchariden (Einfachzuckern) gehörenden Fructo-Oligo-Saccharide (FOS) sind aus einem Sucrose-Molekül und ein bis drei Fructose-Molekülen aufgebaut. Eine Vielzahl vorteilhafter präbiotischer Wirkungen wurde bei kurzkettigen FOS festgestellt. Sie können die Vermehrung der Bifidobakterien und Lactobazillen extrem anregen und die bakterielle Produktion von kurzkettigen Fettsäuren (Short Chained Fatty Acids SCFA) steigern. Die kurzkettigen FOS ermöglichen eine stärkere Aufnahme der wichtigen Ca^{+2}-und Mg^{+2}-Ionen [Schved].

Sie haben aber eine zusätzlich sehr wichtige Funktion im Darm, indem sie die Durchlässigkeit der Darmwände in Bezug auf den Organismus positiv beeinflussen. Die Darmwände werden in ihrer Schutz- und Barrierefunktion gestärkt. Das erschwert Erregern das Durchdringen, und sie können nicht in den Blutkreislauf gelangen.

Als Inulin wird eine Mischung aus Polysacchariden bezeichnet, die in vielen Pflanzen und Kräutern enthalten ist. Es wirkt erst im Enddarm und wird dort von den Darmbakterien in kurzkettige Fettsäuren umgewandelt, die der Fisch verwerten kann.

Lactulose ist ein unverdauliches Disaccharid. Es fördert die Vermehrung der Bifidobakterien.

Mannan-Oligo-Saccharide (MOS)

Mannan-Oligo-Saccharide werden als Extrakt industriell aus der Zellwand hochwertigster, spezifischer Hefestämme der Gattung *Saccharomyces* gewonnen. Sie sind hochwirksame Präbiotika mit besonderen physiologischen Wirkungen. Sie lagern sich an der Darmschleimhaut an und unterbinden dadurch, dass sich an diesen Stellen pathogene Bakterien ansiedeln und vermehren können. Außerdem blockieren sie die Rezeptoren bestimmter substratgebundener pathogenen Bakterien und verhindern so, dass sie an dem Schleimhautepithel des Darmes andocken können. Nicht alle pathogenen Bakterien besiedeln die Epithelien des Darmes. Die beweglichen Bakterien leben frei im Darm. Die Wirkung der MOS-Zugabe im Futter führt zu einem potenziell verringerten Erregerrisiko.

Diese und weitere positiven Wirkungen konnten in 55 wissenschaftlichen Studien nachgewiesen werden. Man kann sie unter ‚mannan oligosaccharide fischerei' in den Suchmaschinen finden. Die Entwicklung der Darmschleimhautzellen und der Darmzotten wird gefördert. Die Anzahl der Schleimzellen in der Darmschleimhaut wird vermehrt. Es entstehen mehr Darmzotten, die aktive Oberfläche der Darmschleimhaut ist somit drastisch erhöht. Das konnte durch unabhängige und eigene histologische Untersuchungen bestätigen werden.

Folgend sind mehrere positive Auswirkungen aufgelistet:

- steigert Wachstum und Gewichtszunahme,
- fördert die Immunabwehr – auch unter Stress,
- fördert die Vermehrung von Abwehrzellen im Körper,
- verbessert die Darmgesundheit und –funktion,
- vermehrt die Darmzotten,
- erhöht die Futter- und Nährstoffverwertung und reduziert die Ausscheidungen,
- entwickelt eine artenreiche stabile Darmflora,
- vergrößert die Oberfläche der Darmschleimhaut,
- erhöht die Menge der schleimbildenden Zellen,
- verbessert die Schutzfunktionen der Darmschleimhaut,
- reduziert die Durchlässigkeit der Schleimhäute für Erreger,
- verbessert die Gesundheit des Blutes,
- verhindert das Andocken pathogener Erreger und ihre Vermehrung im Organismus.

10.14. Probiotika

Probiotika enthalten oder bestehen aus lebenden Bakterien. Sera verwendet *Bacillus velezensis* (vormals *B. subtilis*), in Sporenform. In dieser Form sind sie jahrelang haltbar, die Bakterien schlüpfen und vermehren sich erst im Darm der

Fische. Im Juni 2016 wurde *B. velezensis* als Darmflorastabilisator von der EFSA (Europäische Behörde für Lebensmittelsicherheit) für Fische ausdrücklich empfohlen. Die Bakterien werden in einem besonders schonenden Verfahren auf das Futter aufgetragen. Folgend die Wirkungen von *B. velezensis*:

- Sie kleiden den Darm aus und schützen die Darmwand vor Infektionen.
- Sie stabilisieren die Darmflora und verbessern die Verdauungsaktivität.
- Sie sorgen dafür, dass der Fisch die anderen wertvollen Inhaltsstoffe der Futtermittel effizienter aufnehmen und verwerten kann.
- Sie blockieren die Rezeptoren und dadurch die Anheftung pathogener Mikroorganismen.
- Sie erzeugen ein positives Milieu im Darm für die Verdauungsbakterien der Darmflora.
- Sie fördern die Entwicklung einer gesunden Darmflora.
- Sie stimulieren das Immunsystem.
- Sie produzieren organische Säuren und töten negative Bakterien.
- Sie stärken die Darmschleimhaut und setzen die Durchlässigkeit der Zellmembranen herab.
- Sie helfen bei der Verdauung und erhöhen die Mineralstoffaufnahme.
- Sie haben entgiftende Wirkung auf Karzinogene.
- Sie bewirken ein gesundes Wachstum der Fische.
- Sie optimieren die Futterverwertung und führen zu weniger Ausscheidungen.
- Sie führen zu weniger Nitrat- und Phosphatbelastung und beugen somit Algenwachstum vor.

Link: https//www.efsa.europa.eu/de
Auch der *Lactobacillus acidophilus* ist von der EFSA zugelassen.

Synbiotika sind Nahrungsergänzungsstoffe, die aus einer Kombination von Präbiotika und Probiotika bestehen. Sie ergänzen sich und verstärken die Wirkung der Einzelkomponenten. Das ist z. B. bei den Futtermitteln der Fa. sera ImmunPro und Koi Professional Probiotic All Seasons realisiert.

Spirulina, *Spirulina platensis*, wird oft als Mikroalge bezeichnet, was falsch ist. Es wird systematisch den Cyanobakterien zugeordnet und tritt in spiraligen Ketten

Bild 522: Spiralige Ketten von *Spirulina platensis* (Vergr. 100x)

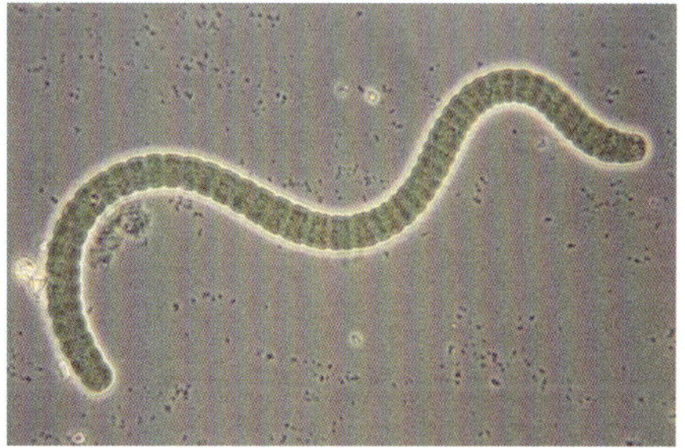

Bild 523: Eine Kette von *Spirulina platensis* (Vergr. 400x)

auf. Es wird in Salzwasser kultiviert und ist in reiner Form als gefriervakuumgetrocknetes Pulver erhältlich.

Spirulina hat einen Kohlenhydratgehalt von 15% und enthält wichtige Polysaccharide wie Rhamnose und Glycogen. Es enthält 8% Fette, die überwiegend aus ungesättigten Fettsäuren bestehen, wie Linol- und Linolensäure. Der Eiweißgehalt liegt bei 60%, mit allen essenziellen Aminosäuren, insbesondere Lysin und Methionin. Es sind alle wichtigen Vitamine, Mineralstoffe und Spurenelemente enthalten, sowie immunstärkende Antioxidantien, wie Beta-Karotin als auch Enzyme und Pigmentvorstufen wie Astaxanthine und Canthaxanthine.

- Es stärkt die Immunabwehr.
- Es ist entzündungshemmend.
- Es fördert die Verdauung.
- Es regeneriert die Darmflora.
- Es hemmt das Wachstum negativer Bakterien und die Vermehrung von Viren.

Spirulina ist hervorragend dazu geeignet, frisch erbrütete *Artemia* zu boostern und groß zu ziehen. *Artemia*-Nauplien häuten sich schon kurz nach dem Schlupf zum ersten Mal und verlieren dann einen Großteil ihres Nährwertes. Gibt man pulverförmiges Spirulina nach dem Schlupf in die Flasche, fressen die *Artemia*-Nauplien dies und werden so für die Fischernährung aufgewertet. Das wird in der Nutzfischzucht schon lange praktiziert und wird **'Boostern'** genannt. Sich selbst erhaltende Kulturen von *Artemia, Daphnia*, schwarze und rote Mückenlarven, Wasserasseln oder *Gammarus* können damit gefüttert werden. Auch sera micron ist dafür gut geeignet, es enthält einen hohen Anteil an pulverförmigem Spirulina. Auch suspendierte Hefe oder Chlorellapulver sind verwendbar, um die filtrierenden Futtertiere zu ernähren.

Haematococcus ist eine begeißelte Mikroalge, die zu den Primärerzeugern von Astaxanthin zählt. Im mikroskopischen Bild ist diese Alge intensiv rot gefärbt, da ihr Plasma diesen Stoff in hoher Konzentration enthält. Diese Algen werden industriell in Kulturen gezüchtet und können gefriervakuumgetrocknet bezogen werden. So kann diese Alge dem Futter beigemischt werden. Sera verwendet kein synthetisches Astaxanthin. Wiss. Untersuchungen haben gezeigt, dass künstliches Astaxanthin nicht die vielfältige Wirkung auf den Organismus hat wie natürliches. In der landläufigen Meinung gilt es als Farbstoff, um die roten Farben bei Tieren zu verstärken. Es wird auch bei Lachsen und Flamingos im Futter verabreicht. Haematococcus färbt das Futter jedoch nicht rot.

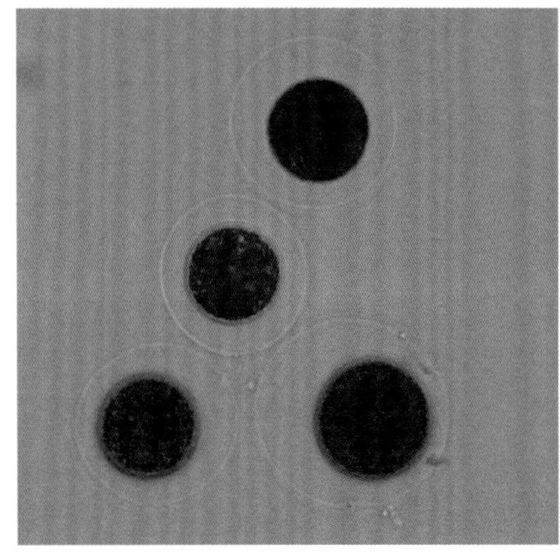

Bild 524: *Haematococcus* (Vergr. 200x)

Manche Hersteller setzen rote Farbe den Futtermitteln zu, um die Akzeptanz zu erhöhen. Rote Futtermittel haben für Fische eine besondere Attraktivität und werden bevorzugt gefressen. Die Farbe stimuliert das Futteraufnahmeverhalten und verringert somit die Verweildauer des Futters im Wasser. Dadurch lösen sich weniger wichtige Inhaltsstoffe aus dem Futter und die Verunreinigung des Wassers wird reduziert. Dem Futter können daher neben den natürlichen roten Bestandteilen noch weitere Farbstoffe zugesetzt werden, um seine Attraktivität zu erhöhen. Dafür eignet sich der weltweit zugelassene synthetische Lebensmittelfarbstoff Cochenille. Er hat keinen ernährungsphysiologischen Wert und wird unverdaut wieder ausgeschieden. Eine mögliche leichte Einfärbung des Wassers, des Filtermediums oder von Kunststoffteilen bei extensiver Fütterung hat keinen negativen Effekt. Bei einer solchen starken Fütterung ist ein regelmäßiger großer Wasserwechsel notwendig, eine Verfärbung tritt dann nicht auf.

Das Problem bei künstlich eingefärbten Futtermitteln ist, dass die Fische einen Kot ausscheiden, der die gleiche rote Farbe hat wie das Futter. Dieser ist, wenn er am Boden liegt, von den gefärbten kleinen Futterpellets oder Granulaten nicht zu unterscheiden. Der Kot wird schnell von Bakterien kontaminiert. Die Fische fressen auch den Kot, wenn sie vom Boden das Futter aufnehmen wollen. Das kann zu Infektionen des Darmes und zur Veränderung der Darmflora führen.

Durch die Zugabe von Rote Beeten kann rote Farbe auf natürliche Art erzeugt werden. Dieser natürliche Farbstoff wird verdaut und färbt den Kot dunkel, so dass die Fische ihn gut unterscheiden können.

Beta-Glucane sind Polysaccharide, die in einem schonenden Aufschlussverfahren aus Stämmen der Hefeart *Saccharomyces cerevisiae* gewonnen werden. Beta-Glucane fallen auch beim Bierbrauen an, sie haben jedoch nicht die gleiche Wirkung wie die aus den Zellwänden der Hefe gewonnen Beta-Glucane. Das liegt an den unterschiedlichen Beta-glycosidischen Bindungen, die auch in Cellulose und Chitin sowie Getreide, Pilzen und Algen vorkommen, aber nicht die positive Wirkung als Präbiotikum auf das Wachstum gesunder Bakterien der Darmflora, wie z. B. auf Arten von Lactobazillus.

Eine Steigerung der Abwehrkräfte durch Beta-Glukane gegen bakterielle Infektionen von fakultativen bakteriellen Krankheitserregern aus den Gattungen *Aeromonas, Pseudomonas* und *Vibrio* konnte nur festgestellt werden, wenn die damit angereicherten Futtermittel schon Wochen vor der Infektion verfüttert wurden. Die Wirkung hängt auch sehr von der Akzeptanz des Futtermittels ab. Eine Anreicherung des Futters von Zierfischen mit Beta-Glukanen ergab eine Steigerung der Resistenz bei intraperitonealer Infektion mit *Aeromonas hydrophila* und *Pseudomonas fluorescens* und Senkung der Sterberate gegenüber den glukanfrei ernährten Kontrollfischen [GEIGER].

Aus den Zellwänden von Hefe gewonnene Beta-Glucane:

- reduzieren die Stressanfälligkeit.
- aktivieren die Immunabwehr, Stimulation der Makrophagen.
- schützen die intestinale Mukosa vor Infektionen.
- bewirken eine Vergrößerung der Darmschleimhaut.
- ermöglichen die Produktion von hochviskoserem Schleim [Geiger].

Außer Beta-Glucanen benötigen die Fische noch weitere langkettige Kohlenhydrate in der Nahrung, um einen hochviskosen Schleim zu produzieren. Das ist der Schutzmantel des Fisches auf der äußeren Schleimhaut und der Oberfläche der Darmschleimhaut. Parasiten und Bakterien können wesentlich schwerer eindringen. Einfache Zucker und Stärke führen zu geringviskosem Schleim, der nicht vor dem Eindringen von Erregern schützt.

Die Zugabe der Nahrungsergänzungsstoffe zu industriell hergestellten Futtermitteln für Zierfische bewirkt eine deutliche Verbesserung der Ernährungssituation. Die Fische sind langlebiger und gesünder.

10.15. Pflanzliche Rohstoffe

Für Fische, die pflanzliche Kost verwerten können, spielt es keine Rolle, ob es Landpflanzen oder Wasserpflanzen sind. Sie sind in ihrer Zusammensetzung ähnlich. Nur die Leguminosen enthalten schädliche Bestandteile. Viele Landpflanzen enthalten auch für Fische zusätzliche wertvolle Inhaltstoffe, z. B. Paprika, Löwenzahn und viele Wildkräuter sowie die jodhaltigen Seealgen (Kelp).

Karotten *Daucus carota subsp. sativus* sind reich an Mineralstoffen, Vitamin C, Karotin, Provitamin A und Beta-Carotin. Sie enthalten die Vitamine der B Gruppe und Vitamin E.

Brennessel, *Urticae herba*, wirkt als Heilkraut entzündungshemmend und antirheumatisch. Brennessel enthält reichlich Mineralstoffe und 1 bis 2% Flavonoide. Unter den zahlreichen Wirkungen von Flavonoiden, die durch in vitro- und in vivo-Versuchen nachgewiesen wurden, sind die wichtigsten:

- antiallergische und antiphlogistische Wirkung,
- antivirale und antimikrobielle Wirkung,
- antioxidative Wirkung,
- antiproliferative und antikanzerogene Wirkung (Quelle: wikipedia).

Petersilie *Petroselinum crispum* ist vitaminreich, wirkt immunstimulierend und antibakteriell.

Knoblauch *Allium sativum* wirkt immunstimulierend, antibakteriell, antiparasitisch und reduziert Nematodenbefall im Darm.

Mais- und Weizenmehl sind als Kohlenhydrate in vielen Futtermitteln enthalten. Sie enthalten wenig Linolensäure. Sie muss durch andere Inhaltsstoffe ergänzt werden. Linolensäure gehört zu den Omega-3-Fettsäuren und ist essenziell.

11. Auswirkungen der Chemie und Biologie des Aquarien- und Teichwassers auf die Gesundheit der Fische

11.1. Das Wasser

Wasser ist ein sonderbarer Stoff, der die chemischen Standardeigenschaften verletzt. Es ist 800-mal schwerer als Luft und hat auch eine ähnlich stärkere durchschnittliche Dichte. Der Reibungswiderstand bei Bewegungen unter Wasser beträgt etwa das 100-fache gegenüber Bewegungen in der Luft. Der Hautschleim der Fische wirkt dabei als Schmiermittel und verringert den Widerstand beträchtlich. Der Widerstand, den die Fische beim Schwimmen überwinden müssen, ist jedoch in jeder Tiefe und hohem Druck gleich. Das bedeutet, alle Fische können abhängig von ihrem Körperbau aber unabhängig von Wasserdruck und Wassertiefe überall gleich schnell schwimmen.

Wasser schmilzt bei 0°C und verdampft bei 100°C. Aufgrund der chemischen Verbindung H_2O, aus der Wasser besteht, müsste es bei minus 182°C schmelzen und bei minus 100°C kochen. Der Grund für die Abweichung von der Regel ist die besondere Molekülstruktur des Wassers. Es bildet sich aus einem Sauerstoffatom mit doppelt negativer Ladung und zwei Wasserstoffatomen mit einfacher positiver Ladung. Die Atome verbinden sich nicht in einer geraden Linie, sondern in einem Winkel von 104,45°. Dadurch entsteht aus jedem Wassermolekül ein elektrisch geladener Dipol, über die sich die Moleküle durch elektromagnetische Kräfte gegenseitig anziehen. Das führt zu Besonderheiten in der Dichte von Wasser und ergibt seine hervorragenden Eigenschaften als Lösungsmittel für Salze und organische Moleküle. Da sich die polarisierten Moleküle an der Wasseroberfläche ausrichten, entsteht eine dünne Oberflächenhaut, auf der kleine Lebewesen problemlos laufen können, ohne einzusinken.

Das dichte Medium Wasser erfordert für die Fische einen hohen Energieaufwand, wenn sie sich schnell bewegen müssen. Besonders für durch Krankheiten oder Stress geschwächte Tiere ist das eine extreme Belastung und verschlechtert ihren Zustand. Werden solche Fische noch von Artgenossen gejagt oder mit Netzten gefangen, sind sie zusätzlich immunschwächendem Stress ausgesetzt. Kurze Spurts und häufige Ausweichmanöver kosten die Fische sehr viel Energie. Das ist besonders bei Teichfischen in der Winterruhe zu bedenken. Sie halten sich ruhig mit ganz wenigen Bewegungen in der tiefsten Wasserschicht auf. Bei kalten Temperaturen unter 8°C kostet jede kleine und insbesondere schnelle Bewegung sehr viel Energie. Die Fische dürfen nicht durch Herumlaufen auf dem Eis oder durch das hacken von Löchern in ihrer Ruhe gestört werden. Die Erschütterungen und Druckwellen können schwere Verletzungen der Schwimmblase hervorrufen.

Durch die Dipolwirkung ballen sich die Wassermoleküle selbst in reinem Wasser zu großen Wolken, sogenannten Clustern zusammen. Diese bestehen aus hunderten von Wassermolekülen. Wenn Salzkristalle in das Wasser gegeben werden, dringen die geladenen Moleküle in die Kristallstruktur ein und trennen die Verbindungen in die elektrisch geladenen Teilchen, die Anionen und Kation des Salzes, auf. Je nach gelöstem Salz können sich um dessen Ionen noch viel größere Cluster bilden. Das nutzt man bei Umkehrosmoseanlagen, um die gelösten Salze zu entfernen (s. S. 392).

Die Dichteanomalie des Wassers hat gravierende Auswirkungen auf das Leben auf unserem Planeten. So hat es bei 3,98°C seine höchste Dichte und auch das höchste Gewicht. Das hat zur Folge, dass die Gewässer im Winter am Bodengrund eine höhere Temperatur haben als an der Oberfläche. Das Eis ist leichter als das Wasser und schwimmt. Diese Eigenschaft sichert das Überleben der

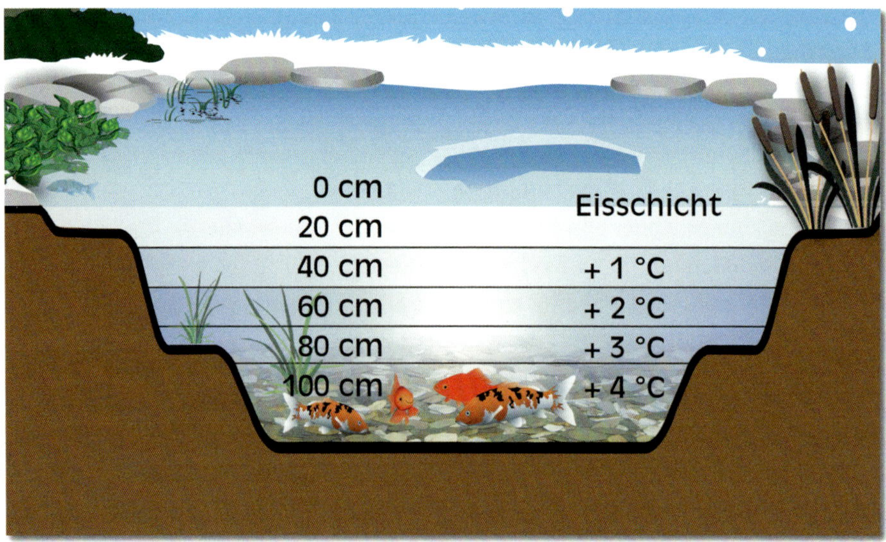

Bild 525: Schichtung in einem Gartenteich mit mindestens 150 cm Tiefe © sera Archiv

Fische am Boden der Gewässer, wenn ihre Oberfläche zufriert. Es stellt sich in tieferen Teichen mit unbewegter Wassersäule eine Wasserschichtung ein, die eine Bodentemperatur von 3,98°C hält und nach oben hin bis zum Gefrierpunkt kälter wird.

Insbesondere muss darauf geachtet werden, dass die Schichtung des Wassers nicht durch Belüftung mit Luftausströmern oder Ansaugpumpen am Bodengrund zerstört wird und das gesamte Wasser vollständig abkühlt. Meerwasser gefriert aufgrund des hohen Salzgehaltes von 35 Gramm pro Liter erst bei minus 1,3°C.

Luft löst sich in Wasser nicht im gleichen Verhältnis der Anteile wie in der Atmosphäre. Die Atmosphäre enthält etwa 79% Stickstoff und 21% Sauerstoff. In einem Liter Wasser können sich bei 0°C Temperatur und einem Bar Druck 28,64 Milliliter Luft lösen. Aufgrund des höheren Löslichkeitskoeffizienten des Sauerstoffs gegenüber dem Stickstoff lösen sich im Wasser 36% Sauerstoff und 64% Stickstoff. Die Löslichkeit des Sauerstoffs verringert sich bei steigender Temperatur. Auch im Meerwasser ist er aufgrund des hohen Salzgehaltes geringer [KLINKHARDT].

Je aktiver der Stoffwechsel eines Fisches ist, umso mehr Sauerstoff benötigt er. Vom ruhenden nüchternen Zustand zum aktiven Zustand mit Schwimmen und Futteraufnahme steigt bei gleichbleibender Temperatur der Sauerstoffverbrauch überproportional um das Fünffache an. Das bedeutet, dass der Sauerstoffgehalt des Wassers ein beschränkender Faktor für den Stoffwechsel, das Wachstum und letztendlich auch für die Gesundheit der Fische darstellt. Dazu kommt, dass sich bei steigender Temperatur die Aktivität der Fische erhöht, während der Sauerstoffgehalt des Wassers abnimmt. Der Gehalt an Sauerstoff sollte nicht unter 6 mg O_2/l abfallen [SCHÄPERCLAUS].

Bei 20°C benötigt ein mittelgroßer, nüchterner Koi 90 mg O_2 pro Stunde. Nach der Fütterung erhöht sich der Sauerstoffbedarf auf 500 mg pro Stunde. Im Ruhestoffwechsel werden 50% der verfügbaren Energie zum Atmen verwendet. Sauerstoffunterversorgung führt zu:

Schlechter Kondition
Schlechtem Wachstum
Anfälligkeit für Krankheiten
Reduzierter Überwinterungsfähigkeit

Die Fische sind als wechselwarme Organismen sehr stark von ihrem Lebenselement, dem Wasser, abhängig. Das betrifft hauptsächlich die Temperatur und die gelösten Gase des Wassers in dem sie leben. So haben die jahreszeitlichen Schwankungen der Temperatur einen großen Einfluss auf den Stoffwechsel der Koi und Goldfische. Besonders wenn Änderungen der Wassertemperatur kurzfristig erfolgen, hat das schwerwiegende Folgen für die Fische. Deshalb sollte ein Wasserwechsel nicht zu Temperaturabfall führen. Er sollte grundsätzlich mit temperiertem Wasser erfolgen, das die gleiche Temperatur wie das Hälterungswasser hat. Eine Abweichung von +/ 1°C ist tolerierbar.

Gegenüber den gelösten Salzen und Mineralien sind Fische sehr tolerant, sofern es sich um ungiftige Stoffe handelt. So sind sie nicht von bestimmten Härtewerten abhängig, sondern können ihre Osmoseregulation sehr gut anpassen. Sie benötigen allerdings etwa drei Tage, um sich an die anderen Wasserverhältnisse zu gewöhnen. Das gilt ausdrücklich für die Ionenkonzentrationen im Wasser, nicht für pH, CO_2, und Karbonathärte oder belastende Stoffe wie Nitrit und Ammoniak. Es ist nicht notwendig, für eine normale Haltung den Fischen die Wasserzusammensetzung ihrer Ursprungsgewässer zu bieten. Fische leben in ökologischen Nischen, weil sie es können und weniger, weil sie es wollen. Im Aquarium können sie mit normalen Wasserwerten gepflegt werden. [Hetz]

11.2. Wasserchemie pH, CO_2, GH, KH

Die Wasserhärte in Verbindung mit dem Kohlendioxidgehalt des Wassers und dem pH Wert sind äußerst wichtige Parameter, die großen Einfluss auf das Wohlbefinden und die Gesundheit der Fische in Aquarium und Gartenteich haben. Besonders im Gartenteich sind die Werte regelmäßig zu kontrollieren, da Algenvermehrung und Umwelteinflüsse große Auswirkungen auf diese chemischen Parameter haben. Funktioniert der Nitrifikationsprozess nicht vollständig, kann das den Tod der Fische verursachen. Bei fehlender pH-Pufferung ist innerhalb von Stunden ein pH-Sturz möglich, der für die Fische tödlich ausgehen kann.

Die Bezeichnungen Gesamthärte und Karbonathärte sind veraltet. Die Gesamthärte wird als ‚Härte' und die Karbonathärte als ‚Säurekapazität bis pH 4,3' bezeichnet. Beide Werte werden in Millimol pro Liter (mmol/l) angegeben. Das hat sich in der Aquaristik noch nicht durchgesetzt. Beide Werte werden nach wie vor in Grad deutscher Härte angegeben. Auch die handelsüblichen Tests verwenden diese Deklaration. Der Umrechnungsfaktor von °dGH in Millimol beträgt 5,6, der von dKH 2,8. Der Wert von GH oder KH wird durch den Umrechnungsfaktor geteilt. Beispiel:

12° deutscher Karbonathärte geteilt durch 2,8 ergibt 4,28 Millimol HCO_3^- pro Liter

20° deutscher Gesamthärte, geteilt durch 5,6 ergibt 3,5 Millimol Ca^{++} pro Liter

3 mmol HCO_3^-/l multipliziert mit 2,8 ergibt 8,4 °dKH

3 mmol Ca^{++}/l multipliziert mit 5,6 ergibt 16,8 °dGH.

Die Gesamthärte des Wassers wird von den zweiwertigen Erdalkalien gebildet und ist in den natürlichen Gewässern sehr verschieden, da sie von den im Boden enthaltenen Gesteinsformationen und Mineralien abhängt. Sie wird im Süßwasser überwiegend von Calcium- und Magnesiumionen gebildet. Die anderen Erdalkalien sind im Süßwasser in so geringer Konzentration enthalten, dass sie vernachlässigt werden können. Im Meerwasser sind weitere Erdalkalien in messbaren Konzentrationen vorhanden, z. B. Strontium. Für Süßwasser gibt es wenige handelsüblichen Tests, die Calcium und Magnesium separat erfassen können. Alle Erdalkalien werden üblicherweise zusammen mit dem Gesamthärtetest bestimmt. Die im Meerwasserbereich erhältlichen Tests für Calcium und Magnesium sind im Süßwasser aufgrund der geringen Konzentrationen nicht anwendbar. Möchte man die genauen Konzentrationen wissen, kann man das Wasser an die im Serviceteil am Ende des Buchs genannten Analyselabore senden. Die gelösten Erdalkalien haben keinen Einfluss auf den pH-Wert und nicht die geringste stabilisierende Pufferwirkung. Korallen reduzieren im Aquarium den Gehalt an Erdalkalien. Die Werte müssen regelmäßig kontrolliert und ergänzt werden.

Die Gesamthärte ist regional und weltweit in den natürlichen Süßgewässern stark unterschiedlich. Im Meerwasser ist das anders. Hier sind die Erdalkalien in großen Mengen im Wasser gelöst und werden mit separaten Tests bestimmt. Die Konzentration von Calcium liegt bei 450 mg/l (80,4 mmol/l), die von Magnesium sogar bei 1250 mg/l (233,2 mmol/l). Daher ist es sinnlos im Meerwasser einen Gesamthärtetest anzuwenden. Diese liegt bei 590° dGH, das heißt, man müsste 590 Tropfen in die Probe zählen, bis der Farbumschlag erreicht würde.

Im natürlichen Meerwasser ist die Karbonathärte (Säurebindungsvermögen) mit durchschnittlich 8,5° dKH weltweit relativ ähnlich. (3 Millimol/l) Im Aquarium unterliegt sie den Einflüssen der biologischen Prozesse und wird von niederen Tieren wie Korallen für ihren Skelettbau benötigt. Sie entziehen dem Wasser die Karbonathärte, daher muss sie regelmäßig kontrolliert und ergänzt werden. Anderenfalls kommt es zu pH-Wert Schwankungen oder Absenkungen, die insbesondere für Invertebraten sehr gefährlich sind. Fische sind da etwas toleranter.

Der chemische Begriff für die Karbonathärte ist das Säurebindungsvermögen bis pH 4,3. Das bedeutet, bei einem pH-Wert über 4,3 ist eine geringe Menge von Hydrogencarbonaten im Wasser. In einem natürlichen Wasser sind umso mehr Hydrogencarbonate gelöst, je höher der pH-Wert ist. Es ist aber eher umgekehrt, je höher die Konzentration von Hydrogencarbonat ist, desto höher stellt sich der pH-Wert ein, wenn keine andere Säure im Wasser vorhanden ist. Die Hydrogencarbonate (Karbonathärte) stabilisieren den pH-Wert. Ist die Karbonathärte niedrig oder nicht vorhanden, steuert die vorhandene Kohlensäure den pH-Wert.

Die Konzentration der Kohlensäure im Aquarium oder Teich hängt von der Atmung der Lebewesen und der Photosynthese der Pflanzen ab. Entziehen die Pflanzen oder Algen bei Tageslicht die Kohlensäure durch die Photosynthese, steigt der pH-Wert im Tagesverlauf. In der Nacht atmen die Pflanzen wie andere Lebewesen und es wird Sauerstoff

gewünschte niedrigere pH-Wert erreicht ist. Die Karbonathärte wird bei dem Prozess umso mehr reduziert, je stärker der pH-Wert abgesenkt werden soll.

Deshalb müssen solche Manipulationen immer mit größter Vorsicht und kleinen Zudosierungen von Säure erfolgen, damit nicht der pH-Wert in gefährliche Bereiche gesenkt wird. Man sollte aber Produkte verwenden, die keine Phosphorsäure enthalten, da sie den Phosphatwert erhöhen. In der Anwendung sicherer sind pH/KH minus Produkte aus dem Zoofachhandel. Die Dosierungsanleitungen sind dabei genau zu beachten.

Das Erhöhen des pH-Wertes erfolgt mit Produkten wie pH/KH plus (Zugabe von Karbonathärte).

Langfristig spielt das gelöste Kohlendioxid eine wichtige Rolle. Dessen Konzentration hängt nun wieder von dem Fischbestand und der Menge der Pflanzen ab. Die Fische atmen CO_2 aus, die Pflanzen verbrauchen es in der Photosynthese. Dadurch schwankt der pH-Wert im Tagesverlauf. Die Stärke der Schwankung hängt wiederum von der Höhe der Karbonathärte ab. Ab 4° dKH sind die Schwankungen vernachlässigbar, der pH-Wert ist stabil. Je geringer die KH, desto stärker fallen die Fluktuationen aus. Es kann auch zu einem tödlichen pH-Sturz kommen, wenn die KH (Säurebindungsvermögen) gegen 0° dKH tendiert. Das passiert sehr schnell, wenn die bei der Nitrifikation produzierte Säure nicht mehr durch einen ausreichenden KH-Puffer neutralisiert wird. Die biologische Filterung setzt das Nitrat als Salpetersäure (HNO_3) frei, die Karbonathärte vernichtet.

Für die Zucht oder die Haltung spezieller Arten wird in manchen Fällen ein niedriger pH-Wert unter 6 benötigt. Das ist mitunter notwendig, wenn man mit Wildfängen züchten möchte. Dann ist nur noch ein sehr geringes Säurebindungsvermögen vorhanden. In solchen Zuchtaquarien muss der pH-Wert und die Karbonathärte sehr häufig, oft mehrmals täglich, kontrolliert werden. Ich benutzte aus diesem Grund einen pH-Controller, der, wenn der pH-Wert unter den eingestellten Minimalwert absank, automatisch eine Hydrogencarbonatlösung zudosierte.

Huminsäuren und Kohlensäure sind schwache Säuren. Sie können den pH-Wert kurzfristig absenken. Ein ausreichender KH-Puffer wird ihn aber bald wieder auf nahezu den alten Wert erhöhen. In Gewässern mit hohem Gehalt an Huminsäuren ist der pH-Wert niedrig, da sich fast keine Karbonathärte darin befindet.

Mitunter ist es nur schwer möglich, den pH-Wert des Leitungswassers mit der Normaldosierung von pH/KH minus Produkten zu senken. Das liegt dann oft daran, dass das Wasserwerk Pufferlösungen zur Stabilisierung des pH-Wertes und zur Vermeidung der Korrosion der Wasserleitungen im Versorgungsnetz zusetzt. Hierbei handelt es sich meist um spezielle Polyphosphate, die mit Säuren nur schwer zu neutralisieren sind. Bei Verdacht kann man sich beim Wasserwerk erkundigen, ob das der Fall ist. Zu bedenken ist, dass solche Puffersubstanzen im Aquarium von den Bakterien in normale Phosphate abgebaut werden, die dann zur Algenvermehrung führen.

11.3. Mechanische und biologische Filterung

Die Filterung dient der Reinhaltung des Aquarienwassers und der Umwandlung der organischen und anorganischen Ausscheidungen von Fischen zu wasserlöslichen Mineralien. Sie ist eine der wichtigsten Komponenten in der Aquaristik. Sie entfernt im Wasser schwebende Partikel, organische Abfälle und im Wasser treibende Ausscheidungen der Fische. Dazu benötigen die Filter eine effektive mechanische Vorfilterstufe, die eine Verschmutzung der biologischen Filtermedien durch grobe und feine Partikel verhindert. Danach erfolgt die Nitrifikation, die in der biologischen Filterstufe abläuft.

Da diese Ausscheidungen ständig anfallen, müssen die Filter ohne Unterbrechung über 24 Stunden am Tag laufen. Ein zeitweiliges Ausschalten, z. B. über Nacht, führt zu Zersetzungsprozessen mit hochgiften Endprodukten. Diese werden beim Einschalten in das Aquarium gespült und können die Fische vergiften (s. Kap. 8.1.).

Besonderes Augenmerk ist auf die Startphase neuer Aquarien und generalüberholter Filter zu achten. Handelsübliche Ammonium/Ammoniak- und Nitrittests zeigen an, ob sich bereits genügend Bakterien im biologischen Filterteil gebildet haben, um die von den Fischen ausgeschiedenen Stoffe abzubauen. Ist der Filter eingefahren und haben sich die Bakterien ausreichend vermehrt, zeigen die Tests null Milligramm der Stoffe an. Die Färbung der Reagenzien nach der Reaktionszeit ist gelb. Färbt sich der Ammoniumtest grünlich und/ oder der Nitrittest rötlich, haben sich

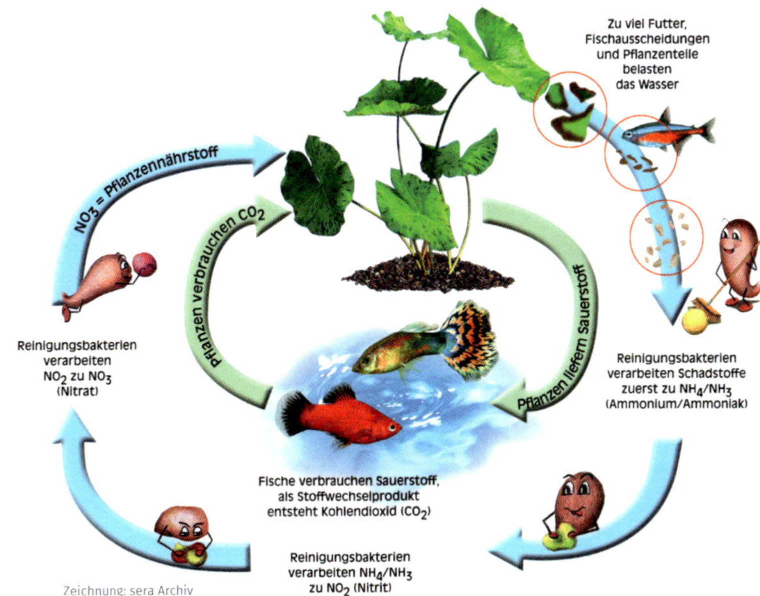

Bild 526: Der sogenannte Stickstoffkreislauf ist im Aquarium nicht vollständig, da gefüttert wird und belastende Stoffe durch Wasserwechsel entfernt werden

die Bakterien noch nicht ausreichend vermehrt. Es besteht die Gefahr der Vergiftung für die Fische im Becken.

Das Reinigen von biologischen Filtermedien sollte nur mit dem Wasser erfolgen, mit dem die Filter betrieben wurden, nicht mit Leitungswasser, insbesondere nicht mit kaltem oder heißem Wasser. Die biologischen Filtermedien sollten nur mit dem Aquarienwasser ausgespült und dadurch der Mulm entfernt werden. Danach müssen sie sofort in den Filter zurückgegeben und dieser wieder in Betrieb genommen werden.

In der Einlaufphase des Filters sollten nur wenige Fische in das Becken gesetzt werden. Ein Besatz von einem kleinen Fisch von etwa 4 cm Größe pro 12 Liter Aquarienwasser, führt zum problemlosen Einfahren der Filter. Die Messwerte bleiben meist in den unbedenklichen Konzentrationen. Wichtig ist, dass zuvor Filterstarter mit lebenden Bakterien angewendet werden. Auch kann man Filtermedien aus eingefahrenen Aquarien in dem neuen Becken ausdrücken. Der daraus entweichende Mulm enthält viele Filterbakterien. Das nun trübe Wasser klärt sich bald. Der Mulm mit den Bakterien wird in den Filter gezogen und aktiviert die neuen Filtermedien. Sie werden schnell von den Bakterienkolonien besiedelt.

Ohne Fische geht es aber auch nicht. Die Filterbakterien benötigen die Ausscheidungen der Fische als Nahrung. In einem Becken ohne Fische Futtermittel zuzugeben, um den biologischen Filter einzufahren, ist keine gute Lösung. Das Futter wird von Fäulnisbakterien zersetzt und schimmelt. Viele dieser Bakterienarten sind fakultative Krankheitserreger. Die Bakterien und Pilzsporen sind dann in großer Zahl im Wasser vorhanden. Das ist für die neu eingesetzten Fische eine gefährliche Situation, die Infektionsgefahr ist sehr hoch.

Tendieren nach einigen Tagen – während der Einfahrphase – die Messwerte von Ammonium und Nitrit gegen ‚null', kann das Becken weiter auf den geplanten Endbestand besetzt werden. Ammonium wandelt sich bei höheren pH-Werten als 7,5 zunehmend in das hochgiftige Ammoniak um, daher sollte während dieser Zeit besonders auf einen stabilen pH-Wert um 7 geachtet werden.

Viele Zierfischarten sind empfindlich und werden bei einer längeren Einwirkung schon in einer Konzentration von 0,05 mg NO_2 pro Liter geschädigt. Bei gut eingefahrenen Biofiltern zeigen handelsübliche Tests einen Wert von 0 mg NO_2/l an. Wenn stets niedrige Nitritwerte von 0,1 mg NO_2/l oder mehr gemessen werden können, zeigt das, dass die Besiedlungsfläche des biologischen Filters nicht ausreicht, um das von den Fischen ausgeschiedene Ammonium vollständig bis zum Nitrat abzubauen. Das ist mitunter in Aquarien mit kleinen Innenfiltern festzustellen. Aber auch bei stark verschmutzten und verblockten Teichfiltern konnte ich schon erhöhte Nitritwerte von mehr als 0,2 mg/l nachweisen. Nach der schonenden Reinigung der biologischen Filtermedien fiel die Konzentration von Nitrit wieder dauerhaft unter 0,05 mg/l.

Auch die Giftigkeit von Nitrit ist im Wasser vom pH-Wert abhängig. Hier ist das Verhältnis umgekehrt wie bei Ammoniak, da sich bei niedrigem pH-Wert mit den freien Wasserstoffionen salpetrige Säure bildet. Sie ist wesentlich giftiger als Nitrit bei hohem pH-Wert. So gilt in der Nutzfischzucht, dass Werte unter 0,0002 mg HNO_2/Liter für Jungfische schon als bedenklich einzustufen sind. Für erwachsene Fische ist Nitrit um pH 7 und darüber ab 0,2 mg NO_2/Liter giftig. Es blockiert die Sauerstoffaufnahmefähigkeit der roten Blutblättchen in dem es das Hämoglobin in Methämoglobin umwandelt und verringert dadurch den Sauerstofftransport im Fisch. Bei 0,2 mg Nitrit, einem pH-Wert von 7 bis 25°C liegen 0,022%, das sind 0,000044 mg als HNO_2 vor. Bei einem pH-Wert von 5 sind es 0,0044 mg HNO_2 und das ist für die Fische schon sehr giftig.

Ammonium, Ammoniak und Nitrit können auf einfache Art mit entsprechenden Blockern, wie sera toxivec, entfernt werden. Eine noch elegantere Methode zur nachhaltigen Nitritentfernung bietet das Nitrit-minus von sera. Es wandelt das Nitrit in die Stickstoffverbindung der Amine um. Diese werden von den Reinigungsbakterien als Nahrung aufgenommen und über die Aminosäuren zu Eiweißen zusammengesetzt. Damit bauen die Bakterien ihre Zellsubstanz auf.

Eine tägliche Dosierung kann notwendig sein, bis sich die nitrifizierenden Bakterien ausreichend gebildet haben. Ammoniak wird ständig von den Fischen abgegeben, so dass es sich nach der Anwendung des Blockers wieder anreichert.

Schadstoff entfernen mit toxivec

QR-Code 123

Nitritvernichtung mit Nitrit-minus

QR-Code 124

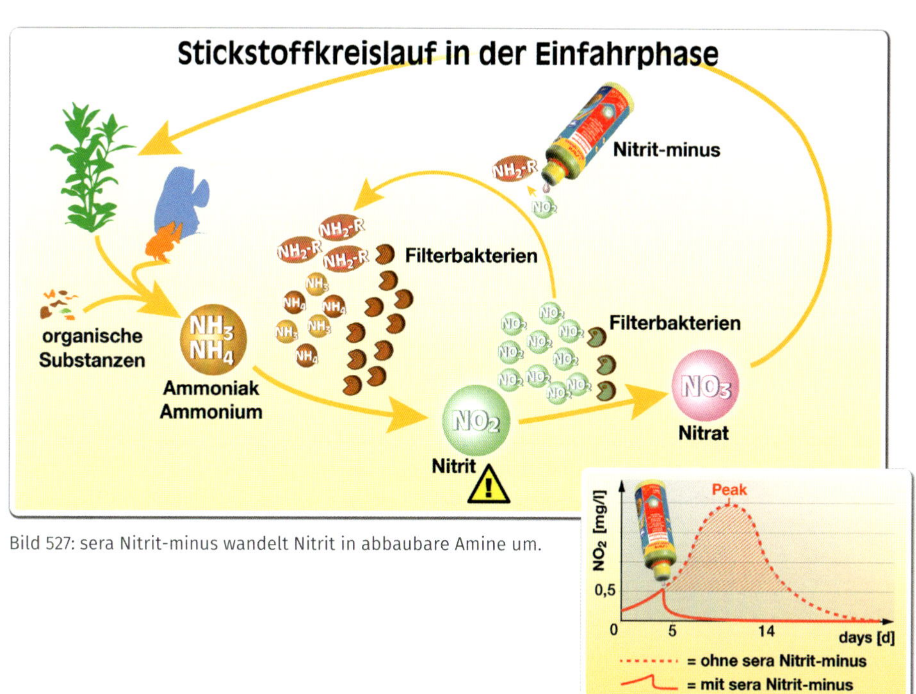

Bild 527: sera Nitrit-minus wandelt Nitrit in abbaubare Amine um.

Zeichnung: sera Archiv

11.3.1. Einfluss der Filterung auf die Gesundheit der Fische.

Fische scheiden Stoffe über die Kiemen, den Urin und den Kot aus. Über die Kiemen geben sie Ammoniak und Kohlendioxid ab. Im Urin von Fischen, die in Wasser mit neutralem pH-Wert leben, ist Phosphat und eine geringe Menge Harnstoff enthalten. Fische, die in einem stark alkalischen Milieu leben, geben weniger Ammoniak über die Kiemen ab. Sie wandeln es in Harnstoff um und scheiden es über die Niere mit dem Urin aus.

Der Kot enthält noch Reste der Nahrung, die nicht oder nicht vollständig verdaut wurden (Bild 526). Je hochwertiger die Nahrung, desto weniger Ausscheidungen fallen an. Die im Kot noch enthaltenen Kohlenhydrate und Fette werden von den Reinigungsbakterien zu Kohlendioxid und Wasser abgebaut. Von diesen beiden Komponenten verbleiben somit keine Belastungen. Einzig das Ammoniak kann das Wasser belasten. Es resultiert aus dem Eiweiß der Nahrung. In allen Lebewesen ist das Endprodukt des Eiweißstoffwechsels Ammoniak. Fische scheiden es direkt aus dem Blut über die Kiemen aus. Außerhalb der Kiemen wandelt es sich bei einem pH-Wert unter 7,4 sofort und fast vollständig in das harmlose Ammonium-Ion um. Es ist für den Fisch ungiftig und kann nicht mehr von ihm aufgenommen werden.

Ammoniak und Ammonium werden im Nitrifikationsprozess von den nitrifizierenden Bakterien über Nitrit in das relativ harmlose Nitrat umgewandelt. Bei der Umwandlung von jedem Molekül Ammonium oder Ammoniak in Nitrit setzen die Bakterien ein Wasserstoffion (Proton, Hydroniumion) – also Säureion – frei. Das kann in dem gering gepufferten Wasser tropischer Aquarien zu einem starken Säuresturz führen, der die Haut

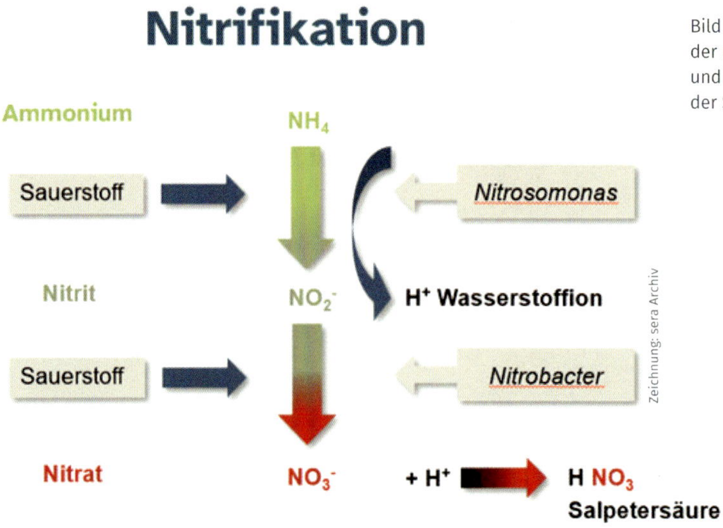

Nitrifikation

Ammonium NH_4

Sauerstoff

Nitrosomonas

Nitrit NO_2^-

H^+ Wasserstoffion

Sauerstoff

Nitrobacter

Nitrat NO_3^- $+ H^+$ → H NO_3 Salpetersäure

Zeichnung: sera Archiv

Bild 528: Ablauf der Nitrifikation und Entstehung der Säure

Bild 529: Auge, Haut und Flossen des Diskus wurde durch einen Säuresturz unter pH 3 verätzt

Bild 530: Durch Säuresturz verätzte Hornhaut des Auges

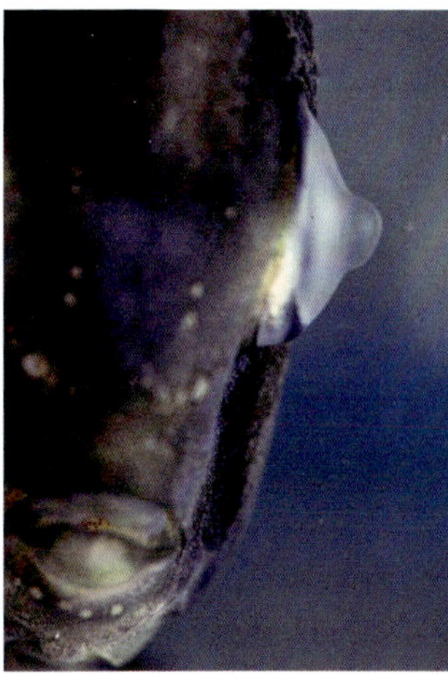

Bild 531: Durch Säuresturz verätztes Auge von vorn

und Kiemen der Fische verätzt und zu Todesfällen führen kann.

Der Tod tritt ein, da durch den sauren pH-Wert des Wassers von unter 4 pH die Pufferkapazität des Blutes schnell neutralisiert wird. Der pH-Wert des Wassers wirkt über die Kiemen auf das Blut. Daher sollte auch in Zuchtanlagen tropischer Fische immer auf eine minimale Säurebindungskapazität zur Pufferung des pH-Wertes geachtet werden. Eine mitunter tägliche Kontrolle der Säurebindungskapazität (Karbonathärte) ist notwendig. Mehr dazu über die biologischen Zusammenhänge finden Sie in Kapitel 8 „Umweltbedingte Gesundheitsprobleme".

Ein gut mechanisch und biologisch funktionierender Filter reduziert auch die Keimzahl im Aquarienwasser. Messungen der Keimzahl am Einlauf und Rücklauf haben ergeben, dass die sie im Rücklauf deutlich reduziert ist. [SPREINAT] Auch in meiner Anlage mit großem Zentralfilter konnte ich feststellen, dass die Keimzahl im Aquarienwasser sehr gering war.

11.3.2. Chemische Filterung

Chemische Filtermedien dienen dazu selektiv und gezielt Schadstoffe aus dem Wasser zu entfernen. Die bisher behandelten biologischen Filtermethoden nutzen die Stoffwechselleistungen von Bakterien, um belastende oder giftige Stoffe in harmlose umzuwandeln. Im Gegensatz dazu nutzen chemische Filtermethoden die Eigenschaften bestimmter Elemente oder chemische Verbindungen mit solchen. Sie verbinden sich mit unerwünschten Stoffen und absorbieren sie. Andere chemische Filtermedien nehmen die Schadstoffe durch Adsorption auf.

Adsorption bedeutet die Anlagerung von Stoffen an der meist sehr großen porösen Oberfläche eines Mediums. Das kann durch physikalische Anziehung aufgrund der Van-der-Waals-Kräfte oder durch Anziehung aufgrund unterschiedlicher polarer oder elektrischer Ladung von Molekülen und Ionen erfolgen. Je mehr Poren vorhanden sind und je kleiner diese Poren sind, umso mehr Schadstoffe kann ein solches Material adsorbieren. Wenn die Oberfläche des Mediums vollständig besetzt ist, kann es die Stoffe auch wieder abgeben.

Unter Absorption versteht man die Aufnahme und gleichmäßige Verteilung eines Stoffes in einem anderen, z. B. wenn man Salz in Wasser auflöst (s. Kap. 2, Video 42).

In der Aquaristik finden chemische Filtermedien Anwendung, die Phosphate, Silikate oder Schwermetallionen und Giftstoffe wie Ammoniak und Nitrit entfernen. Umkehrosmoseanlagen und Ionenaustauscher entfernen eine große Anzahl als Ionen gelöste Stoffe aus dem Wasser. Manche dieser Filtermedien sind regenerierbar und können immer wieder verwendet werden, wie Ionenaustauscher. Andere binden die Schadstoffe so fest an sich, dass sie sich nicht mehr lösen lassen. Sie verbrauchen sich als Flüssigprodukte oder müssen als Granulate nach ihrer Erschöpfung ausgetauscht und entsorgt werden.

11.3.2.1. Aktivkohle

Aktivkohle adsorbiert ungeladene und unpolare Moleküle überwiegend physikalisch, Ionen werden in geringerer Menge adsorbiert. Giftstoffe, wie Nitrit oder Kupfer, sind als Ionen im Wasser gelöst, also absorbiert. Sie werden von Aktivkohle nur in geringer Menge adsorbiert. Große Moleküle werden besser adsorbiert als kleine. Die Größe der Poren bestimmt die Größe der adsorbierten Moleküle. Wenn alle Größen von Poren in der Aktivkohle vorhanden sind, können auch unterschiedlich große Moleküle adsorbiert werden. Sind die Moleküle größer als die Poren, werden sie nicht adsorbiert. Extrem lange Kettenmoleküle werden deshalb auch nicht von der Aktivkohle entfernt. Aktivkohle kann umso mehr Schadstoffe adsorbieren, je hochwertiger die Qualität ist.

Kunststoffe, Chemikalien und Agrarwirkstoffe belasten unsere Umwelt immer mehr. Hinzu kommen Medikamentenrückstände und Hormone aus den Abwässern der Kommunen und der Nutzviehhaltung [SEGNER]. Agrarwirkstoffe, wie Herbizide und Fungizide, müssen zwar heute biologisch abbaubar sein, sie werden aber nicht rückstandslos abgebaut. Hormonähnliche, organische Moleküle sind das Endprodukt, sogenannte Fremd- oder Xenohormone. Sie werden nicht weiter abgebaut und reichern sich in der Umwelt an. Diese Stoffe sind nicht unbedenklich, da sie auf den Stoffwechsel vieler Lebewesen einwirken [DONNER, THOMÉ]. Sie wirken als Geschlechtshormon und lassen männliche Fische verweiblichen. Sie verändern den Fettstoffwechsel und führen zu starker Verfettung. Also nicht jeder verfettete Fisch wurde falsch ernährt, obwohl das die Hauptursache für Verfettungen ist. (s. Kap. 10). Die männlichen Fische ganzer Gewässersysteme sind unfruchtbar und zeigen Verweiblichung bis hin zur Geschlechtsumwandlung. Auch die Hormone der Antibabypille reichern sich in den Abwässern an und passieren die Kläranlagen, ohne abgebaut zu werden. Das verursacht die Unfruchtbarkeit der männlichen Fische in den Gewässern unterhalb des Abflusses der Kläranlagen [Segner].

Auch die Weichmacher in den vielen Kunststoffen werden biologisch zu solchen Xenohormonen abgebaut [Donner]. Viele dieser Chemikalien sind nicht analysierbar. Sie können auch nicht mit Wasseraufbereitern, Umkehrosmoseanlagen, oder Ionenaustauschern entfernt werden, da sie nicht als gelöste Ionen im Wasser vorliegen. Die Fische nehmen die Stoffe auf, und die Männchen werden davon unfruchtbar. Bei geringer Einwirkung wird die Menge und Qualität der Spermien reduziert [Thomé]. Die Befruchtungsraten der Gelege sinken.

Die einzige Möglichkeit, solche Stoffe zu entfernen ist, das Wasser über Aktivkohle zu filtern. Natürliche Braun-, Stein- oder Holzkohle ist nicht als Aktivkohle anwendbar, sie muss zuerst aktiviert werden. Es muss nicht unbedingt eine Art von Kohle als Rohstoff dienen, viele andere organische Stoffe, wie Holzschnitzel, Sägemehl, Schalen von Kokosnüssen können ebenfalls als Ausgangsmaterial verwendet werden [Glaser]. Die Materialien können auf zwei Arten zu Aktivkohle verarbeitet werden, chemisch oder physikalisch. In beiden Verarbeitungsprozessen ist eine hohe Temperatur erforderlich.

Bei der chemischen Aktivierung wird dem Ausgangsmaterial zunächst meist mit Phosphorsäure das Wasser entzogen. Danach wird es bei über 500°C unter Sauerstoffentzug verkohlt. Dabei verwandeln sich die organischen Bestandteile in flüchtige Gase, übrig bleiben fast reiner Kohlenstoff und einige anorganische Reste. Die als Holzkohlegranulat bekannte, chemisch aktivierte Kohle kann im Wasser den pH-Wert und die Leitfähigkeit verändern sowie Phosphate abgeben. Da sie normalerweise für die Luftreinigung verwendet werden, spielt das bei dieser Anwendung keine Rolle. Man kann vor der Anwendung testen, ob die Aktivkohle belastet ist, Dazu gibt man 20 ml der Kohle in 200 ml destilliertes Wasser und kontrolliert nach mehreren Stunden und wiederholtem Aufrühren die Veränderung des pH-Wertes und der Leitfähigkeit. Tritt keine Veränderung ein, kann die Kohle Verwendung finden. Das Holzkohlegranulat hat nicht die Adsorptionskapazität wie Steinkohlepellets. Deshalb werden sie zur kurzzeitigen Filterung, z. B. zum Ausfiltern von Medikamenten über 3 bis 5 Tage, empfohlen. Danach wird die Kohle verworfen. Sie darf nicht wieder verwendet werden. Für das Ausfiltern von organischen belastenden Stoffen empfehle ich die Steinkohlepellets.

Aktivkohle testen

QR-Code 125

Man sollte nur Markenqualität kaufen, um das Risiko Giftstoffe in das Aquarium einzutragen zu verringern. So konnte in einer Aktivkohle aus China, die vom Technologiezentrum Wasser in Karlsruhe untersucht wurde, eine hohe Arsenbelastung nachgewiesen werden [GLASER; HAIST-GULDE]. Man sollte sich bei Aktivkohle aus unbekannter Quelle die Einhaltung der DIN EN 12915-1 bestätigen lassen. Das ist bei seriösen Markenfirmen nicht notwendig. Wichtig ist, dass Aktivkohle beim Kauf luftdicht verpackt ist, da sie bei langer offener Lagerung auch sehr stark Schadstoffe aus der Luft adsorbiert. Bei Aquarien, die in Räumen stehen in denen geraucht wird, ist es sinnvoll, eine Flasche mit Aktivkohle in der Luftleitung zu installieren. Sie nimmt das Nikotin und den Rauch auf.

Bild 532: Flasche mit Aktivkohle zur Luftreinigung. Das Rohr für die Luftzufuhr geht bis zum Boden der Flasche

Bei der physikalischen Aktivierung wird das Ausgangsmaterial ebenfalls zuerst verkohlt. Die Aktivierung erfolgt dann bei etwa 900°C in Wasserdampf unter Druck. Dabei reagiert die Kohle mit dem Wasser und verschwelt. Je länger der Aktivierungsprozess aufrechterhalten wird, desto mehr und umso feinere Poren bilden sich. Dabei entsteht eine riesige Menge kleinster Poren, was die Oberfläche eines ein Gramm schweren Kohlepellets von etwa 3 cm² auf nahezu 2.000 m² erhöht. Das ist mehr als das 6,5-Millionenfache an Oberflächenvergrößerung. Die Porenstruktur verästelt sich immer weiter von Makroporen zu Mesoporen zu Mikroporen bis hin zu Submikroporen. Je länger die Zeitspanne der physikalischen Aktivierung dauert, desto feiner wird die Verästelung der Porenstruktur und umso kleiner und zahlreicher werden die Poren am Ende. Diese kleinsten Poren am Ende der Kanäle erreichen einen Durchmesser von Molekülgröße. Derart aktivierte Steinkohle erreicht die höchste Adsorptionskapazität. Sie ist feinporiger als Holzkohlegranulat und kann daher mehr Stoffe adsorbieren.

Aktivkohle adsorbiert Moleküle bis zur Sättigung, dann ist die gesamte Oberfläche belegt. Ab dann findet ein Stoffaustausch statt. Die Aktivkohle nimmt Stoffe auf und gibt vorher aufgenommene wieder ab. Das ist in dem Moment gefährlich, wenn es sich bei den vorher aufgenommenen Stoffen um Giftstoffe handelt, die durch harmlose Stoffe, wie z. B. Huminstoffe, ersetzt werden. Deshalb sollte Aktivkohle aus Holz nur bis fünf Tage angewendet werden. Für die Steinkohlepellets wird vom Hersteller eine Anwendungszeit von sechs Wochen angegeben. Leider gibt es kein Testverfahren, um festzustellen, wie lange die Adsorptionsleistung von Aktivkohle gegeben ist. Sicherheitshalber sollte die Aktivkohle nach der vom Hersteller empfohlenen Anwendungszeit ausgetauscht werden.

Die manchmal empfohlene Regenerierung der Aktivkohle in einem Backofen kann also nicht funktionieren. Zwar lösen sich gebundene Moleküle bei hoher Temperatur, ohne Trägermedium bleiben sie jedoch in der Porenstruktur. Eine effektive Regeneration von gebrauchter Aktivkohle ist nur durch den oben beschriebenen Aktivierungsprozess möglich. Das wird mit den großen Mengen von Aktivkohle, die in Kläranlagen und der kommunalen Trinkwasseraufbereitung anfallen, auch durchgeführt.

Durch die physikalische Aktivierung sind die Steinkohlepellets absolut neutral und geben nichts ab, solange sie nicht erschöpft sind. Bei dieser Anwendung mit gut vorgefiltertem Wasser kann die Aktivkohle 6 Wochen in Gebrauch bleiben. Ich verwende die Aktivkohle von sera auch bis zu 12 Wochen, da ich mein Wasser vorher über einen Feinfilter und eine Umkehrosmoseanlage filtere. Eine längere Anwendung empfiehlt sich nicht, da sich die Pellets irgendwann zu Pulver auflösen. Vor der Anwendung spült man in einem Behälter unter lauwarmem Wasser den Kohlestaub ab. Das geht am einfachsten, wenn die Pellets in die beiliegenden

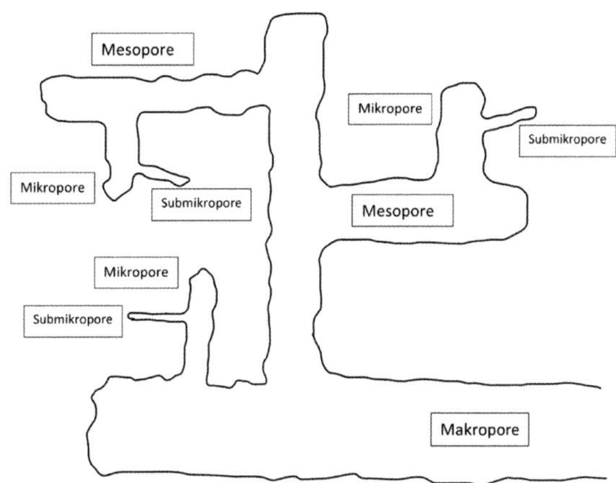

Bild 533: Porenstruktur in Aktivkohle.
Die Submikroporen haben die Größe von Wassermolekülen

Filterbeutel gefüllt werden. Mehr ist nicht notwendig.

Die Aktivkohlepellets dürfen nicht trocknen, wenn sie zwischendurch einmal nicht gebraucht werden. Sie müssen immer unter Wasser aufbewahrt werden. Für die Aufbewahrung verwende ich destilliertes Wasser und lagere die Aktivkohle in luftdicht verschlossenen Beuteln. Inklusive der Aufbewahrungszeit sollte die 12-wöchige Nutzungszeit nicht überschritten werden, damit die Pellets sich nicht auflösen.

Aktivkohle kann viele überwiegend organische Stoffe adsorbieren. Dazu zählen die umweltbelastenden Stoffe, wie Agrarwirkstoffe, Herbizide, Fungizide, Weichmacher, Hormone, Xenohormone, Medikamente und Antibiotika. Es werden aber auch Stoffe aufgenommen, die eigentlich erwünscht sind oder speziell zugegeben werden, wie Bestandteile von Wasseraufbereitern und Dünger für die Pflanzen. Deshalb sollte keine ständige Aktivkohlefilterung in eingerichteten Aquarien erfolgen und die Aktivkohle nur zeitlich begrenzt zur Problemlösung angewendet werden.

Die Menge einer zu entfernenden Molekülart, die Aktivkohle adsorbieren kann, hängt von der Porenstruktur, also von der Qualität und Länge der Aktivierungszeit und von der Menge der anderen adsorbierbaren im Wasser vorliegenden Molekülen ab. Das bedeutet, je mehr andere organische Stoffe sich im Wasser befinden, desto weniger nimmt die Aktivkohle von den zu entfernenden Molekülen auf. Da ein Leitungswasser gut vorgereinigt ist und keine anderen organischen Stoffe enthält, entfernt die Aktivkohle die in geringer Konzentration enthaltenen Hormone oder Pestizide vollständig, wenn die Kontaktzeit lange genug ist. Wird Grund- oder Quellwasser verwendet, muss es sehr gründlich durch Grob- und Feinstfilterung von Schwebstoffen gereinigt werden. Danach sollten über eine Umkehrosmoseanlage weitere gelöste Stoffe entfernt werden. Das Permeat kann dann zur Aufbereitung über Aktivkohle in einen Behälter geleitet werden.

Aktivkohle kann aber noch mehr als physikalische Adsorption. Während des Herstellungsprozesses und auch danach lagern sich Sauerstoffatome an der Oberfläche an. Der Sauerstoff ist, pH-Wert abhängig, elektrisch geladen und zieht Ionen aus dem vorbeifließenden Wasser an. Die Ladung der Sauerstoffatome ist bei hohem pH-Wert negativ und bei niedrigem pH-Wert positiv. Je höher der pH-Wert sich im alkalischen Bereich befindet, umso mehr positive Ionen, Kationen, werden angezogen. Die Aktivkohle nimmt nun Kupfer- oder andere Schwermetallionen auf. Bei niedrigem pH-Wert im sauren Bereich ziehen die positiv geladenen Sauerstoffatome negative Ionen an. Sie adsorbieren z. B. Nitrit oder Phosphat. Es handelt sich um eine chemische Adsorption. Die Umpolung von negativer zu positiver Ladung kann bei unterschiedlich produzierter Aktivkohle zu verschiedenen pH-Werten erfolgen. Sie muss nicht bei neutralem pH-Wert erfolgen. Man kann aber davon ausgehen, dass im höheren alkalischen Bereich Kationen und im niedrigeren sauren Bereich die Anionen adsorbiert werden.

Der Anteil chemischer Adsorption reduziert den Anteil physikalischer Adsorption. Eine hochwertige Aktivkohle kann somit beim Neustart eines Süßwasser-Aquariums hilfreich sein und nicht abgebautes Ammonium und Nitrit adsorbieren. Es kann sich dabei aber nur um kleine Mengen handeln. Da sich der pH-Wert der Aquarien meistens im neutralen Bereich befindet, ist das eher unwahrscheinlich. Die Leistung eines Produkts, wie sera Nitrit minus, erreicht die Aktivkohle nicht. Die Adsorption von Schwermetallen passiert also im sauren und neutralen pH-Bereich nicht. Im Meerwasseraquarium werden mehr die toxischen Schwermetalle adsorbiert, dafür kein Ammonium und Nitrit. Das kann sich aber auch negativ auf die Zusammensetzung des Meerwassers auswirken, wenn eine große Menge von Aktivkohle zum Einsatz kommt. Es ist daher nicht besonders effektiv, in der Einfahrphase eines Aquariums Aktivkohle einzusetzen.

In einem Versuch wurden 8 Liter Wasser mit einem Kupfergehalt von 1 mg/l bei einem pH-Wert von 7,5 und 25°C über einen Liter Aktivkohle gefiltert. Das Kupfer war innerhalb einer Stunde komplett ausgefiltert.

Im nächsten Versuch wurde das gleiche Wasser mit 10 mg Ammonium pro Liter angereichert. Nach 12 Stunden war das Ammonium um die Hälfte reduziert. Nun wurde der pH-Wert mit pH-minus auf 5,8 abgesenkt. Das führte nicht zur vollständigen Adsorption des Ammoniums. Erneut wurde Kupfersulfat zugegeben und der Wert auf 1 mg Cu/l eingestellt. Auch bei diesem niedrigen pH-Wert war das Kupfer nach einer Stunde vollkommen ausgefiltert.

Abschließend wurde der pH-Wert mit KH/pH plus auf 8,5 angehoben und wieder 1 mg/l Kupfer zugegeben. Das Kupfer war nach einer Stunde adsorbiert. Das Ammonium / Ammoniak hatte sich auf 4 mg/l reduziert.

Aktivkohle wirkt auch als Katalysator. So wandelt sie giftiges Chlor in harmloses Chlorid um. Da Chlor den Membranen der Umkehrosmoseanlagen schadet, befindet sich ein Kohlefilter vor der Membrane. Die Katalysatorwirkung verringert sich mit der Zeit, da sich an der Aktivkohle Sauerstoff anlagert. Das giftige Ozon wird von Aktivkohle in harmlosen Sauerstoff zersetzt. Ozon wird in Meerwasseraquarien hauptsächlich zur Aufspaltung von Gelbstoffen verwendet, das sind lange organische Moleküle, die von niederen Tieren abgegeben werden. Das ozonisierte Wasser muss, bevor es in das Aquarium gelangt, über einen Aktivkohlefilter geleitet werden. Die Aktivkohle wird durch den Sauerstoff an der Oberfläche verändert, die physikalische Adsorption ist dann reduziert gegenüber der chemischen Adsorption.

Wenn Aktivkohle zu lange im Einsatz ist, wird sie von Bakterien besiedelt. Sie funktioniert dann nur noch als biologischer Filter. Die Porenstruktur verblockt durch die angesiedelten Biofilme und die Adsorptionswirkung geht verloren.

11.3.2.2. Entfernung von Giften mit Aktivkohle

Für eine hochwertigere Anwendung, z. B. um organische Schadstoffe, wie Hormone und Pestizide zu entfernen, verwende ich aus voran genannten Gründen nur die Steinkohlepellets.

Bild 534: Aktivkohlepellets aus Steinkohle

Gefährliche Stoffe aus der Umwelt können die Gesundheit der Fische langfristig beeinträchtigen. Das können Pes-

Bild 536: Installation zur Wasseraufbereitung für meine Diskuszucht.

feststellen. Aus diesem Grund habe ich mir die folgend beschriebene Methode ausgedacht:

Die einzig wirksame Lösung ist eine konsequente Filterung über Aktivkohle. Ich verwende für die Wasseraufbereitung ein 300 Liter Regenfass mit etwa 260 Litern Inhalt. Das für die Aktivkohlefilterung vorgesehene Wasser wird vorher über einen Feinfilter geleitet, der auch kleinste Partikel entfernt. Das ist bei mir notwendig, da ich ja mein Quellwasser verwende, das eine gewisse Last an mineralischem Feinstaub enthält. In dem Fass befindet sich eine Pumpe am Grund, die 1500 Liter pro Stunde fördert. Über dem Fass befindet sich ein sera Prefix Filter mit der Aktivkohle. Dieser garantiert eine gute Verwirbelung und Durchströmung der Aktivkohlepellets. Davon befinden sich 1,5 Liter lose in dem Filter. Aktivkohle wirkt umso besser, je länger die Kontaktzeit ist. Daher filtere ich das Wasser 24 Stunden lang. In dieser Zeit wird es etwa 138-mal über die Aktivkohle geleitet. Das hat sich in meiner Anlage als ausreichend erwiesen. Männliche Diskusfische, die schon unfruchtbar waren, haben sich nach mehreren Wasserwechseln mit diesem Wasser im Laufe von durchschnittlich 3 Monaten erholt und konnten die Gelege wieder befruchten. Die Weibchen sind nicht von diesen Hormonen betroffen, sie legen eher noch größere Gelege. Diskusfische, auf die zu lange die Xenohormone eingewirkt hatten, konnten nicht regeneriert werden. Bei diesen Fischen konnte ich feststellen, dass die Hoden schon zu stark zurückgebildet waren oder eine Geschlechtsumwandlung begonnen hatte.

Bild 537: Erste Versuche mit drei Litern Aktivkohle in einem Eimer

Bild 538: Das Wasser wurde in 24 Stunden 138-mal über die Kohle gepumpt

Fallbeispiel:
In einem anderen Fall wurden von einem Züchter Diskusfische in einem scheinbar unbelasteten Wasser aufgezogen. Sie wuchsen schnell und entwickelten sich zu kräftigen und gesunden Tieren. Die Fische verhielten sich immer schreckhaft, auch bei nichtigen Anlässen. Selbst in einem Alter von zwei Jahren zeigten die Fische noch keinerlei Balzverhalten. Dann wurde das gesamte Wasser über einen Carbonit® Filter aufbereitet. Dabei wurde das Wasser langsam über gesinterte Aktivkohlekerzen geleitet. Sie entziehen dem Wasser sämtliche organische Belastungen, Pestizide und Hormone aber auch Schwermetalle (RAHN). Das Wasser in den Becken wurde zu 90 % ausgetauscht und jeder Wasserwechsel nur noch mit derart aufbereitetem Wasser durchgeführt. Nach drei Monaten begannen die Fische zu balzen und nach vier Monaten konnten die ersten gesunden Bruten gezogen werden.

Zeolithe

Zeolithe sind normalerweise natürlich vorkommende Gesteine vulkanischen Ursprungs, können aber auch künstlich hergestellt werden. Es gibt über 30 Arten von Zeolithen. Die herkunftsbedingt unterschiedlich zusammengesetzt sind. Im Aquaristikhandel werden Zeolithe meist in klein gebrochenen Stücken angeboten (Bild 539). Sie können in Netzbeuteln im Filter angewendet werden. Es sollten pro 100 Liter 250 Gramm des Granulats eingebracht werden. Falls nicht genügend Filtervolumen vorhanden ist, kann das Granulat auch in einem separaten Außenfilter angewendet werden.

Zeolithe bestehen aus Aluminium- und Siliziumverbindungen sowie Sauerstoff. Sie bilden eine Gitterstruktur mit Hohlräumen, in denen sich Wasser und Metallkationen befinden. Zeolithe können kleine Moleküle und Ammonium aufnehmen. Sie binden aber auch gefährliche Schwermetalle, wie Blei, Zink, Kupfer und Cadmium. Ihre aktive Oberfläche ist etwa zehnmal geringer als die von Aktivkohle. Sie wirken wie Ionenaustauscher und können mit warmer gesättigter Kochsalzlösung regeneriert werden. Bei erneutem Einsatz tauschen sie dann die Natriumionen gegen Ammoniumionen aus. Die Zeotlithstücke werden schnell von nitrifizierenden Bakterien besiedelt und wirken dann permanent wie Ionenaustauscher. Die Bakterien wandeln das aufgenommene Ammonium über Nitrit in Nitrat um. Die frei gewordenen Gitterstellen nehmen ständig neues Ammonium auf. Das funktioniert permanent und langfristig. So ist ein Langzeiteffekt gegeben, der so lange funktioniert, wie

Aktivkohle-filterung

QR-Code 126

Bild 539: Zeolithgranulat

die Poren des Zeoliths nicht durch Verschmutzung verstopft oder durch Bakterienbewuchs verblockt sind. Ein Gramm Zeolit kann im Meerwasser bis zu 6 mg im Süßwasser auch mehr, theoretisch mehr als 15 mg Ammonium, aufnehmen. Das Zeolithgranulat sollte so lange stark durchströmt im Filter verbleiben, bis der biologische Filter sicher eingefahren ist. Wird es vorzeitig entnommen, ist ein gefährlicher Ammoniak- oder Nitritpeak zu erwarten.

Im Zoofachhandel werden Flüssigprodukte angeboten, die spezielle Zeolithpulver enthalten. Manche sind vom Hersteller schon mit Bakterien beladen, andere nicht. Ein mit Bakterien besiedeltes Produkt wirkt unverzüglich, wenn es ins Wasser gegeben wird. Es bindet sofort messbare Mengen von Ammonium, das von den Bakterien zu Nitrat abgebaut wird. Das ist in der Einlaufphase von Aquarien sehr hilfreich und reduziert die Gefahr gefährlicher Nitritpeaks. Das Pulver wird in den Filter gesaugt oder lagert sich im Bodengrund ab. Dadurch wird die Effektivität der biologischen Filterung erhöht.

11.3.2.3. Ionenaustauscher

Ionenaustauscher bestehen aus einem Kunstharzgranulat. Dieses ist ein Polymer aus sehr langen Molekülketten aus kleinen gleichartigen Molekülen. An jedes der Moleküle ist eine reaktionsfähige Ankergruppe mit positiver oder negativer Ladung gebunden. Bei einem Kationenaustauscher sind alle Ankergruppen negativ geladen, die Ankergruppen eines Anionenaustauschers tragen nur positive Ladungen. Daran hängen dann die entsprechenden austauschbaren Ionen, z. B. Natriumionen. Sie können im Betrieb gegen Ionen gleicher Ladung ausgetauscht werden, z. B. gegen Calciumionen zum Enthärten des Wassers. Die Ankergruppen eines Anionenaustauschers sind mit negativ geladenen Chloridionen besetzt und können gegen andere Anionen ausgetauscht werden, z. B. Hydrogencarbonate. Sind die beiden Austauscher hintereinandergeschaltet, werden alle Härte bildende Ionen gegen Natriumchlorid ausgetauscht.

Die Ankergruppen können auch mit H+ oder OH- Ionen beladen werden. Dann erfolgt der Austausch gegen alle anderen Ionen und es entsteht ein reines Wasser mit einer Leitfähigkeit von nahezu 0 µS. Diese Ionenaustauscher werden Vollentsalzer genannt. Sie müssen mit Salzsäure und Natronlauge regeneriert werden. Das ist nicht ungefährlich und setzt Fachwissen voraus. Die beiden Harze werden auch gemischt in einer Kartusche angeboten, sogenannte Mischbett-Ionenaustauscher. Sie können nicht selbst regeneriert werden. Man gibt die Kartuschen zum Regenerieren im Austauschverfahren zurück. Der Hersteller trennt die Harze und regeneriert sie getrennt.

Das Wasser muss sehr langsam durch die Ionenaustauscher fließen. Organische Moleküle, wie Pestizide und Hormone, werden nur zu einem sehr geringen Teil adsorbiert. Eine nachgeschaltete Aktivkohlefilterung kann diese restlos entfernen.

11.3.2.4. Umkehrosmoseanlagen

Schüttet man zwei unterschiedliche konzentrierte wässrige Lösungen von Salzen zusammen, dann mischen sich diese durch die natürliche Molekularbewegung auch ohne Rühren mit der Zeit gleichmäßig. Trennt man die beiden Lösungen durch eine wasserdurchlässige (semipermeable) Membran, dann diffundieren die Wassermoleküle durch die Membran zur Seite der höheren Konzentration. Das Wasser hat das physikalische Bedürfnis sich zu verdünnen, seine Konzentration zu verringern.

Bei der natürlichen Osmose ist die semipermeable Membran eine Zellmembran oder die Haut des Fisches. Im Blut und den Zellen des Süßwasserfisches herrscht eine höhere Konzentration gelöster Stoffe als im umgebenden Wasser. Es baut sich ein osmotischer Druck auf. Die Schleimhaut der Kiemen ist eine extrem dünne Membran. Nur 3 bis 5 Mikrometer trennen das Blut in den Kiemenkapillaren von dem Wasser draußen. Das Wasser diffundiert somit ständig in den Süßwasserfisch, ohne dass er darauf einen Einfluss hat. Meerwasser hat dagegen eine viel höhere Konzentration gelöster Stoffe als der Fisch. Somit verliert der Meerwasserfisch ständig Wasser und muss dieses ergänzen (s. Kap. 2.10.).

Bei der sogenannten Umkehrosmose wird das Prinzip umgekehrt. Das Wasser wird unter Druck durch eine Membran gepresst, Die gelösten Stoffe bleiben zurück. So hat eine Umkehrosmoseanlage zwei Abflüsse, einen für das Abwasser in dem die Konzentration der gelösten Stoffe höher ist und einen für das Reinwasser, das Permeat. Moderne Anlagen erzeugen ein Permeat, in dem die gelösten Stoffe um etwa 94% reduziert sind. Durch Anlagen mit zusätzlicher Druckerhöhung über 15 bar kann eine Rückhalterate von 99% erreicht werden. Die Abwassermenge ist dann sehr gering. Die mit normalem Leitungsdruck betrieben Anlagen haben eine Rückhalterate von etwa 94%. Auch Silikate halten die modernen Anlagen zu über 90% zurück. Bei modernen Anlagen ist der Wasserverlust etwa doppelt so hoch wie das gewonnene Permeat. Das wird bei diesen Anlagen über ein Ablassventil am Abwasserausgang geregelt. Damit kann das Verhältnis von Abwasser zu Permeat eingestellt werden. Es ist zudem notwendig, wenn die Membran gespült werden soll. Dann muss das Ventil geöffnet werden. Preiswerte Anlagen, die mit Leitungsdruck betrieben werden, haben oft kein Ablass-Spülventil. Den Membranen der Anlagen müssen ein Feinfilter und ein Aktivkohlefilter vorgeschaltet sein. Der Feinfilter hält Schwebteilchen zurück, die die Membran beschädigen können und die Aktivkohle neutralisiert das Chlor indem sie es katalytisch in Chlorid umwandelt. Chlor zerstört die Membran. Bezüglich der Pflege von Umkehrosmoseanlage sind die Betriebsanleitungen der Hersteller zu beachten.

Man darf sich die Membran nicht wie ein Sieb vorstellen, durch das kleine Moleküle durchgehen und große nicht. Sie ähnelt mehr einem Gel, das nicht wie Gelatine aufquillt. Es bildet eine Matrix, durch die Wassermoleküle hindurchgehen, nicht aber sehr große Moleküle. Ionen ziehen die polaren Wassermoleküle in großer Zahl an, sie gruppieren sich um das Ion und bilden geladene Wolken, sogenannte Cluster. Diese sind so groß, dass sie nicht durch die Matrix der Membran gehen. Auch sehr große organische Moleküle ohne Ladung, wie Polysaccharide, werden zurückgehalten, viele Pestizide und Hormone jedoch nur ungenügend. Solche organische Moleküle, die keine Ladung haben, gehen in größerer Menge durch die Membran. Leider ist das nicht nachweisbar, da die Analysemethoden für solche Moleküle nicht bekannt sind [DONNER]. Stoffe mit Hormonwirkung führen zur Unfruchtbarkeit oder Geschlechtsumwandlung bei männlichen Fischen [THOMÉ]. Aus diesem Grund empfiehlt es sich, der Umkehrosmose eine Aktivkohlefilterung nachzuschalten.

Besonders für die Herstellung eines guten Meerwassers benötigt man ein enthärtetes Wasser, da sonst die Karbonathärte zu sehr erhöht würde. Im Leitungswasser enthaltenes Nitrat, Phosphat und Silikat liegt über den für die Meerwasseraquaristik tolerierbaren Werten. Deshalb wird zum Auflösen von Meeressalz das Permeat der Umkehrosmose verwendet.

11.3.2.5 Nitrat

Je nach Region und Intensität der landwirtschaftlichen Nutzung können sich Nitrate und Phosphate im Trinkwasser befinden. Sie führen zu unerwünschtem Algenwachstum. In hoher Konzentration über 100 mg Nitrat pro Liter führen sie zur Beeinträchtigung des Stoffwechsels bei Fischen. So konnte ich bei befreundeten Diskuszüchtern und in meiner Anlage feststellen, dass Wildfangnachzuchten bei über 80 mg Nitrat pro Liter aufhörten sich zu vermehren. Die europäische Trinkwasserverordnung schreibt vor, dass nicht mehr als 50 mg Nitrat im Trinkwasser enthalten sein darf. Dieser Wert sollte auch im Aquarium nicht überschritten werden. Nitrat wird im Darm der Fische zu Nitrit reduziert und kann eine langfristige schleichende Vergiftung verursachen (s. Kap. 8.5.4.3.).

Wie bei allem kommt es dabei auf die Menge an. Befinden sich im Wasser 100 mg Nitrat pro Liter und ein größerer Fisch schluckt bei der Nahrungsaufnahme 1 ml Wasser, dann kommen nur 0,1 mg Nitrat in den Darm. Wenn das bei mehrmaliger Fütterung erfolgt, kann schnell eine zu hohe Konzentration von Nitrit im Darm vorliegen. Leider ist unbekannt, wie stark Nitrit über die Darmwand in den Blutkreislauf gelangt. Die Wirkung von hohen Nitratwerten auf Fische ist jedoch bekannt. Da Nitrat nicht wie Nitrit über die Kiemen aufgenommen wird, kann es nur an der Reduktion zu Nitrit im Darm und dessen Aufnahme in das Blut liegen. Auch solche geringen Mengen schaden dem Organismus langfristig. Bei hohen Nitratwerten wachsen die Jungfische schlecht. Da sie mehrmals am Tag gefüttert werden, ist die Nitrataufnahme mit wasserdurchdrungenem Trockenfutter erhöht.

Im Zoofachhandel sind chemische Filtermedien erhältlich, die Nitrat entfernen und Filterkörper, die es biologisch in einer gebundenen Denitrifikation abbauen, wie das sera Nitrat minus.

Es existieren viele nitrifizierende und denitrifizierende Bakterienarten in der Natur, so dass die Besiedelung der Filtermedien nicht immer mit den gleichen Arten erfolgt. Nur geringe pH-Unterschiede bewirken eine andere Artenpopulation.

Fallbeispiel:

Ich habe in einem Langzeitversuch mit 80 Litern sera siporax bei einem Durchfluss von 12.000 Litern pro Stunde eine Abbaurate von 53.000 Milligramm Ammonium zu Nitrat innerhalb von 24 Stunden erreicht. Der pH-Wert war auf 7 eingestellt und durch einen pH-Controller mit einer Hysterese von 0,1 über Monate konstant gehalten. Die Bakterienpopulation hat dann auf pH-Änderungen sehr empfindlich reagiert. Wurde der pH-Wert auf 8 erhöht, kam der Abbau von Nitrit zu Nitrat zum Erliegen. Wurde er auf 6 abgesenkt, wurde kein Ammonium mehr zu Nitrit umgewandelt. Kurzfristig macht es den Bakterien nicht viel aus, sie werden wieder aktiv, wenn sich der pH-Wert normalisiert. Nach mehr als zwei Tagen mit abweichendem pH-Wert beginnen die Bakterienpopulationen abzusterben.

Der Versuch hat auch gezeigt, dass bei einem Filtermedium mit innerer definierter Porenstruktur die Durchflussraten für die Nitrifikation unerheblich sind, da sich konstruktionsbedingt eine immer gleiche Diffusion von Wasser und der darin gelösten Stoffe in die Porenstruktur ergibt. Das Wasser kann außen langsam oder schnell vorbeifließen, es spielt für die Abbauraten keine Rolle. Wichtig ist die Wanddicke der Sinterglasringe. Ist die Wand dicker als 4 mm, gelangen durch die Diffusion keine Nährstoffe mehr in die tieferen Poren. Durch

Bild 540: Ein 15 mm siporax Ring mit durchgehend dreidimensional vernetzter Porenstruktur

sera siporax

QR-Code 127

Bild 541: Filterkörper sera siporax Nitrat-minus mit einem siporax Ring im Inneren

schnelle Diffusion gelangen die Stoffe nur etwa 2 mm von beiden Seiten in die poröse Wand. Ein dickeres Medium, gleich welcher Form, ist also sinnlos. Das ist zu erkennen, wenn man ein kugelförmiges oder zylindrisches Material in eine Farblösung legt. Sie dringt nur etwa 2 Millimeter in das Material ein. Auch bei Keramikringen mit dickerer Wandstärke kann man es beobachten.

Wieviel Nitrat in der tieferen Porenstruktur durch Denitrifikation abgebaut wurde, war bei diesem Versuch nicht festzustellen. Das Volumen der aeroben und anaeroben Zonen in der inneren Porenstruktur ist nicht zu bestimmen. Die Zonen sind sowieso variabel und hängen vom Sauerstoffgehalt des Wassers ab. Bei hohem Sauerstoffgehalt sind die anaeroben Zonen nur klein in der Mitte der Ringwand. Die Zonen breiten sich aus, je geringer der Sauerstoffgehalt des Wassers ist. Bei einem Sauerstoffgehalt unter 1 mg/l nehmen die anaeroben Zonen fast das ganze Porenvolumen der Ringe ein.

Das biologisch Nitrat abbauende Filtermedium sera siporax Nitrat-minus kann aerob oder anaerob betrieben werden. Ich habe in meinen Versuchen bei einem schnellen Durchfluss einen guten Nitratabbau festgestellt. Das Medium darf allerdings nicht sauber gehalten und ausgewaschen werden. Es müssen sich erst Biofilme auf dem Füllkörper bilden, dann wird Nitrat abgebaut. Je mehr Mulm sich auf und in den Bällen ansammelt, umso effektiver ist die Denitrifikation. Auf dem abbaubaren Kunststoff siedeln sich in

Bild 542: Denitrifikation mit sera siprax Nitrat-minus Filterkörpern

Bild 543: Vermulmte sera siprax Nitrat-minus Filterkörper in einem Denitrifikations Reaktor

mehreren Biofilmen übereinander Bakterien an. In den unteren Schichten entsteht ein Sauerstoffmangel. Die Bakterien beginnen dann mit der Nitratatmung. Den dabei benötigten Kohlenstoff entnehmen sie dem Nitrat minus und bauen es langsam ab.

Je langsamer der Durchfluss und je geringer der Sauerstoffgehalt des Wassers ist, desto mehr Nitrat wird abgebaut. Ich verwende das Nitrat minus in separaten sera Prefix Filtern im Bypass. An den Filtern kann der Durchfluss durch Hähne reguliert werden. (Bilder 545, 546). An der Universität von Sydney wurden mit sera siporax Untersuchungen bezüglich Nitrifikation und Denitrifikation durchgeführt. [Menoud].

11.3.2.6. Phosphat

Phosphat gilt erstaunlicherweise als völlig ungiftig und darf in unbegrenzter Menge im Trinkwasser enthalten sein. Züchter von Aquarienfischen wissen, dass dem nicht so ist und es zu Gesundheitsproblemen mit den Fischen kommt, wenn hohe Phosphatwerte vorliegen. Das Problem ist, dass die Wasserwerke in manchen Regionen Polyphosphate zusetzen, um die Leitungen vor Korrosion zu schützen. Diese kann man mit den handelsüblichen Tests nicht nachweisen. Im Aquarium werden sie von Bakterien zu normalen Phosphaten abgebaut und man wundert sich, wo der hohe Phosphatwert herkommt.

Phosphat kann im Aquarium chemisch mit Flüssigkeiten und Granulaten selektiv entfernt werden. Hochwertige flüssige Phosphatadsorber, wie sera phosvec clear oder pond phosvec, enthalten Lanthan(III)chlorid-Heptahydrat und reduzieren bei Anwendung der Normaldosis 1 mg Phosphat pro Liter. Das ist 10 Minuten nach der Zudosierung messbar. Bitte die Beipackzettel genau beachten.

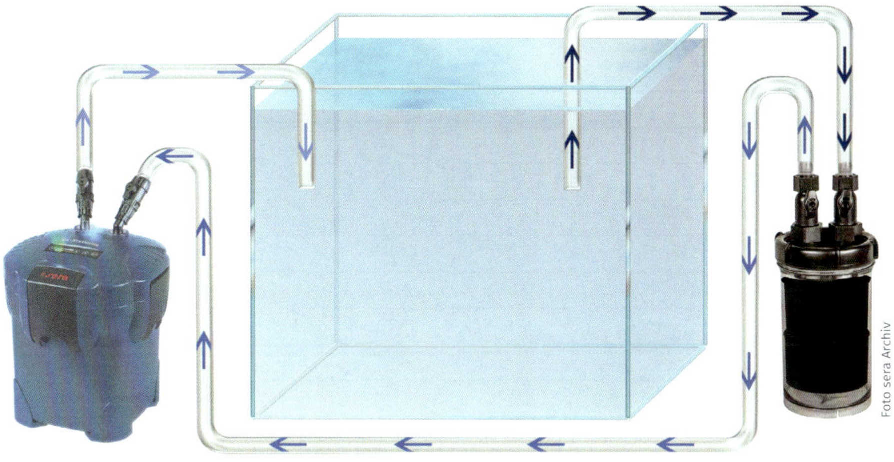

Foto sera Archiv

Bild 544: sera Prefix Filter mit Pumpe für spezielle Anwendungen

Bei der Anwendung von sera phosvec clear muss mindestens eine Karbonathärte von 6° dKH gegeben sein. Bei geringerer Karbonathärte kann es zum Säuresturz kommen. Das Phosphat fällt als weißer Nebel aus, bildet dann feine Flocken und wird vom Filter aufgenommen. Die chemische Reaktion ist nicht umkehrbar, das Phosphat ist dauerhaft gebunden. Bitte die Produktinformationen des Herstellers beachten.

Bei hoher Temperatur gebrannte Aluminiumverbindungen, wie sera Phosphec Granulat, binden Phosphat dauerhaft. Das ist bei vielen Produkten auf Eisenbasis nicht der Fall. Wenn nicht Phosphate oder Polyphosphate im Leitungswasser enthalten sind, kann ein Liter Phosvec Granulat in einem 200 Liter Aquarium über mehrere Monate den Phosphatwert niedrig halten. Ein Liter kann 12.500 mg Phosphat binden. Da meist nicht genug freies Volumen in den Außenfiltern verfügbar ist, kann man einen zusätzlichen Außenfilter anschließen, in den man das Filtermedium füllt. Das trifft natürlich auf alle anderen Adsorber in Granulatform oder Nitrat minus ebenfalls zu.

11.3.2.7. Silikat

Silikat kommt regional unterschiedlich konzentriert in Quell- und Leitungswasser vor. Es gilt auch in hoher Konzentration als unbedenklich für die Gesundheit. In meinem Quell- und Leitungswasser sind 30 bis 40 mg SiO_3 pro Liter enthalten. Der einzige Nachteil ist, dass es Nährstoff für Kieselalgen ist, die braune schleimige Beläge bilden. Im Süßwasser ist das harmlos, algenfressende Fische entfernen sie. Im Meerwasseraquarium können diese Kieselalgen niedere Tiere überwuchern und ersticken. Als vorbeugende Maßnahme im Aquarium oder der Wasseraufbereitung kann man Silikatadsorber in Granulatform, z. B. sera Silicate clear, in einem zusätzlich angeschlossenen Filter verwenden.

Bild 545: Wasserfluss im sera Prefix Filter

Bild 546: Die Anwendung von Aktivkohle oder Adsorbergranulat in einem Prefix Filter

11.4. Wirkung von Huminstoffen auf die Gesundheit der Fische

Huminstoffe sind in hoher Konzentration in Ansammlungen verrotteter Pflanzen, Mooren und Torf enthalten. Torf wurde schon früher zur Absenkung der Härte und des pH-Wertes verwendet. Er hat eine keim- und algenreduzierende Wirkung. Deshalb wurden Huminstoffe in den vergangenen Jahrzehnten in der Aquaristik überwiegend zur Algenbekämpfung eingesetzt. Erst die Forschungen und Veröffentlichungen von Prof. Steinberg in den 1990er Jahren haben die Pfleger von Fischen auf ihre vielfältigen Auswirkungen auf die Gesundheit der Fische aufmerksam gemacht. Da Huminstoffe aus den verrottenden Pflanzen entstehen, sind darin die allelopathischen Wirkstoffe sehr konzentriert.

Huminstoffe sind in unterschiedlichen Produkten enthalten. Es gibt solche, die Huminsäuren enthalten und den pH-Wert leicht absenken. Oft befinden sich in solchen Produkten auch anorganische Säuren, um die pH-senkende Wirkung zu verstärken. Das kann, wenn es sich um hochwertige Produkte des Zoofachhandels handelt, Salz- oder Schwefelsäure sein. Sie belasten das Wasser nicht. Produkte, die Phosphor- oder Salpetersäure enthalten, erhöhen den Phosphat- oder Nitratgehalt des Wassers. Das ist nicht erwünscht.

Hochwertige Produkte oder Wasseraufbereiter, wie z. B. das sera blackwater aquatan, die reine Huminstoffe enthalten, senken den pH-Wert nicht und entfalten die vollen positiven Wirkungen auf die Physiologie der Fische. Sie sind ideal zur Anwendung in Aquarien und Zuchtanlagen für tropische Weichwasserfische. Produkte, die Säuren zur pH-Senkung enthalten, können in dem nur sehr schwach gepufferten Wasser der Zuchtanlagen zum pH-Sturz führen. Neutrale Aufbereiter wie das blackwater aquatan bereiten das Leitungs- und Aquarienwasser zu einem naturähnlichen tropischen Wasser auf, wie es die Fische aus Urwaldgewässern gewöhnt sind. Sie fühlen sich darin wohler, da sie von ihrer Evolution her auch daran angepasst sind.

Außer im Weichwasser, können diese Produkte auch sehr gut für Fische im mittelharten Bereich, wie Lebendgebärende, und im Hartwasser angewendet werden, da sie keinen Einfluss auf die Karbonathärte und den pH-Wert haben. Leider stört die bernsteinartige Färbung des Wassers viele Aquarianer. Darüber sollte man aber hinwegsehen in Anbetracht der vielen positiven Wirkungen auf die Fische und das Milieu im Aquarium. Wen die Farbe stört, kann solche Produkte in geringerer Dosierung anwenden.

Huminstoffe haben nicht nur eine hemmende Wirkung auf die Vermehrung von Algen und fakultativ pathogene Bakterien im Wasser, sondern auch einen intensiven positiven Einfluss auf die Physiologie der Fische. Sie werden aktiv über die Kiemen und die Darmschleimhäute in den Organismus aufgenommen, teilweise unter Energieaufwand. Sie haben eine regulierende Wirkung auf das Mikrobiom im Darm, indem sie die Entwicklung von positiven Bakterien der Darmflora fördern und die Vermehrung negativer Bakterien hemmen. Huminstoffe fördern die Verdauung sowie eine bessere Verwertung der Nahrung. Da das Mikrobion des Darmes eine stark konditionierende Wirkung auf das gesamte Immunsystem hat, bewirken die Huminstoffe eine Stärkung der gesamten Kondition des Organismus. Sie aktivieren die Abwehrzellen (Leukozyten und Granulozyten) im Blut und den inneren und äußeren Schleimhäuten. Das betrifft auch die Mastzellen, die zu den Granulozyten gehören. Sie wandern verstärkt aus den Hautkapillaren durch die Schleimhaut an die Oberfläche und bekämpfen dort pathogene Bakterien. Zudem aktivieren die Huminstoffe Hormone für eine gesunde Eireifung

Huminstoffe enthalten Kolloide, die sich mit dem Schleim der Schleimhaut verbinden und diesen härten. Das bedeutet, sie erhöhen die Viskosität des Schleims, so dass penetrierende Erreger und Pilzsporen wesentlich schwerer eindringen können. Sie enthalten auch Stoffe (Phenole und ähnliche Verbindungen), welche die Rezeptoren von Viren und Bakterien blockieren und verhindern damit das Andocken der Erreger an die Hautzellen.

Außerdem aktivieren sie die innerzellulären Abwehrmechanismen und bewirken die Bildung entzündungshemmender Membranen. Das alles bewirkt eine langfristige Verbesserung der Vitalität der Fische und ein gesundes ausgeglichenes Wachstum der Jungfische. Sie unterdrücken die sekundären Infektionen nach medizinischen Behandlungen und erzeugen multiple Resistenz gegen Krankheiten. Das hält die Fische gesund und verlängert ihr Leben im Aquarium.

Die bisher erwähnten positiven Wirkungen sollten eigentlich schon ausreichen, Huminstoffe regelmäßig einzusetzen. Aber dem nicht genug, sie haben noch weitere Wirkungen. Die Süßwasserfische nehmen ihre Mineralstoffe überwiegend über die Kiemen auf, die Meerwasserfische über den Darm. In den Kiemenhäuten gibt es spezielle Zellen, die das bewerkstelligen, sogenannte Ionenpumpen. Dafür muss der Fisch eine gewisse Energie aufwenden. Die Huminstoffe aktivieren Gene, die Ionenkanäle und Pumpen für die aktive Aufnahme von Anionen und Kationen in den Zellwänden bilden. Insbesondere wird dadurch die Aufnahme der lebenswichtigen Kationen von Kalium- Calcium- und Magnesium aus dem Wasser gefördert. Nach Steinberg konnten die Fische nur deshalb die extrem mineralstoffarmen Urwaldgewässer besiedeln, weil sie die Möglichkeit entwickelten, in Gegenwart von Huminstoffen die Ionenaufnahme der Kiemen zu steigern

Dazu führt der Einfluss der Huminstoffe zu einer reduzierten Ionenabgabe über die Niere. Das bedeutet, die Ionen stehen den Fischen länger zur Verfügung.

Mangelerkrankungen durch fehlende Mineralien treten in der Natur nicht auf, nur im Aquarium können sie beobachtet werden. Da in Zuchtanlagen von Weichwasserfischen meist Wasser aus Umkehrosmoseanlagen verwendet wird, kommt es innerhalb weniger Wochen zu einem Mangel, wenn die sich im Permeat noch enthaltenen restlichen Mineralien von den Fischen aufgenommen aber nicht ergänzt wurden. Besonders frisch geschlüpfte Fischlarven benötigen die Mineralien in einem ausgewogenen Verhältnis. Sie können die in diesem Entwicklungsstadium anzulegenden Organe nicht richtig ausbilden, was Flossen- und Kiemendeckeldeformationen verursacht. Diese Mangelerkrankungen zeigen sich aber erst später, wenn die Körperteile deutlich erkennbar werden. (s. Kap. 8, Bilder 444 bis 453). Bei der Verwendung von Permeat für den Wasserwechsel muss eine hochwertige Mineralstoffmischung zugegeben werden.

Es gibt zwei Möglichkeiten dem Aquarienwasser Huminstoffe zuzuführen. Die altbekannte Methode ist die Filterung über Torf oder die handelsüblichen Torfgranulate. Diese Produkte setzen aber nicht nur die wichtigen Huminstoffe frei, sondern auch Huminsäuren. Außerdem wirken sie als Ionenaustauscher und entfernen Hydrogencarbonat und wichtige Ionen von Kalzium, Magnesium, Kalium sowie weitere lebenswichtige Ionen. Sie reduzieren somit auch die Gesamthärte des Wassers. Das ist in einigen Fällen sicher erwünscht. In Gebieten mit hartem Wasser macht sich das kaum bemerkbar. Zu bedenken ist jedoch, dass auch Spurenelemente entzogen werden, was zu Mangelerscheinungen bei den Fischen führen kann. Handelsübliches Torfgranulat kann sechs Wochen eingesetzt werden, dann ist es verbraucht und muss ersetzt werden. Wer Torf aus den Gärtnereien verwendet, muss darauf achten, dass es sich um reinen Torf handelt, ohne irgendwelche Zusätze. Zugesetzte Chemikalien oder Dünger können tödlich auf die Fische wirken oder zu Algenblüten führen. Man sollte Schwarztorf verwenden, der etwa 100-mal wirksamer ist als Weißtorf. Auch sera super peat besteht aus Schwarztorf.

Die zweite Möglichkeit ist, reine Huminstoffe mit den voran beschriebenen Produkten aus dem Zoofachhandel zuzusetzen. Das verändert nicht die Wasserchemie und bringt die gewünschte positive Wirkung auf die Aquarienbiologie und die Physiologie der Fische. Auch auf Garnelen und Krebse ist die Wirkung gegeben.

11.5. Einfluss von Pflanzen auf die Gesundheit der Fische

Die Wirkung von lebenden Pflanzen auf die Mikrobiologie des Aquariums und die Fische wird leider immer noch von vielen Aquarianern unterschätzt. Wie oft sieht

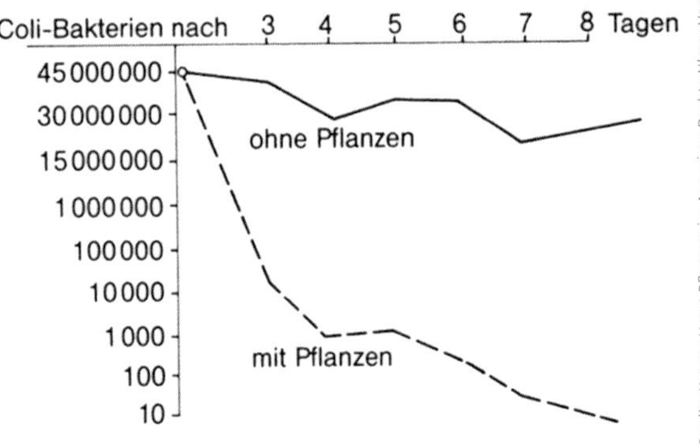

Bild 547: Vernichtung von Bakterien durch Pflanzen

man Aquarien mit Steinen und Wurzeln aber mit nur wenigen Pflanzen darin. Dabei ist ein üppiger Pflanzenwuchs nicht schwer zu realisieren.

Lebende Pflanzen haben vielfältige Wirkungen im Aquarium. Bei der Photosynthese nehmen die Pflanzen Kohlendioxyd als einen der Hauptnährstoffe auf und geben den für die Fische und Kleinlebewesen wichtigen Sauerstoff an das Wasser ab. Sie verbrauchen einen Teil der belastenden Stoffe, die durch die Ausscheidungen der Fische entstehen, wie Ammonium, Nitrat und Phosphat.

Pflanzen können das Wasser entgiften, wenn Giftstoffe wie Kupfer und andere Schwermetalle beim Wasserwechsel mit eingebracht werden. Das können sie allerdings nur, wenn das Frischwasser mit einem hochwertigen Wasseraufbereiter aufbereitet wurde. Dieser chelatisiert die Ionen der Schwermetalle und macht sie für die Pflanzen und Fische harmlos. Fische können sie nicht über die Kiemen aufnehmen, da sie nicht mehr als Ionen vorliegen. Pflanzen dagegen, können die chelatisierten Giftstoffe wie Nährstoffe aufnehmen und gefahrlos in ihren Blättern speichern. Durch das Entfernen alter Blätter werden die Gifte aus dem Aquarium entfernt.

Gesunde Pflanzen geben sogenannte allelopathische Wirkstoffe ab, die sich positiv auf das Milieu im Aquarienwasser auswirken. Es sind niedermolekulare Pflanzenstoffe wie Alkaloide, Phenole, Chinone und Terpene. Diese Stoffe reduzieren schädliche Mikroorganismen, wie Fäulnisbakterien an der Oberfläche der Pflanzen und verhindern die Besiedlung durch Algen. Je größer die Oberfläche der Pflanzen ist, also je kleiner und zahlreicher ihre Blätter, desto mehr dieser Stoffe geben sie ab.

Es wurden in den 1980er-Jahren Versuche mit Pflanzenfiltern unternommen, um das Abwasser abgelegener Gehöfte zu reinigen, die nicht an die Kanalisation angeschlossen werden konnten. Sie führten zu erstaunlichen Ergebnissen.

In Becken mit und ohne Wasserpflanzen wurde eine Konzentration von 45 Millionen Keimen pro Milliliter eingebracht, das entspricht der Keimkonzentration in der ersten Reinigungsstufe einer Kläranlage. In den Pflanzenbecken waren die Keime nach 8 Tagen fast vollständig vernichtet. In den Becken ohne Pflanzen blieben sie fast komplett erhalten. Die in dem Versuch verwendete Pflanze war die Flechtbinse, *Scirpus lacustris*.

Aufgrund der Ergebnisse wurden Antibiogramme mit dem Extrakt von *Myriophyllum spicatum* durchgeführt. Es zeigte sich eine ähnliche Wirkung wie beim

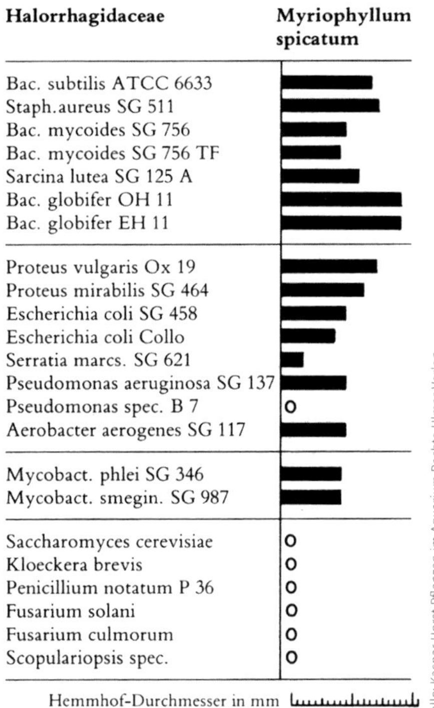

Bild 548: Antibiotische Wirkung von methanolischen Extrakten aus *Myriophyllum spicatum*

Einsatz von Antibiotika. Viele fakultativ pathogene Bakterienarten wurden von den allelopathischen Wirkstoffen der Pflanzen in ihrer Entwicklung gehemmt. Besonders wertvoll für die Aquaristik ist die Wirkung auf Bakterienarten der Gattung *Mycobacterium*, die auch die Erreger der Fischtuberkulose stellt. Eine Wirkung auf Pilze ist nicht gegeben. Das ist aber auch nicht wichtig, da Pilze sich nur bei Verletzungen der Fischhaut ansiedeln können und meist nur Einzeltiere betroffen sind.

Die allelopathischen Wirkstoffe gehen in das Wasser über, reduzieren Krankheitserreger für die Fische und verhindern die Vermehrung von Algen. Der Infektionsdruck auf die Fische ist in einem Aquarium, in dem es viele kleinblättrige Pflanzen gibt, wesentlich geringer. Die Fische haben somit weniger Stress und ein gesünderes und längeres Leben. Zusammen mit den Bakterien im Bodengrund bilden die Pflanzen ein leistungsfähiges Filtersystem. Durch die richtige Gestaltung des Bodengrundes kann diese Wirkung noch um ein Mehrfaches gesteigert werden.

Besonders effektiv wirken sich Bodenfluter auf das Wachstum und die Entwicklung von Pflanzen aus. Sie bewirken eine leichte Durchströmung des Bodengrundes und machen ihn zu einem zusätzlichen riesigen biologischen Filter mit Nitrifikation und Denitrifikation. Das verhindert, dass das Wasser im Bodengrund steht und sich anaerobe Zonen bilden, in denen sich giftiger Schwefelwasserstoff entwickelt. Wichtig für eine gesunde Entwicklung der Wasserpflanzen ist eine gute Beleuchtung, regelmäßige Düngung und Versorgung mit CO_2.

12. Mikroskopische Praxis

12.1. Das Mikroskop

Das wichtigste Arbeitsgerät zur Diagnose von Fischkrankheiten ist das Mikroskop (Bild 549 und 551). Zur Untersuchung von Abstrichen, Parasiten- und Organpräparaten ist es unentbehrlich. Sogenannte Schülermikroskope sind zwar preisgünstig, aber für diese Arbeiten unbrauchbar. Meist haben sie keine genormten Teile und die Optik ist unbefriedigend. Gerade Kinder und Jugendliche verlieren deswegen schnell das Interesse oder, wenn das wider Erwarten nicht geschieht, kauft man doch nach einiger Zeit ein hochwertiges Gerät. Qualitativ wesentlich besser sind die im Laborhandel erhältlichen Kursmikroskope, wie sie in den Schulen verwendet werden. Ein gutes Mikroskop mit genormten Anschlüssen ist schon ab etwa 350 € zu erhalten. Der hohe Preis schreckt leicht ab. Bedenkt man jedoch, dass ein solches Gerät bei ordnungsgemäßer Behandlung keinerlei Verschleiß unterliegt, so ist die Investition nicht zu hoch und es ist eine Anschaffung für das ganze Leben.

Dieses Kapitel soll eine kleine Einführung in die Handhabung eines Mikroskops geben. Weiterführende Literatur für Anfänger und Fortgeschrittene ist in den Literaturangaben zu finden. Beim Kauf eines Mikroskops sollte man darauf achten, dass alle Anschlüsse genormt sind. Beträgt die Tubuslänge 160 mm, sind die Produkte vieler Hersteller miteinander kombinierbar. Die zugehörige Tubuslänge ist an guten Objektiven eingraviert. Für den Anfang reichen drei Objektive mit vier-, zehn- und vierzigfacher Vergrößerung. Dazu noch drei Okulare mit fünf-, zehn- und fünfzehnfacher Vergrößerung. Die so erreichbare maximale Vergrößerung von 600-fach ist für die Untersuchung von Fischparasiten ausreichend. Steigt man später tiefer in die Materie

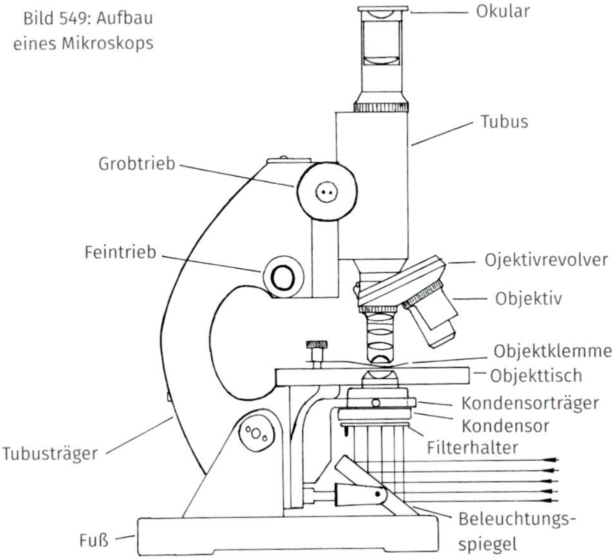

Bild 549: Aufbau eines Mikroskops

ein, kann das Mikroskop durch Zukauf eines 60-fach oder 100-fach vergrößernden Objektivs ausgebaut werden. Sinnvoll ist, gleich beim Kauf auf eine starke LED-Beleuchtung zu achten. Man hat dann genügend Reserven, wenn man später mit höher vergrößernden Objektiven oder mit Dunkelfeldbeleuchtung arbeiten möchte. Entscheidet man sich für ein Mikroskop höherer Preisklasse, einem Labor- oder Forschungsmikroskop, kann man mit einer Grundausrüstung beginnen und das Gerät im Laufe der Zeit weiter ausbauen.

Bei Mikroskopstativen gibt es zwei Bauweisen. Bei der einen wird der Tubus zum Scharfstellen bewegt, bei der anderen der Objekttisch. Stabiler und belastbarer sind Stative mit festem Tubus und beweglichem Objekttisch. Außer der normalen Hellfeldbeleuchtung gibt es noch andere Beleuchtungsverfahren. Die bekanntesten sind Dunkelfeld- und Phasenkontrastbeleuchtung. Während eine Phasenkontrasteinrichtung nur von einem erfahrenen Praktiker mit feinmechanischen Kenntnissen selbst gebastelt werden kann, ist die Dunkelfeldeinrichtung für Vergrößerungen bis 400-fach leicht herzustellen. Dazu schneidet man aus schwarzem Karton kreisrunde Stücke verschiedenen Durchmessers aus. Der Durchmesser einer solchen Zentralblende ist für stark vergrößernde Objekte größer als für schwach vergrößernde.

Die Blenden werden nacheinander in die Mitte einer Glasscheibe oder Klarfolie gelegt, welche in den Filterhalter passt. Je nach Öffnen der Kondensorblende entsteht ein kreisförmiges Lichtfeld unterschiedlicher Breite (Bild 550). Mit den verschiedenen Blenden probiert man so lange, für jedes Objektiv extra, bis sich ein gleichmäßig tiefschwarzes Bildfeld ergibt, in dem die Objekte hell strahlen (Bild 332). Sogar kleinste Bakterien sind bei 400-facher Vergrößerung gut zu sehen. Der beeindruckende Effekt entsteht, wenn das ringförmige Licht vom Kondensor zu einem Hohlkegel geformt wird, dessen Spitze in der Objektebene liegt. Über der Objektebene befindet sich ein gleichförmiger Hohlkegel aus Licht, jedoch mit der Spitze nach unten. Er verbreitet sich nach oben, sodass das direkte Licht am Objektiv vorbei gelenkt wird. Im Bildfeld herrscht Dunkelheit, während die Objekte das durch sie fallende Licht in das Objektiv ablenken und somit hell erscheinen. Alle Dunkelfeldaufnahmen in diesem Buch wurden mit solchen selbstgebauten Blenden hergestellt.

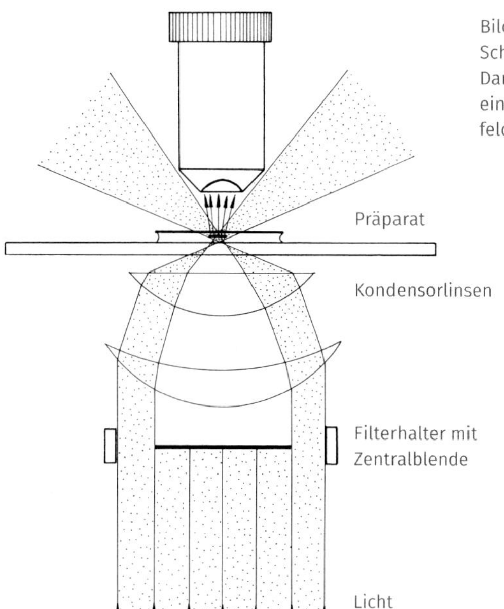

Bild 550: Schematische Darstellung einer Dunkelfeldbeleuchtung

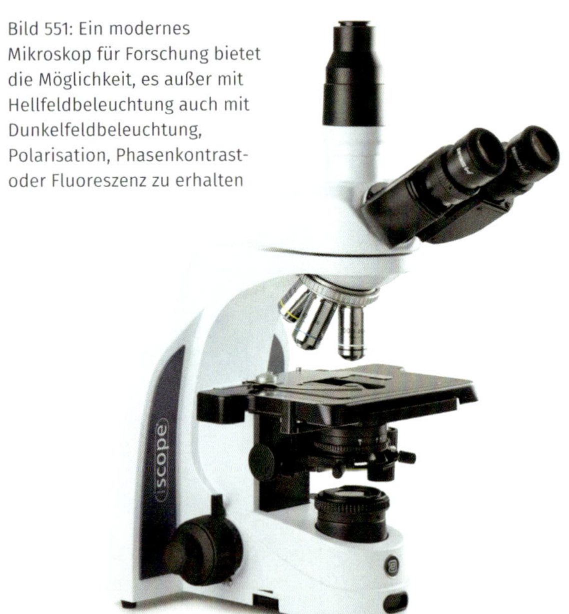

Bild 551: Ein modernes Mikroskop für Forschung bietet die Möglichkeit, es außer mit Hellfeldbeleuchtung auch mit Dunkelfeldbeleuchtung, Polarisation, Phasenkontrast- oder Fluoreszenz zu erhalten

Bei der Phasenkontrasteinrichtung erhalten kleinste Objekte einen optischen Kontrast. Bakterien und die Geißeln der Flagellaten sind dadurch wesentlich besser zu erkennen (Bilder 221, 286, 289, 291, 294, 299, 303, 304, 316). Rüstet man ein Mikroskop nachträglich aus, müssen Objektive und Kondensor neu gekauft werden. Da Phasenkontrastobjektive und -kondensor auch für Hellfeld und Dunkelfeld verwendet werden können, ist die Anschaffung dieser Erweiterung gleich beim Neukauf des Mikroskops viel preiswerter. Das Phasenkontrastverfahren benötigt sehr viel Licht, daher ist beim Nachrüsten meist auch eine stärkere Beleuchtung erforderlich.

12.2. Größenmessung mit dem Mikroskop

Bei Beschreibungen, Zeichnungen und Fotografien muss immer die Größe des Objektes angegeben werden. Dies geschieht nicht als Mikroskopvergrößerung, sondern als Objektgröße in Mikrometer. Dadurch sind Irrtümer bei nachvergrößerten Fotografien und bei Zeichnungen ausgeschlossen. Die Vergrößerung kann sich der Betrachter selbst errechnen, indem er die Abbildungsgröße misst und den Wert durch die angegebene Objektgröße dividiert. Um die Objektgröße messen zu können, benötigt man ein Messokular. In diesem befindet sich eine Skala von 10 mm Länge in 100 Teilen. Um die Objektive auf dieses Maß abzustimmen, braucht man ein Objektmikrometer. Da es nur einmal benötigt wird, kann es vielleicht bei einem Bekannten ausgeliehen werden. Das Objektmikrometer ist ein Objektträger, auf dem eine Skala von 1 mm Länge

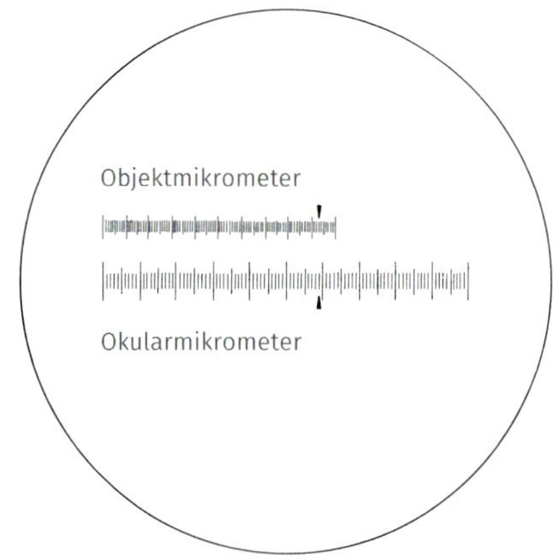

Bild 552: Objektmikrometer und Okularmikrometer, durch ein Messokular betrachtet. Die beiden Skalen überschneiden sich nur in einem Punkt (Pfeile).

mit 100 Unterteilungen eingeätzt ist. Für jedes Objektiv muss nun der Messwert für einen Teil des Okularmikrometers errechnet werden.

Man legt das Objektmikrometer auf den Objekttisch und richtet es so aus, dass die Anfänge der beiden Skalen sich decken (Bild. 552). Dann sucht man eine Stelle, an der sich zwei Striche ganz genau überdecken. Je weiter dieser Wert am Skalenende liegt, desto genauer wird das Ergebnis. Treffen zum Beispiel 93 Teile des Objektmikrometers mit 59 Teilen des Okularmikrometers zusammen, so rechnet man: 0,93 mm : 59 Teile = 0,01576 mm = 15,76 Mikrometer für einen Teil.

In Zukunft braucht man nur noch das Okularmikrometer einzusetzen und weiß, dass ein Teil dieser Skala 15,76 Mikrometer entspricht. Ein Wurm, der eine Länge von 86 Teilen hat, ist dann 1.355 Mikrometer oder 1,35 mm lang. Für Leser, die kein Objektmikrometer haben, seien noch die einem Teil entsprechenden ungefähren Mikrometerwerte für die gebräuchlichsten Objektive bei einem Messokular von 10-facher Vergrößerung mit einer Messstrichplatte von 10 mm in 100 Teilen angegeben.

Objektiv 2,5 fach - 83,2 Mikrometer
Objektiv 4 fach - 23,8 Mikrometer
Objektiv 5 fach - 20 Mikrometer
Objektiv 6,3 fach - 15,8 Mikrometer
Objektiv 10 fach - 9,8 Mikrometer
Objektiv 16 fach - 6,3 Mikrometer
Objektiv 20 fach - 5,1 Mikrometer
Objektiv 25 fach - 3,8 Mikrometer
Objektiv 40 fach - 2,44 Mikrometer
Objektiv 63 fach - 1,68 Mikrometer
Objektiv 100 fach - 1 Mikrometer

Die Werte differieren je nach Hersteller der Objektive in geringem Maße. Bei den voran genannten Werten beträgt der Tubusvergrößerungsfaktor 1- fach. Manche Mikroskope haben Tubusvergrößerungsfaktoren von 0,8-fach, 1,25-fach oder 1,5-fach. In diesem Fall sind die Werte durch den Tubusfaktor zu teilen (z. B.: 2,44 µm: 1,25 = 1,952 µm).

Moderne prozessorgesteuerte Mikroskopkameras bieten die Möglichkeit die Längenmessungen durch ziehen einer Linie mit der Maus am Bildschirm durchzuführen (s. Kap. 12.9.)

12.3. Glasartikel zur Präparation

Außer dem Mikroskop und den in Kapitel 2.2.1. genannten Instrumenten werden noch einige Glasartikel benötigt. Sie sind im Laborhandel erhältlich (s. Bezugsquellen). Als erstes sind Objektträger und Deckgläser zu nennen. Objektträger sind Glasplatten von 76 x 26 mm Größe. Deckgläser haben eine Dicke von 0,17 mm und sind meist 18 oder 22 mm im Quadrat oder rund. Glaspipetten kann man sich selbst aus Glasrohren in der Flamme einer Lötlampe ausziehen. Sie werden in der benötigten Länge mit einer Ampullenfeile (Arzt, Apotheke) angeritzt und abgebrochen. Kleine Saugbällchen (Pipettenhütchen) werden am Ende der Pipette aufgesteckt. Mit Messpipetten können kleine Flüssigkeitsmengen bis 1/10 ml oder weniger abgemessen werden. Ein Messzylinder von 100 ml Inhalt dient dem genauen Abmessen von größeren Flüssigkeitsmengen. Zwei bis drei kleine Glasschälchen (Blockschälchen oder Petrischalen) werden zum Beobachten kleiner Objekte mit der Lupe benötigt. Fünf niedrige Präparategläser mit dicht schließendem Stopfen braucht man beim Färben und Präparieren als Gefäße. Hierzu sind auch kleine Petrischalen (Durchmesser 60 mm) mit Deckel geeignet.

12.4. Lebendpräparate

Deckglas auflegen

QR-Code 128

Das teuerste Mikroskop ist wertlos, wenn man nicht sachgemäß damit umgehen kann. Um die Arbeit mit dem Mikroskop zu üben oder um sich überhaupt damit vertraut zu machen, fertigt man zunächst einmal ein ganz einfaches Präparat an. Dazu gibt man einen kleinen Tropfen Wasser auf einen Objektträger und legt einige wenige Algenfäden hinein. Dann wird mit einem Deckglas abgedeckt. Es erfordert etwas Übung, beim Auflegen des Deckglases keine Luftblasen mit einzuschließen. Dazu hält man das Deckglas zwischen Daumen und Zeigefinger oder mit einer Pinzette in einem Winkel von 45 Grad über dem Objektträger, dass sich die Probe im Winkel befindet und zieht es langsam zurück, bis es mit der Kante den Wassertropfen berührt. Die Probenflüssigkeit breitet sich nun unter dem Deckglas entlang der Berührungskante aus. Jetzt wird die andere Seite des Deckglases gleichmäßig langsam heruntergelassen, sodass das Wasser der Probe die Luft verdrängt, ohne Blasen einzuschließen. Bei einem gelungenen Präparat darf der Raum zwischen Deckglas und Objektträger nicht viel dicker sein als das Deckglas selbst.

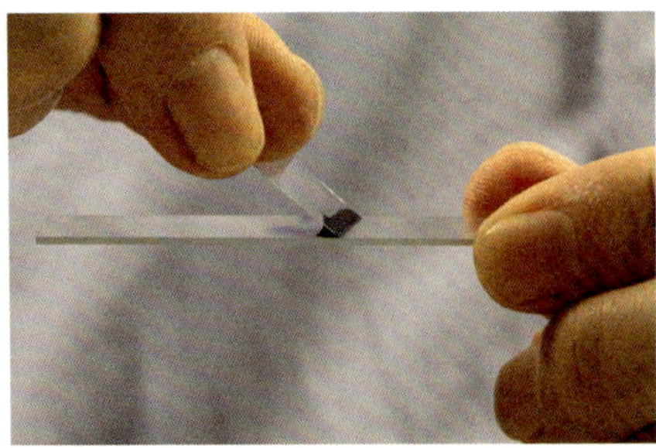

Bild 553: Deckglas an die Probe ziehen, dann langsam absenken

Ist ein dickeres Objekt zu präparieren, muss der übrige Zwischenraum unter dem Deckglas mit Wasser ausgefüllt werden. Zu dicke Präparate können bei höherer Vergrößerung nicht mehr gut ausgeleuchtet und nur in der obersten Schicht unter dem Deckglas scharf eingestellt werden. Das liegt daran, dass die Schärfeebene mit zunehmender Vergrößerung immer kleiner wird. Die Schärfeebene kann man sich als eine mehr oder weniger dünne Schicht vorstellen, die parallel zum Deckglas durch das Objekt verläuft und in deren Bereich alles scharf im Auge des Betrachters abgebildet wird. Anfangs muss man etwas üben, bis sich ein Gefühl für die Größe des Wassertropfens eingestellt hat, in den das Objekt eingebettet wird. Algenfäden sind gute Übungsobjekte, da sie sehr dünne Präparate zulassen. Zu viel Wasser kann mit Saugpapier am Deckglasrand abgesaugt werden. Bei kleineren Objekten ist darauf zu achten, dass sie nicht mit dem Wasserstrom in das Papier fließen. Genauso wird beim Herstellen von anderen Frischpräparaten und Abstrichen vorgegangen.

Bevor das Präparat auf den Objekttisch des Mikroskops gelegt wird, stellt man das kleinste Objektiv in den Strahlengang. Es ist auch das Objektiv mit geringster Vergrößerung, meist 4-fach. Nun kann das Präparat auf den Objekttisch gelegt werden, ohne dass es das Objektiv berührt. Dann hebt man den Objekttisch mit dem Grobtrieb, bis der kleinstmögliche Abstand eingestellt ist. Das Scharfstellen des Präparates erfolgt, indem man in das Okular schaut und den Abstand mit dem Grobtrieb langsam vergrößert, bis sich ein Bild ergibt. Nun kann mit dem Feintrieb die Schärfe verbessert werden. Möchte man die nächste Vergrößerung einstellen, ist darauf zu achten, dass man den Objektivrevolver in die richtige Richtung dreht und das 10-fach vergrößernde Objektiv in den Strahlengang bringt. Dreht man in die andere Richtung bringt man das 40- oder 100-fach vergrößernde Objektiv in den Strahlengang und ein Kontakt mit der Frontlinse mit dem Präparat ist sehr wahrscheinlich. Das kann die Linse so beschädigen, dass die Beobachtung beeinträchtigt wird. Hat man ein Objektiv scharf gestellt, kann man ohne Probleme das nächst größere Objektiv in den Strahlengang schwenken. Das Objekt ist dann schon grob scharf gestellt und muss nur noch mit dem Feintrieb nachjustiert werden. So kann man von jedem scharf gestellten Objektiv auf die nächste Vergrößerung wechseln. Jeglicher Kontakt der Objektivfrontlinsen mit dem Präparat oder den Fingern ist zu vermeiden, da diese sonst zerkratzt oder fettig werden.

Das Einstellen der optimalen Beleuchtung ist der dem Mikroskop vom Hersteller beigelegten Beschreibung zu entnehmen. Für Vergrößerungen ab 100-fach ist der Kondensor in die oberste Stellung zu bringen. Für niedrige Vergrößerungen kann er soweit abgesenkt werden, dass das Bildfeld ausgeleuchtet ist. Zum groben Scharfstellen sollte der Tisch mit dem Präparat nie zum Objektiv hin, sondern immer von ihm weg bewegt werden.

Präparat auflegen, Objektivwechsel

QR-Code 129

Für die praktische Arbeit mit toten Fischen empfiehlt es sich, vor Beginn der Sektion mehrere Objektträger zurechtzulegen, auf die dann die Abstriche oder Materialstücke übertragen werden können. Auch die Deckgläser sollen sauber, trocken und fettfrei (ohne Fingerabdrücke) griffbereit liegen. Objektträger und Deckgläser fasst man nur an den Kanten und nicht an den Flächen mit den Fingern an. Die Objektträger werden gereinigt im Handel angeboten, sind aber mitunter für gute Präparate nicht sauber genug. Vakuumverpackte Objektträger sind sehr sauber. Abhilfe kann man schaffen, indem man ein kleineres Gefäß mit

Spiritus füllt und mehrere Objektträger auf Vorrat darin einlegt. Bei Bedarf können sie mit einer Pinzette entnommen und mit einem weichen, saugfähigen Läppchen abgewischt werden. Gebrauchte Objektträger und Deckgläser werden nur dann gereinigt, wenn sie nicht zu sehr verschmutzt sind. Das ist im Allgemeinen nur bei Frischpräparaten der Fall, die in Wasser eingeschlossen waren. Wurden Objekte fixiert und gefärbt, dann bereitet es meist zu viel Mühe, die Objektträger zu säubern. Deckgläser zu reinigen fällt dem Anfänger schwer, meist zerbrechen sie beim Abwischen.

Wer sich intensiv mit den Krankheiten der Fische beschäftigen möchte, dem darf es nicht genügen, von Zeit zu Zeit einen kranken Fisch zu untersuchen. Eine intensive Beschäftigung mit den Mikroorganismen und der Gewässerbiologie im Allgemeinen ist Voraussetzung, um Parasiten von harmlosen Organismen unterscheiden zu lernen und die Ursache von Krankheiten zu erkennen. Dieser Lernprozess ist sicher nicht langweilig, und wer einmal Mikroorganismen aus Gewässern der Natur mittels eines guten Mikroskops beobachtet hat, wird immer wieder seine Freude am Mikroskopieren haben. Bodengrund und Filter des Aquariums sind wahre Fundgruben, wenn man harmlose Einzeller, Würmer und Gliedertiere kennen lernen möchte. Man kann die gefundenen Objekte nach dem Buch ‚Das Leben im Wassertropfen' (Streble, Krauter) bestimmen. Die Bilder 554 bis 573 zeigen einige dieser harmlosen Lebewesen.

Bild 554: Trompetentiere, *Stentor polymorphus* (Vergr. 100x)

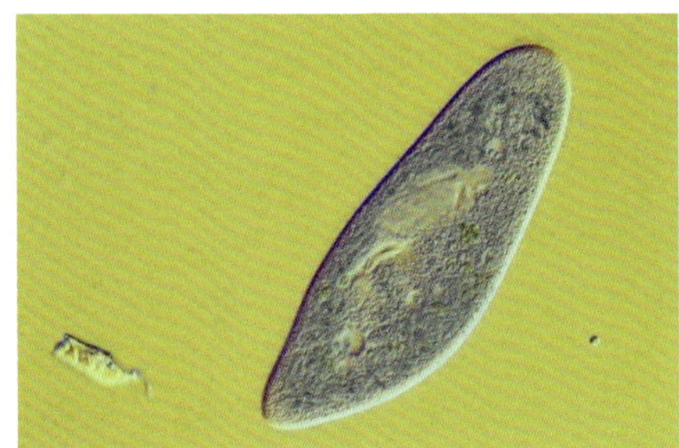

Bild 555: *Paramecium* sp., Pantoffeltier (Vergr. 100x)

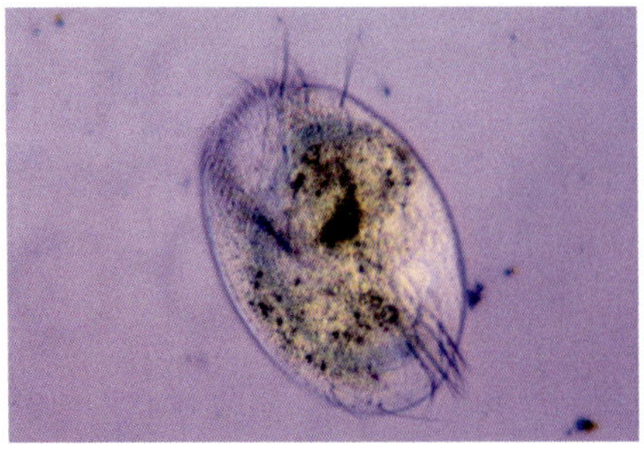

Bild 556: *Euplotes* sp., Lauftierchen leicht mit Methylenblau angefärbt (Vergr. 100x)

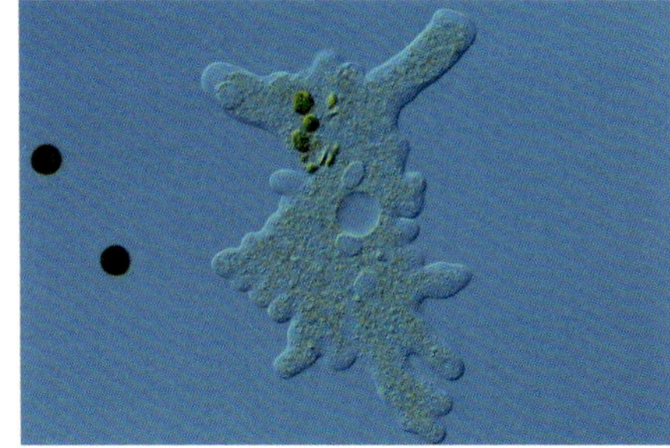

Bild 557: Amöbe, vermutlich *Chaos diffluens* (Vergr. 200x Dic)

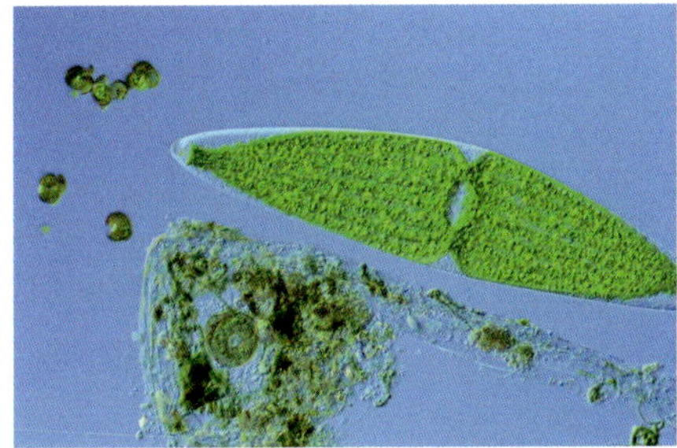

Bild 558: Alge *Closterium lunula* (Vergr. 200x Dic)

Bild 559: Die Mondalge, *Closterium ehrenbergii* (Vergr. 200x)

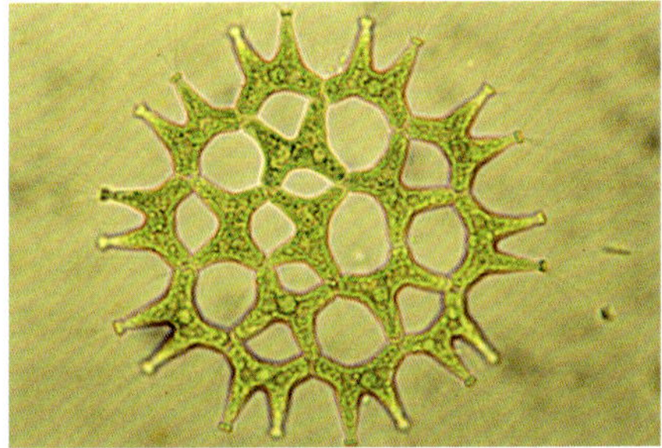

Bild 560: Algenkoloie *Pediastrum duplex* (Vergr. 200x)

Bild 561: Fadenalge *Spirogyra* sp. (Vergr. 200x Dic)

Bild 562: Algenkolonie *Volvox aureus* (Vergr. 100x)

Bild 563: Kolonie von Moostierchen *Lophopus crystallinus* (Vergr. 40x)

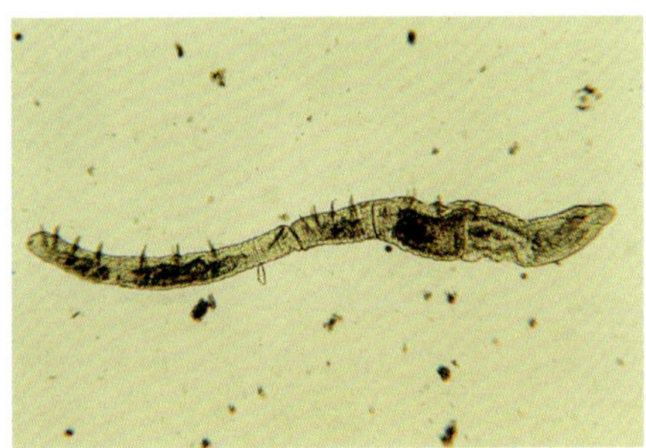

Bild 564: Bauchborstenwurm *Chaetogaster diastrophus* (Vergr. 40x)

Bild 565: Nasenwurm *Stylaria lacustris* (Vergr. 40x)

Bild 566: Panzerrädertier *Keratella quadrata* (Vergr. 200x)

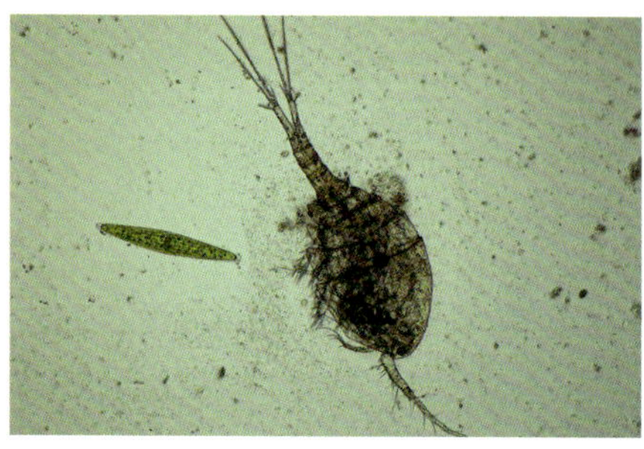

Bild 567: Copepode, *Eucyclops macrurus* (Vergr. 40x)

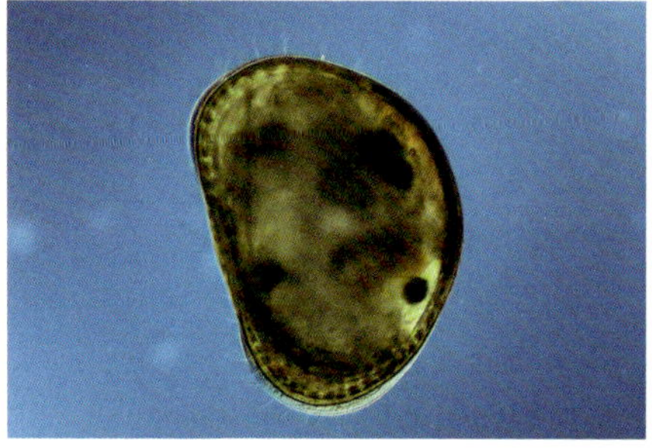

Bild 568: Muschelkrebs *Heterocypris* sp. (Vergr. 100x)

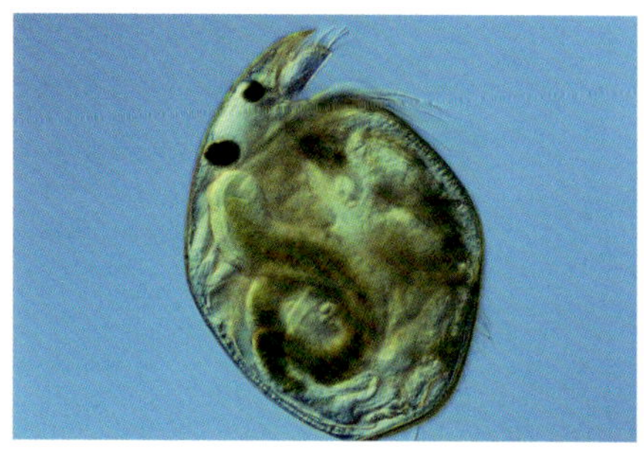

Bild 569: Rüsselkrebschen, *Pleuroxus* sp. (Vergr. 100x Dic)

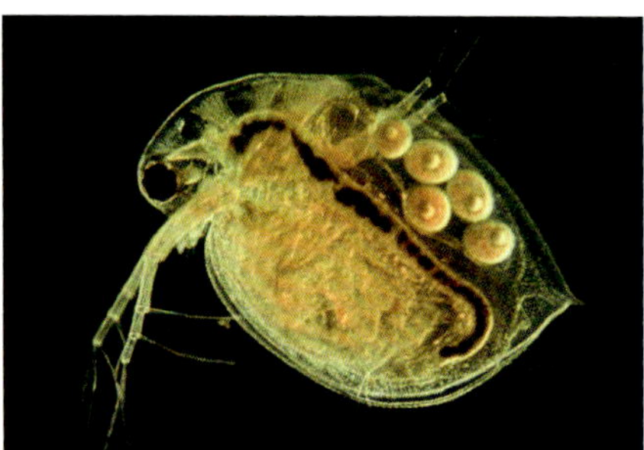

Bild 570: *Daphnia pulex* mit Eiern (Vergr. 40x)

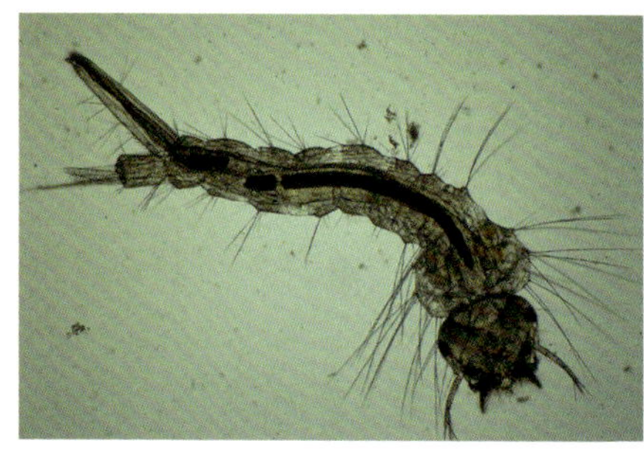

Bild 571: Larve der Hausmücke *Culex pipiens* (Vergr. 40x)

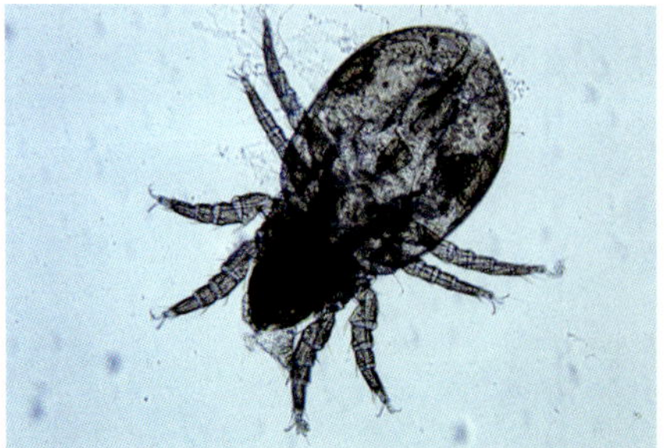

Bild 572: Die im Aquarium vorkommenden Milben sind harmlos. *Trimalaconothrus* sp. (Vergr. 200x)

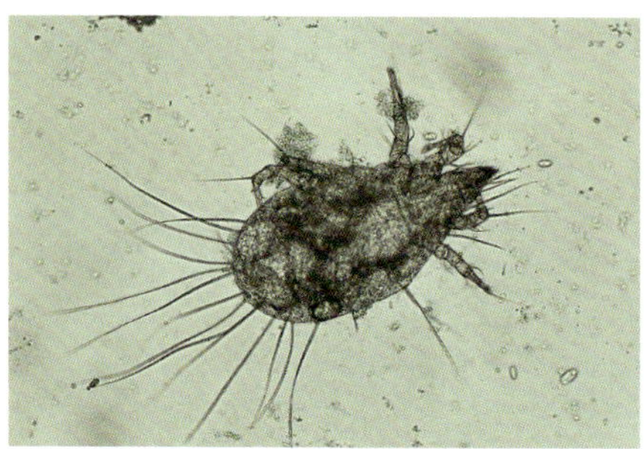

Bild 573: Süßwassermilbe (Vergr. 100x)

12.5. Zupf und Quetschpräparate

Um Organe für die mikroskopische Untersuchung zugänglich zu machen, werden kleine stecknadelkopfgroße Stückchen entnommen. Diese sind in eine lichtdurchlässige Form zu bringen. Außerdem müssen die Präparate sehr dünn sein, um scharfe Bilder zu liefern. Man bringt die Organstücke in einem Tropfen physiologische Kochsalzlösung (s. Kap. 9.6., C-16) auf den Objektträger und zerreißt sie mit zwei spitzen Nadeln so klein es geht. Ist nach Auflegen des Deckglases das Präparat zu dick, kann mit einem stumpfen, sauberen Gegenstand an der Stelle auf das Deckglas gedrückt werden, wo sich die größten Stücke befinden. Nun legt man das Präparat auf den Objekttisch und beginnt bei kleinster Vergrößerung mit der Untersuchung. In welchem Fall Zupf- oder Quetschpräparate anzufertigen sind, ist in Kapitel 2 bei der Beschreibung der Organe aufgeführt. Quetschpräparate erfordern etwas Gewalt. Dazu wird das Organstück zwischen zwei gekreuzten Objektträgern ohne Wasser gepresst, bis es hauchdünn ausgebreitet ist. Dann werden die Objektträger auseinandergezogen, ohne sie dabei gegeneinander zu verschieben. Auf die dünne Materialschicht gibt man etwas Wasser und deckt das Präparat mit einem Deckglas ab. Weiches Gewebe von Leber, Milz oder Niere kann auch mit einem Deckglas gequetscht werden. Man gibt einen Tropfen physiologische Kochsalzlösung auf das zerrissene Organgewebe und legt das Deckglas auf. Dann drückt man mit einem flachen Gegenstand, z. B. mit einem Spatel, auf das Deckglas, bis das Gewebe in einer dünnen Schicht vorliegt.

12.6. Isolieren der Erreger

Wurden in einem Frischpräparat ein oder mehrere Parasiten gefunden, so ist es manchmal angebracht, diese in ein neues Präparat zu überführen. Die Gründe dafür können verschiedener Natur sein. Vielleicht möchte man den Parasiten genauer sehen oder sauber isoliert fotografieren können. Auch wenn man ein Dauerpräparat anfertigen möchte, müssen die Parasiten aus dem Frischpräparat herausgeholt und weiter behandelt werden. Dazu legt man den Objektträger auf eine Glasplatte, die von unten beleuchtet werden kann. Als Lichtquelle nimmt man z. B. eine LED Leuchte (Schreibtischlampe), deren Licht über einen Spiegel von unten durch die Glasplatte und das Präparat geleitet wird (Bild 574). Vor den Spiegel kann ein Blatt Zeichenpergamentpapier gestellt werden, damit ein diffuses Licht entsteht.

Betrachtet man nun mit einer starken Lupe von oben das Präparat, so sind die Parasiten darin zu erkennen. Eine Standlupe ist praktisch, da beide Hände frei bleiben. Nun hebt man das Deck-

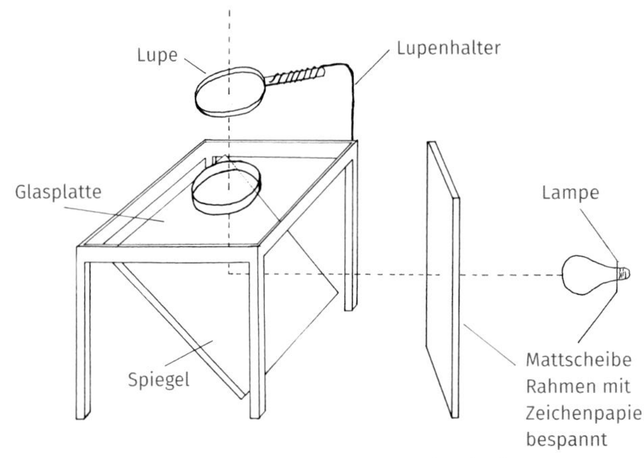

Bild 574: Selbst gebauter Präpariertisch

Präparat mit Abstandhalter

QR-Code 130

glas mit einer spitzen Pinzette vorsichtig ab. Haftet dem Deckglas Material an, so wird dieses mit einer Präpariernadel auf den Objektträger abgestreift. Einfacher ist es, das Material von Deckglas und Objektträger in ein kleines flaches Schälchen (Blockschälchen, Petrischale) mit zwei bis drei Millilitern physiologischer Kochsalzlösung zu übertragen. Nun nimmt man zwei Präpariernadeln und befreit die Parasiten von dem sie umgebenden Gewebe. Darmstücke werden zerrupft oder längs aufgeschnitten. Viele Parasiten innerer Organe sind in dieser Lösung mehrere Stunden haltbar, sodass man sich mit der weiteren Verarbeitung nicht zu beeilen braucht. Mit einer fein ausgezogenen Pipette können die Parasiten einzeln angesaugt und auf saubere Objektträger in einen kleinen Tropfen physiologische Kochsalzlösung übertragen werden. Nach Abdecken mit einem Deckglas mikroskopiert man bei 100- bis 300-facher Vergrößerung.

Größere Parasiten können leicht vom Deckglas zerdrückt werden. Darum ist es ratsam, durch Abstandhalter zu verhindern, dass das Deckglas zu dicht aufliegt. Dazu benötigt man etwas Knetmasse, das handelsübliche Plastillin. Aus der weich gekneteten Masse werden mit den vier Ecken des Deckglases nacheinander kleine Stücke ausgestochen, sodass sie an den Ecken haften bleiben. Das Deckglas legt man nun mit den Plastillinfüßchen nach unten auf den Objektträger mit dem Parasiten. Dann drückt man mit einer Nadel vorsichtig nacheinander auf die vier Ecken, bis der Parasit festgeklemmt ist, ohne gequetscht zu werden. Fehlendes Wasser wird vom Rand aus zugegeben. Nun kann das Objekt mikroskopiert werden.

Extrem kleine Parasiten, wie Flagellaten in Darm und Blut, sind mit einer Lupe nicht mehr sichtbar. Deshalb legt man das abgedeckte Präparat noch einmal auf den Objekttisch des Mikroskops und sucht mit einem schwach vergrößernden Objektiv im Strahlengang eine Stelle, die viele Flagellaten enthält. An diesem Ort saugt man mit einer ganz fein ausgezogenen Pipette Flüssigkeit an. Sie wird in einen vorbereiteten winzigen Tropfen physiologische Kochsalzlösung auf einen Objektträger übertragen. Ein solches Präparat wird sehr dünn, sodass es auch bei hoher Vergrößerung betrachtet werden kann.

Viele kleine Objekte bewegen sich schnell. Flagellaten haben eine so schnelle Geißelbewegung, dass die Geißeln einzeln nicht zu erkennen sind. Die Bewegung kann durch eine hochviskose Lösung von Aethylzellulose stark verlangsamt

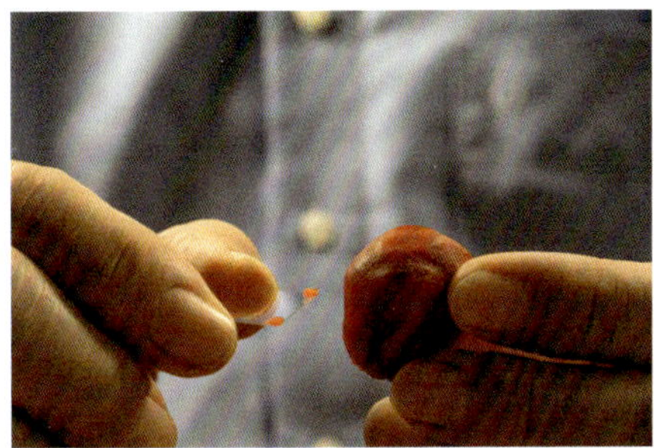

Bild 575: Mit den Ecken des Deckglases Abstandhalter aus Knetmasse ausstechen

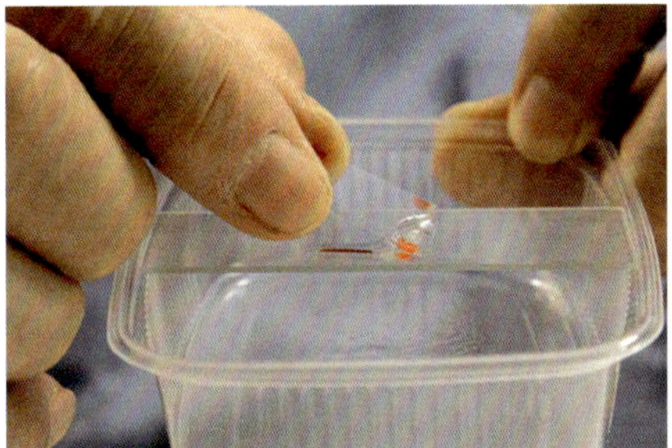

Bild 576: Abstandhalter aus Knetmasse zur Präparation größerer Objekte

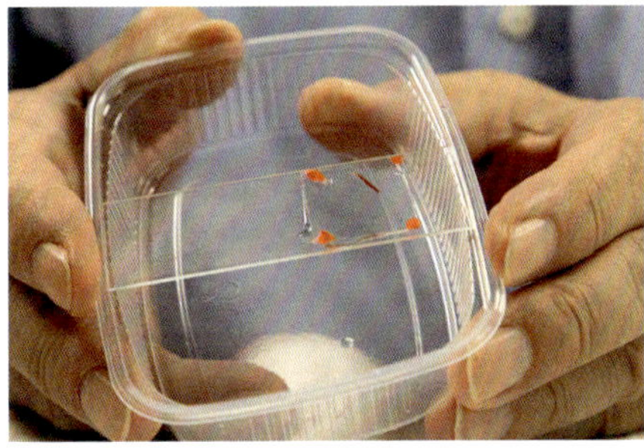

Bild 577: Die Abstandhalter fixieren das Objekt ohne es zu quetschen

werden. Man löst, je nach gewünschter Viskosität, 1 bis 3 g des in Apotheken erhältlichen Pulvers in 100 ml Wasser. Die Aethylzellulose quillt nun auf und bildet innerhalb weniger Tage eine gleichmäßig viskose Flüssigkeit. Ist sie zu dickflüssig, gibt man noch etwas Wasser zu und rührt um. Die Viskosität sollte etwas geringer als die von Honig sein. Diese Lösung bewahrt man in einem dicht schließenden Weithalsglas auf. Im Laufe von Monaten setzen sich die Verunreinigungen am Boden ab und der Überstand ist klar und sauber.

Zur Anwendung entnimmt man dem Glas mit einer Pipette einen Tropfen der klaren Flüssigkeit und gibt ihn auf dem Objektträger zu einem Tropfen der Probenflüssigkeit. Mit einer Nadel mischt man beide Tropfen und legt ein Deckglas auf.

Präparat mit Kleister

QR-Code 131

Die Objekte erscheinen nun bei der Beobachtung stark verlangsamt. Die Geißeln der Flagellaten sind deutlich in ihrer Bewegung erkennbar und können gezählt werden. Auch Bakterien und Ciliaten sind in verlangsamtem Zustand viel besser zu beobachten. Dabei sind auch Vitalfärbungen mit verdünnten Lösungen von Methylenblau, Methylgrün, Karmin-Essigsäure oder Fuchsin möglich (s. Kap. 12.8.4.).

Der Vorteil dieser Präparationsmethode ist, dass die Aethylzellulose nur beim Einrühren in Wasser quillt. Wenn der Quellvorgang nach einigen Tagen abgeschlossen ist, entzieht sie den Objekten im Präparat kein Wasser und ist dadurch osmotisch neutral. Man kann mit einer gering viskoseren Lösung ein dickeres und mit einem größeren Deckglas auch großflächigeres Präparat herstellen. Dann legt man das Präparat offen hin, damit Wasser am Deckglasrand langsam verdunsten kann. Das Präparat wird dabei dünner und die Viskosität der Probenflüssigkeit nimmt zu. Schließlich bewegen sich die Objekte nur noch ganz

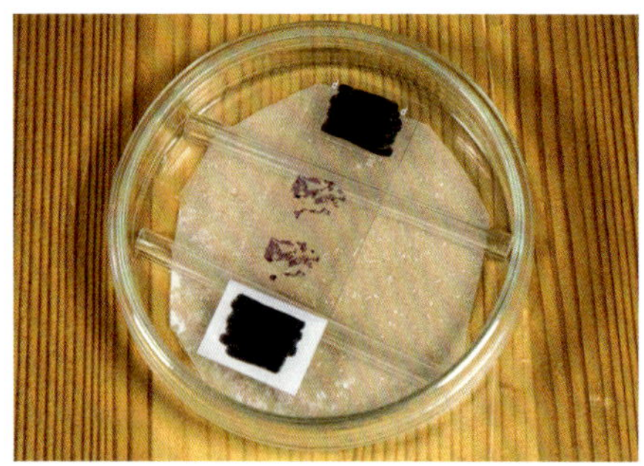

Bild 578: Feuchte Kammer in einer Petrischale, hist. Präparat zur besseren Darstellung

langsam ohne dabei die Zellform zu verändern. Einzeller schrumpfen nicht und platzen nicht. Man kann hervorragende Fotos oder Videoaufnahmen machen und mehrere Stunden die Objekte beobachten.

Manchmal ist es notwendig, Frischpräparate über einige Tage zu erhalten, um die weitere Entwicklung der Erreger verfolgen zu können. Man legt sie in eine feuchte Kammer, um die Wasserverdunstung zu verhindern. Dazu verwendet man eine größere Petrischale mit Überwurfdeckel. Man legt den Boden mit feuchtem Saugpapier (Küchenrolle) aus. Zwei Glasstäbe dienen als Abstandshalter auf die der Objektträger gelegt wird. Zum Mikroskopieren braucht nur die Unterseite des Objektträgers abgewischt zu werden. Oftmals muss ein Tropfen Wasser an den Deckglasrand gesetzt werden, damit das Präparat nicht austrocknet.

12.7. Allgemeine Anleitungen zur Präparation

Viele der in diesem Kapitel genannten Chemikalien und Färbemittel dürfen nicht in die Hände von Kindern gelangen. Sie sind giftig beim Verschlucken und bei Kontakt mit der Haut. Die Alkohole und Lösungsmittel sind leicht entzündlich und ihre Dämpfe bilden explosive Gemische mit der Luft. Bei der Arbeit sind Laborhandschuhe und Schutzbrille zu tragen. Konzentrierte Lösungen von Formaldehyd, H_2O_2 und Säuren können zu schweren Verätzungen führen.

In vielen Fällen erweist es sich als notwendig, Parasiten über längere Zeit aufzubewahren. Sei es, dass man sie für später zum Vergleich aufheben oder einem Fachmann zum Bestimmen übergeben möchte. Das Problem dabei ist, die mikroskopisch kleinen Organismen so lange zu erhalten. Deshalb hebt man sie entweder in Fixierlösung auf oder fertigt Dauerpräparate an. Sie können während des Präparationsvorgangs auch gefärbt werden.

Bis zum fertigen Dauerpräparat sind mehrere Arbeitsgänge notwendig. Der erste ist das Fixieren. Durch die entsprechende Fixierflüssigkeit, in die das Objekt eingelegt wird, tötet man die Zellen ab, und das Gewebe bleibt im lebensechten Zustand erhalten und zersetzt sich nicht mehr. Dabei dürfen ganze Organismen nicht ihre Form verändern. Das Fixiermittel hat weiterhin die Aufgabe, das Objekt für die weitere Verarbeitung vorzubereiten. Es lässt das Eiweiß gerinnen, sodass die Zellmembranen durchlässig werden und Farbstoffe in die Zellen eindringen können. Deshalb dürfen die eingelegten Objekte an keiner Stelle dicker als einen Zentimeter sein. Die benötigte Flüssigkeitsmenge beträgt das 20- bis 50-fache des Objektvolumens. Das Fixiergemisch muss eine bestimmte Zeit lang einwirken und darf nur einmal benutzt werden. Manchmal ist es notwendig, die Fixierlösung nach dem Fixiervorgang wieder aus dem Objekt herauszuwaschen. Dazu werden die Objekte eine gewisse Zeit in destilliertes Wasser oder in Alkohol gelegt. In den folgenden Präparationsanleitungen sind die Arbeitsgänge und die Verweilzeiten der Objekte in den Lösungen genau angegeben. Nach diesen Angaben kann auch der Anfänger brauchbare Präparate herstellen. Er hat dann die Möglichkeit, diese an eine Fischuntersuchungsstelle zur Bestimmung zu schicken.

Da die Fixierung schnell gehen muss, werden größere Objekte immer in ein vorbereitetes Gefäß mit Fixiermischung gegeben. Zur Übertragung der Objekte nimmt man eine feine Pinzette (Federstahl) oder saugt sie mit einer fein ausgezogenen Pipette an. Dabei soll möglichst wenig Wasser in die Fixierflüssigkeit gelangen. Würmer (Nematoden) lassen sich auch gut mit einer Präpariernadel fangen und umsetzen.

Die zu präparierenden Objekte enthalten sehr viel Wasser, welches entfernt werden muss, weil es sich nicht mit den Einbettungsmitteln (meist Kunstharze) verbindet. Zum Entwässern braucht man Alkohol in verschiedenen Konzentrationen. Je nachdem, welches Fixiermittel benutzt wurde, wird mit 20- bis 40%igem Alkohol begonnen und dann in Schritten die Alkoholkonzentration jeweils um 10 bis 15% erhöht, bis sich die Objekte in reinem Alkohol befinden. Die Konzentrationsstufen stellt man sich gemäß den folgenden Anleitungen selbst her und bewahrt sie in dicht schließenden Flaschen auf, da Alkohol die Feuchtigkeit aus der Luft anzieht und sich so selbst verdünnt.

Die Objekte können aus dem Fixiermittel direkt in eine Alkoholstufe gebracht werden, deren Konzentration ungefähr dem Alkoholgehalt der Fixiermischung entspricht. In allen Arbeitsgängen soll die Flüssigkeitsmenge etwa das 50-fache des Objektvolumens betragen. Die einzelnen Arbeitsgänge führt man in kleinen Glasschälchen (Blockschälchen) aus, die mit Glasplättchen abgedeckt werden. Man kann die Objekte von Stufe zu Stufe überführen oder mit einer Pipette die Flüssigkeit absaugen und durch die der nächsten Stufe ersetzen. Damit kein Objekt mit abgesaugt wird, kontrolliert man die Pipettenspitze während des Absaugens mit einer Lupe.

So durchlaufen die Objekte die Alkoholstufen bis eine Konzentration von 70% erreicht ist. In dieser können sie auch ein bis zwei Tage gelagert werden. Das Gefäß muss natürlich luftdicht verschlossen sein. Objekte, die nicht gefärbt werden sollen, durchlaufen nun die weiteren Alkoholstufen bis zur 100%igen Konzentration.

Am besten nimmt man für die höheren Alkoholstufen über 60% Isopropylalkohol, der in 100%iger Form in der Apotheke erhältlich ist. Man verdünnt ihn, wie in Kapitel 12.8. beschrieben, auf

Bild 579: Selbstgebaute Färbebank für die Präparation größerer Objekte

die benötigten Konzentrationen. Reiner Ethylalkohol ist wasserfrei nur im Chemikalienhandel erhältlich und für diese Zwecke viel zu teuer. Aus reinem Isopropylalkohol werden die Objekte nun in Xylol übertragen, welches noch einmal zu wechseln ist. Nach der vorgeschriebenen Verweilzeit bereitet man einen oder mehrere sorgfältig gesäuberte Objektträger vor, indem man einen Tropfen Einschlussmittel, auch Balsam genannt (z. B. Entellan) auf deren Mitte gibt. Nun fischt man die Objekte aus dem Xylol und überträgt je eins bis drei davon in die Balsamtropfen. Mit einer Nadel können sie noch ausgerichtet werden. Dann deckt man mit einem sauberen Deckglas blasenfrei ab.

Das Präparat soll nun mehrere Stunden bis Tage eben und staubfrei liegen, damit das Einschlussmittel trocknen kann. Dabei kann es bei dickeren Präparaten zum Schrumpfen des Einschlussmittels kommen. Man muss dann mehrmals an den folgenden Tagen etwas Einschlussmittel an den Rändern des Deckglases nachgeben. Sind keine Schrumpfungen mehr festzustellen, wird mit einem mit Xylol getränkten Lappen das überschüssige Einschlussmittel an den Rändern des Deckglases und auf dem Objektträger abgewischt. Danach ist das Präparat noch zu beschriften. Dazu können selbst zurechtgeschnittene Klebeetiketten oder fertige Etiketten aus dem Laborhandel rechts und links des Deckglases auf die freien Flächen geklebt werden.

Folgende Informationen müssen auf dem Präparat vermerkt werden: Fixativ, Farbstoff und Einschlussmittel auf die eine Seite, auf die andere Seite der wissenschaftliche Name, die Herkunft (bei Parasiten Name des Wirtes und Organ), Name des Präparateherstellers und das Datum. Das trockene Präparat kann nun noch nummeriert und in einem Sammelkasten (Laborhandel) waagrecht gelagert werden. Auch die Protokollkarte (s. Kap. 1.5.), die über die Sektion Auskunft gibt, wird mit dieser Nummer versehen und danach in einem Ordner abgelegt. So ist jederzeit das eine zum anderen auffindbar.

Präparate zu färben kann viele Gründe haben. Der einfachste ist wohl, dass die Objekte im fertigen Präparat leichter auffindbar sind. Doppelfärbungen ermöglichen die Darstellung bestimmter Organteile oder Gewebe des Organismus oder Schnittes in einer anderen Farbe als andere Bereiche. Der Arbeitsablauf beim Färben hängt von dem vorher benutzten Fixiermittel und dem Farbstoff ab. Enthält die Fixiermischung Alkohol, so kann direkt in einen in Alkohol gelösten Farbstoff übertragen werden. Soll mit einem in Wasser gelösten Farbstoff gefärbt werden, dann muss die Alkoholreihe abwärts gegangen werden, bis die Objekte in reinem destilliertem Wasser schwimmen. Nach der Färbezeit wird die Alkoholreihe aufwärts durchlaufen, dann werden die Objekte über Xylol auf einem Objektträger in Einschlussmittel gebracht und mit einem Deckglas abgedeckt.

Hat das Objekt zu lange in der Farblösung gelegen und ist undurchsichtig geworden (überfärbt), so kann die überschüssige Farbe durch bestimmte Flüssigkeiten wieder herausgelöst werden. Der Vorgang heißt differenzieren. Danach wird entweder gegengefärbt oder über die steigende Alkoholreihe entwässert und nach Xylol in Kunstharz eingeschlossen. Die weiter unten angegebenen Verweilzeiten in den Farblösungen und Alkoholstufen sind Mittelwerte, die nach eigenen Erfahrungen und der Größe der Objekte geändert werden können.

Sollen Präparate länger als einige Wochen aufbewahrt werden, so ist es notwendig, den Spalt zwischen Deckglasrand und Objektträger hermetisch abzuschließen. Dafür verwendet man Umrandungslack. Dieser wird mehrmals mit einem kleinen Pinsel auf den Rand des Deckglases aufgetragen, sodass er überlappt und das Deckglas mit dem Objektträger ohne Lücke verbindet. Das Präparat ist somit dauerhaft konserviert. Das Präparieren von Mikroorganismen ist eine interessante Tätigkeit für den Mikroskopiker. Mit der Zeit entsteht eine wertvolle Sammlung von Dauerpräparaten, die jederzeit zu Vergleichszwecken verfügbar sind. Man sollte das Präparieren bei Gelegenheit an ständig verfügbaren Objekten üben, damit seltene Parasiten nicht verdorben werden.

Viele ausführliche Informationen und Anleitungen zum Präparieren und Färben enthält das im Kosmos Verlag erschienene Buch „Das große Kosmos-Buch der Mikroskopie" (Kremer 2004).

12.8. Spezielle Anleitungen zur Präparation

Wer Parasiten von Fischen und anderen Organismen dauerhaft präparieren möchte, muss eine Grundausrüstung von Chemikalien und Farbstoffen ständig verfügbar haben. Die Farbstoffe und Chemikalien können von der Fa. Diagonal, vom Laborbedarfshandel oder von Apotheken bezogen werden. Man benötigt: ein Liter Spiritus, ein Liter destilliertes Wasser, ein Liter Isopropylalkohol 100%ig, 250 ml Formalin 35 bis 40%ig, 250 ml Xylol, 250 ml Milchsäure, 100 ml Glycerin, 100 ml Eisessig 100%ig, 100 ml Salzsäure 25%ig, je 100 ml von den Farbstofflösungen Methylenblau nach Löffler und Boraxcarmin alkoholisch und 5 bis 10 g von der Farbsubstanz Methylgrün. Des Weiteren braucht man verschiedene Einschlussmittel in handelsüblicher Packung wie Glyceringelatine nach Kaiser, Polyvinyl Lactophenol, Kanadabalsam oder Entellan und Umrandungslack für Deckgläser. Für Bakterienfärbungen wird noch zusätzlich benötigt: Karbol-Fuchsin-Lösung nach ZIEHL-NEELSEN, Salzsaurer Alkohol nach ZIEHL-NEELSEN, Methylenblau nach ZIEHL-NEELSEN, Karbol-Gentianaviolett-Lösung nach GRAM, Jod-Jodkalium-Lösung nach GRAM 1:2:300 und Fuchsin-Lösung nach GRAM.

Einen Messzylinder von 100 ml Inhalt mit Abstufungen von einem ml braucht man zum Abmessen von Flüssigkeiten. Zunächst werden die Stufenalkohole hergestellt. Als Ausgangsbasis dient Spiritus, er enthält 94% Ethylalkohol. Soll daraus nun 30%iger Alkohol hergestellt werden, dann gibt man 30 ml Spiritus in einen Messzylinder und füllt mit destilliertem Wasser bis zur 94-ml- Marke auf. Um 60%igen Alkohol zu erhalten, gibt man 60 ml Spiritus und 34 ml destilliertes Wasser in die Vorratsflasche. Nach dieser Methode stellt man 30%igen, 40%igen, 50%igen, 60%igen Alkohol aus Spiritus her. Diese Stufenalkohole müssen in luftdicht schließenden Flaschen aufbewahrt und diese mit beschrifteten Etiketten versehen werden. Die höheren Stufen werden aus 100%igem Isopropylalkohol hergestellt. Man nimmt 70 ml davon und füllt auf 100 ml auf. Es werden 70%iger, 80%iger, 90%iger, 95%iger und 100%iger Isopropylalkohol benötigt. Als nächstes wird eine Fixierflüssigkeit E 1 hergestellt, in der Würmer jahrelang aufbewahrt werden können. Zu 100 ml Spiritus (94%ig) werden 30 ml Formalin, 5 ml Eisessig und 200 ml destilliertes Wasser gegeben, alles gut gemischt und in einer luftdicht schließenden Vorratsflasche aufbewahrt. Gliederfüßer wie Krebse, Milben, Insekten und Insektenlarven werden in einer Mischung aus 90% Spiritus und 10% Milchsäure fixiert (Fixierflüssigkeit E 2). Sie können darin einige Wochen gelagert werden. Die Objekte werden in diesen Flüssigkeitenz, in Flaschen ohne Luft zur Bestimmung verschickt.

12.8.1. Dauerpräparate in Polyvinyl-Lactophenol (PVL), E 3

Das in E 2 fixierte Material muss vor dem Einschluss in PVL in reine Milchsäure übertragen werden. Das kann stufenweise geschehen, indem man die Objekte in einer Reihe von Milchsäure-Alkohol-Mischungen hochführt. In der Regel reichen vier Stufen. Die erste Stufe besteht aus 25% Milchsäure und 75% Alkohol, die zweite Stufe aus 50% Milchsäure und 50% Alkohol, die dritte Stufe aus 80% Milchsäure und 20% Alkohol und die vierte Stufe aus 100% Milchsäure. Da Milchsäure aufhellend wirkt, bleiben die Objekte in der letzten Stufe, bis sie durchscheinen und werden dann in PVL übertragen.

Empfindliche Gliederfüßer können in den Stufen eins und zwei einige Stunden bleiben. Die Stufen drei und vier sollen jedoch nicht länger als je drei Stunden dauern. Man kontrolliert die Aufhellung von Zeit zu Zeit mit der Lupe und unterbricht durch Einbetten in PVL. Die Tiere brauchen nicht zu hell zu sein, da sie auch im fertigen Präparat im Laufe der Zeit noch etwas heller werden. Die in Bild 424 gezeigte Milbe wurde nach dieser Methode präpariert. Eine weitere Möglichkeit, Tiere aus der Fixiermischung in reine Milchsäure zu übertragen, ist besser für unempfindliche Objekte geeignet. Man füllt in ein kleines zylindrisches Gläschen etwas Milchsäure und gibt die Objekte mit Fixiermischung darauf. Die Menge der Fixierflüssigkeit soll nicht mehr als ein Viertel der Milchsäuremenge betragen. Die Tiere sinken langsam in die Milchsäure und können dann direkt in PVL übertragen werden. Zum Einbetten gibt man einen großen Tropfen PVL auf einen sauberen Objektträger. Nun überführt man die Tiere mit einer Nadel aus der Milchsäure in das PVL und legt ein Deckglas auf. Bei größeren Objekten müssen an den Ecken des Deckglases Abstandhalter aus Wachs oder Knetmasse angebracht werden. Das Präparat wird waagrecht gelagert und, falls notwendig, ergänzt man täglich am Deckglasrand das eingetrocknete und geschrumpfte PVL. Am dritten Tag wartet man, bis das zuletzt zugegebene PVL angetrocknet ist, kratzt das überschüssige Einschlussmittel mit einem spitzen Messer ab und umrandet das Deckglas. Wartet man damit länger, so können Schrumpfungen auftreten. Als Übungsobjekte eignen sich Wasserflöhe und kleine Insekten.

12.8.2. Dauerpräparate in Kanadabalsam oder Entellan, E 4

Diese Präparationsmethode eignet sich gut für Bandwürmer und Gliederfüßer. Nematoden sind etwas empfindlich und schrumpfen leicht, darum muss bei der Präparation von Nematoden nach dieser Methode sehr sorgfältig gearbeitet werden. Die aus dem Fisch herauspräparierten Parasiten werden in E 1 mindestens 24 Stunden lang fixiert. Man kann sie in dieser Fixiermischung auch monatelang aufbewahren. Sollen die Objekte gefärbt werden, braucht man noch salzsauren Alkohol. Die Herstellung ist einfach: Man gibt auf 100 ml 70%igen Alkohol (reines Ethanol oder Isopropanol verwenden, keinen Spiritus) 2 ml Salzsäure (32%ig). Der Umgang mit dieser Salzsäure ist sehr gefährlich. Man muss Handschuhe und Schutzbrille tragen. Besser man kauft den salzsauren Alkohol fertig im Laborbedarf. Die Präparation erfolgt nach dem nun genannten Schema:

1. Fixieren in E 1, mindestens 24 Stunden lang
2. Überführen in 40%igen Alkohol, 2 Stunden lang
3. Übertragen in 50%igen Alkohol, 10 Minuten lang
4. Übertragen in Boraxcarmin, 2 bis 5 Tage lang, je nach Dicke
5. Übertragen in 50%igen Alkohol, 30 Minuten lang
6. Übertragen in 60%igen Alkohol, 10 Minuten lang

7. In salzsaurem Alkohol entfärben, 1 bis 10 Stunden, je nach Dicke
8. Übertragen in 70%igen Alkohol, 20 Minuten lang
9. Übertragen in 80%igen Alkohol, 10 Minuten lang
10. Übertragen in 90%igen Alkohol, 10 Minuten lang
11. Übertragen in 95%igen Alkohol, 15 Minuten lang
12. Übertragen in 100%igen Alkohol, 15 Minuten lang, einmal wechseln
    Treten bei der direkten Übertragung der Objekte aus 100%igem Alkohol in Xylol Schrumpfungen auf, wird in Abstufungen vorgegangen.
13. Übertragung in eine Mischung aus 75% Alkohol und 25% Xylol, 15 Minuten lang
14. Überführen in eine Mischung aus 50% Alkohol und 50% Xylol, 15 Minuten lang
15. Übertragen in eine Mischung aus 25% Alkohol und 75% Xylol, 15 Minuten lang
16. Überführen in 100%iges Xylol, 15 Minuten lang
17. Einbetten in Balsam

Dicke Würmer und große Gliederfüßer bleiben länger in den Xylolstufen (bis zu zwei Stunden). Wird das Innere des Objektes beim Einbetten in Balsam (z. B. Entellan) plötzlich schwarz im Durchlicht oder weiß im Auflicht, muss schonender eingebettet werden. Man stellt eine Mischung aus 10% Balsam und 90% Xylol her und gibt diese in ein kleines Schälchen. Darin bleiben die Objekte, bis das Xylol so weit verdunstet ist, dass das Medium eine sirupartige Konsistenz hat. Nun können sie in Balsam eingeschlossen werden. Eine andere Möglichkeit ist, die Objekte, während sie in Xylol liegen, mit einer sehr feinen Nadel drei- bis viermal anzustechen. Nun kann der Balsam eindringen, und die Objekte bleiben klar. Führen auch diese Ratschläge nicht zu durchsichtigen Objekten, geht man nach E 3 oder E 5 vor. Zur Übung können Wasserflöhe, Hüpferlinge und kleine Würmer präpariert werden. Die Bandwurmglieder von Bild 365 wurden nach dieser Methode präpariert.

12.8.3. Dauerpräparate in Glyceringelatine, E 5

Diese Präparationsart ist sehr schonend. Sie ist für alle Objekte geeignet, die bei E 3 und E 4 Schrumpfungen zeigen oder zu stark aufhellen. Zuerst wird 24 Stunden lang in E 1 fixiert und danach in 50%igem Alkohol zwei Stunden lang ausgewaschen. Nun überträgt man die Objekte 15 Minuten lang in 60%igen Alkohol, dann können sie ein bis drei Tage lang in alkoholischem Boraxcarmin nach GRENACHER gefärbt werden. Danach werden sie in 60%igen Alkohol zurückgeführt. Ist die Färbung intensiv oder zu stark, kann als nächstes in salzsaurem Alkohol differenziert werden. Das Auswaschen geschieht eine Stunde lang in 70%igem Isopropylalkohol. In den folgenden Stufen (80-, 90-, 95-und 100%iger Isopropylalkohol) bleiben sie je 15 Minuten lang.

Zur weiteren Präparation benötigt man eine Mischung aus 95 ml Isopropylalkohol (100%ig) und 5 ml Glycerin. Diese Mischung hebt man in einer dicht schließenden Flasche auf. In ein nicht zu flaches kleines Gefäß gibt man etwa 5 ml der Mischung, legt die Objekte hinein und stellt es offen an einen warmen, staubfreien Ort. Der Isopropylalkohol verdunstet, und nach mehreren Stunden bis Tagen liegen die Objekte in reinem Glycerin. Die Zeit kann durch die Größe der Verdunstungsoberfläche oder durch teilweise Abdeckung reguliert werden. Gut geeignet sind Gefäße mit nach unten gewölbtem Boden, wo sich dann an der tiefsten Stelle die Objekte sammeln. Aus dem nun alkoholfreien Glycerin kann jetzt direkt in Glyceringelatine auf einem Objektträger eingeschlossen werden. Mit einem kleinen Messer oder Spatel entnimmt man der Vorratsflasche ein tropfengroßes Stück Glyceringelatine und legt es in die Mitte eines Objektträgers. Dieser wird nun ganz kurz in einer Flamme leicht erhitzt. Wenn die Glyceringelatine geschmolzen ist, dürfen die Würmer nicht gleich eingebettet werden. Man wartet, bis die Gelatine wieder etwas abgekühlt ist. Dann überführt man die Würmer mit einer Nadel aus dem Glycerin auf den Objektträger und legt sie in die Glyceringelatine. Ist die Gelatine schon zu zähflüssig, wenn man das Deckglas auflegt, kann der Objektträger noch einmal kurz erwärmt werden. Nun muss das Präparat waagrecht liegen, bis die Glyceringelatine erstarrt ist. Man kratzt das überstehende Material bis zum Deckglas ab und umrandet mit Lack. Die Umrandung muss an den folgenden Tagen wiederholt werden. Als Übungsobjekte eignen sich kleine Nematoden aus der Erde, Essigälchen oder Grindalwürmchen aus Futterzuchten.

12.8.4. Farbfixierung von Flagellaten und Ciliaten, E 6

Sollen Flagellaten und Ciliaten grob bestimmt werden, so muss man sie fixieren, damit die Form der Zelle, der Zellkern und die Geißeln erkannt werden können. Dazu eignet sich die Methylgrün Formalin Lösung. Zunächst wird die Gebrauchslösung hergestellt. Man gibt in eine braune, fest verschließbare Flasche 100 mg Methylgrün und fügt 180 ml destilliertes Wasser hinzu. Nun löst man den Farbstoff durch leichtes Schütteln, dann gibt man noch 20 ml Formalin (35 bis 40%ig) dazu. Wenn alle Bestandteile gut gemischt sind, kann die Anwendung erfolgen. Zur Kernfärbung ist bei manchen Flagellaten Karmin-Essigsäure besser geeignet. Sie zerstört jedoch die Geißeln. Ausgangsbasis sind in der Regel Frischpräparate, die Darminhalte, Gallenflüssigkeit oder Schleimhautabstriche enthalten. Zu-

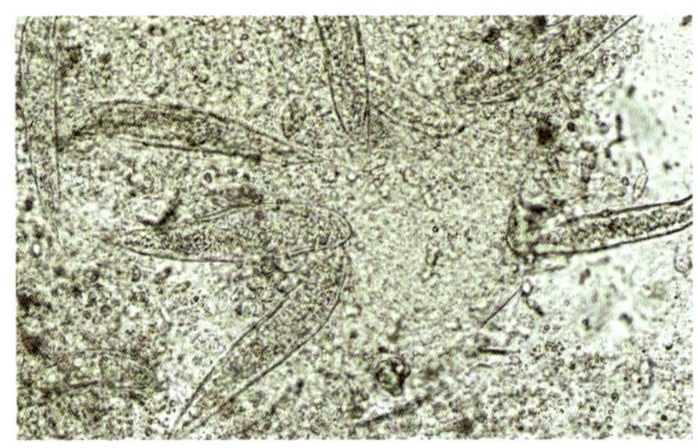

Bild 580: In Formol 5%ig fixierte *Protoopalina* sind nach 34 Jahren noch vollständig erhalten

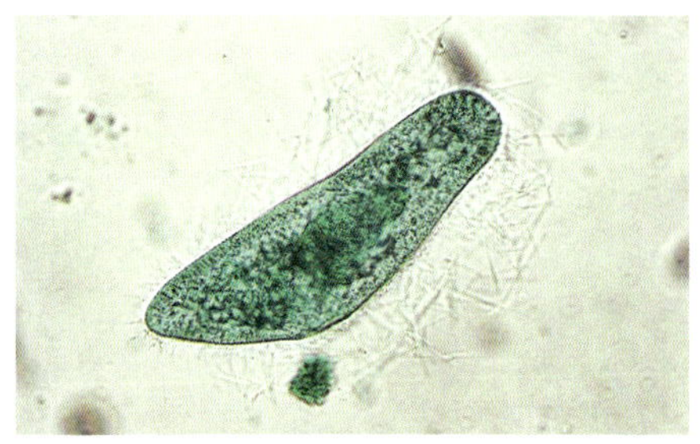

Bild 581: Ein in Methylgrün-Formalin fixiertes *Paramecium* hat die *Trichocysten* abgestoßen (Vergr. 400x)

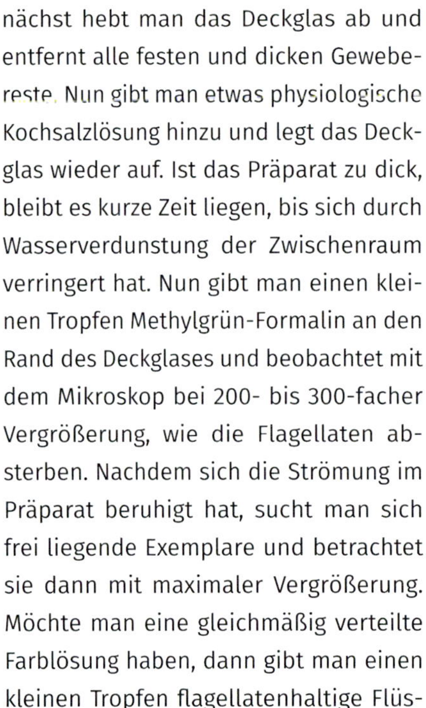

nächst hebt man das Deckglas ab und entfernt alle festen und dicken Gewebereste. Nun gibt man etwas physiologische Kochsalzlösung hinzu und legt das Deckglas wieder auf. Ist das Präparat zu dick, bleibt es kurze Zeit liegen, bis sich durch Wasserverdunstung der Zwischenraum verringert hat. Nun gibt man einen kleinen Tropfen Methylgrün-Formalin an den Rand des Deckglases und beobachtet mit dem Mikroskop bei 200- bis 300-facher Vergrößerung, wie die Flagellaten absterben. Nachdem sich die Strömung im Präparat beruhigt hat, sucht man sich frei liegende Exemplare und betrachtet sie dann mit maximaler Vergrößerung. Möchte man eine gleichmäßig verteilte Farblösung haben, dann gibt man einen kleinen Tropfen flagellatenhaltige Flüssigkeit oder den Hautabstrich mit wenig Wasser auf einen Objektträger. Daneben setzt man einen halb- bis viertel so großen Tropfen Methylgrün-Formalin-Lösung oder Karmin-Essigsäure. Mit einer Nadel werden die beiden Tropfen schnell verrührt und ein Deckglas aufgelegt. Auch hier wird zunächst mit mittlerer Vergrößerung ein gut erhaltener Flagellat gesucht und dann mit maximaler Vergrößerung betrachtet. Da die nach dieser Methode fixierten Einzeller nicht haltbar sind, ist es ratsam, eine Zeichnung oder zumindest eine Skizze anzufertigen. Bei Verwendung von Methylgrün-Formalin färben sich die Zellkerne von Blut- und Schleimhautzellen oder Einzellern grünblau, während das Plasma schwach grün erscheint (Bild 308). Sind die Zellen intensiv grün gefärbt, wurde zu viel der Farbfixierlösung genommen. Bei Karmin-Essigsäure färben sich die Zellkerne rot und das Plasma rosa.

12.8.5. Färben von Bakterien

Für die Färbung von Bakterien benötigt man einen Spiritusbrenner oder eine Lötlampe sowie ein Färbegestell. Letzteres kauft man im Laborbedarfshandel oder baut es sich aus Draht. Es muss so hoch sein, dass die Flamme kurzzeitig darunter gehalten werden kann und so breit, dass vier bis sechs Objektträger nebeneinander darauf liegen können. Die Beine verbreitert man nach unten, damit das Gestell einen sicheren Stand hat. Es wird in eine flache Plastikwanne gestellt, die herunterfließenden Farbstoff auffängt.

Flecken lassen sich nur sehr schwer entfernen. Auch dürfen die gebrauchten Farben nicht in den Ausguss oder die Toilette geschüttet werden. Man sammelt sie in fest verschließbaren Flaschen und gibt sie bei Sondermüllsammlungen ab. Eine endgültige Bestimmung der Bakterien ist dem Laien nicht möglich. Dazu müssen die Bakterien auf speziellen Nährböden gezüchtet werden. Man muss das Wuchsverhalten und die Farben der sich entwickelnden Kolonien feststellen. Das Anlegen von Bakterienkulturen darf nur von entsprechend ausgebildeten Fachleuten in sicheren Laboren durchgeführt werden. Probenmaterial kann vom Tierarzt zur Artbestimmung und für Resistenztests an ein Labor geschickt werden. Er kann dann das wirksamste Medikament auswählen.

Mit den folgenden Färbemethoden können einige Krankheitserreger grob nach GRAM klassifiziert und Mycobakterien selektiv gefärbt werden. Aufgrund der Angaben in Kapitel 9 lassen sich die Methoden zur Behandlung einschränken und auswählen.

Zuerst stellt man die ungefähre Größe und die Beweglichkeit der Bakterien fest (s. Kap. 3, Diagnosetafel 21). Die genaue Größe bestimmt man erst später anhand des fixierten und gefärbten Präparates. Nun werden von flüssigem Material, das Bakterien enthält, Ausstriche hergestellt. Von Organen quetscht man kleine Stückchen kräftig zwischen zwei gekreuzten Objektträgern, dann wird mit jedem der zwei und je einem sauberen Objektträger nochmals so verfahren. Es entstehen vier hauchdünne Quetschpräparate. Herauspräparierte Tuberkulosezysten werden auf diese Art behandelt. Die Objektträger sollen nun an der Luft etwa zwei Stunden lang trocknen. Danach müssen sie hitzefixiert werden. Dazu hält man den Objektträger mit der Schichtseite nach oben zwischen Daumen und Zeigefinger und führt ihn dreimal zügig durch die leuchtende Flamme der Lötlampe. Die Unterseite des Objektträgers muss dabei so heiß werden, dass man eine starke Hitze empfindet, sich jedoch nicht verbrennt, wenn man sie kurze Zeit auf den Handrücken drückt. Verfärbt sich die Schichtseite, gibt Rauch ab oder riecht stark, war die Fixierung zu heiß. Soweit müssen die Präparate für beide nun folgenden Färbungen vorbereitet werden.

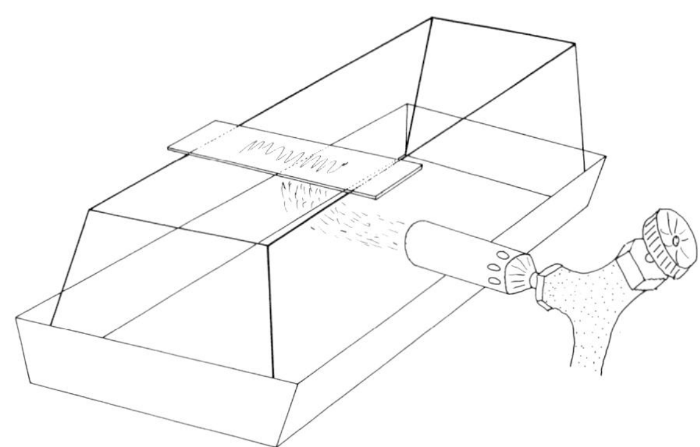

Bild 582: Färbegestell in einer Schale aus Kunststoff

Gewebepräparate herstellen

QR-Code 132

12.8.6. Die Gram Färbung, E 7

Man nimmt eines oder mehrere der fixierten Präparate und legt sie auf das Färbegestell, um die Gram-Färbung durchzuführen. Die Präparate müssen waagrecht liegen, damit die Farbe nicht herabläuft. Die in dem schematischen Ablauf genannten Zeiten können nach eigenen Erfahrungen etwas geändert werden. Zum Abschütten der Farblösung packt man den Objektträger nicht mit den Fingern sondern mit einer Pinzette, da sonst die Haut stark gefärbt wird. Bei der Färbung ist eine Schutzbrille und Laborhandschuhe zu tragen.

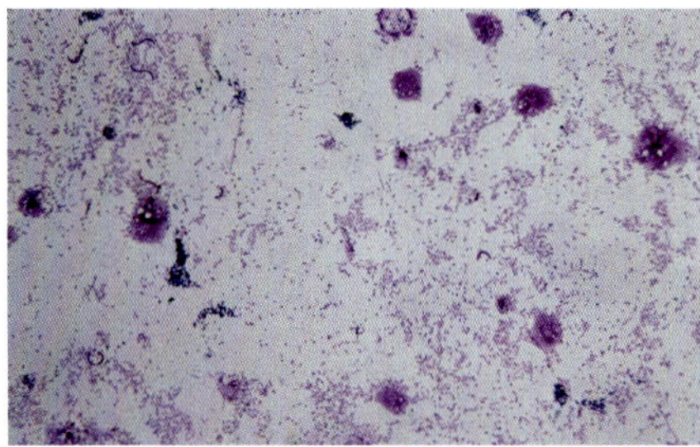

Bild 583: Kahmhautausstrich gefärbt nach GRAM (Vergr. 300x)

Der Ausstrich wird nun vollständig mit Karbolgentianaviolett-Lösung bedeckt. Nach drei Minuten hält man den Objektträger kurze Zeit schräg, damit die Farbe ablaufen kann. So schnell wie möglich wird Jodjodkaliumlösung aufgetropft, abgegossen und neu aufgetropft. Das Jodjodkalium soll insgesamt 80 Sekunden lang einwirken. Nach dem Abgießen schwenkt man den Objektträger 60 Sekunden lang in einer mit Spiritus gefüllten Küvette. Zum Abtropfen wird der Objektträger mit der langen Kante senkrecht auf saugfähiges Papier gestellt. Dann legt man ihn zum Trocknen einige Minuten waagrecht. Mit Fuchsinlösung nach GRAM wird dann 80 Sekunden lang gegengefärbt. Nach gründlichem Abspülen unter fließendem Wasser lässt man den Ausstrich an der Luft trocknen, gibt einen kleinen Tropfen Balsam darauf und legt ein Deckglas auf. Der Raum zwischen Deckglas und Ausstrich muss sehr dünn sein, damit auch mit Ölimmersion gearbeitet werden kann. Verflüssigt man den Balsam mit einem Drittel Xylol, wird der Abstand zwischen Deckglas und Objektträger geringer. Grampositive Bakterien erscheinen blauviolett, gramnegative rot. Die Färbung beruht auf der Fähigkeit der grampositiven Bakterien, die violette Farbe im Alkoholbad (Differenzieren) beizubehalten, während gramnegative sie verlieren (Bild 583). Diese färben sich mit Fuchsin rot. Wird das Differenzieren zu lange ausgedehnt, verlieren auch die grampositiven Bakterien ihre Farbe.

12.8.7. Ziehl Neelsen Färbung, E 8

Diese Färbung dient dem Nachweis von Tuberkulosebakterien. Wenn nicht sicher ist, ob Zysten (Granulome) in Geweben und Organen auf Tuberkulose oder *Ichthyo-*

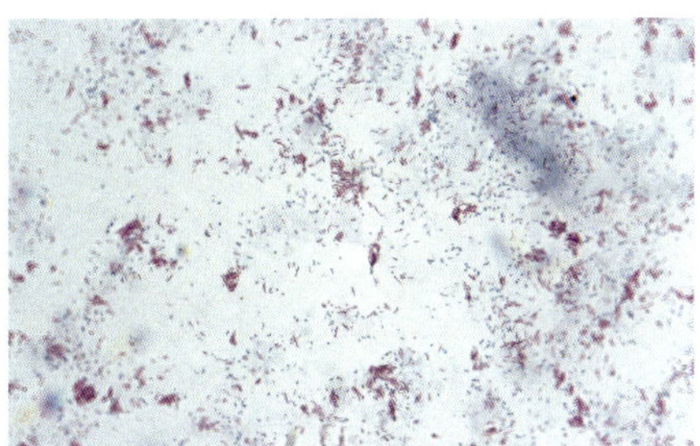

Bild 584: Mycobakterien, gefärbt nach ZIEHL-NEELSEN (Vergr. 400x)

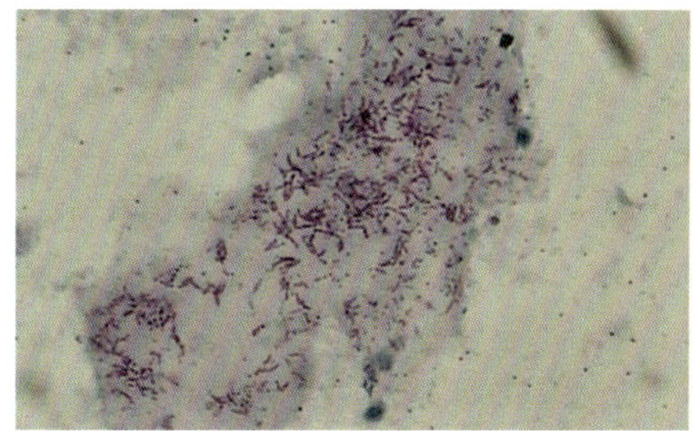

Bild 585: Mycobakterien, gefärbt nach ZIEHL-NEELSEN (Vergr. 600x)

phonus zurückzuführen sind, wendet man diese Färbung an, um die Tuberkulosebakterien sichtbar zu machen. In alten Granulomen sind manchmal keine Bakterien mehr enthalten, deshalb müssen immer mehrere Granulome zu Quetschpräparaten verarbeitet werden. Die luftgetrockneten und hitzefixierten Präparate werden auf das Färbegestell gelegt und der Objektträger vollständig mit Karbol-Fuchsinlösung nach ZIEHL-NEELSEN überdeckt. Nun erhitzt man mit einer leuchtenden Bunsenflamme von unten den Objektträger bis Dämpfe aus der Farblösung aufsteigen. Die Lösung darf auf keinen Fall kochen.

Die aufsteigenden Phenoldämpfe sind beim Einatmen gesundheitsschädlich, darum arbeitet man unter einem Luftabzug oder im Freien. Vier Minuten lang wird die Lösung durch zeitweiliges Erwärmen am Dampfen gehalten. Verdunstete Lösung muss nachgegeben werden, der Ausstrich darf nicht trocken liegen. Dann lässt man das Präparat noch eine Minute lang abkühlen und gießt den Farbstoff ab. Nach gründlichem Abspülen unter fließendem Wasser schwenkt man den Objektträger in einer Küvette mit salzsaurem Alkohol 30 bis 90 Sekunden lang.

Ziehl-Neelsen Färbung

QR-Code 133

Danach spült man unter fließendem Wasser gründlich ab. Nun färbt man mit Methylenblau-Lösung nach ZIEHL-NEELSEN fünf Minuten lang gegen. Die Farbe wird mit destilliertem Wasser abgespült und das Präparat an der Luft getrocknet. Dann gibt man einen kleinen Tropfen verdünnten Balsam darauf und deckt mit einem Deckglas ab. Tuberkulosebakterien scheinen nun rot gefärbt, während andere Bakterien und Gewebeteile blau sind (Bild 584 und 585). Sollen die Präparate haltbar sein, reinigt man den Objektträger nach dem Trocknen bis zum Deckglas hin und umrandet mit Lack.

12.8.8. Einfache Bakterienfärbung, E 9

Mit Karbolfuchsin nach ZIEHL-NEELSEN und Methylenblau nach LÖFFLER lassen sich Bakterien schnell und intensiv anfärben. Die Vorgehensweise ist für beide Farbstoffe gleich. Auch die im Ausstrich vorhandenen Gewebeteile färben sich, so dass die darin enthaltenen Bakterien oft schlecht zu erkennen sind.

Bild 586: Salatschale mit eingeklemmten Objektträger zum Färben von Objekten, hier Methylenblau

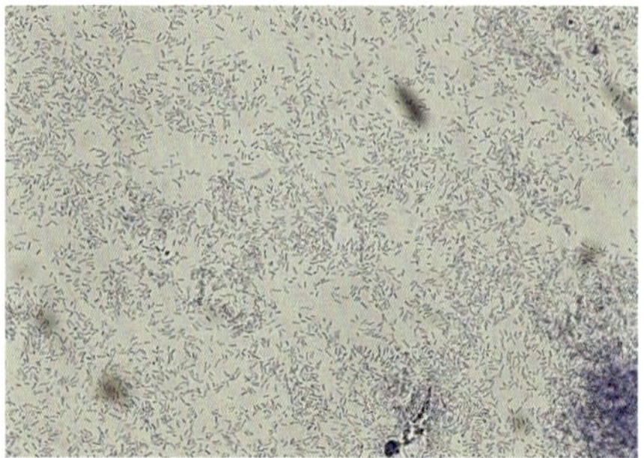

Bild 587: Bakterien von faulendem Futter, Ausstrich luftgetrocknet, hitzefixiert und mit Methylenblau gefärbt (Vergr. 600x)

Es wird nach folgendem Schema vorgegangen:

1. Ausstrich auf Objektträger, 1 bis 2 Stunden an der Luft trocknen lassen
2. hitzefixieren
3. Karbolfuchsin oder Methylenblau auftropfen und 5 Minuten einwirken lassen
4. Unter fließendem Wasser abspülen
5. An der Luft trocknen lassen
6. In verdünntem Balsam einschließen

Alle Präparate von Bakterien (E7-E9) werden mit 400- bis 600-facher Vergrößerung bei geöffneter Kondensorblende betrachtet. Für die Färbung eignen sich die im Lebensmittelhandel erhältlichen Salatschalen.

12.8.9. Färbung von Schleimhaut und Blut, E 10

Abstriche von Schleimhaut, Blutpräparate und manche Quetschpräparate haben mitunter sehr wenig Kontrast. Darin befindliche Parasiten erkennt man zwar sofort, die Struktur des Gewebes, die Zellwände und die Zellkerne heben sich jedoch im Präparat nicht ab. Möchte man mehr Details sehen, muss das Präparat gefärbt werden. Dazu ist Methylenblau nach LÖFFLER geeignet, das 1:5 verdünnt, in einer fest schließenden Flasche aufbewahrt werden kann. Zu dem auf dem Objektträger in Wasser liegenden Abstrich oder mit physiologischer Kochsalzlösung verdünnten Blut gibt man die gleiche Menge Farblösung, wartet eine Minute und legt das Deckglas auf. Überschüssige Flüssigkeit wird am Deckglasrand abgesaugt. Die Zellkerne färben sich intensiver als das Plasma der Zellen. Schwächere Färbungen erhält man, wenn man weniger Farblösung nimmt. Soll die Färbung intensiver sein, so bringt man das zu untersuchende Material auf dem Objektträger nicht zuerst in Wasser, sondern gleich in die Farblösung. Nach dieser Methode wurde der Hautschleim von Bild 117 und der Blutausstrich von Bild 173 in Kapitel 2 gefärbt. Auch viele Ciliaten und Sporenkapseln von Sporozoen (Bild 321) lassen sich auf diese Art und Weise anfärben.

12.9. Die Fotografie als Mittel der Dokumentation

Wer mikroskopiert hat von Zeit zu Zeit Objekte im Blickfeld, die ihm so gut gefallen, dass er sie für immer erhalten möchte. Der Wunsch ist geboren, das Gesehene auf einer Fotografie festzuhalten. Ein weiterer Grund kann sein, dass im Moment der Beobachtung nicht sicher ist, ob es gelingt, das Objekt unbeschädigt aus dem Frischpräparat zu isolieren. Gerade einzeln vorkommende Parasiten können leicht verloren gehen. Das Präparat kann misslingen oder das Objekt beschädigt werden. Gut gelungene Fotos können sogar bei der Bestimmung der Parasiten hilfreich sein. Sie können per Email zur Bestimmung der Objekte verschickt werden. Manche Objekte lassen sich so schwer präparieren, dass die Fotografie das einzige Mittel der Dokumentation ist.

Zum Anfertigen guter Mikrofotos ist keine Spezialkamera notwendig. Jede Spiegelreflexkamera mit abnehmbarem Objektiv ist dazu geeignet. Viel wichtiger ist die Beleuchtung. Es wird viel Licht benötigt und das Köhlersche Beleuchtungsprinzip ist für erstklassige Bilder hilfreich. In der Gebrauchsanweisung können Sie nachlesen, wie die Köhlersche Beleuchtung an Ihrem Mikroskop eingestellt wird. Selbstverständlich können von einem schlechten Präparat keine guten Bilder angefertigt werden. Die Präparate müssen umso dünner sein, je höher die Vergrößerung ist, da mit steigender Vergrößerung die Schärfeebene immer dünner wird. Das Kameragehäuse wird ohne Objektiv mittels eines Mikroskopadapters an den Okulartubus angeschlossen. Diese Adapter werden von den Mikroskop- und Kameraherstellern angeboten. Dann gibt es noch die Adapter von Fotozubehörfirmen (Hama, Internet), welche mit einem Anschlussring (Systemadapter) an den jeweiligen Kameratyp adaptiert werden (Bild 588). Für Kameras ohne Objektiv mit C-Mount Anschluss können von den Mikroskopherstellern spezielle Adapter bezogen werden.

Ein solcher Adapter besteht aus drei Teilen. Das dünne untere Teil schiebt man bei entferntem Okular bis zum Anschlag über den Tubus. Das Okular wird nun wieder eingesetzt und der Adapter mit einer seitlich angebrachten Schraube am Oku-

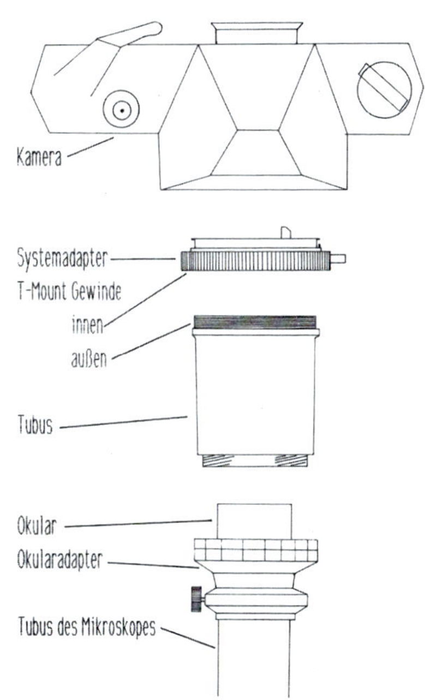

Bild 588: Fotoadapter zum Anschließen einer Spiegelreflexkamera an den Okulartubus

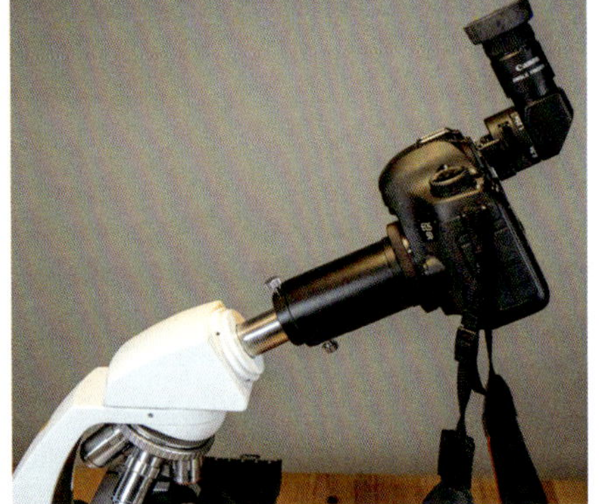

Bild 589: Digtalkamera an dem Schrägtubus mit Adapter

lartubus arretiert. Der mittlere Teil wird mit dem Systemanschluss gekoppelt und an die Kamera angesetzt. Danach kann der Tubus mit Kamera an den am Mikroskop befindlichen Teil mit einer Drehung angeschlossen werden. Das mikroskopische Bild wird nun auf die Mattscheibe der Kamera projiziert und während man durch den Sucher blickt, am Feintrieb des Mikroskopes scharf gestellt.

Eine große Hilfe beim Scharfstellen ist ein Winkelsucher mit verstellbarer Augenlinse (Bild 589). Ist dieser an den Suchereinblick angeschlossen, so wird die Augenlinse so lange verstellt, bis die Mikroprismen (oder Fadenkreuz) der Mattscheibe exakt scharf zu sehen sind. Bildet man nun das Objekt mittels der Mikrometerschraube auf der Mattscheibe scharf ab, dann wird auch das Foto scharf. Besonders gut geeignet sind Digitalkameras mit ausklappbarem Monitor. Man kann die Nachvergrößerung (Lupe) aktivieren und sehr präzise scharf stellen.

Bei der Anwendung der Kamera ist einiges zu beachten. Grundsätzlich ist jede digitale Spiegelreflexkamera für die Mikrofotografie geeignet. Über die Innenmessung steuert die Kamera au-

Bild 590: Adapter für Trinotubus

Bild 591: Der Kameraadapter wird auf den Okulartubus gesetzt

Bild 592: Aufgesetzter Okulartubus

Bild 593: Das Projektiv oder Okular wird in den Okulartubus eingesetzt

Bild 594: Der Überwurftubus mit T-2 Gewinde wird aufgesetzt und festgeschraubt

Bild 595: Der Canon EOS Adapter wird auf das T-2 Gewinde geschraubt

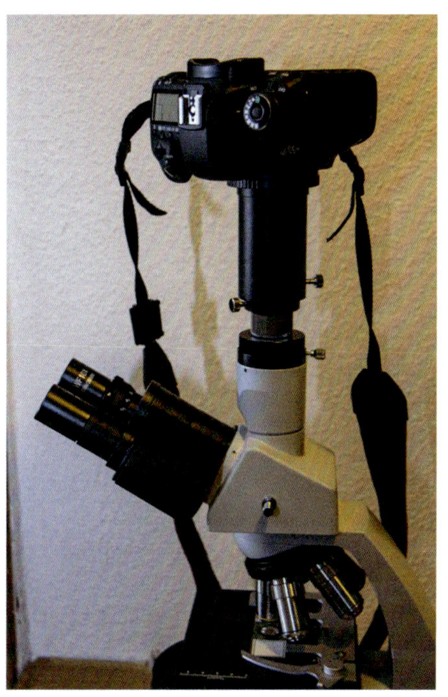

Bild 596: Nun kann die Kamera mit dem Bajonett aufgesetzt werden

tomatisch die Verschlusszeit. Bei automatischen Systemen ist es mitunter notwendig, die angezeigte Belichtungszeit zu korrigieren, da die Messung einen Durchschnittswert aus den hellen und dunklen Bildteilen erstellt. Dieses Integralmesssystem ist bei den meisten Kameras eingebaut. Es ist sinnvoll, die Kamera für die Aufnahme in den manuellen Betrieb zu schalten und die Belichtungszeit auf 1/125stel Sekunde oder kürzer festzulegen. Viele Modelle bieten eine Spotmessung, bei der nur ein kleiner Bereich in der Bildmitte angemessen wird. Bei modernen Kameras kann man den Messbereich auf die gewünschte Stelle verschieben.

Bei jeder Aufnahme muss darauf geachtet werden, wie groß das Objekt im Verhältnis zur Bildgröße ist und ob starke Kontraste vorherrschen. Ist bei Hellfeldaufnahmen das Objekt dunkler als der Hintergrund, so muss die Belichtungszeit in positive Richtung korrigiert werden, also verlängert werden. Bei Dunkelfeldaufnahmen dagegen ist das Objekt viel heller als das Umfeld, es wird im Minusbereich korrigiert, die Belichtungszeit also verkürzt. Da das Messsystem einen Mittelwert aus hellen und dunklen Bildstellen erstellt, muss die Belichtungszeit verlängert oder verkürzt werden, um die maßgeblichen Bildpartien richtig zu belichten. Die Größe der Korrektur ist von zwei Werten abhängig: der Objektgröße und dem Helligkeitsunterschied zwischen Objekt und Bildhintergrund.

Spiegelreflex Kamera anschließen

QR-Code 134

Bei Hellfeldaufnahmen wird die Aufnahmezeit verlängert (Korrektur im Plusbereich), bei Dunkelfeldaufnahmen verkürzt (Korrektur im Minusbereich).

Die Farbtönung der Fotos ist abhängig von der Farbtemperatur der Beleuchtung. An den Digitalkameras kann die Farbtemperatur mit automatischem Weißabgleich oder manuell eingestellt werden. So kann man den Farbton der Aufnahme korrigieren. Die Belichtungszeit kann man verkürzen, indem man die Empfindlichkeit über die Iso Einstellung erhöht. Durch Erhöhung der Empfindlichkeit, des ISO-Bereichs, verstärkt sich auch das Bildrauschen. Man muss eine Einstellung mit kurzer Belichtungszeit und geringem Rauschen finden.

Bei der Verwendung von Spiegelreflex Kameras ist zu berücksichtigen, dass der Spiegelschlag eine starke Erschütterung verursacht und zu unscharfen Bildern führt. Das liegt auch an dem langen Auszug des Fotoadapters. Es sollte deshalb die Spiegelvorauslösung eingestellt werden. Die danach bei der Auslösung des Verschlussvorhangs entstehenden Erschütterungen sind geringer. Ab einer Belichtungszeit von weniger als 1/125stel Sekunde gibt es keine Verwacklung mehr. Für sich sehr schnell bewegende Organismen können auch kürzere Belichtungszeiten erforderlich sein. Schwere Kameras können schlecht an Schrägtuben angeschlossen werden. Sie sollten an senkrechten Trinokulartuben verwendet werden.

C-Mount Kamera anschließen

QR-Code 135

Moderne Mikroskop Kameras haben kein Objektiv und werden mit einem Adapter mit C-Mount-Gewinde, der ein Projektiv enthält, an das Mikroskop gesetzt. Da die Aufnahmen ohne Mechanik rein elektronisch erfolgen, gibt es keine Erschütterungen. Die kleineren Kameras sind leicht, so dass sie auch an einem Schrägtubus angeschlossen werden können.

Die Kameras haben einen eingebauten Prozessor und werden wie ein Computer über eine Maus gesteuert. Über

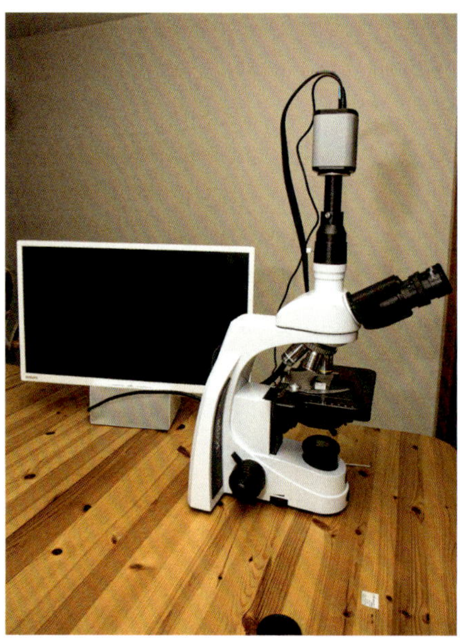

Bild 597: iScope mit Full-HD-Mikroskopkamera und preisgünstigem Full-HD-Fernseher als Monitor

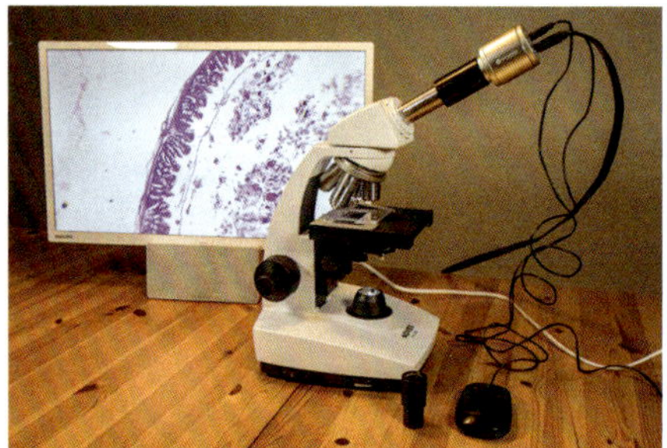

Bild 598: Mikroskop-Novex mit Euromex-Kamera VC.3023 am Schrägtubus Präparat: Schnitt durch die Magenwand einer jungen Forelle

HDMI wird das Bild auf einen Monitor oder Fernseher übertragen. Auf dem Bildschirm ist der Mauspfeil zu sehen und man kann vielfältige Funktionen abrufen, so eine digitale Nachvergrößerung, vielfältige Messfunktionen, Einzelbild- und Videoaufnahmen. Eingeblendete Messbalken können mit dem Bild abgespeichert werden. Die Bilder werden auf einer eingesteckten SD-Karte gespeichert. Es gibt Kameras mit den Auflösungen von HD, Full-HD bis 4K. Wichtig ist beim Kauf darauf zu achten, dass die Kamera mindestens 25 Bilder pro Sekunde aufzeichnen kann. Nur dann kann ein ruckelfreier Videofilm aufgezeichnet werden.

Die im Foto- und Versandhandel preiswert angebotenen Okularkameras (Fotookulare) werden mit USB-Anschluss und Software geliefert. Sie werden anstelle des Okulars in den Tubus gesteckt. Sie ermöglichen, digitale Fotos oder Filmszenen direkt auf die Festplatte eines Computers aufzunehmen oder das Bild auf dem Computermonitor zu betrachten. Die Auflösung des Bildes ist abhängig von der Kamera und dem Preis. Kameras mit hoher Auflösung und guter Videofunktion kosten erheblich mehr. Markenfirmen wie Bresser und Euromex bieten solche Kameras in verschiedenen Qualitätsstufen an.

Über USB können diese Kameras auch an Computer, Laptop oder Tablet angeschlossen und gesteuert werden. Die Software wird mit der Kamera geliefert. Alle Funktionen können dann über den Computer genutzt und gesteuert werden. Die Bilder und Videos werden auf der

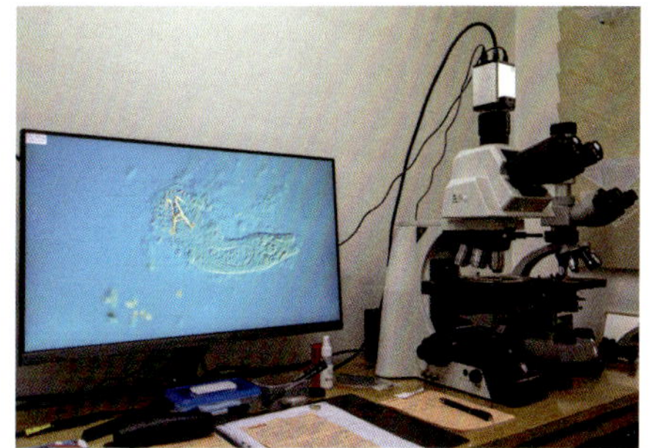

Bild 599: Forschungsmikroskop mit einer 4K-Kamera und einem 24 Zoll 4K-Monitor

Festplatte des Computers aufgezeichnet. Ähnliches gilt für sogenannte Fotookulare.

Auch mit Handys können Fotos und Videos am Mikroskop aufgenommen werden. Es gibt inzwischen für die unterschiedlichen Handykameras passende Halterungen, mit denen die Kameralinse vor dem Okular fixiert werden kann. Sie werden im Internet angeboten. Meist ergibt sich ein kreisförmiges Bild.

Sollen Mikrofotos von beweglichen Objekten bei kurzen Belichtungszeiten oder hohen Vergrößerungen angefertigt werden, braucht man eine starke Lichtquelle. Die bei neueren Mikroskopen eingebaute LED Leuchte reicht bei nie-

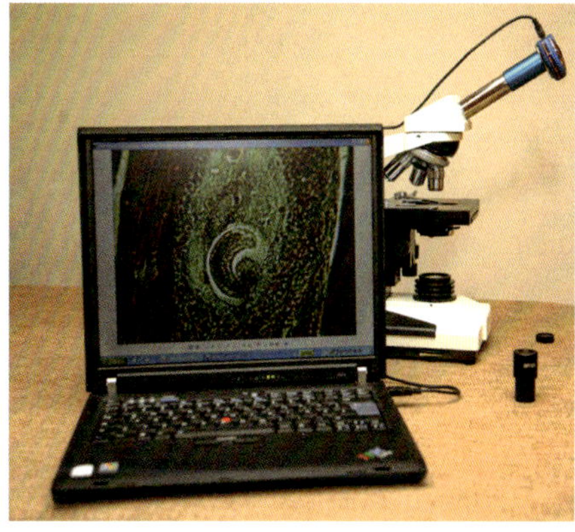

Bild 600: Eine ältere Okularkamera der Fa. Bresser wird über USB vom Laptop gesteuert

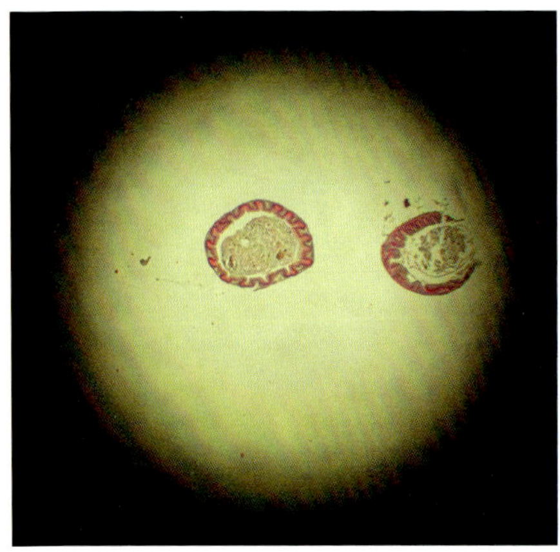

Bild 601: Mit dem Handy aufgenommene Bilder haben oft ein kreisförmiges Format (Objekt: Darmquerschnitt)

deren Vergrößerungen aus. Bei starken Vergrößerungen dürfen sich die Objekte nicht mehr bewegen. Man kann dies erreichen, indem man einen Tropfen Formalin oder Farbfixierlösung (E 6) an den Deckglasrand setzt und mit Fließpapier auf der anderen Seite Flüssigkeit absaugt.

Ältere Mikroskope, die über einen Spiegel verfügen, können mit einem Diaprojektor oder LED Scheinwerfer beleuchtet werden (Bild 549). Ist die Ausleuchtung des Bildfeldes nicht gleichmäßig, wird eine Mattscheibe in den Strahlengang zwischen Lichtquelle und Mikroskopspiegel gestellt. Zu diesem Zweck eignet sich auch Zeichenpergament.

Kaum jemand kann sich, wenn er die Bilder oder Videos anschaut, noch an die genauen Aufnahmedaten erinnern. Deshalb ist es unumgänglich, gleich bei jeder Aufnahme alle wichtigen Werte zu notieren. Diese können nachher auf Karteikarten übertragen werden. Die Karten der gelungenen Fotos erhalten dann die gleiche Archiv-Nummer wie der Dateinamen des Digitalbildes, die Karte des Sektionsprotokolls und des eventuell später angefertigten Dauerpräparates. Folgende Werte sollen auf den Karteikarten der Fotografien vermerkt werden: Archiv-Nummer, Name des Objektes, Datum der Aufnahme, Bildnummer, Filmmarke, Asa, Korrekturwert, Mikroskopvergrößerung, Lampeneinstellung, Stellung der Kondensorblende, Beleuchtungsart (Hell-, Dunkelfeld, Phasenkontrast), Objektivvergrößerung, Okularvergrößerung, Vergrößerung auf dem Dia, Objektgröße in Mikrometer. Auf der Rückseite der Karten ist Platz für Zeichnungen, Bemerkungen und Notizen. Durch die gleichen Ablagenummern sind alle zu einem Objekt gehörenden Daten leicht im Archiv zu finden. Beim Versand von Fotos ist die Größe der fotografierten Objekte grundsätzlich in Mikrometern anzugeben und nicht als Mikroskopvergrößerung.

Die Spiegelreflexkameras werden zunehmend von spiegellosen digitalen Kameras ersetzt. Sie haben den Vorteil, dass die Aufnahmen frei von Erschütterungen sind. Dadurch sind Unschärfen durch Erschütterungen bei der Spiegelauslösung geringer. Auch mit relativ einfachen Digitalkameras kann man brauchbare Mikrofotos anfertigen. Der Vorteil ist, dass man sofort das Ergebnis kontrollieren und im Bedarfsfall neue Bilder aufnehmen kann. Hochwertige digitale Spiegelreflexkameras mit Wechselobjektiven werden ohne Objektiv ebenso verwendet, wie es vorher bei den analogen Spiegelreflexkameras beschrieben wurde. Aufgrund des kleineren Bildchips ist es meist von Vorteil ein Okular mit 5facher anstelle einem mit 10facher Vergrößerung zu verwenden. Zudem benötigt man keine Farbfilter, da Farbkorrekturen bei der digitalen Nachbearbeitung oder in den Kameravoreinstellungen vorgenommen werden können.

Kleine digitale Kameras mit fest eingebautem Objektiv können ebenfalls am Mikroskop angeschlossen werden. Voraussetzung ist, dass das Objektiv über ein Filtergewinde verfügt und sich beim Herausfahren oder beim Zoomen nicht dreht. Dann kann die Kamera fest mit einem speziellen Okularadapter verschraubt werden. Für die Aufnahme stellt man die Entfernung manuell auf unendlich und den Zoom auf den mittleren Bereich. Kameras ohne Filtergewinde müssen mit einem Stativ in der optischen Achse vor dem Okular fixiert werden. Auch hier wird die Einstellung wie voran beschrieben vorgenommen.

Viele Erkrankungen von Fischen, die durch Bakterien und Viren verursacht werden, können mit den in diesem Buch beschriebenen Methoden nicht diagnostiziert werden. Bakterien sehen sehr ähnlich aus und können aufgrund ihres Aussehens nicht bestimmt werden. Kulturen anzulegen ist Laboren mit entsprechender Sicherheitsstufe vorbehalten. Viren sind mit den Lichtmikroskopen nicht sichtbar zu machen und es sind nur die Auswirkungen der Infektionen an den Fischen erkennbar. Trotzdem darf man sich nicht entmutigen lassen. Kommt man mit den beschriebenen Methoden nicht zu einem Ergebnis, kann man erkrankte Fische an eines der im folgenden Kapitel genannten Labore senden. Mit den aktuell zur Verfügung stehenden molekularbiologischen Diagnosemethoden PCR und ELISA können bakterielle und virale Erkrankungen sogar noch an einem seit mehreren Tagen verstorbenen Fisch nachgewiesen werden. Auch viele parasitäre Erkrankungen sind mit diesen Methoden nachweisbar. Es ist allerdings notwendig, sich zuerst mit dem Labor in Verbindung zu setzen und einen Termin für den Versand von Fischen abzusprechen.

Glossar

Erklärung der Fachausdrücke

adult erwachsen
Amöboidkeim sich amöbenartig (fließend durch Plasmaausstülpung) fortbewegende aus einer vegetativen Teilung entstandene Zelle
Anamnese Erhebung der medizinischen Vorgeschichte
Anomalie Unregelmäßigkeit, leichte Entwicklungsstörung
Antibiotikum, pl. Antibiotika Stoffwechselprodukte von Mikroorganismen, die in geringer Konzentration das Wachstum anderer Mikroorganismen hemmen oder sie töten
Antidot Gegengift
Assimilation Umwandlung körperfremder Stoffe in körpereigene Substanzen, z. B. in der Photosynthese der Pflanzen

Bastard Nachkomme genetisch verschiedener Eltern, z. B. unterschiedlicher Rassen, Arten oder Gattungen
Biogene Entkalkung Ausfällung von Kalk durch Entzug von CO_2 im Wasser durch Photosynthese der Pflanzen oder Algen
Biozid Chemikalie, die zur Bekämpfung schädlicher Lebewesen eingesetzt wird.
Bulbus zwiebelförmig verdicktes Organ oder Organteil, z. B. Schlundbulbus bei Oxyuris

Chelator Chelatbildner geht mit Metallionen feste Verbindungen ein und macht sie chemisch inaktiv. Ist in Wasseraufbereitern zum Binden von Schwermetallen im Leitungswasser enthalten.
Chemotherapeutika Sammelbezeichnung natürlicher (Antibiotika) oder synthetisch hergestellter niedermolekularer Substanzen, die Krankheitserreger und Parasiten schädigen
Chromatophoren Farbstoffzellen können unterschiedliche Farbpigmente enthalten.
Cilien Wimpern, namensgebend für Ciliaten (Wimperntiere)

Diagnose zweifelsfreie Zuordnung einer gesundheitlichen Störung zu einem definierten Krankheitsbegriff Symptom
differenzieren unterscheiden
Dinosporen Schwärmerstadien von Oodinidae (sind den Dinoflagellaten zugeordnet)
DMSO Dimethylsulfoxid ist ein Lösungsmittel, das Substanzen durch die Haut in den Organismus transportiert
dorsal am Rücken gelegen

Ektoparasiten leben auf der Körperoberfläche
Embolie Gefäßverstopfung
Emulsion Mischung (emulgieren = mischen) zweier oder mehrerer nicht ineinander lösbaren Flüssigkeiten, z. B. Öl in Wasser
Endoparasiten leben im Körperinnern
Entzündung Reaktion des Organismus und Gewebes auf schädigende Reize, Fremdkörper, Substanzen oder Mikroorganismen
Epithelien Zellschichten, die äußere Oberflächen und innere Hohlräume begrenzen
Erreger Organismen, die in anderen Organismen spezifische Krankheiten hervorrufen
Exophthalmus hervortreten des Auges (Glotzauge), oft durch Flüssigkeitsansammlung hinter dem Auge

fakultative Krankheitserreger sind für ihre Vermehrung nicht nur auf andere Organismen angewiesen
Fixieren festlegen eines Zustandes bei Geweben oder Mikroorganismen für die Beobachtung oder zur weiteren Präparation
Flagelle, Flagellum beweglicher oder unbeweglicher, die Zelle überragender, langer Faden (Geißel). Meist der Fortbewegung dienend, namensgebend für die Flagellaten (auch Geißeltiere genannt)

Granulom knötchenförmige Neubildung von Gewebe, wird meist zur Abkapselung von Fremdkörpern im Gewebe gebildet

Hämoglobin Farbstoff der roten Blutkörperchen (Erythrozyten)
Herbizid Pflanzengift, Pflanzenbekämpfungsmittel
Homöostase Aufrechterhaltung des inneren Gleichgewichts
Hormone Stoffe, die vom Organismus gebildet, über das Blut transportiert werden und Einfluss auf den Stoffwechsel bestimmter Organe haben
Hyphen fadenförmige Zellen der Pilze

Immersion Eintauchen der Frontlinse von Immersionsobjektiven in einen Tropfen Immersionsöl auf dem Präparat
Immunität natürliche oder erworbene Unempfindlichkeit des Organismus gegen eine Infektion mit pathogenen Mikroorganismen
Immunsystem Abwehrsystem der Wirbeltiere gegen körperfremde Substanzen
Infusorien Aufgusstierchen, sich in einem Aufguss mit Heu und Aquarienwasser bildende Einzeller. Dient kleinsten Fischen als Futter
Inkubationszeit Zeit zwischen Infektion mit dem Krankheitserreger und Auftreten der ersten Symptome

Insektizide Gruppe von Giften zur Bekämpfung schädlicher Insekten
Intramuskulär Injektion in einen Muskel
Intraperitoneal Injektion in das Bauchfell
Intrazellulär in der Zelle

Karzinom bösartiger Tumor
karzinogen krebserzeugend
Katarakt Trübung der Augenlinse
Kinetoplast DNA-haltige Organelle und Teil des einzigen riesigen Mitochondriums in Nachbarschaft der Geißelbasis bei der Flagellatenfamilie Trypanosomatidae
Kokon aus Sekreten hergestellter Eibehälter
Konditionieren abgeleitet von Kondition = Körperzustand. Hier: den Körperzustand durch spezielle Fütterung in Herbst und Frühjahr verbessern
Konjugation einseitige oder gegenseitige Übertragung von genetischem Material bei Einzellern
Korpulenzfaktor Maß für den Ernährungszustand und die Kondition bei Fischen. Der Korpulenzfaktor ist immer nur auf eine Art bezogen und nur für Speisefische bestimmt. Für Zierfische ist er nur für Koi ermittelt. Er hat keine Maßeinheit. Berechnung: K = Gewicht in Gramm mal 100 geteilt durch Körperlänge in cm^3 (Kopfspitze bis Schwanzende). Für Speisekarpfen wird der Korpulenzfaktor von Schäperclaus mit 2,0 bis 2,2 sowie für Forellen mit 1 bis 1,2 angegeben. Bohl gibt ihn für Forellen mit 1,3, für Karpfen mit 1,7 und für afrikanische Welse mit 0,7 an. Schreckenbach nennt für Koi 1,4 bis 1,8. Für Koi besteht unter 1,3 akute Lebensgefahr und über 2,3 neigt der Fisch zur Verfettung. Aquarianer und Züchter können den Korpulenzfaktor für die von ihnen gepflegten Arten anhand gut konditionierter Exemplare nach voran genannter Formel selbst ermitteln.

Läsion Verletzung, Abschürfung
latent verborgene Erreger, ohne Symptome verlaufend, Erreger sind vorhanden aber die Krankheit bricht nicht aus
lateral seitlich
Leguminosen sind eine sehr artenreiche und nährstoffreiche Pflanzenfamilie. Sie enthalten viele Proteine, Vitamine und Mineralien, jedoch auch giftige Bestandteile. Diese stören die Eiweißverdauung und verzögern das Wachstum von Tieren. Sie führen zu einer Vergrößerung der Bauchspeicheldrüse, Schwächung der Abwehrkraft gegen Krankheiten, Entzündungen der Schleimhäute, verkürzten Darmzotten, Verklebung der roten Blutkörperchen und können Blutungen an Magen- und Darmwänden verursachen. Die Stoffe werden durch Erhitzen zerstört. Zu den Leguminosen gehören Erbsen, Bohnen, Soja, Erdnüsse, Wicken, Klee und Luzerne. Sie dürfen nicht roh

an Fische verfüttert werden. Außerdem enthalten sie Phytoöstrogene und bewirken Unfruchtbarkeit bei männlichen Fischen.
Lumen innere Weite von röhrenförmigen Körpern oder Hohlorganen

Makrophagen bewegliche Zellen des Immunsystems, die abgestorbene Zellen, Zellbestandteile, Mikroorganismen und andere Fremdkörper aufnehmen und vernichten
Makrophagenkonglomerate Anhäufung gelbbrauner Zellen in der Milz
Mastzellen Zellen des Immunsystems
Membran dünne Haut, die z. B. die Zellen umschließt
Methämoglobin entsteht durch Umwandlung des roten Blutfarbstoffs bei Gifteinwirkung (z. B. Nitrit u. a. Gifte) von der zweiwertigen Form zu der inaktiven dreiwertigen Form. Methämoglobin kann keinen Sauerstoff transportieren
Mitochondrium Bestandteil der Zelle; wichtig für die Energiebereitstellung

Nekrose Veränderung von Gewebe durch Absterben der Zellen, meist Gewebeauflösung
Nucleus Zellkern

obligatorische Parasiten sind für ihre Vermehrung auf andere Organismen angewiesen
Operculum Deckel, hier Kiemendeckel
Ösophagus Schlund
Östrogene weibliche Geschlechtshormone

Pansporoblast umschließt den Sporoblast während der Entwicklung der mehrzelligen Sporen mit Polkapsel und Schale der Sporozoen
pathogen krankheitserregend
Pellet durch Extrudieren hergestellte kleine zylindrische Futterpartikel
Pellicula kompliziert aufgebaute Zellhülle der Einzeller
Pestizide Schädlingsbekämpfungs- und Pflanzenschutzmittel
Plasmodium beim Blutsaugen übertragenes infektiöses Stadium blutparasitärer Sporozoen; von Pilzen sich amöbenartig bewegende vielkernige Protoplasmamasse ohne feste Zellhülle
Polkapsel mit dem Lichtmikroskop sichtbarer Teil im Inneren von Sporozoensporen

Reflex auf einen Reiz erfolgende Reaktion
Reinfektion Wiederansteckung mit dem gleichen Erreger
Resistenz Widerstandskraft eines Organismus gegen schädliche äußere Einflüsse

Sarkom aus Muskulatur, Stütz- und Bindegewebe hervorgehender bösartiger Tumor
Sporangien Bildungsstätte und Behälter der Sporen

Sporoblast bildet die Polkapsel und die Schale während der Sporenentwicklung von Sporozoen
Sporozoen parasitisch lebende Gruppe mikroskopisch kleiner Einzeller, meist ohne ausgeprägte Bewegung
Stilett stachel- oder borstenförmiges Organ bei vielen Tiergruppen mit sehr unterschiedlichen Funktionen
Sulfhämoglobin entsteht bei Schwefelwasserstoffvergiftung, der rote Blutfarbstoff wird durch Schwefel blockiert und kann keinen Sauerstoff mehr transportieren
Suspension Aufschwemmung von unlöslichem Pulver in Wasser
Syndrom Gruppe von Krankheitsanzeichen eines bestimmten Krankheitsbildes
Symptom definiertes Krankheitsanzeichen

Therapie Behandlung von Krankheiten, Heilverfahren
Toxin giftige Substanz
Trophont herangewachsenes Stadium von parasitären Einzellern (*Ichthyophthirius*) bis zum Verlassen des Fisches und der erfolgten Zystenbildung

UV-C Ultraviolettes Licht wird in UV-A und UV-B (bräunende Wirkung im Solarium) und das sehr gefährliche, verbrennende UV-C Licht mit desinfizierender Wirkung eingeteilt

Vakuole allgemeine Bezeichnung für einen abgegrenzten Hohlraum in der Zelle
Vegetative Vermehrung ungeschlechtliche Vermehrung, z. B. durch Zweiteilung
ventral am Bauch gelegen
Viskosität Zähigkeit oder Zähflüssigkeit einer Flüssigkeit

Zoonose von Tieren auf den Menschen übertragbare Krankheit
Zyste durch Kapsel abgeschlossener Raum

Literaturverzeichnis

Es wird auch ältere Literatur zitiert, da die Möglichkeit besteht, sich diese im Internet, z. B. bei eBay, zu beschaffen oder in Bibliotheken einzusehen. Hinter der internationalen ISBN: Nummer sind, soweit bekannt, die Sprachen angegeben in denen das Buch erschienen ist. B: belgisch, D: deutsch, GB: englisch, F: französisch, E: spanisch, I: italienisch, J: japanisch, K: koreanisch, N: niederländisch, C: chinesisch

ADAMEK et al.: Experimental infections of different carp strains with the carp edema virus (CEV), Vet Res (2017) 48:12, DOI 10.1186/s13567-017-0416-7

ADAMS, S. M.: Biological Indikators of Stress in Fish, Symposium 8, American Fisheries Society 1990, ISBN: 0-913235-62-8, GB.

AMLACHER, E.: Taschenbuch der Fischkrankheiten. VEB Gustav Fischer Verlag, Jena 1986, 5. Auflage, ISBN: D, GB.

ANDREWS, C.; EXELL, A.; CARRINGTON, N.: Fischkrankheiten, Verlag Eugen Ulmer GmbH & Co, Stuttgart 2005, ISBN: 3-8001-4757-2, GB, D.

AYEHUNIE, S.; BELAY, A.; BABA, T.W.; RUPRECHT, R.M.: Inhibition of HIV-1 replication by an aqueous extract of Spirulina platensis (Arthrospira platensis). J. Acquir. Immune Defic. Syndr. Hum. Retrovirol. 18, 7-12, 1998.

BAER, H.-W., GRÖNKE, O.: Biologische Arbeitstechniken. Aulis Verlag Deubner & Co KG, Köln 1975, ISBN: 3-7614-0219-8, D.

BASSLEER, G.: Fischkrankheiten im Meerwasseraquarium, Dähne Verlag, Ettlingen 2000, ISBN: 3-921684-88-9, D, GB, N

BASSLEER, G.: Der neue Bildatlas der Fischkrankheiten, Aquarium Münster 2004, ISBN: 90-807831-3-7 D. N, F, GB

BAUER, E. W., BOSSLER, A., BOTSCH, W., und andere: CVK Biologiekolleg. Comelsen-Velhagen & Klasing, Berlin 1981, D.

BAUER O.N.; JUNTSCHIS O.N. Neue Gattung eines parasitären Ciliaten („Wimpertierchen“) bei tropischen Fischen. Parasitologija, Band 35, Nr. 2, Seiten 142-144, 2001

BAUER, R.: Erkrankungen der Aquarienfische. Tierärztliche Heimtierpraxis, Band 4; Parey, Hamburg, Berlin 1991; ISBN: 3-489-52016-5, D.

BAUMEISTER, W.: Planktonkunde für Jedermann. Franckh'sche Verlagshandlung, Stuttgart 1972, ISBN: 3-440-01735-4, D.

BAUR, W.H.: Gewässergüte bestimmen und beurteilen. Verlag Paul Parey, Hamburg und Berlin 1987, ISBN: 3-490-04414-2, D.

BICKEL, S.: Alles Zucker – oder was?, Biologie in unserer Zeit, 2018, Nr. 5, Seite 310

BLASIOLA, G. c.: Das Wimpemtierchen Cryptocarion irritans. Aquarien Magazin 1981, S. 10. Franckh'sche Verlagshandlung, Stuttgart

BLASIOLA, G. C.: Die Korallenfischkrankheit, Aquarien Magazin 1983, S. 116. Franckh'sche Verlagshandlung, Stuttgart

BLASIOLA, G. C.: Ein Parasit bedroht Clownfische und Seepferdchen (Brooklynella hostilis). Aquarien Magazin 1983, S. 477, Franckh'sche Verlagshandlung, Stuttgart

BLÜM, V., CZIHAK, G.,FLOREY,E., und andere: Biologie. Springer-Verlag, Berlin, Heidelberg, 1976, ISBN: 3-540-05727-7, D, GB.

BOHL, M.: Zucht und Produktion von Süßwasserfischen. 2. Auflage, Verlags Union Agrar, DLG-Verlag, Frankfurt 1999, ISBN: 3-7690-0543-0, D.

BONE, Q., MARSHALL, N. B.: Biologie der Fische. Gustav Fischer Verlag, Stuttgart, New York 1985, ISBN: 3-437-20333-9, D, GB.

BRATER, J. 1: Der Darm, Bild der Wissenschaft, Konradin Medien GmbH, Leinfelden 2019, Nr. 3, S. 26

BRATER, J. 2: Pastillen und Pulver, Bild der Wissenschaft, Konradin Medien GmbH, Leinfelden 2023, Nr. 7, S. 44

BRATER, J. 3: Die Leber altert nicht, Bild der Wissenschaft, Konradin Medien GmbH, Leinfelden 2024, Nr. 1, S. 45

BRATER, J. 4: Gutes Bauchgefühl, Bild der Wissenschaft, Konradin Medien GmbH, Leinfelden 2024, Nr. 3, S. 76

BREMER, H.: Aquarienfische gesund ernähren, Verlag Eugen Ulmer GmbH & Co, Stuttgart 1997

BREMER, H.: Optimale Ernährung der Aquarienfische durch geeignete Fütterung unter besonderer Berücksichtigung der Killifische DKG-Journal, 23 (8), 123 – 127, 1991

BREUER, R.: Wasser – noch mehr als ein Lebenselixier, Bild der Wissenschaft 2020/7, S. 52

BROHMER, P.: Fauna von Deutschland. Quelle & Meyer, Heidelberg 1979, ISBN: 3-494-00043-3, D.

BRÜNNER, G., FRANK, S., KLEE, 0., und andere: Kosmos Handbuch Aquarienkunde Das Süßwasseraquarium. Franckh'sche Verlagshandlung, Stuttgart 1977, D.

BRÜSSOW, H: Ökosystem Darm, Biologie in unserer Zeit, 2020, Nr. 3, Seite 200

BUSCHHOFF, E. U.: Gabbro-Col: Erfahrungen aus der Anwendung bei erkrankten Tropheus duboisi. DCG - Information 1981, S. 19

CAMPBELL, N. A.: Biologie, Sektrum Akademischer Verlag Heidelberg Berlin Oxford 1997, ISBN: 3-8274-0032-5, GB, D.

COLLATZ, K.-G., FISCHER, H., HASSENSTEIN, B., und andere: Funk-Kolleg Biologie 1-2. Verlag Chemie, Physik Verlag, Fischer Taschenbuch Verlag, Frankfurt/ Main 1976, ISBN: 3-527-21053-9, D.

DIETLE, H.: Das Mikroskop in der Schule. Franckh'sche Verlagshandlung, Stuttgart 1979, ISBN: 3-440-04761-X, D.

DITTRICH, H. H.: Bakterien, Hefen, Schimmelpilze. Franckh'sche Verlagshandlung, Stuttgart, 1975, ISBN: 3-440-04191-3, D.

DÖNGES, J.: Parasitologie. Georg Thieme Verlag, Stuttgart 1980, ISBN: 3-13-579901-8, D.

DONNER, S.: Auf der Spur des Chemie-Cocktails, Bild der Wissenschaft 2019/7, S. 74

DREYER, S.: Zierfische richtig füttern, bede Verlag GmbH, Ruhmannsfelden, 1995

ENGELHARDT, W.: Was lebt in Tümpel, Bach und Weiher. Franckh'sche Verlagshandlung, Stuttgart 1989, ISBN: 3-440-06638-X, D.

FELIX, G.: Wie der Darm die Psyche verändert, Bild der Wissenschaft, Konradin Medien GmbH, Leinfelden 2019, Nr. 12, S. 88

FISCHETTI, M.: Ein neues Ich in 80 Tagen, Spektrum der Wissenschaft, 2023 Nr. 4, S. 45, Heidelberg 2023

FREY, H.: Das Aquarium von A bis Z. Verlag J. Neumann Neudamm, Melsungen 1969, D.

FUNK, O.: Neuer Hakenwurm im Magen von Büschelbarschen, DATZ, Jg.56, Nr. 7, S.29, Verlag Eugen Ulmer GmbH & Co. Stuttgart 2003

FREITAG, T.: Zivilisationskrankheiten, Das Aquarium 1985, S. 174. Philler Verlag, Minden

GEIGER, F.: Inaugural-Dissertation, Hannover 2001

GEISLER, R.: Wasserkunde für die aquaristische Praxis. Alfred Kernen Verlag, Stuttgart 1964, D.

GERLACH, D.: Mikroskopieren – ganz einfach. Franckh´sche Verlagshandlung, Stuttgart 1987, ISBN: 3-440-05803-4, D.

GESCH, W.: Fischparasitäre Würmer I und II, Das Aquarium 1981, S. 133 und 188. Philler Verlag, Minden.

GESCH, W.: Gliederfüßer als Fischparasiten 69 Das Aquarium 1982, S. 133. Philler Verlag, Minden

GEYER, H.: Praktische Futterkunde. Alfred Kernen Verlag, Stuttgart 1957, D.

GLASER, A.: Ratgeber Meerwasserchemie, Rüdiger Latka Verlag, Maxzell 3, 2014

HAIST-GULDE (2004): Beurteilungskriterien für Aktivkohlen in der Trinkwasseraufbereitung. Vorträge des Forums Wasseraufbereitung der DVGW, Karlsruhe.

HAUSMANN, K., LINNENBACH, M.: Die Karpfenlaus Argulus. Mikrokosmos 1983, S. 70. Franckh'sche Verlagshandlung, Stuttgart

HAUSMANN, K.: Transportunternehmen Fisch – Fahrgast Trichodina Aquarien Magazin 1983, S. 374. Franckh'sche Verlagshandlung, Stuttgart

HAUSMANN, K.: LINNENBACH, M.: Gyrodactylus. Aquarien Magazin 1984, S. 17. Franckh'sche Verlagshandlung, Stuttgart

HAUSMANN, K.: Der Fräskopfwurm. Aquarienmagazin 1984, S. 173. Franckh'sche Verlagshandlung, Stuttgart .

HAUSMANN, K.: Der Fräskopfwurm Camallanus. Mikrokosmos 1984, S. 269. Franckh'sche Verlagshandlung, Stuttgart

HASHIMOTO, C.S.O.; F.M. Neto, M. L. Ruiz, M. Achille, E.C. Chagas, F.C. M. Chaves, M.L. Martins (2016): Essential oils of Lippia sidoides and Mentha piperita against monogenean parasites and their influence on the hematology of Nile tilapia. Aquaculture 450: 182 – 186

HAYASHI, T.; HYASHI; K.; MAEDA, M.; KOJIMA, I.: Calcium spirulan, an inhibitor of enveloped virus replication, from blue-green alga Spirulina platensis. J. Nat. Prod. 59, 83-87, 1996,

HAYASHI, O.; HIRAHASHI, T.; KATOH, T.; MIYAJIMA, H.; HIRANO, T.; OKUWAKI, Y.: Class specific influence of dietary Spirulina platensis on antibody production in mice. J. Nutr. Sci. Vitaminol 44, 841-851, Tokyo1998

HELWIG, H.: Antibiotika – Chemotherapeutika. Georg Thieme Verlag, Stuttgart, 1976, ISBN: 3-13-462703-5, D, J.

HERFURTH, L.: Im Vollrausch durch den Winter, zoologischer zentral anzeiger, Wiesbaden 2020, Nr. 11 Seite 50

HEßBRÜGGE, R.: Grünzeug aus dem Wasser, Bild der Wissenschaft, Sonderausgabe Ernährung, S. 96, Konradin Medien GmbH, Leinfelden 2021

HETZ, K. S.: Fische und Wasser, TVT Nachrichten, 2024, Nr.1, S. 32, Tierärztliche Vereinigung für Tierschutz e.V., Belm 2024

HIEPE, T., BUCHWALDER, R., RIBBECK, R.: Lehrbuch der Parasitologie, Band 1: Allgemeine Parasitologie. Band 2: Veterinärmedizinische Protozoologie. Band 3: Veterinärmedizinische Helminthologie. Band 4: Veterinärmedizinische Arachno-Entomologie. Gustav Fischer Verlag, Stuttgart, New York, 1981-1983, ISBN: 3-437-20251-0, 3-437-20285-5 und 3-437-20286-3, D.

HOCHWARTNER, O.; LICEK, E.; WEISMANN, T.: Das ABC der Fischkrankheiten Leopold Stocker Verlag, Graz 2008, ISBN: 978-3-7020-1135-2

HOFFMANN, R.W.: Fischkrankheiten, Verlag Eugen Ulmer KG, Stuttgart, 2005, ISBN: 3-8001-2739-3 und 3-8252-8241-1, D.

HORST, K.: Pflanzen im Aquarium, Verlag Eugen Ulmer GmbH & Co., Stuttgart 1992, ISBN: 3-8001-7238-0, D.

HÜCKSTEDT, G.: Aquarienchemie. Franckh'sche Verlagshandlung, Stuttgart, 1973, ISBN: 3-440-4071-2, D.

JAHN, J.: Lebendfutter, Albrecht Philler Verlag, Minden, D.

JENS, G.: Die Bewertung der Fischgewässer. Verlag Paul Parey, Hamburg und Berlin, 1980, ISBN: 3-490-06714-2, D.

JOCHER, W.: Lebendfutter für Vivarientiere. Franckh'sche Verlagshandlung, Stuttgart, 1975, ISBN: 3-440-03313-9, D.

JUNG-SCHROERS, V. et al.: Another potential carp killer?: Carp Edema Virus disease in Germany, BMC Veterinary Research (2015) 11:114, DOI 10.1186/s12917-015-0424-7

KAESTNER, A.: Lehrbuch der Speziellen Zoologie Band I: Wirbellose Tiere 1. Teil. Gustav Fischer Verlag, Stuttgart, New York, 1980, ISBN: 3-437-20227-8, D.

KEGEL, B.: Die Herrscher der Welt – Wie Mikroben unser Leben bestimmen, DuMont Buchverlag, Köln 2015

KLEE, O.: Wasser untersuchen. Quelle & Meyer Verlag, Heidelberg, Wiesbaden, 1993, ISBN: 3-494-01213-X, D.

KLINKHARDT, M.: Fische – Anatomie Physiologie Lebensweise, Schweizerbart´sche Verlagsbuchhandlung, Stuttgart 2023, ISBN: 978-510-65543-4

KÖHLER, H. W.: Gesundheitsprobleme bei Diskusfischen, Verlag DiskusBrief, Augsburg 2003, ISBN: 3-00-010996-X, D.

KRAUSE, H.-J.: Aquarienwasser. Franckh'sche Verlagshandlung, Stuttgart, 1973, ISBN: 3-440-05563-9, D.

KRAUSE, H.-J.: Handbuch Aquarienwasser. bede Verlag, Kollnburg 1990, ISBN: 3-927 997-00-5, D.

KRAUTER, D.: Mikroskopie im Alltag. Franckh'sche Verlagshandlung, Stuttgart 1974, ISBN:3-440-03803-3, D.

LAMMENS, M.: Der Koi Doktor, Eigenverlag, ISBN: 9080856622, N, F, GB, D.

LECHLEITER, S.: Koi-Schlafkrankheit, Eine Berohung für Kois, Karpfen und andere Teichfische, DATZ, 2017, Nr. 3, S. 16, Natur und Tier – Verlag GmbH Münster.

LECHLEITER, S.: Kupfer im Teich, DATZ, 2005, Nr. 4, Aquarien-Praxis, S. 8, Eugen Ulmer KG, Stuttgart.

LECHLEITER, S.: Das Energiemangelsyn drom der Koi, KLAN Koi Magazin Nr. 1, 2003

LECHLEITER, S.; KLEINGELD, D. W.: Krankheiten der Koi, Verlag Eugen Ulmer KG, Stuttgart, 2005, ISBN: 3-8001-7498-7, D.

LEITZ, T.: Umweltchemikalien als künstliche Hormone und deren Wirkung auf niedere Wirbeltiere, vdaaktuell 2023 Nr.4, S. 34

LEVY, S.B.: Antibiotikaresistenz: eine globale Herausforderung, Spektrum der Wissenschaft, 1998, Nr. 5, S. 34,Spektrum der Wissenschaft Verlagsgesellschaft mbH, Heidelberg

LOM, J.; DYKOVÁ, I.: Protozoan Parasites of Fishes, Elsevier, Amsterdam, London, New York, Tokyo, 1992, ISBN: 0-444-89434-9, GB, J.

LONTIE, M., V ANDEPITTE, J.: Atlas de Microbiologie medicale. Atlas der medizinischen Mikrobiologie. Librairie Maloine, S. A, Paris 1977, F, D.

LÜTKEMÖLLER, F.: Der Schuppenwurm, das Aquarium 2002, Nr. 9, S. 64, Nr. 10, S. 62 und Nr. 11, S. 67, Birgit Schmettkamp Verlag, Bornheim

LÜTKEMÖLLER, F.: Der Schuppenwurm Transversotrema patialense. DCG-Informationen, 36 Jahrg., 2005, Nr. 4, S. 79

MATHIES, D., WENZEL, F.: Die Wimpertiere, Franckh'sche Verlagshandlung, Stuttgart 1966, D.

MAYER, M.: Kultur und Präparation der Protozoen, Franckh'sche Verlagshandlung, Stuttgart 1975, ISBN: 3-440-02807-0, D.

MAU, M. und REHFELDT, Dr. C.: Soja – Wohl- oder Übeltäter, Biologie in unserer Zeit, Wiley-VCH Verlag GmbH & Co. KGaA Weinheim, 2006, Nr.5/6.

MEHLHORN, H., RUTHMANN, A: Allgemeine Protozoologie. Gustav Fischer Verlag Jena – Stuttgart 1992, ISBN: 3-334-60390-3, D.

MENOUD, P. et al: Simultaneous Nitrification and Denitrification using siporaxTM Packing, Department of Chemical Engineering, University of Sydney, NSW 2006, Australia

MEYL, A. H.: Fadenwürmer. Franckh'sche Verlagshandlung, Stuttgart 1961, D.

Mikrobiom, Spektrum Kompakt. Spektrum der Wissenschaft, 2017 Nr. 3, Heidelberg 2017

MÖLLER, H; ANDERS, K.: Krankheiten und Parasiten der Meeresfische, Verlag Heino Möller, Kiel 1983, ISBN: 3-923890-00-1, D.

NÄVEKE, R., TEPPER, K. P.: Einführung in die mikrobiologischen Arbeitsmethoden. Gustav Fischer Verlag, Stuttgart, New York, 1979, ISBN: 3-437-20189-1, D.

OTT, G.: Keimdichten in der Natur und im Aquarium, Diskus Jahrbuch 2004, S. 70, bede-Verlag GmbH, Ruhmannsfelden 2003, ISBN: 3-89860-059-9.

PETERS, G.: Stress macht auch Fische krank. Naturwissenschaftliche Rundschau 41. Jahrg. Heft 8. Wissenschaftliche Verlagsges. mbH, Stuttgart 1988

PITHAM, T.; HOLMES, K.: Gesunde Koi, Verlag Eugen Ulmer GmbH & Co, Stuttgart 2004, ISBN: 3-8001-4602-9, GB, D

QUIETZSCH, K.: Erfahrungen mit dem Medikament „Tremazol", Diskusbrief 22. Jahrgang, 2007 Nr. 1, Seite 28

QURESHI, M.A. u. ALI, R.A.: Spirulina platensis exposure enhances macrophage phagocytic function in cats. Immunopharmacol. Immunotoxicol. 18, 457-463, 1996).

RAHN, G.: Diskus, Verlag Eugen Ulmer GmbH & Co., Stuttgart 2002, ISBN: 3-8001-3250-8, D.

RAHN, G.: Der Einsatz des Carbonitfilters in der Aquaristik, Diskus Welt Report, 2005, Nr. 1, S.:13, DWR-Verlag, Zirndorf

REICHENBACH-KLINKE, H-H., KÖRTING, W.: Krankheiten der Aquarienfische, 4. Auflage, Eugen Ulmer, Stuttgart 1993, ISBN: 3-8001-7259-3, D.

REICHENBACH-KLINKE, H. H.: Krankheiten der Aquarienfische. Alfred Kernen Verlag, Stuttgart 1968, D.

REICHENBACH-KLINKE, H.-H.: Bestimmungsschlüssel zur Diagnose von Fischkrankheiten. Gustav Fischer Verlag, Stuttgart 1975, D.

REICHENBACH-KLINKE, H.-H.: Krankheiten und Schädigungen der Fische. Gustav Fischer Verlag, Stuttgart, New York, 1980, ISBN: 3-437-30300-7, D.

REVERTER, M.; N. Bontemps, D. Lecchini, B. Banaigs, P. Sasal (2014): Use of plant extracts in fish aquaculture as an alternative to chemotherapy: Current status and future perspectives. Aquaculture 433: 50 -61

ROBERTS, R. J.; SCHLOTFELDT, H.-J.: Grundlagen der Fischpathologie. Verlag Paul Parey, Berlin und Hamburg, 1985, ISBN: 3-489-62516-1, GB, D.

SCHÄPERCLAUS, W.: Fischkrankheiten. Akademie-Verlag, Berlin 1979, GB, D.

SCHÄPERCLAUS, W.; LUKOWICS, M.v.: Lehrbuch der Teichwirtschaft, 4. Auflage, Parey, Berlin 1998

SADRI, A.: Cell-based toppers in pet food: an overview, Pets International Nr. 5, NL 2023

SCHLEGEL, H. G.: Allgemeine Mikrobiologie. Georg Thieme Verlag, Stuttgart, 1974, ISBN: 3 13 444606 5, D.

SCHLÜTER, W.: Mikroskopie. Aulis Verlag Deubner & Co KG, Köln 1976, ISBN: 3-7614-0280-5, D.

SCHMAHL, G.; MEHLHORN, H.: Zur Wirkung von Toltrazuril auf Zierfische, Tagungsband der Tagung der Fachgruppe „Fischkrankheiten“ und der Fachgruppe „Zootierkrankheiten“ im Tierpark Hellabrunn der Deutschen Veterinärmedizinischen Gesellschaft, DVG, München, 22./23. November 1988, Seite: 194, ISBN: 3-924851-36-0.

SCHMIDT, G.: Der kranke Fisch. Albrecht Philler Verlag GmbH, Minden 1971, 1982, ISBN: 3 7907 0071 1, D.

SCHMIDT, G.: Das richtige Aquarienwasser, Albrecht Philler Verlag, Minden 1972, 1982, ISBN: 3 7907 0072 X, D.

SCHMIDT, G.: Fischpathologie. Das Aquarium 1980, S. 301. Philler Verlag, Minden

SCHMIDT, G.: Zum Thema: Fischkrankheiten. Das Aquarium 1980, S. 413. Philler Verlag, Minden

SCHMIDT, G.: Krankheiten der Zierfische Die sieben Todsünden des Aquarianers. Das Aquarium, Heft 233, November. Philler Verlag, Minden 1988

SCHÖN, G.: Mikrobiologie. Herder, Basel, Wien, Freiburg, 1978, ISBN: 3-451-16416-7, D.

SCHOUSBOE, C.: Wenn Fische schimmeln (Pilze). Aquarien Magazin 1981, S. 805. Franckh'sche Verlagshandlung, Stuttgart

SCHRECKENBACH, K (1).: Beurteilung der Kondition von Koi, midori Nr. 10, Koi Verlag GmbH, Rheda-Wiedenbrück 2008

SCHRECKENBACH, K. (2): Vorbeugung von Energiemangel bei der Ernährung Koi, midori Nr. 9, Koi Verlag GmbH, Rheda-Wiedenbrück 2008

SCHRECKENBACH K. (3): Sauerstoff im Koiteich, midori Nr. 6, Koi Verlag GmbH, Rheda-Wiedenbrück 2007

SCHRECKENBACH K. (4): Einfluss der Wassertemperatur auf Koi, midori Frühjahr 2007, Koi Verlag GmbH, Rheda-Wiedenbrück 2007

SCHUBERT, G.: Ist unser Hobby gefährlich? Aquarien Magazin 1974, S. 212. Franckh'sche Verlagshandlung, Stuttgart

SCHUBERT, G., WILBERT, No, FOISSNER, W.: Morphologie, Infraciliatur und Silberliniensystem von Protoopalina symphysodonis nov. spec. Zoo!. Anzeiger, Jena 202, 1979, S. 7185.

SCHUBERT, G.: Kiemenkrebse beim Diskus. Aquarienmagazin 1981, S. 156. Franckh'sche Verlagshandlung, Stuttgart

SCHUBERT, G.; UNTERGASSER, D.: Krankheiten der Fische, Franckh-Kosmos Verlags GmbH & Co, 2. Auflage, Stuttgart, 1994, ISBN: 3-440-06925-7, D, E.

SCHUMANN, W.: Wir sind besiedelt, Biologie in unserer Zeit, 2011, Nr. 3, Seite 182

SCHVED, F.: The Benefits of sc-FOS vs. MOS in Pet Foods, VP R&D & CSO, Galam Ltd, PETS International, Februar 2023, S. 17

SCHWOERBEL, J.: Methoden der Hydrobiologie, Süßwasserbiologie, Gustav Fischer Verlag, Stuttgart, New York, 1980, ISBN: 3-437-30301-5, D.

SEIBEL, H; SCHULZ, C.: Fische und Fütterungsstress – ein molekularbiologischer Ansatz, Vortrag auf der XVII Gemeinschaftstagung der Deutschen, Österreichischen und Schweizer Sektion der Europaen Association of Fish Pathologists EAFP

SENGER H.: Hormone als Schadstoffe? Biologie in unserer Zeit, Nr. 4, Seite 232, WILEY-VCH Verlag GmbH & Co KGaA, Weinheim 2014

SIEWING, R., ABS, M., BICK, H., BOECKH, J., HAUSMANN, K., und andere: Lehrbuch der Zoologie Band 1: Allgemeine Zoologie. Band 2: Systematik. Gustav Fischer Verlag, Stuttgart, New York, 1980, ISBN: 3-437-20223-5, D.

SIMON, J.: Aktuelle Probleme der Lachszucht in Norwegen am Beispiel des Augenkatarakts. Tagungsband „Gesunde Fische in der Aquakultur", Seite 265, Gemeinschaftstagung der European Association of Fish Pathologists (EAFP), Stralsund 2004, ISBN: 0-9546666-2-3, D.

SOUCI, FACHMANN, KRAUT: Nährwerttabellen, Wiss. Verlagsgesellschaft mbH, Stuttgart 1990.

SPREINAT, A.: Bakterien im Aquarienwasser – wo sie herkommen, was man gegen sie tun kann und was ein UV-Strahler leistet, Natur und Tier-Verlag GMBH, Münster 2021, DATZ 74. Jg., Nr. 2, Seite 14,

STADTLANDER et. al.: Insektenmehl in Geflügel- und Fischfutter, FiBL, Frick, Schweiz 2021, Publikationsnummer 1161

STEHLI, G.: Mikroskopie für Jedermann. Franckh'sche Verlagshandlung, Stuttgart 1973, ISBN: 3-440-01376-6, D.

STEINBERG, MENZEL, MEINELT: Ohne Huminstoffe kein Fischleben im Schwarzwasser, Diskus Jahrbuch 2009, S.48

STEINBERG, C. E.W.: Aquatic Animal Nutrition, Vol. 1, A Mechanistic Perspective from Individuals to Generations, Springer Nature Switzerland AG, 2018

STEINBERG, C. E.W.: Aquatic Animal Nutrition, Vol. 2, Organic Macro- and Micro-Nutrients, Springer Nature Switzerland AG, 2022

STETTER, F., UNTERGASSER, D., IGLAUER, F., SCHRECKENBACH, K.: Fallbericht, Beobachtungen zur Behandlung des Kiemenwurmbefalls (Dactylogyrose) bei einigen südamerikanischen Buntbarschen und Welsen; Deutsche tierärztliche Wochenschrift 110, 1-40, Heft 1, Jan. 2003

STOSKOPF, M. K.: Fish Medicine, Saunders Company, Philadelphia 1993, ISBN: 0-7216-2629-7, GB.

STREBLE, H., KRAUTER. D.: Das Leben im Wassertropfen. Franckh-Kosmos Verlags GmbH & Co, Stuttgart, 2002, ISBN: 3-440-08431-0, D.

TER HÖFTE, B.B.; AREND, P.: Gesund wie der Fisch im Wasser?, Tetra Verlag GmbH, Berlin 2005, ISBN: 3-89745-098-4, D.

THOMÉ, M; CRAVEDI, J.P.; LAUDELT, V.: Störenfriede im Hormonhaushalt, Spektrum der Wissenschaft 2011, Nr. 9, S. 66

UNTERGASSER; D.: Die Darmflagellaten der Aquarienfische, Tagungsband der Tagung der Fachgruppe „Fischkrankheiten“ und der Fachgruppe „Zootierkrankheiten“ im Tierpark Hellabrunn der Deutschen Veterinärmedizinischen Gesellschaft, DVG, München, 22./23. November 1988, Seite 210, ISBN: 3-924851-36-0.

UNTERGASSER, D.: Krankheiten der Aquarienfische, Franckh-Kosmos Verlags-GmbH & Co. KG, Stuttgart, 1989, 2. aktualisierte und stark erweiterte Auflage 2006

UNTERGASSER, D.: Bedroht ein Riesengeißeltierchen unsere Diskusbestände? Aquarien Magazin 1985, S. 52. Franckh'sche Verlagshandlung, Stuttgart

UNTERGASSER, D.: Milben im Aquarium, Das Aquarium 1985, S. 354. Philler Verlag, Minden

UNTERGASSER, D.: Eile tut not! (Verletzte Fische). Aquarien Magazin 1986, S. 123. Franckh'sche Verlagshandlung, Stuttgart

UNTERGASSER, D.: Der Diskusparasit – ein Riesenflagellat. Mikrokosmos 1987, S. 134. Franckh'sche Verlagshandlung, Stuttgart

UNTERGASSER, D.: Ein nicht auszurottender Fischparasit: Der „Ichthyo“. Aquarien Magazin 1987, S. 244. Franckh'sche Verlagshandlung, Stuttgart

UNTERGASSER, D.: Die Magersucht der Diskusfische. Diskus Jahrbuch 87/88, 1987, S. 68. bede Verlag, D-94239 Ruhmannsfelden

UNTERGASSER, D.: Die neue Diskuskrankheit. Diskus Jahrbuch 87/88, 1987, S. 78. bede Verlag, D-94239 Ruhmannsfelden

UNTERGASSER, D.: Kiemen- und Hautwürmer in der Fischzucht. Diskus Jahrbuch 1989, S. 66. bede Verlag, D-94239 Ruhmannsfelden

UNTERGASSER, D.: Der Diskus-Madenwurm – ein neuer Nematode des Darmes. Diskus Jahrbuch 1989, S. 72. bede Verlag, D-94239 Ruhmannsfelden

UNTERGASSER, D.: Gesunde Diskus und andere Cichliden. Band 1 und 2, bede Verlag, D-94239 Ruhmannsfelden 1998, 4. Auflage, ISBN: 3-927997-01-3, GB, D.

UNTERGASSER, D.: Gesunde Aquarienfische. bede Verlag, D-94239 Ruhmannsfelden 2000, ISBN: 3-931 792-73-0, D.

UNTERGASSER, D.: Fischtuberkulose bei Diskusfischen. Diskus Jahrbuch 2006, S. 52. bede Verlag, D-94239 Ruhmannsfelden, ISBN: 3-89860-113-7

VIERKE, J.: Aus heimischen Gewässern oder aus der Dose. Aquarien Magazin 1982, S. 418 Franckh'sche Verlagshandlung, Stuttgart

WACHTEL, H.: Aquarienhygiene. Franckh'sche Verlagshandlung, Stuttgart 1972, D.

WARTENBERG, A: Systematik der niederen Pflanzen. Georg Thieme Verlag, Stuttgart, 1979, D.

WEDEMEYER, G. A: The role of stress in the disease resistance of fishes. Am. Fish. Soc., Spec. Pub!. 5, 1970 S.: 30-35

WEDEMEYER, G. A, J. W. WOOD: Stress as a predisposing factor in fish diseases. Washington, D. C. FDL-38 1974

WILDGOOSE, W. H.: BSAVA Manual of Ornamental Fish, UK, Gloucester 2001, ISBN: 0-905214-57-9, GB.

WILKE, H.: Ein Heilmittel bei akutem Oodiniumbefall: Wärme. Aquarien Magazin 1979, S. 308 Franckh'sche Verlagshandlung, Stuttgart

WUNDERLICH, A.C.; E. de Oliveira Penha Zica, A.F. Santos Ayres, A.C. Guimaraes, R. Takeara (2017): Plant-Derived Compounds as an Alternative Treatment Against Parasites in Fish Farming: A Review. In: Natural Remedies in the Fight against Parasites, pp. 116 – 135. INTEC

ZACCARONI, A.: Sqilibri endocrini causati da xenobiotoci, Vortrag auf dem Seminar Corso di Alta Formazione in Acquariologia, Uni Bologna, September 2006.

Internetadressen

Folgende Adressen geben Informationen zu Aquaristik, Fischkrankheiten oder Mikroskopie oder bieten den Raum für Diskussionen.

www.sera.de
www.mikroskopie-treff.de
www.mikroskopie-muenchen.de
www.mikroskopie.de
www.fishbase.org
www.fishbase.de
www.zeiss.de/mikro
www.wasser-wissen.de
www.drta-archiv.de

Bezugsquellen

Mikroskopische Präparate, Dias und Bilder: Johannes Lieder, Laboratorium für Mikroskopie
Solitudealle 59
71636 Ludwigsburg
Tel: 07141/921919, Fax: 07141/902707
www.Lieder.de
E-Mail: Lieder@Lieder.de

Mikroskope und Zubehör, Laborgeräte, Glasartikel
Euromex Microscopen bv
Typograaf 8
NL 6921 VB Duiven
Nederland
Tel. +31 (0) 26 323 22 11
www.euromex.com
info@euromex.com

Chemikalien, Farbstoffe und Farbstofflösungen
Fa. Diagonal GmbH & Co. KG
Havixbecker Straße 62
48161 Münster
Tel: +49 2534 970216
www.diagonal.de
info@diagonal.de

Hochwertige Futtermittel, Zubehör für Aquaristik und Gartenteich
Sera GmbH, Niederlassungen in mehr als 80 Ländern
Borsigstraße 49
52525 Heinsberg
sera-Hotline: +49 (0) 2452/912615
www.sera.de
info@sera.de

Labore für Wasseranalyse von Süß- und Meerwasser

FAUNA MARIN ICP LABOR
Fauna Marin GmbH
Gottlieb-Binder-Straße 9
71088 Holzgerlingen
Tel.: 07031 6136800
Infos: lab.faunamarin.de
labor@faunamarin.de
www.faunamarin.de

Oceamo-Labor
Oceamo e.U.
Schulstraße 5
A-3200 Ober-Grafendorf
Tel.: 0043 650 220 93 29
www.oceamo.com
office@oceamo.at

SGS Gruppe (weltweit tätig)
https://www.sgs.com/de-de

UCL Umwelt Control Labor GmbH
Josef-Rethmann-Straße 5
44536 Lünen
Deutschland
Tel +49 2306 24090
Fax +49 2306 240910
info@ucl-labor.de

AGROLAB GmbH
Jenaer Str. 1
84034 Landshut
Tel: +49 0871 973091-0
https://www.agrolab.com/de/

Raiffeisen-Laborservice
Ulmenstraße 4
54597 Ormont
Tel: 06557 - 920334
https://www.raiffeisen-laborservice.de

Fischuntersuchungsstellen

Die Diagnose von Fischkrankheiten ist schwierig, wenn man sich nicht durch spezielle Kurse darauf vorbereitet hat. Solche Seminare werden als Sachkunde Weiterbildung vom Sachkundezentrum West, der Fa. sera und dem VDA Arbeitskreis Fischkrankheiten angeboten.

Es kann jedem Zoofachgeschäft nur empfohlen werden, mit einem auf Fischkrankheiten spezialisierten, niedergelassenen Tierarzt zusammenzuarbeiten.

Bei selbst durchgeführten Diagnosen können zwar parasitäre Erkrankungen erkannt und mit frei verkäuflichen Arzneimitteln des Zoofachhandels erfolgreich behandelt werden, bakterielle Infektionen und Viruserkrankungen kann jedoch nur ein Tierarzt sicher diagnostizieren.

Tierarzte haben die Möglichkeit ein Antibiogramm oder eine PCR durchführen zu lassen, damit die Erreger bis zur Art bestimmt werden können. Sie können nach der Diagnose ein Medikament verschreiben, gegen das die Erreger keine Resistenz erworben haben.

Es gibt in Deutschland, Österreich und der Schweiz eine Reihe von spezialisierten Fischtierärzten, die konsultiert werden können. Mit diesen Stellen kann man sich bei Problemen mit Fischkrankheiten in Verbindung setzen und einen Termin zur Fischuntersuchung vereinbaren. Adressen nach Postleitzahlen:

Sächsische Tierseuchenkasse
Fischgesundheitsdienst
Dr. Grit Bräuer Fachtierärztin für Fische
Löwenstraße 7a
01099 Dresden
Tel: 0351 8060818
Mobil: 0171 4836077
braeuer@tsk-sachsen.de

Dr. Kerstin Böttcher
Fachtierärztin für Fische
Gutstraße 1
02699 Königswartha
Tel: 035931 29422
Mobil: 0171 4836094
braeuer@tsk-sachsen.de

Dr. Kathrin Pees
Tierärztliche Praxis für Fische
Hölderlinweg 67
30880 Laatzen
Tel: 0177 1908281
www.koitierarzt.de

Jan Wolter
Tegeler Weg 24
10589 Berlin
Tel: 030 34502210
Mobil: 0171 6851157
info@zierfischpraxis.de
www.zierfischpraxis.de

Dipl.-vet.med. Hans Genselin
Fachtierarzt für Fische
Amselweg 16
14542 Werder
Tel: 03327 569183
Mobil: 0163 2078336
hans-genselin@t-online.de

Prof. Dr. Dr. habil. Sven M. Bergmann
Fachtierarzt für Fische
Hufenweg 13
17498 Gristow
Tel: 0151 17361323
saint_michel@gmx.de

Felix Teitge
Fachtierarzt für Fische
Hamburg Horn
Tel: 01514 1315011
info@fisch-medicus.de
www.fisch-medicus.de
Dr. Henner Neuhaus Fachtierarzt für Fische
An der Baumschule 23
21762 Otterndorf
Tel: 01577 9667027 Mo – Fr 18 bis 19 Uhr
praxis@fisch-tierarzt.de

Dr. med. vet. Dr. sc. agr. Henrike Seibel
An der Bundesstraße 5, Nr. 1
25746 Wesseln
Mobil:0176 64819075
Info@doktor-seibel.fish

Rund um den Koi Rolof Kracht
Ahof 2
27404 Wiersdorf/Heeslingen
Tel: 0177 7013100
rundumkoi@hotmail.de

Tierärztliche Hochschule Hannover
Abt. Fischkrankheiten und Fischhaltung
Dr. med. vet. habil. Verena Jung-Schroers,
Fachtierärztin für Fische
EBVS® European Specialist in Aquatic
Animal Health, Privatdozentin
Bünteweg 17
30559 Hannover
Tel: 0511-953 8562
verena.jung-schroers@tiho-hannover.de
www.tiho-hannover.de

Tauros Diagnostik GbR
veterinärmedizinischer Analysen
Niederwall 5
33602 Bielefeld
Tel: 0521 32930030
info@tauros-diagnostik.de

Klinik für Vögel, Reptilien, Amphibien
und Fische
Frankfurter Straße 114
35392 Gießen
Tel: 0641 9931400
Franca.Moeller@vetmed.uni-giessen.de

Dr. Walter Schmitz (nur Koi)
Hungener Straße 61 a
35423 Lich
Tel: 06404 1021

Dr. Gebhard Lauenstein
Im Kleinen Dorfe 8
38159 Vechelde/Ot. Bodenstedt
Tel: 05302 3406
info@dr-lauenstein.de
www.dr-lauenstein.de

Dr. Anne Christine Schleicher
Flachsbleiche 1
41352 Korschenbroisch
Tel: 0176 21330261
info@tierarzt-dr-schleicher.de

Tierärztliche Praxis für Fische
Dr. Falk Wortberg
Friedensweg 5
57462 Olpe
Tel: 01523 3593614
info@fischgesundheitsdienst.de

Dr. Ulf Riedel
Grempstraße 28
60487 Frankfurt
Tel: 069 7075521

Dipl. Biol. Daniel Rietdorf
Gustav-Adolf-Str. 18
63452 Hanau
Tel: 0178 6553211
daniel.rietdorf@web.de

VDA-Arbeitskreis Fischkrankheiten (AKF)
ak-fischkrankheiten@vda-online.de

fischcare Dr. med. vet. Sandra Lechleiter
Fachtierarzt für Fische
Fuhrmannstraße 4
75305 Neuenbürg-Rotenbach
Tel: 07082 949698
Mobil: 0171 1722659
sandra-lechleiter@fischcare.de
www.fischcare.de

Christine Lange
Fachtierärztin für Fische
(Rhein-Main-Gebiet)
Wetzlarer Straße 50
35398 Gießen
Tel: 0173 5185745
christine-lange@zierfischtierarzt.de

Prof. Dr. Dušan Palić
Tierärztliche Fakultät,
Ludwig-Maximilians-Universität
Kaulbachstraße 37
80539 München
Tel: 089 21802282
d.palic@lmu.de

EXOPATH Labor für Exotenpathologie
Dr. Katrin Printz
Philipp-Foltz-Str. 19,
81737 München-Perlach,
Tel: 089 74 05 69 4-3
info@exopath.de
www.tierpathologie-exopath.de

Dr. med. vet. Michael Gerst
Seefelder Straße 26
82211 Herrsching
Tel: 08152 969863
michaelgerst@gmx.de

Dr. med. vet. Werner Hoedt
Kellerstraße 16 a
83022 Rosenheim
Tel: 08031 37146
Mobil: 0179 7064672
Hoedtw@gmx.de
www.exoten-tieraerzte.de

Tierärztin Maite Schneider
Kellerstraße 16 a
83022 Rosenheim
Tel: 08031 37146
Mobil: 0176 32206034
www.exoten-tieraerzte.de

Dr. Peter Steinbauer
Fachtierarzt für Fische,
Tiergesundheitsdienst Bayern e.V.
Senator-Gerauer-Straße. 23
85586 Poing
Tel: 089 9091-261
peter.steinbauer@tgd-bayern.de

Dr. med. vet. Ilina Bühler
Fachtierärztin für Fische und Reptilien
Münchner Str. 181
85757 Karlsfeld
Tel: 08131 614172
Mobil: 0179 5359045
praxis@dr-buehler.de
www.dr-buehler.de

Dr. Ute Rucker
Neunkirchenstr. 9
86161 Augsburg
Tel: 0821 5676534
ute.rucker@web.de

Dr. Achim Bretzinger
Fachtierarzt für Fische
Wittelsbacher Platz 6
89415 Lauingen
Tel: 09072 921149 (Büro)
Kostenpflichtige Hotline: 09005 564362
www.koipraxis.de
office@bretzinger.de

Tiergesundheitsdienst Bayern e.V.
Fachabteilung Fischgesundheitsdienst
Tierarzt Johannes Bachmann
Maiacher Straße 60 d
90441 Nürnberg
Johannes.Bachmann@tgd-bayern.de

Gutacherbüro Reinhard Frohberg
Fachingenieur für Fischgesundheitsdienst
Bäckergasse 15
99894 Friedrichroda
Tel: 03623 200134
Mobil: 0171 1254892
frohberg-fgd@gmx.de

Thüringer Landesamt für Verbraucherschutz
Abteilung 5 – Veterinäruntersuchung
Dezernat 53
Tennstedter Straße 8/9
99947 Bad Langensalza
Tel: 0361 37743-500
abteilung5@tlv.thueringen.de
www.verbraucherschutz-thueringen.de

Labore für Untersuchungen

Untersuchung von Fischen, speziell KHV und Wasserproben:
tauros diagnostik
Universität Bielefeld/Bio V
Universitätsstraße 25
33615 Bielefeld
Tel: 0521 1065484
info@tauros-diagnostik.de
www.tauros-diagnostik.de

Österreich:

Dr. Oliver Hochwartner
Fachtierarzt für Fische
Schwarzenhaidestraße 41
A-1230 Wien
Tel: +43 699 12193318
oliver.hochwartner@chello.at
www.fischdoktor.at

Dr. med. vet. Tamara Frank
Fachtierärztin für Fische
Waidach 8a
A-5151 Nussdorf am Haunsberg
Tel: +43 699 18175133
office@fischpraxis.at
www.fischpraxis.at

Mag. Angelika Nistl-Janssen
Fischambulanz Südsteiermark
Weißenbachweg 1
A-8451 Heimschuh
Tel: +43 664 1814776
post@fischambulanz.com
www.fischambulanz.com

Schweiz:

Dr. med. vet. Ralph Knüsel
Schwerpunkt Koi und Speisefische,
fishdoc GmbH
Schaubhus
CH-6026 Rain
Tel: +41 79 8204243
info@fishdoc.ch
www.fishdoc.ch

Koipraxis
Dr. med. vet. Sabina Büttner
Dr. med. vet. Matthias Escher
Frau med. vet. Catharina Lany
Steinerenweg 23
CH-3214 Ulmiz
Tel: +31 751 1817
Mobil: +31 79 3143494
escher@koipraxis.ch
www.koipraxis.ch

QR-Codes

Tafel/Seite	QR-Nr.	Beschreibung	Link
Tafel 1, S. 2	QR-001	Schnelle Atmung	https://qr.sera.de/bk-de-01-qr001
Tafel 1A, S. 3	QR-002	Schleimiger Kot	https://qr.sera.de/bk-de-01-qr002
Tafel 2, S. 4	QR-003	Scheuernde Fische	https://qr.sera.de/bk-de-01-qr003
Tafel 2A, S. 5	QR-004	Kopfsteher	https://qr.sera.de/bk-de-01-qr004
Tafel 3A, S. 7	QR-005	Abgemagerte Fische	https://qr.sera.de/bk-de-01-qr005
Tafel 3B, S. 8	QR-006	Zerstörtes Auge	https://qr.sera.de/bk-de-01-qr006
Tafel 5A, S. 13	QR-007	Ichthyo am Fisch	https://qr.sera.de/bk-de-01-qr007
Tafel 5B, S. 14	QR-008	Oodinium am Fisch	https://qr.sera.de/bk-de-01-qr008
Tafel 5D, S. 16	QR-009	Columnaris am Fisch	https://qr.sera.de/bk-de-01-qr009
Tafel 5E, S. 17	QR-010	Lymphocystis am Fisch	https://qr.sera.de/bk-de-01-qr010
Tafel 7A, S. 21	QR-011	Pilz am Fisch	https://qr.sera.de/bk-de-01-qr011
Tafel 7C, S. 23	QR-012	Verschleimte Kiemen	https://qr.sera.de/bk-de-01-qr012
Tafel 8, S. 24	QR-013	Camallanus am Fisch	https://qr.sera.de/bk-de-01-qr013
Tafel 8B, S. 26	QR-014	Flagellaten im Kot	https://qr.sera.de/bk-de-01-qr014
Tafel 9, S. 27	QR-015	Cryptobia im Kot	https://qr.sera.de/bk-de-01-qr015
Tafel 8C, S. 28	QR-016	Erythrozyten deformiert	https://qr.sera.de/bk-de-01-qr016
Tafel 10, S. 29	QR-017	Kiemenwürmer an Kiemen	https://qr.sera.de/bk-de-01-qr017
Tafel 14A, S. 35	QR-018	Capillaria im Darm	https://qr.sera.de/bk-de-01-qr018
Tafel 14A, S. 35	QR-019	Protoopalina im Darm	https://qr.sera.de/bk-de-01-qr019
Tafel 14C, S. 37	QR-020	Bewegliche Bakterien im Darm	https://qr.sera.de/bk-de-01-qr020

Seite	QR-Nr.	Kapitel 2 Erkennen von Krankheiten	
21	QR-021	Verhaltensänderungen	https://qr.sera.de/bk-de-02-qr021
23	QR-022	Quarantäne und Umsetzen Koi	https://qr.sera.de/bk-de-02-qr022
27	QR-023	Abstriche nehmen mit Spatel, Skalpell und Deckglas	https://qr.sera.de/bk-de-02-qr023
31	QR-024	Genickschnitt Aquarienfische	https://qr.sera.de/bk-de-02-qr024
31	QR-025	Betäubungsschlag große Fische, Herzstich, Kiemenschnitt	https://qr.sera.de/bk-de-02-qr025

		Kapitel 3 Sektion, Anatomie und Physiologie	
40	QR-026	Sektion eines Aquarienfisches	https://qr.sera.de/bk-de-03-qr026
40	QR-027	Sektion eines Koi, Dr. Lechleiter	https://qr.sera.de/bk-de-03-qr027
43	QR-028	Deformierte Fische	https://qr.sera.de/bk-de-03-qr028
54	QR-029	Hautabstriche Mikroskopaufnahmen	https://qr.sera.de/bk-de-03-qr029
57	QR-030	Flossenfäule	https://qr.sera.de/bk-de-03-qr030
62	QR-031	Schwimmblasenentzündung	https://qr.sera.de/bk-de-03-qr031
64	QR-032	Kiemenbogen heraustrennen, Kiemenblätter abtrennen und Präparat anfertigen	https://qr.sera.de/bk-de-03-qr032
65	QR-033	Parasiten an den Kiemen	https://qr.sera.de/bk-de-03-qr033

Seite	QR-Nr.	Kapitel 3 Sektion, Anatomie und Physiologie	
66	QR-034	Kiemenblätter mit Lamellen und Blutbewegung	https://qr.sera.de/bk-de-03-qr034
78	QR-035	Bakterien im Darm und Blutungen	https://qr.sera.de/bk-de-03-qr035
81	QR-036	Schlagendes Herz am toten Fisch	https://qr.sera.de/bk-de-03-qr036
82	QR-037	Blutausstrich vorführen, gesunde und kranke Blutzellen	https://qr.sera.de/bk-de-03-qr037
83	QR-038	Mastzellen	https://qr.sera.de/bk-de-03-qr038
84	QR-039	Makrophagen in der Milz, Granulome und Bakterien	https://qr.sera.de/bk-de-03-qr039
85	QR-040	Nierengewebe, Kanäle und Flimmerepithel	https://qr.sera.de/bk-de-03-qr040
86	QR-041	Spermien im Präparat der Hoden	https://qr.sera.de/bk-de-03-qr041
89	QR-042	Molekularbewegung: Auflösen und Diffusion von farbigem Salz in Wasser	https://qr.sera.de/bk-de-03-qr042
		Kapitel 4 Virosen und Bakteriosen	
92	QR-043	Lymphocystis	https://qr.sera.de/bk-de-04-qr043
94	QR-044	Frühjahrsvirämie	https://qr.sera.de/bk-de-04-qr044
96	QR-045	Karpfenpocken	https://qr.sera.de/bk-de-04-qr045
100	QR-046	Bauchwassersucht	https://qr.sera.de/bk-de-04-qr046
101	QR-047	Bakterien im Darm	https://qr.sera.de/bk-de-04-qr047
104	QR-048	Erythrodermatitis an Koi	https://qr.sera.de/bk-de-04-qr048
105	QR-049	Erythrodermatitis an Goldfischen	https://qr.sera.de/bk-de-04-qr049
107	QR-050	Flossenfäule	https://qr.sera.de/bk-de-04-qr050
109	QR-051	Columnariskrankheit	https://qr.sera.de/bk-de-04-qr051
111	QR-052	Flavobacterium psychrophilum in der Niere einer Forelle	https://qr.sera.de/bk-de-04-qr052
112	QR-053	Fischtuberkulose	https://qr.sera.de/bk-de-04-qr053
115	QR-054	Epitheliocystis	https://qr.sera.de/bk-de-04-qr054
117	QR-055	Infektionen der Haut	https://qr.sera.de/bk-de-04-qr055
120	QR-056	Diskusseuche	https://qr.sera.de/bk-de-04-qr056

Seite	QR-Nr.	Kapitel 5 Mykosen Algosen	
122	QR-057	Saprolegnia an einem Skalar	https://qr.sera.de/bk-de-05-qr057
123	QR-058	Verpilzung bei einem Ancistrus	https://qr.sera.de/bk-de-05-qr058
123	QR-059	Verpilzungen bei Diskusfischen	https://qr.sera.de/bk-de-05-qr059
131	QR-060	Dermocystidium	https://qr.sera.de/bk-de-05-qr060
		Kapitel 6 Krankheitserregende Protozoa, Einzeller	
135	QR-061	Infektionen durch Piscinoodinium	https://qr.sera.de/bk-de-06-qr061
137	QR-062	Blutflagellaten Trypanosoma	https://qr.sera.de/bk-de-06-qr062
139	QR-063	Infektion Ichthyobodo necator	https://qr.sera.de/bk-de-06-qr063

Seite	QR-Nr.	Kapitel 6 Krankheitserregende Protozoa, Einzeller	
140	QR-064	Cryptobia im Darm	https://qr.sera.de/bk-de-06-qr064
142	QR-065	Cryptobia Teilung und Zysten	https://qr.sera.de/bk-de-06-qr065
142	QR-066	Trypanoplasma im Blut	https://qr.sera.de/bk-de-06-qr066
144	QR-067	Hexamita	https://qr.sera.de/bk-de-06-qr067
145	QR-068	Spironucleus	https://qr.sera.de/bk-de-06-qr068
145	QR-069	Trichomonaden	https://qr.sera.de/bk-de-06-qr069
147	QR-070	Protopalina im Darm	https://qr.sera.de/bk-de-06-qr070
147	QR-071	Protopalina in Teilung	https://qr.sera.de/bk-de-06-qr071
148	QR-072	Amöben	https://qr.sera.de/bk-de-06-qr072
149	QR-073	Sporozoen Eimeria	https://qr.sera.de/bk-de-06-qr073
150	QR-074	Sporozoen Pleistophora	https://qr.sera.de/bk-de-06-qr074
151	QR-075	Sporozoen Myxosporea	https://qr.sera.de/bk-de-06-qr075
153	QR-076	Chilodonella	https://qr.sera.de/bk-de-06-qr076
156	QR-077	Tetrahymena	https://qr.sera.de/bk-de-06-qr077
157	QR-078	Ichthyophthirius multifilii am Fisch	https://qr.sera.de/bk-de-06-qr078
157	QR-079	Ichthyophthirius multifilii im Hautabstrich	https://qr.sera.de/bk-de-06-qr079
160	QR-080	Ichthyophthirius schlodtfeldii	https://qr.sera.de/bk-de-06-qr080
162	QR-081	Epistilis am Fisch	https://qr.sera.de/bk-de-06-qr081
163	QR-082	Epistilis im Abstrich	https://qr.sera.de/bk-de-06-qr082
163	QR-083	Trichodina im Abstrich	https://qr.sera.de/bk-de-06-qr083
164	QR-084	Ichthyonyctus im Darmpräparat	https://qr.sera.de/bk-de-06-qr084
165	QR-085	harmlose Mikroorganismen	https://qr.sera.de/bk-de-06-qr085
		Kapitel 7 Helminthosen, Würmer	
169	QR-086	Hautwürmer	https://qr.sera.de/bk-de-07-qr086
171	QR-087	Kiemenwürmer	https://qr.sera.de/bk-de-07-qr087
173	QR-088	Nierenwürmer	https://qr.sera.de/bk-de-07-qr088
176	QR-089	Bandwürmer	https://qr.sera.de/bk-de-07-qr089
177	QR-090	Metacercarien im Fisch	https://qr.sera.de/bk-de-07-qr090
178	QR-091	Metacercarien im Gewebe	https://qr.sera.de/bk-de-07-qr091
180	QR-092	Schuppenwürmer	https://qr.sera.de/bk-de-07-qr092
181	QR-093	Kratzerlarve	https://qr.sera.de/bk-de-07-qr093
183	QR-094	Nematodenzysten im Fisch	https://qr.sera.de/bk-de-07-qr094
184	QR-095	Oxyuriden	https://qr.sera.de/bk-de-07-qr095
185	QR-096	Fräskopfwürmer	https://qr.sera.de/bk-de-07-qr096
187	QR-097	Capillaria	https://qr.sera.de/bk-de-07-qr097
189	QR-098	Hirudinea, Egel	https://qr.sera.de/bk-de-07-qr098
		Kapitel 8 Gliederfüßer	
193	QR-099	Lernaea, Ankerwurm	https://qr.sera.de/bk-de-08-qr099
195	QR-100	Argulus, Karpfenlaus	https://qr.sera.de/bk-de-08-qr100

Seite	QR-Nr.	Kapitel 8 Gliederfüßer	
196	QR-101	Asseln	https://qr.sera.de/bk-de-08-qr101
197	QR-102	Milben im Kot	https://qr.sera.de/bk-de-08-qr102

		Kapitel 9 Umweltbedingte Gesundheitsprobleme	
203	QR-103	Geschwülste, Tumor	https://qr.sera.de/bk-de-09-qr103
205	QR-104	Fibrisarkom	https://qr.sera.de/bk-de-09-qr104
206	QR-105	Cystome	https://qr.sera.de/bk-de-09-qr105
207	QR-106	Kiemendeckeldeformation	https://qr.sera.de/bk-de-09-qr106
208	QR-107	Missbildungen Deformationen	https://qr.sera.de/bk-de-09-qr107
209	QR-108	Lochkrankheit	https://qr.sera.de/bk-de-09-qr108
210	QR-109	Katarakt	https://qr.sera.de/bk-de-09-qr109
211	QR-110	Siamesische Zwillinge	https://qr.sera.de/bk-de-09-qr110
212	QR-111	Verletzungen	https://qr.sera.de/bk-de-09-qr111
218	QR-112	hechelnde Atmung	https://qr.sera.de/bk-de-09-qr112

		Kapitel 10 Therapie und Medikamente	
236	QR-113	Betäuben eines Fisches	https://qr.sera.de/bk-de-10-qr113
238	QR-114	Zwangsfütterung	https://qr.sera.de/bk-de-10-qr114
256	QR-115	Gifte vernichten	https://qr.sera.de/bk-de-10-qr115
258	QR-116	Baktazid	https://qr.sera.de/bk-de-10-qr116
259	QR-117	Protazid	https://qr.sera.de/bk-de-10-qr117
260	QR-118	Tremazid	https://qr.sera.de/bk-de-10-qr118
283	QR-119	Auflösen von Nelkenöl und Eugenol	https://qr.sera.de/bk-de-10-qr119

		Kapitel 11 Ernährung der Zierfische	
306	QR-120	Bakterien Eingefrieren und Auftauen	https://qr.sera.de/bk-de-11-qr120
309	QR-121	Altum fressen FD Artemia	https://qr.sera.de/bk-de-11-qr121
309	QR-122	FD-Futter entlüften	https://qr.sera.de/bk-de-11-qr122

		Kapitel 12 Chemie und Biologie	
377	QR-123	Schadstoff entfernen mit toxivec	https://qr.sera.de/bk-de-12-qr123
377	QR-124	Nitritvernichtung mit Nitrit minus	https://qr.sera.de/bk-de-12-qr124
382	QR-125	Aktivkohle testen	https://qr.sera.de/bk-de-12-qr125
389	QR-126	Aktivkohlefilterung	https://qr.sera.de/bk-de-12-qr126
394	QR-127	sera siporax	https://qr.sera.de/bk-de-12-qr127

		Kapitel 13 Mikroskop und Färbungen	
406	QR-128	Deckglas auflegen	https://qr.sera.de/bk-de-13-qr128
407	QR-129	Präparat auflegen, Objektivwechsel	https://qr.sera.de/bk-de-13-qr129
412	QR-130	Präparat mit Abstandhalter	https://qr.sera.de/bk-de-13-qr130
413	QR-131	Präparat mit Kleister	https://qr.sera.de/bk-de-13-qr131
423	QR-132	Gewebepräparate herstellen	https://qr.sera.de/bk-de-13-qr132
425	QR-133	Ziehl-Neelsen Färbung	https://qr.sera.de/bk-de-13-qr133
430	QR-134	Spiegelreflex Kamera anschließen	https://qr.sera.de/bk-de-13-qr134
430	QR-135	C-Mount Kamera anschließen	https://qr.sera.de/bk-de-13-qr135

Register